西安交通大学 研究生创新教育系列教材

U0743046

高等工程流体力学

张鸣远 景思睿 李国君

西安交通大学出版社
XI'AN JIAOTONG UNIVERSITY PRESS

内容简介

本书的编写目的是为低年级工科研究生提供一本基础流体力学教材。在透彻讲述流体力学基本微分方程组的基础上,偏重于联系工程实际,应用基本理论解决各类流体力学问题。全书共有四部分十二章:第一部分"流体力学的基本方程",分三章,介绍流体力学的基本概念,流体力学的控制方程组以及一些相关的重要定理;第二部分"理想不可压缩流体的流动",分三章,介绍平面势流,空间轴对称势流和理想流体中的旋涡运动;第三部分"粘性不可压缩流体的流动",分四章,介绍纳维-斯托克斯方程的精确解,小雷诺数流动,层流边界层流动和紊流;第四部分"理想可压缩流体的流动",分两章,介绍一维流动和平面流动。本书选材上与本科生教材有恰当的分工和衔接,行文上既注意有严格的理论推导,又注意叙述深入浅出,便于读者自学。书中有较多的例题和练习题,供读者参考。

本书可作能源动力、机械、化工、环境工程、水利、力学等专业的研究生教材,也可供相关专业的教师、工程技术人员阅读和参考。

图书在版编目(CIP)数据

高等工程流体力学/张鸣远,景思睿,李国君编著.
—西安:西安交通大学出版社,2006.7(2020.9 重印)
ISBN 978 - 7 - 5605 - 2237 - 1

Ⅰ.高...　Ⅱ.①张...②景...③李...　Ⅲ.工程力学:流体力学-研究生-教材　Ⅳ.TB126

中国版本图书馆 CIP 数据核字(2006)第 082402 号

书　　名	高等工程流体力学	
编　　著	张鸣远　景思睿　李国君	
出版发行	西安交通大学出版社	
地　　址	西安市兴庆南路 1 号(邮编:710048)	
电　　话	(029)82668357　82667874(发行部)	
	(029)82668315(总编办)	
印　　刷	西安日报社印务中心	
字　　数	515 千字	
开　　本	727mm×960mm　1/16	
印　　张	27.75	
版　　次	2006 年 7 月第 1 版　2020 年 9 月第 5 次印刷	
书　　号	ISBN 978 - 7 - 5605 - 2237 - 1	
定　　价	56.00 元	

总　序

　　创新是一个民族的灵魂,也是高层次人才水平的集中体现。因此,创新能力的培养应贯穿于研究生培养的各个环节,包括课程学习、文献阅读、课题研究等。文献阅读与课题研究无疑是培养研究生创新能力的重要手段,同样,课程学习也是培养研究生创新能力的重要环节。通过课程学习,使研究生在教师指导下,获取知识的同时理解知识创新过程与创新方法,对培养研究生创新能力具有极其重要的意义。

　　西安交通大学研究生院围绕研究生创新意识与创新能力改革研究生课程体系的同时,开设了一批研究型课程,支持编写了一批研究型课程的教材,目的是为了推动在课程教学环节加强研究生创新意识与创新能力的培养,进一步提高研究生培养质量。

　　研究型课程是指以激发研究生批判性思维、创新意识为主要目标,由具有高学术水平的教授作为任课教师参与指导,以本学科领域最新研究和前沿知识为内容,以探索式的教学方式为主导,适合于师生互动,使学生有更大的思维空间的课程。研究型教材应使学生在学习过程中可以掌握最新的科学知识,了解最新的前沿动态,激发研究生科学研究的兴趣,掌握基本的科学方法,把教师为中心的教学模式转变为以学生为中心教师为主导的教学模式,把学生被动接受知识转变为在探索研究与自主学习中掌握知识和培养能力。

　　出版研究型课程系列教材,是一项探索性的工作,有许多艰苦的工作。虽然已出版的教材凝聚了作者的大量心血,但毕竟是一项在实践中不断完善的工作。我们深信,通过研究型系列教材的出版与完善,必定能够促进研究生创新能力的培养。

西安交通大学研究生院

前　言

　　作者长期在西安交通大学讲授研究生的流体力学课程,深感国内外流体力学的专著和教科书虽多,其中不乏经典和优秀者,但适合用作低年级工科研究生的基础流体力学的教材还不多。考虑到工科教学的特点,工科研究生的教材应在透彻讲解流体力学基本微分方程组的基础上,偏重于联系工程实际,应用基本理论解决各类流体力学问题,而不片面追求理论体系的完整和抽象的理论推导;选材上注意与本科生教材有恰当的分工和衔接,避免不必要的重复;内容应涵盖理想和粘性流体,可压缩与不可压缩流动,层流与紊流,而不侧重于某一个特定的领域。本书即基于以上想法,并在总结作者多年教学经验的基础上编写而成,定名为《高等工程流体力学》。

　　本书的基本结构是先系统地推导流体力学的控制微分方程组,然后介绍在不同类型的流动问题中求解上述方程组的方法和技巧。全书共分四部分:第一部分"流体力学的基本方程",有三章,分别介绍流体力学的基本概念,流体力学的控制方程组以及一些相关的重要定理;第二部分"理想不可压缩流体流动",有三章,分别介绍平面势流,空间轴对称势流和理想流体中的旋涡运动;第三部分"粘性不可压缩流体的流动",有四章,分别介绍精确解,小雷诺数流动,高雷诺数下的层流边界层流动和紊流流动;第四部分"理想流体的可压缩流动",有二章,分别介绍一维流动和平面流动。附录部分包括了矢量分析和场论、笛卡尔张量、正交曲线坐标系、复变函数等方面知识的简单介绍,供不熟悉这些内容的读者参考,同时也对在不同坐标系中的流体力学基本方程组做了归纳。由于本书按照流体物性和流动特点编排内容和安排章节,而不针对某一特定的学科,因此适于能源动力、机械、化工、环境工程、水利、力学等不同专业的研究生,教师和科学技术人员阅读和参考。

　　为了便于读者自学,编写中注意使叙述和推导过程平顺连续,避免数学物理概念的跳跃,尽量做到深入浅出。降低了以往教材在正交曲线坐标系方面的要求,介绍以直角坐标系为主,以免繁冗的数学推导冲淡学生对基本流动问题的理解。书中附有较多的例题和练习题,供读者参考,打"＊"者系较难的题目,练习题答案附在书末。本书的练习题解不久将由西安交通大学出版社出版。

　　编写中引入了直角坐标张量。掌握张量的基本知识会对学习流体力学和阅读科技文献带来很大的便利。对直角坐标张量生疏的读者可先阅读本书的附录或其他的参考书籍,相信在阅读本书的过程中会很快熟悉张量下标表示法和掌握张量的基本运算规则。

本书第7、8和9章由景思睿编写,第3章由李国君编写,其余章节由张鸣远编写。张鸣远对全书进行了修改并负责定稿。

全书承蒙西安理工大学罗兴锜教授审阅,特致谢意。在编写中参考了书末所列专著和教材,这里对有关编著者和出版社表示感谢。

受作者学识所限,书中难免会有疏漏和错误之处,敬请读者指正。

作 者

2006 年 3 月

目　　录

前言

第一部分　流体力学的基本方程

第 1 章　流体力学的基本概念

1.1　拉格朗日参考系与欧拉参考系 ………………………………（2）

1.2　迹线、流线和脉线 …………………………………………（6）

1.3　物质导数 ………………………………………………………（9）

1.4　速度分解定理 …………………………………………………（13）

　　1.4.1　速度分解定理,应变率张量和旋转率张量 …………（13）

　　1.4.2　应变率张量及旋转率张量各分量的物理意义 ………（15）

1.5　有旋运动的基本概念 …………………………………………（19）

1.6　物质积分的随体导数——雷诺输运定理 ……………………（23）

1.7　应力张量 ………………………………………………………（27）

1.8　本构方程 ………………………………………………………（35）

　　1.8.1　牛顿流体的本构方程 …………………………………（35）

　　1.8.2　粘性系数 ………………………………………………（37）

第 2 章　流体力学的基本方程

2.1　连续方程 ………………………………………………………（43）

2.2　动量方程 ………………………………………………………（46）

2.3　能量方程 ………………………………………………………（53）

2.4　牛顿流体的基本方程组 ………………………………………（59）

2.5　边界条件 ………………………………………………………（61）

第 3 章　流体力学的几个重要定理

3.1　开尔文定理 ……………………………………………………（70）

3.2　伯努利方程 ……………………………………………………（73）

3.3　非惯性系中的伯努利方程 ……………………………………（78）

3.4　涡量动力学方程 ………………………………………………（82）

第二部分 理想不可压缩流体的流动

第4章 平面势流
4.1 速度势函数与流函数 ……………………………………… (90)
4.2 复位势和复速度 …………………………………………… (93)
4.3 基本流动 …………………………………………………… (94)
 4.3.1 均匀流 ……………………………………………… (94)
 4.3.2 点源(汇) …………………………………………… (95)
 4.3.3 点涡 ………………………………………………… (96)
 4.3.4 绕角流动 …………………………………………… (96)
 4.3.5 偶极子 ……………………………………………… (98)
4.4 圆柱绕流 …………………………………………………… (100)
 4.4.1 无环量圆柱绕流 …………………………………… (100)
 4.4.2 有环量圆柱绕流 …………………………………… (101)
4.5 布拉修斯公式 ……………………………………………… (105)
4.6 镜像法 ……………………………………………………… (109)
 4.6.1 平面定理——以实轴为边界 ……………………… (110)
 4.6.2 平面定理——以虚轴为边界 ……………………… (111)
 4.6.3 圆定理 ……………………………………………… (112)
4.7 保角变换 …………………………………………………… (115)
4.8 茹柯夫斯基变换 …………………………………………… (118)
 4.8.1 椭圆绕流 …………………………………………… (120)
 4.8.2 平板绕流和库塔条件 ……………………………… (123)
4.9 茹柯夫斯基翼型 …………………………………………… (125)
4.10 施瓦兹-克里斯托弗尔变换 ……………………………… (131)
4.11 自由射流 ………………………………………………… (134)

第5章 空间轴对称势流
5.1 速度势函数和斯托克斯流函数 …………………………… (143)
5.2 速度势函数方程的解 ……………………………………… (146)
5.3 基本流动 …………………………………………………… (147)
5.4 半无穷体绕流 ……………………………………………… (151)
5.5 圆球绕流 …………………………………………………… (153)
5.6 旋转体无攻角绕流 ………………………………………… (155)
5.7 巴特勒球定理 ……………………………………………… (157)

5.8　达朗贝尔佯谬 ……………………………………………………… (160)

5.9　奇点对物体的作用力 …………………………………………… (162)

5.10　虚拟质量 ………………………………………………………… (165)

第6章　理想流体的旋涡运动

6.1　涡量场和散度场的诱导速度场 ……………………………… (171)

6.2　直线涡丝和圆形涡丝 …………………………………………… (174)

　　6.2.1　直线涡丝 ……………………………………………… (175)

　　6.2.2　圆形涡丝 ……………………………………………… (178)

6.3　卡门涡街 ………………………………………………………… (181)

6.4　涡层 ……………………………………………………………… (185)

第三部分　粘性不可压缩流体的流动

第7章　纳维-斯托克斯方程的精确解

7.1　定常的平行剪切流动 …………………………………………… (193)

　　7.1.1　库埃特流动 …………………………………………… (194)

　　7.1.2　泊肃叶流动 …………………………………………… (195)

7.2　非定常的平行剪切流动 ………………………………………… (200)

　　7.2.1　突然加速无界平板附近的流动 ……………………… (200)

　　7.2.2　无界振动平板附近的流动 …………………………… (203)

　　7.2.3　平行壁面间的振荡流动 ……………………………… (205)

7.3　平面圆周运动 …………………………………………………… (207)

　　7.3.1　两旋转圆筒间的流动 ………………………………… (207)

　　7.3.2　无限长直涡丝诱导的流动 …………………………… (209)

7.4　几种非线性流动的精确解 ……………………………………… (214)

　　7.4.1　平面滞止区域的流动 ………………………………… (214)

　　7.4.2　收缩形和扩张形通道内的流动 ……………………… (218)

　　7.4.3　多孔壁上的流动 ……………………………………… (221)

第8章　小雷诺数流动

8.1　斯托克斯近似 …………………………………………………… (226)

8.2　绕圆球的缓慢流动 ……………………………………………… (230)

8.3　奥辛近似 ………………………………………………………… (235)

8.4　滑动轴承内润滑油的流动 ……………………………………… (237)

8.5　通过多孔介质的缓慢流动 ……………………………………… (242)

第9章　层流边界层流动

9.1　边界层的几个厚度 ……………………………………………… (246)

9.2　边界层方程 …………………………………………………… (247)

9.3　顺流平板边界层 ……………………………………………… (250)

9.4　边界层方程的相似解 ………………………………………… (255)

9.5　绕楔形物体的流动 …………………………………………… (258)

9.6　动量积分方程 ………………………………………………… (267)

9.7　卡门-波尔豪森近似 ………………………………………… (272)

9.8　边界层分离 …………………………………………………… (279)

9.9　层流边界层的稳定性 ………………………………………… (282)

第10章　紊流

10.1　紊流概述及紊流的统计平均 ……………………………… (289)

　　10.1.1　紊流的基本特性 ……………………………………… (289)

　　10.1.2　紊流的统计平均 ……………………………………… (290)

10.2　紊流的基本方程 …………………………………………… (292)

　　10.2.1　时均流动的连续性方程和运动方程 ……………… (292)

　　10.2.2　雷诺应力方程及紊动能方程 ……………………… (297)

10.3　紊流统计理论和各向同性紊流 …………………………… (299)

　　10.3.1　紊流脉动量的关联 ………………………………… (300)

　　10.3.2　各向同性紊流分析 ………………………………… (301)

　　10.3.3　科尔莫高洛夫局部各向同性假设与紊能谱的一3/5幂次律 … (304)

10.4　紊流模型及紊流的数值模拟 ……………………………… (307)

　　10.4.1　代数涡粘性模型 …………………………………… (308)

　　10.4.2　标准 $k-\varepsilon$ 模型 ………………………………………… (312)

　　10.4.3　雷诺应力模型和代数应力模型 …………………… (316)

　　10.4.4　高级数值模拟简介 ………………………………… (318)

10.5　平壁上的紊流运动 ………………………………………… (319)

10.6　圆管紊流 …………………………………………………… (324)

10.7　平面紊动射流 ……………………………………………… (326)

第四部分　理想可压缩流体的流动

第11章　理想可压缩流体的一维流动

11.1　小扰动在静止流体中的传播 ……………………………… (335)

　　11.1.1　小扰动传播方程和音速 ································· (335)

　　11.1.2　小扰动传播的特征线和黎曼不变量 ············· (339)

　　11.1.3　活塞问题 ··· (341)

　11.2　有限振幅波的传播 ··· (344)

　　11.2.1　有限振幅波传播的特征线和黎曼不变量 ········ (344)

　　11.2.2　简单波 ·· (347)

　　11.2.3　激波的形成 ··· (349)

　11.3　正激波 ·· (351)

　11.4　激波管 ·· (358)

　11.5　一维定常等熵流动 ··· (361)

第 12 章　理想可压缩流体的平面流动

　12.1　势流流动 ·· (365)

　12.2　小扰动理论 ··· (367)

　　12.2.1　势流方程的线性化 ································· (367)

　　12.2.2　边界条件的线性化 ································· (369)

　　12.2.3　压强系数的线性化 ································· (369)

　12.3　波形壁绕流 ··· (370)

　　12.3.1　亚音速流动 ··· (370)

　　12.3.2　超音速流动 ··· (373)

　12.4　普朗特-葛劳渥特法则 ····································· (377)

　12.5　超音速流动的埃克特理论 ································· (378)

　12.6　斜激波 ·· (381)

　12.7　普朗持-迈耶流动 ·· (386)

附录 A　矢量分析和场论 ··· (392)

附录 B　笛卡尔张量 ·· (395)

附录 C　正交曲线坐标系 ··· (401)

附录 D　流体力学基本方程组 ······································ (406)

附录 E　复变函数 ·· (411)

练习题答案 ··· (414)

参考书目 ·· (424)

主题词索引 ··· (426)

第 一 部 分

流体力学的基本方程

　　本书的第一部分将在普遍的物理定律和数学原理的基础上推导流体力学的基本方程。本部分共分三章：作为推导基本方程的理论准备，第 1 章介绍流体力学的一些基本概念；在质量、动量和能量守恒定律的基础上，第 2 章推导流体力学的连续方程、动量方程和能量方程，并给出相应的边界条件；第 3 章介绍几个重要的定理，它们分别是开尔文定理，惯性系和非惯性系中的伯努利方程和涡量动力学方程，这些定理或公式都是在一定的简化条件下从基本方程推出的，可以与基本方程一起使用或替代基本方程，在求解流体力学问题过程中起着重要的作用。

　　在建立了流体力学的基本方程组后，本书的其余章节将讨论不同类型的流动问题，如理想不可压缩流体的流动，粘性不可压缩流体的流动，以及理想可压缩流体的流动等，研究在不同的条件下如何简化和求解基本方程，解释各异的流动现象。本部分则是全书的理论基础。

第 1 章　流体力学的基本概念

　　本章首先介绍流体力学采用的两种参考系,拉格朗日参考系和欧拉参考系;然后给出物质导数的表达式和雷诺输运公式,它们把拉格朗日参考系内的导数与欧拉参考系内的导数联系起来;在导出应变率张量和应力张量的基础上,推导牛顿流体的本构方程;还介绍涡量与有旋运动的概念。

1.1　拉格朗日参考系和欧拉参考系

　　在流体力学中把流体看作是连续介质,认为流体由无穷多的流体质点连续无间隙地组成。流体质点的几何尺寸与各别流体分子间的距离相比充分大,流体质点中包含着大量的流体分子,因此流体的宏观物理量可以看作是对流体分子的相应微观量的统计平均,具有确定的数值;而与流场中研究对象的宏观尺寸相比,流体质点的几何尺寸充分小,可以看作只占据空间的一个点。流体力学研究的最小物质实体是流体质点,在流体力学中讨论的流体速度、温度和密度等变量,实际上是指流体质点的速度、温度和密度等。

　　流体力学采用两种参考系描述流体质点的运动,即拉格朗日参考系和欧拉参考系。在拉格朗日参考系中,给出各个流体质点的空间位置随时间的变化,而把流体的物理量表示为流体质点和时间的函数。为了描写流体质点空间位置及其物理量的变化,必须首先区分不同的流体质点。设初始时刻 t_0 某一流体质点位于 $r_0(x_0, y_0, z_0)$,约定用 $r_0(x_0, y_0, z_0)$ 作为该流体质点的标志,不同的 $r_0(x_0, y_0, z_0)$ 代表不同的流体质点,于是流体质点在 t 时刻的位置可表示为

$$x = x(x_0, y_0, z_0, t), \quad y = y(x_0, y_0, z_0, t), \quad z = z(x_0, y_0, z_0, t) \quad (1.1a)$$

或者以位置矢量表示为

$$\boldsymbol{r} = \boldsymbol{r}(\boldsymbol{r}_0, t) \quad \text{或} \quad x_i = x_i(x_{01}, x_{02}, x_{03}, t) = x_i(x_{0j}, t) \quad (1.1b)$$

式中 x_i 的下标 i 称自由指标,可分别取 1、2 和 3,于是 x_i 的方程就代表了 3 个标量方程;上式括号内的自变量 x_{0j} 表示 x_{01}、x_{02} 和 x_{03},它的下标 j 并非自由指标,只表示在其取值范围内逐一取值。这里用 $r_0(x_0, y_0, z_0)$ 来区分不同的流体质点,而用 t 来确定流体质点的不同空间位置。与流体质点相关的物理量也表示为

$$p = p(\boldsymbol{r}_0, t), \quad \rho = \rho(\boldsymbol{r}_0, t), \quad T = T(\boldsymbol{r}_0, t) \tag{1.1c}$$

等等。在以上表达式中,如果固定 $\boldsymbol{r}_0$,而让时间 t 变化,则得到某一确定流体质点的空间位置及其相关物理量随时间的变化规律;如果固定时间 t,而让 $\boldsymbol{r}_0$ 变化,则得到同一时刻不同流体质点的空间位置及其相关物理量。称 $\boldsymbol{r}_0(x_0, y_0, z_0)$ 为拉格朗日坐标。

与拉格朗日参考系不同,在欧拉参考系中着眼点不是流体质点,而是空间点 $\boldsymbol{r}(x, y, z)$,把流体的运动表示为空间点和时间的函数。在欧拉参考系中采用速度表示流体运动的变化,式如

$$u = u(x, y, z, t), \quad v = v(x, y, z, t), \quad w = w(x, y, z, t) \tag{1.2a}$$

或者表示为

$$\boldsymbol{u} = \boldsymbol{u}(\boldsymbol{r}, t) \quad \text{或} \quad u_i = u_i(x_j, t) \tag{1.2b}$$

相关的物理量则表示为

$$p = p(\boldsymbol{r}, t), \quad \rho = \rho(\boldsymbol{r}, t), \quad T = T(\boldsymbol{r}, t) \tag{1.2c}$$

等等。在以上表达式中,如果固定 $\boldsymbol{r}(x, y, z)$,而让时间 t 变化,就得到某一空间点上的流体速度及其相关物理量随时间的变化规律;如果固定时间 t,而让 $\boldsymbol{r}(x, y, z)$ 变化,则得到同一时刻流体速度及其相关物理量在空间的分布规律。作为连续介质,流体所在区域的任一空间点在某一时刻总是被一个流体质点所占据,因此流体在该空间点上的速度和物理量就是该流体质点在该时刻的速度和物理量;下一时刻,占据该空间点的流体质点改变了,这一空间点的速度和物理量也就发生了变化。这里称 $\boldsymbol{r}(x, y, z)$ 为欧拉坐标。

在欧拉参考系中,空间坐标 x, y, z 和时间 t 是相互独立的变量;而在拉格朗日参考系中,x, y, z 和 t 不是相互独立的,此时 x, y, z 表示流体质点的空间位置,在流动过程中,流体质点的空间位置随时间而变化,因此 x, y, z 是时间 t 的函数。

为了使读者熟悉拉格朗日坐标和欧拉坐标及其相互联系,考虑一个流体微团的体积变化。设在初始时刻 t_0 此流体微团的边长分别为 δx_0、δy_0 和 δz_0,体积 $\delta V_0 = \delta x_0 \delta y_0 \delta z_0$,如图 1.1 所示。随时间推移,由于此流体微团内各点速度彼此不同,流体微团发生了变形,三个相邻边边长可分别以矢量形式表示为

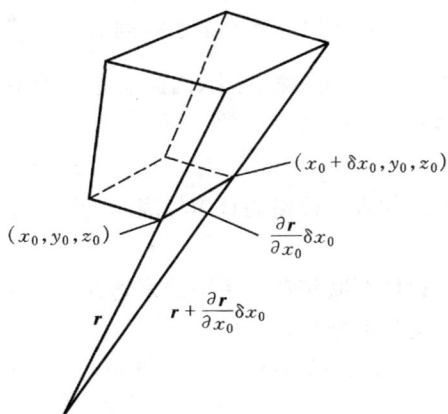

图 1.1　拉格朗日坐标系中的流体微元

$$\frac{\partial \boldsymbol{r}}{\partial x_0}\delta x_0, \quad \frac{\partial \boldsymbol{r}}{\partial y_0}\delta y_0, \quad \frac{\partial \boldsymbol{r}}{\partial z_0}\delta z_0$$

于是,变形后的流体微团体积可用上述三个微元矢量的混合积表示为

$$\delta\tau = \left(\frac{\partial \boldsymbol{r}}{\partial x_0} \times \frac{\partial \boldsymbol{r}}{\partial y_0}\right) \cdot \frac{\partial \boldsymbol{r}}{\partial z_0}\delta x_0\delta y_0\delta z_0 = \begin{vmatrix} \dfrac{\partial x}{\partial x_0} & \dfrac{\partial y}{\partial x_0} & \dfrac{\partial z}{\partial x_0} \\ \dfrac{\partial x}{\partial y_0} & \dfrac{\partial y}{\partial y_0} & \dfrac{\partial z}{\partial y_0} \\ \dfrac{\partial x}{\partial z_0} & \dfrac{\partial y}{\partial z_0} & \dfrac{\partial z}{\partial z_0} \end{vmatrix}\delta\tau_0 = J\delta\tau_0$$

式中

$$J = \frac{\partial(x,y,z)}{\partial(x_0,y_0,z_0)} = \begin{vmatrix} \dfrac{\partial x}{\partial x_0} & \dfrac{\partial y}{\partial x_0} & \dfrac{\partial z}{\partial x_0} \\ \dfrac{\partial x}{\partial y_0} & \dfrac{\partial y}{\partial y_0} & \dfrac{\partial z}{\partial y_0} \\ \dfrac{\partial x}{\partial z_0} & \dfrac{\partial y}{\partial z_0} & \dfrac{\partial z}{\partial z_0} \end{vmatrix} \tag{1.3}$$

称作 x,y,z 相对于 x_0,y_0,z_0 的雅可比行列式。设在 t 时刻和初始时刻 t_0 流体微团的密度分别为 ρ 和 ρ_0,由质量守恒 $\rho\delta\tau = \rho_0\delta\tau_0$ 有

$$J = \frac{\delta\tau}{\delta\tau_0} = \frac{\rho_0}{\rho} \tag{1.4}$$

可见雅可比行列式 J 表示一流体微团在 t 时刻和初始时刻 t_0 的体积之比,也表示初始时刻 t_0 和 t 时刻的密度比。

下边讨论流体的运动学变量和其他物理量在两种参考系之间的相互转换。式(1.1a)和式(1.1b)给出了拉格朗日参考系中流体质点的运动规律,即流体质点 $\boldsymbol{r}_0$ 在时刻 t 的空间位置。由于行列式 $J = \dfrac{\partial(x,y,z)}{\partial(x_0,y_0,z_0)}$ 表示同一流体微团在 t 时刻和初始时刻 t_0 的体积之比,因此总是一个有限大的正数,于是从数学上讲一定可以求得式(1.1b)的反函数,式如

$$\boldsymbol{r}_0 = \boldsymbol{r}_0(\boldsymbol{r},t) \quad 或 \quad x_{0i} = x_{0i}(x_j,t) \tag{1.5}$$

将上式代入以拉格朗日坐标表示的速度表达式

$$\boldsymbol{u} = \boldsymbol{u}[\boldsymbol{r}_0(\boldsymbol{r},t),t] = \boldsymbol{u}(\boldsymbol{r},t)$$

即得速度在欧拉参考系中的表达式。对 $p = p(\boldsymbol{r}_0,t)$、$\rho = \rho(\boldsymbol{r}_0,t)$ 和 $T = T(\boldsymbol{r}_0,t)$ 也可作类似的处理,从而得到欧拉参考系中的相应表达式 $p = p(\boldsymbol{r},t)$、$\rho = \rho(\boldsymbol{r},t)$ 和 $T = T(\boldsymbol{r},t)$。反过来,如已知欧拉参考系中的速度矢量 $\boldsymbol{u} = \boldsymbol{u}(\boldsymbol{r},t)$,该式又可表示为

$$\frac{\mathrm{d}x}{\mathrm{d}t} = u(x,y,z,t), \quad \frac{\mathrm{d}y}{\mathrm{d}t} = v(x,y,z,t), \quad \frac{\mathrm{d}z}{\mathrm{d}t} = w(x,y,z,t) \tag{1.6a}$$

或写为

$$\frac{\mathrm{d}\boldsymbol{r}}{\mathrm{d}t} = \boldsymbol{u}(\boldsymbol{r}, t) \tag{1.6b}$$

积分上式得 $\boldsymbol{r} = \boldsymbol{r}(c_1, c_2, c_3, t)$, 式中 c_1, c_2, c_3 是积分常数, 可由 $t = t_0$ 时 $\boldsymbol{r} = \boldsymbol{r}_0$ 的初始条件来确定,

$$c_1 = c_1(\boldsymbol{r}_0), \quad c_2 = c_2(\boldsymbol{r}_0), \quad c_3 = c_3(\boldsymbol{r}_0)$$

于是最终得

$$\boldsymbol{r} = \boldsymbol{r}(\boldsymbol{r}_0, t)$$

上式即为流体质点 $\boldsymbol{r}_0$ 的运动轨迹方程, 当 $\boldsymbol{r}_0$ 确定而 t 变化时该方程描绘出空间的一条轨迹曲线; 当 t 不变而取不同的 $\boldsymbol{r}_0$ 时, 该方程表示不同流体质点的轨迹。将上式代入式 (1.2c) 即可得到拉格朗日参考系中相应物理量的表达式。

采用欧拉参考系常常比采用拉格朗日参考系优越, 因为采用欧拉参考系时, 速度、密度和压强等均是空间位置和时间的函数, 即速度场、密度场和压强场等, 因而可以广泛利用已经研究得很多的场论和矢量、张量分析的知识, 使理论研究具有强有力的数学工具。而采用拉格朗日参考系时, 各相关物理量的定义区域不是场, 因为它们不是空间坐标的函数, 而是质点 $\boldsymbol{r}_0(x_0, y_0, z_0)$ 的函数, 若采用拉格朗日参考系就无上述便利。另外, 在解决工程实际问题时常常没有必要知道每一个流体质点的详细运动历史, 通常只要知道了空间点上的速度、压强分布等就可使问题得到圆满解决, 因此欧拉参考系在流体力学中得到广泛应用。当然也不应忽视拉格朗日参考系的作用, 在某些情形下, 应用拉格朗日参考系则更为方便, 比如在气固两相流动的计算中常常需要应用拉格朗日坐标分析固体颗粒的运动轨迹。

例 1 拉格朗日坐标 (x_0, y_0, z_0) 表示的流体运动规律为

$$x = x_0 \mathrm{e}^{-2t}, \quad y = y_0(1+t)^2, \quad z = z_0 \mathrm{e}^{2t}(1+t)^{-2}$$

(1) 求以欧拉坐标表示的速度场; (2) 试确定流动是否为定常流动; (3) 求加速度。

解 (1) 求速度场,

$$u = \frac{\partial x}{\partial t} = -2x_0 \mathrm{e}^{-2t}$$

$$v = \frac{\partial y}{\partial t} = 2y_0(1+t)$$

$$w = \frac{\partial z}{\partial t} = 2z_0 \mathrm{e}^{2t}[(1+t)^{-2} - (1+t)^{-3}] = \frac{2z_0 \mathrm{e}^{2t}(1+t)^{-2}t}{1+t}$$

由已知条件 $x_0 = x\mathrm{e}^{2t}, y_0 = y(1+t)^{-2}, z_0 = z\mathrm{e}^{-2t}(1+t)^2$, 代入上式,

$$u = -2x, \quad v = 2y(1+t)^{-1}, \quad w = 2zt(1+t)^{-1}$$

(2) 速度的欧拉表达式中包含变量 t, 因此是非定常流动。

(3) 利用以拉格朗日坐标表示的速度求加速度,

$$a_x = \frac{\partial u}{\partial t} = 4x_0 e^{-2t} = 4x$$

$$a_y = \frac{\partial v}{\partial t} = 2y_0 = \frac{2y}{(1+t)^2}$$

$$a_z = \frac{\partial w}{\partial t} = \frac{2z_0 e^{2t}}{(1+t)^3} + \frac{4z_0 e^{2t}t}{(1+t)^3} - \frac{6z_0 e^{2t}t}{(1+t)^4}$$

$$= \frac{2z_0 e^{2t}(1+2t^2)}{(1+t)^4} = \frac{2z(1+2t^2)}{(1+t)^2}$$

解毕。

1.2　迹线、流线和脉线

迹线

迹线是流体质点在空间运动过程中描绘出来的曲线,即轨迹。当给定欧拉参考系中的速度时,迹线可通过式(1.6a)或式(1.6b)计算,用张量下标的形式可以表示为

$$\frac{dx_i}{dt} = u_i(x_j, t) \tag{1.7}$$

在以上方程中 t 是自变量,x_i 是流体质点的空间坐标,是 t 的函数。给定初始条件,$t = t_0$ 时 $x = x_0, y = y_0, z = z_0$,可得到迹线方程

$$x_i = x_i(x_{0j}, t)$$

从式(1.6b)可以看出,一个流体质点的速度矢量总是和该质点的迹线相切。因此,迹线也可以定义为始终与同一个流体质点的速度矢量相切的曲线。

流线

流线是流场中的一条曲线,曲线上每一点的速度矢量方向和曲线在该点的切线方向相同。对于非定常流动,空间给定点的速度大小和方向随时间而变化,因此谈到流线总是指某一给定时刻的流线。与迹线不同,流线在同一时刻和不同流体质点的速度矢量相切。设 $d\boldsymbol{r} = dx\boldsymbol{i} + dy\boldsymbol{j} + dz\boldsymbol{k}$ 是流线上的线元,而 $\boldsymbol{u} = u\boldsymbol{i} + v\boldsymbol{j} + w\boldsymbol{k}$ 是线元所在点的速度矢量,根据流线定义,$d\boldsymbol{r}$ 和 $\boldsymbol{u}$ 相互平行,于是有 $d\boldsymbol{r} \times \boldsymbol{u} = 0$,即

$$\frac{dx}{u(x,y,z,t)} = \frac{dy}{v(x,y,z,t)} = \frac{dz}{w(x,y,z,t)} \tag{1.8a}$$

由于流线是针对某一瞬时的,上式中的 t 在积分过程中可当作常数看待。引入参变量 s,令

$$\frac{\mathrm{d}x}{u} = \frac{\mathrm{d}y}{v} = \frac{\mathrm{d}z}{w} = \mathrm{d}s$$

定义参数 s 为沿流线度量的量,在某一参考点取 $s=0$,沿着流线其值增加。上式用张量下标形式可写为

$$\frac{\mathrm{d}x_i}{\mathrm{d}s} = u_i(x_j, t) \tag{1.8b}$$

如果所求流线经过 (x_*, y_*, z_*) 点,则初始条件为 $s=0$ 时,$x=x_*$,$y=y_*$,$z=z_*$。积分式(1.8b)得

$$x_i = x_i(x_{*j}, t, s) \tag{1.8c}$$

上式即流线的参数方程,消去 s 即可得到流线方程。

脉线

　　流体力学实验中经常采用所谓流场显示技术来直观地显现流场结构,比如可从固定点连续地向液体流场中注入与液体密度相同的染色液,该染色液形成很细的色线,称染色线。在气体情形下则可注入烟气,形成烟线。染色线、烟线也称脉线。脉线是把相继经过流场中同一空间点的流体质点在某瞬时顺序连接起来得到的一条线。

　　积分式(1.7),初始条件为 $t=\tau$ 时,$x=x_*$,$y=y_*$,$z=z_*$,$\boldsymbol{r}_*(x_*, y_*, z_*)$ 点是流场中染色液或示踪烟气的注入点,可得到方程

$$x_i = x_i(x_{*j}, t, \tau) \quad \text{或} \quad \boldsymbol{r} = \boldsymbol{r}(\boldsymbol{r}_*, t, \tau)$$

　　上式的物理意义可用图 1.2 来说明:如果固定 τ,而让 t 在 $t \geqslant \tau$ 的范围内变化时,式子给出了在 τ 时刻通过点 $\boldsymbol{r}_*(x_*, y_*, z_*)$ 的一个流体质点的迹线,如图中虚线所示,不同的虚线代表在不同的时刻 τ 经过 $\boldsymbol{r}_*(x_*, y_*, z_*)$ 点的流体质点的各别迹线;如果固定 t,而让 τ 取 $-\infty \leqslant \tau \leqslant t$ 范围内的所有值,式子就给出了 t 瞬时前顺序经由 $\boldsymbol{r}_*(x_*, y_*, z_*)$ 点进入流场的所有流体质点在 t 时刻的不同空间位置,即脉线,如图中实线所示。可见上式就是欲求的脉线方程,式中 τ 的取值范围为 $-\infty \leqslant \tau \leqslant t$,$t$ 是参变量,t 取不同的值就得到不同时刻的脉线。

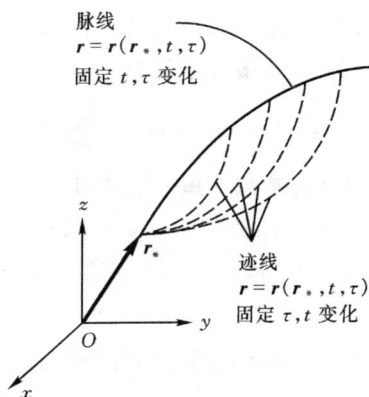

脉线
$\boldsymbol{r} = \boldsymbol{r}(\boldsymbol{r}_*, t, \tau)$
固定 t,τ 变化

迹线
$\boldsymbol{r} = \boldsymbol{r}(\boldsymbol{r}_*, t, \tau)$
固定 τ,t 变化

图 1.2　脉线和迹线

　　在非定常流动中,迹线、流线和脉线一般说来是不相重合的。但在定常流动

中,三种曲线合而为一。

流管

与流线相关的一个重要概念是流管。如图 1.3 所示,在流场内作一非流线且不自相交的封闭曲线,在某一瞬时过该曲线上每一点的流线构成一个管状表面,称流管。若流管的横截面无限小,则称流管元。由于流管表面由流线组成,所以流体不能穿越流管面流进或流出,而只能从流管的一端流入,从另一端流出。

图 1.3 流管

例 2 已知平面流动速度场 $u=x(1+2t)$,$v=y$,$w=0$。求:(1) $t=0$ 时刻通过(1,1)点的流体质点的迹线;(2) $t=0$ 时刻通过(1,1)点的流线;(3) $t=0$ 时刻通过(1,1)点的脉线。

解 (1)迹线微分方程为

$$\frac{\mathrm{d}x}{\mathrm{d}t}=x(1+2t),\qquad \frac{\mathrm{d}y}{\mathrm{d}t}=y$$

积分以上两式得

$$x=C_1 e^{t(1+t)},\qquad y=C_2 e^t$$

由条件 $t=0$ 时 $x=y=1$,可解出 $C_1=C_2=1$,于是

$$x=e^{t(1+t)},\qquad y=e^t$$

从上两式中消去 t 得

$$x=y^{1+\ln y} \qquad\qquad (a)$$

上式即所求迹线在 xOy 平面内的方程。

(2)流线微分方程为

$$\frac{\mathrm{d}x}{\mathrm{d}s}=x(1+2t),\qquad \frac{\mathrm{d}y}{\mathrm{d}s}=y$$

上式中 t 为常数。积分上式得

$$x=C_1 e^{(1+2t)s},\qquad y=C_2 e^s$$

由条件 $s=0$ 时 $x=y=1$,可解出 $C_1=C_2=1$,于是

$$x=e^{(1+2t)s},\qquad y=e^s$$

上两式即流线的参数方程。消去 s 得

$$x=y^{1+2t}$$

由上式可以看出,通过(1,1)点的流线随时间 t 不同而不同。取 $t=0$,则

$$x=y \qquad\qquad (b)$$

(3)脉线的微分方程和通解与迹线的微分方程和通解相同,即

$$x=C_1 e^{t(1+t)},\qquad y=C_2 e^t$$

初始条件为 $t=\tau$ 时 $x=y=1$,可解出 $C_1=\mathrm{e}^{-\tau(1+\tau)}$,$C_2=\mathrm{e}^{-\tau}$,代入上两式得

$$x=\mathrm{e}^{t(1+t)-\tau(1+\tau)},\quad y=\mathrm{e}^{t-\tau}$$

上两式即通过 $(1,1)$ 点的脉线方程,式中 $-\infty\leqslant\tau\leqslant t$。显然在不同时刻 t,脉线形状也不同。令 $t=0$,则 $x=\mathrm{e}^{-\tau(1+\tau)}$,$y=\mathrm{e}^{-\tau}$,消去 τ 得

$$x=y^{1-\ln y} \tag{c}$$

(a)、(b)和(c)式的曲线分别在图 1.4 中给出,由于运动是非定常的,三条曲线形状各异,不相重合。

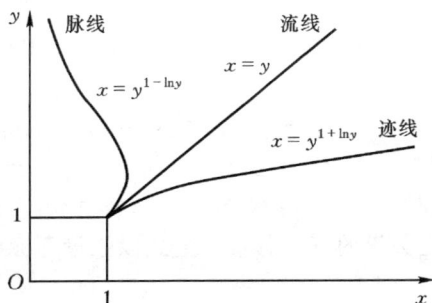

图 1.4　非定常流动的迹线、流线和脉线

1.3　物质导数

在拉格朗日参考系中流体质点的位置矢量为 $\boldsymbol{r}=\boldsymbol{r}(\boldsymbol{r}_0,t)$,流体质点的速度和加速度可分别用上述矢量对时间的一阶和二阶偏导数来表示,

$$\boldsymbol{u}=\left(\frac{\partial\boldsymbol{r}}{\partial t}\right)_{r_0},\quad \boldsymbol{a}=\left(\frac{\partial^2\boldsymbol{r}}{\partial t^2}\right)_{r_0}$$

这里角标 $\boldsymbol{r}_0$ 表示对 t 求导时保持 $\boldsymbol{r}_0$ 不变,即求导是针对同一个流体质点的。在欧拉参考系中速度则是空间坐标和时间的函数,$\boldsymbol{u}=\boldsymbol{u}(\boldsymbol{r},t)$,该速度对时间的偏导数为

$$\left(\frac{\partial\boldsymbol{u}}{\partial t}\right)_r$$

它不是 t 时刻占据 $\boldsymbol{r}(x,y,z)$ 点的流体质点的加速度,求偏导过程中保持 $\boldsymbol{r}$ 不变,因此它表示某一空间点上的流动速度随时间的变化。同一空间点在不同时刻被不同的流体质点所占据,上述偏导数如不等于零,就意味着依次占据该空间点的流体质点的速度彼此不同,它并不表示同一流体质点的速度随时间的变化率。那么,在欧拉描述中如何表示一个流体质点的速度变化率——加速度呢?

设某流体质点 t 时刻位于点 $\boldsymbol{r}$,速度为 $\boldsymbol{u}=\boldsymbol{u}(\boldsymbol{r},t)$,$t+\delta t$ 时刻这一流体质点运

动到邻近点 $r+\delta r$,其速度为 $u=u(r+\delta r,t+\delta t)$,则此流体质点的加速度按照定义为

$$a = \lim_{\delta t \to 0} \frac{u(r+\delta r,t+\delta t) - u(r,t)}{\delta t}$$

将 $u=u(r+\delta r,t+\delta t)$ 对 $r(x,y,z)$ 点和时刻 t 作泰勒级数展开,并略去高阶小量得

$$u(r+\delta r,t+\delta t) = u(r,t) + \frac{\partial u}{\partial x}\delta x + \frac{\partial u}{\partial y}\delta y + \frac{\partial u}{\partial z}\delta z + \frac{\partial u}{\partial t}\delta t$$

于是

$$a = \lim_{\delta t \to 0} \frac{u(r,t) + \frac{\partial u}{\partial x}\delta x + \frac{\partial u}{\partial y}\delta y + \frac{\partial u}{\partial z}\delta z + \frac{\partial u}{\partial t}\delta t - u(r,t)}{\delta t}$$

$$= \lim_{\delta t \to 0}\left(\frac{\partial u}{\partial t} + \frac{\partial u}{\partial x}\frac{\delta x}{\delta t} + \frac{\partial u}{\partial y}\frac{\delta y}{\delta t} + \frac{\partial u}{\partial z}\frac{\delta z}{\delta t}\right) = \frac{\partial u}{\partial t} + u\frac{\partial u}{\partial x} + v\frac{\partial u}{\partial y} + w\frac{\partial u}{\partial z}$$

上式推导中用到 $\delta t \to 0$ 时 $\delta x/\delta t=u, \delta y/\delta t=v, \delta z/\delta t=w$,它们分别表示流体质点 t 时刻在 $r(x,y,z)$ 点速度矢量的三个分量。上式以张量下标形式可表示为

$$a_i = \frac{\partial u_i}{\partial t} + u_j\frac{\partial u_i}{\partial x_j}$$

式子右侧第二项同时出现两个下标 j,表示 j 分别取 $1,2$ 和 3,然后求和。j 称求和指标,也称哑指标。上述加速度的表达式是在欧拉参考系中推得的,该表达式也可以从拉格朗日参考系出发推出。在拉格朗日参考系中,$r(x,y,z)$ 是拉格朗日坐标 $r_0(x_0,y_0,z_0)$ 和时间 t 的函数,即 $r=r(r_0,t)$,代入 $u=u(r,t)$,

$$u = u[r(r_0,t),t] \quad \text{或} \quad u_i = u_i[x_j(x_{0k},t),t]$$

保持 r_0 恒定,求速度 u 对时间 t 的偏导数,即得到加速度,以张量下标形式表示

$$a_i = \left(\frac{\partial u_i}{\partial t}\right)_{x_{0k}} = \left(\frac{\partial u_i}{\partial t}\right)_{x_j} + \left(\frac{\partial u_i}{\partial x_j}\right)_t\left(\frac{\partial x_j}{\partial t}\right)_{x_{0k}}$$

注意到 $(\partial x_j/\partial t)_{x_{0k}}=u_j, (\partial u_i/\partial t)_{x_j}$ 和 $(\partial u_i/\partial x_j)_t$ 则均是欧拉参考系中的导数,去掉各个导数的角标,上式可以张量下标形式改写为

$$a_i = \frac{\partial u_i}{\partial t} + u_j\frac{\partial u_i}{\partial x_j}$$

与在欧拉坐标系内推得的 a 的表达式完全相同。

上述形式的表达式不仅可以用来表示流体质点的速度随时间的变化率,也可以用来表示流体质点的任一物理量随时间的变化率,无论这一物理量是标量还是矢量。设物理量 η 是欧拉变量 r 和时间 t 的函数,$\eta=\eta(r,t)$ 定义了空间的 η 量的场。流体力学中用 $D\eta/Dt$ 表示一个流体质点的 η 量随时间的变化率,即

$$\frac{D\eta}{Dt} = \frac{\partial \eta}{\partial t} + u\frac{\partial \eta}{\partial x} + v\frac{\partial \eta}{\partial y} + w\frac{\partial \eta}{\partial z} = \frac{\partial \eta}{\partial t} + u_i\frac{\partial \eta}{\partial x_i} \tag{1.9a}$$

式中右侧第一项 $\partial\eta/\partial t$ 是空间点上的 η 量的变化率,它是由 η 场的不定常性引起的,称为局部导数或当地导数;后三项 $u\dfrac{\partial\eta}{\partial x}+v\dfrac{\partial\eta}{\partial y}+w\dfrac{\partial\eta}{\partial z}=u_i\dfrac{\partial\eta}{\partial x_i}$ 则表示由于流体质点在不均匀的 η 场内移动而引起的 η 量的变化,称为位变导数或对流导数。这里以 $u\dfrac{\partial\eta}{\partial x}$ 为例来说明对流导数的物理意义:流体质点在 δt 时间内沿 x 方向移动的距离是 $u\delta t$,而 η 量沿 x 方向单位长度的变化是 $\dfrac{\partial\eta}{\partial x}$,于是沿 x 方向在 $u\delta t$ 距离内 η 量的变化为 $u\delta t\dfrac{\partial\eta}{\partial x}$,单位时间内的变化则为 $u\dfrac{\partial\eta}{\partial x}$;同样可以推知 $v\dfrac{\partial\eta}{\partial y}$ 和 $w\dfrac{\partial\eta}{\partial z}$ 分别表示单位时间内 η 量沿 y 方向和 z 方向的变化。一个流体质点 η 量的总变化率 $\mathrm{D}\eta/\mathrm{D}t$ 等于局部导数和对流导数之和,称为物质导数,或质点导数,随体导数。由以上分析可知,在定常场内,物质导数等于对流导数;在均匀场内或流体静止时,物质导数等于局部导数;在定常的均匀场内,物质导数为零。

物质导数是针对流体质点的,它表示流体质点的物理量对时间的变化率。物质导数本质上是拉格朗日参考系内的导数,式(1.9a)则给出了物质导数在欧拉参考系内的表达式。

式(1.9a)常常缩写为

$$\frac{\mathrm{D}\eta}{\mathrm{D}t}=\frac{\partial\eta}{\partial t}+(\boldsymbol{u}\cdot\nabla)\eta \tag{1.9b}$$

式中算符 $(\boldsymbol{u}\cdot\nabla)=u\dfrac{\partial}{\partial x}+v\dfrac{\partial}{\partial y}+w\dfrac{\partial}{\partial z}$,可以看作速度矢量 $\boldsymbol{u}=u\boldsymbol{i}+v\boldsymbol{j}+w\boldsymbol{k}$ 和哈密顿算子 $\nabla=\boldsymbol{i}\dfrac{\partial}{\partial x}+\boldsymbol{j}\dfrac{\partial}{\partial y}+\boldsymbol{k}\dfrac{\partial}{\partial z}$ 作点积运算的结果。正交曲线坐标系中算符 $(\boldsymbol{u}\cdot\nabla)$ 的表达式请参阅附录 C。

例 3 为研究城市的空气污染情况,需测量某项污染指标 s 随时间的变化率,采用了三种方法:(1)把测量探头安装在一高塔上;(2)把探头安装在一直升飞机上,直升飞机速度为 $\boldsymbol{U}$;(3)把探头安装在一气球上,设气球随气流运动,与气流速度相同,气流速度为 $\boldsymbol{u}$。试用数学公式分别表示上述三种方法的测量结果。

解 (1)高塔探头测得的是在流场某一固定点上的 s 随时间的变化率,即 s 的当地导数,

$$\frac{\partial s}{\partial t}$$

(2)直升飞机上探头测得的 s 变化率应等于 s 的当地变化率加上 s 的空间变化率与直升飞机速度的乘积,

$$\frac{\partial s}{\partial t}+U_i\frac{\partial s}{\partial x_i}$$

请注意上式并不是 s 的物质导数。

(3)由于气球与空气速度相同,气球上探头测得的 s 变化率就是 s 的随体导数,或物质导数,

$$\frac{\mathrm{D}s}{\mathrm{D}t} = \frac{\partial s}{\partial t} + u_i \frac{\partial s}{\partial x_i}$$

　　　　　　　　解毕。

例4　考虑图 1.5 所示收缩通道内理想不可压缩流体的一维定常流动,设 $A(x) = A_0/(1+x/l)$,$x=0$ 处 $u=u_0$,分别求欧拉和拉格朗日参考系内的速度和加速度表达式。

解　(1) 欧拉参考系。由于是不可压缩流体流动,通过 A_0 截面和 $A(x)$ 截面的流体体积流量相等,$A_0 u_0 = Au$,于是

$$u(x) = u_0 A_0/A = u_0(1+x/l) \qquad \text{(a)}$$

加速度等于 $u(x)$ 的物质导数,$a_x = \dfrac{\mathrm{D}u}{\mathrm{D}t} = \dfrac{\partial u}{\partial t} + u\dfrac{\partial u}{\partial x}$,将 $u(x)$ 的表达式代入上式得

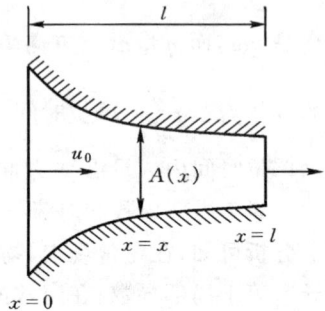

图 1.5　收缩通道内的理想不可压缩流体的一维流动

$$a_x = \frac{u_0^2}{l}\left(1 + \frac{x}{l}\right) \qquad \text{(b)}$$

(2) 拉格朗日参考系。在拉格朗日参考系中 $u=u(t)$,是 $t=0$ 时刻从 $x=0$ 出发的流体质点的速度表达式。由式(1.7)和式(a)得

$$\frac{\mathrm{d}x}{\mathrm{d}t} = u_0(1+x/l)$$

分离变量,并积分上式

$$\int_0^x \frac{\mathrm{d}x}{1+x/l} = \int_0^t u_0 \mathrm{d}t \;\Rightarrow\; l\ln(1+x/l) = u_0 t \;\Rightarrow\; 1+\frac{x}{l} = \exp\left(\frac{u_0 t}{l}\right) \;\Rightarrow$$

$$x = l\left[\exp\left(\frac{u_0 t}{l}\right) - 1\right] \qquad \text{(c)}$$

两边对 t 求导

$$u = \frac{\mathrm{d}x}{\mathrm{d}t} = u_0 \exp\left(\frac{u_0 t}{l}\right) \qquad \text{(d)}$$

再对 t 求导

$$a_x = \frac{\mathrm{d}}{\mathrm{d}t}u(x) = \frac{u_0^2}{l}\exp\left(\frac{u_0 t}{l}\right) \qquad \text{(e)}$$

式(d)和(e)分别是拉格朗日参考系中的速度和加速度。

1.4　速度分解定理

1.4.1　速度分解定理,应变率张量和旋转率张量

如果流场内一点 $M(r)$ 的速度已知,则同一瞬时 M 点邻域内另一点 $M'(r+\delta r)$ 相对于 M 点的速度(见图 1.6)可通过泰勒级数展开的方法求得

$$\delta u = \frac{\partial u}{\partial x}\delta x + \frac{\partial u}{\partial y}\delta y + \frac{\partial u}{\partial z}\delta z \qquad (1.10\mathrm{a})$$

或以张量下标形式表示为

$$\delta u_i = \frac{\partial u_i}{\partial x_j}\delta x_j \qquad (1.10\mathrm{b})$$

上式可以矩阵形式写为

$$\begin{bmatrix} \delta u \\ \delta v \\ \delta w \end{bmatrix} = \begin{bmatrix} \dfrac{\partial u}{\partial x} & \dfrac{\partial u}{\partial y} & \dfrac{\partial u}{\partial z} \\ \dfrac{\partial v}{\partial x} & \dfrac{\partial v}{\partial y} & \dfrac{\partial v}{\partial z} \\ \dfrac{\partial w}{\partial x} & \dfrac{\partial w}{\partial y} & \dfrac{\partial w}{\partial z} \end{bmatrix} \begin{bmatrix} \delta x \\ \delta y \\ \delta z \end{bmatrix} \qquad (1.10\mathrm{c})$$

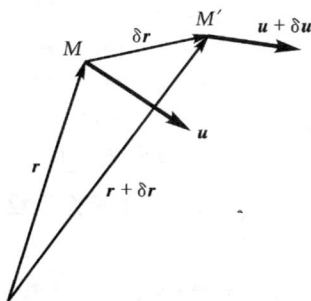

图 1.6　一点邻域内的运动分析

式中 $\dfrac{\partial u_i}{\partial x_j}$ 或 $\begin{bmatrix} \dfrac{\partial u}{\partial x} & \dfrac{\partial u}{\partial y} & \dfrac{\partial u}{\partial z} \\ \dfrac{\partial v}{\partial x} & \dfrac{\partial v}{\partial y} & \dfrac{\partial v}{\partial z} \\ \dfrac{\partial w}{\partial x} & \dfrac{\partial w}{\partial y} & \dfrac{\partial w}{\partial z} \end{bmatrix}$ 是一个二阶张量,称速度梯度张量,可以分解成一个对

称张量和一个反对称张量之和,式如

$$\frac{\partial u_i}{\partial x_j} = \frac{1}{2}\left(\frac{\partial u_i}{\partial x_j}+\frac{\partial u_j}{\partial x_i}\right) + \frac{1}{2}\left(\frac{\partial u_i}{\partial x_j}-\frac{\partial u_j}{\partial x_i}\right) = \boldsymbol{S}+\boldsymbol{A} \qquad (1.11)$$

其中

$$\boldsymbol{S} = s_{ij} = \frac{1}{2}\left(\frac{\partial u_i}{\partial x_j}+\frac{\partial u_j}{\partial x_i}\right)$$

$$= \begin{bmatrix} \dfrac{\partial u}{\partial x} & \dfrac{1}{2}\left(\dfrac{\partial u}{\partial y}+\dfrac{\partial v}{\partial x}\right) & \dfrac{1}{2}\left(\dfrac{\partial u}{\partial z}+\dfrac{\partial w}{\partial x}\right) \\ \dfrac{1}{2}\left(\dfrac{\partial v}{\partial x}+\dfrac{\partial u}{\partial y}\right) & \dfrac{\partial v}{\partial y} & \dfrac{1}{2}\left(\dfrac{\partial v}{\partial z}+\dfrac{\partial w}{\partial y}\right) \\ \dfrac{1}{2}\left(\dfrac{\partial w}{\partial x}+\dfrac{\partial u}{\partial z}\right) & \dfrac{1}{2}\left(\dfrac{\partial w}{\partial y}+\dfrac{\partial v}{\partial z}\right) & \dfrac{\partial w}{\partial z} \end{bmatrix} \qquad (1.12)$$

称为应变率张量。s_{ij} 只有 6 个独立分量,除对角线分量外,非对角线分量两两对应

相等,$s_{ij}=s_{ji}$,是对称张量。下文中将会说明该张量描述流体微团的变形运动。反对称张量 **A** 称为旋转率张量

$$A = a_{ij} = \frac{1}{2}\left(\frac{\partial u_i}{\partial x_j} - \frac{\partial u_j}{\partial x_i}\right)$$

$$= \begin{bmatrix} 0 & \frac{1}{2}\left(\frac{\partial u}{\partial y} - \frac{\partial v}{\partial x}\right) & \frac{1}{2}\left(\frac{\partial u}{\partial z} - \frac{\partial w}{\partial x}\right) \\ \frac{1}{2}\left(\frac{\partial v}{\partial x} - \frac{\partial u}{\partial y}\right) & 0 & \frac{1}{2}\left(\frac{\partial v}{\partial z} - \frac{\partial w}{\partial y}\right) \\ \frac{1}{2}\left(\frac{\partial w}{\partial x} - \frac{\partial u}{\partial z}\right) & \frac{1}{2}\left(\frac{\partial w}{\partial y} - \frac{\partial v}{\partial z}\right) & 0 \end{bmatrix} \quad (1.13)$$

a_{ij} 只有 3 个独立分量,对角线分量为零,非对角线分量两两互为负数,可表示为 $a_{ij}=-a_{ji}$,是反对称张量。下文中将会说明该张量描述流体微团的旋转运动。把 a_{ij} 的 3 个独立分量看作矢量 $\boldsymbol{\omega}$ 的 3 个分量 $\omega_1,\omega_2,\omega_3$,其对应关系为

$$a_{ij} = \begin{bmatrix} a_{11} & a_{12} & a_{13} \\ a_{21} & a_{22} & a_{23} \\ a_{31} & a_{32} & a_{33} \end{bmatrix} = \begin{bmatrix} 0 & -\omega_3 & \omega_2 \\ \omega_3 & 0 & -\omega_1 \\ -\omega_2 & \omega_1 & 0 \end{bmatrix}$$

其中 $\omega_1 = \frac{1}{2}\left(\frac{\partial w}{\partial y} - \frac{\partial v}{\partial z}\right), \omega_2 = \frac{1}{2}\left(\frac{\partial u}{\partial z} - \frac{\partial w}{\partial x}\right), \omega_3 = \frac{1}{2}\left(\frac{\partial v}{\partial x} - \frac{\partial u}{\partial y}\right)$,于是

$$\boldsymbol{\omega} = \omega_1 \boldsymbol{e}_1 + \omega_2 \boldsymbol{e}_2 + \omega_3 \boldsymbol{e}_3 = \frac{1}{2}\left(\frac{\partial w}{\partial y} - \frac{\partial v}{\partial z}\right)\boldsymbol{i} + \frac{1}{2}\left(\frac{\partial u}{\partial z} - \frac{\partial w}{\partial x}\right)\boldsymbol{j} + \frac{1}{2}\left(\frac{\partial v}{\partial x} - \frac{\partial u}{\partial y}\right)\boldsymbol{k}$$

依照场论表示法,上式可改写为

$$\boldsymbol{\omega} = \frac{1}{2}\nabla \times \boldsymbol{u} \quad (1.14a)$$

$$\nabla \times \boldsymbol{u} = \begin{vmatrix} \boldsymbol{i} & \boldsymbol{j} & \boldsymbol{k} \\ \frac{\partial}{\partial x} & \frac{\partial}{\partial y} & \frac{\partial}{\partial z} \\ u & v & w \end{vmatrix} \quad (1.14b)$$

$\nabla \times \boldsymbol{u}$ 称为速度的旋度。考察 $\boldsymbol{\omega}$ 矢量 3 个分量与反对称张量 a_{ij} 相应分量的对应关系有

$$a_{12} = -a_{21} = -\omega_3, \quad a_{23} = -a_{32} = -\omega_1, \quad a_{31} = -a_{13} = -\omega_2 \Rightarrow$$

$$a_{ij} = -\varepsilon_{ijk}\omega_k \quad (1.15)$$

式中 ε_{ijk} 的定义参见附录 B,当 i,j,k 有两个或两个以上指标相同时等于零,为偶排列(即 123,231 或 312)时等于 1,奇排列(即 213,321 或 132)时等于 -1。由于速度梯度张量可以分解为应变率张量和旋转率张量,式(1.10b)可改写为

$$\delta u_i = s_{ij}\delta x_j + a_{ij}\delta x_j \quad (1.16a)$$

由式(1.14)和式(1.15)得

$$a_{ij}\delta x_j = -\varepsilon_{ijk}\delta x_j\omega_k = -\delta \boldsymbol{r}\times\boldsymbol{\omega} = \frac{1}{2}(\nabla\times\boldsymbol{u})\times\delta\boldsymbol{r}$$

于是 M' 点对于 M 点的相对速度可以矢量形式写为

$$\delta\boldsymbol{u} = \boldsymbol{S}\cdot\delta\boldsymbol{r} + \boldsymbol{A}\cdot\delta\boldsymbol{r} = \boldsymbol{S}\cdot\delta\boldsymbol{r} + \frac{1}{2}(\nabla\times\boldsymbol{u})\times\delta\boldsymbol{r} \tag{1.16b}$$

上式表明,$\delta\boldsymbol{u}$ 由两部分组成,$\boldsymbol{S}\cdot\delta\boldsymbol{r}$ 表示由于流体微团变形而产生的速度变化,$\frac{1}{2}(\nabla\times\boldsymbol{u})\times\delta\boldsymbol{r}$ 则表示由于流体微团旋转而产生的速度变化,此即速度分解定理。

1.4.2　应变率张量及旋转率张量各分量的物理意义

上节引入了应变率张量和旋转率张量,本节通过对流场中一点邻域内流体相对运动的分析,给出上述两张量各分量的物理意义。考虑一条由流体质点组成的线段元 $\delta\boldsymbol{r}$ 的变形(见图 1.7),此线段元的随体导数

$$\frac{\mathrm{D}}{\mathrm{D}t}(\delta\boldsymbol{r}) = \delta\frac{\mathrm{D}\boldsymbol{r}}{\mathrm{D}t} = \delta\boldsymbol{u} \tag{1.17}$$

$\delta\boldsymbol{u}$ 是线段元两端点的速度差

$$\delta\boldsymbol{u} = \frac{\partial\boldsymbol{u}}{\partial x}\delta x + \frac{\partial\boldsymbol{u}}{\partial y}\delta y + \frac{\partial\boldsymbol{u}}{\partial z}\delta z \tag{1.18}$$

图 1.7　应变率张量对角线元素的物理意义

令 $\delta\boldsymbol{u}$ 在 $\delta\boldsymbol{r}$ 方向的分量为 $\delta u_E = \delta\boldsymbol{u}\cdot\frac{\delta\boldsymbol{r}}{\delta l}$,$\delta l$ 是 $\delta\boldsymbol{r}$ 的模长,显然线段元 $\delta\boldsymbol{r}$ 正是以 δu_E 的速率伸长或缩短。线段元单位长度的伸长率,即相对伸长率为

$$\frac{\delta u_E}{\delta l} = \frac{\delta\boldsymbol{u}}{\delta l}\cdot\frac{\delta\boldsymbol{r}}{\delta l} = \frac{1}{\delta l^2}\frac{\mathrm{D}(\delta\boldsymbol{r})}{\mathrm{D}t}\cdot\delta\boldsymbol{r} = \frac{1}{\delta l^2}\frac{\mathrm{D}}{\mathrm{D}t}\left(\frac{\delta l^2}{2}\right) = \frac{1}{\delta l}\frac{\mathrm{D}(\delta l)}{\mathrm{D}t}$$

推导中用到了式(1.17)。设某瞬时该线段元与 x 轴相重合,则 $\delta\boldsymbol{r} = \delta x\boldsymbol{i}$,$\delta l = \delta x$,$\delta\boldsymbol{u} = \frac{\partial\boldsymbol{u}}{\partial x}\delta x$,于是

$$\frac{\delta\boldsymbol{u}}{\delta l}\cdot\frac{\delta\boldsymbol{r}}{\delta l} = \frac{\partial\boldsymbol{u}}{\partial x}\cdot\boldsymbol{i} = \frac{\partial u}{\partial x}$$

代入相对伸长率表达式得

$$\frac{1}{\delta x}\frac{\mathrm{D}(\delta x)}{\mathrm{D}t} = \frac{\partial u}{\partial x} = s_{11} \tag{1.19a}$$

同样可以推得

$$\frac{1}{\delta y}\frac{\mathrm{D}(\delta y)}{\mathrm{D}t} = \frac{\partial v}{\partial y} = s_{22} \tag{1.19b}$$

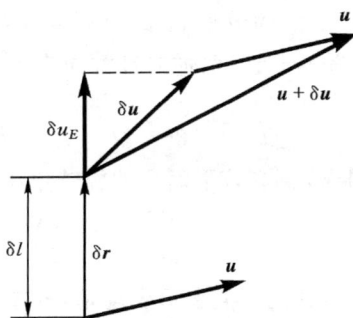

$$\frac{1}{\delta z}\frac{\mathrm{D}(\delta z)}{\mathrm{D}t}=\frac{\partial w}{\partial z}=s_{33} \tag{1.19c}$$

因此可见,应变率张量的对角线分量 s_{11}、s_{22} 和 s_{33} 分别表示与 x、y 和 z 轴平行的线段元 δx、δy 和 δz 的相对伸长率。

图 1.8 示出两条相互垂直的流体线段元 δr、$\delta r'$,两线段元相交于 O 点,两线段元的端点相对于 O 点的速度分别为 δu、$\delta u'$。

$$\delta u=\frac{\mathrm{D}(\delta r)}{\mathrm{D}t},\quad \delta u'=\frac{\mathrm{D}(\delta r')}{\mathrm{D}t}$$

δu 在垂直于 δr 方向的分速度 $\delta u_R=\delta u\cdot$ $\delta r'/\delta l'$ 应该平行于 $\delta r'$,式中 $\delta l'$ 是 $\delta r'$ 的模长,δu_R 与 δr 和 $\delta r'$ 在同一平面内。上式再除以 δr 的模长 δl 即得到 δr 在上述平面内的旋转角速度(逆时针方向为正)

$$\frac{\mathrm{D}\phi}{\mathrm{D}t}=-\frac{\delta u}{\delta l}\cdot\frac{\delta r'}{\delta l'}$$

同样,$\delta r'$ 在该平面内的旋转角速度为

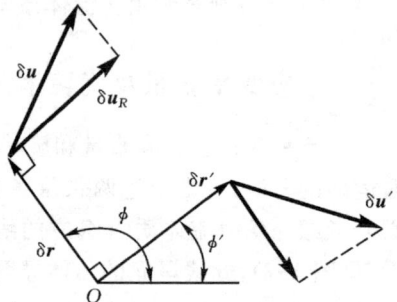

图 1.8 应变率张量的非对角线元素的物理意义

$$\frac{\mathrm{D}\phi'}{\mathrm{D}t}=-\frac{\delta u'}{\delta l'}\cdot\left(-\frac{\delta r}{\delta l}\right)=\frac{\delta u'}{\delta l'}\cdot\frac{\delta r}{\delta l}$$

上两式的差值表示线段元 δr 与 $\delta r'$ 间夹角的变化率

$$\frac{\mathrm{D}(\phi-\phi')}{\mathrm{D}t}=-\frac{\delta u}{\delta l}\cdot\frac{\delta r'}{\delta l'}-\frac{\delta u'}{\delta l'}\cdot\frac{\delta r}{\delta l} \tag{1.20}$$

设在考虑的瞬间,δr 与 y 轴线平行,$\delta r'$ 与 x 轴线平行,于是 $\delta r=\delta y\boldsymbol{j}$,$\delta l=\delta y$,$\delta u=\frac{\partial \boldsymbol{u}}{\partial y}\delta y$;$\delta r'=\delta x\boldsymbol{i}$,$\delta l'=\delta x$,$\delta u'=\frac{\partial \boldsymbol{u}}{\partial x}\delta x$,将以上表达式代入式(1.20)得

$$\frac{\mathrm{D}(\phi-\phi')}{\mathrm{D}t}=-\frac{1}{\delta x\delta y}\left(\frac{\partial \boldsymbol{u}}{\partial y}\cdot\boldsymbol{i}\delta y\delta x+\frac{\partial \boldsymbol{u}}{\partial x}\cdot\boldsymbol{j}\delta x\delta y\right)=-\left(\frac{\partial u}{\partial y}+\frac{\partial v}{\partial x}\right)$$

令 δr 与 $\delta r'$ 间夹为 α_{xy},则上式可改写为

$$\frac{\mathrm{D}\alpha_{xy}}{\mathrm{D}t}=-\left(\frac{\partial u}{\partial y}+\frac{\partial v}{\partial x}\right)=-2s_{12}=-2s_{21} \tag{1.21a}$$

可见应变率张量的非对角线分量 s_{12} 或 s_{21} 表示分别与 x 轴和 y 轴平行的两个微元线段元之间夹角变形率一半的负值。同理可推得

$$\frac{\mathrm{D}\alpha_{yz}}{\mathrm{D}t}=-\left(\frac{\partial v}{\partial z}+\frac{\partial w}{\partial y}\right)=-2s_{23}=-2s_{32} \tag{1.21b}$$

$$\frac{\mathrm{D}\alpha_{zx}}{\mathrm{D}t}=-\left(\frac{\partial w}{\partial x}+\frac{\partial u}{\partial z}\right)=-2s_{31}=-2s_{13} \tag{1.21c}$$

即 s_{23} 或 s_{32} 表示分别与 y 轴和 z 轴平行的两个微元线段元之间夹角变形率一半的

负值，s_{31} 或 s_{13} 表示分别与 z 轴和 x 轴平行的两个微元线段元之间夹角变形率一半的负值。角变形率也称剪切变形率。

由于张量 s_{ij} 的对角线分量和非对角线分量分别表示流体微团的线相对伸长率和剪切变形率，张量 s_{ij} 称为应变率张量。式（1.16b）中 $\boldsymbol{S} \cdot \delta \boldsymbol{r}$ 项则给出了线相对伸长率和剪切变形率对于流体微团内两相邻点间相对速度变化的贡献（图1.6）。

图 1.8 中两个线段元旋转角速度的平均值可反映 O 点邻域内流体微团绕 z 轴旋转的角速度

$$\omega_z = \frac{1}{2} \frac{\mathrm{D}(\phi + \phi')}{\mathrm{D}t} = -\frac{1}{2}\left(\frac{\partial u}{\partial y} - \frac{\partial v}{\partial x}\right) = -\frac{1}{2}a_{12} \tag{1.22a}$$

同样可以推出

$$\omega_x = -\frac{1}{2}\left(\frac{\partial v}{\partial z} - \frac{\partial w}{\partial y}\right) = -\frac{1}{2}a_{23}, \quad \omega_y = -\frac{1}{2}\left(\frac{\partial w}{\partial x} - \frac{\partial u}{\partial z}\right) = -\frac{1}{2}a_{31}$$

$$\tag{1.22b,c}$$

于是 O 点邻域内流体微团绕某一瞬时轴旋转的角速度矢量 $\boldsymbol{\omega}$ 可表示为

$$\boldsymbol{\omega} = \omega_x \boldsymbol{i} + \omega_y \boldsymbol{j} + \omega_z \boldsymbol{k} = \frac{1}{2} \nabla \times \boldsymbol{u}$$

上式与式（1.14a）完全相同，可见由旋转率张量 3 个非零分量组成的矢量 $\boldsymbol{\omega}$ 就是流体微团的旋转角速度，这也就是把反对称张量 a_{ij} 称作旋转率张量的原因。这里认为 O 点周围很小邻域内的流体像刚体一样以角速度 $\boldsymbol{\omega}$ 旋转，距离 O 点 $\delta \boldsymbol{r}$ 处由于旋转所引起的速度可像刚体运动那样计算，$\boldsymbol{\omega} \times \delta \boldsymbol{r} = \frac{1}{2}(\nabla \times \boldsymbol{u}) \times \delta \boldsymbol{r}$，这正是式（1.16b）中给出的由于流体微团旋转而引起的速度变化的计算式。流体力学中把速度的旋度称为涡量，即

$$\boldsymbol{\Omega} = \nabla \times \boldsymbol{u} \tag{1.23}$$

涡量是流体微团旋转角速度 $\boldsymbol{\omega}$ 的 2 倍。

另外一个需要讨论的变形量是流体微团的相对体积变化率。设流体微团的体积是 $\delta\tau = \delta x \delta y \delta z$，则

$$\frac{1}{\delta\tau} \frac{\mathrm{D}(\delta\tau)}{\mathrm{D}t} = \frac{1}{\delta x \delta y \delta z}\left[\delta y \delta z \frac{\mathrm{D}(\delta x)}{\mathrm{D}t} + \delta x \delta z \frac{\mathrm{D}(\delta y)}{\mathrm{D}t} + \delta x \delta y \frac{\mathrm{D}(\delta z)}{\mathrm{D}t}\right]$$

$$= \frac{1}{\delta x} \frac{\mathrm{D}(\delta x)}{\mathrm{D}t} + \frac{1}{\delta y} \frac{\mathrm{D}(\delta y)}{\mathrm{D}t} + \frac{1}{\delta z} \frac{\mathrm{D}(\delta z)}{\mathrm{D}t} = \frac{\partial u}{\partial x} + \frac{\partial v}{\partial y} + \frac{\partial w}{\partial z}$$

推导中用到了式（1.19a）～（1.19c）。上式也可写为

$$\frac{1}{\delta\tau} \frac{\mathrm{D}(\delta\tau)}{\mathrm{D}t} = s_{ii} = \nabla \cdot \boldsymbol{u} \tag{1.24}$$

s_{ii} 表示应变率张量的 3 个对角线分量的和，也表示为 $\nabla \cdot \boldsymbol{u}$，在场论中称作速度的散度，等于流体微团的相对体积膨胀率。由式（1.4）及式（1.24）得

$$\frac{\delta \tau_0}{\delta \tau} \frac{D}{Dt}\left(\frac{\delta \tau}{\delta \tau_0}\right) = \frac{1}{J}\frac{DJ}{Dt} = s_{ii} = \nabla \cdot \boldsymbol{u}$$

可见雅可比行列式 J 的随体导数为

$$\frac{DJ}{Dt} = s_{ii}J = J(\nabla \cdot \boldsymbol{u}) \tag{1.25}$$

对于不可压缩流体,每个流体微团的体积在运动过程中都保持不变,因此

$$\nabla \cdot \boldsymbol{u} = 0 \tag{1.26}$$

上式在第 2 章讲解连续方程时还会进一步讨论。

例 5 设平面简单剪切流动的速度分布为 $u=ay, v=w=0$,式中 a 为常数。试求:(1) 流体微团的旋转角速度;(2) 应变率张量;(3) 旋转率张量;(4) 变形速度 $s_{ij}\delta x_j$ 和旋转速度 $a_{ij}\delta x_j$。

解 (1) 求角速度,

$$\nabla \times \boldsymbol{u} = \begin{vmatrix} \boldsymbol{i} & \boldsymbol{j} & \boldsymbol{k} \\ \partial/\partial x & \partial/\partial y & \partial/\partial z \\ ay & 0 & 0 \end{vmatrix} = -a\boldsymbol{k} \quad \Rightarrow$$

$$\boldsymbol{\omega} = \frac{1}{2}\nabla \times \boldsymbol{u} = -\frac{a}{2}\boldsymbol{k}$$

(2) 求应变率张量,

$$s_{ij} = \begin{pmatrix} 0 & a/2 & 0 \\ a/2 & 0 & 0 \\ 0 & 0 & 0 \end{pmatrix}$$

(3) 求旋转率张量,

$$a_{ij} = \begin{pmatrix} 0 & a/2 & 0 \\ -a/2 & 0 & 0 \\ 0 & 0 & 0 \end{pmatrix}$$

(4) 变形速度 $s_{ij}\delta x_j$ 和旋转速度 $a_{ij}\delta x_j$,

$$s_{ij}\delta x_j = \begin{pmatrix} 0 & a/2 & 0 \\ a/2 & 0 & 0 \\ 0 & 0 & 0 \end{pmatrix}\begin{pmatrix} \delta x \\ \delta y \\ \delta z \end{pmatrix} = \begin{pmatrix} a\delta y/2 \\ a\delta x/2 \\ 0 \end{pmatrix}$$

$$a_{ij}\delta x_j = \begin{pmatrix} 0 & a/2 & 0 \\ -a/2 & 0 & 0 \\ 0 & 0 & 0 \end{pmatrix}\begin{pmatrix} \delta x \\ \delta y \\ \delta z \end{pmatrix} = \begin{pmatrix} a\delta y/2 \\ -a\delta x/2 \\ 0 \end{pmatrix}$$

以上结果表明,一个平面剪切流动可以分解为一个剪切变形运动和一个旋转运动(见图 1.9)。

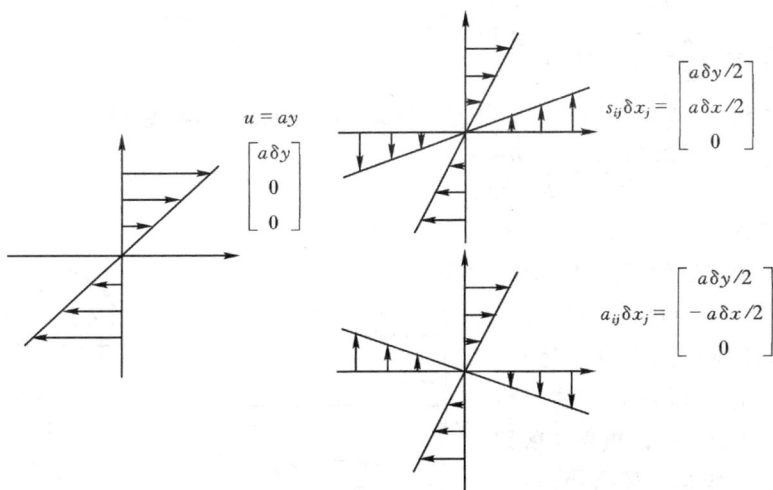

图 1.9　平面剪切流动分解为剪切变形运动和旋转运动

1.5　有旋运动的基本概念

有旋运动与无旋运动

在上一节通过对流体微团运动的分析引入了涡量的概念,即

$$\boldsymbol{\Omega} = \nabla \times \boldsymbol{u}$$

使用张量下标表示法,上式可表示为

$$\Omega_i = \varepsilon_{ijk} \frac{\partial u_k}{\partial x_j} \tag{1.27}$$

涡量刻画了流体微团的旋转运动,它的方向和大小分别代表流体微团瞬时转动轴的方向和旋转角速度的 2 倍。

根据涡量是否为零,可以区分有旋流动和无旋流动。若在整个流场中处处 $\nabla \times \boldsymbol{u} = 0$,则称此流动为无旋流动,否则称有旋流动。流动是否有旋主要看流场中的流体微团自身是否旋转,而与其运动轨迹无关。一个作圆周运动的流体微团可能自身并不旋转,即其涡量为零。考虑两个实例,一个是平面简单剪切流动,速度场为

$$u = ay, \quad v = w = 0$$

另一个是点涡流动,用柱坐标表示,速度场为

$$u_R = 0, \quad u_\theta = b/R, \quad u_z = 0$$

上两式中的 a, b 均为常数(见图 1.10)。因为是平面流动,涡量只有与流动平面垂

直方向的分量。对于剪切运动有

$$\Omega_z = \frac{\partial v}{\partial x} - \frac{\partial u}{\partial y} = -a$$

对于点涡运动,采用柱坐标下涡量的计算式(参见附录 C),涡量为

$$\Omega_z = \frac{1}{R}\frac{\partial(Ru_\theta)}{\partial R} - \frac{1}{R}\frac{\partial u_R}{\partial \theta} = 0$$

计算结果表明在点涡流动中流
体微团作圆周运动(见图1.10b),
但其自身并不旋转;在简单剪切
流动中,流体微团作直线运动,
但自身却作顺时针方向的旋转
(见图 1.10a)。可以想象在剪切
流场中取一矩形流体微团,由于
上层流体速度大于下层流体速

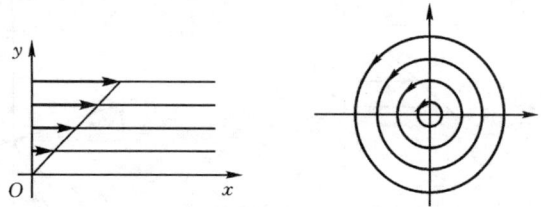

(a)平面剪切流动   (b)点涡流动

图 1.10　有旋运动和无旋运动

度,矩形会发生变形成为平行四边形,在变形的同时流体微团也沿顺时针方向转过
一个角度。

无旋流动的条件 $\nabla \times \boldsymbol{u} = 0$ 的分量形式为

$$\frac{\partial w}{\partial y} - \frac{\partial v}{\partial z} = 0, \quad \frac{\partial u}{\partial z} - \frac{\partial w}{\partial x} = 0, \quad \frac{\partial v}{\partial x} - \frac{\partial u}{\partial y} = 0$$

即

$$\frac{\partial w}{\partial y} = \frac{\partial v}{\partial z}, \quad \frac{\partial u}{\partial z} = \frac{\partial w}{\partial x}, \quad \frac{\partial v}{\partial x} = \frac{\partial u}{\partial y}$$

从数学上讲,上述诸式就是 $u\mathrm{d}x + v\mathrm{d}y + w\mathrm{d}z$ 成为某一标量函数的全微分的充分和
必要条件,设该标量函数为 ϕ,则

$$\mathrm{d}\phi = u\mathrm{d}x + v\mathrm{d}y + w\mathrm{d}z = \frac{\partial \phi}{\partial x}\mathrm{d}x + \frac{\partial \phi}{\partial y}\mathrm{d}y + \frac{\partial \phi}{\partial z}\mathrm{d}z$$

由上式可得

$$u = \frac{\partial \phi}{\partial x}, \quad v = \frac{\partial \phi}{\partial y}, \quad w\frac{\partial \phi}{\partial z} \Rightarrow$$

于是

$$\boldsymbol{u} = \frac{\partial \phi}{\partial x}\boldsymbol{i} + \frac{\partial \phi}{\partial y}\boldsymbol{j} + \frac{\partial \phi}{\partial z}\boldsymbol{k} = \nabla \phi \tag{1.28}$$

ϕ 称作速度势函数。在场论中 $\nabla \phi$ 称为 ϕ 的梯度,它是 ϕ 在空间分布不均匀性的量
度(参阅附录 A)。任意标量函数梯度的旋度恒等于零(参见附录 A),于是

$$\boldsymbol{\Omega} = \nabla \times \boldsymbol{u} = \nabla \times \nabla \phi = 0$$

以速度势函数 ϕ 的梯度表示的速度场是无旋场,这与上文中无旋流动的假设是一

致的。无旋场也称势流场,无旋流动则称势流。

速度环量和涡通量,斯托克斯公式

流场中给定一封闭曲线,速度矢量沿该封闭曲线的线积分

$$\int_l \boldsymbol{u} \cdot \mathrm{d}\boldsymbol{l} = \Gamma \tag{1.29}$$

称为速度环量,以 Γ 表示之。式中 $\boldsymbol{u}$ 和 $\mathrm{d}\boldsymbol{l}$ 分别是曲线 l 上的速度矢量和弧元素矢量,规定逆时针方向为 l 的正方向。速度环量表征流体质点沿封闭曲线 l 正方向运动的总趋势大小。

流场中给定一曲面 A,则面积分

$$\int_A \boldsymbol{\Omega} \cdot \boldsymbol{n} \mathrm{d}A \tag{1.30}$$

称作通过曲面 A 的涡通量,式中 $\boldsymbol{\Omega}$ 为曲面上的涡量,$\boldsymbol{n}$ 为曲面的法线单位矢量。

如果可以在封闭曲线 l 上张一曲面 A,则沿 l 的速度环量和通过 A 的涡通量相等,即

$$\int_l \boldsymbol{u} \cdot \mathrm{d}\boldsymbol{l} = \int_A \boldsymbol{\Omega} \cdot \boldsymbol{n} \mathrm{d}A \tag{1.31}$$

式中法线单位矢量 $\boldsymbol{n}$ 的方向与 l 的正方向组成右手螺旋系统,上式称斯托克斯公式(见图 1.11)。

由于速度环量是线积分,被积函数是速度本身,而涡通量则是面积分,被积函数是速度的偏导数(涡量的分量以速度偏导数表示),因此利用速度环量常常比使用涡通量更为简单。

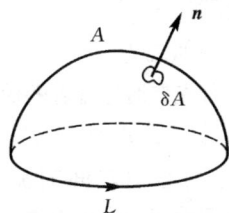

图 1.11　斯托克斯公式

涡线、涡面和涡管

涡线为一条曲线,该曲线上每一点的切线方向和该点的涡量矢量方向相同(见图 1.12)。涡线是由同一时刻不同流体质点所组成的,涡线上各流体质点都围绕涡线的切线方向旋转。涡线的微分方程为

$$\frac{\mathrm{d}x}{\Omega_x} = \frac{\mathrm{d}y}{\Omega_y} = \frac{\mathrm{d}z}{\Omega_z} \tag{1.32}$$

式中 Ω_x、Ω_y、Ω_z 是 $\boldsymbol{\Omega}$ 在直角坐标系的三个分量。涡线和流线是两种性质不

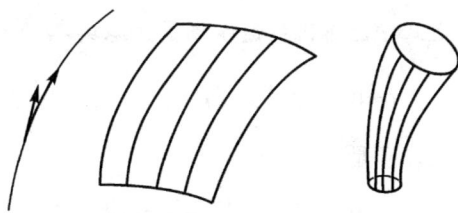

图 1.12　涡线、涡面和涡管

同的曲线,在某一给定时刻,通过空间同一点的流线和涡线,一般来说方向不同。

在平面流动和轴对称流动中,流线与涡线正交。

在涡量场内取一非涡线的曲线,过曲线每一点作涡线,这些涡线组成的曲面称涡面。

取不自相交的非涡线的封闭曲线 l,过该曲线每一点的涡线组成一管状曲面,称涡管。若曲线 l 无限小,则称涡管元。

涡量场的运动学性质

在1.4节曾指出,对于不可压缩流体,速度矢量的散度等于零,$\nabla \cdot u = 0$。$\nabla \cdot u$ 表示流体的相对体积膨胀率,即单位体积流体的膨胀率;从欧拉观点出发,$\nabla \cdot u$ 也可看作流出单位固定控制体的流体体积流量。$\nabla \cdot u = 0$ 意味着流场内无源无汇,不可压缩流体的速度场因此被称为无源场。

依据矢量恒等式 $\nabla \cdot (\nabla \times a) = 0$
(参见附录 A)有

$$\nabla \cdot \boldsymbol{\Omega} = 0$$

涡量矢量的散度也等于零,因此涡量场也是无源场。由此推知,不可压缩流体的速度场和涡量场在运动学性质方面具有相似之处。

首先看通过流管的流动(见图1.13a)。沿流管任意取两横截面 A_1 和 A_2,A_1 和 A_2 与它们之间的流管侧面 Σ 围成

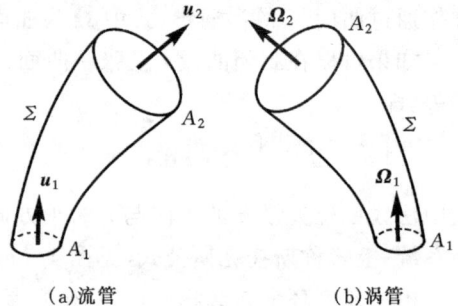

(a)流管   (b)涡管

图 1.13 流管和涡管

一封闭曲面,设其所包围的体积为 τ,由高斯公式有

$$\int_\tau \nabla \cdot u \mathrm{d}\tau = \int_{A_1+A_2+\Sigma} u \cdot n \mathrm{d}A$$
$$= -\int_{A_1} u \cdot n \mathrm{d}A + \int_{A_2} u \cdot n \mathrm{d}A = 0$$

在上式中已考虑到速度场是无源场,$\nabla \cdot u = 0$,因此 $\int_\tau \nabla \cdot u \mathrm{d}\tau = 0$;在流管侧面 Σ 上 $u \cdot n = 0$,因此 $\int_\Sigma u \cdot n \mathrm{d}A = 0$;横截面 A_1 上 n 取内法线方向,A_2 上 n 取外法线方向。于是

$$\int_{A_1} u \cdot n \mathrm{d}A = \int_{A_2} u \cdot n \mathrm{d}A$$

可见

$$Q_1 = Q_2$$

通过 A_1 截面的流体体积流量 Q_1 等于通过 A_2 截面的流体体积流量 Q_2,这与不可压缩流体的假设是完全一致的。

现在再来研究涡量和涡管(图 1.13b)。同样沿涡管取横截面 A_1 和 A_2,A_1 和 A_2 之间的涡管侧面为 Σ。在 A_1、A_2 和 Σ 组成的封闭曲面及该封闭曲面所包围的体积 τ 之间应用高斯公式得

$$\int_\tau \nabla \cdot \boldsymbol{\Omega} \mathrm{d}\tau = \int_{A_1+A_2+\Sigma} \boldsymbol{\Omega} \cdot \boldsymbol{n} \mathrm{d}A = -\int_{A_1} \boldsymbol{\Omega} \cdot \boldsymbol{n} \mathrm{d}A + \int_{A_2} \boldsymbol{\Omega} \cdot \boldsymbol{n} \mathrm{d}A = 0$$

在上式推导中考虑了 $\nabla \cdot \boldsymbol{\Omega}=0$,因此 $\int_\tau \nabla \cdot \boldsymbol{\Omega}\mathrm{d}\tau = 0$;在 Σ 上 $\boldsymbol{\Omega} \cdot \boldsymbol{n}=0$,因此 $\int_\Sigma \boldsymbol{\Omega} \cdot \boldsymbol{n}\mathrm{d}A = 0$;A_1 截面的 $\boldsymbol{n}$ 是内法线单位矢量。于是

$$\int_{A_1} \boldsymbol{\Omega} \cdot \boldsymbol{n}\mathrm{d}A = \int_{A_2} \boldsymbol{\Omega} \cdot \boldsymbol{n}\mathrm{d}A \tag{1.33a}$$

引用斯托克斯公式

$$\Gamma_1 = \Gamma_2 \tag{1.33b}$$

即在同一时刻围绕 A_1 周界的速度环量与围绕 A_2 周界的速度环量相等,即涡管任意横截面上的环量相等。上式也可以另一种形式来表示,如果 Ω_1 表示 A_1 上的平均涡量,Ω_2 表示 A_2 上的平均涡量,则

$$\Omega_1 A_1 = \Omega_2 A_2 \tag{1.33c}$$

当横截面积增加时,截面的平均涡量值减小,正像当横截面积增加时通过截面的平均速度减小以满足连续性要求一样;反之亦然。

由于涡量场是无源场,涡量场内无源无汇,可以推知涡线和涡管都不能在流体内部中断。如果发生中断,则在中断处取封闭曲面,通过该封闭曲面的涡通量将不为零,与无源场事实相矛盾,由此可以推知发生中断的假定是不成立的。因此涡线和涡管只能在流体中自行封闭,形成涡环,或将其头尾搭在固壁或自由面上,或延伸至无穷远。

不可压缩流体的速度场是无源场,因此流线和流管也不能在流体内部终止,它们必须自行封闭,或延伸至无穷远,或将其头尾搭在固壁或自由面上。

1.6　物质积分的随体导数——雷诺输运定理

流体力学中区分系统和控制体。系统指由流体质点组成的物质体,封闭的边界把系统与外界分开。系统随流体流动而运动,其体积和边界形状随流体流动而变化。在系统的边界上没有流体流进和流出,即系统与外界没有质量交换,系统始终由同一些流体质点组成。控制体是指流场中某一确定的空间区域,控制体的边界称为控制面。控制面上可以有质量交换,即有流体流进和流出,因此占据控制体

的流体质点是随时间而改变的。

通常的物理定律总是应用于系统,比如动量定理,$F = \dfrac{\mathrm{d}k}{\mathrm{d}t}$,$F$ 是外界作用于系统的合力,k 是系统的动量,$k = \displaystyle\int_{\tau(t)} \rho u \mathrm{d}\tau$,$\tau(t)$ 是系统的体积,因此 $\dfrac{\mathrm{d}k}{\mathrm{d}t} = \dfrac{\mathrm{D}}{\mathrm{D}t}\displaystyle\int_{\tau(t)} \rho u \mathrm{d}\tau$,就是求一个物质积分的随体导数。类似于 1.3 节中物质导数的表示法,上式中已把物质积分对时间的导数用符号 D/Dt 来表示。

作为普遍的情形,在欧拉参考系中定义单位体积流体的物理量分布函数 $\phi(r,t)$,$\phi(r,t)$ 可以是标量也可以是矢量,在系统体积内作积分可求出系统所包含的总物理量 $\displaystyle\int_{\tau(t)} \phi(r,t)\mathrm{d}\tau$。如 ϕ 分别取 $\rho,\rho u,\dfrac{1}{2}\rho u \cdot u$,则它们的体积分就分别是系统的质量、动量和动能。由于系统体积 $\tau(t)$ 随时间而变化,在欧拉参考系内求系统体积分的随体导数存在数学上的困难。但如果把上述体积分改变为拉格朗日参考系中的体积分,相应的积分区域就会由可变体积 $\tau(t)$ 改变为流体在初始时刻 t_0 所占据的体积 τ_0,τ_0 是不随时间变化的。由式(1.1b)有

$$\phi = \phi[r(r_0,t),t] = \phi(r_0,t)$$

又由式(1.4)有

$$\mathrm{d}\tau = J \mathrm{d}\tau_0$$

于是

$$\frac{\mathrm{D}}{\mathrm{D}t}\int_{\tau(t)} \phi(r,t)\mathrm{d}\tau = \frac{\mathrm{D}}{\mathrm{D}t}\int_{\tau_0} \phi(r_0,t) J \mathrm{d}\tau_0$$

由于积分区域 τ_0 不随时间变化,求导运算和积分运算可以交换顺序,则

$$\frac{\mathrm{D}}{\mathrm{D}t}\int_{\tau_0} \phi J \mathrm{d}\tau_0 = \int_{\tau_0} \frac{\mathrm{D}}{\mathrm{D}t}(\phi J)\mathrm{d}\tau_0 = \int_{\tau_0} \left[\frac{\mathrm{D}\phi}{\mathrm{D}t}J + \phi \frac{\mathrm{D}J}{\mathrm{D}t}\right]\mathrm{d}\tau_0$$

$$= \int_{\tau_0} \left[\frac{\mathrm{D}\phi}{\mathrm{D}t} + \phi \nabla \cdot u\right] J \mathrm{d}\tau_0$$

上述推导中用到了 $\dfrac{1}{J}\dfrac{\mathrm{D}J}{\mathrm{D}t} = \nabla \cdot u$(见式 1.25)。再次利用 $J\mathrm{d}\tau_0 = \mathrm{d}\tau$,得

$$\frac{\mathrm{D}}{\mathrm{D}t}\int_{\tau_0} \phi J \mathrm{d}\tau_0 = \int_{\tau(t)} \left[\frac{\mathrm{D}\phi}{\mathrm{D}t} + \phi \nabla \cdot u\right]\mathrm{d}\tau$$

上式右侧的积分区域 $\tau(t)$ 是随时间变化的,如果利用一个在 t 时刻与 $\tau(t)$ 重合,空间位置及大小形状均不随时间变化的体积(控制体)τ 来替换 $\tau(t)$,上述体积分结果将保持不变,于是

$$\frac{\mathrm{D}}{\mathrm{D}t}\int_{\tau(t)} \phi \mathrm{d}\tau = \int_{\tau} \left[\frac{\mathrm{D}\phi}{\mathrm{D}t} + \phi \nabla \cdot u\right]\mathrm{d}\tau \tag{1.34a}$$

考虑到 $\dfrac{\mathrm{D}\phi}{\mathrm{D}t}=\dfrac{\partial\phi}{\partial t}+\boldsymbol{u}\cdot\nabla\phi$ 以及 $\boldsymbol{u}\cdot\nabla\phi+\phi\nabla\cdot\boldsymbol{u}=\nabla\cdot(\phi\boldsymbol{u})$（参见附录 A），式(1.34a)也可写为

$$\frac{\mathrm{D}}{\mathrm{D}t}\int_{\tau(t)}\phi\mathrm{d}\tau = \int_{\tau}\left[\frac{\partial\phi}{\partial t}+\nabla\cdot(\phi\boldsymbol{u})\right]\mathrm{d}\tau \tag{1.34b}$$

利用高斯公式,上式又可写为

$$\frac{\mathrm{D}}{\mathrm{D}t}\int_{\tau(t)}\phi\mathrm{d}\tau = \int_{\tau}\frac{\partial\phi}{\partial t}\mathrm{d}\tau + \int_{A}\phi\boldsymbol{u}\cdot\boldsymbol{n}\mathrm{d}A \tag{1.34c}$$

上式中 A 是体积 τ 的外表面,即控制面;$\boldsymbol{n}$ 是 A 的外法线单位矢量。式(1.34c)称为雷诺输运公式。公式左侧表示一个系统的总物理量对时间的变化率;公式右侧第一项表示在时刻 t 与系统重合的固定控制体内的物理量的变化率,这个变化是由于分布函数的不定常性引起的;公式右侧第二项表示通过控制面净流出控制体的物理量流率,此项是由于分布函数的不均匀性以及系统的空间位置和体积形状随时间改变而引起的。请注意式(1.34c)右侧分别是针对静止控制体及其控制面的积分,被积函数也都是欧拉参考系中的变量。

如果式(1.34c)中的 ϕ 等于流体密度和另外一个变量的乘积,则雷诺输运公式可以得到简化。令 $\phi=\rho\psi$,求物质积分 $\displaystyle\int_{\tau(t)}\rho\psi\mathrm{d}\tau$ 的随体导数。重复本节所进行的推导过程,把上述体积分改变为拉格朗日参考系中的体积分,即

$$\frac{\mathrm{D}}{\mathrm{D}t}\int_{\tau(t)}\rho\psi\mathrm{d}\tau = \frac{\mathrm{D}}{\mathrm{D}t}\int_{\tau_0}\rho\psi J\mathrm{d}\tau_0 = \int_{\tau_0}\frac{\mathrm{D}}{\mathrm{D}t}(\rho\psi J)\mathrm{d}\tau_0 = \int_{\tau_0}\left[\rho\frac{\mathrm{D}\psi}{\mathrm{D}t}J + \psi\frac{\mathrm{D}(\rho J)}{\mathrm{D}t}\right]\mathrm{d}\tau_0$$

利用 $\mathrm{d}\tau=J\mathrm{d}\tau_0$,上式右侧被积函数的第二项可变化为

$$\psi\frac{\mathrm{D}(\rho J)}{\mathrm{D}t}\mathrm{d}\tau_0 = \psi\frac{\mathrm{D}(\rho J\mathrm{d}\tau_0)}{\mathrm{D}t} = \psi\frac{\mathrm{D}}{\mathrm{D}t}(\rho\mathrm{d}\tau) = \psi\frac{\mathrm{D}}{\mathrm{D}t}(\mathrm{d}m) = 0$$

式中 $\mathrm{d}m=\rho\mathrm{d}\tau$ 是一个微元体的质量,根据质量守恒原理,这一微元质量是不随时间变化的,它的随体导数应该等于零,即

$$\frac{\mathrm{D}}{\mathrm{D}t}\int_{\tau(t)}\rho\psi\mathrm{d}\tau = \int_{\tau_0}\rho\frac{\mathrm{D}\psi}{\mathrm{D}t}J\mathrm{d}\tau_0 = \int_{\tau(t)}\rho\frac{\mathrm{D}\psi}{\mathrm{D}t}\mathrm{d}\tau$$

用 t 时刻与 $\tau(t)$ 重合的静止控制体 τ 替换 $\tau(t)$,等式右侧的积分结果不会改变,于是

$$\frac{\mathrm{D}}{\mathrm{D}t}\int_{\tau(t)}\rho\psi\mathrm{d}\tau = \int_{\tau}\rho\frac{\mathrm{D}\psi}{\mathrm{D}t}\mathrm{d}\tau \tag{1.35}$$

上式在后续章节中会经常用到。

例 6　一流场的速度分布和密度分布分别为

$$u = x/r^3, \quad v = y/r^3, \quad w = z/r^3, \quad \rho = k(r^3-3t)$$

其中 $r^2=x^2+y^2+z^2$,k 为非零常数。求:(1) 流场中某空间点的流体密度随时间

的变化率;(2) 流体质点的密度在运动过程中随时间的变化率;(3) 初始时刻在体积 $0<r\leqslant a$ 中的流体质量的随体导数。

解 (1) 流场中某空间点的 ρ 随时间的变化率就是 ρ 的当地导数,

$$\frac{\partial \rho}{\partial t}=-3k$$

(2) 求流体质点的 ρ 随时间的变化率,就是求 ρ 的物质导数,

$$\frac{\mathrm{D}\rho}{\mathrm{D}t}=\frac{\partial \rho}{\partial t}+u\frac{\partial \rho}{\partial x}+v\frac{\partial \rho}{\partial y}+w\frac{\partial \rho}{\partial z}$$

$$=-3k+\frac{x}{r^3}3kr^2\frac{x}{r}+\frac{y}{r^3}3kr^2\frac{y}{r}+\frac{z}{r^3}3kr^2\frac{z}{r}$$

$$=-3k+3k\left(\frac{x^2}{r^2}+\frac{y^2}{r^2}+\frac{z^2}{r^2}\right)=-3k+3k=0$$

在以上推导中用到 $r=\sqrt{x^2+y^2+z^2}$,$\partial r/\partial x_i=x_i/r$。由以上结果知,尽管 ρ 的当地导数和对流导数都不为零,但 $\mathrm{D}\rho/\mathrm{D}t=0$,即每个流体质点的密度在流动过程中保持不变(因此体积也保持不变),为不可压缩流体。

(3) 初始时刻在体积 $0<r\leqslant a$ 中的流体质量为

$$M=\int_\tau \rho\mathrm{d}\tau=\int_\tau k(r^3-3t)\mathrm{d}\tau$$

利用式(1.34c),M 的随体导数为

$$\frac{\mathrm{D}M}{\mathrm{D}t}=\frac{\partial}{\partial t}\int_\tau k(r^3-3t)\mathrm{d}\tau+\lim_{\varepsilon\to 0}\oint_{A+A_\varepsilon}k(r^3-3t)\boldsymbol{u}\cdot\boldsymbol{n}\mathrm{d}A$$

式中 A 是 $r=a$ 的球面;A_ε 是包围原点的一个小球面(见图1.14)。考虑到 $r\to 0$,$\boldsymbol{u}\to\infty$,原点是奇点,故需作一半径为 ε 的球面包围原点,先求 A_ε 面上的积分,再取该积分在 $\varepsilon\to 0$ 时的极限。先求 M 的当地导数,

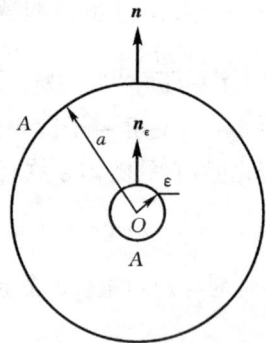

图 1.14 球形控制体内流体质量的随体导数

$$\frac{\partial}{\partial t}\int_\tau k(r^3-3t)\mathrm{d}\tau=\int_\tau\frac{\partial}{\partial t}[k(r^3-3t)]\mathrm{d}\tau$$

$$=\int_\tau-3k\mathrm{d}\tau=-4k\pi a^3$$

再求 M 的对流导数,考虑到 $\boldsymbol{u}=(x/r^3)\boldsymbol{i}+(y/r^3)\boldsymbol{j}+(z/r^3)\boldsymbol{k}=\boldsymbol{r}/r^3$,在 A 面上 $\boldsymbol{u}\cdot\boldsymbol{n}=(\boldsymbol{r}/r^3)\cdot(\boldsymbol{r}/r)=1/r^2$,在 A_ε 面上 $\boldsymbol{u}\cdot\boldsymbol{n}=-\boldsymbol{u}\cdot\boldsymbol{n}_\varepsilon=-1/r^2$,于是有

$$\oint_A k(r^3-3t)\boldsymbol{u}\cdot\boldsymbol{n}=\int_0^{2\pi}\mathrm{d}\omega\int_0^\pi k(a^3-3t)\frac{1}{a^2}a^2\sin\theta\mathrm{d}\theta=4\pi k(a^3-3t)$$

$$\oint_{A_\varepsilon} k(r^3 - 3t)\boldsymbol{u} \cdot \boldsymbol{n} = -4\pi k(\varepsilon^3 - 3t)$$

则

$$\lim_{\varepsilon \to 0} \oint_{A+A_\varepsilon} k(r^3 - 3t)\boldsymbol{u} \cdot \boldsymbol{n}\mathrm{d}A$$

$$= \oint_A k(r^3 - 3t)\boldsymbol{u} \cdot \boldsymbol{n}\mathrm{d}A - \lim_{\varepsilon \to 0} \oint_{A_\varepsilon} k(r^3 - 3t)\boldsymbol{u} \cdot \boldsymbol{n}\mathrm{d}A$$

$$= 4\pi k(a^3 - 3t) - \lim_{\varepsilon \to 0}[4\pi k(\varepsilon^2 - 3t)] = 4\pi ka^3$$

则 M 的随体导数为

$$\frac{\mathrm{D}M}{\mathrm{D}t} = -4k\pi a^3 + 4\pi ka^3 = 0$$

解毕。

1.7　应力张量

应力矢量

作用在流体上的力可以分为质量力和表面力。质量力,也称体积力,作用在流场内的每一个流体质点上,比如重力、电磁力等都是质量力。表面力则作用在流体的表面上,如液体和气体的分界面(自由面)上的压力即是表面力。考虑流场内部的一个流体团,作用在流体团上的表面力就是流体团外的流体对该流体团外表面的作用力。

如图 1.15 所示,在一个流体团外表面 A 上取面积元 δA,δA 的外法线单位矢量为 $\boldsymbol{n}$,某时刻作用在 δA 上的力为 $\delta \boldsymbol{F}$,则称极限

$$\boldsymbol{p}_n = \lim_{\delta A \to 0} \frac{\delta \boldsymbol{F}}{\delta A} \tag{1.36}$$

为作用在 δA 上的应力矢量,$\boldsymbol{p}_n$ 的下标 n 表示该应力矢量作用的面元 δA 的外法线方向是 $\boldsymbol{n}$。很显然,$\boldsymbol{p}_n$ 是其作用点空间位置和时间的函数。在空间同一点可以作无数个法线方向不同的面,一般来说作用在这些方位各异的面上的应力矢量也是不同的,因此 $\boldsymbol{p}_n$ 也是作用面法线方向 $\boldsymbol{n}$ 的函数,即

$$\boldsymbol{p}_n = \boldsymbol{p}_n(\boldsymbol{r}, t, \boldsymbol{n})$$

$\boldsymbol{p}_n$ 的方向通常与法线单位矢量 $\boldsymbol{n}$ 的方向并不一致,因此 $\boldsymbol{p}_n$ 分别有法向分量 σ_{nn} 和在面元上的切向分量 $\sigma_{n\tau}$,

$$\sigma_{nn} = \boldsymbol{p}_n \cdot \boldsymbol{n}, \quad \sigma_{n\tau} = \sqrt{|\boldsymbol{p}|^2 - \sigma_{nn}^2}$$

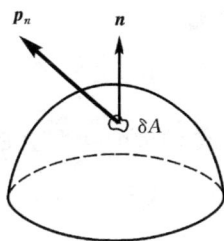

图 1.15　应力矢量

p_n 也可以沿直角坐标系的 3 个坐标轴分解,一个应力矢量可以有 3 个分量,于是

$$p_n = \sigma_{nx} i + \sigma_{ny} j + \sigma_{nz} k$$

请注意这里每一个应力分量有 2 个下标,第一个下标表示该分量作用面的法线方向,第 2 个下标表示应力的投影方向。

在流体面上取面元 δA(见图 1.16),法线单位矢量 n 指向一侧的流体作用在 δA 上的应力矢量用 p_n 表示,而 $-n$ 指向一侧的流体作用于面元 δA 上的应力矢量用 p_{-n} 表示,由作用力与反作用力定律有 $p_n \delta A = -p_{-n} \delta A$,于是

$$p_n = -p_{-n} \tag{1.37}$$

即作用在流体面两侧的应力矢量大小相等,方向相反。

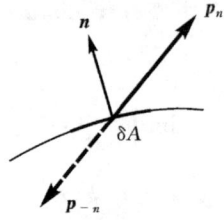

图 1.16 作用在面元两侧的应力矢量

应力张量

由上节讨论知应力矢量与作用面的方位有关,于是似乎在空间一点可以存在无穷多个应力矢量。本节将证明,过一点任取 3 个相互垂直的平面,则过该点的任意一个平面上的应力矢量都可以用上述 3 个平面上的 3 个应力矢量,或者它们的 9 个分量来表示。

在流场中任取一表面面积为 $A(t)$、体积为 $\tau(t)$ 的流体系统。根据动量定理,在一个惯性坐标系中,该系统的动量变化等于作用在该系统上的所有外力的合力,式如

$$F = \frac{dk}{dt}$$

流体动量可以通过在体积 $\tau(t)$ 内积分求得

$$k = \int_{\tau(t)} \rho u \, d\tau$$

外力包括质量力和表面力。这里假设质量力只有重力,系统内流体所受到的总重力为 $\int_{\tau(t)} \rho g \, d\tau$,$g$ 是重力加速度,可以看作是单位质量流体所受到的重力。根据上节的叙述,系统外表面 $A(t)$ 上的一个微面元上受到的表面力是 $p_n \delta A$,则系统所受到的总表面力为所有面元受力的矢量和,可通过在 $A(t)$ 上的面积分 $\int_{A(t)} p_n \delta A$ 求得。于是

$$F = \int_{A(t)} p_n \, dA + \int_{\tau(t)} \rho g \, d\tau$$

将系统动量和系统所受外力合力的表达式代入动量定理表达式 $\boldsymbol{F}=\mathrm{d}\boldsymbol{k}/\mathrm{d}t$，得

$$\frac{\mathrm{D}}{\mathrm{D}t}\int_{\tau(t)}\rho\boldsymbol{u}\mathrm{d}\tau = \int_{A(t)}\boldsymbol{p}_n\mathrm{d}A + \int_{\tau(t)}\rho\boldsymbol{g}\mathrm{d}\tau \tag{1.38}$$

上式为积分形式的动量方程。

　　引入系统的一个特征长度 L，为方便计取 $L=\tau(t)^{1/3}$，于是系统的体积为 L^3，而系统表面积则与 L^2 成正比。用 L^2 遍除式(1.38)各项，并让上述流体系统在保持原形状不变的条件下收缩到一点，即令 $L\rightarrow 0$，由于方程的体积分项，即左侧和右侧第二项，都以 L^3 的速度缩小，它们的极限等于零，于是

$$\lim_{L\to 0}\left[L^{-2}\int_{A(t)}\boldsymbol{p}_n\mathrm{d}A\right] = 0 \tag{1.39}$$

上式意味着系统所受到的表面力是局部平衡的。

　　取一个四面体流体元(见图 1.17)，流体元有三个面分别与坐标平面相平行，其外法线单位矢量分别是 $-\boldsymbol{i},-\boldsymbol{j},-\boldsymbol{k}$；倾斜面的外法线单位矢量为 $\boldsymbol{n}$，

$$\boldsymbol{n} = \cos(n,x)\boldsymbol{i} + \cos(n,y)\boldsymbol{j} + \cos(n,z)\boldsymbol{k}$$
$$= n_x\boldsymbol{i} + n_y\boldsymbol{j} + n_z\boldsymbol{k}$$

设倾斜面的面积为 δA，其余三个面的面积则分别为

$$n_x\delta A, \quad n_y\delta A, \quad n_z\delta A$$

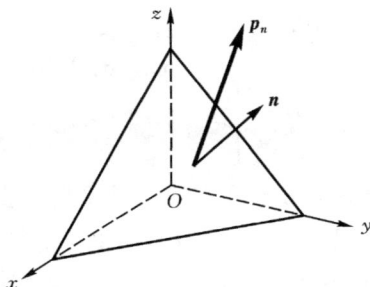

图 1.17　四面体所受的表面力

在倾斜面和其余三个面上作用的应力矢量分别为

$$\boldsymbol{p}_n, \quad \boldsymbol{p}_{-x}, \quad \boldsymbol{p}_{-y}, \quad \boldsymbol{p}_{-z}$$

后 3 个应力矢量下标中的负号表示它们所在平面的外法线方向都沿坐标轴的负方向。应用式(1.39)可得

$$\lim_{L\to 0}\left\{\frac{\delta A}{L^2}[n_x\boldsymbol{p}_{-x} + n_y\boldsymbol{p}_{-y} + n_z\boldsymbol{p}_{-z} + \boldsymbol{p}_n]\right\} = 0$$

因为 δA 以 L^2 的速度趋近于零，由上式可得

$$\boldsymbol{p}_n = -n_x\boldsymbol{p}_{-x} - n_y\boldsymbol{p}_{-y} - n_z\boldsymbol{p}_{-z} = n_x\boldsymbol{p}_x + n_y\boldsymbol{p}_y + n_z\boldsymbol{p}_z \tag{1.40}$$

在上式推导过程中应用了式(1.37)。请注意式(1.40)中应力矢量 $\boldsymbol{p}_x,\boldsymbol{p}_y,\boldsymbol{p}_z$ 都是在同一空间点上所取的矢量，将他们分别沿坐标轴方向分解得

$$\boldsymbol{p}_x = \sigma_{xx}\boldsymbol{i} + \sigma_{xy}\boldsymbol{j} + \sigma_{xz}\boldsymbol{k}, \quad \boldsymbol{p}_y = \sigma_{yx}\boldsymbol{i} + \sigma_{yy}\boldsymbol{j} + \sigma_{yz}\boldsymbol{k}, \quad \boldsymbol{p}_z = \sigma_{zx}\boldsymbol{i} + \sigma_{zy}\boldsymbol{j} + \sigma_{zz}\boldsymbol{k}$$

把上述应力矢量的表达式代入式(1.40)得

$$\boldsymbol{p}_n = \boldsymbol{i}(n_x\sigma_{xx} + n_y\sigma_{yx} + n_z\sigma_{zx}) + \boldsymbol{j}(n_x\sigma_{xy} + n_y\sigma_{yy} + n_z\sigma_{zy})$$
$$+ \boldsymbol{k}(n_x\sigma_{xz} + n_y\sigma_{yz} + n_z\sigma_{zz})$$

采用张量下标表示法，p_n 的第 i 个分量 σ_{ni} 可以表示为

$$\sigma_{ni}(\boldsymbol{r},t,\boldsymbol{n}) = n_j\sigma_{ji}(\boldsymbol{r},t) \tag{1.41a}$$

在上式中明确地表示出了各应力分量对于 $\boldsymbol{r}$，t 和 $\boldsymbol{n}$ 的依赖关系，σ_{ji} 是 $\boldsymbol{p}_x$，$\boldsymbol{p}_y$，$\boldsymbol{p}_z$ 的 9 个分量中的一个，是外法线单位矢量指向 j 的平面（平行于某一坐标平面）上的应力矢量的第 i 个分量，显然它只是 $\boldsymbol{r}$ 和 t 的函数。式(1.41a)也可以用矩阵形式表示为

$$(\sigma_{nx},\sigma_{ny},\sigma_{nz}) = (n_x,n_y,n_z)\begin{bmatrix} \sigma_{xx} & \sigma_{xy} & \sigma_{xz} \\ \sigma_{yx} & \sigma_{yy} & \sigma_{yz} \\ \sigma_{zx} & \sigma_{zy} & \sigma_{zz} \end{bmatrix} \tag{1.41b}$$

或者以张量形式表示为

$$\boldsymbol{p}_n = \boldsymbol{n} \cdot \boldsymbol{\Sigma} \tag{1.41c}$$

上式中的

$$\boldsymbol{\Sigma} = \begin{bmatrix} \sigma_{xx} & \sigma_{xy} & \sigma_{xz} \\ \sigma_{yx} & \sigma_{yy} & \sigma_{yz} \\ \sigma_{zx} & \sigma_{zy} & \sigma_{zz} \end{bmatrix} \tag{1.42}$$

称为应力张量，它是一个 2 阶张量，有 9 个分量，其中对角线分量是法向分量，非对角线分量是切向分量。下一节将证明这 9 个分量中只有 6 个是独立的。应力张量，或应力张量的 9 个应力分量完全决定了空间一点的应力状态，欲求空间某点法线方向为 $\boldsymbol{n}$ 的面元上的应力矢量，只需依据式(1.41c)将 $\boldsymbol{n}$ 与 $\boldsymbol{\Sigma}$ 作点乘运算即可。

将式(1.41c)代入式(1.38)，利用式(1.35)，并以不随时间变化的固定控制体 τ 和控制面 A 替换 $\tau(t)$ 和 $A(t)$ 得

$$\int_\tau \rho \frac{\mathrm{D}\boldsymbol{u}}{\mathrm{D}t}\mathrm{d}\tau = \int_A \boldsymbol{n} \cdot \boldsymbol{\Sigma}\mathrm{d}A + \int_\tau \rho \boldsymbol{g}\mathrm{d}\tau$$

利用高斯公式把上式右侧的面积分变为体积分，并加以整理得

$$\int_\tau \left(\rho \frac{\mathrm{D}\boldsymbol{u}}{\mathrm{D}t} - \nabla \cdot \boldsymbol{\Sigma} - \rho \boldsymbol{g}\right)\mathrm{d}\tau = 0$$

上述积分的被积函数是连续的，积分区域 τ 是任选的，欲使上式恒等于零，被积函数需恒等于零，于是

$$\rho \frac{\mathrm{D}\boldsymbol{u}}{\mathrm{D}t} = \nabla \cdot \boldsymbol{\Sigma} + \rho \boldsymbol{g} \tag{1.43a}$$

式(1.43a)是微分形式的动量方程，也可以张量下标形式写为

$$\rho \frac{\mathrm{D}u_i}{\mathrm{D}t} = \frac{\partial \sigma_{ji}}{\partial x_j} + \rho g_i \tag{1.43b}$$

上式将在第 2 章动量方程一节作进一步讨论。

应力张量的对称性

上一节应用动量定理于一个流体微元,得出了流体微元所受表面力局部平衡的结论。本节将应用动量距定理于流体微元来证明应力张量的对称性。在惯性坐标系中,对一个表面积为 $A(t)$、体积为 $\tau(t)$ 的流体系统,动量距定理可写为

$$\frac{\mathrm{D}\boldsymbol{H}}{\mathrm{D}t} = \boldsymbol{T}$$

式中 $\boldsymbol{H}$ 是系统的角动量或动量矩,

$$\boldsymbol{H} = \int_{\tau(t)} \boldsymbol{r} \times (\rho\boldsymbol{u})\mathrm{d}\tau$$

上述积分在体积 $\tau(t)$ 内进行,求动量矩运算的参考点可以任选,这里取坐标系原点作为参考点,$\boldsymbol{r}$ 则是体积微元 $\mathrm{d}\tau$ 相对于原点的位置矢量。动量距方程中的 $\boldsymbol{T}$ 是外界作用于流体系统的力矩,包括由质量力(重力)和表面力产生的力矩,

$$\boldsymbol{T} = \int_{\tau(t)} \boldsymbol{r} \times (\rho\boldsymbol{g})\mathrm{d}\tau + \int_{A(t)} \boldsymbol{r} \times \boldsymbol{p}_n \mathrm{d}A$$

将动量距和力矩的表达式代入动量距方程,则有

$$\frac{\mathrm{D}}{\mathrm{D}t}\int_{\tau(t)} \boldsymbol{r} \times \boldsymbol{u}\rho \mathrm{d}\tau = \int_{\tau(t)} \boldsymbol{r} \times (\rho\boldsymbol{g})\mathrm{d}\tau + \int_{A(t)} \boldsymbol{r} \times \boldsymbol{p}_n \mathrm{d}A$$

用张量下标形式上式可表示为

$$\int_{\tau} \varepsilon_{ijk}\rho \frac{\mathrm{D}}{\mathrm{D}t}(x_j u_k)\mathrm{d}\tau = \int_{\tau} \varepsilon_{ijk}\rho x_j g_k \mathrm{d}\tau + \int_{A} \varepsilon_{ijk} x_j \sigma_{nk} \mathrm{d}A \qquad (1.44)$$

在上式推导中利用了式(1.35),同时用不随时间变化的积分区域代替了随时间变化的区域。依据式(1.41a),式(1.44)右侧第二项中的 σ_{nk} 可以表示为 $\sigma_{nk} = n_l\sigma_{lk}$,利用高斯公式将该项改写为体积分

$$\int_{A} \varepsilon_{ijk} x_j \sigma_{lk} n_l \mathrm{d}A = \int_{\tau} \varepsilon_{ijk} \frac{\partial}{\partial x_l}(x_j \sigma_{lk})\mathrm{d}\tau$$

把上式代入式(1.44)并加以整理得

$$\int_{\tau} \varepsilon_{ijk}\left[\rho \frac{\mathrm{D}}{\mathrm{D}t}(x_j u_k) - \frac{\partial}{\partial x_l}(x_j \sigma_{lk}) - \rho x_j g_k\right]\mathrm{d}\tau = 0$$

将上式方括号内的导数项展开并加以整理,于是有

$$\int_{\tau}\left[\varepsilon_{ijk} x_j\left(\rho \frac{\mathrm{D}u_k}{\mathrm{D}t} - \frac{\partial \sigma_{lk}}{\partial x_l} - \rho g_k\right) + \rho\,\varepsilon_{ijk} u_j u_k - \varepsilon_{ijk}\sigma_{lk}\frac{\partial x_j}{\partial x_l}\right]\mathrm{d}\tau = 0$$

上式推导中应用了 $\dfrac{\mathrm{D}x_j}{\mathrm{D}t} = u_j$。请读者注意 $\partial x_j/\partial x_l$,只有当 $l=j$ 时,$\partial x_j/\partial x_l$ 才不为零,且 $\partial x_j/\partial x_l = 1$,于是 $\sigma_{lk}\dfrac{\partial x_j}{\partial x_l} = \sigma_{jk}$。由式(1.43b)知上式被积函数中圆括号内各项之和等于零,同时 $\varepsilon_{ijk} u_j u_k = \boldsymbol{u}\times\boldsymbol{u} = 0$(参见附录 B),上述方程可简化为

$$\int_\tau \varepsilon_{ijk}\sigma_{jk}\,\mathrm{d}\tau = 0$$

张量场 σ_{jk} 是连续的,积分区域是任选的,于是可以推得

$$\varepsilon_{ijk}\sigma_{jk} = 0$$

$\varepsilon_{ijk}\sigma_{jk}$ 表示一个矢量,展开后为

$$(\sigma_{23} - \sigma_{32})\boldsymbol{e}_1 + (\sigma_{31} - \sigma_{13})\boldsymbol{e}_2 + (\sigma_{12} - \sigma_{21})\boldsymbol{e}_3 = 0$$

一个矢量等于零,其各分量分别等于零,于是有

$$\sigma_{ij} = \sigma_{ji} \tag{1.45}$$

即应力张量是对称张量。

理想流体与静止流体的应力张量

在运动的实际流体中,如果两层流体间有相对滑移,即存在剪切变形率,流体内部便会产生剪切应力以抵抗这种变形,称流体的这种性质为粘性。当流体的粘性,或者流体的剪切变形率很小时,流体内的剪切应力可以忽略,这种流体称为理想流体。如果流体没有运动,则流体内就不存在剪切变形,于是也没有剪切应力。

对于理想流体和静止流体,剪切应力等于零,应力张量中的非对角线分量为零,由式(1.41a),有 $\sigma_{nx} = \sigma_{xx}n_x$,$\sigma_{ny} = \sigma_{yy}n_y$,$\sigma_{nz} = \sigma_{zz}n_z$。由于只有法向分量,应力矢量可写为 $\boldsymbol{p}_n = \sigma_{nn}\boldsymbol{n}$,将上式向坐标轴投影,则 $\sigma_{nx} = \sigma_{nn}n_x$,$\sigma_{ny} = \sigma_{nn}n_y$,$\sigma_{nz} = \sigma_{nn}n_z$。比较以上各式得

$$\sigma_{xx} = \sigma_{yy} = \sigma_{zz} = \sigma_{nn} \tag{1.46}$$

即对于理想流体或静止流体,流场中同一空间点不同方向上的法向应力是相等的。令 $\sigma_{nn} = -p$,这里 $p = p(\boldsymbol{r}, t)$ 是空间位置和时间的函数,对于静止流体,p 等于流体静压强。于是应力矢量可以写为

$$\boldsymbol{p}_n = -p\boldsymbol{n} \tag{1.47}$$

p 前的负号表示压强的作用方向与作用面法线方向 $\boldsymbol{n}$ 相反,是指向流体的。理想流体或静止流体的应力张量于是可写为

$$\sigma_{ij} = \begin{pmatrix} \sigma_{nn} & 0 & 0 \\ 0 & \sigma_{nn} & 0 \\ 0 & 0 & \sigma_{nn} \end{pmatrix} = \begin{pmatrix} -p & 0 & 0 \\ 0 & -p & 0 \\ 0 & 0 & -p \end{pmatrix} = -p \begin{pmatrix} 1 & 0 & 0 \\ 0 & 1 & 0 \\ 0 & 0 & 1 \end{pmatrix} = -p\delta_{ij}$$

$$\tag{1.48a}$$

在理想流体或静止流体中,只用一个标量函数 p 便可完全地描述一点的应力状态。上式也可写为

$$\boldsymbol{\Sigma} = -p\mathbf{I} \tag{1.48b}$$

式中 $\mathbf{I}$ 称单位张量。对于单位张量有下式成立,

$$\mathbf{I} \cdot \boldsymbol{a} = \boldsymbol{a}$$

即单位张量和一个矢量的点积等于这个矢量本身。

例 7　平面 $x + 3y + z = 1$ 上某点的应力张量可以矩阵形式表示为

$$\boldsymbol{\Sigma} = \begin{pmatrix} 0 & 1 & 2 \\ 1 & 2 & 0 \\ 2 & 0 & 1 \end{pmatrix}$$

试求该点处作用于上述平面外侧(离开原点一侧)的应力矢量及应力矢量的法向和切向分量。

解　先求平面 $x + 3y + z = 1$ 外侧的法线单位矢量。令 $F = x + 3y + z - 1 = 0$，则法向单位矢量

$$\boldsymbol{n} = \frac{\nabla F}{|\nabla F|} = \frac{\boldsymbol{i} + 3\boldsymbol{j} + \boldsymbol{k}}{\sqrt{1 + 3^2 + 1}} = \frac{1}{\sqrt{11}}(\boldsymbol{i} + 3\boldsymbol{j} + \boldsymbol{k})$$

应力矢量

$$\boldsymbol{p}_n = \boldsymbol{n} \cdot \boldsymbol{\Sigma} = \frac{1}{\sqrt{11}}(1,3,1)\begin{pmatrix} 0 & 1 & 2 \\ 1 & 2 & 0 \\ 2 & 0 & 1 \end{pmatrix} = \frac{1}{\sqrt{11}}(5,7,3)$$

应力矢量法向分量和切向分量

$$\sigma_{nn} = \boldsymbol{n} \cdot \boldsymbol{p}_n = \frac{1}{\sqrt{11}}(1,3,1)\begin{bmatrix} \dfrac{5}{\sqrt{11}} \\[2mm] \dfrac{7}{\sqrt{11}} \\[2mm] \dfrac{3}{\sqrt{11}} \end{bmatrix} = \frac{1}{11}(5 + 21 + 3) = \frac{29}{11}$$

$$\begin{aligned} \sigma_{n\tau} &= \sqrt{|\boldsymbol{p}_n|^2 - \sigma_{nn}^2} \\ &= \sqrt{\frac{5^2 + 7^2 + 3^2}{11} - \left(\frac{29}{11}\right)^2} = \frac{6\sqrt{2}}{11} \end{aligned}$$

例 8　圆球在高粘性流体内作缓慢移动时,其表面应力各分量如下(见图1.18):

$$\sigma_{rr} = -p_\infty + \frac{3\mu U}{2a}\cos\theta,$$

$$\sigma_{r\theta} = -\frac{3\mu U}{2a}\sin\theta, \quad \sigma_{r\omega} = 0$$

求圆球所受到的流体作用力。以上表达式中, p_∞ 为无穷远处流体压强, U 和 a 分别为圆球运动速度和圆球半径,它们都是常数。

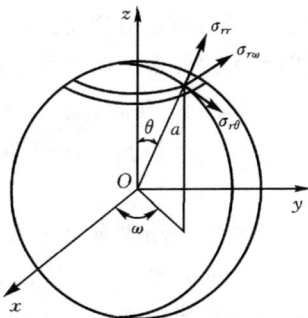

图 1.18　缓慢移动圆球表面的应力分量

解　圆球表面的应力矢量用各应力分量可表示为

$$\boldsymbol{p}_r = \sigma_{rr}\boldsymbol{e}_r + \sigma_{r\theta}\boldsymbol{e}_\theta + \sigma_{r\omega}\boldsymbol{e}_\omega$$

分别用直角坐标系单位矢量表示 $\boldsymbol{e}_r$、$\boldsymbol{e}_\theta$ 和 $\boldsymbol{e}_\omega$，

$$\boldsymbol{e}_r = \sin\theta\cos\omega\,\boldsymbol{e}_x + \sin\theta\sin\omega\,\boldsymbol{e}_y + \cos\theta\,\boldsymbol{e}_z$$

$$\boldsymbol{e}_\theta = \cos\theta\cos\omega\,\boldsymbol{e}_x + \cos\theta\sin\omega\,\boldsymbol{e}_y - \sin\theta\,\boldsymbol{e}_z$$

$$\boldsymbol{e}_\omega = -\sin\omega\,\boldsymbol{e}_x + \cos\omega\,\boldsymbol{e}_y$$

将上述表达式代入 $\boldsymbol{p}_r$ 表达式，

$$\boldsymbol{p}_r = \left(-p_\infty + \frac{3\mu U}{2a}\cos\theta\right)(\sin\theta\cos\omega\,\boldsymbol{e}_x + \sin\theta\sin\omega\,\boldsymbol{e}_y + \cos\theta\,\boldsymbol{e}_z)$$

$$+ \left(-\frac{3\mu U}{2a}\sin\theta\right)(\cos\theta\cos\omega\,\boldsymbol{e}_x + \cos\theta\sin\omega\,\boldsymbol{e}_y - \sin\theta\,\boldsymbol{e}_z)$$

$$= -p_\infty\boldsymbol{e}_r + \frac{3\mu U}{2a}\boldsymbol{e}_z$$

圆球所受流体作用力可通过在圆球表面积分求得，

$$\boldsymbol{F} = \int_A \boldsymbol{p}_r\,\mathrm{d}A = \boldsymbol{e}_z\int_0^{2\pi}\mathrm{d}\omega\int_0^\pi \frac{3\mu U}{2a}a^2\sin\theta\,\mathrm{d}\theta = 6\pi\mu Ua\boldsymbol{e}_z$$

在上式计算中应用到了 $\int_A -p_\infty\boldsymbol{e}_r\mathrm{d}A = 0$。

例 9　试求圆柱坐标系中的微元体所受表面力的合力(见图 1.19)。已知单位矢量 $\boldsymbol{e}_R$ 和 $\boldsymbol{e}_\theta$ 均是 θ 的函数，且有

$$\frac{\partial\boldsymbol{e}_R}{\partial\theta} = \boldsymbol{e}_\theta, \qquad \frac{\partial\boldsymbol{e}_\theta}{\partial\theta} = -\boldsymbol{e}_R$$

解　微元体共有 6 个表面，计算中取每个微元面中心的应力作为该微元面的平均应力，而各个微元面中心的应力则需用微元体中心的应力来表示。6 个微元面受力的矢量和即是微元体所受总表面力，式如

$$\boldsymbol{F} = [(R\boldsymbol{p}_R)_{R+\delta R} - (R\boldsymbol{p}_R)_R]\delta\theta\delta z$$

$$+ [(\boldsymbol{p}_\theta)_{\theta+\delta\theta} - (\boldsymbol{p}_\theta)_\theta]\delta z\delta R$$

$$+ [(R\boldsymbol{p}_z)_{z+\delta z} - (R\boldsymbol{p}_z)_z]\delta R\delta\theta$$

图 1.19　圆柱坐标中的微元体受力分析

上式右侧第一项是垂直于 R 方向的两个微元面受力的矢量和，第二和第三项分别是垂直于 θ 方向和 z 方向的微元面受力的矢量和。首先考虑 R 方向的受力，以微元体中心的应力表示上下表面的应力，有

$$(R\boldsymbol{p}_R)_{R+\delta R} - (R\boldsymbol{p}_R)_R$$

$$= (R\boldsymbol{p}_R)_{R+\delta R/2} + \frac{\partial}{\partial R}(R\boldsymbol{p}_R)_{R+\delta R/2}\frac{\delta R}{2} - \left[(R\boldsymbol{p}_R)_{R+\delta R/2} - \frac{\partial}{\partial R}(R\boldsymbol{p}_R)_{R+\delta R/2}\frac{\delta R}{2}\right]$$

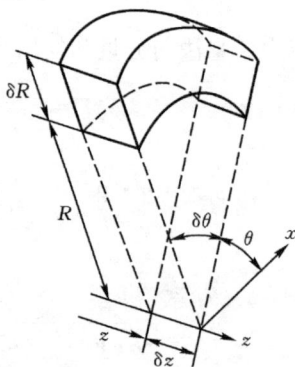

$$= \frac{\partial}{\partial R}(R\boldsymbol{p}_R)_{R+\delta R/2}\,\delta R$$

为方便计在下文中略去角标 $R+\delta R/2$,于是

$$(R\boldsymbol{p}_R)_{R+\delta R} - (R\boldsymbol{p}_R)_R = \frac{\partial}{\partial R}(R\boldsymbol{p}_R)\delta R$$

同理可推得

$$(\boldsymbol{p}_\theta)_{\theta+\delta\theta} - (\boldsymbol{p}_\theta)_\theta = \frac{\partial \boldsymbol{p}_\theta}{\partial \theta}\delta\theta, \quad (R\boldsymbol{p}_z)_{z+\delta z} - (R\boldsymbol{p}_z)_z = \frac{\partial}{\partial z}(R\boldsymbol{p}_z)\delta z$$

将上述三式代入 $\boldsymbol{F}$ 表达式,得

$$\boldsymbol{F} = \left[\frac{\partial}{\partial R}(R\boldsymbol{p}_R) + \frac{\partial \boldsymbol{p}_\theta}{\partial \theta} + \frac{\partial}{\partial z}(R\boldsymbol{p}_z)\right]\delta\theta\delta z\delta R$$

代入 $\boldsymbol{p}_R = \sigma_{RR}\boldsymbol{e}_R + \sigma_{R\theta}\boldsymbol{e}_\theta + \sigma_{Rz}\boldsymbol{e}_z$, $\boldsymbol{p}_\theta = \sigma_{\theta R}\boldsymbol{e}_R + \sigma_{\theta\theta}\boldsymbol{e}_\theta + \sigma_{\theta z}\boldsymbol{e}_z$, $\boldsymbol{p}_z = \sigma_{zR}\boldsymbol{e}_R + \sigma_{z\theta}\boldsymbol{e}_\theta + \sigma_{zz}\boldsymbol{e}_z$,并考虑到 $\partial\boldsymbol{e}_R/\partial\theta = \boldsymbol{e}_\theta$ 和 $\partial\boldsymbol{e}_\theta/\partial\theta = -\boldsymbol{e}_R$,有

$$\begin{aligned}
\boldsymbol{F} = &\left\{ \frac{\partial}{\partial R}(R\sigma_{RR})\boldsymbol{e}_R + \frac{\partial}{\partial R}(R\sigma_{R\theta})\boldsymbol{e}_\theta + \frac{\partial}{\partial R}(R\sigma_{Rz})\boldsymbol{e}_z + \frac{\partial \sigma_{\theta R}}{\partial \theta}\boldsymbol{e}_R + \sigma_{\theta R}\boldsymbol{e}_\theta + \frac{\partial \sigma_{\theta\theta}}{\partial \theta}\boldsymbol{e}_\theta \right.\\
&\left. -\sigma_{\theta\theta}\boldsymbol{e}_R + \frac{\partial \sigma_{\theta z}}{\partial \theta}\boldsymbol{e}_z + \frac{\partial}{\partial z}(R\sigma_{zR})\boldsymbol{e}_R + \frac{\partial}{\partial z}(R\sigma_{z\theta})\boldsymbol{e}_\theta + \frac{\partial}{\partial z}(R\sigma_{zz})\boldsymbol{e}_z \right\}\delta R\delta\theta\delta z \\
= &\; F_R\boldsymbol{e}_R + F_\theta\boldsymbol{e}_\theta + F_z\boldsymbol{e}_z
\end{aligned}$$

式中
$$F_R = \left[\frac{\partial}{\partial R}(R\sigma_{RR}) + \frac{\partial \sigma_{\theta R}}{\partial \theta} - \sigma_{\theta\theta} + \frac{\partial}{\partial z}(R\sigma_{zR})\right]\delta R\delta\theta\delta z$$

$$F_\theta = \left[\frac{\partial}{\partial R}(R\sigma_{R\theta}) + \frac{\partial \sigma_{\theta\theta}}{\partial \theta} + \sigma_{\theta R} + \frac{\partial}{\partial z}(R\sigma_{z\theta})\right]\delta R\delta\theta\delta z$$

$$F_z = \left[\frac{\partial}{\partial R}(R\sigma_{Rz}) + \frac{\partial \sigma_{\theta z}}{\partial \theta} + \frac{\partial}{\partial z}(R\sigma_{zz})\right]\delta R\delta\theta\delta z$$

解毕。

1.8　本构方程

1.8.1　牛顿流体的本构方程

　　当流体和固体受到剪切力的作用时都会变形,同时物体内部产生一切向应力,阻止变形的发生。弹性体内的剪切应力与剪切变形大小成正比。流体即使受到很小的剪切力作用也会连续变形。实验表明,对于许多经常遇到的流体,其内部的剪切应力与剪切变形率成正比。

　　牛顿研究了简单剪切流动条件下切应力与剪切变形率的关系。当 $u=u(y)$, $v=w=0$时,有

$$\tau = \mu \frac{\mathrm{d}u}{\mathrm{d}y} \tag{1.49}$$

式中 τ 是切应力，$\mathrm{d}u/\mathrm{d}t$ 是剪切应变率，比例系数 μ 是一个物性常数，称动力粘性系数。通常把应力与应变率之间符合上述线形关系的流体称为牛顿流体。对于粘性流体三维运动情形下应力与应变率之间的关系，则需要更为普遍的公式来表示。把应力和应变率之间，或者应力张量和应变率张量之间的这种关系称为本构方程。

斯托克斯提出了牛顿流体应力张量与应变率张量之间一般关系的三项假定：

(1) 运动流体的应力张量在运动停止后应趋于静止流体的应力张量，据此应力张量 σ_{ij} 可表示为

$$\sigma_{ij} = -p\delta_{ij} + \tau_{ij} \tag{1.50}$$

式中 τ_{ij} 称为粘性应力张量，或偏应力张量，它是由流体运动引起的，当运动停止后，它即等于零。p 是运动流体的压强函数，它的物理意义将在下文中讨论，但当流体静止时，它即趋近于静力学压强，而应力张量就改变为式(1.48a)。由于 σ_{ij} 与 $p\delta_{ij}$ 都是二阶对称张量，τ_{ij} 也是二阶对称张量。

(2) 偏应力张量 τ_{ij} 各分量是局部速度梯度张量 $\partial u_i/\partial x_j$ 各分量的线性齐次函数。这意味着 τ_{ij} 与流体运动状态有关：对于静止流体或速度均匀分布的流动，τ_{ij} 为零；当速度分布不均匀时，τ_{ij} 可能不等于零。这里 τ_{ij} 与 $\partial u_i/\partial x_j$ 成线性关系的假设只是把式(1.49)推广到一般运动的情形，它的合理性需要通过实验加以验证。由于 τ_{ij} 的每一个分量都表示为 $\partial u_i/\partial x_j$ 的 9 个分量的线性组合，因此联系偏应力张量和速度梯度张量的系数有 81 个，于是

$$\tau_{ij} = \alpha_{ijkl} \frac{\partial u_k}{\partial x_l} \tag{1.51}$$

式中 α_{ijkl} 为表示流体粘性的系数，是一个 4 阶张量，它有 81 个分量。

(3) 流体是各向同性的，即流体的物理性质与方向无关，流体的物性不依赖于坐标系的选择和转换。这意味着上述表示流体粘性的常数 α_{ijkl} 是一个各向同性张量，由附录 B，各向同性张量 α_{ijkl} 可以表示为

$$\alpha_{ijkl} = \lambda \delta_{ij} \delta_{kl} + \mu \delta_{ik} \delta_{jl} + \mu' \delta_{il} \delta_{jk}$$

δ_{ij} 符号及运算性质参阅附录 B，其定义是 $i=j$ 时 $\delta_{ij}=1$，$i\neq j$ 时 $\delta_{ij}=0$。由于 τ_{ij} 对于指标 i、j 是对称的，依据式(1.51)α_{ijkl} 对于 i、j 也是对称的，则上式可进一步简化为

$$\alpha_{ijkl} = \lambda \delta_{ij} \delta_{kl} + \mu (\delta_{ik} \delta_{jl} + \delta_{il} \delta_{jk})$$

由于是各向同性张量且对指标 i、j 对称，α_{ijkl} 的 81 个分量简化为 2 个，λ 和 μ。可以看出 α_{ijkl} 对指标 k 和 l 也是对称的。考虑到速度梯度张量可以分解为一个对称张量和一个反对称张量之和，上式可写为

$$\tau_{ij} = \alpha_{ijkl}\frac{\partial u_k}{\partial x_l} = \alpha_{ijkl}(s_{kl} + a_{kl}) = \alpha_{ijkl}s_{kl} + \alpha_{ijkl}a_{kl} = \alpha_{ijkl}s_{kl} \tag{1.52}$$

在上式推导中用到一个反对称张量和一个对称张量的双点积等于零的结论(参阅附录 B),$\alpha_{ijkl}a_{kl} = 0$。式(1.52)从数学上证明了偏应力与流体的旋转运动无关,而只和流体变形运动有关。把 α_{ijkl} 表达式代入式(1.52)得

$$\tau_{ij} = (\lambda\delta_{ij}\delta_{kl} + \mu\delta_{ik}\delta_{jl} + \mu\delta_{il}\delta_{jk})s_{kl} \tag{1.53}$$

只有 $l=k$ 时 δ_{kl} 才不等于零,于是

$$\lambda\delta_{ij}\delta_{kl}s_{kl} = \lambda\delta_{ij}s_{kk}$$

同样可推得

$$\mu\delta_{ik}\delta_{jl}s_{kl} = \mu s_{ij}, \quad \mu\delta_{il}\delta_{jk}s_{kl} = \mu s_{ji}$$

于是式(1.53)可写为

$$\tau_{ij} = \lambda\delta_{ij}s_{kk} + 2\mu s_{ij} \tag{1.54}$$

代入式(1.50)得

$$\sigma_{ij} = -p\delta_{ij} + \lambda\delta_{ij}s_{kk} + 2\mu s_{ij} \tag{1.55}$$

上文已讲到当流体静止时,式(1.55)中的 p 就是流体静压强。在一般情况下,对于可压缩流体 p 即热力学压强,它可以通过热力学状态方程 $p = p(\rho, T)$ 来确定。而对于不可压缩流体,变量 p 不再是热力学状态的函数,但 p 仍然是依赖于流体动力学参数的变量,可由边界条件和流体动力学方程求解得到。事实上,在动量方程中只出现 p 的梯度(这一点由式(1.43)和式(1.55)可以看出),给不可压缩流体的压强增加或减少一个常数不会对动量方程造成影响。因此,如果在边界条件中不能给出压强的具体数值,则从不可压缩流体理论出发只能计算出差压值,即对某一点的相对压强值。

根据式(1.55),一点的应力由三部分组成:$-p\delta_{ij}$,各向同性的压强;$\lambda\delta_{ij}s_{kk}$,由于体积膨胀或压缩引起的各向同性粘性应力;$2\mu s_{ij}$,由运动流体应变率引起的粘性应力。

1.8.2　粘性系数

式(1.55)中的 λ 和 μ 需通过实验确定,其物理意义也需要进一步解释。考虑平面简单剪切运动,令 $u = u(y), v = w = 0$,则式(1.55)简化为

$$\sigma_{xy} = \mu\frac{\mathrm{d}u}{\mathrm{d}y}$$

上式与式(1.49)相同,μ 即是流体的动力粘性系数。λ 则称作第二粘性系数。

定义一点的平均法向应力为

$$\bar{p} = -\frac{1}{3}\sigma_{ii} = -\frac{1}{3}(\sigma_{11} + \sigma_{22} + \sigma_{33}) \tag{1.56}$$

一般来说平均法向应力不等于 p，它们之间相差一个由于流体运动引起的应力项，式如

$$-\bar{p} = \frac{1}{3}[(-p + \lambda s_{kk} + 2\mu s_{11}) + (-p + \lambda s_{kk} + 2\mu s_{22})$$

$$+ (-p + \lambda s_{kk} + 2\mu s_{33})]$$

$$= -p + \lambda s_{kk} + \frac{2}{3}\mu s_{kk} = -p + \left(\lambda + \frac{2}{3}\mu\right)s_{kk}$$

即

$$p - \bar{p} = Ks_{kk} \tag{1.57}$$

可见平均法向应力与 p 之差正比于速度矢量的散度 s_{kk}，其比例系数 K 称作体积粘性系数，表示为

$$K = \lambda + \frac{2}{3}\mu \tag{1.58}$$

对于不可压缩流体，$s_{kk} = 0$，因此平均法向应力等于压强 p。对于可压缩流体，$s_{kk} \neq 0$，流体会发生膨胀或压缩，平均法向应力不等于压强 p。体积膨胀引起粘性应力的微观机理与体积变化时的能量耗散机制有关，但是除高温和高频声波等极端情况外，在一般的气体运动中可近似认为

$$K = 0 \quad 或 \quad \lambda = -\frac{2}{3}\mu \tag{1.59}$$

称为斯托克斯假设，在此假设下本构方程中只出现一个粘性系数 μ，式如

$$\sigma_{ij} = -p\delta_{ij} - \frac{2}{3}\mu\delta_{ij}s_{kk} + 2\mu s_{ij} \tag{1.60a}$$

或可写为

$$\Sigma = -pI - \frac{2}{3}\mu I \nabla \cdot \boldsymbol{u} + 3\mu \boldsymbol{S} \tag{1.60b}$$

对于不可压缩流体，$s_{kk} = 0$，式(1.60a)简化为

$$\sigma_{ij} = -p\delta_{ij} + 2\mu s_{ij} \tag{1.61a}$$

或可写为

$$\Sigma = -pI + 3\mu \boldsymbol{S} \tag{1.61b}$$

代入 s_{kk} 和 s_{ij} 在直角坐标系中的具体表达式，式(1.60a)和式(1.61a)又可写为

$$\sigma_{ij} = -p\delta_{ij} - \frac{2}{3}\mu\delta_{ij}\frac{\partial u_k}{\partial x_k} + \mu\left(\frac{\partial u_i}{\partial x_j} + \frac{\partial u_j}{\partial x_i}\right) \tag{1.62}$$

$$\sigma_{ij} = -p\delta_{ij} + \mu\left(\frac{\partial u_i}{\partial x_j} + \frac{\partial u_j}{\partial x_i}\right) \tag{1.63}$$

非牛顿流体的本构方程要复杂得多，不同类型的非牛顿流体其本构方程的形式也不同。感兴趣的读者可参阅相关书籍。

练习题

1.1 流体质点的空间位置表示如下：

$$x = x_0, \quad y = \mathrm{e}^t \frac{y_0 + z_0}{2} + \mathrm{e}^{-t} \frac{y_0 - z_0}{2}, \quad z = \mathrm{e}^t \frac{y_0 + z_0}{2} - \mathrm{e}^{-t} \frac{y_0 - z_0}{2}$$

求速度的拉格朗日描述和欧拉描述。

1.2 一速度场用 $u = \dfrac{x}{1+t}, v = \dfrac{2y}{1+t}, w = \dfrac{3z}{1+t}$ 描述。(1) 求加速度的欧拉描述；(2) 先求矢径表示式 $\boldsymbol{r} = \boldsymbol{r}(x_0, y_0, z_0, t)$，再求加速度的拉格朗日描述；(3) 求流线。

1.3 速度场由 $\boldsymbol{u} = \boldsymbol{u}(x^2 t, yt^2, xz)$ 给出，当 $t=1$ 时，求质点 $P(1,3,2)$ 的速度及加速度。

1.4 速度场由 $\boldsymbol{u} = \boldsymbol{u}(\alpha x + t^2, \beta y - t^2, 0)$ 给出，求速度及加速度的拉格朗日表示。

1.5 已知流体质点的空间位置表示如下：

$$x = x_0, \quad y = y_0 + x_0(\mathrm{e}^{-2t} - 1), \quad z = z_0 + x_0(\mathrm{e}^{-3t} - 1)$$

求：(1) 速度的欧拉表示；(2) 加速度的欧拉和拉格朗日表示；(3) 过点 $(1,1,1)$ 的流线，及 $t=0$ 时在 $(x_0, y_0, z_0) = (1,1,1)$ 处的流体质点的迹线；(4) 散度、旋度及涡线；(5) 应变率张量和旋转率张量。

1.6[*] 设 $u = x + 3y, v = -x - y, w = 0$，求速度的拉格朗日表示及加速度的欧拉表示。

1.7 已知速度场 $u = -2x, v = 2y(1+t)^{-1}, w = 2zt(1+t)^{-1}$。求：(1) $t=0$ 时刻过空间点 $(1,1,1)$ 的流线；(2) $t=0$ 时刻过空间点 $(1,1,1)$ 的迹线；(3) t 时刻过点 $(1,1,1)$ 的脉线。

1.8 设速度场为 $u = x/t, v = y, w = 0$。求经过空间固定点 (x_1, y_1, z_1) 在 t 时刻的脉线方程。

1.9 试分别写出柱坐标和球坐标系中的流线及迹线微分方程。

1.10 求速度场 $u = \dfrac{cx}{x^2 + y^2}, v = \dfrac{cy}{x^2 + y^2}, w = 0$ 的柱坐标形式，由此写出流线及迹线方程，式中 c 为常数。

1.11 设一很长的风洞中，温度 T 的变化规律为

$$T = T_0 - a\mathrm{e}^{-x/L} \sin(2\pi t/\tau)$$

其中 T_0, a, L, τ 均为常数，x 是从入口处量起的距离，流体质点以常速度 U 进入风洞，求流体质点通过时温度的变化率。

1.12 一流场，其速度分布和温度分布分别为 $u=xt, v=yt, w=zt$ 和 $T=T(x,y,z,t)$，设 $T(x,y,z,t)$ 是已知函数。求初始时刻位于 (x_0,y_0,z_0) 处的流体质点的温度随时间的变化规律。

1.13 若 $x=x_0 e^t, y=y_0 e^{-t}$，试用拉格朗日和欧拉两种方法证明，$\rho=xy$ 是不可压缩流体的密度。

1.14 考虑原点以外的流场，其速度分布和密度分布分别为

$$u=-\frac{y}{x^2+y^2}, \quad v=\frac{x}{x^2+y^2}, \quad w=0, \quad \rho=f(\sqrt{x^2+y^2+z^2})$$

式中 f 是任意单值函数。(1) 求流体密度的随体导数；(2) 计算在球 $(x-5)^2+y^2+z^2\leqslant 1$ 中的流体质量的随体导数。

1.15 设一流场中流体密度为 1，速度分布为 $u=ax, v=ay, w=-2az$，其中 a 为常数，求在体积 $-1\leqslant x\leqslant 1, -1\leqslant y\leqslant 1, -1\leqslant z\leqslant 1$ 中下列物理量的随体导数：(1) 质量；(2) 动量；(3) 动能。

1.16 求下列流场的涡量场和涡线族：

(1) $u=c\sqrt{y^2+z^2}, v=w=0, c$ 是常数；

(2) $u=x^2 yz, v=xy^2 z, w=xyz^2$；

(3) 在柱坐标下 $u_R=0, u_\theta=\omega R, u_z=0, \omega$ 是常数；

(4) 在柱坐标下 $u_R=0, u_\theta=\dfrac{\Gamma}{2\pi R}, u_z=0, \Gamma$ 是常数。

1.17 已知流场 $u=16x^2+y, v=10, w=yz^2$，(1) 求沿下边给出的封闭曲线的速度环量，$0\leqslant x\leqslant 10, y=0; 0\leqslant y\leqslant 5, x=10; 0\leqslant x\leqslant 10, y=5; 0\leqslant y\leqslant 5, x=0$；(2) 求涡量 $\boldsymbol{\Omega}$，然后求 $\displaystyle\int_A \boldsymbol{\Omega}\cdot\boldsymbol{n}\mathrm{d}A$，式中 A 是(1)中给出的矩形面积，$\boldsymbol{n}$ 是此面积的法线单位矢量。

1.18 流体在平面环形区域 $a_1\leqslant R\leqslant a_2$ 中涡量等于一常数，$R=a_1$ 上流体沿圆周方向的线速度 $V=$ 常数，$R=a_2$ 上流体速度等于零，试证明环形区域上涡量值 $\Omega=\dfrac{2a_1 V}{a_1^2-a_2^2}$。

1.19 在 P 点的应力张量为

$$\boldsymbol{\Sigma}=\begin{bmatrix} 7 & 0 & -2 \\ 0 & 5 & 0 \\ -2 & 0 & 4 \end{bmatrix}$$

求：(1) 在 P 点与法线单位矢量 $\boldsymbol{n}=\left(\dfrac{2}{3}, -\dfrac{2}{3}, \dfrac{1}{3}\right)$ 垂直的平面上的应力矢量 $\boldsymbol{p}_n$；(2) 垂直于该平面的应力矢量分量；(3) $\boldsymbol{n}$ 与 $\boldsymbol{p}_n$ 之间的夹角。

1.20　应力张量为

$$\boldsymbol{\Sigma} = \begin{bmatrix} 3xy & 5y^2 & 0 \\ 5y^2 & 0 & 2z \\ 0 & 2z & 0 \end{bmatrix}$$

求作用于平面上 M 点 $(2,1,\sqrt{3})$ 的应力矢量,该平面在 M 点与圆柱面 $y^2 + z^2 = 4$ 相切。

1.21　沿两同轴圆管间环状流动的速度分布为:

$$u_\theta = \frac{1}{R_2^2 - R_1^2}\left[R(\omega_2 R_2^2 - \omega_1 R_1^2) - \frac{R_1^2 R_2^2}{R}(\omega_2 - \omega_1)\right]$$

其中 R_1、R_2 及 ω_1、ω_2 分别是内外圆柱半径及内外圆柱的旋转角速度,θ 为柱坐标极角,求作用于圆柱面上的切应力。

1.22　设绕圆球流动的速度和压强分布分别为

$$u_r(r,\theta) = U\left[1 - \frac{3}{2}\frac{a}{r} + \frac{1}{2}\frac{a^3}{r^3}\right]\cos\theta$$

$$u_\theta(r,\theta) = -U\left[1 - \frac{3}{4}\frac{a}{r} - \frac{1}{4}\frac{a^3}{r^3}\right]\sin\theta$$

$$p(r,\theta) = -\frac{3}{2}\mu U\cos\theta\frac{a}{r^2} + p_0$$

其中 U、p_0 为常数,a 为圆球半径,r、θ 为球坐标,求圆球面上的应力。

1.23　设流动速度场为 $u = yzt$,$v = zxt$,$w = 0$,粘性系数 $\mu = 0.01\ \text{Pa}\cdot\text{s}$,求各切应力。

1.24　给定速度场为 $u = 2y + 3z$,$v = 3z + x$,$w = 2x + 4y$,如速度以 m/s 计,流体的粘性系数 $\mu = 0.008\ \text{Pa}\cdot\text{s}$,求应力张量的切向分量。

1.25　已知粘性流体在圆管中作层流流动时的速度分布为

$$u = c(R_0^2 - R^2)$$

式中 c 为常数,R_0 是圆管半径,求单位长圆管对流体的阻力。

1.26　不可压缩流体在横截面为三角形(如题 1.26 图所示)的直管中运动,设 x 轴沿管轴线方向,速度分布为

$$u = az(z - \sqrt{3}y)(z + \sqrt{3}y - \sqrt{3}),\quad v = w = 0$$

其中 a 为常数。若流体的粘性系数为 μ。求:(1)粘性应力张量;(2)法向与管轴线成 45°角并通过 y 轴的截面上的粘性正应力和切应力。

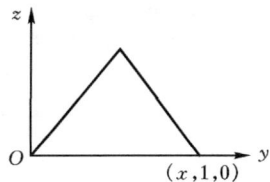

题 1.26 图

1.27　如果流体的粘性系数为 μ,速度为 $\boldsymbol{u}$,证明流体中任一点处法线单位矢

量为 n 的截面上的应力为

$$p_n = -pn + 2\mu(u \cdot \nabla)u + \mu n \times (\nabla \times u) - \frac{2}{3}\mu n(\nabla \cdot u)$$

式中 p 为压强。

1.28　设物体在不可压缩粘性流体中运动,试证明流体作用在物体表面上的合力为

$$R = -\int_A pn\,\mathrm{d}A + \mu\int_A \frac{\partial u}{\partial n}\mathrm{d}A$$

式中 A 是物体的表面积,n 是物面外法线单位矢量。

第 2 章　流体力学的基本方程

本章推导流体力学的基本方程： 2.1 节介绍连续方程,即运动流体的物质守恒方程;2.2 节介绍动量方程,包括纳维-斯托克斯方程和非惯系坐标系内的动量方程;2.3 节分别推导以内能、焓和熵表示的能量方程;最后两节介绍流体力学基本方程组的封闭性并给出相应的边界条件。

2.1　连续方程

物质不生不灭,一个系统无论经历何种变化与过程,其物质总量保持不变。流体在流动过程中也应遵守这一物质守恒定律。在流场中任取一个流体系统,其体积为 $\tau(t)$,质量为 $\int_{\tau(t)} \rho \mathrm{d}\tau$,系统在流动过程中大小和形状会发生连续变化,但物质总量保持不变,即

$$\frac{\mathrm{D}}{\mathrm{D}t} \int_{\tau(t)} \rho \mathrm{d}\tau = 0$$

应用雷诺输运公式于上式得

$$\int_{\tau} \left(\frac{\mathrm{D}\rho}{\mathrm{D}t} + \rho \nabla \cdot \boldsymbol{u} \right) \mathrm{d}\tau = 0$$

或

$$\int_{\tau} \left(\frac{\partial \rho}{\partial t} + \nabla \cdot (\rho \boldsymbol{u}) \right) \mathrm{d}\tau = 0$$

在上述表达式中,已经用初始时刻与系统相重合的固定体积 τ(控制体)替换了随时间变化的积分域 $\tau(t)$。上述积分的积分区域是任选的,被积函数连续,为使积分恒等于零,被积函数也必须恒等于零,于是可得

$$\frac{\mathrm{D}\rho}{\mathrm{D}t} + \rho \nabla \cdot \boldsymbol{u} = 0 \tag{2.1a}$$

或

$$\frac{\partial \rho}{\partial t} + \nabla \cdot (\rho \boldsymbol{u}) = 0 \tag{2.2a}$$

式(2.1a)和式(2.2a)即微分形式的连续方程。利用张量下标表示法,上两式可分

别写为

$$\frac{\mathrm{D}\rho}{\mathrm{D}t} + \rho\frac{\partial u_k}{\partial x_k} = 0 \tag{2.1b}$$

和

$$\frac{\partial \rho}{\partial t} + \frac{\partial}{\partial x_k}(\rho u_k) = 0 \tag{2.2b}$$

　　式(2.1)和式(2.2)都有明确的物理意义。把式(2.1a)改写为 $\frac{1}{\rho}\frac{\mathrm{D}\rho}{\mathrm{D}t} = -\nabla\cdot\boldsymbol{u}$，$\frac{1}{\rho}\frac{\mathrm{D}\rho}{\mathrm{D}t}$ 表示流体质点的相对密度变化率，而速度的散度 $\nabla\cdot\boldsymbol{u}$ 可看作流体质点的相对体积膨胀率。密度增加时流体的体积自然缩小，所以相对密度变化率应等于相对体积膨胀率的负值。

　　在第1章1.5节中分析过，从欧拉观点出发速度散度 $\nabla\cdot\boldsymbol{u}$ 可以看作是净流出单位控制体的流体体积流量，与 $\nabla\cdot\boldsymbol{u}$ 相类比，式(2.2a)中的 $\nabla\cdot(\rho\boldsymbol{u})$ 代表净流出单位控制体的流体质量流量，$\partial\rho/\partial t$ 则代表单位控制体内的流体质量变化率，为满足质量守恒，$\partial\rho/\partial t$ 与 $\nabla\cdot(\rho\boldsymbol{u})$ 之和应该等于零。

　　对于定常流动，$\partial\rho/\partial t = 0$，式(2.2a)和式(2.2b)可简化为

$$\nabla\cdot(\rho\boldsymbol{u}) = 0 \quad 或 \quad \frac{\partial}{\partial x_k}(\rho u_k) = 0 \tag{2.3}$$

即定常流动时净流出单位控制体的流体质量流量等于零。

　　对于不可压缩流动，流体质点的密度在流动过程中保持不变，$\mathrm{D}\rho/\mathrm{D}t = 0$，式(2.1a)和式(2.1b)于是可简化为

$$\nabla\cdot\boldsymbol{u} = 0 \quad 或 \quad \frac{\partial u_k}{\partial x_k} = 0 \tag{2.4}$$

即不可压缩流体质点的体积在流动过程中保持不变。式(2.4)也适用于非定常流动。

　　不可压缩流动中各个流体质点的密度都保持不变，但流体质点之间密度则可能不同。在大气中或大洋中，由于空气温度变化或海水含盐量的变化形成所谓密度分层流动，如图2.1所示，流体质点分别沿着 $\rho=\rho_1$ 或者 $\rho=\rho_2$ 的流体层流动，密度保持不

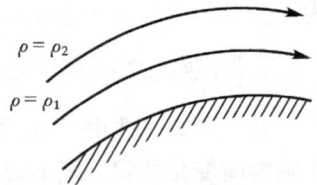

图2.1　密度分层流动

变，因此 $\mathrm{D}\rho/\mathrm{D}t = 0$，但两层流体中的流体质点密度互不相同。密度的随体导数可写为

$$\frac{\mathrm{D}\rho}{\mathrm{D}t} = \frac{\partial\rho}{\partial t} + u_k\frac{\partial\rho}{\partial x_k} \tag{2.5}$$

对于不可压缩流体虽然 $\mathrm{D}\rho/\mathrm{D}t = 0$，但上式右边各项却不一定等于零，如对于图2.1

所示的密度分层流动，$\partial\rho/\partial x\neq 0$，$\partial\rho/\partial y\neq 0$。如果再假设密度在空间均匀分布，即流体均质，$\partial\rho/\partial x=\partial\rho/\partial y=\partial\rho/\partial z=0$，则不仅式(2.5)右侧的 4 项和等于零，每一项自身也等于零，于是

$$\rho = \mathrm{const.}$$

在绝大多数场合，如果单质流体可以看作是不可压缩的，流体的密度也就等于常数。

通常液体和低速流动的气体可以看作是不可压缩流体，但在某些非定常流动条件下，液体的密度变化不可忽略，如水下爆炸，管路中的阀门突然关闭或开启等场合，液体也需当作可压缩流体来处理。

在流场中取一个流管（见图 2.2），它的两个端面面积分别为 A_1 和 A_2，端面上的平均速度和密度分别为 ρ_1、u_1 和 ρ_2、u_2。在1.5节已证明，如果式(2.4)成立，则 $Q_1=Q_2$，即

$$u_1 A_1 = u_2 A_2 \quad 或 \quad uA = \mathrm{const.}$$

不可压缩流体在流动过程中体积保持不变，因此流过流管任一横截面的体积流量都相等，这一结论无论对于定常流动还是非定常流动都成立。

仿照 1.5 节的推论过程不难证明，如式(2.3)成立，则有

$$\rho_1 u_1 A_1 = \rho_2 u_2 A_2 \quad 或 \quad \rho uA = \mathrm{const.}$$

即在定常流动条件下，单位时间流过流管任一横截面的流体质量相等，否则流管内任意两个截面间的流体质量就会不断增加或减少，流动就不再保持定常。

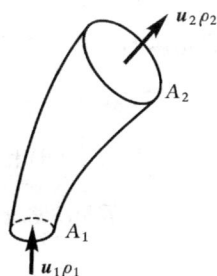

图 2.2　流管

例 1　利用图 2.3 中给出的微元控制体推导圆柱坐标系中的连续方程。

解　根据质量守恒定理有

微元体内增加的流体质量＋净流出微元体流
体质量＝0　　　　　　　　　　　　　　(a)

δt 时间内微元体内质量增加量为

$$\frac{\partial}{\partial t}(\rho R\delta R\delta\theta\delta z)\delta t \quad\quad\quad (b)$$

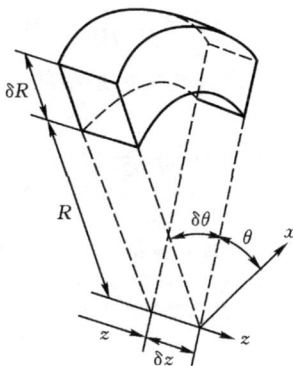

图 2.3　圆柱坐标系中
的连续方程

净流出微元体的流体质量分别等于沿 R、θ 和 z 方向净流出微元体的流体质量之和。设流体从微元体下表面流进，上表面流出，则 δt 时间内沿 R 方向净流出微元体的流体质量为

$$(\rho u_R R\delta\theta\delta z\delta t)_{R+\delta R} - (\rho u_R R\delta\theta\delta z\delta t)_R$$

$$= \left\{ (\rho u_R R)_{R+\delta R/2} + \frac{\partial}{\partial R} (\rho u_R R)_{R+\delta R/2} \frac{\delta R}{2} \right\} \delta\theta\delta z\delta t$$

$$- \left\{ (\rho u_R R)_{R+\delta R/2} - \frac{\partial}{\partial R} (\rho u_R R)_{R+\delta R/2} \frac{\delta R}{2} \right\} \delta\theta\delta z\delta t$$

$$= \frac{\partial}{\partial R} (\rho u_R R)_{R+\delta R/2} \delta R\delta\theta\delta z\delta t \tag{c}$$

设流体从微元体右表面流进,左表面流出,则同样可以推得 δt 时间内沿 θ 方向净流出微元体的流体质量为

$$\frac{\partial}{\partial\theta} (\rho u_\theta)_{\theta+\delta\theta/2} \delta R\delta\theta\delta z\delta t \tag{d}$$

设流体从微元体后表面流进,前表面流出,则可以推得 δt 时间内沿 z 方向净流出微元体的流体质量为

$$\frac{\partial}{\partial z} (\rho u_z)_{z+\delta z/2} R\delta R\delta\theta\delta z\delta t \tag{e}$$

将式(b)、(c)、(d)和(e)代入式(a),得

$$\frac{\partial\rho}{\partial t} R\delta R\delta\theta\delta z\delta t + \frac{\partial}{\partial R} (\rho u_R R)\delta R\delta\theta\delta z\delta t + \frac{\partial}{\partial\theta} (\rho u_\theta)\delta R\delta\theta\delta z\delta t$$

$$+ \frac{\partial}{\partial z} (\rho u_z) R\delta R\delta\theta\delta z\delta t = 0$$

为简洁计,上式中去掉了有关偏导数项的角标,但需注意所有的偏导数都是在微元体中心取值的。化简上式得

$$\frac{\partial\rho}{\partial t} + \frac{1}{R} \frac{\partial}{\partial R} (\rho u_R R) + \frac{1}{R} \frac{\partial}{\partial\theta} (\rho u_\theta) + \frac{\partial}{\partial z} (\rho u_z) = 0 \tag{f}$$

式(f)即圆柱坐标系中的连续方程。

2.2 动量方程

在 1.7 节推导了微分形式的动量方程,有

$$\rho \frac{\mathrm{D}\boldsymbol{u}}{\mathrm{D}t} = \nabla \cdot \boldsymbol{\Sigma} + \rho \boldsymbol{f} \tag{2.6a}$$

或

$$\rho \frac{\mathrm{D}u_j}{\mathrm{D}t} = \frac{\partial\sigma_{ij}}{\partial x_i} + \rho f_j \tag{2.6b}$$

为使方程更具有普遍性,在以上方程中已用单位质量力 $\boldsymbol{f}$ 代替了重力加速度 $\boldsymbol{g}$。利用随体导数表达式上两式可分别写为

$$\rho \frac{\partial\boldsymbol{u}}{\partial t} + \rho(\boldsymbol{u} \cdot \nabla)\boldsymbol{u} = \nabla \cdot \boldsymbol{\Sigma} + \rho \boldsymbol{f} \tag{2.7a}$$

或

$$\rho \frac{\partial u_j}{\partial t} + \rho u_i \frac{\partial u_j}{\partial x_i} = \frac{\partial \sigma_{ij}}{\partial x_i} + \rho f_j \tag{2.7b}$$

上述方程左侧表示单位体积流体的动量变化率，也可以看作单位体积流体的质量，即密度与加速度的乘积；式(2.7)左侧第一项是密度与当地加速度项的乘积，由速度的不定常性引起；第二项是密度与对流加速度项的乘积，由于流体质点的运动以及速度在流场内分布的不均匀性所引起，即使是定常流动对流加速度项也可能不等于零。对流加速度项是非线性项。方程右侧第一项是应力张量的散度，表示折算到单位体积流体上的表面力；第二项表示作用在单位体积流体上的质量力。

利用连续方程式(2.2a)和式(2.2b)，可以把式(2.7a)和式(2.7b)改写成所谓守恒形式的动量方程，

$$\frac{\partial(\rho \boldsymbol{u})}{\partial t} + \nabla \cdot (\rho \boldsymbol{uu}) = \nabla \cdot \boldsymbol{\Sigma} + \rho \boldsymbol{f} \tag{2.8a}$$

或

$$\frac{\partial(\rho u_j)}{\partial t} + \frac{\partial}{\partial x_i}(\rho u_i u_j) = \frac{\partial \sigma_{ij}}{\partial x_i} + \rho f_j \tag{2.8b}$$

纳维-斯托克斯方程

式(2.6)直接由动量定理推出，它适用于任何一种流体。引入牛顿流体的本构方程，即可得到牛顿流体的动量方程。由式(1.55)得

$$\frac{\partial \sigma_{ij}}{\partial x_i} = \frac{\partial}{\partial x_i}\left[-p\delta_{ij} + \lambda \delta_{ij}\frac{\partial u_k}{\partial x_k} + \mu\left(\frac{\partial u_i}{\partial x_j} + \frac{\partial u_j}{\partial x_i}\right)\right]$$

$$= -\frac{\partial p}{\partial x_j} + \frac{\partial}{\partial x_j}\left(\lambda\frac{\partial u_k}{\partial x_k}\right) + \frac{\partial}{\partial x_i}\left[\mu\left(\frac{\partial u_i}{\partial x_j} + \frac{\partial u_j}{\partial x_i}\right)\right]$$

粘性系数 λ 和 μ 是变量，因此放在微分符号内部。将上述结果代入式(2.6b)得

$$\rho \frac{\mathrm{D}u_j}{\mathrm{D}t} = -\frac{\partial p}{\partial x_j} + \frac{\partial}{\partial x_j}\left(\lambda\frac{\partial u_k}{\partial x_k}\right) + \frac{\partial}{\partial x_i}\left[\mu\left(\frac{\partial u_i}{\partial x_j} + \frac{\partial u_j}{\partial x_i}\right)\right] + \rho f_j \tag{2.9a}$$

上式称为纳维-斯托克斯方程，简称 N-S 方程。式(2.9a)写成矢量形式为

$$\rho \frac{\mathrm{D}\boldsymbol{u}}{\mathrm{D}t} = -\nabla p + \nabla(\lambda \nabla \cdot \boldsymbol{u}) + \nabla \cdot (2\mu \boldsymbol{S}) + \rho \boldsymbol{f} \tag{2.9b}$$

在上式中用哈密顿算子 ∇ 代替了 $\partial/\partial x_i$，$\boldsymbol{S}$ 是应变率张量，$s_{ij} = \frac{1}{2}\left(\frac{\partial u_i}{\partial x_j} + \frac{\partial u_j}{\partial x_i}\right)$。

通常粘性系数 λ 和 μ 是温度的函数，如果流场中温度变化很小，则可认为 λ 和 μ 在流场中是均匀的，此时

$$\frac{\partial}{\partial x_i}\left[\mu\left(\frac{\partial u_i}{\partial x_j} + \frac{\partial u_j}{\partial x_i}\right)\right] = \mu\frac{\partial}{\partial x_i}\left(\frac{\partial u_i}{\partial x_j}\right) + \mu\frac{\partial}{\partial x_i}\left(\frac{\partial u_j}{\partial x_i}\right) = \mu\left[\frac{\partial}{\partial x_j}\left(\frac{\partial u_k}{\partial x_k}\right) + \frac{\partial^2 u_j}{\partial x_i^2}\right]$$

于是式(2.9a)和式(2.9b)可写为

$$\rho \frac{\mathrm{D}u_j}{\mathrm{D}t} = -\frac{\partial p}{\partial x_j} + (\lambda + \mu)\frac{\partial}{\partial x_j}\left(\frac{\partial u_k}{\partial x_k}\right) + \mu \frac{\partial^2 u_j}{\partial x_i^2} + \rho f_j \qquad (2.10a)$$

$$\rho \frac{\mathrm{D}\boldsymbol{u}}{\mathrm{D}t} = -\nabla p + (\lambda + \mu)\nabla(\nabla \cdot \boldsymbol{u}) + \mu \Delta \boldsymbol{u} + \rho \boldsymbol{f} \qquad (2.10b)$$

式中 $\Delta = \nabla \cdot \nabla$ 是拉普拉斯算符,它在各种坐标系中的表达式可在附录 C 中找到。如果再假设是不可压缩流体,则 $\nabla \cdot \boldsymbol{u} = \partial u_k / \partial x_k = 0$,式(2.10a)和式(2.10b)可进一步简化为

$$\rho \frac{\mathrm{D}u_j}{\mathrm{D}t} = -\frac{\partial p}{\partial x_j} + \mu \frac{\partial^2 u_j}{\partial x_i^2} + \rho f_j \qquad (2.11a)$$

$$\rho \frac{\mathrm{D}\boldsymbol{u}}{\mathrm{D}t} = -\nabla p + \mu \Delta \boldsymbol{u} + \rho \boldsymbol{f} \qquad (2.11b)$$

式中 $\mu \Delta \boldsymbol{u}$ 或 $\mu \partial^2 u_j / \partial x_i^2$ 是折算到单位体积流体的粘性力,利用矢量恒等式 $\Delta \boldsymbol{u} = \nabla(\nabla \cdot \boldsymbol{u}) - \nabla \times (\nabla \times \boldsymbol{u})$,并考虑到对于不可压缩流体 $\nabla \cdot \boldsymbol{u} = 0$,粘性项 $\mu \Delta \boldsymbol{u}$ 可改写为

$$\mu \Delta \boldsymbol{u} = -\mu \nabla \times \boldsymbol{\Omega} \qquad (2.12)$$

由式(2.12)可知,对于不可压缩流体的无旋流动,粘性项等于零。当然这并不意味着粘性应力本身为零,而是粘性应力在这种情况下处于平衡状态,对于流体质点的加速度没有贡献。不能由式(2.12)作出结论,粘性力与涡量有关,式(2.12)只是表明 $\nabla \boldsymbol{u}$ 可以用 $-\nabla \times \boldsymbol{\Omega}$ 来表示。

非惯性系中的动量方程

某些场合在非惯性系中处理流动问题更为方便,比如研究大气流动时常选用随地球一起转动的坐标系,研究叶轮式流体机械内部叶轮间的流体运动时常选用随同叶轮一起转动的坐标系等,这些坐标系都是非惯性系。

设非惯性系 R 相对于惯性系 A 同时作平动和旋转运动,平动速度为 $\boldsymbol{u}_0$,转动角速度为 $\boldsymbol{\omega}$(见图 2.4)。流体质点在运动坐标系 R 中的位置矢量是 $\boldsymbol{r}$,在惯性系 A 中的位置矢量则是 $\boldsymbol{r}_0 + \boldsymbol{r}$,$\boldsymbol{r}_0$ 是连接 A 系的原点和 R 系原点的矢量。于是运动坐标系 R 的平动速度和流体质点的绝对速度分别为

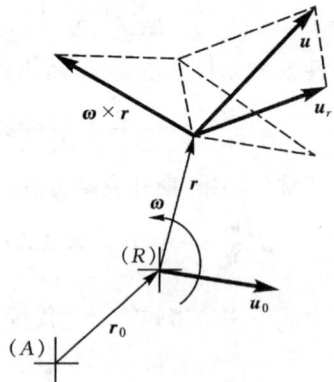

图 2.4 非惯性参考系

$$u_0 = \frac{\mathrm{D}r_0}{\mathrm{D}t} \quad \text{和} \quad u = \frac{\mathrm{D}}{\mathrm{D}t}(r_0 + r)$$

r 在非惯性系内可表示为 $r = x_1 e_1 + x_2 e_2 + x_3 e_3 = x_i e_i$，$r$ 的随体导数

$$\frac{\mathrm{D}r}{\mathrm{D}t} = \frac{\mathrm{D}x_i}{\mathrm{D}t} e_i + x_i \frac{\mathrm{D}e_i}{\mathrm{D}t}$$

上式的前 3 项表示位置矢量 r 在运动坐标系中的变化率，在运动坐标系中单位矢量 e_i 看作是固定不动的；$\mathrm{D}e_i/\mathrm{D}t$ 可以看作以 e_i 为位置矢量的流体质点的速度，即 e_i 端头的运动速度，e_i 的长度不会改变（e_i 为单位长），当 e_i 相对于惯性系作平动时它的方向不变，因此 $\mathrm{D}e_i/\mathrm{D}t = 0$，当 e_i 随非惯性系以 ω 旋转时有 $\mathrm{D}e_i/\mathrm{D}t = \omega \times e_i$，把上式代入 r 随体导数表达式

$$\frac{\mathrm{D}r}{\mathrm{D}t} = \frac{\mathrm{D}x_i}{\mathrm{D}t} e_i + x_i(\omega \times e_i)$$

即

$$\frac{\mathrm{D}r}{\mathrm{D}t} = u_r + \omega \times r \tag{2.13a}$$

式(2.13a)中 u_r 表示流体质点在运动坐标系中的速度，称为相对速度

$$u_r = \left(\frac{\mathrm{D}r}{\mathrm{D}t}\right)_r$$

上式右侧随体导数的角标 r 表示求导运算是在运动坐标系中进行的。式(2.13a)不仅对位置矢量成立，它也适用于任意矢量 b，即

$$\frac{\mathrm{D}b}{\mathrm{D}t} = \left(\frac{\mathrm{D}b}{\mathrm{D}t}\right)_r + \omega \times b \tag{2.13b}$$

式(2.13b)给出了一个任意矢量在惯性系和非惯性系中的物质导数之间的关系。如果 $b = \omega$，则，

$$\frac{\mathrm{D}\omega}{\mathrm{D}t} = \left(\frac{\mathrm{D}\omega}{\mathrm{D}t}\right)_r = \frac{\mathrm{d}\omega}{\mathrm{d}t} \tag{2.13c}$$

即角速度矢量在惯性系和非惯性系中的物质导数相同。利用式(2.13a)流体质点的绝对速度 u 为

$$u = \frac{\mathrm{D}r_0}{\mathrm{D}t} + \frac{\mathrm{D}r}{\mathrm{D}t} = u_0 + u_r + \omega \times r \tag{2.14}$$

对上式求随体导数，则可得流体质点的加速度为

$$\frac{\mathrm{D}u}{\mathrm{D}t} = \frac{\mathrm{D}u_0}{\mathrm{D}t} + \frac{\mathrm{D}u_r}{\mathrm{D}t} + \frac{\mathrm{D}}{\mathrm{D}t}(\omega \times r)$$

考虑到式(2.13b)和式(2.13c)有

$$\frac{\mathrm{D}u_r}{\mathrm{D}t} = \left(\frac{\mathrm{D}u_r}{\mathrm{D}t}\right)_r + \omega \times u_r$$

而

$$\frac{\mathrm{D}}{\mathrm{D}t}(\boldsymbol{\omega}\times\boldsymbol{r}) = \frac{\mathrm{D}}{\mathrm{D}t}(\boldsymbol{\omega}\times\boldsymbol{r})_r + \boldsymbol{\omega}\times(\boldsymbol{\omega}\times\boldsymbol{r})$$

$$= \frac{\mathrm{d}\boldsymbol{\omega}}{\mathrm{d}t}\times\boldsymbol{r} + \boldsymbol{\omega}\times\left(\frac{\mathrm{D}\boldsymbol{r}}{\mathrm{D}t}\right)_r + \boldsymbol{\omega}\times(\boldsymbol{\omega}\times\boldsymbol{r})$$

于是

$$\frac{\mathrm{D}\boldsymbol{u}}{\mathrm{D}t} = a_0 + \left(\frac{\mathrm{D}\boldsymbol{u}_r}{\mathrm{D}t}\right)_r + \boldsymbol{\omega}\times\boldsymbol{u}_r + \frac{\mathrm{d}\boldsymbol{\omega}}{\mathrm{d}t}\times\boldsymbol{r} + \boldsymbol{\omega}\times\left[\left(\frac{\mathrm{D}\boldsymbol{r}}{\mathrm{D}t}\right)_r + \boldsymbol{\omega}\times\boldsymbol{r}\right]$$

$$= a_0 + \left(\frac{\mathrm{D}\boldsymbol{u}_r}{\mathrm{D}t}\right)_r + 2\boldsymbol{\omega}\times\boldsymbol{u}_r + \boldsymbol{\omega}\times(\boldsymbol{\omega}\times\boldsymbol{r}) + \frac{\mathrm{d}\boldsymbol{\omega}}{\mathrm{d}t}\times\boldsymbol{r}$$

把上式代入式(2.6a)得

$$\rho\left(\frac{\mathrm{D}\boldsymbol{u}_r}{\mathrm{D}t}\right)_r = \nabla\cdot\boldsymbol{\Sigma} + \rho\boldsymbol{f} - \left(\rho a_0 + 2\rho\boldsymbol{\omega}\times\boldsymbol{u}_r + \rho\boldsymbol{\omega}\times(\boldsymbol{\omega}\times\boldsymbol{r}) + \rho\frac{\mathrm{d}\boldsymbol{\omega}}{\mathrm{d}t}\times\boldsymbol{r}\right)$$

$$(2.15)$$

式(2.15)即是在非惯性系中的动量方程,除了方程右侧圆括号内各项外在形式上与惯性系中的动量方程相同。式(2.15)中应力张量的散度 $\nabla\cdot\boldsymbol{\Sigma}$ 和质量力 $\rho\boldsymbol{f}$ 适用于任何一种坐标系,但它们的分量却会因坐标系不同而异,因此当式(2.15)用分量形式来表示时,这两项需要通过坐标转换,以运动坐标系中的表达式出现在方程中。式(2.15)右侧圆括号内各项作为虚拟外力附加在原有的粘性力和质量力上,它们是由于非惯性系相对于惯性系运动而产生的: $-\rho a_0$ 项是由于非惯性系的平移加速度而引起的,当运动坐标系静止或作匀速直线运动时,该项消失; $-2\rho\boldsymbol{\omega}\times\boldsymbol{u}_r$ 是柯里奥利力,当流体质点相对于运动坐标系静止时,该项等于零; $-\rho\boldsymbol{\omega}\times(\boldsymbol{\omega}\times\boldsymbol{r})$ 是离心力,它是由于运动坐标系的旋转引起的,而与流体质点是否有相对于非惯性系的运动无关;最后一项 $-\rho\dfrac{\mathrm{d}\boldsymbol{\omega}}{\mathrm{d}t}\times\boldsymbol{r}$,是由于运动坐标系旋转角速度的非定常性引起当 $\boldsymbol{\omega}$ 为常矢量时,该项为零。

　　例 2　试利用图 2.5 给出的微元控制体推导圆柱坐标系中的动量方程。

　　解　把动量定理应用于上述微元控制体,

微元体受力＝微元体内动量变化率＋净流出

　　　　微元体的动量流率　　　　　　　　(a)

　　先确定微元体内的动量变化,δt 时间内微元体中

动量变化为 $\dfrac{\partial}{\partial t}(\rho\boldsymbol{u}R\delta R\delta\theta\delta z)\delta t$,则微元体中动量变化

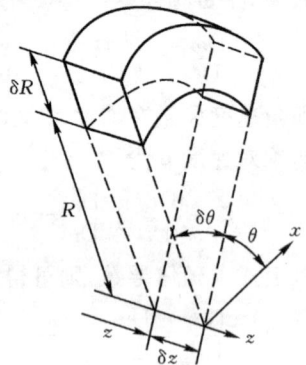

图 2.5　圆柱坐标系中
　　　　的动量方程

率为

$$\frac{\partial}{\partial t}(\rho \boldsymbol{u} R \delta R \delta \theta \delta z) = \frac{\partial}{\partial t}(\rho \boldsymbol{u} R)\delta R \delta \theta \delta z$$

δt 时间内沿 R 方向净流出微元体的动量为

$$(\rho u_R \boldsymbol{u} R \delta \theta \delta z \delta t)_{R+\delta R} - (\rho u_R \boldsymbol{u} R \delta \theta \delta z \delta t)_R$$

$$= \left[(\rho u_R \boldsymbol{u} R)_{R+\delta R/2} + \frac{\partial}{\partial R}(\rho u_R \boldsymbol{u} R)_{R+\delta R/2}\frac{\delta R}{2}\right]\delta \theta \delta z \delta t$$

$$- \left[(\rho u_R \boldsymbol{u} R)_{R+\delta R/2} - \frac{\partial}{\partial R}(\rho u_R \boldsymbol{u} R)_{R+\delta R/2}\frac{\delta R}{2}\right]\delta \theta \delta z \delta t$$

$$= \frac{\partial}{\partial R}(\rho u_R \boldsymbol{u} R)_{R+\delta R/2}\delta R \delta \theta \delta z \delta t$$

则沿 R 方向净流出微元体的动量流率为

$$\frac{\partial}{\partial R}(\rho u_R \boldsymbol{u} R)_{R+\delta R/2}\delta R \delta \theta \delta z$$

同理沿 θ 方向和 z 方向净流出微元体的动量流率分别为

$$\frac{\partial}{\partial \theta}(\rho u_\theta \boldsymbol{u})_{\theta+\delta\theta/2}\delta R \delta \theta \delta z, \quad \frac{\partial}{\partial z}(\rho u_z \boldsymbol{u} R)_{z+\delta z/2}\delta R \delta \theta \delta z$$

微元体内动量变化率与净流出微元体的动量流率相加可得总动量变化率为

$$\left[\frac{\partial}{\partial t}(\rho \boldsymbol{u} R) + \frac{\partial}{\partial R}(\rho u_R \boldsymbol{u} R) + \frac{\partial}{\partial \theta}(\rho u_\theta \boldsymbol{u}) + \frac{\partial}{\partial z}(\rho u_z \boldsymbol{u} R)\right]\delta R \delta \theta \delta z$$

$$= \left[R\boldsymbol{u}\frac{\partial \rho}{\partial t} + \rho R\frac{\partial \boldsymbol{u}}{\partial t} + \boldsymbol{u}\frac{\partial}{\partial R}(\rho u_R R) + \rho u_R R\frac{\partial \boldsymbol{u}}{\partial R} + \boldsymbol{u}\frac{\partial}{\partial \theta}(\rho u_\theta)\right.$$

$$\left. + \rho u_\theta \frac{\partial \boldsymbol{u}}{\partial \theta} + R\boldsymbol{u}\frac{\partial}{\partial z}(\rho u_z) + \rho u_z R\frac{\partial \boldsymbol{u}}{\partial z}\right]\delta R \delta \theta \delta z$$

$$= \left\{ R\boldsymbol{u}\left[\frac{\partial \rho}{\partial t} + \frac{1}{R}\frac{\partial}{\partial R}(\rho u_R R) + \frac{1}{R}\frac{\partial}{\partial \theta}(\rho u_\theta) + \frac{\partial}{\partial z}(\rho u_z)\right]\right.$$

$$\left. + \rho R\left[\frac{\partial \boldsymbol{u}}{\partial t} + u_R\frac{\partial \boldsymbol{u}}{\partial R} + \frac{u_\theta}{R}\frac{\partial \boldsymbol{u}}{\partial \theta} + u_z\frac{\partial \boldsymbol{u}}{\partial z}\right]\right\}\delta R \delta \theta \delta z$$

式中已略去了有关偏导数项的角标,但需注意所有的偏导数都是在微元体中心取值。由例 1 知,上式右侧第一个方括号内部分等于零;第二个方括内各项可改写为 $\partial \boldsymbol{u}/\partial t+(\boldsymbol{u} \cdot \nabla)\boldsymbol{u}=\mathrm{D}\boldsymbol{u}/\mathrm{D}t$ (参见附录 D)。于是总动量变化率为

$$\rho \frac{\mathrm{D}\boldsymbol{u}}{\mathrm{D}t}R\delta R \delta \theta \delta z \tag{b}$$

由第 1 章例 9,微元体受到的表面力为

$$\left[\frac{\partial}{\partial R}(R\boldsymbol{p}_R) + \frac{\partial \boldsymbol{p}_\theta}{\partial \theta} + \frac{\partial}{\partial z}(R\boldsymbol{p}_z)\right]\delta \theta \delta z \delta R \tag{c}$$

微元体受重力

$$\rho\, \boldsymbol{g} R\delta R\delta\theta\delta z \tag{d}$$

将式(b)、(c)和(d)代入式(a)，并化简后得

$$\rho \frac{\mathrm{D}\boldsymbol{u}}{\mathrm{D}t} = \frac{1}{R}\left[\frac{\partial}{\partial R}(R\boldsymbol{p}_R) + \frac{\partial \boldsymbol{p}_\theta}{\partial \theta} + \frac{\partial}{\partial z}(R\boldsymbol{p}_z)\right] + \rho\,\boldsymbol{g} \tag{e}$$

式(e)即是圆柱坐标系内的动量方程，式中 $\boldsymbol{p}_R,\boldsymbol{p}_\theta,\boldsymbol{p}_z$ 是应力矢量。由 $\boldsymbol{u}=u_R\boldsymbol{e}_R + u_\theta \boldsymbol{e}_\theta + u_z\boldsymbol{e}_z$，并考虑到 $\partial \boldsymbol{e}_R/\partial\theta = \boldsymbol{e}_\theta,\partial \boldsymbol{e}_\theta/\partial\theta = -\boldsymbol{e}_R$，则有

$$\begin{aligned}
\frac{\mathrm{D}\boldsymbol{u}}{\mathrm{D}t} =& \left(\frac{\partial}{\partial t} + u_R\frac{\partial}{\partial R} + \frac{u_\theta}{R}\frac{\partial}{\partial \theta} + u_z\frac{\partial}{\partial z}\right)(u_R\boldsymbol{e}_R + u_\theta \boldsymbol{e}_\theta + u_z\boldsymbol{e}_z)\\
=& \left(\frac{\partial u_R}{\partial t} + u_R\frac{\partial u_R}{\partial R} + \frac{u_\theta}{R}\frac{\partial u_R}{\partial \theta} + u_z\frac{\partial u_R}{\partial z} - \frac{u_\theta^2}{R}\right)\boldsymbol{e}_R\\
&+ \left(\frac{\partial u_\theta}{\partial t} + u_R\frac{\partial u_\theta}{\partial R} + \frac{u_\theta}{R}\frac{\partial u_\theta}{\partial \theta} + u_z\frac{\partial u_\theta}{\partial z} + \frac{u_Ru_\theta}{R}\right)\boldsymbol{e}_\theta\\
&+ \left(\frac{\partial u_z}{\partial t} + u_R\frac{\partial u_z}{\partial R} + \frac{u_\theta}{R}\frac{\partial u_z}{\partial \theta} + u_z\frac{\partial u_z}{\partial z}\right)\boldsymbol{e}_z
\end{aligned} \tag{f}$$

由第 1 章例 9，单位体积微元体所受表面力可分解为

$$\begin{aligned}
&\frac{1}{R}\left[\frac{\partial}{\partial R}(R\boldsymbol{p}_R) + \frac{\partial \boldsymbol{p}_\theta}{\partial \theta} + \frac{\partial}{\partial z}(R\boldsymbol{p}_z)\right]\\
=& \frac{1}{R}\left[\frac{\partial}{\partial R}(R\sigma_{RR}) + \frac{\partial \sigma_{\theta R}}{\partial \theta} - \sigma_{\theta\theta} + \frac{\partial}{\partial z}(R\sigma_{zR})\right]\boldsymbol{e}_R\\
&+ \frac{1}{R}\left[\frac{\partial}{\partial R}(R\sigma_{R\theta}) + \frac{\partial \sigma_{\theta\theta}}{\partial \theta} + \sigma_{\theta R} + \frac{\partial}{\partial z}(R\sigma_{z\theta})\right]\boldsymbol{e}_\theta\\
&+ \frac{1}{R}\left[\frac{\partial}{\partial R}(R\sigma_{Rz}) + \frac{\partial \sigma_{\theta z}}{\partial \theta} + \frac{\partial}{\partial z}(R\sigma_{zz})\right]\boldsymbol{e}_z
\end{aligned} \tag{g}$$

重力加速度可分解为

$$\boldsymbol{g} = g_R\boldsymbol{e}_R + g_\theta \boldsymbol{e}_\theta + g_z\boldsymbol{e}_z \tag{h}$$

将式(f)、式(g)和式(h)代入式(e)，并化简可得动量方程的分量式如下：

$$\rho\left(\frac{\partial u_R}{\partial t} + u_R\frac{\partial u_R}{\partial R} + \frac{u_\theta}{R}\frac{\partial u_R}{\partial \theta} + u_z\frac{\partial u_R}{\partial z} - \frac{u_\theta^2}{R}\right)$$

$$= \rho g_R + \frac{1}{R}\left[\frac{\partial}{\partial R}(R\sigma_{RR}) + \frac{\partial \sigma_{\theta R}}{\partial \theta} - \sigma_{\theta\theta} + \frac{\partial}{\partial z}(R\sigma_{zR})\right]$$

$$\rho\left(\frac{\partial u_\theta}{\partial t} + u_R\frac{\partial u_\theta}{\partial R} + \frac{u_\theta}{R}\frac{\partial u_\theta}{\partial \theta} + u_z\frac{\partial u_\theta}{\partial z} + \frac{u_Ru_\theta}{R}\right)$$

$$= \rho g_\theta + \frac{1}{R}\left[\frac{\partial}{\partial R}(R\sigma_{R\theta}) + \frac{\partial \sigma_{\theta\theta}}{\partial \theta} + \sigma_{\theta R} + \frac{\partial}{\partial z}(R\sigma_{z\theta})\right]$$

$$\rho\left(\frac{\partial u_z}{\partial t} + u_R\frac{\partial u_z}{\partial R} + \frac{u_\theta}{R}\frac{\partial u_z}{\partial \theta} + u_z\frac{\partial u_z}{\partial z}\right)$$

$$= \rho g_z + \frac{1}{R}\left[\frac{\partial}{\partial R}(R\sigma_{Rz}) + \frac{\partial \sigma_{\theta z}}{\partial \theta} + \frac{\partial}{\partial z}(R\sigma_{zz})\right]$$

例 3　从 N – S 方程出发,作出适当的假定,推导以下各方程:

(1) $\dfrac{\partial u}{\partial t} + v_0(t)\dfrac{\partial u}{\partial y} = -\dfrac{1}{\rho}\dfrac{\partial p}{\partial x} + \nu\dfrac{\partial^2 u}{\partial y^2}$

(2) $\dfrac{\mathrm{d}}{\mathrm{d}t}v_0(t) = -\dfrac{1}{\rho}\dfrac{\partial p}{\partial y} + g_y$

(3) $\dfrac{\partial \boldsymbol{\Omega}}{\partial t} + (\boldsymbol{u}\cdot\nabla)\boldsymbol{\Omega} = \dfrac{1}{Re}\nabla^2\boldsymbol{\Omega}$

设不可压缩流体。

解　(1) 平面不可压缩流体在 x 方向的 N – S 方程为

$$\frac{\partial u}{\partial t} + u\frac{\partial u}{\partial x} + v\frac{\partial u}{\partial y} = -\frac{1}{\rho}\frac{\partial p}{\partial x} + \nu\left[\frac{\partial^2 u}{\partial x^2} + \frac{\partial^2 u}{\partial y^2}\right] + g_x \tag{a}$$

设 $v = v_0(t), g_x = 0$(x 方向为水平方向),于是 $\frac{\partial v}{\partial y} = 0$,依据连续方程可得 $\frac{\partial u}{\partial x} = \frac{\partial^2 u}{\partial x^2}$ $= 0$,则上式可简化为

$$\frac{\partial u}{\partial t} + v_0(t)\frac{\partial u}{\partial y} = -\frac{1}{\rho}\frac{\partial p}{\partial x} + \nu\frac{\partial^2 u}{\partial y^2}$$

(2) 平面不可压缩流体在 y 方向的 N – S 方程为

$$\frac{\partial v}{\partial t} + u\frac{\partial v}{\partial x} + v\frac{\partial v}{\partial y} = -\frac{1}{\rho}\frac{\partial p}{\partial y} + \nu\left(\frac{\partial^2 v}{\partial x^2} + \frac{\partial^2 v}{\partial y^2}\right) + g_y \tag{b}$$

再次假设 $v = v_0(t)$,于是 $\partial v/\partial x = \partial v/\partial y = \partial^2 v/\partial x^2 = \partial^2 v/\partial y^2 = 0$,式(b)简化为

$$\frac{\mathrm{d}}{\mathrm{d}t}v_0(t) = -\frac{1}{\rho}\frac{\partial p}{\partial y} + g_y$$

(3) 式(a)对 x 求偏导减去式(b)对 y 求偏导,并考虑到 $\Omega_z = \frac{\partial v}{\partial x} - \frac{\partial u}{\partial y}$,得

$$\frac{\partial \Omega_z}{\partial t} + u\frac{\partial \Omega_z}{\partial x} + v\frac{\partial \Omega_z}{\partial y} = \nu\left(\frac{\partial^2 \Omega_x}{\partial x^2} + \frac{\partial^2 \Omega_y}{\partial y^2}\right) \tag{c}$$

请注意式(a)和式(b)中的压强项和质量力项在方程(c)中不再出现。对于平面流动 Ω_z 是 $\boldsymbol{\Omega}$ 的唯一不为零的分量,令 $\boldsymbol{\Omega} = \Omega_z\boldsymbol{k}$,则上式以矢量形式可表示为

$$\frac{\partial \boldsymbol{\Omega}}{\partial t} + (\boldsymbol{u}\cdot\nabla)\boldsymbol{\Omega} = \nu\nabla^2\boldsymbol{\Omega}$$

解毕。

2.3　能量方程

流体流动过程中,机械能可能转换为流体的内能,内能也可能转换为机械能,

因此单从流体动力学角度描述流体运动是不够的,还需要引用热力学第一定律,从内能与机械能的联系上考虑问题。根据热力学第一定律,一个热力学系统的内能变化等于外力对该系统所作的功与外界传递给系统的热量之和。热力学第一定律适用于初始状态为静止,经过一系列变化过程后又恢复静止的系统。在拉格朗日参考系中一个流体单元可以看作一个热力学系统,但由于流体处于连续的运动中,在研究流体系统的能量守恒时需要考虑流体总能量(内能与动能)的变化。这样热力学第一定律可表述为:处于流动中的一个流体系统的总能量(内能与动能之和)的变化率等于外力对该系统的做功功率与外界对该系统的传热功率之和。

总能量方程

在流场中任取一个外表面为 $A(t)$,体积为 $\tau(t)$ 的物质体。如单位质量流体的内能和动能分别表示为 e 和 $\frac{1}{2}\boldsymbol{u} \cdot \boldsymbol{u}$,则一个流体微元 $\delta\tau$ 的内能和动能分别为 $\rho e\delta\tau$ 和 $\frac{1}{2}\rho\boldsymbol{u} \cdot \boldsymbol{u}\delta\tau$,物质体的总能量可计算为

$$\int_{\tau(t)}\left(\rho e + \frac{1}{2}\rho\boldsymbol{u} \cdot \boldsymbol{u}\right)\mathrm{d}\tau$$

对流体做功的外力包括质量力和表面力。设单位质量力为 $\boldsymbol{f}$,则一个流体微元 $\delta\tau$ 所受的质量力为 $\boldsymbol{f}\rho\delta\tau$,在运动过程中该质量力的作功功率等于 $\boldsymbol{u} \cdot \boldsymbol{f}\rho\delta\tau$,$\boldsymbol{u}$ 是流体微元的运动速度。对物质体的总作功功率可计算为

$$\int_{\tau(t)}\boldsymbol{u} \cdot \boldsymbol{f}\rho\mathrm{d}\tau$$

在物质体表面取一微元面 δA,作用在其上的表面力为 $\boldsymbol{p}_n\delta A$,$\boldsymbol{p}_n$ 是作用在该微元面上的应力矢量,在运动过程中该表面力的作功功率等于 $\boldsymbol{u} \cdot \boldsymbol{p}_n\delta A$,$\boldsymbol{u}$ 是微元面的运动速度。表面力对物质体的总作功功率可计算为

$$\int_{A(t)}\boldsymbol{u} \cdot \boldsymbol{p}_n\mathrm{d}A$$

设热流密度为 $\boldsymbol{q}$,则通过物质体表面一微元面 δA 传入物质体的热量为 $-\boldsymbol{n} \cdot \boldsymbol{q}\delta A$,$\boldsymbol{n}$ 是该微元面的外法线单位矢量,由于是计算传入物质体的热量,所以计算式前加负号。传递给物质体的总热量可计算为

$$\int_{A(t)} -\boldsymbol{n} \cdot \boldsymbol{q}\mathrm{d}A$$

有了上述各式,热力学第一定律可以解析式形式表示为

$$\frac{\mathrm{D}}{\mathrm{D}t}\int_{\tau(t)}\rho\left(e + \frac{1}{2}\boldsymbol{u} \cdot \boldsymbol{u}\right)\mathrm{d}\tau = \int_{\tau}\boldsymbol{u} \cdot \boldsymbol{f}\rho\mathrm{d}\tau + \int_A \boldsymbol{u} \cdot \boldsymbol{p}_n\mathrm{d}A - \int_A \boldsymbol{n} \cdot \boldsymbol{q}\mathrm{d}A \quad (2.16)$$

在上式右侧已经用在时刻 t 与物质体体积重合的固定控制体 τ 与控制面 A 代替了

随时间变化的 $\tau(t)$ 和 $A(t)$。应用雷诺输运公式(1.35),上式左侧可转换为

$$\frac{D}{Dt}\int_{\tau(t)}\rho\Big(e+\frac{1}{2}\boldsymbol{u}\cdot\boldsymbol{u}\Big)\mathrm{d}\tau = \int_{\tau}\rho\frac{D}{Dt}\Big(e+\frac{1}{2}\boldsymbol{u}\cdot\boldsymbol{u}\Big)\mathrm{d}\tau$$

再应用高斯公式把式(2.16)右侧的两个面积分改变为体积分

$$\int_A \boldsymbol{n}\cdot\boldsymbol{q}\mathrm{d}A = \int_{\tau}\nabla\cdot\boldsymbol{q}\mathrm{d}\tau$$

$$\int_A \boldsymbol{u}\cdot\boldsymbol{p}_n\mathrm{d}A = \int_A \boldsymbol{u}\cdot(\boldsymbol{n}\cdot\boldsymbol{\Sigma})\mathrm{d}A = \int_A \boldsymbol{n}\cdot(\boldsymbol{\Sigma}\cdot\boldsymbol{u})\mathrm{d}A = \int_{\tau}\nabla\cdot(\boldsymbol{\Sigma}\cdot\boldsymbol{u})\mathrm{d}\tau$$

推导中应用了应力矢量的表达式 $\boldsymbol{p}_n=\boldsymbol{n}\cdot\boldsymbol{\Sigma}$,$\boldsymbol{n}$ 是表面 A 的外法线单位矢量,$\boldsymbol{\Sigma}$ 是应力张量。将以上 3 个式子代入式(2.16)并加以整理得

$$\int_{\tau}\Big\{\rho\frac{D}{Dt}\Big(e+\frac{1}{2}\boldsymbol{u}\cdot\boldsymbol{u}\Big)-\nabla\cdot(\boldsymbol{\Sigma}\cdot\boldsymbol{u})-\boldsymbol{u}\cdot\rho\boldsymbol{f}+\nabla\cdot\boldsymbol{q}\Big\}\mathrm{d}\tau = 0$$

由于上式左侧的积分区域是任选的,同时被积函数是连续的,为使等式左侧的积分恒等于零,被积函数应恒等于零,则

$$\rho\frac{D}{Dt}\Big(e+\frac{1}{2}\boldsymbol{u}\cdot\boldsymbol{u}\Big)=\nabla\cdot(\boldsymbol{\Sigma}\cdot\boldsymbol{u})+\boldsymbol{u}\cdot\rho\boldsymbol{f}-\nabla\cdot\boldsymbol{q} \tag{2.17a}$$

上式即微分形式的能量方程。式(2.17a)可以张量下标形式写为

$$\rho\frac{D}{Dt}\Big(e+\frac{1}{2}u_j u_j\Big)=\frac{\partial}{\partial x_i}(\sigma_{ij}u_j)+\rho u_j f_j-\frac{\partial q_j}{\partial x_j} \tag{2.17b}$$

式(2.17b)表示单位体积流体的内能和动能,即总能量的变化率,等于面力作功功率、质量力作功功率与向流体的传热功率之和。面力作功项还可以分解为

$$\frac{\partial}{\partial x_i}(\sigma_{ij}u_j)=\frac{\partial\sigma_{ij}}{\partial x_i}u_j+\sigma_{ij}\frac{\partial u_j}{\partial x_i}$$

将上式代入式(2.17b)则有

$$\rho\frac{D}{Dt}\Big(e+\frac{1}{2}u_j u_j\Big)=\frac{\partial\sigma_{ij}}{\partial x_i}u_j+\sigma_{ij}\frac{\partial u_j}{\partial x_i}+\rho u_j f_j-\frac{\partial q_j}{\partial x_j} \tag{2.17c}$$

上式即总能量方程。

如果应用雷诺输运公式(1.34b),则式(2.16)左侧可转换为

$$\frac{D}{Dt}\int_{\tau(t)}\rho\Big(e+\frac{1}{2}\boldsymbol{u}\cdot\boldsymbol{u}\Big)\mathrm{d}\tau = \int_{\tau}\Big\{\frac{\partial}{\partial t}\Big[\rho\Big(e+\frac{1}{2}\boldsymbol{u}\cdot\boldsymbol{u}\Big)\Big]$$

$$+\nabla\cdot\Big[\rho\boldsymbol{u}\Big(e+\frac{1}{2}\boldsymbol{u}\cdot\boldsymbol{u}\Big)\Big]\Big\}\mathrm{d}\tau$$

则可以得到能量方程的另外一种表达形式为

$$\frac{\partial}{\partial t}\Big[\rho\Big(e+\frac{1}{2}\boldsymbol{u}\cdot\boldsymbol{u}\Big)\Big]+\nabla\Big[\rho\boldsymbol{u}\Big(e+\frac{1}{2}\boldsymbol{u}\cdot\boldsymbol{u}\Big)\Big]=\nabla\cdot(\boldsymbol{\Sigma}\cdot\boldsymbol{u})+\boldsymbol{u}\cdot\rho\boldsymbol{f}-\nabla\cdot\boldsymbol{q}$$

$$\tag{2.18}$$

应用连续方程可以把式(2.18)转换为式(2.17a)。

动能方程

以速度 u_j 与动量方程(2.6b)左右两边相乘得

$$\rho \frac{\mathrm{D}}{\mathrm{D}t}\left(\frac{1}{2}u_j u_j\right) = \frac{\partial \sigma_{ij}}{\partial x_i}u_j + \rho u_j f_j \qquad (2.19)$$

式(2.19)可看作在 j 方向的受力平衡式和速度作点乘,表示力的机械功率。等式左侧可看作是单位体积流体的动能变化率;右侧第一项中的 $\partial \sigma_{ij}/\partial x_i = \nabla \cdot \pmb{\Sigma}$ 是单位体积流体所受的表面力,与速度作点积就表示在流体运动过程中表面力的做功功率;右侧第二项则表示质量力在运动过程中对单位流体的做功功率。式(2.19)右侧两项分别与式(2.17c)右侧第一和第三项相同,这说明在流体运动过程中表面力作功和质量力作功只是使流体动能增加,而对内能变化并无贡献。

内能方程

从式(2.17c)中减去式(2.19)得

$$\rho \frac{\mathrm{D}e}{\mathrm{D}t} = \sigma_{ij}\frac{\partial u_j}{\partial x_i} - \frac{\partial q_j}{\partial x_j} \qquad (2.20)$$

式(2.20)是用内能表示的能量方程,它表示单位体积流体内能的变化率等于流体变形时表面力的作功功率和向流体的传热功率之和。引用本构方程式(1.50),式(2.20)右侧表面力作功项可作以下变化,

$$\sigma_{ij}\frac{\partial u_j}{\partial x_i} = (-p\delta_{ij} + \tau_{ij})\frac{\partial u_j}{\partial x_i} = -p\frac{\partial u_j}{\partial x_j} + \tau_{ij}\frac{\partial u_j}{\partial x_i}$$

上式右侧第一项 $-p\partial u_j/\partial x_j$ 是流体体积变化时,外部压强所作的压缩功率,这种转变是可逆的。以 Φ 表示表面力作功项的第二项,称为耗损函数,则

$$\Phi = \tau_{ij}\frac{\partial u_j}{\partial x_i} \qquad (2.21a)$$

将式中的 $\partial u_j/\partial x_i$ 分解为对称张量 s_{ij} 和反对称张量 a_{ij} 之和,则

$$\tau_{ij}\frac{\partial u_j}{\partial x_i} = \tau_{ij}(a_{ij} + s_{ij}) = \tau_{ij}s_{ij}$$

上式推导中已考虑对称张量 τ_{ij} 与反对称张量 a_{ij} 作双点积运算等于零,$\tau_{ij}a_{ij} = 0$。再引用本构方程(1.54),有

$$\Phi = \tau_{ij}s_{ij} = [\lambda\delta_{ij}s_{jj} + 2\mu s_{ij}]s_{ij} = \lambda(s_{jj})^2 + 2\mu s_{ij}s_{ij} \qquad (2.21b)$$

代入 s_{kk} 和 s_{ij} 在直角坐标系中的具体表达式得

$$\Phi = \lambda\left(\frac{\partial u_j}{\partial x_j}\right)^2 + \frac{\mu}{2}\left(\frac{\partial u_i}{\partial x_j} + \frac{\partial u_j}{\partial x_i}\right)^2 \qquad (2.21c)$$

耗损函数 Φ 是流体变形时粘性应力的作功功率,这部分机械能不可逆地转变成为热能,因此在一切流体和一切流动中 Φ 总大于零。式(2.20)右侧的表面力作功项

于是可表示为

$$\sigma_{ij}\frac{\partial u_j}{\partial x_i} = -p\frac{\partial u_j}{\partial x_j} + \Phi \tag{2.22}$$

向流体的传热可以有多种形式,如辐射和导热,化学反应及其他原因,本节只考虑导热的影响。引用傅里叶公式有

$$q_i = -k\frac{\partial T}{\partial x_j} \tag{2.23}$$

式中 k 是流体的导热系数。

将式(2.22)和式(2.23)代入式(2.20)得

$$\rho\frac{\mathrm{D}e}{\mathrm{D}t} = -p\frac{\partial u_j}{\partial x_j} + \frac{\partial}{\partial x_j}\left(k\frac{\partial T}{\partial x_j}\right) + \Phi \tag{2.24a}$$

或

$$\rho\frac{\partial e}{\partial t} + \rho u_j\frac{\partial e}{\partial x_j} = -p\frac{\partial u_j}{\partial x_j} + \frac{\partial}{\partial x_j}\left(k\frac{\partial T}{\partial x_j}\right) + \Phi \tag{2.25a}$$

上两式用矢量形式可分别写为

$$\rho\frac{\mathrm{D}e}{\mathrm{D}t} = -p\nabla\cdot\boldsymbol{u} + \nabla\cdot(k\nabla T) + \Phi \tag{2.24b}$$

$$\rho\frac{\partial e}{\partial t} + \rho(\boldsymbol{u}\cdot\nabla)e = -p\nabla\cdot\boldsymbol{u} + \nabla\cdot(k\nabla T) + \Phi \tag{2.25b}$$

式(2.24)或式(2.25)即为用内能表示的能量方程。

其他形式的能量方程

能量方程还可以变化为其他形式。由连续方程(2.1a)得

$$\nabla\cdot\boldsymbol{u} = -\frac{1}{\rho}\frac{\mathrm{D}\rho}{\mathrm{D}t}$$

于是内能方程(2.24b)可改写为

$$\rho\left[\frac{\mathrm{D}e}{\mathrm{D}t} + p\frac{\mathrm{D}}{\mathrm{D}t}\left(\frac{1}{\rho}\right)\right] = \nabla\cdot(k\nabla T) + \Phi \tag{2.26}$$

引用焓的定义式

$$h = e + \frac{p}{\rho}$$

对上式微分

$$\mathrm{d}h = \mathrm{d}e + p\mathrm{d}\left(\frac{1}{\rho}\right) + \frac{1}{\rho}\mathrm{d}p$$

将上式代入 $T\mathrm{d}s$ 关系式

$$T\mathrm{d}s = \mathrm{d}e + p\mathrm{d}\left(\frac{1}{\rho}\right) \quad\Rightarrow\quad T\mathrm{d}s = \mathrm{d}h - \frac{1}{\rho}\mathrm{d}p$$

上述热力学关系式可以看作是针对一个拉格朗日参考系中的流体单元的,应用这些关系式于一个流体质点可得

$$T \frac{\mathrm{D}s}{\mathrm{D}t} = \frac{\mathrm{D}e}{\mathrm{D}t} + p \frac{\mathrm{D}}{\mathrm{D}t}\left(\frac{1}{\rho}\right) = \frac{\mathrm{D}h}{\mathrm{D}t} - \frac{1}{\rho} \frac{\mathrm{D}p}{\mathrm{D}t} \tag{2.27}$$

对照式(2.27),内能方程(2.26)可分别改写为

$$\rho T \frac{\mathrm{D}s}{\mathrm{D}t} = \nabla \cdot (k\nabla T) + \Phi \tag{2.28a}$$

和

$$\rho \frac{\mathrm{D}h}{\mathrm{D}t} = \frac{\mathrm{D}p}{\mathrm{D}t} + \nabla \cdot (k\nabla T) + \Phi \tag{2.29a}$$

用张量下标表示法,它们又可以分别写为

$$\rho T \frac{\mathrm{D}s}{\mathrm{D}t} = \frac{\partial}{\partial x_j}\left(k \frac{\partial T}{\partial x_j}\right) + \Phi \tag{2.28b}$$

和

$$\rho \frac{\mathrm{D}h}{\mathrm{D}t} = \frac{\mathrm{D}p}{\mathrm{D}t} + \frac{\partial}{\partial x_j}\left(k \frac{\partial T}{\partial x_j}\right) + \Phi \tag{2.29b}$$

式(2.28)和式(2.29)分别是以熵和焓表示的能量方程。

例 4 物体在原来静止的不可压缩均质流体中以速度 U 作等速直线运动,如果质量力的作用可以忽略不计,证明物体所受的阻力为

$$D = \frac{1}{U}\int_\tau \Phi \mathrm{d}\tau$$

式中 τ 是物体外部的整个空间,Φ 是耗散函数。

证明 考虑由物面 A_0 和包围物体的一个足够大的封闭曲面 A 所围的区域中流体的运动,单位时间内物体和 A 外流体对此区域中的流体所作的功可计算为

$$W = -\int_{A_0+A} \boldsymbol{u} \cdot \boldsymbol{p}_n \mathrm{d}A = \int_{A_0+A} \boldsymbol{u} \cdot (\boldsymbol{n} \cdot \boldsymbol{\Sigma}) \mathrm{d}A = \int_{A_0+A} \boldsymbol{n} \cdot (\boldsymbol{\Sigma} \cdot \boldsymbol{u}) \mathrm{d}A$$

上式中 $\boldsymbol{n}$ 是指向区域内部的法线单位矢量,$\boldsymbol{\Sigma}$ 是应力张量。由于流体是连续的,利用高斯定理可把上述面积分改写为体积分,于是

$$W = \int_\tau \nabla \cdot (\boldsymbol{\Sigma} \cdot \boldsymbol{u}) \mathrm{d}\tau \tag{a}$$

将被积函数展开,

$$\nabla \cdot (\boldsymbol{\Sigma} \cdot \boldsymbol{u}) = \frac{\partial}{\partial x_i}\left[(-p\delta_{ij} + \tau_{ij})u_j\right] = -u_j \frac{\partial p}{\partial x_j} + u_j \frac{\partial \tau_{ij}}{\partial x_i} + \tau_{ij} \frac{\partial u_j}{\partial x_i}$$

式中

$$u_j\left(-\frac{\partial p}{\partial x_j} + \frac{\partial \tau_{ij}}{\partial x_i}\right) = u_j\rho \frac{\mathrm{D}u_j}{\mathrm{D}t} = \rho \frac{\mathrm{D}}{\mathrm{D}t}\left(\frac{1}{2}\boldsymbol{u} \cdot \boldsymbol{u}\right), \quad \tau_{ij} \frac{\partial u_j}{\partial x_i} = \Phi$$

以上推导中用到了连续方程 $\partial u_j / \partial x_j = 0$ 和动量方程 $\rho \dfrac{\mathrm{D}u_j}{\mathrm{D}t} = -\dfrac{\partial p}{\partial x_j} + \dfrac{\partial \tau_{ij}}{\partial x_i}$，$\varPhi$ 是耗散函数。于是式（a）可写为

$$W = \frac{\mathrm{D}}{\mathrm{D}t}\int_\tau \rho\left(\frac{1}{2}\boldsymbol{u}\cdot\boldsymbol{u}\right)\mathrm{d}\tau + \int_\tau \varPhi \mathrm{d}\tau$$

上式运算中利用了式（1.35）。让 A 的半径趋于无穷大，区域 τ 将变为物体周围的整个空间，于是上式右侧第一项表示物体周围整个空间流体的总动能随时间的变化率，显然当物体作匀速直线运动时，τ 内流体总动能是不随时间变化的，该项等于零。于是有

$$W = \int_\tau \varPhi \mathrm{d}\tau \tag{b}$$

设 D 为物体作用在周围流体上的合力在运动方向的投影，因此物体对流体作功也可表为

$$W = UD \tag{c}$$

由式（b）和式（c）即得

$$D = \frac{1}{U}\int_\tau \varPhi \mathrm{d}\tau \tag{d}$$

物体所受阻力也等于 D，但方向相反。由上式知，对于理想不可压缩均质流体，当物体作等速直线运动时所受到的阻力为零，称达朗贝尔佯谬，这将在第 5 章作详细讨论。

2.4　牛顿流体的基本方程组

在本章的前 3 节中分别推导了牛顿流体的连续方程、动量方程和能量方程，式如

$$\frac{\partial p}{\partial t} + \frac{\partial}{\partial x_k}(\rho u_k) = 0 \tag{2.2a}$$

$$\rho\frac{\partial u_j}{\partial t} + \rho u_k\frac{\partial u_j}{\partial x_k} = -\frac{\partial p}{\partial x_j} + \frac{\partial}{\partial x_j}\left(\lambda\frac{\partial u_k}{\partial x_k}\right) + \frac{\partial}{\partial x_i}\left[\mu\left(\frac{\partial u_i}{\partial x_j} + \frac{\partial u_j}{\partial x_i}\right)\right] + \rho f_j \tag{2.30}$$

$$\rho\frac{\partial e}{\partial t} + \rho u_k\frac{\partial e}{\partial x_k} = -p\frac{\partial u_k}{\partial x_k} + \frac{\partial}{\partial x_k}\left(k\frac{\partial T}{\partial x_k}\right) + \lambda\left(\frac{\partial u_k}{\partial x_k}\right)^2 + \mu\left(\frac{\partial u_i}{\partial x_j} + \frac{\partial u_j}{\partial x_i}\right)\frac{\partial u_j}{\partial x_i}$$

$$\tag{2.31}$$

上述方程中的压强和内能都是密度和温度的函数，即

$$p = p(\rho, T)$$

$$e = e(\rho, T)$$

对于完全气体上述两方程可分别写作

$$p = \rho RT$$
$$e = C_v T$$

式中 C_v 是等容比热。

在上述方程中,动量方程是矢量方程,连续方程、能量方程以及压强和内能的表达式都是标量方程,总共有 7 个标量方程。未知量也是 7 个,包括压强、密度、内能、温度和 3 个速度分量,即 p、ρ、e、T 和 u_j,方程中出现的其他参数,λ、μ 和 k 等都是压强和温度的函数,这些函数的具体形式通常由实验确定。因此上述方程组是封闭的。

为了确定一个流场,通常并不需要同时求解上述全部 7 个方程,比如对于不可压缩流体,或者是理想流体,方程组都可以作不同程度的简化,这些简化的方法和结果将在后续章节中作详细介绍。

从上述方程组出发可以得到静力学的基本方程和导热方程。如果流体静止,速度分量皆为零,则式(2.30)可简化为

$$0 = -\frac{\partial p}{\partial x_j} + \rho f_j$$

设质量力只有重力,且重力加速度方向沿负 z 轴方向,则单位质量力可写为 $f = -g e_z$,e_z 是 z 方向的单位矢量,于是上式以矢量形式可表示为

$$\nabla p = -\rho g e_z \tag{2.32a}$$

(2.32a)式也可以写成分量形式

$$\frac{\partial p}{\partial x} = 0, \quad \frac{\partial p}{\partial y} = 0, \quad \frac{\partial p}{\partial z} = -\rho g \tag{2.32b}$$

此即静力学基本方程,它表示在静止流体中,流体微团受到的压力和重力相平衡。

当流体速度为零时,能量方程(2.31)可简化为

$$\rho \frac{\partial e}{\partial t} = \frac{\partial}{\partial x_j}\left(k \frac{\partial T}{\partial x_j}\right)$$

考虑到焓 $h = e + p/\rho$,并设在静止流体中 p、ρ 都不随时间变化,上式又可写为

$$\rho \frac{\partial h}{\partial t} = \frac{\partial}{\partial x_j}\left(k \frac{\partial T}{\partial x_j}\right)$$

由于 $\frac{\partial h}{\partial t} = \frac{\partial h}{\partial T}\frac{\partial T}{\partial t} = C_p \frac{\partial T}{\partial t}$,$C_p$ 是等压比热,于是能量方程可变化为

$$\rho C_p \frac{\partial T}{\partial t} = \frac{\partial}{\partial x_j}\left(k \frac{\partial T}{\partial x_j}\right) \tag{2.33}$$

式(2.33)就是瞬态的导热方程。

2.5　边界条件

流体力学微分方程组是描述流体运动的普遍适用的方程组,要确定某一具体的流体运动,也就是要找出方程组的一组确定的解,还需要给出初始条件和边界条件。

初始条件就是在初始时刻场变量应该满足的状态,即在初始时刻 $t=t_0$ 时,

$$u(r,t_0) = u_0(r),\ p(r,t_0) = p_0(r),\ \rho(r,t_0) = \rho_0(r),\ T(r,t_0) = T_0(r)$$

以上条件中,u_0,p_0,ρ_0 和 T_0 都需是给定的已知函数。如果研究的是流体的定常流动,则不需要给出初始条件。

除了初始条件外,还需给出流体边界的形状,以及在边界上方程组的解应该满足的条件。这里边界是指两种介质的接触面,比如液体和液体的分界面,流体和固体的接触面,液体和气体的分界面等,并假设分界面两侧的介质互不渗透,也不发生分离。

在具体给出各种界面上的流体运动应该满足的条件前,先考虑弯曲界面上表面张力的作用规律。两种不同介质的分界面上存在着表面张力。如图 2.6 所示,在弯曲界面上任取一微元面,过微元面上一点 M 作该微元面的法线,过法线的平面与微元面的交线称为点 M 的法截线,显然过 M 点的法截线有无穷多条,其中曲率最大和最小的两条称主法截线。主法截线在 M 点的切线互相垂直,其曲率半径称作主曲率半径,分别记为 R_1 和 R_2。作用在微元曲面四条边线上的表面张力的合力为

$$\alpha\left(\frac{1}{R_1} + \frac{1}{R_2}\right)\delta A$$

图 2.6　曲面上的表面张力

式中 α 是表面张力系数,δA 是微元面的面积,合力指向凹面一侧,即曲率中心所在一侧。上述力与微元曲面两侧的压力差 $(p_1 - p_2)\delta A$ 相平衡,于是有下述关系式成立

$$p_1 - p_2 = \alpha\left(\frac{1}{R_1} + \frac{1}{R_2}\right) \tag{2.34}$$

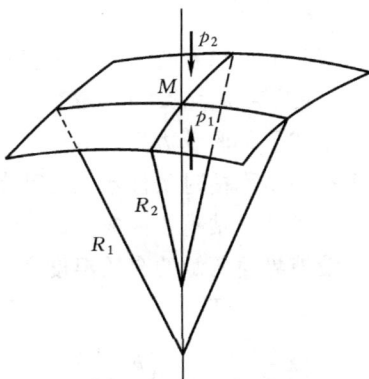

液液分界面边界条件

油和水的分界面就属于液液分界面。对于液液分界面,作用在界面两侧的表面力和表面张力相平衡(见图 2.7)

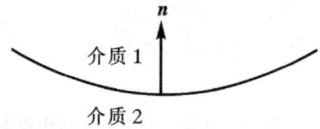

图 2.7 界面两侧的应力平衡

$$\boldsymbol{\Sigma}^{(1)} \cdot \boldsymbol{n} - \boldsymbol{\Sigma}^{(2)} \cdot \boldsymbol{n} + \alpha \left(\frac{1}{R_1} + \frac{1}{R_2} \right) \boldsymbol{n} = 0$$

上式表示作用在界面两侧的应力矢量和折算到单位面积的表面张力矢量之和为零。式中 $\boldsymbol{\Sigma}^{(1)}$ 和 $\boldsymbol{\Sigma}^{(2)}$ 分别是介质 1 和 2 中的应力张量,法线单位矢量 $\boldsymbol{n}$ 指向介质 1,当曲率中心在 $\boldsymbol{n}$ 指向一侧时 R_1、R_2 取正值。把上式向界面的法向和切向分解得

$$\sigma_{nn}^{(1)} - \sigma_{nn}^{(2)} + \alpha \left(\frac{1}{R_1} + \frac{1}{R_2} \right) = 0$$

$$\sigma_{n\tau}^{(1)} = \sigma_{n\tau}^{(2)}$$

可见,界面两侧的切向应力总是连续的;当界面曲率不为零时,表面张力会导致法向应力的一个突跃。

对于粘性流体,界面两侧介质的速度矢量相等

$$\boldsymbol{u}^{(1)} = \boldsymbol{u}^{(2)}$$

上式实际上意味着两个速度边界条件,即要求两种介质的切向和法向速度均相等,

$$u_n^{(1)} = u_n^{(2)}, \ u_{\tau}^{(1)} = u_{\tau}^{(2)}$$

第一个式子是假设边界两侧介质互不渗透和不分离的必然结果,称无穿透条件;第二个条件则称粘附条件或无滑移条件,是由流体的粘性决定的。在连续介质假设成立的条件下粘附条件成立。

液液界面两侧的介质温度和热流密度也相等,即

$$T^{(1)} = T^{(2)}$$

$$\left(k \frac{\partial T}{\partial n} \right)^{(1)} = \left(k \frac{\partial T}{\partial n} \right)^{(2)}$$

固壁边界条件

流体(包括液体和气体)绕固体边界的流动是最常见的流动,此时固壁的运动通常作为已知条件给定。由于在固体边界上给出的是固体壁面的运动,而不是固体中的应力,因此应放弃应力边界条件。对于粘性流体流体质点将粘附在固体壁面上,于是

$$\boldsymbol{u} = \boldsymbol{U}$$

式中 $\boldsymbol{u}$ 是流体速度,$\boldsymbol{U}$ 是固壁速度。当固壁静止时

$$\boldsymbol{u} = 0$$

对于理想流体,流体质点可沿界面滑移,即有相对于界面的切向速度,但流体的法向速度却必须等于固壁的法向速度,

$$\boldsymbol{u} \cdot \boldsymbol{n} = \boldsymbol{U} \cdot \boldsymbol{n}$$

固壁的热力学边界条件可表示为

$$T^{(1)} = T^{(2)}$$

$$\left(k \frac{\partial T}{\partial n}\right)^{(1)} = \left(k \frac{\partial T}{\partial n}\right)^{(2)}$$

对于绝热壁面,上式应改写为

$$\frac{\partial T}{\partial n} = 0$$

液气分界面边界条件

液气分界面最典型的例子是水与大气的分界面,即自由面。与液体相比,气体的密度和粘性系数都很低,它的运动一般不会对液体产生显著影响。通常关心的只是液体内部的运动,气相的运动情况则是未知的。特别是气体较为稀薄时,在液体界面上(或固壁上)切向速度和温度可能产生间断。此时界面上的粘附条件不再采用,但仍然要求液体的法向速度与界面的法向速度相等,有

$$\boldsymbol{u} \cdot \boldsymbol{n} = \boldsymbol{U} \cdot \boldsymbol{n}$$

这里 U 表示界面速度。忽略气相的粘性,界面上的切向应力为零,即

$$\sigma_{nt} = 0$$

界面两侧的压力差则由表面张力所平衡,于是

$$p_a - p = \alpha\left(\frac{1}{R_1} + \frac{1}{R_2}\right)$$

式中 p_a 为气侧压强,p 为液体侧压强,界面曲率中心在气相一侧(见图 2.8)。当不考虑表面张力影响时,则有

$$p = p_a$$

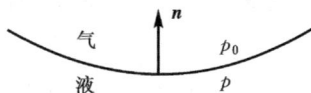

图 2.8 自由面两侧的压力平衡

无穷远条件

物体在无界区域中运动时,如飞机在天空飞行,舰艇在大洋中游弋,需要给出无穷远处的边界条件。如果把坐标系取在运动物体上,则当 $r \to \infty$ 时,有

$$\boldsymbol{u} = \boldsymbol{u}_\infty, \quad p = p_\infty, \quad \rho = \rho_\infty, \quad T = T_\infty$$

界面法向速度

在定义速度边界条件时,需要知道界面的法向速度,如固壁或气液界面的法向

速度。设界面的方程为

$$F(\boldsymbol{r},t) = 0$$

考虑界面上一点 A(见图 2.9)，t 时刻 A 点的位置矢量为 $\boldsymbol{r}$，法线单位矢量为 $\boldsymbol{n}$。经过 δt 时间后，A 点运动到新位置 A' 点，该点位置矢量为 $\boldsymbol{r}+\delta\boldsymbol{r}$，于是

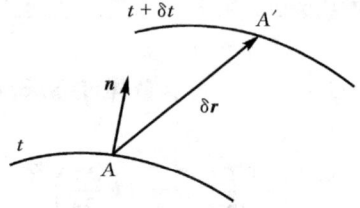

图 2.9　界面的运动学边界条件

$$\begin{aligned}\delta F &= F(\boldsymbol{r}+\delta\boldsymbol{r},t+\delta t) - F(\boldsymbol{r},t)\\ &= F(\boldsymbol{r},t)+\frac{\partial F}{\partial t}\delta t+\delta\boldsymbol{r}\cdot\nabla F - F(\boldsymbol{r},t)\\ &= \frac{\partial F}{\partial t}\delta t+\delta\boldsymbol{r}\cdot\nabla F = 0\end{aligned}$$

A 点的界面法向速度可定义为 $\boldsymbol{U}\cdot\boldsymbol{n}=\lim\limits_{\delta t\to0}\dfrac{\delta\boldsymbol{r}}{\delta t}\cdot\boldsymbol{n}$，考虑到 $\boldsymbol{n}=\dfrac{\nabla F}{|\nabla F|}$，上式可改写为

$$\boldsymbol{U}\cdot\boldsymbol{n}=\lim_{\delta t\to0}\frac{\delta\boldsymbol{r}}{\delta t}\cdot\frac{\nabla F}{|\nabla F|}=-\frac{1}{|\nabla F|}\frac{\partial F}{\partial t}$$

即

$$\boldsymbol{U}\cdot\boldsymbol{n}=\frac{-\partial F/\partial t}{\sqrt{\left(\dfrac{\partial F}{\partial x}\right)^2+\left(\dfrac{\partial F}{\partial y}\right)^2+\left(\dfrac{\partial F}{\partial z}\right)^2}} \tag{2.35}$$

此即界面 $F(\boldsymbol{r},t)=0$ 上一点的法向速度表达式。

在界面上流体质点的法向速度等于界面在该点的法向速度，$\boldsymbol{u}\cdot\boldsymbol{n}=\boldsymbol{U}\cdot\boldsymbol{n}$，于是

$$\boldsymbol{u}\cdot\frac{\nabla F}{|\nabla F|}=-\frac{1}{|\nabla F|}\frac{\partial F}{\partial t}\ \Rightarrow$$

$$\frac{\partial F}{\partial t}+\boldsymbol{u}\cdot\nabla F = 0 \tag{2.36a}$$

或

$$\frac{\mathrm{D}F}{\mathrm{D}t}=0 \tag{2.36b}$$

上式表示界面上流体质点的位置矢量始终满足方程 $F(\boldsymbol{r},0)=0$，流体质点始终保持在界面上，或者说界面始终由同一些流体质点所组成。这当然是界面和界面上流体质点的法向速度分量相等的一个合乎逻辑的推论。

式(2.36a)或式(2.36b)既适用于固壁和气液界面，也适用于液液界面和流体中的其他物质间断面。

例 5　设半径为 a 的圆球在理想流体中作缓慢匀速直线运动，试给出小球表面流体速度 u,v,w 所满足的边界条件。

解　取固定坐标系如图 2.10a,球面方程在此

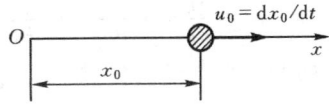

坐标系中为

$$[x - x_0(t)]^2 + y^2 + z^2 = a^2$$

令 $F = [x - x_0(t)]^2 + y^2 + z^2 - a^2 = 0$,$F$ 满足式

(2.36a),将 F 的相关导数代入式(2.36a),并考虑

到 $\boldsymbol{u} = (u, v, w)$,有

$$-2(x - x_0)u_0 + 2u(x - x_0) + 2vy + 2wz = 0$$

式中 $u_0 = \mathrm{d}x_0/\mathrm{d}t$。整理上式得

$$(x - x_0)(u - u_0) + vy + wz = 0$$

此即小球表面流体速度需满足的边界条件。

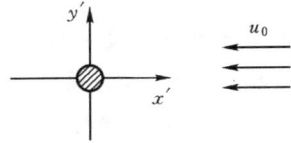

(b)运动坐标系

图 2.10　运动圆球表面 u, v, w
满足的边界条件

　　此题也可以通过取固结在圆球上的运动坐标

系 $o'x'y'z'$ 求解(见图 2.10b)。此时球面方程为

$x'^2 + y'^2 + z'^2 = a^2$。在动坐标系中球面边界条件为

$$\boldsymbol{u}_r \cdot \boldsymbol{n}' = 0$$

式中 $\boldsymbol{u}_r$ 是流体相对于动坐标系的速度,

$$\boldsymbol{u}_r = (u - u_0)\boldsymbol{i}' + v\boldsymbol{j}' + w\boldsymbol{k}'$$

令 $F' = x'^2 + y'^2 + z'^2 - a^2 = 0$,则球面法线单位矢量

$$\boldsymbol{n}' = \frac{\nabla F'}{|\nabla F'|} = \frac{2x'\boldsymbol{i}' + 2y'\boldsymbol{j}' + 2z'\boldsymbol{k}'}{|\nabla F'|}$$

将 $\boldsymbol{u}_r$ 和 $\boldsymbol{n}'$ 表达式代入 $\boldsymbol{u}_r \cdot \boldsymbol{n}' = 0$ 得

$$(u - u_0)x' + vy' + wz' = 0$$

考虑到静止坐标系和运动坐标系间关系 $x' = x - x_0, y' = y, z' = z$,有

$$(x - x_0)(u - u_0) + vy + wz = 0$$

上式与在静止坐标系中求解的结果完全相同。

例 6　试写出图 2.11 所示自由表面波动的运动学边界条件。

解　设自由面方程为

$$y = \eta(x, z, t)$$

令 $F = y - \eta(x, z, t) = 0$,则边界条件为

$$\frac{\partial F}{\partial t} + u\frac{\partial F}{\partial x} + v\frac{\partial F}{\partial y} + w\frac{\partial F}{\partial z} = 0$$

代入 F 的相关导数

$$-\frac{\partial \eta}{\partial t} - u\frac{\partial \eta}{\partial x} + v - w\frac{\partial \eta}{\partial z} = 0$$

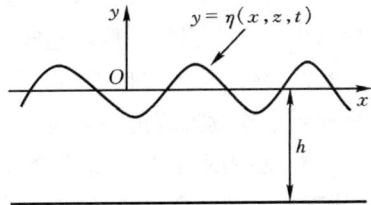

图 2.11　自由面波动的边界条件

整理得

$$v = \frac{\partial \eta}{\partial t} + u\frac{\partial \eta}{\partial x} + w\frac{\partial \eta}{\partial z} = \frac{\partial \eta}{\partial t} + (\boldsymbol{u} \cdot \nabla)\eta$$

此即波动自由面必须满足的边界条件。

例 7 分别写出均匀液流绕固体圆球、圆球状液滴和圆球状气泡流动时的边界条件。圆球半径为 a，来流速度为 U。

解 绕圆球的流动是轴对称流动。如图 2.12 所示，采用球坐标，取 x 轴沿来流方向，则任一通过 x 轴的平面上的流动都是相同的，只需研究一个平面上的流动即可，且有 $u_\omega = 0$。

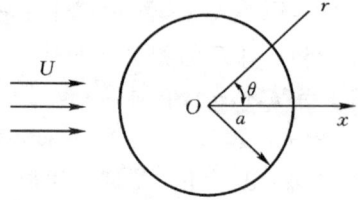

图 2.12 绕圆球的轴对称流动

(1) 对于固体圆球，只需考虑圆球外的液体流动，则有

$r = a$ 时，$u_\theta = u_r = 0$

$r \to \infty$ 时，$u_r = U\cos\theta$，$u_\theta = -U\sin\theta$，$p = p_\infty$。

(2) 对于圆球状液滴，需分别考虑液滴内和液滴外的两部分液体流动(设两种液体互不相混)。取角标(1)代表液滴内，角标(2)代表液滴外，则有

$r = 0$ 时，$u_r^{(1)}$ 和 $u_\theta^{(1)}$ 为有限值

$r = a$ 时，$u_r^{(1)} = u_r^{(2)} = 0$，$u_\theta^{(1)} = u_\theta^{(2)}$，$\sigma_{r\theta}^{(1)} = \sigma_{r\theta}^{(2)}$

$r \to \infty$ 时，$u_r^{(2)} = U\cos\theta$，$u_\theta^{(2)} = -U\sin\theta$，$p^{(2)} = p_\infty^{(2)}$

(3) 对于气泡，只需考虑气泡外液体流动即可，则有

$r = a$ 时，$u_r = 0$，$\sigma_{r\theta} = 0$

$r \to \infty$ 时，$u_r = U\cos\theta$，$u_\theta = -U\sin\theta$，$p = p_\infty$

解毕。

练习题

2.1 从欧拉观点出发，利用边长分别为 δx、δy 和 δz 的微元控制体推导直角坐标系中连续方程的一般表达式。

2.2 从欧拉观点出发，利用边长分别为 δr、$r\delta\theta$ 和 $r\sin\theta\delta\omega$ 的微元控制体推导球坐标系中连续方程的一般表达式。

2.3 利用附录 C 中给出的直角坐标系和圆柱坐标系坐标变量间的函数关系，从直角坐标系中的连续方程出发推导圆柱坐标系中的连续方程。

2.4 利用附录 C 中给出的直角坐标系和球坐标系坐标变量间的函数关系，从直角坐标系中的连续方程出发推导球坐标系中的连续方程。

2.5 流体在弯曲的变截面细管中流动，设 A 为细管的横截面积，在 A 截面上

流动参数均匀分布,试证明对该细管连续方程可写为

$$A \frac{\partial \rho}{\partial t} + \frac{\partial}{\partial s}(\rho A u) = 0$$

式中 u 是沿管轴线的速度,δs 是沿流动方程的微元弧长。

2.6　一不可压缩流体的流动,在 x 方向的速度分量是 $u = ax^2 + by$,z 方向速度分量为零,式中 a 与 b 为常数。求 y 方向的速度分量,已知 $y = 0$ 时 $v = 0$。

2.7　试指出下列各种流体运动中,哪个方向速度分量为零,并写出相应的连续方程:

(1) 流体质点在平行平面上作径向运动;

(2) 流体质点在空间作径向运动;

(3) 流体质点在过 z 轴的平面上运动;

(4) 流体质点在同心的球面上运动;

(5) 流体质点在同轴的圆柱面上运动;

(6) 流体质点在同轴且有共同顶点的锥面上运动。

2.8　一粘性不可压缩流体缓慢绕流固体圆球时的速度分布为

$$u_r = c\left(1 - \frac{3}{2}\,\frac{a}{r} + \frac{a^3}{r^3}\right)\cos\theta, \quad u_\theta = -c\left(1 - \frac{3}{4}\,\frac{a}{r} - \frac{a^3}{4r^3}\right)\sin\theta, \quad u_\omega = 0,$$

$r \geqslant a > 0$,式中 a 及 c 为任意常数,证明上述速度分量满足连续方程。

2.9　证明速度场

$$u_i = \frac{A x_i}{r^3}, \quad i = 1, 2, 3$$

满足不可压缩流体的连续方程,式中 A 为常数,$r^2 = x^2 + y^2 + z^2$。

2.10　从欧拉观点出发,利用边长分别为 δx、δy 和 δz 的微元控制体推导直角坐标系中的动量方程(矢量形式)。

2.11　利用直角坐标系和圆柱坐标系坐标变量间的函数关系,推导惯性项 $(u \cdot \nabla)u$ 在圆柱坐标系中的径向分量的表达式。

2.12　利用直角坐标系和球坐标系坐标变量间的函数关系,推导惯性项 $(u \cdot \nabla)u$ 在球坐标系中的径向分量的表达式。

2.13　写出理想不可压缩流体定常平面流动的动量方程(忽略质量力),如果是密度分层流动,则流体密度 ρ 将是 x, y 的函数。试证明如令 $u^* = \sqrt{\dfrac{\rho}{\rho_0}}\,u,\ v^* = \sqrt{\dfrac{\rho}{\rho_0}}\,v$,式中 ρ_0 是一个参考密度,为常数,则上述方程可转成速度为 u^* 和 v^*、流体密度为 ρ_0 的平面流动的动量方程。

2.14　证明方程 $\rho\dfrac{\partial u_j}{\partial t}+\dfrac{\partial}{\partial x_k}(\rho u_k u_j)=\dfrac{\partial \sigma_{ij}}{\partial x_i}+\rho f_j$ 可简化为

$$\rho\frac{\partial u_j}{\partial t}+\rho u_k\frac{\partial u_j}{\partial x_k}=\frac{\partial \sigma_{ij}}{\partial x_i}+\rho f_j$$

2.15　试证明对于滞止焓有方程

$$\frac{\partial}{\partial t}(\rho h_0)+\frac{\partial}{\partial x_j}(\rho u_j h_0)=\frac{\partial p}{\partial t}+\frac{\partial}{\partial x_j}\left(\tau_{ij}u_i+k\frac{\partial T}{\partial x_j}\right)+\rho f_i u_i$$

成立。滞止焓 $h_0=h+\dfrac{1}{2}\boldsymbol{u}\cdot\boldsymbol{u}$。

2.16　证明在静止的封闭容器中不可压缩流体的能量耗散率为

$$\int_\tau \Phi \mathrm{d}\tau=\mu\int_\tau(\nabla\times\boldsymbol{u})^2\mathrm{d}\tau$$

式中 Φ 为耗散函数，τ 是容器体积，μ 是流体粘性系数。

2.17　两无限大平板间不可压缩均质粘性流体的速度成线性分布 $u=\dfrac{y}{h}U$（如题 2.17 图所示）。由于粘性应力作功部分机械能转化为流体内能。求流场中单位体积中的内能增加率。忽略导热影响。

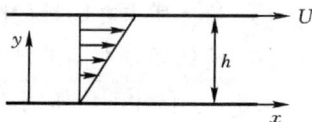

题 2.17 图

2.18　一个半径为 a 的实心无穷长圆柱在充满不可压缩粘性流体的空间中以等角速度 ω 绕自身轴线转动，设 z 轴与旋转轴重合，流体的速度分布为

$$u=-a^2\omega\frac{y}{R^2},\quad v=a^2\omega\frac{x}{R^2}$$

式中 R 为空间点到 z 轴的距离。（1）计算 $\rho\displaystyle\int_\tau\frac{\mathrm{D}e}{\mathrm{D}t}\mathrm{d}\tau$，$\tau$ 是圆柱外的整个空间，e 是内能；（2）证明 $\rho\displaystyle\int_\tau\frac{\mathrm{D}e}{\mathrm{D}t}\mathrm{d}\tau=l\omega$，其中 l 是作用在圆柱上的力矩。设流体密度为常数，忽略热传导。

2.19　在速度平行于 x 轴的直线运动中，如果流体运动是定常的，所有的物理量都只是 x 的函数，已知在 $x=x_1$ 和 $x=x_2$ 这两个截面上的速度梯度和温度梯度都等于零，证明 $h+\dfrac{1}{2}\boldsymbol{u}\cdot\boldsymbol{u}+G$ 在这两个截面上的值是相等的，式中 h、$\boldsymbol{u}$ 和 G 分别是流体的焓、速度和质量力势。

2.20　设物体表面是不可穿透的，且表面形状在初始时刻可用 $F(x,y,z)=0$ 来表示，如果此物体开始作下列两种运动：（1）以速度 U 作等速运动，速度沿负 x 轴方向；（2）以速度 $f(t)$ 作变速运动，速度沿正 x 轴方向。试写出在静止坐标系中

粘性流体在物面上的速度,物面在运动过程中的表达式,并计算速度沿物面法线的
分量。

2.21 在一静止流体中,有一半径为 a 的圆球以常速度运动,速度分量分别是
U、V、W,假设流体在物面上的速度分量为 u、v、w。证明球面上的速度分量满足方
程式:

$$(x-Ut)(u-U)+(y-Vt)(v-V)+(z-Wt)(w-W)=0$$

2.22 在静止流体中有一柱面以常速度 U 沿
正 x 轴方向运动,若 u、v 表示流体在柱面上的速
度分量,试在下述两个参考系中写出 u 和 v 在柱
面上应满足的运动学边界条件:(1) 以柱面为参
考系;(2) 以地面为参考系。

2.23 证明不可压缩流体在固体壁面上的法
向粘性应力等于零。

2.24 考虑一固体球面,其半径以 $R=a(t)$ 规
律随时间变化,同时它绕 x 轴作等速旋转,角速度
为 ω,球心以速度 U 沿 y 轴作等速直线运动(见题
2.24 图)。取坐标原点在球心,试写出粘性流体在
球面上的速度条件。

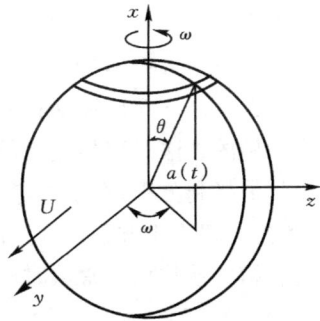

题 2.24 图

2.25 无限长环状液体在半径为 a 和 b 的柱
体间,液体面 a 上有常压强 π 作用(见题 2.25 图)。
证明若突然去除内柱面 b,则液体内半径 R 处的压
强立即变为

$$\pi\frac{\ln R-\ln b}{\ln a-\ln b}$$

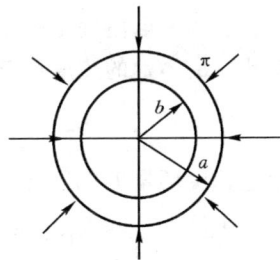

题 2.25 图

第 3 章   流体力学的几个重要定理

本章介绍流体力学的几个重要定理或公式,其中包括开尔文定理,伯努利方程和涡量动力学方程,它们都是从第 2 章的基本方程出发而推出的。开尔文定理确定在什么条件下无旋运动将保持无旋,它提供了一个简单地判断某个具体流动是否为无旋的方法。理想流体的 N-S 方程,即欧拉方程,在一定的条件下可以积分而得到伯努利方程,在求解势流问题时,伯努利方程可以代替动量方程而进入方程组,首先求解势流方程得到速度场,再由伯努利方程计算压强分布。最后推导流体密度和粘性系数均为常数时的涡量动力学方程。

3.1   开尔文定理

在流场中取由确定的流体质点组成的封闭物质线 $c(t)$,其位置和形状随流动而变化。沿 $c(t)$ 的速度环量计算如下

$$\Gamma = \oint_{c(t)} \boldsymbol{u} \cdot \mathrm{d}\boldsymbol{r}$$

求上述速度环量 Γ 的随体导数

$$\frac{\mathrm{D}\Gamma}{\mathrm{D}t} = \frac{\mathrm{D}}{\mathrm{D}t} \oint_{c(t)} \boldsymbol{u} \cdot \mathrm{d}\boldsymbol{r}$$

式中积分号内的速度矢量 $\boldsymbol{u}$ 和沿封闭曲线的线元 $\mathrm{d}\boldsymbol{r}$ 都随时间变化,从而引起线积分的变化,于是

$$\frac{\mathrm{D}}{\mathrm{D}t} \oint_{c(t)} \boldsymbol{u} \cdot \mathrm{d}\boldsymbol{r} = \oint_{c(t)} \frac{\mathrm{D}}{\mathrm{D}t}(\boldsymbol{u} \cdot \mathrm{d}\boldsymbol{r}) = \oint_{c(t)} \frac{\mathrm{D}\boldsymbol{u}}{\mathrm{D}t} \cdot \mathrm{d}\boldsymbol{r} + \oint_{c(t)} \boldsymbol{u} \cdot \frac{\mathrm{D}(\mathrm{d}\boldsymbol{r})}{\mathrm{D}t}$$

考虑到 $\dfrac{\mathrm{D}(\mathrm{d}\boldsymbol{r})}{\mathrm{D}t} = \mathrm{d}\left(\dfrac{\mathrm{D}\boldsymbol{r}}{\mathrm{D}t}\right) = \mathrm{d}\boldsymbol{u}$,上述方程右边第二项可化简为

$$\oint_{c(t)} \boldsymbol{u} \cdot \frac{\mathrm{D}(\mathrm{d}\boldsymbol{r})}{\mathrm{D}t} = \oint_{c(t)} \boldsymbol{u} \cdot \mathrm{d}\boldsymbol{u} = \oint_{c(t)} \mathrm{d}\left(\frac{u^2}{2}\right) = 0$$

于是

$$\frac{\mathrm{D}\Gamma}{\mathrm{D}t} = \oint_{c(t)} \frac{\mathrm{D}\boldsymbol{u}}{\mathrm{D}t} \cdot \mathrm{d}\boldsymbol{r} \tag{3.1}$$

式(3.1)表示沿物质周线的速度环量的随体导数等于该周线上的加速度环量。这

一结论是纯运动学的,因此对任何流体都成立。

　　为了消去上述积分中的 $\mathrm{D}\boldsymbol{u}/\mathrm{D}t$,需要引用动量方程。假设理想流体,N-S 方程(2.10b)可简化为

$$\rho\frac{\mathrm{D}\boldsymbol{u}}{\mathrm{D}t}=-\nabla p+\rho\boldsymbol{f} \tag{3.2}$$

式(3.2)称欧拉方程。再假设质量力有势,且势函数为单值函数,式(3.2)右侧的 $\boldsymbol{f}$ 可表示为一个标量函数的梯度,$\boldsymbol{f}=-\nabla G$,则

$$\frac{\mathrm{D}\boldsymbol{u}}{\mathrm{D}t}=-\frac{\nabla p}{\rho}-\nabla G$$

将上式代入式(3.1)

$$\frac{\mathrm{D}\Gamma}{\mathrm{D}t}=\oint_{c(t)}-\frac{\nabla p}{\rho}\cdot\mathrm{d}\boldsymbol{r}-\oint_{c(t)}\nabla G\cdot\mathrm{d}\boldsymbol{r}$$

引入标量算符如下

$$\mathrm{d}\boldsymbol{r}\cdot\nabla=\mathrm{d}x\frac{\partial}{\partial x}+\mathrm{d}y\frac{\partial}{\partial y}+\mathrm{d}z\frac{\partial}{\partial z}=\mathrm{d}x_i\frac{\partial}{\partial x_i}=\mathrm{d} \tag{3.3}$$

算符"d"表示在空间的全微分。由式(3.3) $\nabla G\cdot\mathrm{d}\boldsymbol{r}=\mathrm{d}G$,于是 $\oint_{c(t)}\nabla G\cdot\mathrm{d}\boldsymbol{r}=$ $\oint_{c(t)}\mathrm{d}G=0$,代入速度环量随体导数表达式得

$$\frac{\mathrm{D}\Gamma}{\mathrm{D}t}=-\oint_{c(t)}\frac{\nabla p}{\rho}\cdot\mathrm{d}\boldsymbol{r}=-\oint_{c(t)}\frac{\mathrm{d}p}{\rho}$$

运算中再次应用了式(3.3),$\nabla p\cdot\mathrm{d}\boldsymbol{r}=\mathrm{d}p$。当 ρ 为常数时,式中最后一项积分为零。这里放宽限制条件,假设正压流体,即密度只是压强的函数,$\rho=\rho(p)$,于是 $\mathrm{d}p/\rho$ 也只是 p 的函数,令 $P(p)=\int\mathrm{d}p/\rho,\mathrm{d}P=\mathrm{d}\int\mathrm{d}p/\rho=\mathrm{d}p/\rho$,则 $\oint_{c(t)}\mathrm{d}p/\rho=$ $\oint_{c(t)}\mathrm{d}P=0$,即

$$\frac{\mathrm{D}\Gamma}{\mathrm{D}t}=0 \tag{3.4}$$

设在上述封闭的物质线 $c(t)$ 上张一物质面 $A(t)$,则由斯托克斯公式得

$$\Gamma=\int_{A(t)}\boldsymbol{\Omega}\cdot\boldsymbol{n}\mathrm{d}A$$

由 $\mathrm{D}\Gamma/\mathrm{D}t=0$ 可直接推得

$$\frac{\mathrm{D}}{\mathrm{D}t}\int_{A(t)}\boldsymbol{\Omega}\cdot\boldsymbol{n}\mathrm{d}A=0 \tag{3.5}$$

　　可见对于正压,体积力有势的理想流体流动,沿任意封闭的物质周线上的速度环量和通过任一物质面的涡通量在运动过程中守恒,这就是开尔文定理,也称汤姆

逊定理。

请读者注意在上述推导中假设的三个条件,正压、理想流体和质量力有势,放松其中任一条件,开尔文定理则不成立。粘性、非保守力和非正压流体(流体的密度不只是压强一个变量的函数)是引起速度环量和涡通量发生变化的三个因素。

由开尔文定理可直接推得以下结论:正压、理想流体在质量力有势的情况下,如果某时刻部分流体内无旋,则在此以前和以后的任一时刻这部分流体皆无旋;若某时刻部分流体有旋,则以前或以后的任一时刻这部分流体皆为有旋。此推论可证明如下:如某部分流体在某时刻无旋,$\boldsymbol{\Omega}=0$,则通过该部分流体内的任一物质面的涡通量为零,尽管这一物质面在流动过程中会发生变形,根据开尔文定理通过它的涡通量在以前或以后的任一时刻都将为零,由于物质面是任选的,要保持涡通量总为零,则必须 $\boldsymbol{\Omega}=0$,即该部分流体在以前或以后的任一时刻都将无旋;如果某部分流体在某一时刻有旋,则以前或以后的任一时刻也将有旋,如不是有旋而是无旋,则依据上文中证明的结论将得出该部分流体始终无旋的结论,这就与某时刻这部分流体有旋的假定相矛盾,因此该部分流体必然是始终有旋的。

对于在重力场作用下的理想不可压缩流体流动,显然理想、正压和质量力有势这三个条件都满足,于是当速度均匀的理想不可压缩流体绕流某一柱体时,由于远离柱体处流体无旋,整个流场包括被绕流柱体周围也都将是无旋的。同样当柱体在静止的理想不可压缩流体中开始运动时,由于流体在初始时刻无旋,在以后时刻整个流场包括柱体周围也将无旋。

应用开尔文定理可以证明所谓的涡管强度保持定理。设 $c(t)$ 是涡管横截面$A(t)$ 的周线,它也是一条物质线,于是

$$\oint_{c(t)} \boldsymbol{u} \cdot \mathrm{d}\boldsymbol{r} = \int_{A(t)} \boldsymbol{\Omega} \cdot \boldsymbol{n} \mathrm{d}A$$

当满足开尔文定理的条件时,有

$$\frac{\mathrm{D}}{\mathrm{D}t}\oint_{c(t)} \boldsymbol{u} \cdot \mathrm{d}\boldsymbol{r} = \frac{\mathrm{D}}{\mathrm{D}t}\int_{A(t)} \boldsymbol{\Omega} \cdot \boldsymbol{n} \mathrm{d}A \tag{3.6}$$

即在理想、正压和质量力有势的条件下,通过涡管横截面的涡通量,即涡管强度在运动过程中恒定不变。这一定理也称亥姆霍兹第二定理。在运动过程中涡管会发生变形,当涡管被拉伸时,涡量会增大,涡管被压缩时,涡量减小,以保持涡管强度不变。

在第 1 章中由涡量场的散度为零,曾推得在任一时刻,同一涡管任一横截面的涡通量均相等,即涡管强度在空间上守恒;当满足开尔文定理成立的条件时,涡管强度不但具有空间上的守恒性,而且具有时间上的守恒性,即涡管强度也不随时间而变化。

3.2　伯努利方程

在一定的条件下,动量方程可以积分而得到伯努利方程,伯努利方程在工程领域有着广泛的应用。欧拉方程式(3.2)左侧的速度矢量的物质导数可以分解为当地导数和对流导数之和,$\dfrac{\mathrm{D}\boldsymbol{u}}{\mathrm{D}t} = \dfrac{\partial \boldsymbol{u}}{\partial t} + (\boldsymbol{u} \cdot \nabla)\boldsymbol{u}$,应用附录 A 中的矢量恒等式,对流导数可改写为$(\boldsymbol{u} \cdot \nabla)\boldsymbol{u} = \nabla\left(\dfrac{\boldsymbol{u} \cdot \boldsymbol{u}}{2}\right) - \boldsymbol{u} \times (\nabla \times \boldsymbol{u})$,代入欧拉方程有

$$\frac{\partial \boldsymbol{u}}{\partial t} + \nabla\left(\frac{\boldsymbol{u} \cdot \boldsymbol{u}}{2}\right) - \boldsymbol{u} \times \boldsymbol{\Omega} = -\frac{\nabla p}{\rho} + \boldsymbol{f} \tag{3.7}$$

称兰姆-葛罗米柯方程。在上节中已经说明对于正压流体,即 $p = p(\rho)$ 时有 $\mathrm{d}\displaystyle\int \frac{\mathrm{d}p}{\rho} = \frac{\mathrm{d}p}{\rho}$,分别对上式两侧运用式(3.3),$\mathrm{d}\boldsymbol{r} \cdot \nabla\left(\displaystyle\int \frac{\mathrm{d}p}{\rho}\right) = \mathrm{d}\boldsymbol{r} \cdot \dfrac{\nabla p}{\rho}$,由于 $\mathrm{d}\boldsymbol{r}$ 是任选的,欲使等式成立,左右两侧与 $\mathrm{d}\boldsymbol{r}$ 作点乘运算的矢量必须相等,即

$$\nabla\left(\int \frac{\mathrm{d}p}{\rho}\right) = \frac{\nabla p}{\rho}$$

再假设质量力有势,则

$$\boldsymbol{f} = -\nabla G,$$

将上两式代入式(3.7),并加以整理得

$$\frac{\partial \boldsymbol{u}}{\partial t} + \nabla\left(\int \frac{\mathrm{d}p}{\rho} + \frac{1}{2}\boldsymbol{u} \cdot \boldsymbol{u} + G\right) = \boldsymbol{u} \times \boldsymbol{\Omega} \tag{3.8}$$

沿流线,或者在势流条件下,矢量式(3.8)可以直接进行积分。

伯努利方程

先讨论式(3.8)沿流线的积分。对于定常流动,该式左侧第一项等于零,式如

$$\nabla\left(\int \frac{\mathrm{d}p}{\rho} + \frac{1}{2}\boldsymbol{u} \cdot \boldsymbol{u} + G\right) = \boldsymbol{u} \times \boldsymbol{\Omega} \tag{3.9}$$

取一段沿流线的线元 $\mathrm{d}\boldsymbol{r}$,点乘上式左右两侧得

$$\mathrm{d}\boldsymbol{r} \cdot \nabla\left(\int \frac{\mathrm{d}p}{\rho} + \frac{1}{2}\boldsymbol{u} \cdot \boldsymbol{u} + G\right) = \mathrm{d}\boldsymbol{r} \cdot (\boldsymbol{u} \times \boldsymbol{\Omega})$$

由于 $\boldsymbol{u} \times \boldsymbol{\Omega}$ 垂直于 $\boldsymbol{u}$,而 $\mathrm{d}\boldsymbol{r}$ 与 $\boldsymbol{u}$ 平行,因此上式右侧等于零。应用式(3.3)于上式左侧,得

$$\mathrm{d}\left(\int \frac{\mathrm{d}p}{\rho} + \frac{1}{2}\boldsymbol{u} \cdot \boldsymbol{u} + G\right) = 0$$

沿流线积分上式得

$$\int \frac{\mathrm{d}p}{\rho} + \frac{1}{2}\boldsymbol{u} \cdot \boldsymbol{u} + G = C \tag{3.10a}$$

(3.10a)式称为伯努利方程或伯努利积分,C 称伯努利常数,C 沿同一条流线为常数,但对不同的流线则取不同的值。在许多场合,比如对某个柱体的绕流流动,如果来流是均匀的,由于每一条流线上的流场参数都相等,C 对每一条流线都相同,此时式(3.10a)左侧的三项和在全流场处处相等。请读者注意式(3.10a)的成立条件:忽略流体粘性影响,质量力有势,正压流体,定常流动,方程沿同一条流线成立。

式(3.10a)也可以看作沿同一条涡线成立。因为取沿涡线的线元 d$\boldsymbol{r}$,点乘式(3.9)两侧,则等式右侧等于零,沿涡线积分该式即可得到式(3.10a)。

对于不可压缩流体 Dρ/Dt=$\partial\rho/\partial t$+$\boldsymbol{u}\cdot\nabla\rho$=0,定常流动条件下$\partial\rho/\partial t$=0,于是 $\boldsymbol{u}\cdot\nabla\rho$=0,即沿流线 ρ 为常数,于是式(3.10a)中$\int \mathrm{d}p/\rho = p/\rho+C_0$;如果质量力只有重力,而且重力加速度沿负 z 轴方向,则 $\boldsymbol{f}=-\nabla G=-g\boldsymbol{e}_z$,$G=gz$。则式(3.10a)可写为

$$\frac{p}{\rho} + \frac{1}{2}\boldsymbol{u} \cdot \boldsymbol{u} + gz = C' \tag{3.10b}$$

以上讨论了定常流动的伯努利方程,对于非定常流动,式(3.8)也可以沿流线作积分。同样取沿流线的线元 d$\boldsymbol{r}$,点乘式(3.8)两侧,考虑到沿流线 d$\boldsymbol{r} \cdot \partial\boldsymbol{u}/\partial t$=$\partial u/\partial t \mathrm{d}l$,$u$ 是 $\boldsymbol{u}$ 在流线上沿 d$\boldsymbol{r}$ 方向的投影,dl 是 d$\boldsymbol{r}$ 的长度,式(3.8)于是可表示为

$$\frac{\partial u}{\partial t}\mathrm{d}l + \mathrm{d}\left(\int \frac{\mathrm{d}p}{\rho} + \frac{u^2}{2} + G\right) = 0$$

沿着流线从 1 点到 2 点进行积分,

$$\int_1^2 \frac{\partial u}{\partial t}\mathrm{d}l + \int_1^2 \mathrm{d}\left(\int \frac{\mathrm{d}p}{\rho} + \frac{u^2}{2} + G\right) = 0$$

如质量力只有重力,且重力加速度沿负 z 轴方向,ρ 等于常数,则上式可改写为

$$\frac{p_1}{\rho} + \frac{u_1^2}{2} + gz_1 = \frac{p_2}{\rho} + \frac{u_2^2}{2} + gz_2 + \int_1^2 \frac{\partial u}{\partial t}\mathrm{d}l \tag{3.11}$$

式(3.11)的成立条件是:忽略流体粘性影响,质量力为重力且重力加速度沿负 z 轴方向,流体密度 ρ 为常数,积分沿流线进行。

势流伯努利方程

如果流动无旋,$\boldsymbol{\Omega}$=0,此时存在速度势函数 ϕ,$\boldsymbol{u}=\nabla\phi$,于是 $\frac{\partial \boldsymbol{u}}{\partial t}=\frac{\partial}{\partial t}(\nabla\phi)=\nabla\left(\frac{\partial \phi}{\partial t}\right)$,代入式(3.8)得

$$\nabla\left(\frac{\partial\phi}{\partial t}+\int\frac{\mathrm{d}p}{\rho}+\frac{\nabla\phi\cdot\nabla\phi}{2}+G\right)=0$$

一个标量的梯度为零,表示该标量在空间是均匀分布的,于是上式意味着括号内的四项和在流场的每一点具有相同的数值,当然这一数值可能是随时间变化的,即

$$\frac{\partial\phi}{\partial t}+\int\frac{\mathrm{d}p}{\rho}+\frac{\nabla\phi\cdot\nabla\phi}{2}+G=f(t) \tag{3.12a}$$

式(3.12a)称为势流伯努利方程,也称柯西-拉格朗日积分。$f(t)$是时间的函数,但同一瞬时 $f(t)$ 在全流场为常数,称 $f(t)$ 是非定常伯努利常数,尽管它并不是严格意义上的常数。请读者注意式(3.12a)的成立条件:忽略流体粘性影响,正压流体,质量力有势,无旋流动。

对于定常势流,式(3.12a)简化为

$$\int\frac{\mathrm{d}p}{\rho}+\frac{\nabla\phi\cdot\nabla\phi}{2}+G=f \tag{3.12b}$$

式中 f 不再是时间的函数。式(3.12b)与式(3.10a)在形式上是相同的,然而在式(3.12b)中,f 在全流场为常数,而在式(3.10a)中,C 只是沿同一条流线为常数;式(3.12b)只适用于无旋流动,而式(3.10a)也可应用于有旋流动。

在初等流体力学教材中已经对应用式(3.10)和式(3.12b)求解各种定常的流动问题作了详细的讨论,在下文的例题中主要介绍如何应用式(3.11)和式(3.12a)求解非定常的流动问题。

例 1　如图 3.1 所示,大容器的底部与一长度为 L、直径为 D 的圆管相连接,容器内的液面高度为 h,当封闭圆管右端的盖板突然打开后,液体沿圆管流出,求圆管内液流速度随时间的变化规律。设忽略流体的粘性影响;管内为一维流动,在各横截面上速度相等;容器截面积足够大,忽略容器内液位变化;液体密度 $\rho=$ 常数。

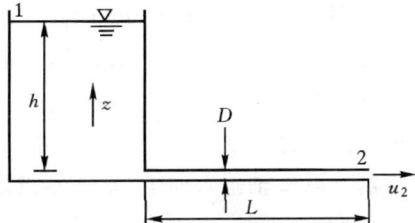

图 3.1　长管排液

解　取圆管中心线作为 z 轴零点,z 轴铅直向上,取容器内自由面和圆管出口截面分别为 1 与 2 截面,由式(3.11)有

$$\frac{1}{2}u_1^2+\frac{p_a}{\rho}+gh=\frac{1}{2}u_2^2+\frac{p_a}{\rho}+0+\int_1^2\frac{\partial u}{\partial t}\mathrm{d}l$$

上式中已考虑到 $p_1=p_2=p_a$,p_a 为大气压强,$z_1=h$,$z_2=0$。由于容器足够大,忽略容器内的流体速度,$u_1\approx0$。上式变为

$$gh=\frac{1}{2}u_2^2+\int_1^2\frac{\partial u}{\partial t}\mathrm{d}l$$

上式右侧的积分主要在圆管内进行,则

$$\int_1^2 \frac{\partial u}{\partial t} \mathrm{d}l = \int_0^L \frac{\partial u}{\partial t} \mathrm{d}l = L \frac{\mathrm{d}u_2}{\mathrm{d}t}$$

由以上两式得

$$gh = \frac{u_2^2}{2} + L \frac{\mathrm{d}u_2}{\mathrm{d}t}$$

分离变量,

$$\frac{\mathrm{d}u_2}{2gh - u_2^2} = \frac{\mathrm{d}t}{2L}$$

考虑到 $t=0$ 时 $u_2=0$,积分上式得

$$\frac{t}{2L} = \int_0^{u_2} \frac{\mathrm{d}u}{2gh - u_2^2} = \left[\frac{1}{\sqrt{2gh}} \mathrm{arth}\left(\frac{u}{\sqrt{2gh}} \right) \right]_0^{u_2}$$

因为 $\mathrm{arth}(0)=0$,上式可写为

$$\frac{t}{2L} = \frac{1}{\sqrt{2gh}} \mathrm{arth}\left(\frac{u_2}{\sqrt{2gh}} \right) \quad \text{或} \quad u_2 = \sqrt{2gh}\, \mathrm{th}\left(\frac{t}{2L}\sqrt{2gh} \right)$$

由于 $\mathrm{th}(\infty)=1$,当 $t\to\infty$ 时,上式变为

$$u_2 = \sqrt{2gh}$$

这就是定常流动条件下圆管的出流速度。

例 2 液体在两端都与大气相通的等横截面 U 形管中振荡,液柱长 L,液面上方为大气压强 p_a,求液柱运动规律。设初始时刻 U 形管两端自由液面高度差为 h,液体处于静止状态,忽略粘性摩擦力和表面张力作用,液体密度 ρ 为常数。

解 取 z 轴垂直向上,坐标零点取在静止时的液面平衡位置处。管内流动作一维流动处理,各横截面上的速度均相等,$u=u(t)$,速度只是时间的函数。取速度正向如图 3.2 所示,则

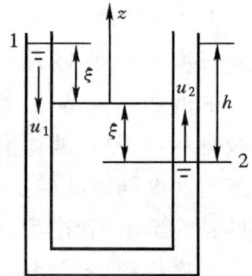

图 3.2 U 形管中液体的振荡

$$u = - \mathrm{d}\xi/\mathrm{d}t \tag{a}$$

ξ 是液面至平衡位置的距离,取 U 型管两端自由面分别为 1 和 2 截面,应用式(3.11)有

$$\frac{1}{2}u_1^2 + \frac{p_a}{\rho} + gz_1 = \frac{1}{2}u_2^2 + \frac{p_a}{\rho} + gz_2 + \int_1^2 \frac{\mathrm{d}u}{\mathrm{d}t}\mathrm{d}l$$

式中 $z_1=\xi, z_2=-\xi, u_1^2=u_2^2$,于是上式可简化为

$$2g\xi = \int_1^2 \frac{\mathrm{d}u}{\mathrm{d}t}\mathrm{d}l$$

由式(a)有 $du/dt = -d^2\xi/dt^2$，上述导数只是 t 的函数，于是 $\int_1^2 \dfrac{du}{dt}dl = -\dfrac{d^2\xi}{dt^2}\int_1^2 dl$

$= -\dfrac{d^2\xi}{dt^2}L$，代入上式得

$$\frac{d^2\xi}{dt^2} + \frac{2g}{L}\xi = 0 \qquad\qquad\qquad (b)$$

上述微分方程的通解为

$$\xi = C_1\cos\left(\sqrt{\frac{2g}{L}}t\right) + C_2\sin\left(\sqrt{\frac{2g}{L}}t\right)$$

由初始条件 $t=0$ 时 $\xi=\dfrac{h}{2}$，$\dfrac{d\xi}{dt}=0$ 得 $C_1=\dfrac{h}{2}$，$C_2=0$，于是

$$\xi = \frac{h}{2}\cos\left(\sqrt{\frac{2g}{L}}t\right) \qquad\qquad\qquad (c)$$

液柱振荡周期为　$2\pi\sqrt{\dfrac{L}{2g}}$；

液体运动速度为　$u = -\dfrac{d\xi}{dt} = \dfrac{h}{2}\sqrt{\dfrac{2g}{L}}\sin\left(\sqrt{\dfrac{2g}{L}}t\right)$。

例 3　在原静止的无界理想液体中有一半径为 a 的气泡，初始时刻气泡内部压强为 p_0，气泡表面的速度为零。若不考虑质量力和表面张力作用，设无穷远处压强为零，液体密度 ρ 为常数，试在等温条件下确定气泡半径随时间的变化规律。

解　这是一个球对称流动问题，初始时刻液体静止，为无旋场，依据开尔文定理，此后的流动也是无旋流动。取球坐标，坐标原点在气泡中心，液体只有径向运动，所有物理量只是 r 和 t 的函数。设气泡半径为 $R(t)$，气泡表面法向速度为 $\dot{R}(=dR/dt)$，由连续方程有

$$4\pi r^2 u_r = 4\pi R^2 \dot{R}$$

式中 u_r 是流场中半径为 r 的球面上的径向速度，$r \geqslant R$。于是

$$u_r = \frac{R^2 \dot{R}}{r^2} = \frac{\partial\phi}{\partial r}$$

ϕ 是速度势函数，取无穷远处 ϕ 为零，积分上式得 $\phi = -\dfrac{R^2 \dot{R}}{r}$。由于忽略了质量力的作用，且设 ρ 为常数，对气泡附近和无穷远点应用势流伯努利方程式(3.12a)，

$$\frac{\partial\phi}{\partial t} + \frac{p}{\rho} + \frac{\nabla\phi \cdot \nabla\phi}{2} = 0$$

上式左侧的第一项和第三项可由 ϕ 的表达式计算得出

$$\frac{\partial\phi}{\partial t} = -\frac{1}{r}(2R\dot{R}^2 + R^2 \ddot{R}), \quad \nabla\phi \cdot \nabla\phi = \frac{R^4 \dot{R}^2}{r^4}$$

请读者注意,上式中 R 是 t 的函数,而 r 是欧拉参考系中的坐标变量,因此求 ϕ 对 t 的偏导数时只需求 R 对 t 的导数。把以上两式代入势流伯努利方程得

$$-\frac{1}{r}(2R\dot{R}^2 + R^2\ddot{R}) + \frac{1}{2}\frac{R^4\dot{R}^2}{r^4} + \frac{p}{\rho} = 0$$

令 $r=R$,得气泡运动方程为

$$R\ddot{R} + \frac{3}{2}\dot{R}^2 = \frac{p_b}{\rho}$$

式中 p_b 是气泡表面压强。考虑到气泡运动过程是等温的,且由于忽略了表面张力作用,气泡内部和气泡表面压强可认为是相等的,于是由气体状态方程得

$$p_b R^3 = p_0 a^3$$

代入气泡运动方程,有 $R\ddot{R} + \frac{3}{2}\dot{R}^2 = \frac{p_0}{\rho}\frac{a^3}{R^3}$,给上式两边同乘 $2R^2\dot{R}$,并加以整理得

$$\frac{\mathrm{d}}{\mathrm{d}t}(R^3\dot{R}^2) = \frac{2p_0 a^3}{\rho}\frac{\dot{R}}{R}$$

积分上式,并考虑到 $R=a$ 时 $\dot{R}=0$,得 $R^3\dot{R}^2 = \frac{2p_0 a^3}{\rho}\ln\frac{R}{a}$。再积分一次得

$$t = \left(\frac{2p_0 a^3}{\rho}\right)^{-\frac{1}{2}}\int_a^R\left(\ln\frac{R}{a}\right)^{-\frac{1}{2}}R^{\frac{3}{2}}\mathrm{d}R$$

解毕。

3.3　非惯性系中的伯努利方程

当研究流体机械内部流动,如透平和水泵内的流动时,常常选取固定在叶轮上的坐标系,让坐标系随同叶轮一起旋转,因此需用到匀速旋转坐标系中的伯努利方程。考虑非惯性系中的动量方程(2.15),当角速度矢量 $\boldsymbol{\omega}=$ 常数,$\boldsymbol{a}_0=0$ 时方程可简化为

$$\rho\left[\frac{\partial \boldsymbol{u}_r}{\partial t} + \nabla\left(\frac{\boldsymbol{u}_r \cdot \boldsymbol{u}_r}{2}\right) - \boldsymbol{u}_r\times(\nabla\times\boldsymbol{u}_r)\right]$$
$$= \nabla\cdot\boldsymbol{\Sigma} + \rho\boldsymbol{f} - 2\rho\boldsymbol{\omega}\times\boldsymbol{u}_r - \rho\boldsymbol{\omega}\times(\boldsymbol{\omega}\times\boldsymbol{r})$$

以理想流体的应力张力 $\boldsymbol{\Sigma}=-p\delta_{ij}$ 代入上式,则

$$\frac{\partial \boldsymbol{u}_r}{\partial t} + \nabla\left(\frac{\boldsymbol{u}_r \cdot \boldsymbol{u}_r}{2}\right) - \boldsymbol{u}_r\times(\nabla\times\boldsymbol{u}_r) = -\frac{\nabla p}{\rho} + \boldsymbol{f} - 2\boldsymbol{\omega}\times\boldsymbol{u}_r - \boldsymbol{\omega}\times(\boldsymbol{\omega}\times\boldsymbol{r})$$

$$(3.13)$$

式(3.13)中的有关量和运算都是在运动坐标系中选取和进行的。对于常矢量 $\boldsymbol{\omega}$,离心力项可改写为

$$\boldsymbol{\omega}\times(\boldsymbol{\omega}\times\boldsymbol{r})=-\nabla\left[\frac{1}{2}(\boldsymbol{\omega}\times\boldsymbol{r})^2\right]$$

上式可利用张量下标方法而加以证明,建议读者自行验证。再假设正压流体,质量力有势,则式(3.13)可整理为

$$\frac{\partial\boldsymbol{u}_r}{\partial t}+\nabla\left[\frac{\boldsymbol{u}_r\boldsymbol{\cdot}\boldsymbol{u}_r}{2}-\frac{1}{2}(\boldsymbol{\omega}\times\boldsymbol{r})^2+G+\int\frac{\mathrm{d}p}{\rho}\right]=\boldsymbol{u}_r\times(\nabla\times\boldsymbol{u}_r)-2\boldsymbol{\omega}\times\boldsymbol{u}_r$$

在运动坐标系内沿流线取线元 $\mathrm{d}\boldsymbol{r}$,点乘上式两侧各项

$$\frac{\partial\boldsymbol{u}_r}{\partial t}\boldsymbol{\cdot}\mathrm{d}\boldsymbol{r}+\mathrm{d}\boldsymbol{r}\boldsymbol{\cdot}\nabla\left[\frac{\boldsymbol{u}_r\boldsymbol{\cdot}\boldsymbol{u}_r}{2}-\frac{1}{2}(\boldsymbol{\omega}\times\boldsymbol{r})^2+G+\int\frac{\mathrm{d}p}{\rho}\right]=0$$

在得出上式时已考虑到,$\boldsymbol{u}_r\times(\nabla\times\boldsymbol{u}_r)$ 和 $\boldsymbol{\omega}\times\boldsymbol{u}_r$ 均垂直于 $\boldsymbol{u}_r$,而 $\mathrm{d}\boldsymbol{r}$ 与 $\boldsymbol{u}_r$ 平行,因此 $[\boldsymbol{u}_r\times(\nabla\times\boldsymbol{u}_r)]\boldsymbol{\cdot}\mathrm{d}\boldsymbol{r}=0$,$(\boldsymbol{\omega}\times\boldsymbol{u}_r)\boldsymbol{\cdot}\mathrm{d}\boldsymbol{r}=0$。方程可进一步简化为

$$\frac{\partial u_r}{\partial t}\mathrm{d}l+\mathrm{d}\left[\frac{\boldsymbol{u}_r\boldsymbol{\cdot}\boldsymbol{u}_r}{2}-\frac{1}{2}(\boldsymbol{\omega}\times\boldsymbol{r})^2+G+\int\frac{\mathrm{d}p}{\rho}\right]=0$$

式中 $u_r=|\boldsymbol{u}_r|$,$\mathrm{d}l=|\mathrm{d}\boldsymbol{r}|$。沿流线积分上式,则有

$$\int\frac{\partial u_r}{\partial t}\mathrm{d}l+\frac{\boldsymbol{u}_r\boldsymbol{\cdot}\boldsymbol{u}_r}{2}+G+\int\frac{\mathrm{d}p}{\rho}-\frac{1}{2}(\boldsymbol{\omega}\times\boldsymbol{r})^2=C_0 \tag{3.14}$$

设 ρ 为常数,质量力只有重力;选取铅直向上的 z 轴作为旋转坐标系的轴(见图 3.3),则 $G=gz$,$\int\frac{\mathrm{d}p}{\rho}=\frac{p}{\rho}+C'$,$(\boldsymbol{\omega}\times\boldsymbol{r})^2=\omega^2r^2$,式中 $r^2=x^2+y^2$,于是式(3.14)可进一步写为

$$\int\frac{\partial u_r}{\partial t}\mathrm{d}l+\frac{\boldsymbol{u}_r\boldsymbol{\cdot}\boldsymbol{u}_r}{2}+\frac{p}{\rho}+gz-\frac{1}{2}\omega^2r^2=C \tag{3.15}$$

图 3.3　均匀旋转坐标系下的伯努利方程

若流动在惯性坐标系内是无旋的,则可以借助于坐标变换,用运动坐标系中的量表示式(3.12a),直接得到非惯性系内的伯努利方程。设运动坐标系 R 相对于惯性系 A 运动,任一流体质点在 A 内的位置矢量用 $\boldsymbol{r}$ 来表示,而在 R 中的位置矢量为 $\boldsymbol{r}'$。由非惯性系 R 的运动规律可得到 $\boldsymbol{r}$ 与 $\boldsymbol{r}'$ 间的关系

$$\boldsymbol{r}=\boldsymbol{r}(\boldsymbol{r}',t)$$

上式的反函数为

$$\boldsymbol{r}'=\boldsymbol{r}'(\boldsymbol{r},t)$$

由于在惯性系 A 中流动无旋,存在速度势函数 ϕ,ϕ 可以用 $\boldsymbol{r}$ 表示,也可以用 $\boldsymbol{r}'$ 表示,

$$\phi=\phi[\boldsymbol{r}(\boldsymbol{r}',t),t]\quad\text{或}\quad\phi=\phi[x_i(x_j',t),t] \tag{3.16}$$

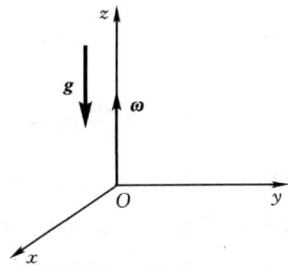

利用上式可以求出 ϕ 在 A 中对时间 t 的偏导数 $(\partial\phi/\partial t)_a$ 与 ϕ 在 R 中对 t 的偏导数 $(\partial\phi/\partial t)_r$ 之间的关系式。由式(3.16)

$$\left(\frac{\partial\phi}{\partial t}\right)_{x'_j} = \left(\frac{\partial\phi}{\partial t}\right)_{x_i} + \left(\frac{\partial\phi}{\partial x_i}\right)_t\left(\frac{\partial x_i}{\partial t}\right)_{x'_j}$$

上式中 $(\partial\phi/\partial t)_{x'_j}$ 就是 ϕ 在运动坐标系 R 中对 t 的偏导数,可写为 $(\partial\phi/\partial t)_r$; $(\partial\phi/\partial t)_{x_i}$ 则是 ϕ 在惯性系 A 中对 t 的偏导数,可写为 $(\partial\phi/\partial t)_a$;$(\partial\phi/\partial x_i)_t = \nabla\phi = \boldsymbol{u}$,是在惯性系 A 中的绝对速度;$(\partial x_i/\partial t)_{x'_j}$ 表示流体质点位置矢量 $\boldsymbol{r}(x_i)$ 在固定 $\boldsymbol{r}'(x'_j)$ 的条件下随时间的变化率,就是动坐标系的牵连速度 $\boldsymbol{u}_e$。于是上式可改写为

$$\left(\frac{\partial\phi}{\partial t}\right)_a = \left(\frac{\partial\phi}{\partial t}\right)_r - \boldsymbol{u}\cdot\boldsymbol{u}_e \tag{3.17}$$

现在来证明,在 A 系和 R 系中 ϕ 的梯度是相等的。令 $\phi=\phi[\boldsymbol{r}'(\boldsymbol{r},t),t]$,或 $\phi=\phi[x'_j(x_i,t),t]$,则有

$$(\nabla\phi)_a = \left(\frac{\partial\phi}{\partial x_i}\right)_t\boldsymbol{e}_i = \left(\frac{\partial\phi}{\partial x'_j}\right)_t\left(\frac{\partial x'_j}{\partial x_i}\right)_t\boldsymbol{e}_i$$

上式中 $\boldsymbol{e}_i$ 是惯性系 A 中沿坐标轴的单位矢量,为方便计,上式右侧导数的角标 t 在下文中略去。如果可以证明 $\dfrac{\partial x'_j}{\partial x_i}\boldsymbol{e}_i=\boldsymbol{e}'_j$,$\boldsymbol{e}'_j$ 是运动坐标系中的单位矢量,则

$$(\nabla\phi)_a = \frac{\partial\phi}{\partial x'_j}\boldsymbol{e}'_j = (\nabla\phi)_r \tag{3.18}$$

考虑到 A 系和 R 系都是正交坐标系,为简化推导过程设两坐标系原点重合(所得结果也适用于一般情况),$\boldsymbol{e}'_j$ 于是可表示为

$$\boldsymbol{e}'_j = (\boldsymbol{e}'_j\cdot\boldsymbol{e}_i)\boldsymbol{e}_i = \alpha_{ji}\boldsymbol{e}_i \tag{3.19a}$$

式中 $\alpha_{ji}=\boldsymbol{e}'_j\cdot\boldsymbol{e}_i$,为 $\boldsymbol{e}'_j$ 和 $\boldsymbol{e}_i$ 之间夹角的余弦,也可以看作 $\boldsymbol{e}'_j$ 在 $\boldsymbol{e}_i$ 方向的投影。设位置矢量 $\boldsymbol{r}$ 在 A 系中表示为 $x_k\boldsymbol{e}_k$,在 R 系中表示为 $x'_j\boldsymbol{e}'_j$,两者表示同一矢量,应该相等

$$x'_j\boldsymbol{e}'_j = x_k\boldsymbol{e}_k = x_k(\boldsymbol{e}'_j\cdot\boldsymbol{e}_k)\boldsymbol{e}'_j = x_k\alpha_{jk}\boldsymbol{e}'_j \quad\Rightarrow\quad x'_j = x_k\alpha_{jk}$$

上式两边对 x_i 求导

$$\frac{\partial x'_j}{\partial x_i} = \frac{\partial x_k}{\partial x_i}\alpha_{jk} = \delta_{ki}\alpha_{jk} = \alpha_{ji} \tag{3.19b}$$

把式(3.19 b)代入式(3.19a)即得

$$\frac{\partial x'_j}{\partial x_i}\boldsymbol{e}_i = \boldsymbol{e}'_j$$

于是式(3.18)得证。由于 $(\nabla\phi)_a=(\nabla\phi)_r$,下文中不加区别地都写作 $\nabla\phi$。将式(3.17)和式(3.18)代入式(3.12a)得

$$\frac{\partial \phi}{\partial t} - \boldsymbol{u}_e \cdot \nabla \phi + \frac{1}{2} \nabla \phi \cdot \nabla \phi + \int \frac{\mathrm{d}p}{\rho} + G = f(t) \tag{3.20a}$$

式中 $\frac{\partial \phi}{\partial t}$ 即 $\left(\frac{\partial \phi}{\partial t}\right)_r$。运动坐标系中的相对速度 $\boldsymbol{u}_r$ 与绝对速度 $\boldsymbol{u}$ 和牵连速度 $\boldsymbol{u}_e$ 有以下关系式

$$\boldsymbol{u} = \boldsymbol{u}_e + \boldsymbol{u}_r$$

把上式代入式(3.20a),整理化简得

$$\frac{\partial \phi}{\partial t} + \frac{1}{2} \boldsymbol{u}_r \cdot \boldsymbol{u}_r - \frac{1}{2} \boldsymbol{u}_e \cdot \boldsymbol{u}_e + \int \frac{\mathrm{d}p}{\rho} + G = f(t) \tag{3.20b}$$

在式(3.20b)中,$\partial \phi / \partial t$ 和 u_r 都是在动坐标系 R 中取值。式(3.20a)和式(3.20b)适用于在动坐标系中研究相对于绝对坐标系的无旋运动。

例 4 如图 3.4 所示,半径为 a 的圆球沿负 x 轴方向以变速度 $U(t)$ 运动,已知绝对运动的速度势函数在固连于圆球的运动坐标系中可表示为 $\phi = \frac{1}{2} U \frac{a^3}{r^2} \cos\theta$,试利用式(3.20a)求圆球运动所受阻力。

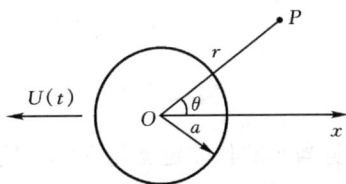

图 3.4 小球沿负 x 轴方向
作变速运动

解 先求压强分布。由于圆球作变速运动,运动坐标系是非惯性系,为求压强分布需应用非惯性系中的伯努利方程式(3.20a)。如流体密度为常数,并忽略质量力,式(3.20a)可写为

$$\frac{\partial \phi}{\partial t} - \boldsymbol{u}_e \cdot \nabla \phi + \frac{1}{2} \nabla \phi \cdot \nabla \phi + \frac{p}{\rho} = f'(t)$$

$\partial \phi / \partial t$ 是在运动坐标系中的导数,即

$$\frac{\partial \phi}{\partial t} = \frac{1}{2} \frac{a^3}{r^2} \cos\theta \frac{\mathrm{d}U}{\mathrm{d}t}$$

牵连速度就是运动坐标系即圆球的运动速度

$$\boldsymbol{u}_e = -U\boldsymbol{e}_x = -U(\cos\theta\, \boldsymbol{e}_r - \sin\theta\, \boldsymbol{e}_\theta)$$

在运动坐标系中和绝对坐标系中 $\nabla \phi$ 相等。在运动坐标中

$$\nabla \phi = \frac{\partial \phi}{\partial r} \boldsymbol{e}_r + \frac{1}{r} \frac{\partial \phi}{\partial \theta} \boldsymbol{e}_\theta = -U\left(\frac{a^3}{r^3}\cos\theta\right)\boldsymbol{e}_r - \frac{1}{2}U\left(\frac{a^3}{r^3}\sin\theta\right)\boldsymbol{e}_\theta$$

将以上各式代入伯努利方程得

$$\frac{1}{2} U \frac{a^3}{r^2}\cos\theta \frac{\mathrm{d}U}{\mathrm{d}t} - U(\cos\theta\, \boldsymbol{e}_r - \sin\theta\, \boldsymbol{e}_\theta) \cdot \left(U \frac{a^3}{r^3}\cos\theta\, \boldsymbol{e}_r + \frac{1}{2} U \frac{a^3}{r^3}\sin\theta\, \boldsymbol{e}_\theta\right)$$

$$+ \frac{1}{2}\left[\left(\frac{Ua^3}{r^3}\cos\theta\right)^2 + \left(\frac{Ua^3}{2r^3}\sin\theta\right)^2\right] + \frac{p}{\rho} = f'(t)$$

整理上式得流场中压强分布

$$\frac{p}{\rho} = f'(t) - \frac{a^3}{2r^2}\cos\theta\frac{dU}{dt} - \frac{1}{2}\left(\frac{U^2 a^6}{r^6}\cos^2\theta + \frac{U^2 a^6}{4r^6}\sin^2\theta\right)$$

$$+ U^2\left(\frac{a^3}{r^3}\cos^2\theta - \frac{a^3}{2r^3}\sin^2\theta\right)$$

在球面上 $r=a$，于是

$$\frac{p}{\rho} = f'(t) + \frac{U^2}{2}\left(1 - \frac{9}{4}\sin^2\theta\right) - \frac{a}{2}\cos\theta\frac{dU}{dt}$$

由上式知压强分布关于 x 轴对称，合力沿 x 轴方向。在圆球表面积分

$$F = \oint_{r=a} -p\cos\theta ds$$

$$= \rho\int_0^{2\pi}d\omega\int_0^{\pi} -\left[f'(t) + \frac{U^2}{2}\left(1 - \frac{9}{4}\sin^2\theta\right) - \frac{a}{2}\cos\theta\frac{dU}{dt}\right]\cos\theta a^2\sin\theta d\theta$$

$$= \frac{2}{3}\rho\pi a^3\frac{dU}{dt}$$

可见当小球作非定常运动时，dU/dt 不为零，会受到流体的阻力；如果作定常运动，则 dU/dt 为零，流体阻力等于零。我们将在第 5 章详细讨论圆球运动受力问题。

3.4　涡量动力学方程

本节推导涡量 $\boldsymbol{\Omega}$ 所满足的动力学方程。设流体的密度和粘性系数均为常数，则 N－S 方程可写为

$$\frac{\partial\boldsymbol{u}}{\partial t} + (\boldsymbol{u}\cdot\nabla)\boldsymbol{u} = -\nabla\left(\frac{p}{\rho}\right) + \nu\nabla^2\boldsymbol{u} \tag{3.21}$$

利用附录 A 中的矢量恒等式可把上式左侧的对流导数项分解，$(\boldsymbol{u}\cdot\nabla)\boldsymbol{u} = \nabla\left(\frac{\boldsymbol{u}\cdot\boldsymbol{u}}{2}\right) - \boldsymbol{u}\times\boldsymbol{\Omega}$，代入上式

$$\frac{\partial\boldsymbol{u}}{\partial t} + \nabla\left(\frac{1}{2}\boldsymbol{u}\cdot\boldsymbol{u}\right) - \boldsymbol{u}\times\boldsymbol{\Omega} = -\nabla\left(\frac{p}{\rho}\right) + \nu\nabla^2\boldsymbol{u}$$

对上式两边取旋度，并考虑到一个标量函数梯度的旋度等于零，上述矢量方程变为

$$\frac{\partial\boldsymbol{\Omega}}{\partial t} - \nabla\times(\boldsymbol{u}\times\boldsymbol{\Omega}) = \nu\nabla^2\boldsymbol{\Omega}$$

将上式左边第二项展开（见附录 A）

$$\nabla\times(\boldsymbol{u}\times\boldsymbol{\Omega}) = \boldsymbol{u}(\nabla\cdot\boldsymbol{\Omega}) - \boldsymbol{\Omega}(\nabla\cdot\boldsymbol{u}) - (\boldsymbol{u}\cdot\nabla)\boldsymbol{\Omega} + (\boldsymbol{\Omega}\cdot\nabla)\boldsymbol{u}$$

$$= -(\boldsymbol{u}\cdot\nabla)\boldsymbol{\Omega} + (\boldsymbol{\Omega}\cdot\nabla)\boldsymbol{u}$$

上式推导中考虑到了涡量场和不可压缩流体的速度场都是无源场，$\nabla\cdot\boldsymbol{\Omega}=0$，

$\nabla \cdot \boldsymbol{u} = 0$。于是涡量方程可写为

$$\frac{\partial \boldsymbol{\Omega}}{\partial t} + (\boldsymbol{u} \cdot \nabla)\boldsymbol{\Omega} = (\boldsymbol{\Omega} \cdot \nabla)\boldsymbol{u} + \nu \nabla^2 \boldsymbol{\Omega} \tag{3.22}$$

式(3.22)即是均质不可压缩粘性流体满足的涡量动力学方程,也称亥姆霍兹方程。方程左侧第一项 $\partial \boldsymbol{\Omega}/\partial t$ 是涡量的当地变化率,第二项为涡量的对流变化率,两项可合并表示为 $\mathrm{D}\boldsymbol{\Omega}/\mathrm{D}t$,是 $\boldsymbol{\Omega}$ 的随体导数。方程右侧第二项 $\nu \nabla^2 \boldsymbol{\Omega}$ 是粘性项,这一项的形式说明粘性对涡量变化的影响主要是粘性扩散,而运动粘性系数 ν 在这里相当于扩散系数。在粘性流体中,由于粘性的作用,涡量强的地方将向涡量弱的地方输运涡量,正像热量由温度高的地方向温度低的地方传播和扩散一样,扩散的作用是抹平差距,直至全流场涡量强度相等为止。

　　式(3.22)右侧第一项 $(\boldsymbol{\Omega} \cdot \nabla)\boldsymbol{u}$ 的物理意义不易从其表达式直接看出,需作进一步说明。取流场中一点 P,过该点作一条瞬时涡线 PQ(见图3.5),Q 点相对于 P 点的速度为 $\delta \boldsymbol{u}$,将其分解为平行和垂直于涡线的两个分量 $\delta \boldsymbol{u}_\parallel$ 和 $\delta \boldsymbol{u}_\perp$。涡量矢量 $\boldsymbol{\Omega}$ 与涡线相切,设涡线方向为 l,则 $\Omega_l = |\boldsymbol{\Omega}|$,于是

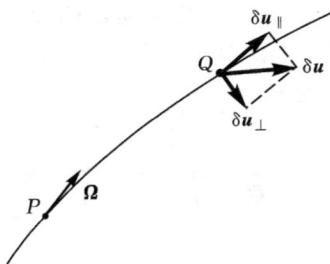

图 3.5　涡线的拉伸和扭曲

$$(\boldsymbol{\Omega} \cdot \nabla)\boldsymbol{u} = \Omega_l \frac{\partial \boldsymbol{u}}{\partial l} = |\boldsymbol{\Omega}| \lim_{PQ \to 0} \frac{\delta \boldsymbol{u}}{PQ}$$

$$= |\boldsymbol{\Omega}| \lim_{PQ \to 0} \frac{\delta \boldsymbol{u}_\parallel}{PQ} + |\boldsymbol{\Omega}| \lim_{PQ \to 0} \frac{\delta \boldsymbol{u}_\perp}{PQ}$$

可以看出 $\delta \boldsymbol{u}_\parallel / PQ$ 将使涡线拉伸或压缩,而 $\delta \boldsymbol{u}_\perp / PQ$ 使涡线扭曲,结果都会导致涡量的变化。

　　对于理想流体式(3.22)可改写为

$$\frac{\partial \boldsymbol{\Omega}}{\partial t} + (\boldsymbol{u} \cdot \nabla)\boldsymbol{\Omega} = (\boldsymbol{\Omega} \cdot \nabla)\boldsymbol{u} \tag{3.23}$$

　　请读者注意,在涡量方程中没有压强项,因此可在压强场未知的条件下求解涡量场和速度场,然后进一步确定压强场。对式(3.21)两边取散度,注意到对于不可压缩流体 $\nabla \cdot \boldsymbol{u} = 0$,并利用练习题3.1的结果,可得压强 p 的表示式如下

$$\nabla^2 \left(\frac{p}{\rho}\right) = \boldsymbol{\Omega} \cdot \boldsymbol{\Omega} + \boldsymbol{u} \cdot (\nabla^2 \boldsymbol{u}) - \frac{1}{2}\nabla^2(\boldsymbol{u} \cdot \boldsymbol{u}) \tag{3.24}$$

　　例 5　证明在有势外力作用下,理想不可压缩均质流体在下列两种运动中涡量满足(1)平面流动时 $\dfrac{\mathrm{D}\boldsymbol{\Omega}}{\mathrm{D}t} = 0$;(2)轴对称流动时,$\dfrac{\mathrm{D}}{\mathrm{D}t}\left(\dfrac{\boldsymbol{\Omega}}{R}\right) = 0$,其中 R 是空间点到对称轴的距离。

证明 (1) 设运动平面为 xoy，此时只有与运动平面相垂直的涡量分量 Ω_z 不为零，$\Omega_z = \dfrac{\partial v}{\partial x} - \dfrac{\partial u}{\partial y}$，$\Omega_x = \Omega_y = 0$，则

$$(\boldsymbol{\Omega} \cdot \nabla)\boldsymbol{u} = \Omega_z \frac{\partial}{\partial z}(u\boldsymbol{i} + v\boldsymbol{j}) = 0$$

即就是说在平面流动中涡线不会发生伸缩或扭曲，因此也就不会因涡线变形而引起涡量的变化。对理想流体，式(3.22)的粘性项也为零，于是

$$\frac{\mathrm{D}\boldsymbol{\Omega}}{\mathrm{D}t} = 0$$

即与流体质点固连的涡量矢量保持不变。

(2) 取圆柱坐标系，z 轴沿流动方向，则任一通过 z 轴的平面内的流动都是相同的，为轴对称流动，只需研究一个平面上的流动即可。此时 $u_\theta = 0$，任一流动变量对 θ 的偏导数为零，$\partial/\partial\theta = 0$。对于轴对称流动涡量矢量垂直于流动平面，现证明如下：

$$\boldsymbol{\Omega} = \frac{1}{R}\begin{vmatrix} \boldsymbol{e}_R & R\boldsymbol{e}_\theta & \boldsymbol{e}_z \\ \dfrac{\partial}{\partial R} & \dfrac{\partial}{\partial \theta} & \dfrac{\partial}{\partial z} \\ u_R & 0 & u_z \end{vmatrix} = \left(\frac{\partial u_R}{\partial z} - \frac{\partial u_z}{\partial R}\right)\boldsymbol{e}_\theta = \Omega_\theta \boldsymbol{e}_\theta$$

Ω_R，Ω_z 均等于零，涡量只有 θ 方向分量，与流动平面垂直。于是

$$(\boldsymbol{\Omega} \cdot \nabla)\boldsymbol{u} = \frac{\Omega_\theta}{R}\frac{\partial}{\partial \theta}(u_R\boldsymbol{e}_R + u_z\boldsymbol{e}_z) = \frac{\Omega_\theta}{R}u_R\frac{\partial \boldsymbol{e}_R}{\partial \theta} = \frac{\Omega_\theta}{R}u_R\boldsymbol{e}_\theta = \frac{\boldsymbol{\Omega}}{R}u_R$$

上式中用到 $\partial\boldsymbol{e}_R/\partial\theta = \boldsymbol{e}_\theta$。将上式代入式(3.23)得

$$\frac{\mathrm{D}\boldsymbol{\Omega}_\theta}{\mathrm{D}t} - \frac{\boldsymbol{\Omega}_\theta}{R}u_R = 0$$

方程两边同除以 R，则

$$\frac{1}{R}\frac{\mathrm{D}\boldsymbol{\Omega}_\theta}{\mathrm{D}t} - \frac{\boldsymbol{\Omega}_\theta}{R^2}u_R = 0 \quad \Rightarrow$$

$$\frac{\mathrm{D}}{\mathrm{D}t}\left(\frac{\boldsymbol{\Omega}_\theta}{R}\right) = 0$$

以上推导中用到 $\mathrm{D}R/\mathrm{D}t = u_R$。上式表示一个环绕对称轴，长为 $2\pi R$ 的圆形涡线在拉伸和收缩过程中 $\boldsymbol{\Omega}$ 的变化规律。在这条由同一些流体质点组成的涡线的运动过程中，当 R 变化时，涡线将被拉伸或收缩，Ω_θ 就会相应增加或减小，而 Ω_θ/R 则维持不变。

练习题

3.1 对于不可压缩流体，证明速度矢量 $\boldsymbol{u}$ 和涡量矢量 $\boldsymbol{\Omega}$ 之间有下述关系式

成立

$$\nabla \cdot [(\boldsymbol{u} \cdot \nabla)\boldsymbol{u}] = \frac{1}{2} \nabla^2 (\boldsymbol{u} \cdot \boldsymbol{u}) - \boldsymbol{u} \cdot (\nabla^2 \boldsymbol{u}) - \boldsymbol{\Omega} \cdot \boldsymbol{\Omega}$$

3.2　设质量力有势且忽略流体粘性,证明沿任一封闭流体线 l 的速度环量 Γ 的随体导数为

$$(1)\ \frac{D\Gamma}{Dt} = -\oint_l \frac{dp}{\rho}\ ;\ (2)\ \frac{D\Gamma}{Dt} = \int_A \frac{1}{\rho^2}(\nabla\rho \times \nabla p) \cdot \boldsymbol{n}dA$$

式中 A 为张于 l 上的曲面,$\boldsymbol{n}$ 为 A 的法线单位矢量,指向依据 l 的走向由右手系决定。

3.3　一封闭容器中充满理想不可压缩均质流体,容器与其中的流体初始时刻都处于静止状态。从某时刻起容器开始作某种规律的运动,考虑重力作用。试问:

(1) 容器中的流体相对于地面是否有旋?
(2) 容器中的流体相对于容器是否有旋?
如有旋,流体涡量与容器旋转角速度 $\boldsymbol{\omega}$ 之间有何联系。

3.4　对理想不可压缩均质流体,在外力有势时,判断下列情形会不会产生旋涡:(1) 一桶水,下层是盐水,上层是淡水,桶从静止状态向上作加速运动;(2) 一长

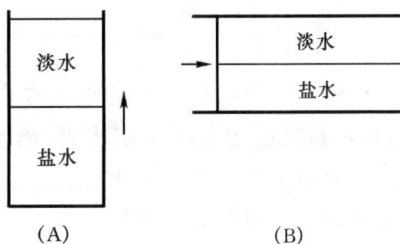

题 3.4 图

水槽,下层装盐水,上层装淡水,在水槽一端用一直立平板推动流体沿水槽运动(见题 3.4 图)。

3.5　证明河流拐弯处,内侧岸边 A 处的水流速度大于外侧 B 处的水流速度,而 A 处的水面则低于 B 处(见题 3.5 图)。设河水是理想不可压缩均质的,运动定常无旋,外力只考虑重力作用。

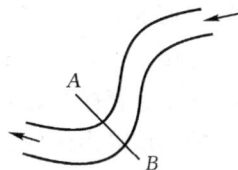

题 3.5 图

3.6　在柱坐标中圆柱扰流的速度分量可表示为

$$u_R = U\left(1 - \frac{a^2}{R^2}\right)\cos\theta, \quad u_\theta = -U\left(1 + \frac{a^2}{R^2}\right)\sin\theta$$

式中 U 是均匀来流速度,为常数,a 是圆柱半径,忽略流体的粘性、可压缩性和重力作用。试确定平面任一点处的压强 $p(R,\theta)$,取无穷远处压强为 p_0;然后求圆柱表面的压强分布 $p(a,\theta)$。

3.7　设理想不可压缩均质的无界水中有一球形气泡,初始时刻气泡半径为 R_0,表面法向速度为零,气泡内气体压强为 p_0;与气泡内的压强相比,距离气泡无穷远处的压强可以忽略不计。若忽略表面张力和质量力作用,求气泡的运动规律。设气泡内气体是完全气体,膨胀过程是绝热的,绝热指数 $\gamma = 4/3$。

3.8 截面积为 $A=A(z)$ 的漏斗, z 是铅直轴的坐标, 底部 $z=0$ 处有一阀门。设漏斗内盛有高度 $z=h_0$ 的不可压缩理想流体。试写出当阀门打开后液面高度随时间变化的方程及相应的初始条件(见题 3.8 图), 设漏斗内的流动是一维的。

3.9 设等截面直角形管道, 垂直段长 L_1, 水平段长 L_2, 管中盛满理想不可压缩均质的水(见题 3.9 图), 当 C 处阀门打开后, 管中的流动在各截面上是均匀分布的。要求:(1) 确定当垂直段中液面高度为 h 时, 管中的压强分布;(2) 计算垂直管中液体流空所需要的时间。

3.10 证明理想气体、质量力有势时有下式成立

$$\frac{\mathrm{D}}{\mathrm{D}t}\left(\frac{\boldsymbol{\Omega}}{\rho}\right)=\left(\frac{\boldsymbol{\Omega}}{\rho}\cdot\nabla\right)\boldsymbol{u}+\frac{1}{\rho^3}\nabla\rho\times\nabla p$$

3.11 一个圆柱形水箱放置在电梯中, 水箱直径为 D, 水箱底面附近有一出水管, 出水直径为 d, 水箱中自由面与出水管轴线间水深为 h。当电梯以等加速度 a 垂直上升时打开出水管水龙头, 试确定瞬间的出流速度。

3.12 如题 3.12 图所示, 流体被抽进垂直管中然后分别进入两等截面的水平旋臂, 水平管以常角速度 ω 绕垂直轴 z 转动。设流体在垂直管横截面上的流动是均匀的。试求为保持水平旋臂旋转需施加的力矩, 并解释可以把流体抽进水平旋臂中流出的工作原理。

3.13 一等截面的细长管中封闭有一段长为 $2l$ 的无粘性等密度流体, 流体质点受力始终指向原点, 所受力大小与各流体质点到原点的距离成正比, $F=-kx$, k 为已知常数(见题 3.13 图)。求流体的运动规律及压强分布。设流体与空气接触处有大气压强 p_a。

3.14 试用非惯性系中的伯努利方程重解上题求压强分布。

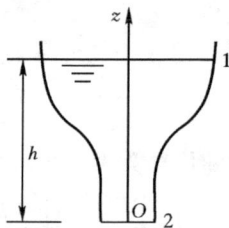
题 3.8 图

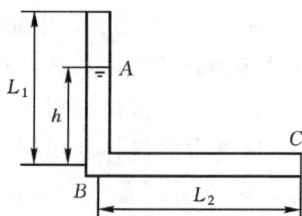
题 3.9 图

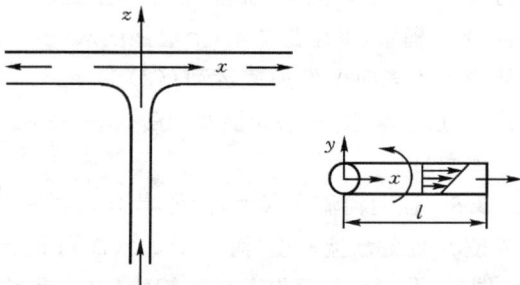
题 3.12 图

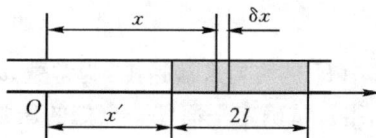
题 3.13 图

第二部分

理想不可压缩流体的流动

　　本部分研究理想不可压缩流体的运动。由于忽略了流体粘性和可压缩性,由控制方程推出的所有结论或由控制方程描述的任一流动现象,都可归因于流体惯性;同样,由于忽略了流体粘性和可压缩性,理想不可压缩流体流动在数学上可以有较大的简化。

　　整个部分共分三章。第 4 章介绍平面势流,除基本流动外,还讨论了二维物体,如圆柱、椭圆柱和机翼的绕流。第 5 章介绍轴对称势流,如绕圆球的流动,还介绍了虚拟质量的概念。第 6 章介绍理想流体的旋涡运动,给出了涡量场感应的速度场的计算方法,然后介绍了几种典型的旋涡运动,如涡丝、涡环、涡列和涡街等。

基本方程组

　　不可压缩流体的连续方程是式(2.4),对于理想流体,N－S 方程(2.11b)中的粘性项可以略去,得到欧拉方程式(3.2),因此对于理想不可压缩流体流动有

$$\nabla \cdot \boldsymbol{u} = 0 \qquad\qquad (\text{II}.1)$$

$$\frac{\partial \boldsymbol{u}}{\partial t} + (\boldsymbol{u} \cdot \nabla)\boldsymbol{u} = -\frac{1}{\rho}\nabla p + \boldsymbol{f} \qquad\qquad (\text{II}.2)$$

如果密度 ρ 为常数,则上述 4 个方程中仅包含 4 个未知量,即压强和 3 个速度分量,p 和 u_j,方程组是封闭的,只需求解式(II.1)和式(II.2)即可得到流动的速度场和压强场,然后再求解能量方程得出温度场。由于忽略了流体的可压缩性,流体动力学问题和热力学问题可分开求解,大大简化了数学求解过程,但压强场和速度场仍然耦合在一起。

边界条件

　　为了求解方程组(II.1)和(II.2)还必须给出适当的边界条件,其中最重要的是给出合适的固壁上的边界条件。对欧拉方程不再要求满足无滑移条件,这是因

为欧拉方程失掉了高阶粘性项,与 N-S 方程相比低了一阶,因此必须放松对它的边界条件的要求。对于理想流体合理的边界条件应该是允许流体质点沿壁面的自由切向滑移,而保持对法向速度的要求,即

$$\boldsymbol{u} \cdot \boldsymbol{n} = \boldsymbol{U} \cdot \boldsymbol{n} \qquad\qquad (\text{II}.3)$$

式中 $\boldsymbol{n}$ 是固壁的外法线单位矢量,$\boldsymbol{U}$ 是固壁的运动速度。当满足式(II.3)时,壁面上流体质点的速度矢量将沿着壁面的切线方向,这意味着壁面必然是一条流线。在无穷远处的边界条件,如均匀流动的条件,不受理想流体假设的影响。

势流

如果是势流,则理想不可压缩流体流动在数学上可进一步简化。对于在重力场作用下的理想不可压缩流体,如果来流是无旋的,则根据开尔文定理,绕物体的流动也将是无旋的,即势流,于是存在速度势函数 ϕ,使得

$$\boldsymbol{u} = \nabla \phi \qquad\qquad (\text{II}.4)$$

将上式代入连续方程(II.1)得

$$\nabla \cdot \nabla \phi = 0 \qquad\qquad (\text{II}.5\text{a})$$

在直角坐标系中上式可以写作

$$\frac{\partial^2 \phi}{\partial x^2} + \frac{\partial^2 \phi}{\partial y^2} + \frac{\partial^2 \phi}{\partial z^2} = 0 \qquad\qquad (\text{II}.5\text{b})$$

式(II.5)是一个线性的二阶偏微分方程,称作拉普拉斯方程,简称拉氏方程。拉氏方程在数学上已经研究得很充分,它的很多一般解都是已知的。

对于理想不可压缩流体的无旋运动,在质量力有势的条件下,方程(II.2)可以积分得到伯努利方程

$$\frac{\partial \phi}{\partial t} + \frac{p}{\rho} + \frac{1}{2} \nabla \phi \cdot \nabla \phi + G = f(t) \qquad\qquad (\text{II}.6)$$

通过求解方程(II.5)得出 ϕ,再通过式(II.4)求出速度矢量 $\boldsymbol{u}$,然后代入方程(II.6)即可求出压强分布 p。

势流方程组由一个二阶线性偏微分方程(II.5)和一个有限关系式(II.6)组成,用来求解两个未知函数 ϕ 和 p。与理想不可压缩流体方程组(II.1)和(II.2)相比在数学上有了重大简化。由于可用一个标量函数 ϕ 来表示三个速度分量,方程组的未知量由 4 个降低为 2 个,方程数目也由 4 个降低为 2 个;原来 $\boldsymbol{u}$ 和 p 相互影响,需要同时解出,现在运动学变量 $\boldsymbol{u}$ 和动力学变量 p 则可分开求解;原来的动量方程(II.2)是非线性方程,现在的方程(II.5)则是线性方程,尽管式(II.6)中仍然存在非线性项(即 $\nabla\phi \cdot \nabla\phi$),但它的求解不存在数学上的困难。这些简化来自于在理想不可压缩流体作无旋流动时,非线性的运动方程可以积分为伯努利方程,而

原来的关于速度矢量 u 的连续方程 $\nabla \cdot u = 0$ 加上无旋条件后变成了线性拉普拉斯方程,可用来确定速度势函数 ϕ。

　　线性拉普拉斯方程(Ⅱ.5)的一个非常有用的性质是它的解的可叠加性,即如果 ϕ_1 和 ϕ_2 是式(Ⅱ.5)的解,则它们的线性组合

$$\phi = C_1\phi_1 + C_2\phi_2$$

也是方程(Ⅱ.5)的解,式中 C_1 和 C_2 是不全为零的任意常数。这一性质将在后续章节中得到广泛应用。

第4章 平面势流

平面流动指这样一种流动状态,即流场中各流体质点的速度都平行于某一固定平面,并且各物理量在此平面的垂直方向上没有变化。如取该平面为 xOy 平面,则在垂直于上述平面的 z 方向上速度分量为零,流动的任一物理量都与 z 坐标无关,即

$$\frac{\partial}{\partial z} = 0, \quad u_z = 0 \tag{4.1}$$

平面流动是对工程领域和自然界普遍存在的三维流动的近似。均匀来流垂直绕流长柱体(见图 4.1),如对电线杆和烟囱的绕流,低速机翼的飞行等,这些柱体的长度比其横向尺寸大得多,当研究它们中部的流动时,可以忽略其端部的影响,认为垂直于柱体长度方向的各个平面上的流动都相同,可以当作平面流动来处理。

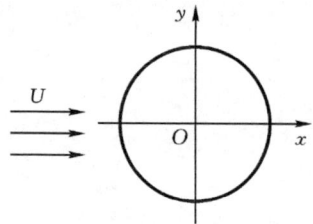

平面势流与三维势流相比,在数学上可以得到进一步的简化。读者将会看到,对于平面势流,方程(II.5)和(II.6)的解可以运用复变函数的方法得到,并不需要求解偏微分方程。

图 4.1 平面流动

本章在介绍平面基本流动的基础上,重点研究奇点叠加法,镜像法,保角变换法等,最后简要介绍了自由射流的处理方法。

4.1 速度势函数与流函数

速度势函数

当知道速度势函数 ϕ,xOy 平面内的速度分量 u 和 v 可由式(II.4)求出

$$u = \frac{\partial \phi}{\partial x}, \quad v = \frac{\partial \phi}{\partial y} \tag{4.2}$$

速度势函数具有下列性质:

(1) 速度势函数可允许相差一个任意常数,而不影响其对流场的描述。

(2) $\phi(x, y)$ 等于常数的曲线称为等势线。由于 $\nabla\phi$ 指向等势线的法线方向,由

式(Ⅱ.4)知,等势线的法线方向和速度矢量的方向重合。

(3) 沿曲线 M_0M 的速度环量等于 M 点上 ϕ 值和 M_0 点上 ϕ 值之差。由于 $\mathrm{d}\phi=(\partial\phi/\partial x)\mathrm{d}x+(\partial\phi/\partial y)\mathrm{d}y=u\mathrm{d}x+v\mathrm{d}y$,所以

$$\Gamma=\int_{M_0}^{M}\boldsymbol{u}\cdot\mathrm{d}\boldsymbol{r}=\int_{M_0}^{M}u\mathrm{d}x+v\mathrm{d}y=\int_{M_0}^{M}\mathrm{d}\phi=\phi(M)-\phi(M_0) \tag{4.3}$$

上式也可以看作是已知 u 和 v 求 ϕ 的表达式。

流函数

不可压缩流体连续方程(Ⅱ.1)在平面流动条件下可写为

$$\frac{\partial u}{\partial x}+\frac{\partial v}{\partial y}=0$$

依据上式可以定义一个流函数 ψ,使得

$$u=\frac{\partial\psi}{\partial y},\quad v=-\frac{\partial\psi}{\partial x} \tag{4.4}$$

显然如此定义的流函数 ψ 自动满足连续方程。ψ 适用于所有的平面流动,无论其是有旋流动还是无旋流动。

流函数具有下列性质:

(1) 与速度势函数一样,流函数 ψ 也可以相差一个任意常数,而不影响其对流场的描述。

(2) ψ 等于常数的曲线是流线。平面内由于 x 和 y 变化引起的流函数的变化为

$$\mathrm{d}\psi=\frac{\partial\psi}{\partial x}\mathrm{d}x+\frac{\partial\psi}{\partial y}\mathrm{d}y=-v\mathrm{d}x+u\mathrm{d}y$$

推导上式时用到了式(4.4)。在 $\psi=$ 常数的曲线上 $\mathrm{d}\psi=0$,于是

$$0=-v\mathrm{d}x+u\mathrm{d}y$$

整理上式得

$$\left(\frac{\mathrm{d}y}{\mathrm{d}x}\right)_{\psi}=\frac{v}{u}$$

上式左侧导数的角标 ψ 表示求导是在 ψ 等于常数的曲线上进行。上式即是在第 1 章中给出的流线方程,因此 $\psi=$ 常数的曲线就是流线,不同的常数代表不同的流线。

(3) 两条流线的流函数值的差等于在这两条流线间流动的流体流量。如图 4.2所示,两条流线的流函数分别为 $\psi=\psi_1,\psi=\psi_2$,由流线性质知,局限在这两条流线间的流体不会穿越流线流出。在两条流线间任意取连线 $AB(AB$ 斜率为正),通过 AB 上一微元线段 $\mathrm{d}l$(设垂直于纸面方向为单位长)的流体体积流量 $\mathrm{d}Q=-v\mathrm{d}x$

$+u\mathrm{d}y=(\partial\psi/\partial x)\mathrm{d}x+(\partial\psi/\partial y)\mathrm{d}y=\mathrm{d}\psi$，于是通过 AB 的流量为

$$Q = \int_A^B \mathrm{d}\psi = \psi_2 - \psi_1$$

（4）流线与等势线相互正交。平面内由于 x、y 变化而引起的速度势函数的变化为

$$\mathrm{d}\phi = \frac{\partial\phi}{\partial x}\mathrm{d}x + \frac{\partial\phi}{\partial y}\mathrm{d}y = u\mathrm{d}x + v\mathrm{d}y$$

在等势线上 $\phi=$ 常数，$\mathrm{d}\phi=0$，则上式可写为

$$0 = u\mathrm{d}x + v\mathrm{d}y$$

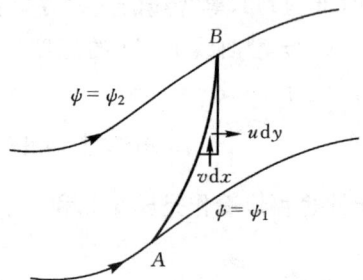

图 4.2　两条流线间的流量

整理上式得

$$\left(\frac{\mathrm{d}y}{\mathrm{d}x}\right)_\phi = -\frac{u}{v}$$

考虑到上文中给出的流线斜率表达式，有

$$\left(\frac{\mathrm{d}y}{\mathrm{d}x}\right)_\phi\left(\frac{\mathrm{d}y}{\mathrm{d}x}\right)_\psi + 1 = -\frac{u}{v}\frac{v}{u} + 1 = 0$$

即流线和等势线正交。平面势流中由一族等势线和一族流线所构成的正交网格称为流网，流网是数值计算方法普遍应用之前，工程界用来求解平面势流问题的比较通用的方法。

（5）$\psi\text{-}\Omega$ 方程。对于 xOy 平面的二维流动，涡量矢量 $\boldsymbol{\Omega}$ 只有 z 方向的分量，

$$\boldsymbol{\Omega} = \Omega\boldsymbol{k}, \quad \Omega = \frac{\partial v}{\partial x} - \frac{\partial u}{\partial y}$$

将式（4.4）代入上式

$$\Omega = \frac{\partial}{\partial x}\left(-\frac{\partial\psi}{\partial x}\right) - \frac{\partial}{\partial y}\left(\frac{\partial\psi}{\partial y}\right) \Rightarrow$$

$$\Omega = -\nabla^2\psi \tag{4.5a}$$

或可写成矢量形式

$$\boldsymbol{\Omega} = -\nabla^2\psi\boldsymbol{k} \tag{4.5b}$$

式（4.5）称 $\psi\text{-}\Omega$ 方程，适用于不可压缩流体的平面运动。如流动无旋，式（4.5a）式可简化为拉氏方程

$$\nabla^2\psi = 0 \tag{4.5c}$$

上文中分别介绍了平面流动的速度势函数和流函数。请读者注意流函数 ψ 是从满足不可压缩流体平面流动的连续方程出发而定义的，它既适用于有旋流动也适用于无旋流动，在无旋流动条件下 ψ 满足拉氏方程；而速度势函数 ϕ 则是从满足无旋流动条件出发而定义的，它只适用于无旋流动，在不可压缩流体条件下 ϕ 满足

拉氏方程。

4.2　复位势和复速度

平面势流流动的速度分量既可用速度势函数 ϕ 也可用流函数 ψ 来表示,由式 (4.2)和式(4.4)得

$$\frac{\partial \phi}{\partial x} = \frac{\partial \psi}{\partial y}, \quad \frac{\partial \phi}{\partial y} = -\frac{\partial \psi}{\partial x} \tag{4.6}$$

上式称为柯西-黎曼条件。容易验证,满足式(4.6)的 ϕ 和 ψ 也必然分别满足拉氏方程,它们是一对共轭调和函数。根据复变函数理论,如果 ϕ 和 ψ 满足柯西-黎曼条件,又是可微的,则以 ϕ 为实部和以 ψ 为虚部,可以构造一个解析函数 $F(z)$,式如

$$F(z) = \phi + \mathrm{i}\psi$$

式中 $z = x + \mathrm{i}y$,$F(z)$ 称为复位势。

用复位势来描写势流流动时,另一个重要的物理量是 $F(z)$ 对 z 的导数。由于 $F(z)$ 是解析函数,$\mathrm{d}F/\mathrm{d}z$ 的值是平面点的函数,与求导方向无关。沿 x 轴方向求导,

$$W(z) = \frac{\mathrm{d}F}{\mathrm{d}z} = \frac{\partial F}{\partial x} = \frac{\partial \phi}{\partial x} + \mathrm{i}\frac{\partial \psi}{\partial x}$$

考虑到式(4.2)和式(4.4),上式可写为

$$W(z) = \frac{\mathrm{d}F}{\mathrm{d}z} = u - \mathrm{i}v \tag{4.7a}$$

$W(z)$ 称作复速度,请注意复速度的虚部是 $-v$。复速度的共轭函数

$$\overline{W}(z) = u + \mathrm{i}v \tag{4.7b}$$

称共轭复速度,$W(z)$ 和 $\overline{W}(z)$ 相乘等于速度矢量模的平方

$$W\overline{W} = (u - \mathrm{i}v)(u + \mathrm{i}v) = u^2 + v^2$$

在某些情况下应用圆柱坐标比较方便。图 4.3 给出速度矢量 $\boldsymbol{u}$ 在直角坐标系中的分量 u 和 v,以及在圆柱坐标系中的分量 u_R 和 u_θ。由图可得到以下关系

$$u = u_R\cos\theta - u_\theta\sin\theta, \quad v = u_R\sin\theta + u_\theta\cos\theta$$

把以上两式代入复速度表达式(4.7a)有

$$W(z) = (u_R\cos\theta - u_\theta\sin\theta) - \mathrm{i}(u_R\sin\theta + u_\theta\cos\theta)$$

$$= u_R(\cos\theta - \mathrm{i}\sin\theta) - \mathrm{i}u_\theta(\cos\theta - \mathrm{i}\sin\theta)$$

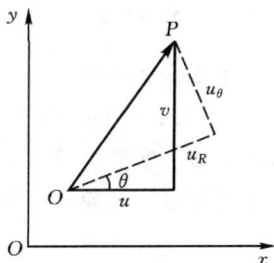

图 4.3　速度矢量的直角
坐标分量和圆柱
坐标分量

利用欧拉公式 $e^{\pm i\theta} = \cos\theta \pm i\sin\theta$，上式可写为

$$W(z) = (u_R - iu_\theta)e^{-i\theta} \tag{4.8}$$

复位势具有以下性质：

（1）复位势 $F(z)$ 可以相差一任意常数而不影响其所代表的流场。

（2）复位势 $F(z)$ 等于常数等价于 $\phi(x,y) =$ 常数和 $\psi(x,y) =$ 常数，它们分别代表流场中的等势线和流线，等势线和流线正交。

（3）复速度沿封闭曲线 l 的积分，实部等于绕该封闭曲线的环量，虚部表示穿过该封闭曲线流出的流体体积流量。兹证明如下：

$$\oint_l \frac{dF}{dz}dz = \oint_l dF = \oint_l d\phi + i\oint_l d\psi = \oint_l \boldsymbol{u} \cdot d\boldsymbol{l} + i\oint_l dQ$$

即

$$\oint_l \frac{dF}{dz}dz = \Gamma + iQ \tag{4.9}$$

本节引入了复位势和复速度的概念。任何一个平面无旋流动都对应一个复位势 $F(z)$；给定一个解析函数 $F(z)$，其实部和虚部可分别看作是某个平面势流的势函数 ϕ 和流函数 ψ（当然并非所有的解析函数都代表着在物理上有意义的流动）。因此，求解不可压缩流体平面势流的问题归结为寻找相应的复位势。本章将首先考察几种简单解析函数所代表的流动；由于速度势函数 ϕ 和流函数 ψ 都满足线性的拉氏方程，它们的解具有可迭加性，因此由 ϕ 和 ψ 构成的复位势也具有可迭加性，于是复杂流动的复位势可由若干简单流动的复位势迭加而成。

4.3 基本流动

4.3.1 均匀流

考察线性函数

$$F(z) = (u - iv)z \tag{4.10a}$$

式中 u、v 为实数。将 $z = x + iy$ 代入上式，并分离实部和虚部即可得到速度势函数和流函数

$$\phi = ux + vy, \quad \psi = uy - vx$$

可见流线和等势线都是直线，且相互垂直。流线与实轴倾角为 $\alpha = \arctan\dfrac{v}{u}$（见图 4.4）。对复位势求导，

$$W(z) = \frac{dF}{dz} = u - iv$$

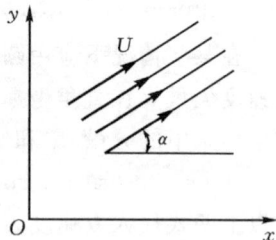

图 4.4 均匀流

与式(4.7a)相比知式中 u、v 分别为速度矢量在实轴和虚轴方向的分量。令速度矢量模为 U，则 $u=U\cos\alpha$，$v=U\sin\alpha$，代入(4.10a)式，并利用 $e^{-i\alpha}=\cos\alpha-i\sin\alpha$，得

$$F(z) = Ue^{-i\alpha}z \qquad\qquad (4.10b)$$

4.3.2　点源(汇)

考察对数函数

$$F(z) = c\ln z \quad (c\text{ 为实数})$$

设复变量 z 的模为 R，幅角为 θ，则 $z=x+iy=Re^{i\theta}$，代入上式

$$F(z) = c\ln(Re^{i\theta}) = c\ln R + ic\theta$$

由上式的实部和虚部得速度势函数和流函数分别为

$$\phi = c\ln R, \quad \psi = c\theta$$

可见流动的等势线是 $R=$ 常数的同心圆族，流线则是自原点出发的径向射线族，$\theta=$ 常数，如图 4.5 所示。对复位势求导

$$W(z) = \frac{dF}{dz} = \frac{c}{z} = \frac{c}{R}e^{-i\theta}$$

与式(4.8)比较

$$u_R = \frac{c}{R}, \quad u_\theta = 0$$

图 4.5　点源

速度矢量的径向分量不为零，周向分量等于零，这相当于流体自原点释放出来，向四周均匀流出($c>0$)，原点存在点源。径向速度随半径增加而减小，而当 $R\to0$，$u_R\to\infty$，原点是一个奇点。

定义单位时间从点源释放的流体体积(设垂直于流场方向为单位长度)为源强，以 m 表示。围绕圆 $|z|=R$ 作积分

$$m = \int_0^{2\pi} u_R R\,d\theta = \int_0^{2\pi} \frac{c}{R}R\,d\theta = 2\pi c \quad\Rightarrow\quad c = \frac{m}{2\pi}$$

对于不可压缩流体，通过任一包围原点的封闭曲线流出的流体体积流量都相等。将 c 表达式代入点源复位势，则

$$F(z) = \frac{m}{2\pi}\ln z \qquad\qquad (4.11a)$$

若点源在 $z=z_0$ 点，则

$$F(z) = \frac{m}{2\pi}\ln(z-z_0) \qquad\qquad (4.11b)$$

在式(4.11a)和式(4.11b)中以 $-m$ 代替 m，可得点汇的复位势。

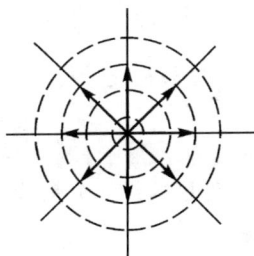

4.3.3　点涡

将点源的复位势乘以 $-\mathrm{i}$ 得

$$F(z) = -\mathrm{i}c\ln z$$

式中 c 是实数。代入 $z=R\mathrm{e}^{\mathrm{i}\theta}$ 得

$$F(z) = -\mathrm{i}c\ln(R\mathrm{e}^{\mathrm{i}\theta}) = c\theta - \mathrm{i}c\ln R$$

由函数的实部和虚部得速度势函数和流函数

$$\phi = c\theta, \quad \psi = -c\ln R$$

可见等势线是从原点出发的射线族 $\theta=$ 常数,流线则是同心圆族 $R=$ 常数,如图 4.6 所示。对复位势求导

$$W(z) = \frac{\mathrm{d}F}{\mathrm{d}z} = -\frac{\mathrm{i}c}{z} = -\mathrm{i}\frac{c}{R}\mathrm{e}^{-\mathrm{i}\theta}$$

与式(4.8)相比较得

$$u_R = 0, \quad u_\theta = \frac{c}{R}$$

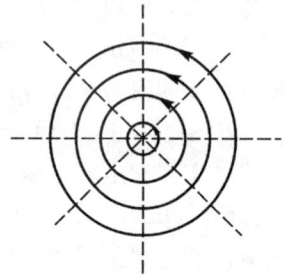

图 4.6　点涡

速度矢量的径向分量为零,周向分量不为零,流动指向逆时针方向($c>0$),这样的流动称点涡。当 $R \to 0$ 时,$u_\theta \to \infty$,原点是一个奇点。

点涡的强度可用速度环量来表示,环绕圆 $|z|=R$ 的环量 Γ 为

$$\Gamma = \oint_l \boldsymbol{u} \cdot \mathrm{d}\boldsymbol{l} = \int_0^{2\pi} u_\theta R\,\mathrm{d}\theta = 2\pi c \quad \Rightarrow \quad c = \frac{\Gamma}{2\pi}$$

事实上,围绕任一包围原点的封闭曲线的环量都相等。把 c 的表达式代入点涡复位势,有

$$F(z) = -\mathrm{i}\frac{\Gamma}{2\pi}\ln z \tag{4.12a}$$

如果点涡的奇点位于 $z=z_0$,则

$$F(z) = -\mathrm{i}\frac{\Gamma}{2\pi}\ln(z-z_0) \tag{4.12b}$$

以 $-\Gamma$ 代替上式中的 Γ,即得到沿顺时针方向旋转的涡。请读者注意沿逆时针方向旋转涡的复位势前有一负号。

式(4.12a)和式(4.12b)表示的涡称为自由涡,此时沿任一不包括奇点在内的封闭曲线的速度环量为零,即除奇点外流动都是无旋的,所有的涡量都集中在奇点上。

4.3.4　绕角流动

考察幂次函数

$$F(z) = Uz^n \qquad\qquad\qquad\qquad (4.13)$$

式中 U 是实数，n 是正实数。代入 $z = Re^{i\theta}$，有

$$F(z) = UR^n e^{in\theta} = UR^n \cos n\theta + iUR^n \sin n\theta$$

于是势函数和流函数分别为

$$\phi = UR^n \cos n\theta, \quad \psi = UR^n \sin n\theta$$

令 $\psi = 0$，即 $\sin n\theta = 0$，于是可得零流线为

$$\theta = 0, \quad \theta = \frac{\pi}{n}$$

这两条自原点发出的射线可看作固壁边界线，构成交角为 π/n 的角形区域。图 4.7 给出了 $n > 1$ 时的情形，并示出了区域内的流线和等势线，实线为流线，虚线为等势线，两者相互正交。对复位势求导

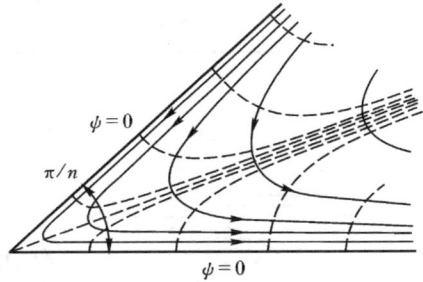

图 4.7 角形域内的流动

$$W(z) = nUz^{n-1} = nUR^{n-1} e^{i(n-1)\theta}$$
$$= (nUR^{n-1}\cos n\theta + inUR^{n-1}\sin n\theta)e^{-i\theta}$$

与式(4.8)比较得

$$u_R = nUR^{n-1}\cos n\theta, \quad u_\theta = -nUR^{n-1}\sin n\theta$$

设 $U > 0$，则当 $0 \leqslant \theta \leqslant \pi/2n$ 时，$u_R > 0$，$u_\theta < 0$；当 $\pi/2n < \theta \leqslant \pi/n$ 时，$u_R < 0$，$u_\theta < 0$。由以上分析可确定角形域内的速度方向如箭头所指(见图 4.7)。

事实上，当 n 取等于 1、大于 1 和小于 1 的数值时，上述角形域的夹角分别等于 π，小于 π 和大于 π。图 4.8 给出了几种典型的流动。不难看出 $n < 1/2$ 时，将会得到大于 2π 角的区域，这在物理上是不可能的，因此应取 $n > 1/2$。

区域角点的速度会因 n 的取值不同而有所变化。角形区域内速度的模可由 u_R 和 u_θ 计算求得

$$|\boldsymbol{u}| = \sqrt{u_R^2 + u_\theta^2} = nUR^{n-1}$$

当 $R \to 0$ 时有

$$|\boldsymbol{u}| = \begin{cases} 0, & n > 1 \\ U, & n = 1 \\ \infty, & n < 1 \end{cases}$$

可以看出角形域夹角小于 π 时角点处流速为零；大于 π 时角点处流速趋于无穷大，根据伯努利方程，角点处压强趋于负无穷；等于 π 时角点处速度取有限值，这相当于平行直线流动时的情形。

绕角流动可用来近似模拟一些实际流动，如图 4.8 中所表示的 $n = 2, 1$ 和 $1/2$ 时的流动可分别看作驻点流动，均匀直线流动和平板尖沿的绕流。驻点流动和绕

平板尖沿的流动还会在后续章节中详细讨论,这里不再赘述。

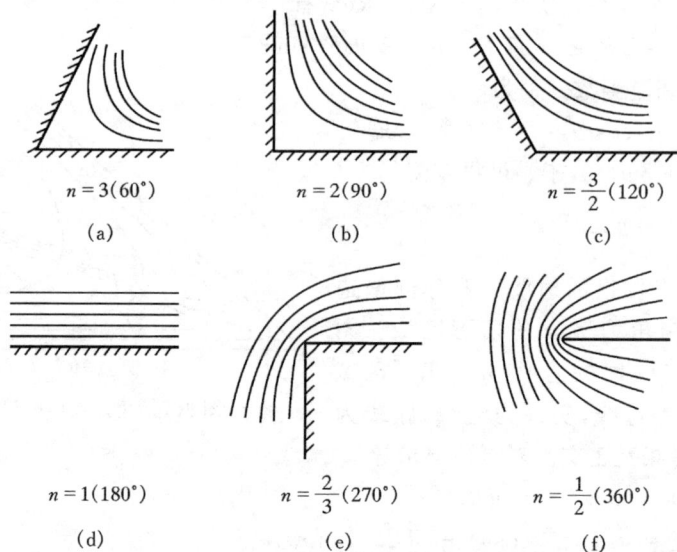

$$n=3(60°)$$

(a)

$$n=2(90°)$$

(b)

$$n=\frac{3}{2}(120°)$$

(c)

$$n=1(180°)$$

(d)

$$n=\frac{2}{3}(270°)$$

(e)

$$n=\frac{1}{2}(360°)$$

(f)

图 4.8　典型流动

4.3.5　偶极子

一对强度相同的源和汇在平面上无限靠近,而源汇强度与源汇间距离的乘积又趋于一个有限值时,这一对源和汇组成一个偶极子。设强度为 m 的源位于 $z=-\varepsilon$ 点,而相同强度的汇位于 $z=\varepsilon$,如图 4.9a 所示,上述源与汇在平面某点 z 共同诱导的复位势为

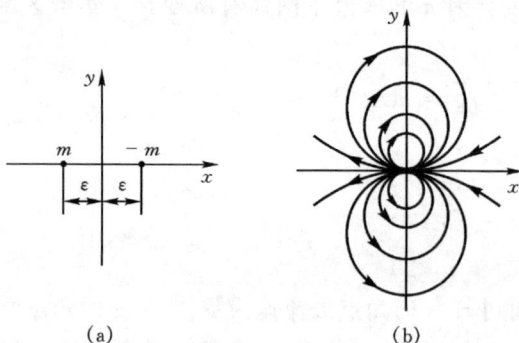

(a)　　　　　　　　(b)

图 4.9　偶极子

$$F(z)=\frac{m}{2\pi}\ln(z+\varepsilon)-\frac{m}{2\pi}\ln(z-\varepsilon)=\frac{m}{2\pi}\ln\left(\frac{z+\varepsilon}{z-\varepsilon}\right)$$

$$= \frac{m}{2\pi}\ln\left(\frac{1+\varepsilon/z}{1-\varepsilon/z}\right)$$

当无量纲距离 $\varepsilon/|z|$ 非常小时,上式右侧括号内的 $(1-\varepsilon/z)^{-1}$ 可以幂级数展开为

$$\left(1-\frac{\varepsilon}{z}\right)^{-1} = 1+\frac{\varepsilon}{z}+O\left(\frac{\varepsilon^2}{z^2}\right)$$

式中 $O(\varepsilon^2/z^2)$ 表示量阶为 ε^2/z^2 的项和更小的项,于是

$$F(z) = \frac{m}{2\pi}\ln\left\{\left(1+\frac{\varepsilon}{z}\right)\left[1+\frac{\varepsilon}{z}+O\left(\frac{\varepsilon^2}{z^2}\right)\right]\right\} = \frac{m}{2\pi}\ln\left[1+2\frac{\varepsilon}{z}+O\left(\frac{\varepsilon^2}{z^2}\right)\right]$$

应用对数函数展开式 $\ln(1+\gamma)=\gamma+O(\gamma^2)$,$|\gamma|\ll1$,上式可进一步简化为

$$F(z) = \frac{m}{2\pi}\left[2\frac{\varepsilon}{z}+O\left(\frac{\varepsilon^2}{z^2}\right)\right]$$

设 $\varepsilon\to0$ 时 $m\to\infty$,$m\varepsilon\to\pi\mu$,μ 是常数,则

$$F(z) = \frac{\mu}{z} \tag{4.14a}$$

上式即是非常强的点源与非常强的点汇无限靠近时迭加得到的复位势。μ 表示偶极子的强度,定义从汇指向源的方向为偶极子的方向,式(4.14a)表示的偶极子指向负 x 轴方向。流场的流函数可确定如下

$$F(z) = \frac{\mu}{z} = \frac{\mu\bar{z}}{z\bar{z}} = \mu\frac{x-\mathrm{i}y}{x^2+y^2} \quad\Rightarrow\quad \psi = -\mu\frac{y}{x^2+y^2}$$

令 $\psi=$ 常数,即可得到流线方程

$$x^2+y^2+\frac{\mu}{\psi}y = 0$$

对上式作恒等变换

$$x^2+\left(y+\frac{\mu}{2\psi}\right)^2 = \left(\frac{\mu}{2\psi}\right)^2$$

可见流线是圆心在 y 轴上且圆周通过原点的圆族,圆心坐标 $y=-\mu/2\psi$,圆半径为 $\mu/2\psi$。流线图谱在图 4.9b 中给出,依据流体将自源流向汇的原则,图 4.9b 中用箭头标出了沿流线的流动方向。这一方向也可根据在 4 个象限中速度分量的正负来判定。流场复速度为

$$W(z) = -\frac{\mu}{z^2} = -\frac{\mu}{R^2}\mathrm{e}^{-2\mathrm{i}\theta} = -\frac{\mu}{R^2}(\cos\theta-\mathrm{i}\sin\theta)\mathrm{e}^{-\mathrm{i}\theta}$$

与式(4.8)比较得

$$u_R = -\frac{\mu}{R^2}\cos\theta, \quad u_\theta = -\frac{\mu}{R^2}\sin\theta$$

由以上 u_R 和 u_θ 的表达式可确认图 4.9b 中标出的流动方向是正确的。当 $R\to0$ 时,u_R 和 u_θ 均趋于无穷大,原点是奇点。上述流动称偶极子流动。

如奇点位于点 $z=z_0$,则复位势为

$$F(z) = \frac{\mu}{z - z_0} \tag{4.14b}$$

如果偶极子的源和汇互换位置,即偶极子指向正 x 轴方向,则其复位势应改变符号,在式(4.14a)和式(4.14b)前取负号。

4.4 圆柱绕流

4.3 节讨论了一些平面势流的基本解,本节研究如何通过基本解迭加得到更一般势流问题的解,实例之一是圆柱绕流。

4.4.1 无环量圆柱绕流

将均匀流和奇点位于原点的偶极子迭加,形成的流动复位势可由式(4.10b)和式(4.14a)相加得到

$$F(z) = Uz + \frac{\mu}{z}$$

这里已令式(4.10b)中 $\alpha=0$,即均匀流沿正 x 轴方向。偶极子强度为 μ,指向负 x 轴方向。下面将证明通过适当选择偶极子的强度 μ 可使圆 $|z|=a$ 成为一条流线。将圆方程 $z=ae^{i\theta}$ 代入上式,并分离函数的实部和虚部得

$$F(z) = Uae^{i\theta} + \frac{\mu}{a}e^{-i\theta} = \left(Ua + \frac{\mu}{a}\right)\cos\theta + i\left(Ua - \frac{\mu}{a}\right)\sin\theta$$

于是在圆周表面流函数为

$$\psi = \left(Ua - \frac{\mu}{a}\right)\sin\theta$$

显然在圆周上当 θ 变化时,流函数取不同的值,但如选 $\mu=Ua^2$ 时,则 $\psi=0$,圆 $|z|=a$成为零流线。此时的流动图案表示在图 4.10 中,可以看出偶极子向上游的

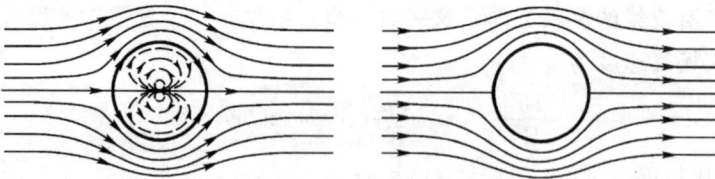

图 4.10 无环量圆柱绕流

流动由于受到均匀来流的作用,折转方向流向下游;均匀来流由于偶极子的存在,流线发生弯曲,围绕圆周流过,而 $|z|=a$ 的圆周则是两个流场的共同部分。零流

线 $|z|=a$ 把流场分为两部分,偶极子流动被限制在 $|z|=a$ 的圆内。可以把圆面想像成一个物面,在 $|z|>a$ 的区域内,强度为 $\mu=Ua^2$ 的偶极子和速度为 U 的均匀流共同产生的流场即是大小为 U 的均匀流绕半径为 a 的圆柱流动的流场,其复位势为

$$F(z) = U\left(z + \frac{a^2}{z}\right) \tag{4.15}$$

图 4.10 示出的流线相对于 x 轴和 y 轴都是对称的,即速度场关于 x 轴和 y 轴对称,由伯努利方程知圆柱表面所受的压强对于 x 轴和 y 轴也都是对称的,于是沿圆柱表面对压强作积分求得的流体对圆柱的作用力为零,即圆柱不承受与均匀来流垂直的升力,也不承受沿流动方向的阻力。上述第一个结论和实际情况相符,第二个结论则与实际情况不符,这就是所谓的达朗贝尔佯谬。这里理论偏离客观实际的原因在于忽略了流体的粘性影响。在实际的粘性流体流动中,物面上存在一层很薄的边界层,而边界层会在圆柱面的某一位置脱离壁面,在圆柱下游形成一个低压的尾涡区,导致圆柱上下游的压强分布不对称,于是圆柱就将受到一个沿流动方向的阻力。另外在圆柱表面还存在沿流动方向的粘性应力,粘性应力的合力也是沿流动方向的阻力。圆柱绕流阻力的计算将在 4.5 节讨论。

需要指出的是,粘性影响主要体现在边界层中,而边界层以外和边界层分离点上游区域内的流动仍可由上述势流解确定。特别是对一些流线型物体如机翼的绕流,势流解沿物体的整个长度都是适用的。在后续章节中将会看到,对机翼绕流问题的求解,可通过保角变换的方法转化为对圆柱绕流问题的求解。圆柱绕流问题的解在平面势流理论中具有重要意义。

4.4.2 有环量圆柱绕流

上节已指出无环量圆柱绕流时流体对圆柱的作用力为零,本节将说明围绕圆柱的环量将导致作用于该圆柱的升力。给 4.4.1 节的无环量圆柱绕流迭加一个奇点位于原点的顺时针旋转的点涡,则有

$$F(z) = U\left(z + \frac{a^2}{z}\right) + \mathrm{i}\frac{\Gamma}{2\pi}\ln z + c$$

式中 c 是复常数。无环量绕流时在 $|z|=a$ 的圆周上 $\psi=0$,该圆周是一条流线;由于点涡的流线是同心圆,迭加点涡后,圆柱表面仍然是一条流线的事实不会改变,但流函数会等于某一常数而不为零,恰当选择复常数 c 可使 ψ 重新等于零,在 4.2 节中已指出复位势可相差一个常数而对流场无影响。将圆方程 $z=a\mathrm{e}^{\mathrm{i}\theta}$ 代入上式,则

$$F(z) = U(a\mathrm{e}^{\mathrm{i}\theta} + a\mathrm{e}^{-\mathrm{i}\theta}) + \mathrm{i}\frac{\Gamma}{2\pi}\ln(a\mathrm{e}^{\mathrm{i}\theta}) + c$$

$$= 2aU\cos\theta - \frac{\Gamma}{2\pi}\theta + i\frac{\Gamma}{2\pi}\ln a + c$$

上式的虚部,即 $|z|=a$ 圆周上的流函数是一个不为零的常数,令 $c=-i\dfrac{\Gamma}{2\pi}\ln a$,可使 $\psi=0$,于是

$$F(z) = U\left(z + \frac{a^2}{z}\right) + i\frac{\Gamma}{2\pi}\ln\frac{z}{a} \tag{4.16}$$

式(4.16)即有环量圆柱绕流的复位势,均匀来流速度为 U,偶极子强度 $\mu=Ua^2$,环量强度为 $-\Gamma$。式(4.16)对 z 求导,然后代入 $z=Re^{i\theta}$

$$W(z) = \frac{\mathrm{d}F}{\mathrm{d}z} = U\left(1 - \frac{a^2}{z^2}\right) + i\frac{\Gamma}{2\pi}\frac{1}{z} = U\left(1 - \frac{a^2}{R^2}e^{-2i\theta}\right) + \frac{i\Gamma}{2\pi R}e^{-i\theta}$$

$$= \left\{U\left(1 - \frac{a^2}{R^2}\right)\cos\theta + i\left[U\left(1 + \frac{a^2}{R^2}\right)\sin\theta + \frac{\Gamma}{2\pi R}\right]\right\}e^{-i\theta}$$

与式(4.8)比较可得

$$u_R = U\left(1 - \frac{a^2}{R^2}\right)\cos\theta, \quad u_\theta = -U\left(1 + \frac{a^2}{R^2}\right)\sin\theta - \frac{\Gamma}{2\pi R} \tag{4.17a}$$

在圆柱表面上 $R=a$,

$$u_R = 0, \quad u_\theta = -2U\sin\theta - \frac{\Gamma}{2\pi a} \tag{4.17b}$$

在圆柱表面 $u_R=0$ 即法向速度分量 $u_n=0$,这正是理想流体绕流圆柱时在圆柱表面应满足的法向无穿透边界条件。流场中速度为零的点称驻点。设在圆柱表面驻点的幅角以 θ_s 表示,则由式(4.17b)有

$$\sin\theta_s = -\frac{\Gamma}{4\pi Ua} \tag{4.18}$$

　　对于无环量绕流 $\Gamma=0$,$\sin\theta_s=0$,驻点位置在 $\theta_s=0$ 和 $\theta_s=\pi$,这种情况表示在图 4.10 中。当 Γ 不为零,则驻点位置取决于 $\Gamma/(4\pi Ua)$ 的大小。

　　(1)当 $0<\Gamma/4\pi Ua<1$,由于 $-1<\sin\theta_s<0$,有两个驻点,无环量绕流时位于 $\theta_s=\pi$ 的驻点移向第 3 象限,位于 $\theta_s=0$ 的驻点移向第 4 象限,而且两个驻点关于 y 轴对称(见图 4.11a)。

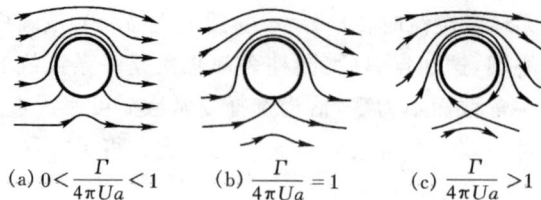

$$\text{(a) } 0<\frac{\Gamma}{4\pi Ua}<1 \qquad \text{(b) } \frac{\Gamma}{4\pi Ua}=1 \qquad \text{(c) } \frac{\Gamma}{4\pi Ua}>1$$

图 4.11　有环量圆柱绕流

(2) 当 $\Gamma/4\pi Ua=1$，则 $\sin\theta_s=-1,\theta_s=3\pi/2$，上述两个分别位于第 3 象限和第 4 象限的驻点进一步相互靠拢，最终在圆柱底部形成唯一的驻点（见图 4.11b）。

(3) 当 $\Gamma/4\pi Ua>1$，则 $\sin\theta_s<-1$，无解，在圆柱面上没有驻点，驻点将发生在圆柱面外，在圆柱底部的负虚轴上有一个驻点（见图 4.11c）。

驻点的这种变化从物理上可作如下理解：由式（4.17b），点涡和圆柱无环量绕流在圆柱面上的速度分量 u_θ 分别为 $-\Gamma/2\pi a$ 和 $-2U\sin\theta$，这两个速度在 1、2 象限方向相同，相互加强，不会有驻点；而在 3、4 象限，方向相反，相互削弱，取决于 $\Gamma/2\pi a$ 的大小，驻点可能出现在 3、4 象限关于 y 轴的对称点上，或出现在圆柱面底部。绕圆柱的环量的作用是使前后驻点相互靠拢；当环量为负时，两个驻点将沿圆柱下表面分别向圆柱底部移动，驻点沿圆柱表面转过的角度与环量 Γ 的关系由式（4.18）表示。当 $\Gamma/2\pi a>2U$，由于圆柱下表面任一点的无环量绕流速度都小于 $\Gamma/2\pi a$，所以圆柱面上没有驻点，驻点进入圆柱面底部的流体中。

有环量圆柱绕流的速度分布关于 y 轴对称，由上节的讨论知不会有沿流动方向（x 轴方向）的阻力产生。但环量的存在破坏了流动关于 x 轴的对称，顺时针旋转的环量将使圆柱上半表面流速增加而使下半表面流速减小。根据伯努利方程，圆柱上表面的压强减小而下表面压强增加，从而产生了垂直向上的升力。升力的具体计算方法将在下节讨论。

例 1 设流场由均匀流和点源迭加而成，速度为 U 的均匀流自左向右沿正 x 轴方向流动，源强为 Q 的点源布置在原点（参见图 4.12）。试确定：(1) 流场中驻点的位置；(2) 通过驻点的流线方程。

解 复位势为

$$F(z) = Uz + \frac{Q}{2\pi}\ln z \quad \Rightarrow \quad W(z) = \frac{\mathrm{d}F(z)}{\mathrm{d}z} = U + \frac{Q}{2\pi z}$$

由 $W(z)=0$ 得驻点位置

$$z = -\frac{Q}{2\pi U}$$

考虑到上式右边为负实数，则驻点以极坐标表示为

$$R = \frac{Q}{2\pi U}, \quad \theta = \pi$$

将 $z=Re^{i\theta}$ 代入复位势表达式，并分离复位势实部和虚部，式如

$$F(z) = UR(\cos\theta + i\sin\theta) + \frac{Q}{2\pi}(\ln R + i\theta)$$

$$= UR\cos\theta + \frac{Q}{2\pi}\ln R + i\left(UR\sin\theta + \frac{Q}{2\pi}\theta\right)$$

流函数为

$$\psi = UR\sin\theta + \frac{Q}{2\pi}\theta$$

代入驻点坐标 $\theta=\pi$，得 $\psi=Q/2$，即过驻点流线的流函数值为 $Q/2$，于是过驻点流线方程可写为

$$UR\sin\theta + \frac{Q}{2\pi}\theta = \frac{Q}{2}$$

整理上式

$$R = \frac{Q(\pi-\theta)}{2\pi U\sin\theta}$$

图 4.12 中示出了上述流线。当 $\theta=\pi/2$，得 $R=Q/4U$；令 $y=R\sin\theta$，则当 $\theta \to 0$，$y=Q/2U$。可以把流线看作固体壁面，流线所围区域看作桥墩，则复位势可用来描述水绕桥墩的流动。

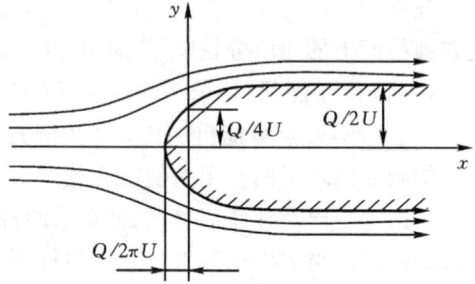

图 4.12 均匀流与点源迭加

例 2 如图 4.13 所示，求沿正 x 轴方向的均匀流、位于原点的点源、和在 x 轴 $a \leqslant x \leqslant b$ 区间内均匀连续分布的汇所迭加的流场的复位势和零流线方程。均匀来流速度为 U，点源强度为 Q，线汇分布强度（单位长度的强度）为 $-Q/(b-a)$。

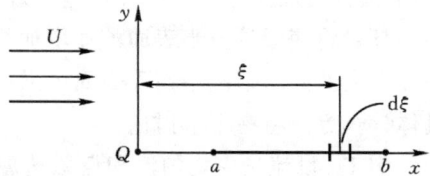

图 4.13 均匀流、点源和线汇迭加

解 沿线段连续分布的源或汇称线源或线汇。先求线汇的复位势，在线汇上 ξ 处任取线元 $\mathrm{d}\xi$，由于线元 $\mathrm{d}\xi$ 产生的复位势为 $\dfrac{-Q\mathrm{d}\xi}{2\pi(b-a)}\ln(z-\xi)$，则整个线汇的复位势可积分求得

$$F_1(z) = -\frac{Q}{2\pi(b-a)}\int_a^b \ln(z-\xi)\mathrm{d}\xi$$

$$= -\frac{Q}{2\pi}\left[-1-\frac{z-b}{b-a}\ln(z-b)+\frac{z-a}{b-a}\ln(z-a)\right]$$

于是迭加复位势为

$$F(z) = Uz + \frac{Q}{2\pi}\left[\ln z + \frac{z-b}{b-a}\ln(z-b) - \frac{z-a}{b-a}\ln(z-a)\right]$$

上式中舍去了常数项。分离实部和虚部，则有

$$\psi = Uy + \frac{Q}{2\pi}\left[\operatorname{arctg}\frac{y}{x} + \frac{y}{b-a}\ln\sqrt{\frac{(x-b)^2+y^2}{(x-a)^2+y^2}}\right.$$

$$+\frac{x-b}{b-a}\text{arctg}\,\frac{y}{x-b}-\frac{x-a}{b-a}\text{arctg}\,\frac{y}{x-a}\Big]$$

令 $\psi=0$，得

$$y=0$$

$$\frac{2\pi Uy}{Q}+\text{arctg}\,\frac{y}{x}+\frac{x-b}{b-a}\text{arctg}\,\frac{y}{x-b}-\frac{x-a}{b-a}\text{arctg}\,\frac{y}{x-a}$$

$$+\frac{y}{b-a}\ln\sqrt{\frac{(x-b)^2+y^2}{(x-a)^2+y^2}}=0$$

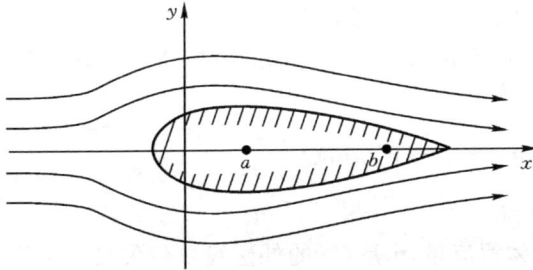

图 4.14　流线型物体绕流

在图 4.14 中给出了 $\psi=0$ 的流线图,上述奇点迭加可表示流体绕流线型物体的流动,调整参数 Q,a,b,可得到不同的物体形状。对复位势求导

$$W(z)=U+\frac{Q}{2\pi}\Big[\frac{1}{z}+\frac{1}{b-a}\ln\frac{z-b}{z-a}\Big]=u-\mathrm{i}v$$

分离实部虚部,有

$$u=U+\frac{Q}{2\pi}\Big[\frac{x}{x^2+y^2}+\frac{1}{b-a}\ln\sqrt{\frac{(x-b)^2+y^2}{(x-a)^2+y^2}}\Big]$$

$$v=\frac{Q}{2\pi}\Big[\frac{y}{x^2+y^2}-\frac{1}{b-a}\text{arctg}\,\frac{(b-a)y}{(x-a)(x-b)+y^2}\Big]$$

当 $y=0$,有 $v=0$,再令 $u=0$ 可得

$$\frac{2\pi}{Q}\Big(U+\frac{Q}{2\pi x}\Big)(b-a)=\ln\frac{x-a}{x-b}$$

上式即驻点处 x 坐标满足的方程。

4.5　布拉修斯公式

上节提到有环量绕流时,圆柱会受到一个升力的作用。通常求升力的方法是先求出速度分布,再通过伯努利方程求出相应的压强场,然后作压强沿曲面的积分即可求得升力。布拉修斯公式提供了一个计算柱体所受作用力和力矩的新方法。

考虑一任意形状的柱体,处于定常的势流场中,如图 4.15 所示,柱体界面用 C_i 表示,在柱体外部作一固定的任意形状的控制面 C_0 包围该柱体。设除柱体内部外,在 C_i 和 C_0 之间的区域内不存在任何奇点。取柱体重心为坐标系原点,周围流体对柱体的作用可简化为作用在柱体重心的力 X、Y 和力矩 M,则柱体对周围流体的作用可用 $-X$、$-Y$ 和 $-M$ 代替。取 C_i 和 C_0 间区域为控制体,则作用在该控制体内流体上的合力应该等于通过 C_i 和 C_0 净流出控制体的流体动量流率。考虑到 C_i 是一条流线,无流体进出,有以下动量方程成立,即

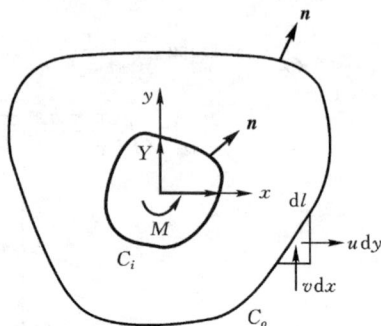

图 4.15　柱体受力分析

$$\Sigma \boldsymbol{F} = \oint_{C_0} \rho \boldsymbol{u} \boldsymbol{u} \cdot \boldsymbol{n} \mathrm{d}l = \oint_{C_0} \rho \boldsymbol{u} \delta Q$$

式中 $\delta Q = \boldsymbol{u} \cdot \boldsymbol{n} \mathrm{d}l$ 是通过 C_0 上一段线元 $\mathrm{d}l$ 流出控制体的流体体积流量,$\boldsymbol{n}$ 是 C_0 的外法线单位矢量。设线元 $\mathrm{d}l$ 在 x 和 y 方向分解为 $\mathrm{d}x$ 和 $\mathrm{d}y$,则通过此线元的体积流量可表示为 $\delta Q = u\mathrm{d}y - v\mathrm{d}x$;$C_0$ 外流体作用在线元 $\mathrm{d}l$ 上的压力在 x 和 y 方向分量分别为 $-p\mathrm{d}y$ 和 $p\mathrm{d}x$。于是上述动量方程在 x 和 y 方向的分量式可分别写为

$$-X - \oint_{C_0} p\mathrm{d}y = \oint_{C_0} \rho u(u\mathrm{d}y - v\mathrm{d}x)$$

$$-Y + \oint_{C_0} p\mathrm{d}x = \oint_{C_0} \rho v(u\mathrm{d}y - v\mathrm{d}x)$$

上两式中的压强 p 可通过伯努利方程求得

$$p = C - \frac{\rho}{2}(u^2 + v^2)$$

式中 C 是伯努利常数,将上式代入 x 和 y 方向的动量方程,并加以整理得

$$X = \rho \oint_{C_0} \left[uv\mathrm{d}x - \frac{1}{2}(u^2 - v^2)\mathrm{d}y \right]$$

$$Y = -\rho \oint_{C_0} \left[uv\mathrm{d}y + \frac{1}{2}(u^2 - v^2)\mathrm{d}x \right]$$

在上述推导中考虑到了 $\oint_{C_0} C\mathrm{d}x = \oint_{C_0} C\mathrm{d}y = 0$。上两个方程可与一个复变函数的积分联系起来。利用复速度 $W(z)$ 构造如下积分

$$\mathrm{i}\frac{\rho}{2}\oint_{C_0} W^2 \mathrm{d}z = \mathrm{i}\frac{\rho}{2}\oint_{C_0} (u - \mathrm{i}v)^2 (\mathrm{d}x + \mathrm{i}\mathrm{d}y)$$

$$= \mathrm{i}\frac{\rho}{2}\oint_{C_0} \{[(u^2 - v^2)\mathrm{d}x + 2uv\mathrm{d}y] + \mathrm{i}[(u^2 - v^2)\mathrm{d}y - 2uv\mathrm{d}x]\}$$

$$= \rho \oint_{C_0} \left[uv\,dx - \frac{1}{2}(u^2 - v^2)\,dy \right] + i\rho \oint_{C_0} \left[uv\,dy + \frac{1}{2}(u^2 - v^2)\,dx \right]$$

将上述积分式与由动量定理求出的力 X 和 Y 的表达式相比较知，积分式的实部即 X，虚部等于 $-Y$，于是

$$X - iY = i\frac{\rho}{2}\oint_{C_0} W^2\,dz \tag{4.19}$$

请注意式(4.19)中的 X 和 Y 是流体作用在柱体重心的力，方向分别沿正 x 轴与正 y 轴方向；C_0 是包围柱体的任意界面，在 C_0 和物面 C_i 间无任何奇点；$W(z)$ 则是流场的复速度。式(4.19)就是计算柱体受力的布拉修斯公式。

下面推导柱体所受力矩的计算式。仍取 C_i 和 C_0 间区域为控制体(见图 4.15)，由动量矩定理知，作用在该控制体内流体上的力矩应等于通过 C_i 和 C_0 净流出控制体的流体动量矩流率。考虑到 C_i 是一条流线，无流体进出，动力矩方程可写为

$$\Sigma \boldsymbol{M} = \oint_{C_0} \boldsymbol{r} \times \boldsymbol{u}\rho\delta Q$$

式中 $\delta Q(=u\,dy-v\,dx)$ 是通过 C_0 上一段线元 dl 流出控制体的流体体积流量，$\boldsymbol{r}$ 和 $\boldsymbol{u}$ 分别是 dl 相对于柱体重心的位置矢量和 dl 处的速度矢量，$\boldsymbol{r}\times\boldsymbol{u}\rho\delta Q$ 即是单位时间通过 dl 流出控制体的流体动量矩，$\boldsymbol{r}\times\boldsymbol{u}=(vx-uy)\boldsymbol{k}$。作用在流体上的力矩除 $-M\boldsymbol{k}$ 外，还需考虑作用在 dl 上的压力对柱体重心的矩，$(xp\,dx+yp\,dy)\boldsymbol{k}$。由于是平面流动，只需考虑上述动量矩方程在 z 方向的分量方程，即

$$-M + \oint_{C_0}(xp\,dx + yp\,dy) = \oint_{C_0}(vx - uy)\rho(u\,dy - v\,dx)$$

代入伯努利方程 $p=C-\rho(u^2+v^2)/2$，并考虑到 $\oint_{C_0}C\,dx = \oint_{C_0}C\,dy = 0$，则有

$$M = \rho\oint_{C_0}\left[-\frac{1}{2}(u^2+v^2)(x\,dx+y\,dy) + (u^2y\,dy+v^2x\,dx) \right.$$
$$\left. - (uvy\,dx - uvx\,dy) \right]$$

整理上式得

$$M = -\frac{\rho}{2}\oint_{C_0}\left[(u^2-v^2)(x\,dx-y\,dy) + 2uv(x\,dy+y\,dx) \right]$$

上述关于 M 的计算式可以和一个复变函数的积分相联系。作如下积分，

$$\frac{\rho}{2}\oint_{C_0} zw^2\,dz = \frac{\rho}{2}\oint_{C_0}(x+iy)(u-iv)^2(dx+idy)$$
$$= \frac{\rho}{2}\oint_{C_0}\left[(u^2-v^2)(x\,dx-y\,dy) + 2uv(x\,dy+y\,dx) \right]$$

$$+ \mathrm{i}\,\frac{\rho}{2}\oint_{C_0}\big[(u^2-v^2)(x\mathrm{d}y+y\mathrm{d}x)-2uv(x\mathrm{d}x+y\mathrm{d}y)\big]$$

将上式与由动量矩定理求出的力矩 M 表达式比较可得

$$M=-\frac{\rho}{2}\mathrm{Re}\big[\oint_{C_0}zW^2\mathrm{d}z\big] \tag{4.20}$$

上式中 Re 表示取复变量的实部。式(4.20)就是计算作用在柱体上力矩的布拉修斯公式。请读者注意,式(4.20)中的 M 是作用在柱体上的力矩,逆时针方向为正;C_0 是围绕柱体的任意界面,在 C_i 和 C_0 之间无任何奇点;$W(z)$ 是流场的复速度。

式(4.19)和式(4.20)中的线积分可利用留数定理来计算。设函数 $G(z)$ 在封闭曲线 C 内区域中除有限个奇点 $z_1,z_2,z_3,\cdots,z_n$ 外解析,则

$$\oint_C G(z)\mathrm{d}z=2\pi\mathrm{i}(R_1+R_2+\cdots+R_n) \tag{4.21}$$

式中 R_1 是 $G(z)$ 在奇点 z_1 的留数,R_2 是 $G(z)$ 在奇点 z_2 的留数,$\cdots$,等等。一个函数在奇点 z_i 的留数就是该函数对于 z_i 点的罗伦级数中 $(z-z_i)^{-1}$ 项的系数(参阅附录 E)。

利用式(4.19)可以计算任意形状柱体定常绕流时所受到的作用力。设无穷远来流的复速度为 $U_\infty e^{-\mathrm{i}\alpha}$,$U_\infty$ 是正实数。C_0 是以原点为圆心,包围柱体 C_i 的半径充分大的圆,在 C_i 和 C_0 间无任何奇点。复速度在 C_0 附近的罗伦级数可表示为

$$\frac{\mathrm{d}F}{\mathrm{d}z}=A_0+\frac{A_1}{z}+\frac{A_2}{z^2}+\cdots$$

上式中无正幂次项,因为在远离柱体处,$\mathrm{d}F/\mathrm{d}z$ 应趋近于无穷远来流的复速度,取常数值,因此正幂次项系数应取零值。由于 $z\to\infty$,$\left(\dfrac{\mathrm{d}F}{\mathrm{d}z}\right)_\infty=U_\infty e^{-\mathrm{i}\alpha}$,故

$$A_0=U_\infty e^{-\mathrm{i}\alpha}$$

利用式(4.21),A_1 可通过 $\mathrm{d}F/\mathrm{d}z$ 沿封闭曲线积分而求得

$$A_1=\frac{1}{2\pi\mathrm{i}}\oint_{C_0}\frac{\mathrm{d}F}{\mathrm{d}z}\mathrm{d}z=\frac{1}{2\pi\mathrm{i}}\oint_{C_i}(\mathrm{d}\phi+\mathrm{i}\mathrm{d}\psi)=\frac{1}{2\pi\mathrm{i}}\oint_{C_i}\mathrm{d}\phi=\frac{\Gamma}{2\pi\mathrm{i}}$$

推导中考虑到了 C_0 和 C_i 间无奇点,因此 $\oint_{C_0}\dfrac{\mathrm{d}F}{\mathrm{d}z}\mathrm{d}z=\oint_{C_i}\dfrac{\mathrm{d}F}{\mathrm{d}z}\mathrm{d}z$,以及沿 C_i $\psi=$ 常数。将 A_0 和 A_1 代入 $\mathrm{d}F/\mathrm{d}z$ 展开式,有

$$\frac{\mathrm{d}F}{\mathrm{d}z}=U_\infty e^{-\mathrm{i}\alpha}+\frac{\Gamma}{2\pi\mathrm{i}z}+\frac{A_2}{z^2}$$

将上式代入式(4.19),则

$$X-\mathrm{i}Y=\mathrm{i}\,\frac{\rho}{2}\oint_{C_0}\left(U_\infty e^{-\mathrm{i}\alpha}+\frac{\Gamma}{2\pi\mathrm{i}z}+\frac{A_2}{z^2}+\cdots\right)^2\mathrm{d}z$$

$$=\mathrm{i}\,\frac{\rho}{2}\oint_{C_0}\left[(U_\infty e^{-\mathrm{i}\alpha})^2+\frac{\Gamma}{\pi\mathrm{i}z}U_\infty e^{-\mathrm{i}\alpha}-\frac{\Gamma^2}{4\pi^2z^2}+\cdots\right]\mathrm{d}z$$

$$= \mathrm{i}\,\frac{\rho}{2}2\pi\mathrm{i}\,\frac{\Gamma}{\pi\mathrm{i}}U_\infty \mathrm{e}^{-\mathrm{i}\alpha} = \mathrm{i}\rho\Gamma U_\infty \mathrm{e}^{-\mathrm{i}\alpha}$$

推导中利用了式(4.21)。取上式的共轭值得

$$X + \mathrm{i}Y = -\mathrm{i}\rho\Gamma U_\infty \mathrm{e}^{\mathrm{i}\alpha} \tag{4.22a}$$

式(4.22a)称库塔-茹柯夫斯基公式。考虑到 $-\mathrm{i} = \mathrm{e}^{-\frac{\pi}{2}\mathrm{i}}$,且当 $\Gamma < 0$ 时,$\Gamma = |\Gamma|\mathrm{e}^{\pi\mathrm{i}}$,
式(4.22a)也可改写为

$$X + \mathrm{i}Y = \rho\,|\,\Gamma\,|\,U_\infty \mathrm{e}^{\mathrm{i}(\alpha \mp \frac{\pi}{2})} \tag{4.22b}$$

式中干对应的是 $\pm\Gamma$。由式(4.22b)可以看出,作用力大小为 $\rho|\Gamma|U_\infty$,与流体密
度、来流速度大小以及环量大小成正比,而与柱体形状无关;作用力方向与来流方
向相垂直,当 $|\Gamma| > 0$ 时由来流方向顺时针旋转 90° 即为作用力方向,$|\Gamma| < 0$ 时由
来流方向逆时针方向旋转 90° 即为作用力方向,总之是逆着 Γ 的方向旋转 90° 即得
作用力方向。

　　由以上讨论知,柱体受力与来流方向垂直,为升力,阻力等于零,这就是达朗贝
尔佯谬,产生这种现象的原因在于忽略了流体粘性的作用,这一点已在 4.4 节作过
讨论。

　　利用式(4.20)可以求出作用于任意形状柱体的力矩,

$$M = -\frac{\rho}{2}\mathrm{Re}\left[\oint_{C_0}\left(U_\infty \mathrm{e}^{-\mathrm{i}\alpha} + \frac{\Gamma}{2\pi\mathrm{i}z} + \frac{A_2}{z^2} + \cdots\right)^2 z\mathrm{d}z\right]$$

$$= -\frac{\rho}{2}\mathrm{Re}\left\{\oint_{C_0}\left[\cdots + \left(-\frac{\Gamma^2}{4\pi^2} + 2A_2 U_\infty \mathrm{e}^{-\mathrm{i}\alpha}\right)/z + \cdots\right]\mathrm{d}z\right\}$$

$$= -\frac{\rho}{2}\mathrm{Re}\left[2\pi\mathrm{i}\left(-\frac{\Gamma^2}{4\pi^2} + 2A_2 U_\infty \mathrm{e}^{-\mathrm{i}\alpha}\right)\right] = 2\pi\rho U_\infty \mathrm{Re}\left[A_2 \mathrm{e}^{-\mathrm{i}(\alpha-\frac{\pi}{2})}\right]$$

$$\tag{4.22c}$$

表明力矩与 A_2 有关,A_2 是一个与柱体大小和形状有关的复常数。

　　利用以上关于柱体受力和力矩的计算式(4.22a)和式(4.22c),或者直接利用
布拉修斯公式(4.19)和式(4.20),不难求出 4.4 节讨论的有环量圆柱绕流中,$X = 0$,$Y = \rho U\Gamma$,$M = 0$。

4.6　镜像法

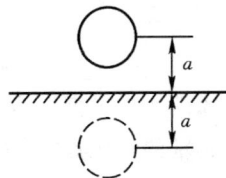

图 4.16　平壁附近的
圆柱绕流

　　对于理想不可压缩流体的势流流动,无滑移边界条件
不再适用,而代之以不可穿透壁面条件,即流体在固体壁面
的法向分速度等于零,此时固体壁面即是一条流线。这一
条件可通过镜像法来实现。如图 4.16 所示的平壁附近的

圆柱绕流,由于壁面的存在,绕流复位势将不同于式(4.15)或式(4.16)。假想在平壁下部对称位置上再放置一相同圆柱,称真实圆柱的镜像,由于对称可以断定两圆柱中间的流线一定是一条直线,可以代表平壁,而该圆柱及其镜像在平壁上部的复位势之和即为所求复位势。对于复杂外形边界,则可以通过所谓的保角变换方法将其转换为简单外形,然后再应用镜像法求解。保角变换方法将在 4.7 章节中介绍。

4.6.1 平面定理——以实轴为边界

假设奇点全在 $y>0$ 的区域内,当无固壁边界时其复位势为 $f(z)$,如在流场中插入 $y=0$ 的平面壁后,这些奇点在上半平面产生的复位势为

$$F(z) = f(z) + \overline{f}(z) \tag{4.23}$$

式中 $\overline{f}(z)$ 表示除 z 以外 $f(z)$ 中其余复常数均取其共轭值。

以图 4.17a 所示平壁上方位于 $z=z_0$ 的点涡为例,$f(z)=-\mathrm{i}\dfrac{\Gamma}{2\pi}\ln(z-z_0)$,等式右边的负号表示点涡沿逆时针方向旋转,$\overline{f}(z)=\mathrm{i}\dfrac{\Gamma}{2\pi}\ln(z-\overline{z}_0)$,于是

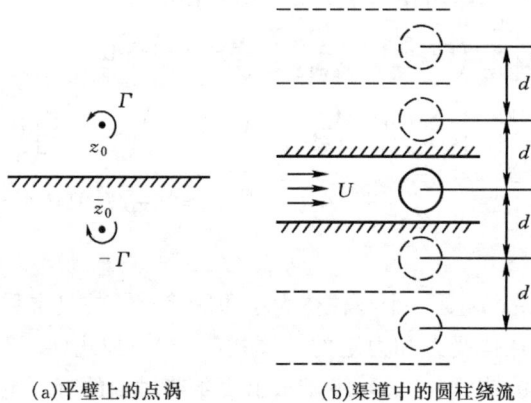

(a)平壁上的点涡   (b)渠道中的圆柱绕流

图 4.17 以实轴为边界的镜像

$$F(z) = -\mathrm{i}\frac{\Gamma}{2\pi}\ln(z-z_0) + \mathrm{i}\frac{\Gamma}{2\pi}\ln(z-\overline{z}_0) = \mathrm{i}\frac{\Gamma}{2\pi}\ln\frac{z-\overline{z}_0}{z-z_0}$$

上式即所求平壁上方的复位势,这相当于除原来位于 z_0 点的点涡外,又在 z_0 点关于实轴的镜像点 $\overline{z}_0$ 添加了一个相同强度的顺时针旋转的点涡。

对于实轴 $z=\overline{z}$,于是在实轴上 $\overline{f}(z)=\overline{f}(\overline{z})$,$\overline{f}(\overline{z})$ 表示对 $f(z)$ 中所有复数取共轭,$F(z)=f(z)+\overline{f}(\overline{z})=f(z)+\overline{f(z)}$,$F(z)$ 只有实部,虚部为零,说明实轴是一条 $\psi=0$ 的流线。同时由于 $f(z)$ 的奇点都在 $y>0$ 的区域内,而 $\overline{f}(z)$ 的奇点都在 $y<0$ 的

区域内,在上半平面未增加新的奇点,即在上半平面 $F(z)$ 的奇点和 $f(z)$ 的奇点完全相同,是除原奇点外的解析函数。式(4.23)是满足实轴为边界的复位势。

恰当地利用镜像法可以解决许多对称和非对称的实际流动问题。如图 4.16 所示的平壁附近的圆柱绕流,在实际的数学处理过程中,需要以偶极子代替圆柱,于是平壁下部的偶极子镜像会使平壁上部的圆柱外形畸变,不再保持为理想的圆形,但只要圆柱距离壁面的距离与圆柱半径相比足够大,这样的影响可以忽略。

渠道中(两个壁面间)的圆柱绕流(见图 4.17b)可以通过在上部和下部各添加一个镜像圆柱来实现,但此时上下壁面都不是真正的对称面,因此不会保持平直。解决这一问题的方法是在真实圆柱的每一侧都添加无限多的镜像圆柱(见图 4.17 b),从而使得壁面趋近于平直,此时复位势可写为

$$F(z) = Uz + \frac{m}{2\pi}\sum_{n=-\infty}^{\infty}\frac{1}{z - \mathrm{i}nd}$$

上述方法可用来计算风洞、水洞这类实验中的壁面影响。几乎所有的实验都是在有限空间内进行的,因此都存在固体壁面,而实际的流动如飞机和潜艇的运动却是在无限大空间内进行的,要将模型实验结果应用于原型流动,必需考虑壁面对实验结果的影响。

4.6.2　平面定理——以虚轴为边界

假设奇点全在 $x>0$ 的区域内,当无固壁边界时其位势为 $f(z)$,如在流场中插入 $x=0$ 的平面壁后,这些奇点在右半平面产生的复位势为

$$F(z) = f(z) + \bar{f}(-z) \tag{4.24}$$

以图 4.18 所示的平壁右侧强度为 Γ、沿逆时针方向旋转的点涡为例,$f(z)=-\mathrm{i}\frac{\Gamma}{2\pi}\ln(z-z_0)$,$\bar{f}(-z)=\mathrm{i}\frac{\Gamma}{2\pi}\ln(-z-\bar{z}_0)$,则

$$
\begin{aligned}
F(z) &= -\mathrm{i}\frac{\Gamma}{2\pi}\ln(z-z_0) + \mathrm{i}\frac{\Gamma}{2\pi}\ln(-z-\bar{z}_0)\\
&= -\mathrm{i}\frac{\Gamma}{2\pi}\ln(z-z_0) + \mathrm{i}\frac{\Gamma}{2\pi}\ln(z+\bar{z}_0) + c\\
&= \mathrm{i}\frac{\Gamma}{2\pi}\ln\frac{z+\bar{z}_0}{z-z_0} + c
\end{aligned}
$$

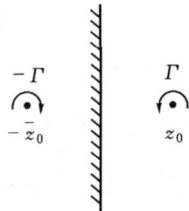

图 4.18　平壁右侧的点涡

上式中,$c=\mathrm{i}\frac{\Gamma}{2\pi}\ln(-1)=\mathrm{i}\frac{\Gamma}{2\pi}\ln e^{\mathrm{i}\pi}=-\frac{\Gamma}{2}$。可以看出为得到平壁右侧的复位势,又在 z_0 关于虚轴的镜像点 $-\bar{z}_0$ 添加了一个相同强度的顺时针旋转点涡。

在虚轴上 $-z=\bar{z}$,于是 $\bar{f}(-z)=\bar{f}(\bar{z})$,$F(z)=f(z)+\bar{f}(\bar{z})=f(z)+\overline{f(z)}$,只有实部,虚部为零,即虚轴是一条 $\psi=0$ 的流线。同时由于 $f(z)$ 的奇点都在 $x>0$

的区域内,而 $\bar{f}(-z)$ 的奇点都在 $x<0$ 的区域内,在右半平面内未增加新的奇点。因此式(4.24)是满足虚轴为边界的复位势。

4.6.3　圆定理

设奇点在无界流体中的复位势为 $f(z)$,且所有奇点均在 $|z|>a$ 的区域内,当在流场中插入 $|z|=a$ 的圆柱面后,满足圆柱面是一条流线的复位势是

$$F(z) = f(z) + \bar{f}\left(\frac{a^2}{z}\right) \tag{4.25}$$

以圆外 z_0 点强度为 Γ、逆时针旋转的点涡为例(见图4.19), $f(z) = -\mathrm{i}\dfrac{\Gamma}{2\pi}\ln(z-z_0)$, $\bar{f}\left(\dfrac{a^2}{z}\right) = \mathrm{i}\dfrac{\Gamma}{2\pi}\ln\left(\dfrac{a^2}{z}-\bar{z}_0\right)$,于是

$$F(z) = -\mathrm{i}\frac{\Gamma}{2\pi}\ln(z-z_0) + \mathrm{i}\frac{\Gamma}{2\pi}\ln\left(\frac{a^2}{z}-\bar{z}_0\right)$$

等式右边第二项可变化如下,

$$\mathrm{i}\frac{\Gamma}{2\pi}\ln\left(\frac{a^2}{z}-\bar{z}_0\right) = \mathrm{i}\frac{\Gamma}{2\pi}\ln\left[-\frac{\bar{z}_0}{z}\left(z-\frac{a^2}{\bar{z}_0}\right)\right]$$
$$= \frac{\mathrm{i}\Gamma}{2\pi}\left[\ln\left(z-\frac{a^2}{\bar{z}_0}\right) - \ln z + \ln(-\bar{z}_0)\right]$$

图 4.19　圆定理

代入上式得

$$F(z) = -\mathrm{i}\frac{\Gamma}{2\pi}\ln(z-z_0) + \mathrm{i}\frac{\Gamma}{2\pi}\ln\left(z-\frac{a^2}{\bar{z}_0}\right) - \mathrm{i}\frac{\Gamma}{2\pi}\ln z + c$$

式中 $c=\ln(-\bar{z}_0)$,为复常数。可以看出为得到圆外复位势,又在 $a^2/\bar{z}_0$ 点添加了一个相同强度、顺时针旋转的点涡,在原点添加一个相同强度、逆时针旋转的点涡。 $|\bar{z}_0|>a \Rightarrow |a^2/\bar{z}_0|<a$,因此添加的点涡都在圆内。 $a^2/\bar{z}_0$ 称为 z_0 在圆内的镜像点,它们的模的乘积等于圆半径的平方, $|\bar{z}_0|\left|\dfrac{a^2}{\bar{z}_0}\right|=a^2$,且 z_0 和 $a^2/\bar{z}_0$ 有相同的幅角,它们都位于同一条由原点发出的射线上。

圆定理可证明如下:在圆周上 $z\bar{z}=a^2$,于是 $\dfrac{a^2}{z}=\bar{z}$, $\bar{f}\left(\dfrac{a^2}{z}\right)=\bar{f}(\bar{z})$,则 $F(z)=f(z)+\bar{f}(\bar{z})=f(z)+\overline{f(z)}$,只有实部,虚部为零,即圆周是一条 $\psi=0$ 的流线。 $f(z)$ 的奇点在圆外,而 $\bar{f}\left(\dfrac{a^2}{z}\right)$ 的奇点都在圆内,在圆外未增加新奇点。因此式(4.25)即是满足圆周为一条流线的复位势。

利用圆定理可以方便地求出圆柱绕流的复位势。速度为 U,沿正 x 轴方向的

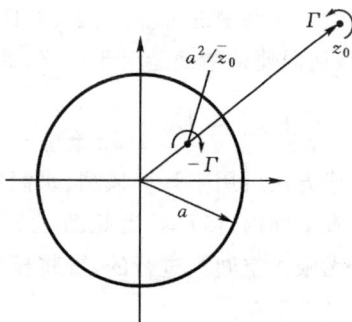

均匀来流的复位势为 Uz，则由式（4.25）得

$$F(z) = Uz + U\frac{a^2}{z} = U\left(z + \frac{a^2}{z}\right)$$

上式即（4.15）式。如果来流与 x 轴夹角为 α，由式（4.10b），均匀流复位势为 $Ue^{-i\alpha}z$，利用式（4.25）有

$$F(z) = Ue^{-i\alpha}z + Ue^{i\alpha}\frac{a^2}{z} = U\left(e^{-i\alpha}z + e^{i\alpha}\frac{a^2}{z}\right) \tag{4.26a}$$

当围绕圆柱还存在顺时针旋转的环量 Γ 时，上式可进一步写为

$$F(z) = U\left(e^{-i\alpha}z + e^{i\alpha}\frac{a^2}{z}\right) + i\frac{\Gamma}{2\pi}\ln\frac{z}{a} \tag{4.26b}$$

例 3　如图 4.20 所示，一无限长平板沿 $y=0$ 放置，一强度为 m 的点源位于平板上部，距平板距离为 h。（1）写出平板以上区域的复位势；（2）利用伯努利方程求平板上表面的压强分布；（3）求流体对平板的总压力，设作用在平板下表面的压强等于滞止压强。流体密度为 ρ。

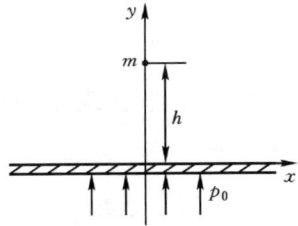

图 4.20　平板上的点源

解　（1）利用平面定理，有

$$F(z) = f(z) + \overline{f}(z) = \frac{m}{2\pi}\ln(z - ih) + \frac{m}{2\pi}\ln(z + ih)$$

$$= \frac{m}{2\pi}\ln(z^2 + h^2)$$

在 x 轴上 $y=0, z=x$，于是

$$F(z) = \frac{m}{2\pi}\ln(x^2 + h^2)$$

复位势只有实部，实轴上 $\psi = 0$，为一条流线。

（2）复速度为

$$W(z) = \frac{dF}{dz} = \frac{m}{2\pi}\frac{2z}{z^2 + h^2}$$

在平板上表面，$y=0, z=x$，于是沿平板上表面速度分布为

$$u - iv = \frac{m}{2\pi}\frac{2x}{x^2 + h^2} \quad \Rightarrow \quad u = \frac{m}{2\pi}\frac{2x}{x^2 + h^2}, \quad v = 0$$

应用伯努利方程，有

$$p_0 = p + \frac{1}{2}\rho u^2 \quad \Rightarrow \quad p = p_0 - \frac{1}{2}\rho u^2 = p_0 - \frac{1}{2}\rho\frac{m^2}{\pi^2}\frac{x^2}{(x^2 + h^2)^2}$$

上式说明在平板上表面原点处压强为滞止压强，与无穷远处未受扰动压强相同。离开原点向平板左右两侧移动，由于有速度存在，压强减小。

(3) 求平板所受总压力，

$$F = \int_{-\infty}^{\infty} \left[p_0 - \left(p_0 - \frac{1}{2}\rho \frac{m^2}{\pi^2} \frac{x^2}{(x^2+h^2)^2} \right) \right] \mathrm{d}x$$

$$= \frac{1}{2}\rho \frac{m^2}{\pi^2} \int_{-\infty}^{\infty} \frac{x^2}{(x^2+h^2)^2} \mathrm{d}x = \frac{\rho m^2}{4\pi h}$$

例 4 设有一个半径为 a、圆心在原点的无穷长圆柱，在距圆柱中心 d 处放置强度为 μ，指向负 x 轴方向的偶极子，$d>a$（见图 4.21）。求流动复位势，并计算单位长圆柱上所受的力。设流体密度为 ρ。

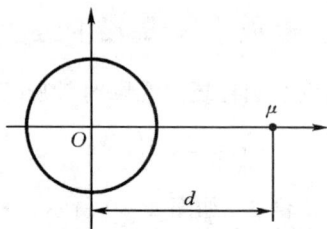

图 4.21 圆柱外的偶极子

解 (1) 圆定理，$F(z) = f(z) + \overline{f}\left(\dfrac{a^2}{z}\right)$，由题意有

$$f(z) = \frac{\mu}{z-d}$$

$$\overline{f}\left(\frac{a^2}{z}\right) = \frac{\mu}{a^2/z - d} = \frac{\mu z}{a^2 - zd} = -\frac{\mu(z - a^2/d + a^2/d)}{d(z - a^2/d)}$$

$$= -\frac{\mu}{d} - \frac{a^2}{d^2} \frac{\mu}{z - a^2/d}$$

于是

$$F(z) = \frac{z}{z-d} - \frac{a^2}{d^2} \frac{\mu}{z - a^2/d} + c \tag{a}$$

这相当于在 $z=d$ 点关于圆的镜象点 $z=a^2/d$ 上添加了一个强度为 $\mu a^2/d^2$，方向指向正 x 轴的偶极子。

(2) 先求复速度

$$W(z) = \frac{\mathrm{d}F}{\mathrm{d}z} = -\frac{\mu}{(z-d)^2} + \frac{a^2}{d^2} \frac{\mu}{(z - a^2/d)^2}$$

引用布拉修斯公式，则

$$X - \mathrm{i}Y = \frac{\mathrm{i}\rho}{2} \oint_{|z|=a} W^2 \mathrm{d}z = \frac{\mathrm{i}\rho}{2} \oint_{|z|=a} \left[-\frac{\mu}{(z-d)^2} + \frac{a^2}{d^2} \frac{\mu}{(z - a^2/d)^2} \right]^2 \mathrm{d}z$$

$$= \frac{\mathrm{i}\rho}{2} \left(-\frac{2\mu^2 a^2}{d^2} \right) \oint_{|z|=a} \left[(z-d)^2 (z - a^2/d)^2 \right]^{-1} \mathrm{d}z \tag{b}$$

上式计算中在对 $W(z)$ 的两项和求平方时，只保留了两项乘积的 2 倍一项，各项的平方均舍去，因为它们在 $|z|=a$ 内无留数。式(b)的被积函数的留数可利用下式求得（参见附录 E）

$$R = \lim_{z \to z_0} \frac{1}{(m-1)!} \frac{d^{m-1}}{dz^{m-1}} \left[(z-z_0)^m G(z) \right]$$

函数 $G(z)=[(z-d)^2(z-a^2/d)^2]^{-1}$ 在圆内有 2 阶极点 $z=a^2/d$，于是 $m=2,z_0=a^2/d$，则

$$R = \lim_{z \to a^2/d} \frac{\mathrm{d}}{\mathrm{d}z}\{(z-a^2/d)^2[(z-d)^2(z-a^2/d)^2]^{-1}\}$$

$$= \lim_{z \to a^2/d} \frac{-2}{(z-d)^3} = \frac{-2d^3}{(a^2-d^2)^3}$$

利用留数定理，有

$$X - \mathrm{i}Y = \frac{\mathrm{i}\rho}{2}\left(-\frac{2\mu^2 a^2}{d^2}\right)\left[2\pi\mathrm{i}\,\frac{-2d^3}{(a^2-d^2)^3}\right] = \frac{4\pi\rho\mu^2 a^2 d}{(d^2-a^2)^3} \quad \Rightarrow$$

$$X = \frac{4\pi\rho\mu^2 a^2 d}{(d^2-a^2)^3}, \quad Y = 0$$

圆柱受到沿正 x 轴方向的力，即受到偶极子的吸力，y 方向不受力。

4.7　保角变换

设复变量 $\zeta=\xi+\mathrm{i}\eta$ 是 $z=x+\mathrm{i}y$ 的解析函数，

$$\zeta = G(z)$$

则在 z 平面(物理平面)给定一个点，ζ 平面(辅助平面)就会有一个点与之相对应，在 z 平面给定一段曲线，相应的点也会在 ζ 平面描绘出一段曲线与之对应。称函数 $\zeta=G(z)$ 把 z 平面上的点或曲线映射为 ζ 平面上的相应点和曲线。依据解析函数的性质，z 平面上的曲线形状和 ζ 平面上的相应曲线形状之间存在一定的联系。由于是解析函数，导数 $\mathrm{d}\zeta/\mathrm{d}z$ 的值与增量 $\mathrm{d}z$ 的方向无关，即 $\mathrm{d}\zeta/\mathrm{d}z=A\mathrm{e}^{\mathrm{i}\alpha}$，或 $\mathrm{d}\zeta=\mathrm{d}zA\mathrm{e}^{\mathrm{i}\alpha}$，

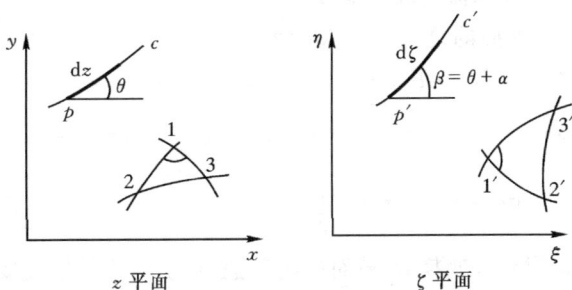

图 4.22　保角变换

A 与 α 只是平面点的函数。这表明，如在 z 平面上一点处具有长度为 $|\mathrm{d}z|$ 的线元，经过 $\zeta=f(z)$ 变换以后在 ζ 平面的相应点上变为长度为 $|\mathrm{d}\zeta|=A|\mathrm{d}z|$ 的线元，$\mathrm{d}\zeta$ 的幅角相对于 $\mathrm{d}z$ 又旋转过了 α 角(见图 4.22)。由于 $\mathrm{d}\zeta/\mathrm{d}z$ 只是 z 的函数，所以过同一点的所有曲线被伸长了同样的倍数和旋转了同样的角度，由此可以推知，过同一点的任意两条曲线之间的夹角在变换后保持不变，故这样的变换也称为保角变换。

　　z 平面上的微元面和 ζ 平面上的相应微元面，根据保角变换原理，应保持几何

相似。例如 z 平面上的三角形微元面 1 2 3,在 ζ 平面上相应地变换成三角形微元面 $1'2'3'$,这两个微元面的方位和大小可能不同,但具有相似的几何形状,它们的面积之比等于 $|\mathrm{d}\zeta/\mathrm{d}z|^2$。

在 z 平面的任一点上如果 $\mathrm{d}\zeta/\mathrm{d}z$ 等于零或无穷大,则上述结论不再成立,此时在这些点上的映射变换不再具有保角性和相似性。

保角变换的这些性质与平面势流理论相关联,如 $F(z)$ 是 z 平面某一区域内的复位势,$z=g(\zeta)$ 是解析函数,则 F 也是 ζ 的解析函数。这是因为

$$\frac{\delta F}{\delta \zeta} = \frac{\delta F}{\delta z}\frac{\delta z}{\delta \zeta}$$

而等式右边的 $\delta F/\delta z$ 和 $\delta z/\delta \zeta$ 分别在 z 平面和 ζ 平面的相应点及其邻域内有确定的极限,而与 δz 趋于零或 $\delta \zeta$ 趋于零的方向无关,因此 F 在 ζ 平面某个区域内是可导的,即 F 是 ζ 的解析函数,$F[g(\zeta)]$ 可以看作是 ζ 平面某个区域内的复位势。于是,z 平面内的流动就被变换为 ζ 平面内的相应流动。

由于 $F(z)=F[g(\zeta)]=F(\zeta)$,而 $F(z)=\phi(x,y)+\mathrm{i}\psi(x,y)$,$F(\zeta)=\phi(\xi,\eta)+\mathrm{i}\psi(\xi,\eta)$,于是

$$\phi(x,y) = \phi(\xi,\eta), \quad \psi(x,y) = \psi(\xi,\eta)$$

由上式可以推知,z 平面的等势线 $\phi(x,y)=$ 常数和流线 $\psi(x,y)=$ 常数,变换到 ζ 平面仍是等势线 $\phi(\xi,\eta)=$ 常数和流线 $\psi(\xi,\eta)=$ 常数,如同在 z 平面内一样,在 ζ 平面等势线和流线相互正交。

ζ 平面的复速度可表示为

$$\frac{\mathrm{d}F}{\mathrm{d}\zeta} = \frac{\mathrm{d}F}{\mathrm{d}z}\frac{\mathrm{d}z}{\mathrm{d}\zeta}$$

即

$$W(\zeta) = W(z)\frac{\mathrm{d}z}{\mathrm{d}\zeta} \tag{4.27}$$

这表明经过变换,ζ 平面内的复速度与 z 平面相应复速度相比大小和方向都改变了,速度被放大了 $|\mathrm{d}z/\mathrm{d}\zeta|$ 倍。

设 z 平面内 z_0 点有强度为 m 的点源和强度为 Γ 的点涡,在 z_0 的小邻域内 ϕ 和 ψ 都取非常大的值,于是在 z_0 邻域内的流动特性主要是由点源和点涡所主导,因此 z_0 邻域的复位势可写为

$$F(z) \sim \frac{m-\mathrm{i}\Gamma}{2\pi}\ln(z-z_0)$$

如果变换 $\zeta=G(z)$ 在 z_0 的导数 $\mathrm{d}\zeta/\mathrm{d}z$ 不为零和无穷大,则在 z_0 的邻域内有

$$\zeta-\zeta_0 \sim (z-z_0)\left(\frac{\mathrm{d}\zeta}{\mathrm{d}z}\right)_{z_0}$$

上式中 ζ_0 是 z_0 在 ζ 平面的映射点。由以上两式可得在 ζ 平面 ζ_0 邻域内的复位势为

$$F(\zeta) \sim \frac{m - \mathrm{i}\Gamma}{2\pi}\ln(\zeta - \zeta_0) + C$$

由此可知点源和点涡经变换后仍保持为同强度的点源和点涡。

　　在 z 平面的偶极子可以看作由两个无限靠近的相同强度的点源和点汇组成，由上文知经变换到 ζ 平面后，点源和点汇的强度保持不变，但点源和点汇间的距离却会被放大 $|\mathrm{d}\zeta/\mathrm{d}z|$ 倍，于是偶极子的强度也被放大了同样的倍数。经过变换，偶极子的方向也可能发生变化。

　　设 C_z、C_ζ 是 z 平面上和 ζ 平面上相对应的封闭曲线，则由式 (4.9) 和式 (4.27) 有

$$\Gamma_z + \mathrm{i}Q_z = \oint_{C_z}\frac{\mathrm{d}F}{\mathrm{d}z}\mathrm{d}z = \oint_{C_z}\frac{\mathrm{d}F}{\mathrm{d}z}\frac{\mathrm{d}z}{\mathrm{d}\zeta}\mathrm{d}\zeta = \oint_{C_\zeta}\frac{\mathrm{d}F}{\mathrm{d}\zeta}\mathrm{d}\zeta = \Gamma_\zeta + \mathrm{i}Q_\zeta$$

比较上式的首项和末项得

$$\Gamma_z = \Gamma_\zeta, \quad Q_z = Q_\zeta$$

即 ζ 平面上沿 C_ζ 的速度环量和穿过 C_ζ 流出的流体体积流量等于 z 平面相应曲线 C_z 上的相应值。

　　应用保角变换的基本思想是把 z 平面（物理平面）上比较复杂的外形变换成 ζ 平面（辅助平面）上简单的外形，如圆或无穷长直线，而这些简单外形的流动复位势是已知的，再经过反变换就可求得物理平面相应复杂外形流动问题的复位势。

　　如幂函数 $\zeta = z^n$ 可以把 z 平面 π/n 的角形区域变换为 ζ 平面的上半平面，而把角形域的两条边变换为 ζ 平面的实轴；施瓦兹-克里斯托弗尔变换可将物理平面的一个多边形的内部区域变换成辅助平面的上半平面，多边形的边变换成实轴；茹柯夫斯基变换则用来把物理平面的翼型剖面变换为辅助平面的圆，而翼型的外部区域变换为圆外区域。在例 5 中将给出幂函数的一个应用实例。茹柯夫斯基变换和施瓦兹-克里斯托弗尔变换则分别在 4.8 和 4.10 节中介绍。

　　例 5　求图 4.23 所示点涡在角形域内的复位势。

　　解 1　先利用镜像法求解。首先考虑放入虚轴后的复位势

$$F_1(z) = f(z) + \bar{f}(-z)$$
$$= -\mathrm{i}\frac{\Gamma}{2\pi}\ln(z - z_0) + \mathrm{i}\frac{\Gamma}{2\pi}\ln(-z - \bar{z}_0)$$
$$= -\mathrm{i}\frac{\Gamma}{2\pi}\ln(z - z_0) + \mathrm{i}\frac{\Gamma}{2\pi}\ln(z + \bar{z}_0) + C$$

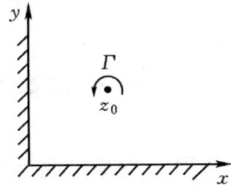

图 4.23　角形域内的点涡

再放入实轴

$$F(z) = F_1(z) + \overline{F}_1(z)$$

$$= -i\frac{\Gamma}{2\pi}\ln(z-z_0) + i\frac{\Gamma}{2\pi}\ln(z+\overline{z_0}) + i\frac{\Gamma}{2\pi}\ln(z-\overline{z_0}) - i\frac{\Gamma}{2\pi}\ln(z+z_0) + C$$

$$= i\frac{\Gamma}{2\pi}\ln\frac{(z+\overline{z_0})(z-\overline{z_0})}{(z-z_0)(z+z_0)} + C = i\frac{\Gamma}{2\pi}\ln\frac{z^2-\overline{z_0}^2}{z^2-z_0^2} + C$$

这相当于在 z_0 关于实轴和虚轴的镜像点 $\overline{z_0}$,$-z_0$ 和 $-\overline{z_0}$ 各添加一个点涡,点涡强度不变,方向有变化,如图 4.24 所示。

解 2 利用幂函数作保角变换求解。取变换函数 $\zeta = z^2$,令 $z = Re^{i\theta}$,则 $\zeta = z^2 = R^2 e^{2i\theta} = \rho e^{i\nu}$。可见 z 平面内正实轴 $\theta = 0$ 变换为 ζ 平面内正实轴 $\nu = 0$;z 平面内正虚轴 $\theta = \frac{\pi}{2}$ 变换为 ζ 平面负实轴 $\nu = \pi$;z 平面内的角形域变换为 ζ 平面的上半平面。z_0 点在 ζ 平面的对应点为 $\zeta_0 = z_0^2$(见图 4.25),变换后点涡强度不变。ζ 平面点涡复位势

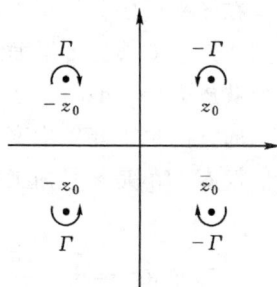

图 4.24 直角形域内的点涡及其镜像

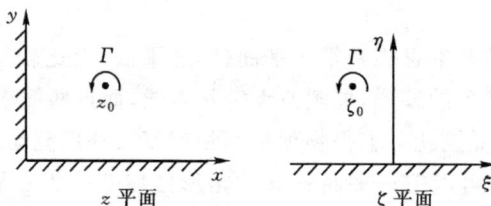

图 4.25 直角域变换为 ζ 平面上半平面

$$F(\zeta) = -i\frac{\Gamma}{2\pi}\ln(\zeta-\zeta_0) + i\frac{\Gamma}{2\pi}\ln(\zeta-\overline{\zeta}_0)$$

代入 $\zeta = z^2$,$\zeta_0 = z_0^2$,得 z 平面复位势

$$F(z) = -i\frac{\Gamma}{2\pi}\ln(z^2-z_0^2) + i\frac{\Gamma}{2\pi}\ln(z^2-\overline{z_0^2}) = i\frac{\Gamma}{2\pi}\ln\frac{z^2-\overline{z_0^2}}{z^2-z_0^2}$$

易证 $\overline{z_0^2} = \overline{z_0}^2$,以上两种解法的结果是相同的。

4.8 茹柯夫斯基变换

茹柯夫斯基变换具有如下形式

$$z = \zeta + \frac{c^2}{\zeta} \tag{4.28a}$$

式中 c 是正实数。式(4.28a)的一个重要特性是当 $|\zeta| \to \infty$ 时，$z \to \zeta$，即在距原点无穷远处，上述变换是"恒等变换"，此时两个平面上的复速度相同，如果在 z 平面有速度为 U 的来流以攻角 α 绕流物体，则在 ζ 平面相应来流速度的大小和攻角也是 U 和 α。

式(4.28a)的反函数为

$$\zeta = \frac{z}{2} \pm \sqrt{\left(\frac{z}{2}\right)^2 - c^2}$$

为满足 $|z| \to \infty$ 时 $\zeta \to z$，根号前应取"＋"号，则有

$$\zeta = \frac{z}{2} + \sqrt{\left(\frac{z}{2}\right)^2 - c^2} \tag{4.28b}$$

由式(4.28a)得

$$\frac{\mathrm{d}z}{\mathrm{d}\zeta} = 1 - \frac{c^2}{\zeta^2}$$

可见 $\zeta = 0$ 是茹柯夫斯基变换的一个奇点，该点通常总是位于物体内部，对研究物体外部流动无影响。另外，当 $\zeta = \pm c$ 时 $\mathrm{d}z/\mathrm{d}\zeta = 0$，由上节讨论知，茹柯夫斯基变换在 $\zeta = c$ 和 $\zeta = -c$ 两点不再保角。

作为实例考虑 ζ 平面内圆心位于原点，半径为 c 的圆，c 即是式(4.28a)中的常数。将圆方程 $\zeta = c e^{i\nu}$ 代入式(4.28a)得

$$z = c e^{i\nu} + c e^{-i\nu} = 2c\cos\nu$$

ζ 平面的圆变换为 z 平面实轴上的一条线段，$y = 0$，$x = 2c\cos\nu$。ζ 平面内通过 $\zeta = c$ 和 $\zeta = -c$ 两点的光滑曲线分别变换为 z 平面内点 $z = 2c$ 和 $z = -2c$ 的角点（见图 4.26），在这两点变换的保角性被破坏了。

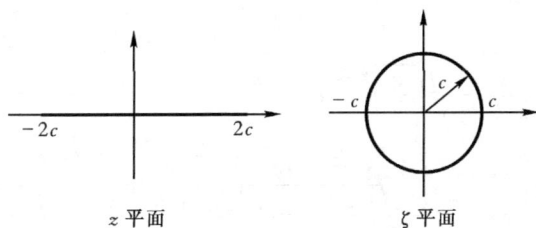

图 4.26　圆变换为实轴上线段

值得一提的是在上述圆变换为线段过程中，ζ 平面中的圆外区域变换为整个 z 平面，同样圆内区域也变换为整个 z 平面，变换是双值的。这一点可以这样来说明，将 $\zeta = \zeta_0$ 和 $\zeta = \dfrac{c^2}{\zeta_0}$ 分别代入式(4.28a)，将得到同样的 z，而 ζ_0 和 $\dfrac{c^2}{\zeta_0}$ 则一点在 $|\zeta| = c$ 圆内，另一点在 $|\zeta| = c$ 圆外。在实际流动中，圆内区域相应于物理平面的物

体内部,上述双值性对研究物体外流场不会造成理论上的困难。

4.8.1　椭圆绕流

作为茹柯夫斯基变换的应用,本节求解椭圆绕流问题。

考虑 ζ 平面内以原点为圆心,半径为 a 的圆,$\zeta = ae^{i\nu}$,$a > c$,c 是茹柯夫斯基变换式中的常数。把上述圆方程代入式(4.28a)得

$$z = ae^{i\nu} + \frac{c^2}{a}e^{-i\nu} = \left(a + \frac{c^2}{a}\right)\cos\nu + i\left(a - \frac{c^2}{a}\right)\sin\nu \quad \Rightarrow$$

$$x = \left(a + \frac{c^2}{a}\right)\cos\nu, \quad y = \left(a - \frac{c^2}{a}\right)\sin\nu$$

利用 $\sin^2\nu + \cos^2\nu = 1$,消去上式中的变量 ν,则

$$\frac{x^2}{\left(a + \frac{c^2}{a}\right)^2} + \frac{y^2}{\left(a - \frac{c^2}{a}\right)^2} = 1$$

上式是 z 平面的椭圆方程,其长轴沿 x 轴,半长轴等于 $a + c^2/a$;短轴沿 y 轴,半短轴等于 $a - c^2/a$。可见式(4.28a)把 ζ 平面内圆心位于原点、半径大于 c 的圆变换为 z 平面内的椭圆,圆外区域相应地变换为椭圆外区域。

设 z 平面内均匀来流速度为 U,相对于 x 轴攻角为 α。因为在距原点无穷远处茹柯夫斯基变换是恒等变换,则 ζ 平面来流速度和攻角也分别为 U 和 α。由式(4.26a),ζ 平面圆柱绕流的复位势为

$$F(\zeta) = U\left(\zeta e^{-i\alpha} + \frac{a^2}{\zeta}e^{i\alpha}\right)$$

将茹柯夫斯基变换式的反函数式(4.28b)代入上式,即可得到 z 平面椭圆绕流的复位势

$$\begin{aligned}
F(z) &= U\left\{\left[\frac{z}{2} + \sqrt{\left(\frac{z}{2}\right)^2 - c^2}\right]e^{-i\alpha} + \frac{a^2 e^{i\alpha}}{\frac{z}{2} + \sqrt{\left(\frac{z}{2}\right)^2 - c^2}}\right\} \\
&= U\left\{\left[z - \frac{z}{2} + \sqrt{\left(\frac{z}{2}\right)^2 - c^2}\right]e^{-i\alpha} + \frac{a^2}{c^2}\left[\frac{z}{2} - \sqrt{\left(\frac{z}{2}\right)^2 - c^2}\right]e^{i\alpha}\right\} \\
&= U\left[z e^{-i\alpha} + \left(\frac{a^2}{c^2}e^{i\alpha} - e^{-i\alpha}\right)\left(\frac{z}{2} - \sqrt{\left(\frac{z}{2}\right)^2 - c^2}\right)\right]
\end{aligned} \qquad (4.29a)$$

上式右侧第一项为攻角为 α 的均匀来流的复位势;第二项为椭圆引起的扰动复位势,在物面附近它的影响显著,当 $|z| \to \infty$,此项趋于零。上式表示的复位势和 ζ 平面相应的圆柱绕流的复位势所形成的流场分别表示在图 4.27 中。

ζ 平面圆柱绕流的驻点在 $\zeta = ae^{i\alpha}$ 和 $\zeta = ae^{i(\alpha+\pi)}$ 两点,可统一表示为 $\zeta = \pm ae^{i\alpha}$,

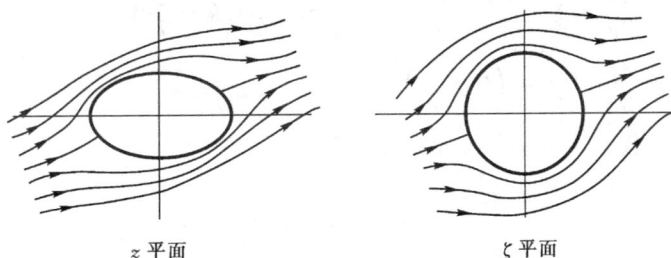

z 平面　　　　　　　　　　　ζ 平面

图 4.27　椭圆绕流

代入茹柯夫斯基变换式(4.28a)可求得 z 平面的相应驻点

$$z = \pm a\mathrm{e}^{\mathrm{i}\alpha} \pm \frac{c^2}{a}\mathrm{e}^{-\mathrm{i}\alpha} = \pm\left(a + \frac{c^2}{a}\right)\cos\alpha \pm \mathrm{i}\left(a - \frac{c^2}{a}\right)\sin\alpha$$

则 z 平面驻点分别为

$$x = \pm\left(a + \frac{c^2}{a}\right)\cos\alpha, \quad y = \pm\left(a - \frac{c^2}{a}\right)\sin\alpha \tag{4.29b}$$

　　读者不难从本节的椭圆复位势求解过程看出利用茹柯夫斯基变换求解柱体绕流复位势的思路和步骤:用式(4.28a)将 z 平面(物理平面)柱体剖面变换为 ζ 平面(辅助平面)的圆,物体外区域相应于圆外区域;依据在距原点无穷远处 ζ 平面均匀来流速度和攻角与 z 平面来流速度和攻角完全相同,写出 ζ 平面圆柱绕流复位势;利用茹柯夫斯基变换式(4.28b),即得到 z 平面柱体绕流的复位势。

　　例 6　如图 4.28 所示,平壁上有半径为 a 的半圆凸起,$z = \mathrm{i}h$ 处有一强度为 Q 的点源,$h > a$,求复位势和圆表面的速度分布。

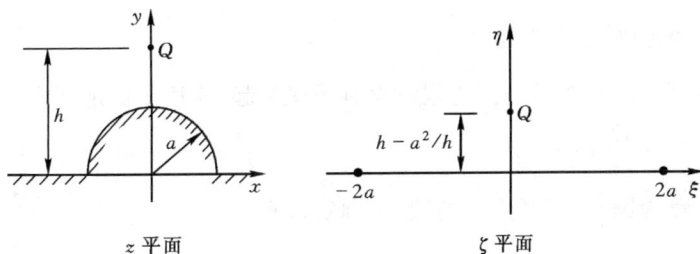

z 平面　　　　　　　　　　　ζ 平面

图 4.28　有半圆凸起平壁上的点源

　　解　应用变换式 $\zeta = z + a^2/z$ 把 z 平面的平壁和半圆变换为 ζ 平面的实轴,其中半圆变换为 ζ 平面实轴上线段 $-2a \leqslant \zeta \leqslant 2a$,$z_0 = \mathrm{i}h$ 变换为 $\zeta_0 = \mathrm{i}h + \dfrac{a^2}{\mathrm{i}h} = \mathrm{i}\left(h - \dfrac{a^2}{h}\right)$,点源强度 Q 变换后保持不变。ζ 平面复位势

$$F(\zeta) = \frac{Q}{2\pi}\ln\left[\zeta - i\left(h - \frac{a^2}{h}\right)\right] + \frac{Q}{2\pi}\ln\left[\zeta + i\left(h - \frac{a^2}{h}\right)\right]$$

$$= \frac{Q}{2\pi}\ln\left[\zeta^2 + \left(h - \frac{a^2}{h}\right)^2\right]$$

将 $\zeta = z + a^2/z$ 代入上式即得 z 平面复位势

$$F(z) = \frac{Q}{2\pi}\ln\left[\left(z + \frac{a^2}{z}\right)^2 + \left(h - \frac{a^2}{h}\right)^2\right] \tag{a}$$

复速度

$$W(z) = \frac{Q}{2\pi}\frac{2\left(z + \frac{a^2}{z}\right)\left(1 - \frac{a^2}{z^2}\right)}{\left(z + \frac{a^2}{z}\right)^2 + \left(h - \frac{a^2}{h}\right)^2}$$

代入圆方程 $z = ae^{i\theta}$，则有

$$W(z) = \frac{Q}{2\pi}\frac{2a(e^{i\theta} + e^{-i\theta})(1 - e^{-2i\theta})}{a^2(e^{i\theta} + e^{-i\theta})^2 + \left(h - \frac{a^2}{h}\right)^2}$$

$$= \frac{Qa}{\pi}\frac{2\cos\theta 2i\sin\theta}{4a^2\cos^2\theta + h^2 - 2a^2 + \frac{a^4}{h^2}}e^{-i\theta}$$

$$= \frac{Qa}{\pi}\frac{i2h^2\sin2\theta}{h^4 + a^4 + 2a^2h^2\cos2\theta}e^{-i\theta}$$

与式(4.8)相比较得

$$u_\theta = -\frac{2Qh^2a}{\pi}\frac{\sin2\theta}{h^4 + a^4 + 2a^2h^2\cos2\theta}, \quad u_R = 0 \tag{b}$$

圆上 $u_R = 0$，说明圆是流线；驻点为 $\theta = 0, \frac{\pi}{2}, \pi$。

　　此题也可用镜像法求解。先假设没有平壁突起，应用平面定理，点源复位势为

$$F_1(z) = \frac{Q}{2\pi}\ln(z - ih) + \frac{Q}{2\pi}\ln(z + ih) = \frac{Q}{2\pi}\ln(z^2 + h^2)$$

再插入以原点为圆心、半径为 a 的圆，由圆定理有

$$F(z) = F_1(z) + \bar{F}_1\left(\frac{a^2}{z}\right) = \frac{Q}{2\pi}\ln(z^2 + h^2) + \frac{Q}{2\pi}\ln\left[\left(\frac{a^2}{z}\right)^2 + h^2\right]$$

$$= \frac{Q}{2\pi}\ln\left\{(z^2 + h^2)\left[\left(\frac{a^2}{z}\right)^2 + h^2\right]\right\} \tag{c}$$

由于对称、插入圆后实轴仍为一条流线。式(a)和式(c)只相差一个常数。由式(a)，

$$F(z) = \frac{Q}{2\pi}\ln\left(z^2 + \frac{a^4}{z^2} + h^2 + \frac{a^4}{h^2}\right)$$

$$= \frac{Q}{2\pi}\ln\left\{\frac{1}{h^2}\left[h^2\left(\frac{a^4}{z^2}+h^2\right)+z^2\left(\frac{a^4}{z^2}+h^2\right)\right]\right\}$$

$$= \frac{Q}{2\pi}\ln\left\{\frac{1}{h^2}(h^2+z^2)\left[\left(\frac{a^2}{z}\right)^2+h^2\right]\right\}$$

$$= \frac{Q}{2\pi}\ln\left\{(z^2+h^2)\left[\left(\frac{a^2}{z}\right)^2+h^2\right]\right\}+c$$

解毕。

4.8.2　平板绕流和库塔条件

由上文知,茹柯夫斯基变换可把 ζ 平面圆心在原点、半径 $a>c$ 的圆变换为 z 平面的椭圆,如果令 $c=a$,则椭圆会蜕变为 z 平面实轴上的一条线段,$-2a\leqslant x\leqslant 2a$,此时的复位势仍可用式(4.29a)表示,相应的流场在图 4.29a 中示出。由于来流相对于平板存在攻角 α,z 平面流场驻点不与平板前、后沿重合,而是上游驻点在平板的下表面,下游驻点在平板的上表面。由式(4.29b),驻点在平板上的位置可表示为 $x=\pm 2a\cos\alpha$。在前沿和后沿的流动都类似图 4.8 中所示的大于 π 角的绕流。由 4.3.4 节讨论知,尖角处的绕流速度无穷大,而压强则趋于负无穷大。

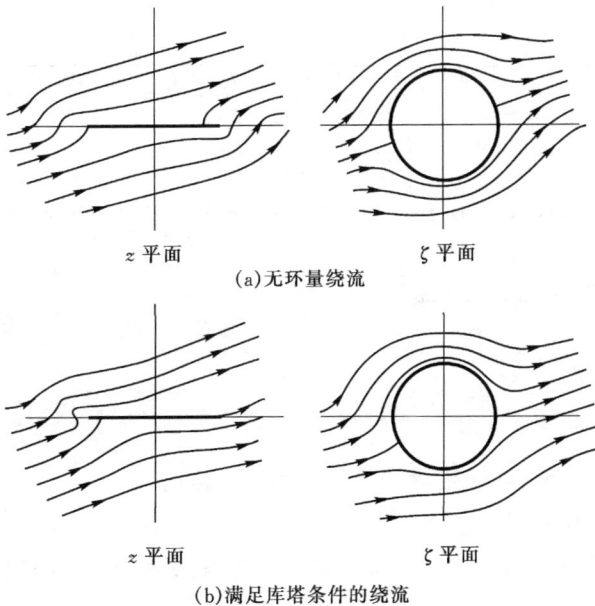

(a)无环量绕流

(b)满足库塔条件的绕流

图 4.29　平板绕流

上述情形在实际翼型的前沿不存在,通常翼型前沿设计为有限厚度,具有一定曲率,因此在翼型前沿速度是有限的,而翼型后沿通常是尖的,速度仍可能为无穷大。实际的翼型后沿处的流动是怎样的呢？实验观察发现，当来流攻角不太大时，绕流流线会平滑地顺翼型上下表面从后沿流出，后沿点的速度是有限的。这可以通过将翼型尾部上表面的驻点移到翼型的后沿来实现。设想围绕翼型有一顺时针方向旋转的环量，环量大小正好把后驻点移至后沿，与尖角点重合，这就是库塔条件。库塔条件可表述如下：具有尖后沿的翼型在小攻角绕流条件下，流体会自动调整使后驻点与翼形后沿尖角点重合。

库塔条件可用来确定围绕翼型的环量。在图 4.29a 中 ζ 平面的驻点位于 $\zeta=a\mathrm{e}^{\mathrm{i}\alpha}$；库塔条件要求 z 平面的尾部驻点与平板后沿尖点重合，即位于点 $z=2a$，相应于 ζ 平面的 $\zeta=a$ 点。这意味着在 ζ 平面内圆柱上表面的驻点需沿顺时针方向旋转角度 α。在 4.4.2 节中已经给出了围绕圆柱的环量与驻点沿圆柱表面移动角度之间关系的计算式(4.18)，据此式有

$$\Gamma = 4\pi Ua\sin\alpha \tag{4.30a}$$

式中计算的 Γ 沿顺时针方向，于是由式(4.26b)，ζ 平面圆柱绕流的复位势为

$$F(\zeta) = U\left(\zeta\mathrm{e}^{-\mathrm{i}\alpha} + \frac{a^2}{\zeta}\mathrm{e}^{\mathrm{i}\alpha}\right) + \mathrm{i}2Ua\sin\alpha\ln\frac{\zeta}{a}$$

代入 $\zeta=\frac{z}{2}+\sqrt{\left(\frac{z}{2}\right)^2-a^2}$ 得 z 平面复位势

$$F(z) = U\left\{\left[\frac{z}{2}+\sqrt{\left(\frac{z}{2}\right)^2-a^2}\right]\mathrm{e}^{-\mathrm{i}\alpha} + \frac{a^2\mathrm{e}^{\mathrm{i}\alpha}}{z/2+\sqrt{(z/2)^2-a^2}}\right.$$
$$\left. + \mathrm{i}2a\sin\alpha\ln\left[\frac{1}{a}\left(\frac{z}{2}+\sqrt{\left(\frac{z}{2}\right)^2-a^2}\right)\right]\right\} \tag{4.30b}$$

相应的流场表示在图 4.29b 中。平板翼型所受的升力可由库塔-茹柯夫斯基公式(4.22a)计算

$$Y = \rho U\Gamma = 4\pi\rho U^2 a\sin\alpha$$

定义升力系数

$$C_L = \frac{Y}{\frac{1}{2}\rho U^2 l}$$

式中 l 是翼型的长度，称翼弦，对于平板翼型 $l=4a$，于是

$$C_L = 2\pi\sin\alpha \tag{4.30c}$$

可见升力系数随着攻角 α 的增大而增加。在小攻角条件下 $\sin\alpha\approx\alpha$，式(4.30c)可近似为

$$C_L = 2\pi\alpha$$

上式与实验观察结果非常接近，说明库塔条件与实际流动情形相符合。

请注意升力 Y 是垂直于来流方向的力，它可以沿着 x 方向(平行于平板的方

向)和 y 方向(垂直于平板方向)分解。这将会出现一个有趣的现象,即升力 Y 在 x 方向的分力沿负 x 轴方向,即该分力对于平板来说不是阻力而是吸力,是一个推动平板逆流前进的力。这是因为平板前沿绕流速度无穷大,压强负无穷大造成的。

库塔条件假设围绕具有尖后沿的翼型存在环量,并在此基础上给出了与实际流动过程相符的理论预测结果。围绕翼型的环量是如何产生的呢?

设翼型突然从静止状态起动并很快达到速度 U(从翼型上看,相当于突然有均匀来流绕过翼型),根据开尔文定理,翼型的绕流是无环量绕流,下游驻点将位于翼型上表面;而在机翼的后沿点,绕流速度无穷大,压强为负无穷大。当翼型下表面的流体绕过后沿点流向翼型上表面的驻点时,流体是由低压区流向高压区,因此流体将与物面分离,产生如图 4.30a 所示的逆时针方向旋转的涡。该涡是不稳定的,将在翼型尾部脱落,随流体一起向下游流动,称起动涡。取一个足够大的封闭的由流体质点组成的物质线将翼型和起动涡都包围在其内部,依据开尔文定理,沿此封闭曲线的总环量为零;当有逆时针方向旋转的起动涡剥落时,在翼型上必然同时产生一个强度相等、旋转方向与起动涡相反的涡,称附着涡,使翼型成为有负环量的无旋流动(见图4.30b),后驻点于是向后沿尖点移动。上述过程将持续进行,即不断有起动涡脱落并流向下游,围绕翼型的附着涡强度不断增大,驻点不断向后沿尖点推移,直至与后沿点重合为止。此时上下两股流体在翼型后沿尖点汇

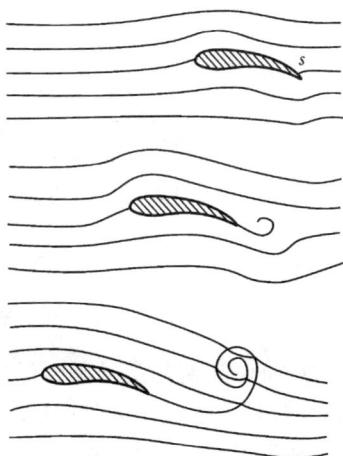

(a)翼型起动时尾部的流动

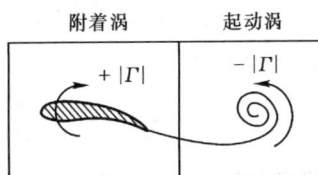

(b)绕翼型环量的产生

图 4.30 起动涡和附着涡

合,而附着涡强度正好等于库塔条件所要求的围绕翼型的环量。

4.9 茹柯夫斯基翼型

上节介绍了利用茹柯夫斯基变换把 ζ 平面圆心在原点的圆变换为 z 平面的线段或椭圆。如果 ζ 平面圆心偏离原点,取决于偏心位置的不同,ζ 平面内的偏心圆可变换为 z 平面内的对称翼型、圆弧翼型或茹柯夫斯基翼型。本节将逐一考察这些变换,并重点研究茹柯夫斯基翼型的绕流问题。

对称茹柯夫斯基翼型

如图 4.31 所示，ζ 平面偏心圆圆心在 $\zeta=-m$（m 为正实数），圆周通过 $\zeta=c$ 点，关于实轴对称，圆半径为

$$a = c + m = c(1+\varepsilon)$$

式中 $\varepsilon=m/c$。圆周通过点 $\zeta=c$，而另一点 $\zeta=-c$ 被包围在偏心圆内部，由于在

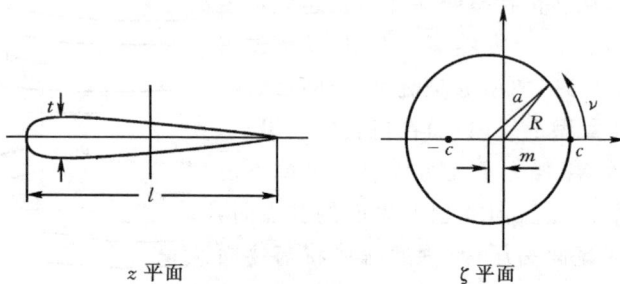

图 4.31　对称茹柯夫斯基翼型变换

$\zeta=c$ 点茹柯夫斯基变换不再保角，可以推知 z 平面的相应翼型头圆尾尖，并关于 x 轴对称，是一个对称翼型（见图 4.31）。当 $m=0$ 时，z 平面翼型将蜕变为实轴上的一条线段，可以推知 ε 愈小，翼型愈薄。ε 控制着翼型的厚度。

应用余弦定理于偏心圆内由 a、R 和实轴组成的三角形

$$a^2 = R^2 + m^2 - 2Rm\cos(\pi-\nu)$$

由于 $a=c+m$，于是

$$(c+m)^2 = R^2\left(1+\frac{m^2}{R^2}+2\,\frac{m}{R}\cos\nu\right)$$

因为 $R \geqslant c$，于是 $m^2/R^2 \leqslant m^2/c^2 = \varepsilon^2$，设 ε 为小量，上式中 m^2/R^2 项可以忽略，则

$$c+m = R\left(1+2\,\frac{m}{R}\cos\nu\right)^{1/2} = R\left[1+\frac{m}{R}\cos\nu+O(\varepsilon^2)\right]$$

忽略高阶小量 $O(\varepsilon^2)$，则有

$$c(1+\varepsilon) = R+m\cos\nu \quad \Rightarrow \quad R = c[1+\varepsilon(1-\cos\nu)]$$

于是 $\xi=Re^{i\nu}=c[1+\varepsilon(1-\cos\nu)]e^{i\nu}$，代入 $z=\zeta+c^2/\zeta$，有

$$z = c[1+\varepsilon(1-\cos\nu)]e^{i\nu} + \frac{ce^{-i\nu}}{1+\varepsilon(1-\cos\nu)}$$

$$= c[1+\varepsilon(1-\cos\nu)]e^{i\nu} + c[1-\varepsilon(1-\cos\nu)+O(\varepsilon^2)]e^{-i\nu}$$

舍去高阶小项 $O(\varepsilon^2)$ 后，有

$$z = c[2\cos\nu + i2\varepsilon(1-\cos\nu)\sin\nu]$$

令上式左右两边实部和虚部分别相等，得 z 平面内对称翼型的参数方程

$$x = 2c\cos\nu, \quad y = 2c\varepsilon(1-\cos\nu)\sin\nu$$

由上两式中消去 ν 得

$$y = \pm 2c\varepsilon\left(1 - \frac{x}{2c}\right)\sqrt{1 - \left(\frac{x}{2c}\right)^2}$$

为求 z 平面翼型的弦长 l，令 $\mathrm{d}x/\mathrm{d}\nu = 0$，得 $\sin\nu = 0$，则 $\nu = 0, \pi$，相应于 $x = \pm 2c, y = 0$，所以

$$l = 4c \tag{4.31a}$$

为求翼型的最大厚度 t，令 $\mathrm{d}y/\mathrm{d}\nu = 0$，得 $\sin^2\nu + (1 - \cos\nu)\cos\nu = 0$，化简上式得 $\cos 2\nu = \cos\nu$，则 $\nu = 0, \frac{2\pi}{3}, \frac{4\pi}{3}$。$\nu = 0$ 相应于 $x = 2c, y = 0$，是翼型后沿最小厚度处；$\nu = \frac{2\pi}{3}, \frac{4\pi}{3}$ 相应于 $x = -c, y = \pm\frac{3\sqrt{3}}{2}c\varepsilon$，是为翼型最大厚度处，所以 $t = 3\sqrt{3}c\varepsilon$。于是

$$\frac{t}{l} = \frac{3\sqrt{3}}{4}\varepsilon \quad \Rightarrow \quad \varepsilon = \frac{4}{3\sqrt{3}}\frac{t}{l} = 0.77\frac{t}{l} \tag{4.31b}$$

将式(4.31a)和式(4.31b)代入翼型方程，得

$$\frac{y}{t} = \pm 0.385\left(1 - 2\frac{x}{l}\right)\sqrt{1 - \left(2\frac{x}{l}\right)^2} \tag{4.31c}$$

圆弧翼型

如图 4.32 所示，ζ 平面偏心圆圆心在 $\zeta = mi\,(m > 0)$，圆周通过点 $\zeta = \pm c$。圆周上一点可表示为 $\zeta = Re^{i\nu}$（请注意，这里 R 是 ν 的函数），代入茹柯夫斯基变换式 (4.28a) 得

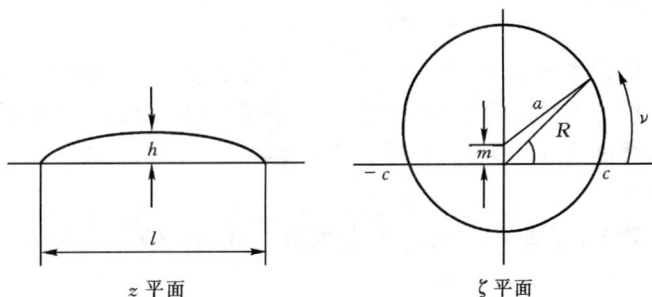

图 4.32 圆弧翼型变换

$$z = Re^{i\nu} + \frac{c^2}{R}e^{-i\nu} = \left(R + \frac{c^2}{R}\right)\cos\nu + i\left(R - \frac{c^2}{R}\right)\sin\nu$$

让等式两边实部和虚部分别相等，则

$$x = \left(R + \frac{c^2}{R}\right)\cos\nu, \quad y = \left(R - \frac{c^2}{R}\right)\sin\nu$$

为消去上式中的 R 作下列运算，

$$x^2\sin^2\nu - y^2\cos^2\nu = \left(R+\frac{c^2}{R}\right)^2\sin^2\nu\cos^2\nu - \left(R-\frac{c^2}{R}\right)^2\sin^2\nu\cos^2\nu$$

$$= 4c^2\sin^2\nu\cos^2\nu$$

上式即 z 平面内的翼型方程，为进一步消去其中的变量 ν，应用余弦定理于 a、R 和虚轴组成的三角形，

$$a^2 = R^2 + m^2 - 2Rm\cos\left(\frac{\pi}{2}-\nu\right)$$

考虑到 $a^2 = c^2 + m^2$，上式可化简为

$$\sin\nu = \frac{R^2-c^2}{2Rm}$$

联立求解上式和 $y=\left(R-\frac{c^2}{R}\right)\sin\nu$ 得

$$\sin^2\nu = \frac{y}{2m}, \quad \cos^2\nu = 1-\frac{y}{2m}$$

将上两式代入 z 平面翼型方程

$$x^2\frac{y}{2m} - y^2\left(1-\frac{y}{2m}\right) = 4c^2\frac{y}{2m}\left(1-\frac{y}{2m}\right)$$

整理上式

$$x^2 + \left[y+c\left(\frac{c}{m}-\frac{m}{c}\right)\right]^2 = c^2\left[4+\left(\frac{c}{m}-\frac{m}{c}\right)^2\right]$$

假设 $\varepsilon = m/c \ll 1$，则上式可改写为

$$x^2 + \left(y+\frac{c^2}{m}\right)^2 = c^2\left(4+\frac{c^2}{m^2}\right)$$

上式表示 z 平面内半径为 $c\sqrt{4+c^2/m^2}$，圆心位于 $y=-c^2/m$ 的圆。由 $\sin^2\nu = y/2m$ 知 $y\geqslant0$，因此 ζ 平面的偏心圆变换为 z 平面实轴以上的一段圆弧。设圆弧的弦长为 l，最大弯度为 h。令 $y=0$，由上述方程得 $x=\pm2c$，所以

$$l = 4c \tag{4.32a}$$

由于圆心在 y 轴上，可知 $x=0$ 时，y 取最大值 h，由 $x=(R+c^2/R)\cos\nu$ 知 $x=0$ 相应于 $\nu=\pi/2$，代入 $y=2m\sin^2\nu$ 得

$$h = 2m \tag{4.32b}$$

由上式可以看出，ζ 平面的偏心圆在正虚轴方向的偏移量 m 控制着圆弧翼型的弯度。将式(4.32a)和式(4.32b)代入翼型方程得

$$x^2 + \left(y+\frac{l^2}{8h}\right)^2 = \frac{l^2}{4}\left(1+\frac{l^2}{16h^2}\right) \tag{4.32c}$$

茹柯夫斯基翼型

上文讨论了茹柯夫斯基对称翼型和圆弧翼型的变换,对称翼型是只有厚度没有弯度的翼型,其厚度由 ζ 平面偏心圆在负实轴方向的偏移量决定;圆弧翼型是没有厚度只有弯度的翼型,其弯度由 ζ 平面偏心圆在正虚轴方向的偏移量决定。如果让 ζ 平面偏心圆圆心在第二象限,偏心距为 m,坐标系原点与圆心连线的幅角为 δ,为了使翼形尾沿为尖角,圆周通过 $ζ=c$ 点。由于既有负实轴方向位移 $m\cos\delta$,也有正虚轴方向位移 $m\sin\delta$,可以预料 z 平面的翼型既有厚度又有弯度(见图4.33a),其特征尺寸包括弦长 l,最大厚度 t 和最大弯度 h。

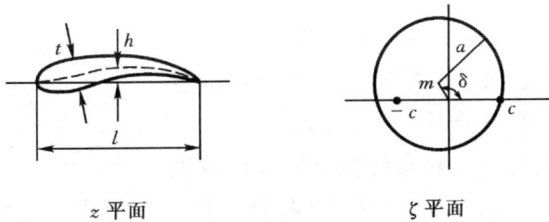

z 平面　　　　　　　　　　　　　ζ 平面

(a)茹柯夫斯基翼型变换

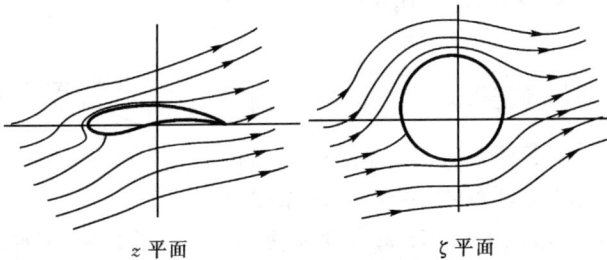

z 平面　　　　　　　　　　　　　ζ 平面

(b)茹柯夫斯基翼型绕流流线图

图 4.33　茹柯斯基翼型

z 平面的翼型方程,可通过将 ζ 平面内的圆方程 $ζ=Re^{i\nu}$ 代入茹柯夫斯基变换式 $z=ζ+c^2/ζ$ 经过推演求得。当偏心圆圆心偏移量 m 很小,$\varepsilon=m/c\ll1$ 时,z 平面翼型方程则可以通过线性迭加的方法得到。在 $\varepsilon\ll1$ 条件下,z 平面翼型的中心线是一段圆心在 y 轴的圆弧,而翼型关于中心线对称,于是翼型上下表面的方程可通过在圆弧方程上加减厚度而得到。由式(4.31c)和式(4.32c),翼型曲线可写为

$$y=\sqrt{\frac{l^2}{4}\left(1+\frac{l^2}{16h^2}\right)-x^2}-\frac{l^2}{8h}\pm0.385t\left(1-2\frac{x}{l}\right)\sqrt{1-\left(2\frac{x}{l}\right)^2} \quad (4.33a)$$

式中"+"对应于翼形上表面,"-"对应于翼形下表面,这样的翼型称茹柯夫斯基翼型。

上文分别推导了茹柯夫斯基对称翼型、圆弧翼型和茹柯夫斯基翼型的型线方

程,本节的后半部分将讨论茹柯夫斯基翼型绕流的环量、升力,并推导流场的复位势。

为确定茹柯夫斯基翼型绕流的环量值,首先考虑对称翼型和圆弧翼型的绕流环量。均匀来流以攻角 α 绕流对称翼型,当围绕翼型无环量时,ζ 平面内圆柱表面的后驻点在 A 点(见图4.34a),为满足库塔条件,该驻点需沿顺时针方向转动 α 角到 $\zeta=c$ 点($\zeta=c$ 点与 z 平面翼型尾沿角点相对应)。由式(4.18),$\Gamma=4\pi Ua\sin\alpha$,式中 $a=c+m$,由式(4.31b),$m=c\varepsilon=0.77ct/l$,于是

$$\Gamma = 4\pi Uc\left(1 + 0.77\,\frac{t}{l}\right)\sin\alpha$$

对于圆弧翼型,当围绕翼型无环量时,ζ 平面圆柱表面的后驻点在 A 点(如图4.34所示),满足库塔条件的驻点应在 B 点(即 $\zeta=c$ 点,该点与 z 平面翼型尾沿角点相对应),驻点沿顺时针方向转过角度 $\alpha+\beta$,式中 $\beta\approx\text{tg}\beta=m/c$。由式(4.18),$\Gamma=4U\pi a\sin(\alpha+\beta)$。由式(4.32a)和式(4.32b),$c=l/4$,$m=h/2 \Rightarrow \beta=2h/l$;圆柱半径 $a=\sqrt{m^2+c^2}\approx c$。于是

$$\Gamma = \pi Ul\sin\left(\alpha + \frac{2h}{l}\right)$$

把上述关于对称翼型和圆弧翼型绕流环量 Γ 的表达式与平板机翼的绕流环量 $\Gamma=4\pi Uc\sin\alpha$ 相比,可以看出厚度 t 使环量增加了 $0.77t/l$;弯度 h 使来流的有效攻角变为 $\alpha+2h/l$。对于既有厚度又有弯度的茹柯夫斯基翼型,其绕流环量于是可写为

$$\Gamma = \pi Ul\left(1 + 0.77\,\frac{t}{l}\right)\sin\left(\alpha + \frac{2h}{l}\right) \qquad (4.33b)$$

将上式代入库塔-茹柯夫斯基公式(4.22a),有

$$F_L = \pi\rho U^2 l\left(1 + 0.77\,\frac{t}{l}\right)\sin\left(\alpha + \frac{2h}{l}\right)$$

升力系数为

$$C_L = \frac{F_L}{\frac{1}{2}\rho U^2 l} = 2\pi\left(1 + 0.77\,\frac{t}{l}\right)\sin\left(\alpha + \frac{2h}{l}\right)$$

$$(4.33c)$$

如图4.35所示,ζ 平面内一点相对于原点的坐标为

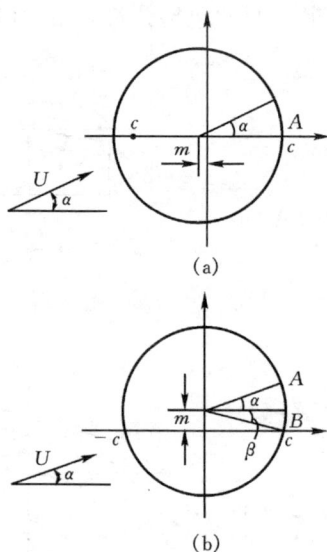

(a)

(b)

图 4.34　对称翼型和圆弧翼型环量的确定

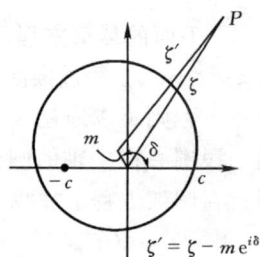

图 4.35　茹科夫斯基翼型变换 ζ 平面绕流复位势计算

ζ,而相对于偏心圆圆心的坐标则应表示为 $\zeta-me^{i\delta}$,以 $\zeta-me^{i\delta}$ 代入圆柱绕流复位势表达式(4.26b),则

$$F(\zeta) = \left[(\zeta-me^{i\delta})e^{-i\alpha} + \frac{a^2 e^{i\alpha}}{\zeta-me^{i\delta}}\right] + i\frac{\Gamma}{2\pi}\ln\left(\frac{\zeta-me^{i\delta}}{a}\right) \qquad (4.33d)$$

$m\cos\delta$ 相当于对称翼型变换中偏心圆在负实轴方向的偏移,而 $m\sin\delta$ 相当于圆弧翼型变换中偏心圆在正虚轴方向的偏移,由式(4.31b)和式(4.32b),$m\cos\delta = -0.77(tc/l)$,$a=l/4+0.77(tc/l)$,$m\sin\delta=h/2$;环量 Γ 已在式(4.33b)中给出。

将上述诸式及 $\zeta=\dfrac{z}{2}+\sqrt{\left(\dfrac{z}{2}\right)^2-c^2}$ 代入式(4.33d)即可得到 z 平面的复位势。上述复位势的流动图谱在图 4.33b 中给出。

由式(4.33)可以看出,物体的升力随着翼型厚度、弯度和来流攻角的增加而增大。需要指出的是,该式是在假设小攻角和假设 $\varepsilon=m/c$ 是小量的前提下推出的,当翼型厚度和弯度不断增加时,物面形状就会愈来愈偏离流线形翼型,其结果可能导致流体与物面分离。即使对于细长的流线形翼型,在大来流攻角条件下也会发生流体脱离物面。流体脱离物面会在物体尾部形成低压的尾涡区,使翼型阻力显著增高;同时流体脱离物面也会破坏翼型的附着涡,严重时造成升力消失,即所谓的"失速"现象。

4.10　施瓦兹-克里斯托弗尔变换

在许多实际问题中,流场边界由多角形组成。利用施瓦兹-克里斯托弗尔变换可将多角形内部区域变换为 ζ 平面的上半平面,而多角形区域的边界变换为 ζ 平面的实轴。变换式为

$$\frac{dz}{d\zeta} = k(\zeta-a)^{\frac{\alpha}{\pi}-1}(\zeta-b)^{\frac{\beta}{\pi}-1}(\zeta-c)^{\frac{\gamma}{\pi}-1}\cdots \qquad (4.34)$$

如图 4.36 所示,A、B、$C\cdots$ 是 z 平面多角形的顶点,其内角分别为 α、β、$\gamma\cdots$,A、B、$C\cdots$ 经过变换后,在 ζ 平面实轴上的对应点分别为 a、b、$c\cdots$。由于 z 平面内的多角形是封闭的,其内角和应满足

$$\alpha+\beta+\gamma\cdots = (n-2)\pi$$

式中 n 是多角形的顶点数。

式(4.34)的推导在一般的复

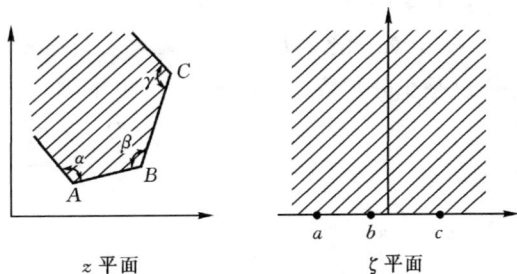

图 4.36　施瓦兹-克里斯托弗尔变换

变函数教科书中都有详细介绍,此处不再作讨论。应用(4.34)求解具体问题时应注意以下几点:

(1) A、B、C…和 a、b、c…的对应排列顺序应符合边界与区域的对应关系,通常沿边界顺序行进时区域始终保持在边界左侧。

(2) z 平面两条平行线可以看作在无穷远处相交,内角为 0。

(3) 应用式(4.34)解题过程中常将 z 平面某点映射到 ζ 平面实轴上的无穷远点,此时式(4.34)中对应于该顶点的项自动消失。

(4) 式(4.34)中共有 $n+2$ 个常数(包括该式积分后的一个积分常数),常数 a、b、c…中的三个可以任选(通常取 $-1,0,1$),其余常数则由具体的边界对应条件和流动边界条件确定。

例 7　求图 4.37 所示宽为 l 的半无穷长渠道中流场的复位势,已知在渠道封闭端角点 C 处有流量 Q 进入流场中。

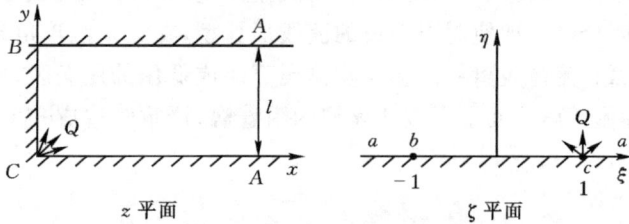

图 4.37　半无限长渠道内的点源复位势

解　现利用式(4.34)将 z 平面的半无穷长渠道边界变换为 ζ 平面的实轴,取 B 和 C 点分别相应于 $\zeta=-1$ 和 $\zeta=1$ 点,A 点相应于 $\zeta=\infty$,由于 B 和 C 点的内角均为 $\pi/2$,式(4.34)可写为

$$\frac{\mathrm{d}z}{\mathrm{d}\zeta} = k(\zeta+1)^{-1/2}(\zeta-1)^{-1/2} = \frac{k}{\sqrt{\zeta^2-1}}$$

积分上式得

$$z = k\,\mathrm{arch}\zeta + D$$

式中 D 是积分常数。常数 k 和 D 由下列边界对应条件确定:(1) $\zeta=1$ 时 $z=0$;(2) $\zeta=-1$ 时 $z=il$。由条件(1)得 $D=0$;由条件(2),$k=l/\pi$。于是变换函数可写为

$$z = \frac{l}{\pi}\mathrm{arch}\zeta$$

其反函数为

$$\zeta = \mathrm{ch}\frac{\pi z}{l}$$

在 z 平面 C 点有流量 Q 进入流场,由于保角变换不改变点源强度,在 ζ 平面上半平面与 C 相对应的 c 点也有流量 Q 进入流场,这相当于在 $\zeta=1$ 点放置一个强度为 $2Q$ 的点源(请注意点源向整个平面释放流量,如流向上半平面的流量为 Q,对整个 ζ 平面流量应为 $2Q$)。ζ 平面点源复位势

$$F(\zeta) = \frac{2Q}{2\pi}\ln(\zeta-1) = \frac{Q}{\pi}\ln(\zeta-1)$$

在 z 平面的相应复位势

$$F(z) = \frac{Q}{\pi}\ln\left(\operatorname{ch}\frac{\pi z}{l}-1\right)$$

上式可进一步简化,由复变函数恒等式

$$\operatorname{ch}(X+Y) - \operatorname{ch}(X-Y) = 2\operatorname{sh}(X)\operatorname{sh}(Y)$$

令 $X=Y=\frac{\pi z}{2l}$,得 $\operatorname{ch}\frac{\pi z}{l}-1=2\operatorname{sh}^2\frac{\pi z}{2l}$

将上式代入复位势表达式,则

$$F(z) = \frac{Q}{\pi}\ln\left(2\operatorname{sh}^2\frac{\pi z}{2l}\right) = \frac{2Q}{\pi}\ln\left(\operatorname{sh}\frac{\pi z}{2l}\right) + c$$

舍去上式右边的常数,得

$$F(z) = \frac{2Q}{\pi}\ln\left(\operatorname{sh}\frac{\pi z}{2l}\right)$$

解毕。

例 8　一宽为 h 的无穷长渠道,$z=0$ 处有点汇从流场吸收流量 Q,渠道两侧远离原点处流体作平行流动,求渠道中流场的复位势。

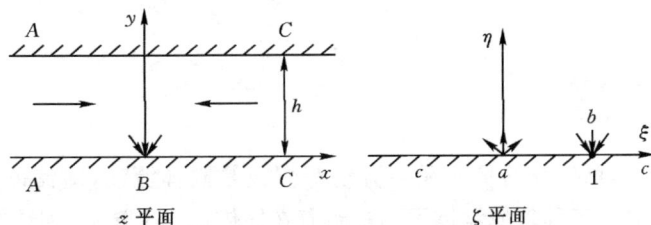

图 4.38　无限长渠道内点汇复位势

解　如图 4.38 所示,让 A、B、C 点分别对应于 ζ 平面内的 a、b、c 点,它们的坐标是 $\zeta=0,1$ 和 ∞。A 和 B 点的内角分别为 0 和 π,于是式(4.34)可写为

$$\frac{\mathrm{d}z}{\mathrm{d}\zeta} = k\zeta^{-1}(\zeta-1)^{1-1} = \frac{k}{\zeta}$$

积分上式,得

$$z = k\ln\zeta + D$$

上式有两个常数。z 平面和 ζ 平面之间的对应坐标关系中只有 $z=0$ 时 $\zeta=1$ 可用来确定上式中的常数,代入上式得 $D=0$,于是

$$z = k\ln\zeta \quad \text{或} \quad \zeta = \mathrm{e}^{\frac{z}{k}}$$

另一个常数 k 只好由流动边界条件来确定。

由于保角变换不改变点源(汇)的强度,相应于 z 平面 B 点的点汇 Q,ζ 平面 b 点有一强度为 $2Q$ 的点汇;相应于 z 平面渠道左侧的流量为 $Q/2$ 的平行流,ζ 平面 a 点有一强度为 Q 的点源。由奇点迭加原理得流动复位势为

$$F(\zeta) = -\frac{2Q}{2\pi}\ln(\zeta-1) + \frac{Q}{2\pi}\ln\zeta = \frac{Q}{\pi}\ln\frac{\zeta^{1/2}}{\zeta-1}$$

代入 $\zeta = \mathrm{e}^{z/k}$,有

$$F(z) = -\frac{Q}{\pi}\ln\frac{\mathrm{e}^{z/k}-1}{\mathrm{e}^{z/2k}} = -\frac{Q}{\pi}\ln\left(\mathrm{sh}\frac{z}{2k}\right)$$

复速度为

$$W(z) = \frac{\mathrm{d}F}{\mathrm{d}z} = -\frac{Q}{\pi} \cdot \frac{1}{2k} \cdot \frac{\mathrm{ch}\dfrac{z}{2k}}{\mathrm{sh}\dfrac{z}{2k}} = -\frac{Q}{2k\pi}\mathrm{cth}\frac{z}{2k}$$

当 z 沿正 x 轴方向趋于无穷大时,$w(z) \to -\dfrac{Q}{2h}$,得 $k=h/\pi$,代入复位势表达式,则

$$F(z) = -\frac{Q}{\pi}\ln\left(\mathrm{sh}\frac{\pi z}{2h}\right)$$

解毕。

4.11 自由射流

迄今为止,本章研究的平面无旋流动都假设是附体流动,即流体没有脱离物面。但在自然界和工程领域流体不总是附着在固体壁面上流动,如钝体绕流,在背风侧会发生流动分离。分离流动的重要特点是存在"自由面"或"自由边界"。本节研究自由射流,如孔口出流或射流撞击壁面,此时可以把射流与周围流体的交界线看作是一条自由流线。在自由流线上压强处处与周围环境的压强相同,根据伯努利方程,速度也应处处相等,而自由流线的形状却是未知的。另一方面在固体边界上流动方向是已知的,而流速的大小则是未知的。自由流线理论可以用来求解此类问题,它是保角变换方法在平面无旋流动中的另一重要应用。

孔口出流

如图 4.39 所示。大容器内的流体经截面 BB' 流出,出流平面自由射流的边界即自由面,沿流动方向射流横截面逐渐收缩,至 CC' 截面速度分布趋于均匀。在 CC' 截面上流线趋于平直,射流内部压强等于环境压强。在射流的自由面上,压强处处等于大气压强,依据伯努利方程,速度应处处等于 U_∞,式如

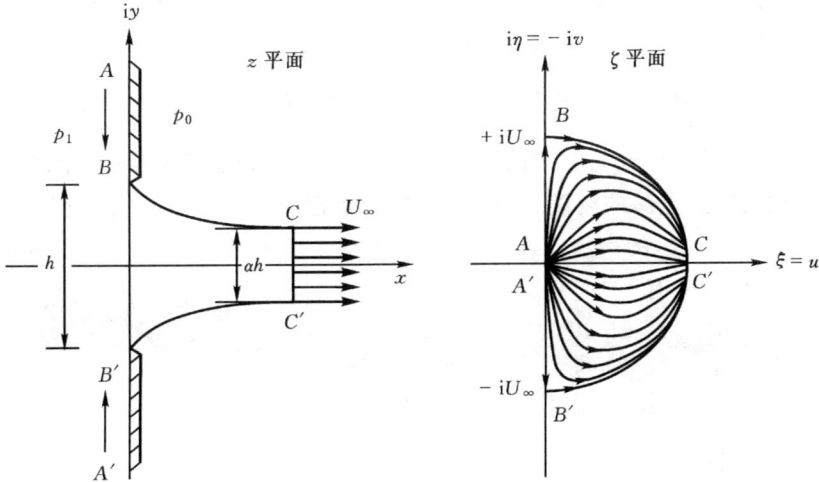

图 4.39　孔口出流

$$U_\infty = \sqrt{\frac{2}{\rho}(p_0 - p_a)}$$

式中 p_a 是环境压强,p_0 是容器内部压强,可视作滞止压强。射流体积流量(设垂直于纸面为单位宽度)为

$$\alpha h U_\infty,$$

α 是射流截面收缩比,称收缩系数。采用复速度的定义式作为变换函数,则

$$\zeta = \zeta(z) = \frac{\mathrm{d}F}{\mathrm{d}z} = W(z) = u - \mathrm{i}v \tag{4.35}$$

上式可以把 z 平面变换为所谓的速度平面。

在 4.7 节中已指出,z 平面内的流线变换到 ζ 平面仍然是流线,因此 z 平面上半平面内的流线 ABC 变换到速度平面也将是一条流线。在 AB 段,$u \equiv 0$,v 从零变化到 $-U_\infty$,于是 AB 在速度平面内的映像与从 $\eta = 0$ 到 $\eta = -v = U_\infty$ 的一段正虚轴重合;在 BC 段,速度由 B 点的 $v = -U_\infty$ 变化到 C 点的 $u = U_\infty$,$|W(z)| = U_\infty$,为常数,因此 BC 段在速度平面内的映像为第一象限的 1/4 圆周。z 平面下半平面的流线 $A'B'C'$ 上的每一点的速度都等于流线 ABC 上对应点复速度的共轭值,于是 $A'B'C'$ 和 ABC 在速度平面内的映像关于正实轴 ξ 对称(见图 4.39b)。由上述

讨论知,射流的上下自由面的映像在 ζ 平面右半平面围成了一个半圆,其方程可写为

$$\zeta = U_\infty e^{i\theta}$$

式中 $-\pi/2 \leqslant \theta \leqslant \pi/2$,$z$ 平面容器内部和射流内部的所有流线都被包在该半圆中。

考察 ζ 平面的流线图,可假设流场由一个位于原点的点源和两个分别位于点 $\zeta = \pm U_\infty$ 的点汇迭加而成。考虑到点源只有一半强度流入右半平面的半圆,让点源、点汇的强度均等于 $2\alpha h U_\infty$,其复位势为

$$F(\zeta) = \frac{\alpha}{\pi} U_\infty h [\ln\zeta - \ln(\zeta - U_\infty) - \ln(\zeta + U_\infty)]$$

容易验证在上述迭加流场中,圆 $\zeta = U_\infty e^{i\theta}$ 是一条流线,而位于原点的点源释放的流线被包围在圆内,点源的流量一半进入右方的点汇,一半进入左方的点汇。下边推导变换函数 $z = z(\zeta)$ 的表达式,即式(4.35)的反变换式,从而可得出 z 平面的流线方程。由式(4.35)有

$$z = \int \frac{dF}{\zeta} = \int \frac{dF}{d\zeta} \frac{d\zeta}{\zeta}$$

考虑到 $F(\zeta)$ 的表达式,上式可改写为

$$z = \frac{\alpha}{\pi} U_\infty h \int \left[\frac{1}{\zeta^2} + \frac{1}{\zeta(U_\infty - \zeta)} - \frac{1}{\zeta(U_\infty + \zeta)} \right] d\zeta$$

积分上式

$$z = \frac{\alpha}{\pi} h \left[-\frac{U_\infty}{\zeta} + \ln\left(1 + \frac{\zeta}{U_\infty}\right) - \ln\left(1 - \frac{\zeta}{U_\infty}\right) \right] + C$$

上式即是从 ζ 平面到 z 平面的变换式。考察 ζ 平面自由流线 ABC,将该自由流线方程 $\zeta = U_\infty e^{i\theta}$ ($0 \leqslant \theta \leqslant \pi/2$)代入上式,并考虑到恒等式

$$\ln(1 + e^{i\theta}) - \ln(1 - e^{i\theta}) = \ln\left(\frac{1 + e^{i\theta}}{1 - e^{i\theta}}\right) = i \frac{\pi}{2} + \ln\left(\frac{\sin\theta}{1 - \cos\theta}\right)$$

可得 z 平面自由流线方程

$$z(\theta) = \frac{\alpha}{\pi} h \left[-e^{-i\theta} + \ln\left(\frac{\sin\theta}{1 - \cos\theta}\right) \right] + K \qquad 0 \leqslant \theta \leqslant \frac{\pi}{2} \tag{4.36a}$$

由图 4.39a 中 B 点坐标 $z(\theta = \pi/2) = ih/2$,可确定上式常数

$$K = i \frac{h}{2} \left(1 - \frac{2\alpha}{\pi}\right) \tag{4.36b}$$

令式(4.36a)中 $\theta \to 0$,z 实部趋于无穷大,表示 z 平面的 C 点在无穷远处。由图 4.39a,$\theta \to 0$ 时 z 的虚部趋于 $i\alpha h/2$;由式(4.36a)$\lim\limits_{\theta \to 0} \mathrm{Im}[z(\theta)] = K$。于是有

$$i\alpha h/2 = K$$

将式(4.36b)代入上式可推得

$$\alpha = \frac{\pi}{\pi + 2} \approx 0.61 \tag{4.37}$$

上式收缩系数的理论值基本上和实测值相同。

平面自由射流

平面自由射流撞击无限大平壁的流场也可用上述方法求解。z 平面的流线在速度平面上同样可以右半平面的半圆来表示(见图 4.40),速度平面的流场可用位

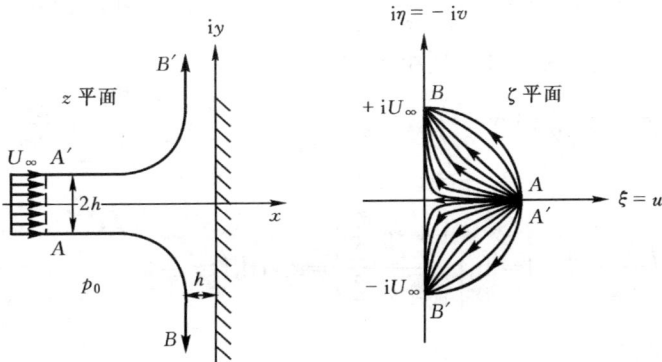

图 4.40　平面自由射流

于 $\zeta = \pm U_\infty$ 的两个点源和位于 $\zeta = \pm iU_\infty$ 的两个点汇迭加来实现,源汇的强度等于射流流量的 2 倍,

$$4U_\infty h$$

ζ 平面的复位势为

$$F(\zeta) = \frac{2}{\pi}U_\infty h[\ln(\zeta - U_\infty) + \ln(\zeta + U_\infty) - \ln(\zeta - iU_\infty) - \ln(\zeta + iU_\infty)]$$

读者可以验证,上述迭加流场中一个点源流向一个点汇的流量是 $U_\infty h$,与图 4.40所示流动情形相符。同样,应用

$$z = \int \frac{\mathrm{d}F}{\zeta} = \int \frac{\mathrm{d}F}{\mathrm{d}\zeta}\frac{\mathrm{d}\zeta}{\zeta}$$

可得

$$z = \frac{2h}{\pi}\left[\ln\left(\frac{1 - \zeta/U_\infty}{1 + \zeta/U_\infty}\right) - \mathrm{i}\ln\left(\frac{1 - \mathrm{i}\zeta/U_\infty}{1 + \mathrm{i}\zeta/U_\infty}\right)\right] + C \tag{4.38}$$

由条件 $z(\zeta=0)=0$,可确定上式的积分常数等于零。

下边求解 z 平面下半平面自由流线的方程。该自由流线在 ζ 平面方程为

$$\zeta = U_\infty \mathrm{e}^{\mathrm{i}\theta}, \qquad 0 \leqslant \theta \leqslant \frac{\pi}{2}$$

把上述方程代入式(4.38),并考虑到恒等式

$$\ln\left(\frac{1-e^{i\theta}}{1+e^{i\theta}}\right) = -i\frac{\pi}{2} + \ln\left(\frac{1-\cos\theta}{\sin\theta}\right) = -i\frac{\pi}{2} + \ln\left(tg\frac{\theta}{2}\right)$$

和

$$\ln\left(\frac{1-ie^{i\theta}}{1+ie^{i\theta}}\right) = \ln\left(\frac{1-e^{i(\theta+\pi/2)}}{1+e^{i(\theta+\pi/2)}}\right) = -i\frac{\pi}{2} + \ln\left[tg\left(\frac{\theta}{2}+\frac{\pi}{4}\right)\right]$$

得

$$z(\theta) = x+iy = -h\left\{1-\frac{2}{\pi}\ln\left[tg\frac{\theta}{2}\right]\right\} - ih\left\{1+\frac{2}{\pi}\ln\left[tg\left(\frac{\theta}{2}+\frac{\pi}{4}\right)\right]\right\}$$

让上式左右两边实部和虚部分别相等,则有

$$tg\frac{\theta}{2} = \exp\left[\frac{\pi}{2}\left(1+\frac{x}{h}\right)\right], \quad y = -h\left\{1+\frac{2}{\pi}\ln\left[tg\left(\frac{\theta}{2}+\frac{\pi}{4}\right)\right]\right\}$$

上式中

$$\ln\left[tg\left(\frac{\theta}{2}+\frac{\pi}{4}\right)\right] = \ln\left|\frac{1+tg\frac{\theta}{2}}{1-tg\frac{\theta}{2}}\right| = 2\text{arth}\left(tg\frac{\theta}{2}\right)$$

由以上三式可得

$$-\frac{y}{h} = 1 + \frac{4}{\pi}\text{arth}\left\{\exp\left[\frac{\pi}{2}\left(1+\frac{x}{h}\right)\right]\right\} \qquad x < -h \qquad (4.39)$$

上式即是 z 平面下半平面射流自由流线方程,上半平面的自由流线方程与上式对称。

练习题

4.1　已知速度势函数 ϕ 为

(1) $\phi = xy$; (2) $\phi = x^3 - 3xy$; (3) $\phi = \dfrac{x}{x^2+y^2}$; (4) $\phi = \dfrac{x^2-y^2}{(x^2+y^2)^2}$

求相应流函数 ψ。

4.2　已知平面无旋流动的流函数或势函数为

(1) $\psi = \text{arctg}\dfrac{y}{x}$; 　　　　　　(2) $\psi = \ln(x^2+y^2)$;

(3) $\phi = \dfrac{\cos 2\theta}{R^2}$; 　　　　　　(4) $\phi = -U(R-a^2/R)\cos(\theta+\alpha)$

求相应的复位势。

4.3　定义平面、定常、可压缩流动流函数为 $\psi(x,y)$, $\dfrac{\partial\psi}{\partial y} = \rho u$, $\dfrac{\partial\psi}{\partial x} = -\rho v$。证

明此时 $\phi=$ 常数和 $\psi=$ 常数的线构成正交网。

4.4　设复位势为 $F(z)=m\ln\left(z-\dfrac{1}{z}\right)$,(1)试分析流动由那些基本流动组成;(2)求流线方程;(3)求通过 $z=\mathrm{i}$ 和 $z=1/2$ 两点连线的流体体积流量。

4.5*　设不可压缩均质流体作定常运动,不计质量力,(1)证明流函数 ψ 和涡量 Ω 满足方程 $\dfrac{\partial(\Omega,\psi)}{\partial(x,y)}=0$;(2)若 Ω 是常数,证明 $\dfrac{1}{2}\boldsymbol{u}\cdot\boldsymbol{u}+\dfrac{p}{\rho}+\psi\Omega=C$(常数)。

4.6　在不可压缩流体的平面定常运动中,若速度场只是矢径 R 大小的函数,证明在极坐标下流函数 ψ 的表达式为 $\psi=f(R)+k\theta$,其中 k 为常数。若运动无旋,证明流线是等角螺线,并求速度势函数。

4.7　在 $z=-b$ 放置一强度为 m 的源,在 $z=b$ 放置一强度为 m 的汇,如 $b\to\infty,m\to\infty$,但 $m/b\to\pi U,U$ 为有限值,那么流场复位势就是速度为 U,方向与 x 轴平行的均匀直线流动的复位势。试证明之。

4.8　已知有环量圆柱绕流的复位势是 $F(z)=U\left(z+\dfrac{a^2}{z}\right)+\dfrac{\Gamma}{2\pi\mathrm{i}}\ln\dfrac{z}{a}$,式中 a 是圆柱半径,U 是来流速度,Γ 是绕圆柱的环量。试利用伯努利方程求沿圆柱表面的压强分布 $p(a,\theta)$ 和流体对圆柱的作用力。

4.9　在点 $(a,0)$ 和 $(-a,0)$ 上放置等强度的点源,(1)证明圆周 $x^2+y^2=a^2$ 上任一点的速度都与 y 轴平行,且此速度的大小与 y 成正比;(2)求 y 轴上的速度最大点;(3)证明 y 轴是一条流线。

4.10　在 $(a,0)$,$(-a,0)$ 处放置强度为 Q 的点源,在 $(0,a)$,$(0,-a)$ 处放置等强度点汇,证明 $|z|=a$ 是流线。

4.11　设无界流场中在点 $(a,0)$ 和 $(-a,0)$ 上各有强度为 Q 的点源,在原点有强度为 $2Q$ 的点汇。(1)证明流线方程为 $(x^2+y^2)^2=a^2(x^2-y^2+\lambda xy)$,其中 λ 是可变参数;(2)证明在任意点上的流速为 $\dfrac{2Qa^2}{R_1R_2R_3}$,其中 R_1、R_2 和 R_3 分别为该点到上述三个奇点的距离。

4.12　设 x 轴为固壁,在 $z=\mathrm{i}$ 点上有强度为 μ 的偶极子,其方向平行于 x 轴(见题 4.12 图)。(1)求上半平面中流动的流函数;(2)证明以原点为圆心的单位半圆是一条流线。

4.13　在速度为 U 的均匀来流中放置一个半径为 a 的圆柱,并在 z_0 和 $\bar{z}_0$ 各放置一个强度相等方向相反的点涡(见题 4.13 图)。试求流场复位势。

4.14　设一圆柱半径为 a,在距圆柱中心为 $l(l>a)$ 处分别放置(1)强度为 Q 的电源;(2)强度为 Γ 的点涡。分别计算以上各情况下圆柱所受的合力。设流体密度为 ρ。

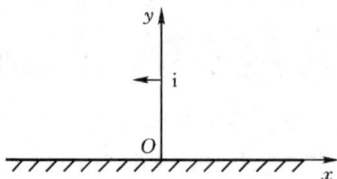

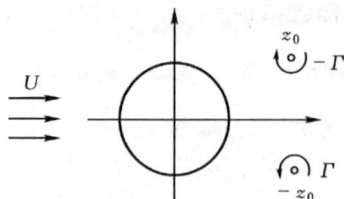

题 4.12 图   题 4.13 图

4.15 在题 4.15 图所示角域内 $z=z_0$ 处有一点涡 Γ,求复位势。

4.16 设 x 轴和 y 轴组成直角固壁,在 $z=1+i$ 处有一强度为 Q 的点源,而在 $z=0$ 处有一等强度的点汇 (即固壁上有一小孔)。求流动的复位势及流线方程,并求 $z=1$ 点的速度值。

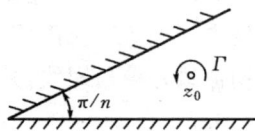

题 4.15 图

4.17 求题 4.17 图中所示的不脱体绕流平板上下表面的速度分布、表面压强,压强系数。

4.18 如题 4.18 图所示,在无穷长的平坦河床上有高为 h,厚度很薄的障碍物,若河水流速为 U,河水密度为 ρ,压强为 p_∞。求障碍物上的压强分布,并说明当 $y>h(1+m)^{1/2}(1+2m)^{-1/2}$ 时,此压强为负值,其中 $m=\rho U^2/(2p_\infty)$。

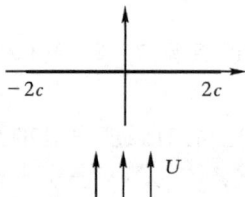

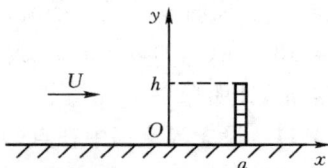

题 4.17 图   题 4.18 图

4.19 如题 4.19 图所示的流动问题中,已知无穷远处复速度为 $\left(\dfrac{\mathrm{d}F}{\mathrm{d}z}\right)_{z\to\infty}=$ $\left(-az^{\frac{\beta}{\pi-\beta}}\right)_{z\to\infty}$,求复速度及楔面上的流体速度 u_R。

4.20 有两个圆 $|z-i|=\sqrt{2}$ 和 $|z+i|=\sqrt{2}$ 组成固壁,若在 $z=1$ 处有一单位强度的点源,求此流动的复位势,并计算 $z=3i$ 处的速度。

4.21 如题 4.21 图所示,密度为 ρ_b 的半圆柱由于自重沉于水底,速度为 U 的均匀水流绕过此半圆柱。半圆柱与底面间有很小间隙,其中滞止压强等于 p_0。求能使半圆柱浮起的最小速度 $U_{\min}$。

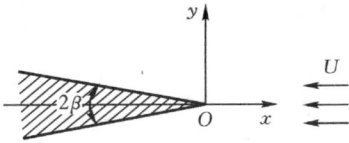

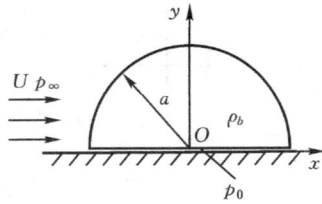

题 4.19 图　　　　　　　　　　题 4.21 图

4.22　试利用施瓦兹-克里斯托弗尔变换把直角弯头内部区域(见题 4.22 图)

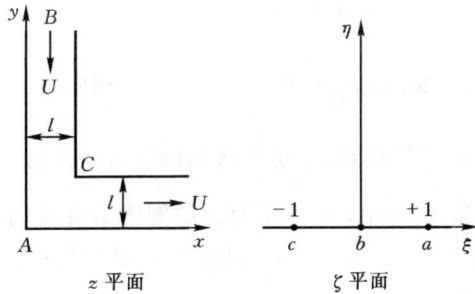

z 平面　　　　　　　　ζ 平面

题 4.22 图

变换为 ζ 平面上半平面,然后求弯头内流动的复位势。

4.23　题 4.23 图表示一个对称的扩张流道的一半,设扩张角 ϕ 不大,流体在自左向右的流动中不会发生脱体现象,试确定流动的复速度。设扩张角可表示为 $\phi = \dfrac{r}{n}\dfrac{\pi}{2}$,$r$ 和 n 都是整数。

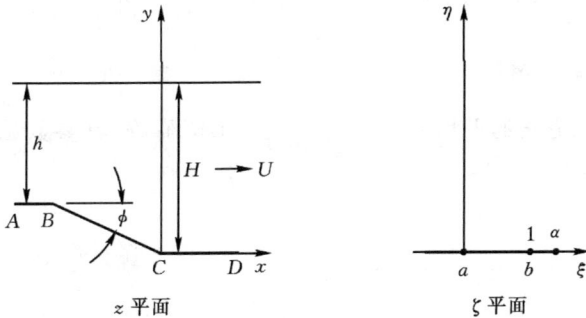

z 平面　　　　　　　　ζ 平面

题 4.23 图

4.24　题 4.24 图表示一底部有一个台阶的通道。证明把通道内部转换为 ζ 上半平面的函数是

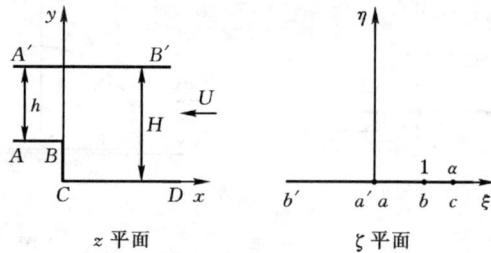

题 4.24 图

$$z = \frac{H}{\pi}\left[\ln\left(\frac{1+s}{1-s}\right) - \frac{h}{H}\ln\left(\frac{H/h+s}{H/h-s}\right)\right]$$

式中 $s^2 = \dfrac{\zeta-(H/h)^2}{\zeta-1}$；如图示通道中的 A、B 和 C 点相应于 ζ 平面的 0、1 和 α 点，α

的具体数值由流动边界条件决定，通道内流动的复位势则为 $F(z) = -\dfrac{UH}{\pi}\ln\zeta$。

4.25* 如题 4.25 图所示，一半径为 a 的圆木放在无穷长的平坦河床上，若河水流速为 U_∞，压强为 p_∞。要求：(1) 计算流动复位势；(2) 证明河床上压强为

$p_\infty + \dfrac{1}{2}\rho U_\infty^2 - \dfrac{\rho\pi^4 a^4 U_\infty^4}{2x^4 \mathrm{sh}^4(\pi a/x)}$；(3) 计算圆木上受到的压强，并证明圆木上最大与

最小压强差为 $\pi^4\rho U_\infty^2/32$，其中 ρ 为流体密度。

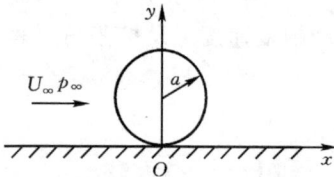

题 4.25 图

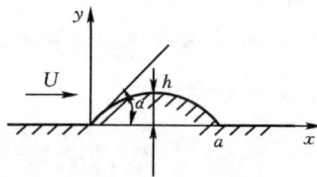

题 4.26 图

4.26* 一无穷长的平坦河床上有一圆弧形障碍物，其参数见题 4.26 图，求复位势。

第5章 空间轴对称势流

空间势流是指发生在三维空间的势流。空间势流与平面势流在流动现象方面并无本质区别,但在三维空间内,复变函数方法不再适用,必须直接求解偏微分方程以得到空间势流运动的解。对空间势流而言,速度势函数满足的拉普拉斯方程仍是基本方程,求解拉氏方程得到速度势函数后,压强场可通过伯努利方程求得。

如果物体是旋转体,来流平行于物体的对称轴,则流动就是轴对称的。鱼雷、炮弹、火箭、潜艇等的运动都是轴对称运动。轴对称流动有一重要特点,即任一通过对称轴的平面(称子午面)上的流动图案都是相同的,因此只要研究清楚一个子午面上的流动规律,整个轴对称运动也就清楚了。本章采用球坐标(r,θ,ω)来描述轴对称流动(见图

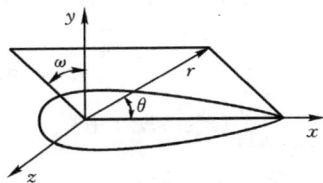

图 5.1　用球坐标描述轴对称运动

5.1),由于流体质点只在通过对称轴的子午面内运动,且任何流场变量在垂直于流动平面的方向上没有变化,于是

$$u_\omega = 0, \quad \frac{\partial}{\partial \omega} = 0 \tag{5.1}$$

在轴对称流动中,速度矢量分量只有 2 个,作为自变量的空间点坐标由 3 个减少为 2 个,三维问题蜕化为二维问题,数学上相应也可得到简化。

本章在给出空间基本流动的斯托克斯流函数和势函数的基础上,研究了如何利用奇点叠加法求解空间势流问题,如半无穷体绕流,圆球绕流及旋转体无攻角绕流等;介绍了巴特勒球定理和物体受力的求解方法;最后讨论了虚拟质量的概念。

5.1　速度势函数和斯托克斯流函数

速度势函数

无旋流动存在速度势函数 ϕ,在轴对称流动条件下考虑到 $u_\omega = 0$,ϕ 与速度矢量的关系可写为

$$\nabla\phi = \frac{\partial\phi}{\partial r}\boldsymbol{e}_r + \frac{1}{r}\frac{\partial\phi}{\partial\theta}\boldsymbol{e}_\theta = u_r\boldsymbol{e}_r + u_\theta\boldsymbol{e}_\theta \quad \Rightarrow$$

$$u_r = \frac{\partial \phi}{\partial r}, \quad u_\theta = \frac{1}{r}\frac{\partial \phi}{\partial \theta} \tag{5.2}$$

对于不可压缩流体，ϕ 满足拉氏方程，轴对称流动条件下有

$$\frac{1}{r^2}\frac{\partial}{\partial r}\left(r^2\frac{\partial \phi}{\partial r}\right) + \frac{1}{r^2 \sin\theta}\frac{\partial}{\partial \theta}\left(\sin\theta\frac{\partial \phi}{\partial \theta}\right) = 0 \tag{5.3}$$

由于 $\partial\phi/\partial\omega = 0$，上式中对 ω 的导数项已略去（见附录 D）。

斯托克斯流函数

平面流动的流函数自动满足连续方程。在一般的三维流动中，无法找到一个标量函数能够满足连续方程，但对于轴对称运动，这样的流函数是存在的，称为斯托克斯流函数。

不可压缩流体在轴对称运动时的连续方程（见附录 D）为

$$\frac{1}{r^2}\frac{\partial}{\partial r}(r^2 u_r) + \frac{1}{r\sin\theta}\frac{\partial}{\partial \theta}(\sin\theta u_\theta) = 0 \quad \Rightarrow$$

$$\frac{\partial}{\partial r}(r^2 \sin\theta u_r) + \frac{\partial}{\partial \theta}(r\sin\theta u_\theta) = 0$$

定义斯托克斯流函数 ψ 如下

$$u_r = \frac{1}{r^2 \sin\theta}\frac{\partial \psi}{\partial \theta}, \quad u_\theta = -\frac{1}{r\sin\theta}\frac{\partial \psi}{\partial r} \tag{5.4}$$

则上述连续方程自动满足。

斯托克斯流函数有下述性质：

（1）$\psi =$ 常数是流面。在流线上速度矢量的方向与流线的切线方向相同，因此沿流线的线元 $d\boldsymbol{r} = dr\boldsymbol{e}_r + rd\theta\boldsymbol{e}_\theta$ 和速度矢量 $\boldsymbol{u} = u_r\boldsymbol{e}_r + u_\theta\boldsymbol{e}_\theta$ 的叉乘等于零，即

$$\boldsymbol{u} \times d\boldsymbol{r} = 0$$

由此得流线方程

$$\frac{dr}{u_r} = \frac{rd\theta}{u_\theta}$$

将式(5.4)代入上式

$$ru_r d\theta - u_\theta dr = \frac{1}{r\sin\theta}\left(\frac{\partial \psi}{\partial \theta}d\theta + \frac{\partial \psi}{\partial r}dr\right) = \frac{1}{r\sin\theta}d\psi = 0$$

即 $d\psi = 0$，由此推知 $\psi =$ 常数是子午面上的流线，也可看作是关于对称轴的旋转流面。

（2）子午面内的曲线段 AB 绕对称轴旋转形成曲面，通过此曲面的流体体积流量 Q 等于 B 点和 A 点流函数的差值乘以 2π。这一点可通过图 5.2 来证明，设从左向右穿过 AB 的流量为正，则穿过 AB 上线元 dl 的流量为

$$dQ = (u_r r d\theta - u_\theta dr)2\pi r\sin\theta$$

在式中已计及 $r\mathrm{d}\theta$ 和 $\mathrm{d}r$ 绕对称轴的旋转面面积分别为 $r\mathrm{d}\theta2\pi r\sin\theta$ 和 $\mathrm{d}r2\pi r\sin\theta$。把式(5.4)代入上式得

$$\mathrm{d}Q = \left[\frac{r}{r^2\sin\theta}\frac{\partial\psi}{\partial\theta}\mathrm{d}\theta + \frac{1}{r\sin\theta}\frac{\partial\psi}{\partial r}\mathrm{d}r\right]2\pi r\sin\theta$$

$$= 2\pi\left(\frac{\partial\psi}{\partial\theta}\mathrm{d}\theta + \frac{\partial\psi}{\partial r}\mathrm{d}r\right) = 2\pi\mathrm{d}\psi$$

于是

$$Q = 2\pi\int_A^B \mathrm{d}\psi = 2\pi(\psi_B - \psi_A) \qquad (5.5)$$

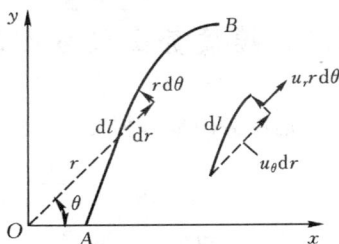

图 5.2　轴对称运动中 Q 与 ψ 的关系

与平面流动中的相应公式比较,这里多出系数 2π,反映了平面流动与空间轴对称流动的差异。

例 1　试证明轴对称势流流动中斯托克斯流函数满足的方程是

$$r^2\frac{\partial\psi}{\partial r^2} + \sin\theta\frac{\partial}{\partial\theta}\left(\frac{1}{\sin\theta}\frac{\partial\psi}{\partial\theta}\right) = 0$$

证明　由于是势流,有

$$\nabla\times\boldsymbol{u} = 0$$

由附录 C,球坐标系中拉梅系数 $h_1 = h_r = 1, h_2 = h_\theta = r, h_3 = h_\omega = r\sin\theta$,于是速度的旋度可计算如下

$$\nabla\times\boldsymbol{u} = \frac{1}{r^2\sin\theta}\begin{vmatrix} \boldsymbol{e}_r & r\boldsymbol{e}_\theta & r\sin\theta\boldsymbol{e}_\omega \\ \dfrac{\partial}{\partial r} & \dfrac{\partial}{\partial\theta} & \dfrac{\partial}{\partial\omega} \\ u_r & ru_\theta & r\sin\theta u_\omega \end{vmatrix}$$

考虑到轴对称流动中 $u_\omega = 0, \partial/\partial\omega = 0$,速度旋度在 r 和 θ 方向的分量均等于零,ω 方向分量为

$$(\nabla\times\boldsymbol{u})_\omega = \frac{1}{r}\left[\frac{\partial}{\partial r}(ru_\theta) - \frac{\partial u_r}{\partial\theta}\right] = \frac{1}{r}\left[\frac{\partial}{\partial r}\left(-\frac{r}{r\sin\theta}\frac{\partial\psi}{\partial r}\right) - \frac{\partial}{\partial\theta}\left(\frac{1}{r^2\sin\theta}\frac{\partial\psi}{\partial\theta}\right)\right] = 0$$

上式在推导中应用了式(5.4)。整理上式得

$$r^2\frac{\partial^2\psi}{\partial r^2} + \sin\theta\frac{\partial}{\partial\theta}\left(\frac{1}{\sin\theta}\frac{\partial\psi}{\partial\theta}\right) = 0$$

与式(5.3)比较可以看出式(5.6)不是拉普拉斯方程,但它仍然是线性方程,因此可以应用基本流函数叠加的方法求得复杂流动的流函数。求解 ϕ 的拉氏方程(5.3)和斯托克斯流函数方程(5.6)都可以得出轴对称势流问题的解,在有旋流动中势函数不存在,求解式(5.6)就成了唯一的选择。

5.2 速度势函数方程的解

速度势函数方程为

$$\frac{1}{r^2}\frac{\partial}{\partial r}\left(r^2\frac{\partial\phi}{\partial r}\right)+\frac{1}{r^2\sin\theta}\frac{\partial}{\partial\theta}\left(\sin\theta\frac{\partial\phi}{\partial\theta}\right)=0 \tag{5.6}$$

由于 ϕ 是 r 和 θ 的函数,令

$$\phi=R(r)T(\theta)$$

代入(5.3)式得

$$\frac{T}{r^2}\frac{\mathrm{d}}{\mathrm{d}r}\left(r^2\frac{\mathrm{d}R}{\mathrm{d}r}\right)+\frac{R}{r^2\sin\theta}\frac{\mathrm{d}}{\mathrm{d}\theta}\left(\sin\theta\frac{\mathrm{d}T}{\mathrm{d}\theta}\right)=0$$

两边同乘以 $r^2/(RT)$,则

$$\frac{1}{R}\frac{\mathrm{d}}{\mathrm{d}r}\left(r^2\frac{\mathrm{d}R}{\mathrm{d}r}\right)=-\frac{1}{T\sin\theta}\frac{\mathrm{d}}{\mathrm{d}\theta}\left(\sin\theta\frac{\mathrm{d}T}{\mathrm{d}\theta}\right)$$

等式一边是 r 的函数,一边是 θ 的函数,要使方程恒相等,两边均应等于同一常数,

$$\frac{1}{R}\frac{\mathrm{d}}{\mathrm{d}r}\left(r^2\frac{\mathrm{d}R}{\mathrm{d}r}\right)=l(l+1)$$

$$\frac{1}{T\sin\theta}\frac{\mathrm{d}}{\mathrm{d}\theta}\left(\sin\theta\frac{\mathrm{d}T}{\mathrm{d}\theta}\right)=l(l+1)$$

式中 l 可为整数也可以为非整数,将恒等常数写为 $l(l+1)$ 只是为了下边求解 $T(\theta)$ 方程的方便。变量 $T(\theta)$ 的方程可改写为

$$\frac{1}{\sin\theta}\frac{\mathrm{d}}{\mathrm{d}\theta}\left(\sin\theta\frac{\mathrm{d}T}{\mathrm{d}\theta}\right)+l(l+1)T=0$$

这是勒让德方程。作变量置换,$x=\cos\theta$,则 $\frac{\partial}{\partial\theta}=\frac{\partial}{\partial x}\frac{\partial x}{\partial\theta}=-\sin\theta\frac{\partial}{\partial x}$,代入上式可得勒让德方程的标准形式为

$$\frac{\mathrm{d}}{\mathrm{d}x}\left[(1-x^2)\frac{\mathrm{d}T}{\mathrm{d}x}\right]+l(1+l)T=0$$

其通解为

$$T_l(\theta)=C_lP_l(\cos\theta)+D_lQ_l(\cos\theta)$$

$Q_l(\cos\theta)$ 为第二类勒让德函数,当 $\cos\theta=\pm1$ 时对所有的 l 值发散,因此应取 $D_l=0$;$P_l(\cos\theta)$ 是第一类勒让德函数,当 l 不为整数时,其在 $\cos\theta=\pm1$ 时发散,因此 l 必需选为整数,$l=0,1,2,3,\cdots$。

$R(r)$ 的方程可整理为

$$r^2\frac{\mathrm{d}^2R}{\mathrm{d}r^2}+2r\frac{\mathrm{d}R}{\mathrm{d}r}-l(l+1)R=0$$

这是欧拉方程,对于非负整数 l,欧拉方程通解可写为

$$R_l(r) = A_l r^l + \frac{B_l}{r^{l+1}}$$

势函数的解可由 $R_l(r)$ 和 $T_l(\theta)$ 相乘而成

$$\phi_l(r,\theta) = \left(A_l r^l + \frac{B_l}{r^{l+1}} \right) P_l(\cos\theta)$$

任意常数 C_l 已被吸收到 A_l 和 B_l 中。上式对任意整数 l 都是适用的。依据线性方程解的叠加原理,上述解可叠加起来得到更普遍的解,即 $\phi(\theta,r)$ 可以看作所有 $\phi_l(r,\theta)$ 的和,式如

$$\phi(r,\theta) = \sum_{l=0}^{\infty} \left(A_l r^l + \frac{B_l}{r^{l+1}} \right) P_l(\cos\theta) \tag{5.7}$$

式(5.7)中的第一类勒让德函数可表示为

$$P_l(x) = \frac{1}{2^l l!} \frac{\mathrm{d}^l}{\mathrm{d}x^l}(x^2 - 1)^l$$

上式也称为 l 阶勒让德多项式,它的前几项分别是 $P_0(x)=1$,$P_1(x)=x$,$P_2(x)=\frac{1}{2}(3x^2-1)$,$P_3(x)=\frac{1}{2}(5x^3-3x)$。

　　式(5.7)中包含的一些基本流动的解将在下一节作具体分析。

5.3　基本流动

均匀流

　　设速度为 U、沿正 x 轴方向的均匀流,在直角坐标系内速度势函数可写为

　　$\phi = Ux$

代入直角坐标与球坐标关系式 $x=r\cos\theta$,则

　　$\phi = Ur\cos\theta$ $\tag{5.8a}$

流函数 ψ 可通过图 5.3 来确定。设原点的流函数值为 0,$P(r,\theta)$ 点的流函数值为 ψ。OP 绕对称轴旋转形成一圆锥面,由斯托克斯流函数性质知,均匀流通过此圆锥面的体积流量为 $2\pi\psi$;上述圆锥面在垂直于均匀流方向的投影面积为

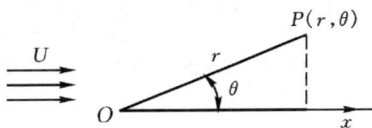
图 5.3　均匀流

$\pi(r\sin\theta)^2$。考虑到通过圆锥面的流体也将通过该投影面,有 $2\pi\psi = U\pi r^2\sin^2\theta$,于是

$$\psi = \frac{1}{2}Ur^2\sin^2\theta \tag{5.8b}$$

　　类似于平面势流的柯西-黎曼公式,借助于式(5.2)和式(5.4)也可以由点源的

速度势函数式(5.8a)直接得出斯托克斯流函数式(5.8b)。

点源和点汇

设空间点源位于原点,强度为 Q。作以原点为球心,半径为 r 的圆球面包围该点源,由于对称的原因球面上只有径向速度分量 u_r,θ 方向的速度分量为零。对于不可压缩流体,依据连续方程点源释放的流量应该等于通过球面的流量,$Q=4\pi r^2 u_r$,则

$$u_r = \frac{Q}{4\pi r^2}$$

由式(5.2),$\dfrac{\partial \phi}{\partial r}=\dfrac{Q}{4\pi r^2}$,$\dfrac{1}{r}\dfrac{\partial \phi}{\partial \theta}=0$,积分得

$$\phi = -\frac{Q}{4\pi r} \tag{5.9a}$$

请注意,式中负号对应于点源,正号则对应于点汇。当 $r\to 0$,$u_r\to\infty$,原点是奇点。

点源的流函数可通过图 5.4 来确定。设原点的流函数值为 0,$P(r,\theta)$ 点的流函数值为 ψ。设点源 Q 稍偏向原点右侧,则点源释放的流体将通过 OP 围绕对称轴旋转形成的圆锥面,以及该圆锥面在垂直于

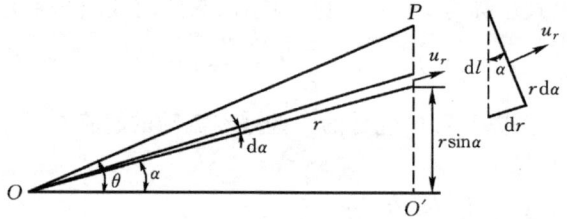

图 5.4　点源的流函数

对称轴方向的投影面流出。通过圆锥面流出的流量为 $-2\pi\psi$;通过投影面流出的流量则需积分求出。考虑到点源流场只有径向速度分量 u_r,经过 $O'P$ 上一微元面的流量为 $\mathrm{d}Q=u_r r\mathrm{d}\alpha 2\pi r\sin\alpha$,则通过 $O'P$ 流出的流量为

$$\int_0^\theta u_r r\mathrm{d}\alpha 2\pi r\sin\alpha = \int_0^\theta \frac{Q}{4\pi r^2}2\pi r^2\sin\alpha\mathrm{d}\alpha = \frac{Q}{2}(1-\cos\theta)$$

上式应用了 $u_r=Q/(4\pi r^2)$,于是

$$Q = -2\pi\psi + \frac{Q}{2}(1-\cos\theta) \quad\Rightarrow$$

$$\psi = -\frac{Q}{4\pi}(1+\cos\theta) \tag{5.9b}$$

如果点源稍偏向原点左侧,则得到的流函数与式(5.9b)仅相差一个常数。

式(5.9b)也可通过式(5.2)和式(5.4)由式(5.9a)直接推出。

偶极子

如图 5.5 所示,强度为 Q 的点源位于原点,一相同强度的点汇位于对称轴上距原点为 δx 处。流场中任意点 $P(r,\theta)$ 距点源距离为 r,距点汇距离为 $r-\delta r$。由式(5.9a)并依据叠加原理,P 点的速度势函数为

$$\phi(r,\theta) = -\frac{Q}{4\pi r} + \frac{Q}{4\pi(r-\delta r)} = -\frac{Q}{4\pi r}\left(1 - \frac{1}{1-\delta r/r}\right)$$

当 $\delta r/r$ 很小时,上式可化简如下

$$\phi(r,\theta) = -\frac{Q}{4\pi r}\left\{1 - \left[1 + \frac{\delta r}{r} + O\left(\frac{\delta r^2}{r^2}\right)\right]\right\} = \frac{Q}{4\pi r}\left[\frac{\delta r}{r} + O\left(\frac{\delta r^2}{r^2}\right)\right]$$

如图 5.5 所示,当 $\delta r/r$、$\delta x/r$ 都很小时,有 $\delta r \approx \delta x\cos\theta$,代入上式并忽略高阶小量有

$$\phi(r,\theta) = \frac{Q\delta x}{4\pi r^2}\cos\theta$$

令 $\delta x \to 0$ 时 $Q \to \infty$,而 $\delta x Q \to \mu$,则

$$\phi(r,\theta) = \frac{\mu}{4\pi r^2}\cos\theta \qquad (5.10a)$$

μ 称偶极子的强度或称偶极矩。请注意,式(5.10a)对应于点源在左、点汇在右,两者相互无限靠近形成的偶极子,偶极子指向负 x 轴方向。

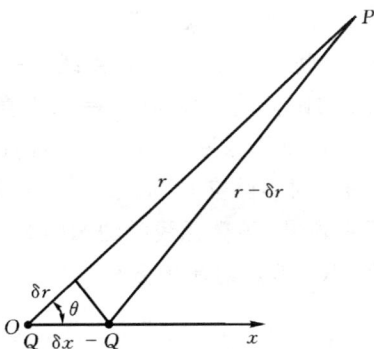

图 5.5　偶极子

偶极子的流函数可通过式(5.2)和式(5.4)求出。考虑到式(5.10a)有

$$u_r = \frac{\partial\phi}{\partial r} = -\frac{\mu}{2\pi r^3}\cos\theta = \frac{1}{r^2\sin\theta}\frac{\partial\psi}{\partial\theta} \quad \Rightarrow \quad \frac{\partial\psi}{\partial\theta} = -\frac{\mu}{2\pi r}\sin\theta\cos\theta \quad \Rightarrow$$

$$\psi(r,\theta) = -\frac{\mu}{4\pi r}\sin^2\theta + f(r)$$

考虑式(5.10a)和上式,则

$$u_\theta = \frac{1}{r}\frac{\partial\phi}{\partial\theta} = -\frac{\mu}{4\pi r^3}\sin\theta$$

$$= -\frac{1}{r\sin\theta}\frac{\partial\psi}{\partial r} = -\frac{1}{r\sin\theta}\frac{\mu}{4\pi r^2}\sin^2\theta + \frac{\mathrm{d}f(r)}{\mathrm{d}r} \quad \Rightarrow$$

$$\frac{\mathrm{d}f(r)}{\mathrm{d}r} = 0$$

于是 $f(r)=c$,取 $c=0$,则

$$\psi(r,\theta) = -\frac{\mu}{4\pi r}\sin^2\theta \qquad (5.10b)$$

上述的均匀流、点源(汇)和偶极子流动的速度势函数都包含在 5.2 节给出的

拉普拉斯方程的通解式(5.7)中。在式(5.7)中,如令 $A_1=U$,其余的常数均取零,即得到均匀流的速度势函数 $\phi=UrP_1(\cos\theta)=Ur\cos\theta$;令 $B_0=-Q/(4\pi)$,其余常数均取零,则得到点源的速度势函数 $\phi=-Q/(4\pi r)$;令 $B_1=\mu/(4\pi)$,其余常数均取零,则得到偶极子的速度势函数 $\phi=\mu\cos\theta/(4\pi r^2)$。上述基本流动相叠加可以得到更为复杂的势流。

线源

如图 5.6 所示,设源(汇)在对称轴上 $0\leqslant x\leqslant L$ 的区间内均匀连续分布,线源强度(单位长度线源的强度)为常数 q。空间任一点 $P(r,\theta)$ 到线源一端(原点)的距离为 r,r 与对称轴夹角为 θ;$P(r,\theta)$ 到线源另一端 $(x=L)$ 的距离为 η,η 与对称轴夹角为 α。在线源上取微元线段 $\mathrm{d}\xi$,该微元线段的源强为 $q\mathrm{d}\xi$,它在 $P(r,\theta)$ 点的流函数根据式(5.9b)应

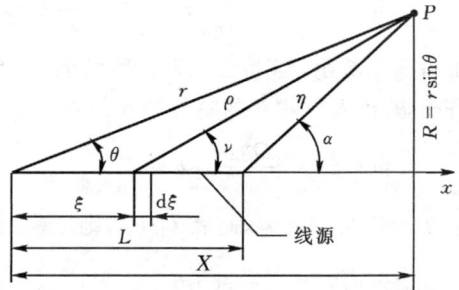

图 5.6 线源

为 $\dfrac{-q\mathrm{d}\xi}{4\pi}(1+\cos\nu)$,式中 ν 是 P 点与线元 $\mathrm{d}\xi$ 连线 ρ 与对称轴的夹角,它是坐标 ξ 的函数。于是

$$\psi(r,\theta)=-\int_0^L\frac{q\mathrm{d}\xi}{4\pi}(1+\cos\nu)$$

由图 5.6 所示几何关系有

$$X-\xi=R\mathrm{ctg}\nu$$

式中 X 和 R 分别是 $P(r,\theta)$ 点沿对称轴方向距原点的距离和垂直于对称轴的距离,在积分中保持为常数。对上式微分,

$$-\mathrm{d}\xi=-R\csc^2\nu\mathrm{d}\nu$$

代入流函数 $\psi(r,\theta)$ 的积分式

$$\psi(r,\theta)=-\int_\theta^\alpha\frac{qR}{4\pi}\csc^2\nu(1+\cos\nu)\mathrm{d}\nu=\frac{qR}{4\pi}\left(\mathrm{ctg}\nu+\frac{1}{\sin\nu}\right)_\theta^\alpha$$
$$=\frac{qR}{4\pi}\left(\mathrm{ctg}\alpha-\mathrm{ctg}\theta+\frac{1}{\sin\alpha}-\frac{1}{\sin\theta}\right)$$

由图 5.6 中几何关系,$\mathrm{ctg}\alpha=(X-L)/R$,$\mathrm{ctg}\theta=X/R$,$\sin\alpha=R/\eta$,$\sin\theta=R/r$,把上述关系式代入 $\psi(r,\theta)$ 表达式并化简得

$$\psi(r,\theta)=-\frac{q}{4\pi}(L+r-\eta) \tag{5.11a}$$

P 点的势函数可仿照上述过程求出。由式(5.9a)有

$$\phi(r,\theta) = -\int_0^L \frac{q\mathrm{d}\xi}{4\pi\rho} = -\frac{q}{4\pi}\int_\theta^\alpha \frac{R\csc^2\nu\mathrm{d}\nu}{R/\sin\nu} = -\frac{q}{4\pi}\int_\theta^\alpha \frac{\mathrm{d}\nu}{\sin\nu}$$

上式中再一次利用了微分式 $\mathrm{d}\xi = R\csc^2\nu\mathrm{d}\nu$。积分上式

$$\phi(r,\theta) = -\frac{q}{4\pi}\ln\left[\frac{\mathrm{tg}(\alpha/2)}{\mathrm{tg}(\theta/2)}\right] \tag{5.11b}$$

线源也可看作是基本势流,可与其他基本流动叠加得到某些复杂流动问题的解。

5.4　半无穷体绕流

均匀流和点源叠加可以得到半无穷体的绕流运动。半无穷体就是一个具有钝形头部的无穷长圆柱。由式(5.8b)和式(5.9b),速度为 U 的均匀流和位于原点、强度为 Q 的点源叠加后流函数为

$$\psi(r,\theta) = \frac{1}{2}Ur^2\sin^2\theta - \frac{Q}{4\pi}(1+\cos\theta)$$

令 $\psi=0$,r_0 为 $\psi=0$ 流面的坐标,则

$$r_0 = \sqrt{\frac{Q}{2\pi U}\frac{(1+\cos\theta)}{\sin^2\theta}}$$

考虑到 $1+\cos\theta = 2\cos^2(\theta/2)$,$\sin\theta = 2\sin(\theta/2)\cos(\theta/2)$,上式可简化为

$$r_0 = \sqrt{\frac{Q}{4\pi U}}\frac{1}{\sin(\theta/2)}$$

上式代表的流面表示在图 5.7 中。由图可以看出零流面把流动分为两部分,均匀来流在外部,而点源流动在内部,两者互不相混,零流面可以看作是半无穷体的物面。半无穷体的几个特征尺寸可确定如下

当 $\theta = \dfrac{\pi}{2}$,$r_0 = \sqrt{\dfrac{Q}{2\pi U}}$

当 $\theta = \pi$,$r_0 = \sqrt{\dfrac{Q}{4\pi U}}$

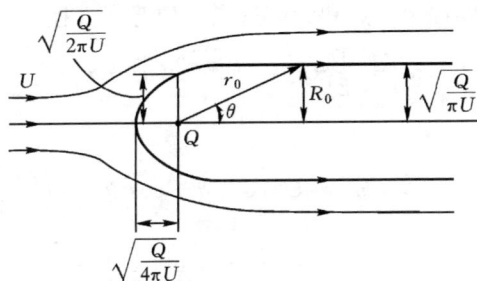

图 5.7　半无穷体绕流

定义 $R_0 = r_0\sin\theta$,则

$$R_0 = \sqrt{\frac{Q}{4\pi U}}\frac{\sin\theta}{\sin(\theta/2)} = \sqrt{\frac{Q}{\pi U}}\cos(\theta/2)$$

于是

$$当\ \theta=0,R_0=\sqrt{\frac{Q}{\pi U}}$$

上述特征尺寸均已在图 5.7 中标出。

由式(5.8a)和式(5.9a)可写出上述半无穷体绕流的速度势函数

$$\phi(r,\theta)=Ur\cos\theta-\frac{Q}{4\pi r}$$

例 2　试求半无穷体绕流物面上的速度和压强分布。

解　(1) 求物面速度分布。例 1 中已给出半无穷体绕流速度势函数 ϕ,于是速度为

$$u_r=\frac{\partial\phi}{\partial r}=U\cos\theta+\frac{Q}{4\pi r^2},\quad u_\theta=\frac{1}{r}\frac{\partial\phi}{\partial\theta}=-U\sin\theta$$

令 $r=r_0$,则得物面上速度分布

$$u_r=U\cos\theta+\frac{Q}{4\pi r_0^2},\quad u_\theta=-U\sin\theta$$

由例 1,在半无穷体头部,$\theta=\pi,r_0=\sqrt{Q/(4\pi U)}$,代入速度表达式得 $u_r=u_\theta=0$,可知半无穷体头部是驻点(见图 5.7)。

(2) 求物面压强分布。由物面方程 $r_0=\sqrt{\dfrac{Q}{4\pi U}}\dfrac{1}{\sin(\theta/2)}$ 得

$$\frac{Q}{4\pi r_0^2}=U\sin^2(\theta/2)$$

将上式代入 u_r 表达式,则

$$u_r=U[\cos\theta+\sin^2(\theta/2)]$$

对物面上一点和无穷远点写伯努利方程,

$$p_\infty+\frac{1}{2}\rho U^2=p+\frac{\rho}{2}(u_r^2+u_\theta^2)$$

由于

$$u_r^2+u_\theta^2=U^2\left[\sin^2\theta+\cos^2\theta+\sin^4\left(\frac{\theta}{2}\right)+2\cos\theta\sin^2\left(\frac{\theta}{2}\right)\right]$$

$$=U^2\left\{1+\sin^4\left(\frac{\theta}{2}\right)+2\left[1-2\sin^2\left(\frac{\theta}{2}\right)\right]\sin^2\left(\frac{\theta}{2}\right)\right\}$$

$$=U^2\left[1+2\sin^2\left(\frac{\theta}{2}\right)-3\sin^4\left(\frac{\theta}{2}\right)\right]$$

于是无量纲压强可写为

$$\bar{p}=\frac{p-p_\infty}{\frac{1}{2}\rho U^2}=1-\frac{u_r^2+u_\theta^2}{U^2}=3\sin^4\left(\frac{\theta}{2}\right)-2\sin^2\left(\frac{\theta}{2}\right)$$

由上式知在图 5.7 中,当 $\theta = \pi$,即在半无穷体头部驻点,$\bar{p} = 1$,$p = p_\infty + \frac{1}{2}\rho U^2$,为滞止压强;随着 θ 变小,$\bar{p}$ 降低,当 $x/\sqrt{Q/\pi U} > 3$ 时,$\bar{p} \approx 0$,压强恢复到来流静压 p。据此毕托管静压孔要开在距头部约 3~8 倍直径处。

5.5　圆球绕流

速度大小为 U 的均匀流与位于原点、强度为 μ 的偶极子叠加,由式(5.8b)和式(5.10b),流函数可写为

$$\psi(r,\theta) = \frac{1}{2}Ur^2\sin^2\theta - \frac{\mu}{4\pi r}\sin^2\theta$$

设 $\psi = 0$ 的流面上 $r = r_0$,则由上式

$$r_0 = \left(\frac{\mu}{2\pi U}\right)^{1/3}$$

可见 r_0 为常数,$\psi = 0$ 流面代表一个圆球面。如果令偶极子强度 $\mu = 2\pi U a^3$,则由上式知,$r_0 = a$,圆球半径为 a。上述流函数可改写为

$$\psi(r,\theta) = \frac{1}{2}U\left(r^2 - \frac{a^3}{r}\right)\sin^2\theta \tag{5.12a}$$

上式表示的流动图谱在图 5.8 中给出。由式 (5.8a)和式(5.10a),圆球绕流的速度势函数为

$$\phi(r,\theta) = U\left(r + \frac{1}{2}\frac{a^3}{r^2}\right)\cos\theta \tag{5.12b}$$

式中已考虑到 $\mu = 2\pi U a^3$。

上文中利用奇点叠加法求得了圆球绕流的速度势函数。势函数也可通过求解拉氏方程的边值问题而得到,即求解方程

$$\nabla^2\phi = 0$$

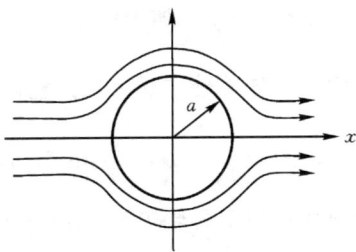

图 5.8　圆球绕流

边界条件为 $r \to \infty$ 时 $\frac{\partial\phi}{\partial r} = U\cos\theta$,$r = a$ 时 $\frac{\partial\phi}{\partial r} = 0$。5.2 节已利用分离变量法得到了轴对称流动条件下拉氏方程的通解为

$$\phi(r,\theta) = \sum_{l=0}^{\infty}\left(A_l r^l + \frac{B_l}{r^{l+1}}\right)P_l(\cos\theta)$$

上式对 r 求导

$$\frac{\partial\phi}{\partial r} = \sum_{l=0}^{\infty}\left[lA_l r^{l-1} - (l+1)\frac{B_l}{r^{l+2}}\right]P_l(\cos\theta)$$

由 $r \to \infty$ 时 $\dfrac{\partial \phi}{\partial r} = U\cos\theta$，得 $A_1 = U$，当 $l \neq 1$ 时，$A_1 = 0$；由 $r = a$ 时 $\dfrac{\partial \phi}{\partial r} = 0$，得 $A_1 - 2\dfrac{B_1}{a^3}$ $= 0$，$l \neq 1$ 时 $B_1 = 0$。将以上结果代入式(5.7)，则有

$$\phi(r,\theta) = U\left(r + \frac{1}{2}\frac{a^3}{r^2}\right)\cos\theta \tag{5.12b}$$

例 3 试求圆球绕流中流体对圆球的作用力。忽略质量力作用。

解 忽略质量力作用后，流体对圆球作用力即流体对圆球表面的总压力。先求球面速度分布，由势函数表达式(5.12b)有

$$u_r = \frac{\partial \phi}{\partial r} = 0, \quad u_\theta = \frac{1}{r}\frac{\partial \phi}{\partial \theta} = -\frac{3}{2}U\sin\theta$$

上式推导中已令 $r = a$。可见球面驻点在 $\theta = 0$ 和 $\theta = \pi$ 处。对球面一点和无穷远点写伯努利方程，

$$p_\infty + \frac{1}{2}\rho U^2 = p + \frac{1}{2}\rho(u_r^2 + u_\theta^2)$$

将 u_r 和 u_θ 表达式代入上式得

$$p = p_\infty + \frac{1}{2}\rho U^2\left(1 - \frac{u_r^2 + u_\theta^2}{U^2}\right) = p_\infty + \frac{1}{2}\rho U^2\left(1 - \frac{9}{4}\sin^2\theta\right)$$

球面受到的作用力为

$$\boldsymbol{F} = \int_A -p\boldsymbol{n}\,\mathrm{d}A$$

式中 $\boldsymbol{n}$ 是球面外法线单位矢量。由于 $\displaystyle\int_A \left(p_\infty + \frac{1}{2}\rho U^2\right)\boldsymbol{n}\,\mathrm{d}A = 0$，则

$$\boldsymbol{F} = \int_A \frac{1}{2}\rho U^2 \frac{9}{4}\sin^2\theta\,\boldsymbol{n}\,\mathrm{d}A$$

设 x 为圆球对称轴方向，则 $\boldsymbol{n} = \boldsymbol{e}_r = \cos\theta\,\boldsymbol{e}_x + \sin\theta\cos\omega\,\boldsymbol{e}_y + \sin\theta\sin\omega\,\boldsymbol{e}_z$，球面微元面积 $\mathrm{d}A = a^2\sin\theta\mathrm{d}\theta\mathrm{d}\omega$，于是

$$\boldsymbol{F} = \frac{1}{2}\rho U^2 \frac{9}{4}a^2 \int_0^{2\pi}\mathrm{d}\omega\int_0^\pi \sin^2\theta(\cos\theta\,\boldsymbol{e}_x + \sin\theta\cos\omega\,\boldsymbol{e}_y + \sin\theta\sin\omega\,\boldsymbol{e}_z)\sin\theta\mathrm{d}\theta = 0$$

合力等于零，此即空间势流中的达朗贝尔佯谬，将在 5.7 节详加讨论。

例 4 兰金卵球体绕流可通过均匀流和一对等强度的点源和点汇叠加得到（见图 5.9a）。设均匀流速度为 U；点源和点汇的强度均为 Q，分别位于原点两侧，距原点距离为 l。求物面方程，并求兰金卵球体的特征尺寸 L 和 h 的计算式。

解 由式(5.8b)和式(5.9b)，流函数为

$$\psi(r,\theta) = \frac{1}{2}Ur^2\sin^2\theta - \frac{Q}{4\pi}(\cos\theta_1 - \cos\theta_2)$$

设 $r = r_0$ 是流面 $\psi = 0$ 的坐标，$R_0 = r_0\sin\theta$，则流面（物面）方程为

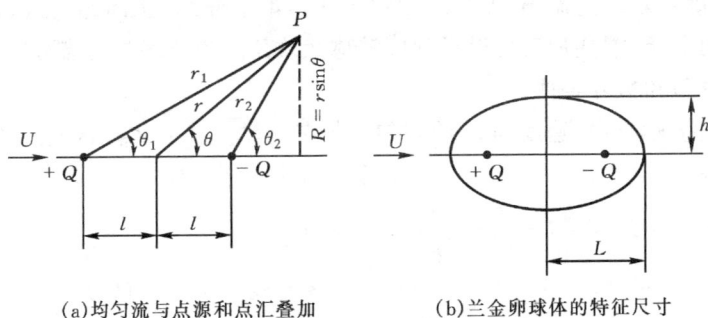

(a)均匀流与点源和点汇叠加　　　　　　(b)兰金卵球体的特征尺寸

图 5.9　兰金卵球体绕流

$$R_0^2 = \frac{Q}{2\pi U}(\cos\theta_1 - \cos\theta_2)$$

当 $\theta_1 = \theta_2 = 0$，或 $\theta_1 = \theta_2 = \pi$ 时，$R_0 = 0$；当 $\cos\theta_1 = -\cos\theta_2$ 时，R_0 取最大值，这相应于 $\theta = \frac{\pi}{2}$ 或 $\frac{3}{2}\pi$。上述方程表示的兰金卵球体在图 5.9b 中示出，$\theta = \pi$ 和 $\theta = 0$ 分别是前驻点和后驻点。后驻点速度可由均匀流、点源和点汇在该点的速度叠加得到

$$U + \frac{Q}{4\pi(L+l)^2} - \frac{Q}{4\pi(L-l)^2} = 0$$

整理上式得

$$(L^2 - l^2)^2 - \frac{Ql}{\pi U}L = 0$$

求解上式可得到 L。当 $\theta = \frac{\pi}{2}$ 时，$R_0 = h$，$\cos\theta_1 = l/\sqrt{l^2 + h^2}$，$\cos\theta_2 = -l/\sqrt{l^2 + h^2}$，把以上三式代入物面方程，得

$$h^2 = \frac{Q}{2\pi U}\left(\frac{l}{\sqrt{h^2 + l^2}} + \frac{l}{\sqrt{h^2 + l^2}}\right)$$

整理上式

$$h^2 \sqrt{h^2 + l^2} - \frac{Ql}{\pi U} = 0$$

求解上式可得到 h。

当 x 轴原点右侧的点汇移向下游无穷远处时，卵球体变为半无穷体；当点源和点汇无限接近，在原点形成一个偶极子时，卵球体变为圆球。半无穷体和圆球绕流已分别在 5.4 节和 5.5 节中作了介绍。

5.6　旋转体无攻角绕流

在上两节中介绍了半无穷体和圆球绕流的求解过程，思路是先给出奇点叠加

的解,然后确定对应的流场,即"反问题"方法。本节介绍"正问题"方法,即给定旋转体的物面形状,求叠加后可以得到旋转体无攻角绕流流场的奇点分布,该流场满足相应的方程和边界条件。

设沿正 x 轴方向、速度为 U 的均匀流与在 x 轴上 $a \leqslant x \leqslant b$ 区间连续分布的线源(汇)相叠加,由式(5.8b)和5.3节线源流函数积分式有

$$\psi = -\frac{1}{2}Ur^2\sin^2\theta - \int_a^b \frac{q(x)\mathrm{d}\xi}{4\pi}(1+\cos\nu)$$

注意上式当 $\theta=\pi$ 时,$\psi=0$,即负 x 轴是一条零流线。设 $r=r(\theta)$ 是一给定的旋转体的物面方程,现欲求一恰当的线源强度分布 $q=q(x)$,使得在物面上流函数也等于零,即满足

$$-\frac{1}{2}UR^2 - \int_a^b \frac{q(x)\mathrm{d}\xi}{4\pi}(1+\cos\nu) = 0$$

式中 $R=r\sin\theta$。上述积分方程很难采用解析方法求解,而需借助于数值方法。设线源由很多微元组成,而在每一微元上取 q_i 为常数,由式(5.11a),在一个小区间 $x_i<x<x_{i+1}$ 内,上式左侧第二项可写为

$$-\int_{x_i}^{x_{i+1}} \frac{q_i\mathrm{d}\xi}{4\pi}(1+\cos\nu) = -\frac{q_i}{4\pi}[(x_{i+1}-x_i)-(r_{i+1,m}-r_{i,m})]$$

式中 $r_{i,m}$ 是 x_i 到物面 $r=r(\theta)$ 上一点 P_m 的距离(见图 5.10)。取 N 个微元线源(汇)首尾相接,则物面上 P_m 点的流函数方程可写为

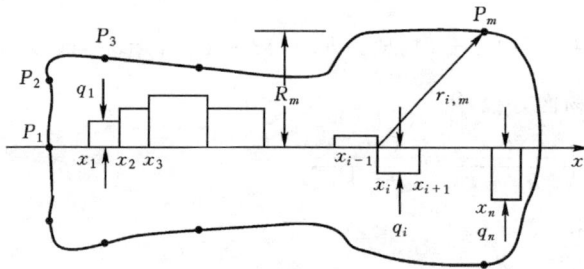

图 5.10 用线源表示旋转体

$$-\frac{1}{2}UR_m^2 - \sum_{i=1}^N \frac{q_i}{4\pi}[(x_{i+1}-x_i)-(r_{i+1,m}-r_{i,m})] = 0 \tag{5.13a}$$

在物面上选 $M \geqslant 2N$ 个点,对每一个点写上述方程,如此可以获得 M 个方程,联立求解这 M 个方程可得出 x_i 和 q_i。也可以先选定 x_i,这样就只需在物面上选 $M \geqslant N$ 个点,得到关于 q_i 的 M 个方程,求解这 M 个方程可得到 q_i。在选择线源(汇)分布区间时,通常把 x_1 和 x_{N+1} 分别确定在离物面头尾有一小段距离的地方。

如果物面线 $r=r(\theta)$ 是封闭的,则上式可以简化。考虑到流出物面的流体净流

量应为零,则物体内部的点源和点汇的和应等于零,于是

$$\sum_{i=1}^{N} q_i (x_{i+1} - x_i) = 0$$

则(5.13a)式可简化为

$$-\frac{1}{2}UR_m^2 + \frac{1}{4\pi}\sum_{i=1}^{N} q_i (r_{i+1,m} - r_{i,m}) = 0 \tag{5.13b}$$

注意在选物面点 P_m 过程中,物体头和尾只需选其中之一,如都选中,则方程中有一个是不独立的,这是因为当旋转体沿 x 轴长度确定后,头尾两点的 x 坐标是相关的。

上述方法可以给出一些绕流问题的奇点分布,但适用范围有限。对某些物体外形,无论怎样细分线源,总是不能得出令人满意的结果,零流线可能会通过物面上的选点,但在两点之间却偏离物面型线。

将奇点布置在对称轴上是相对简单的方法。事实上奇点可以布置在流场中的任意位置,最有效的是布置在物面上。这样的方法现在已经广泛地用来计算二维和三维的复杂流动问题,如绕机翼和物体的流动,地下水的流动等等。

5.7 巴特勒球定理

与平面势流运动中的圆定理对应,在空间轴对称势流运动中有巴特勒球定理成立。巴特勒球定理可叙述如下:设无界不可压缩流体轴对称势流流动的流函数为 $\psi_0(r,\theta)$,并且在 $r \ll a$ 的区域内没有奇点,$\psi_0(0,\theta)=0$,如将一个 $r=a$ 的圆球放入此流场中,则球外区域中的流函数为

$$\psi(r,\theta) = \psi_0(r,\theta) + \psi_0^*(r,\theta) = \psi_0(r,\theta) - \frac{r}{a}\psi_0\left(\frac{a^2}{r},\theta\right) \tag{5.14}$$

要证明此定理只要证明以下各点成立:① 在 $r=a$ 处 $\psi=$ 常数,即球面为流面;② ψ 与 ψ_0 在 $r>a$ 的区域中应有相同的奇点,即引入圆球后在球外区域不添加新的奇点;③ 在无穷远处 ψ 与 ψ_0 具有相同的流动状态;④ ψ 表示的流动仍是势流流动。

由(5.14)式,

$$\psi(a,\theta) = \psi_0(a,\theta) - \frac{a}{a}\psi_0\left(\frac{a^2}{a},\theta\right) = \psi_0(a,\theta) - \psi_0(a,\theta) = 0$$

球面为一零流面。

因为 r 和 a^2/r 是关于球面 $r=a$ 的镜像点,如果其中一点在球外,另一点必在球内。由于 $\psi_0(r,\theta)$ 的奇点都在 $r>a$ 区域中,则 $\psi_0(a^2/r,\theta)$ 的奇点均在球内,$\psi=$

$\psi_0+\psi_0^*$ 没有在球外区域添加新的奇点。

已知 $\psi_0(0,\theta)=0,r=0$ 不是奇点,速度为有限值,由流函数定义式(5.4)知,当 $r\to0$ 时,$\psi_0(r,\theta)=O(r^2)$。令 $\rho=a^2/r$,则当 $r\to\infty$ 时,$\rho\to0,\psi_0(\rho,\theta)=O(\rho^2)$,即当 $r\to\infty$ 时,$\psi_0(a^2/r,\theta)=O(a^4/r^2)$;于是当 $r\to\infty$ 时,$\psi_0^*=(r/a)\psi_0(a^2/r,\theta)=O(1/r)=0,\psi=\psi_0+\psi_0^*=\psi_0$。$\psi$ 与 ψ_0 在无穷远处具有相同的流动状态,ψ_0^* 对无穷远处流动无影响。

要证明式(5.14)的 ψ 表示的流动为有势流动,只需证明 ψ 满足

$$r^2\frac{\partial^2\psi}{\partial r^2}+\sin\theta\frac{\partial}{\partial\theta}\left(\frac{1}{\sin\theta}\frac{\partial\psi}{\partial\theta}\right)=0$$

即可。已知 ψ_0 满足上式,故只需验证 ψ_0^* 也满足式(5.6)。令 $\rho=a^2/r$,则

$$\psi_0^*=-\frac{a}{\rho}\psi_0(\rho,\theta),\quad \frac{\partial}{\partial r}=\frac{\partial}{\partial\rho}\frac{d\rho}{dr}=-\frac{a^2}{r^2}\frac{\partial}{\partial\rho}=-\frac{\rho^2}{a^2}\frac{\partial}{\partial\rho}$$

于是

$$\frac{\partial\psi_0^*}{\partial r}=\left(-\frac{\rho^2}{a^2}\right)\left[\frac{a}{\rho^2}\psi_0-\frac{a}{\rho}\frac{\partial\psi_0}{\partial\rho}\right]=-\frac{1}{a}\psi_0+\frac{\rho}{a}\frac{\partial\psi_0}{\partial\rho}$$

$$\frac{\partial^2\psi_0^*}{\partial r^2}=\left(-\frac{\rho^2}{a^2}\right)\left[-\frac{1}{a}\frac{\partial\psi_0}{\partial\rho}+\frac{1}{a}\frac{\partial\psi_0}{\partial\rho}+\frac{\rho}{a}\frac{\partial^2\psi_0}{\partial\rho^2}\right]=-\frac{\rho^3}{a^3}\frac{\partial^2\psi_0}{\partial\rho^2}$$

$$\frac{\partial\psi_0^*}{\partial\theta}=-\frac{a}{\rho}\frac{\partial\psi_0}{\partial\theta}$$

将最后两式代入式(5.6)

$$r^2\frac{\partial^2\psi_0^*}{\partial r^2}+\sin\theta\frac{\partial}{\partial\theta}\left(\frac{1}{\sin\theta}\frac{\partial\psi_0^*}{\partial\theta}\right)=\frac{a^4}{\rho^2}\left(-\frac{\rho^3}{a^3}\right)\frac{\partial^2\psi_0}{\partial\rho^2}-\frac{a}{\rho}\sin\theta\frac{\partial}{\partial\theta}\left(\frac{1}{\sin\theta}\frac{\partial\psi_0}{\partial\theta}\right)$$

$$=-\frac{a}{\rho}\left[\rho^2\frac{\partial^2\psi_0}{\partial\rho^2}+\sin\theta\frac{\partial}{\partial\theta}\left(\frac{1}{\sin\theta}\frac{\partial\psi_0}{\partial\theta}\right)\right]=0$$

至此巴特勒球定理得证。

例5 利用巴特勒球定理求均匀流绕圆球流动的流函数。

解 由式(5.8b),速度为 U 的均匀流的流函数为

$$\psi_0=\frac{1}{2}Ur^2\sin^2\theta$$

在流场中加入圆心在原点、半径为 a 的圆球,由巴特勒球定理有

$$\psi_0^*=-\frac{r}{a}\psi_0\left(\frac{a^2}{r},\theta\right)=-\frac{r}{a}\frac{1}{2}U\left(\frac{a^2}{r}\right)^2\sin^2\theta$$

$$\psi=\psi_0+\psi_0^*=\frac{1}{2}U\left(r^2-\frac{a^3}{r}\right)\sin^2\theta$$

这与5.5节中采用奇点叠加法得到的(5.12a)式相同。

例 6　求圆球外有一点源的流场流函数。

解　设在点 $A(l,0)$ 有一强度为 Q 的点源(见图 5.11),在 OA 连线上取 B 点,令 $OB = a^2/l$,即 B 点是 A 点关于球 $r = a$ 的镜像点。流场内任一点 $P(r,\theta)$ 到 A、B 距离分别为 ξ 和 η,ξ 和 η 与 x 轴夹角分别为 β 和 α。当无圆球时,点源 Q 在 P 点的流函数

$$\psi_0 = -\frac{Q}{4\pi}(1 + \cos\beta)$$

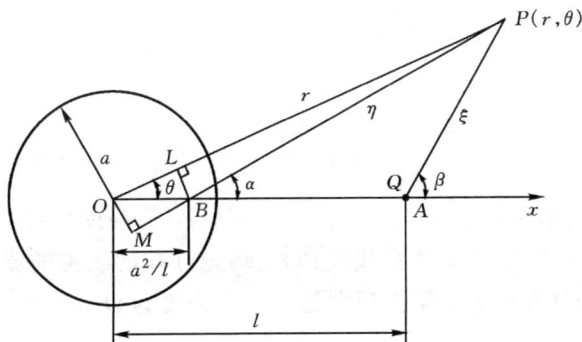

图 5.11　圆球外的点源流场

上式的 ψ_0 在原点等于零($\beta = \pi$),符合应用巴特勒球定理条件。当在流场内放入圆球 $r = a(a < l)$ 后,依据巴特勒球定理

$$\psi = -\frac{Q}{4\pi}(1 + \cos\beta) + \frac{r}{a}\frac{Q}{4\pi}(1 + \cos^*\beta)$$

式中 $\cos^*\beta$ 表示把 $\cos\beta$ 表达式中的 r 改为 a^2/r 后的结果。由于

$$\cos\beta = \frac{r\cos\theta - l}{\xi} = \frac{r\cos\theta - l}{(r^2 + l^2 - 2lr\cos\theta)^{1/2}}$$

上式中利用了三角形 APO 内余弦定理 $\xi^2 = r^2 + l^2 - 2lr\cos\theta$,于是

$$\cos^*\beta = \frac{\frac{a^2}{r}\cos\theta - l}{\left(\frac{a^4}{r^2} + l^2 - 2l\frac{a^2}{r}\cos\theta\right)^{1/2}} = \frac{\frac{a^2}{r}\cos\theta - l}{\frac{l}{r}\left(\frac{a^4}{l^2} + r^2 - 2r\frac{a^2}{l}\cos\theta\right)^{1/2}}$$

在三角形 BPO 中应用余弦定理得 $\eta^2 = \dfrac{a^4}{l^2} + r^2 - 2r\dfrac{a^2}{l}\cos\theta$,将 η 表达式代入 $\cos^*\beta$ 表达式得

$$\cos^*\beta = \frac{\frac{a^2}{r}\cos\theta - l}{\frac{l}{r}\eta} = \frac{1}{\eta}\left(\frac{a^2}{l}\cos\theta - r\right)$$

在图 5.11 中作辅助垂线 BL 和 OM,由于直角三角形 PLB 和直角三角形 PMO 相似,有 $\overline{PL}/\overline{PB}=\overline{PM}/\overline{PO}$,即 $\left(r-\dfrac{a^2}{l}\cos\theta\right)/\eta=\left(\eta+\dfrac{a^2}{l}\cos\alpha\right)/r$,将上式代入 $\cos^*\beta$ 的表达式得

$$\cos^*\beta=-\frac{\eta+\dfrac{a^2}{l}\cos\alpha}{r}$$

再将上式代入圆球外流函数表达式,则

$$\psi=-\frac{Q}{4\pi}(1+\cos\beta)+\frac{r}{a}\frac{Q}{4\pi}\left[1-\left(\eta+\frac{a^2}{l}\cos\alpha\right)/r\right]$$

整理上式

$$\psi=-\frac{Q}{4\pi}(1+\cos\beta)+\frac{Q}{4\pi a}\left(r+\frac{a^2}{l}-\eta\right)-\frac{a}{l}\frac{Q}{4\pi}(1+\cos\alpha) \tag{5.15}$$

上式由三项组成:第一项是无界流体中位于点 $A(l,0)$、强度为 Q 的点源的流函数;与式(5.11a)相比,知第二项是在线段 $\overline{BO}$ 上均匀分布的线汇的流函数,线汇强度(单位长线汇强度)为 $-Q/a$;第三项则是在 B 点强度为 Qa/l 的点源的流函数。ψ 在圆球外没有添加新的奇点。请注意在圆球内源、汇强度之和 $-\dfrac{Q}{a}\dfrac{a^2}{l}+\dfrac{Qa}{l}=0$,因此无流体流入流出球面,这是保证球面为流面所必须满足的条件。

5.8 达朗贝尔佯谬

在 5.5 节例 3 中求得定常圆球绕流时圆球受到的流体作用力等于零。本节将证明定常均匀来流绕任意形状三维物体的流动中(或任意形状的三维物体在静止流体中作匀速直线运动),流体作用于物体的合力为零。如图 5.12 所示,设任意形状的静止物体,重心位于坐标原点,物面用 A 表示,物面外法线单位矢量为 $\boldsymbol{n}$。均匀来流速度为 U,沿正 x 轴方向。作球面 A_0 包围该物体,球面外法线单位矢量为 $\boldsymbol{n}_0$,A_0 和 A 之间没有奇点存在。设物体受到流体作用力 $\boldsymbol{F}$,则物体对流体作用力为 $-\boldsymbol{F}$。以 A_0 和 A 之间的区域为控制体,则 A_0 和 A 之间的流体受到的作用力应该等于通过 A_0 和 A 面净流出控制体的动量流率,动量方程为,

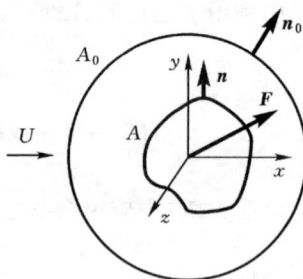

图 5.12 达朗贝尔佯谬

$$-\boldsymbol{F}+\oint_{A_0}-p\boldsymbol{n}\,\mathrm{d}A=\oint_{A_0}\rho\boldsymbol{u}\boldsymbol{u}\cdot\boldsymbol{n}\,\mathrm{d}A$$

上式左侧第一项为物体对流体的作用力;第二项则表示 A_0 外流体对 A_0 内流体的压力合力;右侧项是单位时间通过 A_0 面净流出控制体的流体动量。因为 A 是物面,通过 A 的流体动量流率为零。方程中的压强可由伯努利方程计算

$$p + \frac{\rho}{2} \boldsymbol{u} \cdot \boldsymbol{u} = C$$

将上式代入动量方程,并考虑到 $\oint_{A_0} C \boldsymbol{n} \mathrm{d}A = 0$,得

$$\boldsymbol{F} = \rho \oint_{A_0} \left[\frac{1}{2}(\boldsymbol{u} \cdot \boldsymbol{u})\boldsymbol{n} - \boldsymbol{u}(\boldsymbol{u} \cdot \boldsymbol{n}) \right] \mathrm{d}A \tag{5.16}$$

速度 $\boldsymbol{u}$ 由均匀流速度 $\boldsymbol{U} = U\boldsymbol{e}_x$ 和由于物体的存在引起的扰动速度 $\boldsymbol{u}'$ 组成,

$$\boldsymbol{u} = \boldsymbol{U} + \boldsymbol{u}'$$

$\boldsymbol{u}'$ 在物面附近为有限大小,在无穷远处应该趋于零。将 $\boldsymbol{u}$ 表达式代入 $\boldsymbol{F}$ 的计算式,则

$$\boldsymbol{F} = \rho \oint_{A_0} \Big\{ \Big(\frac{1}{2}U^2 + \boldsymbol{U} \cdot \boldsymbol{u}' + \frac{1}{2}\boldsymbol{u}' \cdot \boldsymbol{u}' \Big)\boldsymbol{n} - [\boldsymbol{U}(\boldsymbol{U} \cdot \boldsymbol{n}) + \boldsymbol{U}(\boldsymbol{u}' \cdot \boldsymbol{n})$$
$$+ \boldsymbol{u}'(\boldsymbol{U} \cdot \boldsymbol{n}) + \boldsymbol{u}'(\boldsymbol{u}' \cdot \boldsymbol{n})] \Big\} \mathrm{d}A$$

由于 U^2 为常数,$\boldsymbol{U}$ 为常矢量,$\oint_{A_0} U^2 \boldsymbol{n} \mathrm{d}A = 0$,$\oint_{A_0} \boldsymbol{U}(\boldsymbol{U} \cdot \boldsymbol{n})\mathrm{d}A = \boldsymbol{U} \oint_{A_0} \boldsymbol{U} \cdot \boldsymbol{n} \mathrm{d}A = 0$;考虑到通过物面 A 的流体流量为零,由连续方程 $\oint_{A_0} \boldsymbol{U}(\boldsymbol{u}' \cdot \boldsymbol{n})\mathrm{d}A = \boldsymbol{U} \oint_{A_0} \boldsymbol{u}' \cdot \boldsymbol{n} \mathrm{d}A$ $= \boldsymbol{U} \oint_A \boldsymbol{u}' \cdot \boldsymbol{n} \mathrm{d}A = 0$ 。于是 $\boldsymbol{F}$ 计算式可简化为

$$\boldsymbol{F} = \rho \oint_{A_0} \Big\{ \Big(\boldsymbol{U} \cdot \boldsymbol{u}' + \frac{1}{2}\boldsymbol{u}' \cdot \boldsymbol{u}' \Big)\boldsymbol{n} - [\boldsymbol{u}'(\boldsymbol{U} \cdot \boldsymbol{n}) + \boldsymbol{u}'(\boldsymbol{u}' \cdot \boldsymbol{n})] \Big\} \mathrm{d}A$$

以 ϕ' 表示相应于 $\boldsymbol{u}'$ 的扰动速度势函数,ϕ' 可表示为式(5.7)的形式。考虑到 $r \to \infty$ 时,扰动对流场的影响应趋于零,式(5.7)中 r 的正次幂项应该舍去,则

$$\phi' = \sum_{l=0}^{\infty} B_l \frac{P_l(\cos\theta)}{r^{l+1}} = -\frac{Q}{4\pi r} + \frac{\mu}{4\pi r^2}\cos\theta + O\Big(\frac{1}{r^3}\Big) \tag{5.17a}$$

上式右边的第一和第二项分别是点源和偶极子的速度势函数,剩余项则是 r^{-3} 或更高阶的小量。于是扰动速度可表示为

$$\boldsymbol{u}' = \nabla\phi' = \frac{Q}{4\pi r^2}\boldsymbol{e}_r + O\Big(\frac{1}{r^3}\Big) \tag{5.17b}$$

式中 $\boldsymbol{e}_r$ 表示沿 r 方向的单位矢量。

对于不可压缩流体,

$$\oint_{A_0} \boldsymbol{u}' \cdot \boldsymbol{n} \mathrm{d}A = 0,$$

将式(5.17b)代入上式,并考虑到在 A_0 上 $\boldsymbol{e}_r = \boldsymbol{n}$,有

$$\oint_{A_0} \boldsymbol{u}' \cdot \boldsymbol{n}\mathrm{d}A = \oint_{A_0} \left[\frac{Q}{4\pi r^2}\boldsymbol{n} + O\left(\frac{1}{r^3}\right) \right] \cdot \boldsymbol{n}\mathrm{d}A = Q + O\left(\frac{1}{r}\right) = 0$$

在上式推导中用到 $\mathrm{d}A = O(r^2)$。可见 Q 必须等于零,于是由式(5.17b)得

$$|\boldsymbol{u}'| = O\left(\frac{1}{r^3}\right)$$

上式可用来估算 $\boldsymbol{F}$ 计算式中每一项的量阶:$\oint_{A_0} (\boldsymbol{U} \cdot \boldsymbol{u}')\boldsymbol{n}\mathrm{d}A = O\left(\frac{1}{r}\right)$,

$\oint_{A_0} \left(\frac{1}{2}\boldsymbol{u}' \cdot \boldsymbol{u}'\right)\boldsymbol{n}\,\mathrm{d}A = O\left(\frac{1}{r^4}\right)$,$\oint_{A_0} \boldsymbol{u}'(\boldsymbol{U} \cdot \boldsymbol{n})\mathrm{d}A = O\left(\frac{1}{r}\right)$,$\oint_{A_0} \boldsymbol{u}'(\boldsymbol{u}' \cdot \boldsymbol{n})\mathrm{d}A = O\left(\frac{1}{r^4}\right)$。

于是当球面 A_0 半径取得非常大,即 $r\to\infty$ 时,有

$$\boldsymbol{F} = 0$$

物体受力为零,这种现象称作达朗贝尔佯谬。在平面势流一章中已经讨论过这是由于忽略了流体粘性而造成的似乎不合常理的现象。

5.9 奇点对物体的作用力

上节证明了在定常均匀流场中,三维物体不受力,这与平面势流中无环量绕流条件下二维柱体所受流体作用力为零的结论是一致的。当存在环量时二维柱体会受到升力作用,而在空间势流中围绕三维物体的环量通常为零。在平面势流中二维柱体无限长,围绕这样的柱体可以形成稳定的环量,如第 4 章中提到的附着涡产生的环量;与无限长的二维柱体相比三维物体在空间尺寸有限,在空间势流条件下很难形成围绕有限大小物体、即三维物体的环量。这一点可作如下解释:围绕三维物体任意作一封闭曲线,由于三维物体周围区域是单连通域(二维柱体周围区域是双连通域),总可以在上述封闭曲线上张一曲面,此曲面完全在流场中,而不与物体接触。由势流条件 $\boldsymbol{\Omega} = 0$ 知通过曲面的涡通量等于零,依据斯托克斯定理,沿封闭曲线的环量为零。

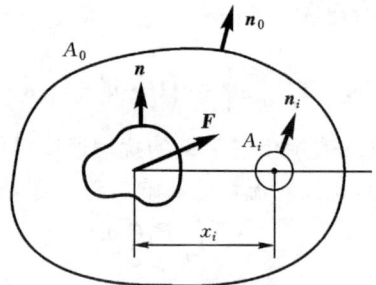

(a)物体附近的奇点

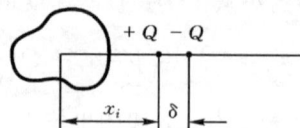

(b)物体附近的点源和点汇

图 5.13 奇点对物体的作用力

在平面势流中柱体外的奇点(点源、点涡或偶极子)会对柱体产生作用力,这些力可通过布拉修斯公式计算。在空间势流中处于奇

点流场中的三维物体也会受到力的作用。本节将推导奇点作用力的计算公式。

　　如图 5.13a 所示，设任意形状的静止物体，重心位于坐标原点，物面用 A 表示，A 面外法线单位矢量为 n。物体附近有一奇点，可能是点源（汇）、点涡或偶极子，不失普遍性，假设奇点位于 $x=x_i$ 处。作一半径为 ε 的小球面 A_i 包围此奇点，A_i 面外法线单位矢量为 n_i。再作一大球面 A_0 包围物体和奇点，A_0 表面外法线单位矢量为 n_0。流体对物体作用力为 F。选 A 和 A_i 外部，A_0 内部的区域为控制体，应用动量定理于此区域内的流体得

$$-F+\oint_{A_i} p n \mathrm{d}A - \oint_{A_0} p n \mathrm{d}A = \oint_{A_0} \rho u(u \cdot n)\mathrm{d}A - \oint_{A_i} \rho u(u \cdot n)\mathrm{d}A$$

上式左侧第一项，第三项和右侧第一项分别和 5.8 节中所列动量方程中的相应项物理意义相同；左侧第二项表示球面 A_i 内流体对球面外流体，即控制体内流体的压力合力，由于压强 p 作用方向和 n_i 相同，故取正号；右侧第二项表示通过 A_i 面净流出控制体的动量流率，因为 n_i 指向控制体内部，所以取负号。把伯努利方程 $p+\rho u \cdot u/2 = C$ 代入上式，并考虑到 $\oint_{A_0} C n \mathrm{d}A = 0$，则有

$$F = \rho \oint_{A_0} \left[\frac{1}{2}(u \cdot u)n - u(u \cdot n) \right]\mathrm{d}A - \rho \oint_{A_i}\left[\frac{1}{2}(u \cdot u)n - u(u \cdot n) \right]\mathrm{d}A$$

考虑到 $r \to \infty$ 时，奇点对流场的扰动应趋于零，因此速度势函数和速度矢量可分别用式(5.17a)和式(5.17b)表示，于是 $|u| = O\left(\dfrac{1}{r^2}\right)$，考虑到 $\mathrm{d}A = O(r^2)$，F 计算式右侧第一个积分中各项的量阶为 $\oint_{A_0}(u \cdot u)n\mathrm{d}A = O\left(\dfrac{1}{r^2}\right)$，$\oint_{A_0}u(u \cdot n)\mathrm{d}A = O\left(\dfrac{1}{r^2}\right)$，因此当 A_0 半径取得非常大时，$\oint_{A_0}\left[\dfrac{1}{2}(u \cdot u)n - u(u \cdot n)\right]\mathrm{d}A = 0$，于是

$$F = -\rho \oint_{A_i}\left[\frac{1}{2}(u \cdot u)n - u(u \cdot n) \right]\mathrm{d}A \tag{5.18}$$

积分上式需先确定奇点的性质。设 $x=x_i$ 处的奇点是强度为 Q 的点源，则 A_i 面上的速度为

$$u = \frac{Q}{4\pi\varepsilon^2}e_\varepsilon + u_i$$

式中 e_ε 是圆 A_i 的径向单位矢量，u_i 是除考虑中的点源外其他原因在 A_i 面上引起的速度，于是

$$u \cdot u = \frac{Q^2}{16\pi^2\varepsilon^4} + \frac{Q}{2\pi\varepsilon^2}e_\varepsilon \cdot u_i + u_i \cdot u_i$$

$$u \cdot n = u \cdot e_\varepsilon = \frac{Q}{4\pi\varepsilon^2} + u_i \cdot e_\varepsilon$$

将以上表达式代入 $\boldsymbol{F}$ 计算式,则

$$\boldsymbol{F} = -\rho \oint_{A_i} \Big[\frac{1}{2}\Big(\frac{Q^2}{16\pi^2\varepsilon^4} + \frac{Q}{2\pi\varepsilon^2}\boldsymbol{e}_\varepsilon \cdot \boldsymbol{u}_i + \boldsymbol{u}_i \cdot \boldsymbol{u}_i \Big)\boldsymbol{e}_\varepsilon$$

$$- \Big(\frac{Q}{4\pi\varepsilon^2}\boldsymbol{e}_\varepsilon + \boldsymbol{u}_i \Big)\Big(\frac{Q}{4\pi\varepsilon^2} + \boldsymbol{u}_i \cdot \boldsymbol{e}_\varepsilon \Big) \Big] \mathrm{d}A$$

$$= \rho \oint_{A_i} \Big[\frac{Q^2}{32\pi^2\varepsilon^4}\boldsymbol{e}_\varepsilon - \frac{1}{2}(\boldsymbol{u}_i \cdot \boldsymbol{u}_i)\boldsymbol{e}_\varepsilon + \frac{Q}{4\pi\varepsilon^2}\boldsymbol{u}_i + (\boldsymbol{u}_i \cdot \boldsymbol{e}_\varepsilon)\boldsymbol{u}_i \Big] \mathrm{d}A$$

在 A_i 面上 $\dfrac{Q^2}{32\pi^2\varepsilon^4}$ 为常量,于是 $\oint_{A_i} \dfrac{Q^2}{32\pi^2\varepsilon^4}\boldsymbol{e}_\varepsilon \mathrm{d}A = \dfrac{Q^2}{32\pi^2\varepsilon^4}\oint_{A_i}\boldsymbol{e}_\varepsilon \mathrm{d}A = 0$;$\varepsilon \to 0$ 时,$\boldsymbol{u}_i$

在 A_i 面上可看作常矢量,于是 $\oint_{A_i}(\boldsymbol{u}_i \cdot \boldsymbol{u}_i)\boldsymbol{e}_\varepsilon \mathrm{d}A = (\boldsymbol{u}_i \cdot \boldsymbol{u}_i)\oint_{A_i}\boldsymbol{e}_\varepsilon \mathrm{d}A = 0$,$\oint_{A_i}(\boldsymbol{u}_i \cdot$

$\boldsymbol{e}_\varepsilon)\boldsymbol{u}_i \mathrm{d}A = \boldsymbol{u}_i \oint_{A_i}\boldsymbol{u}_i \cdot \boldsymbol{e}_\varepsilon \mathrm{d}A = 0$。$\boldsymbol{F}$ 的计算式右侧只有第三项的积分不为零,式如

$$\boldsymbol{F} = \rho \oint_{A_i} \frac{Q}{4\pi\varepsilon^2}\boldsymbol{u}_i \mathrm{d}A = \frac{\rho Q}{4\pi\varepsilon^2}\boldsymbol{u}_i\oint_{A_i}\mathrm{d}A = \frac{\rho Q}{4\pi\varepsilon^2}\boldsymbol{u}_i 4\pi\varepsilon^2 \quad \Rightarrow$$

$$\boldsymbol{F} = \rho Q\boldsymbol{u}_i \tag{5.19}$$

可见物体受到的力与点源强度 Q 成正比;与速度 $\boldsymbol{u}_i$ 大小成正比,方向与 $\boldsymbol{u}_i$ 相同,$\boldsymbol{u}_i$ 是除考虑中的奇点以外的其他原因在奇点所在位置引起的速度。当奇点为点汇时只需以 $-Q$ 代替 Q 即可。奇点本身所受作用力应与上述力大小相等,方向相反。

现在考虑偶极子对物体的作用力。在 5.3 节已经指出偶极子由一对强度相同的点源和点汇叠加而成。作为第一步,设有一强度为 Q 的点源位于 $x=x_i$,而另一强度为 $-Q$ 的点汇位于 $x=x_i+\delta$,δ 是一个极小的距离(见图 5.13b)。设 $\boldsymbol{u}_i$ 代表除上述点源和点汇外其他原因在 $x=x_i$ 点引起的速度,则 $x=x_i$ 点速度可表示为

$$\frac{Q}{4\pi\delta^2}\boldsymbol{e}_x + \boldsymbol{u}_i$$

式中 $\boldsymbol{e}_x$ 是 x 轴单位矢量,第一项是点汇在 $x=x_i$ 点引起的速度,表达式中未考虑点源自身影响。在 $x=x_i+\delta$ 处的速度可写为

$$\frac{Q}{4\pi\delta^2}\boldsymbol{e}_x + \boldsymbol{u}_i + \delta\frac{\partial\boldsymbol{u}_i}{\partial x}$$

上式中第一项是点源在 $x=x_i+\delta$ 点引起的速度,表达式中未考虑点汇自身影响。应用式(5.19),点源和点汇对物体的作用力分别为 $\rho Q\Big(\dfrac{Q}{4\pi\delta^2}\boldsymbol{e}_x + \boldsymbol{u}_i\Big)$ 和 $-\rho Q\Big(\dfrac{Q}{4\pi\delta^2}\boldsymbol{e}_x + \boldsymbol{u}_i + \delta\dfrac{\partial\boldsymbol{u}_i}{\partial x}\Big)$,第二式前取负号是由于点汇的强度为 $-Q$,于是合力为

$$-\rho Q\delta\frac{\partial\boldsymbol{u}_i}{\partial x}$$

令 $\delta \to 0$,$Q \to \infty$,而 $Q\delta \to \mu$,就得到位于 $x=x_i$ 点强度为 μ 的偶极子对物体的作用

力

$$\boldsymbol{F} = -\rho\mu\frac{\partial \boldsymbol{u}_i}{\partial x} \tag{5.20}$$

例 7　求圆球外点源对圆球的作用力。

解　不失一般性,设强度为 Q 的点源位于 $x=l$ 处(见图 5.14)。由式(5.15)知,在圆球 $r=a(l>a)$ 内 $x=a^2/l$ 处添加一强度为 Qa/l 的点源,在 x 轴上 $0\leqslant x\leqslant a^2/l$ 区间内布置线汇,线汇强度为 $-Q/a$,则圆球外流场由分别位于 $x=l$ 和 $x=a^2/l$ 处的两个点源和线汇共同叠加而成。不考虑位于 $x=l$ 处的点源自身的影响,则 $x=l$ 处的 $\boldsymbol{u}_i$ 由球内点源和线汇共同引起,于是

图 5.14　点源对圆球的作用力

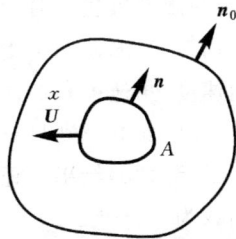

$$
\begin{aligned}
\boldsymbol{u}_i &= \frac{Qa/l}{4\pi(l-a^2/l)^2}\boldsymbol{e}_x - \boldsymbol{e}_x\int_0^{a^2/l}\frac{Q/a}{4\pi(l-x)^2}\mathrm{d}x \\
&= \frac{Qa/l}{4\pi(l-a^2/l)^2}\boldsymbol{e}_x - \frac{Q/a}{4\pi}\left(\frac{1}{l-a^2/l}-\frac{1}{l}\right)\boldsymbol{e}_x = \frac{Qa^3}{4\pi l(l^2-a^2)^2}\boldsymbol{e}_x
\end{aligned}
$$

由式(5.19)有

$$\boldsymbol{F} = \rho Q\boldsymbol{u}_i = \frac{\rho Q^2 a^3}{4\pi l(l^2-a^2)^2}\boldsymbol{e}_x$$

可见圆球被吸向点源,作用力与 Q^2 成正比。

5.10　虚拟质量

在介绍虚拟质量概念前,首先推导一下运动流体动能的计算式。在无界流场中均匀流绕物体流动时,流体总动能无限大,而当物体在静止流体中运动时流体动能则为有限值。在本节用来计算流体动能的参考系中,物体在原静止的流动中运动。

如图 5.15 所示,任意形状物体的物面为 A,其运动速度为 U;作球面 A_0 包围 A,A_0 和 A 上的外法线单位矢量分别是 $\boldsymbol{n}_0$ 和 $\boldsymbol{n}$。设 A_0 和 A 之间体积为 τ,则 τ 内流体动能为

$$T = \int_\tau \frac{1}{2}\rho(\boldsymbol{u}\cdot\boldsymbol{u})\mathrm{d}\tau = \frac{\rho}{2}\int_\tau \nabla\phi\cdot\nabla\phi\mathrm{d}\tau$$

式中 ϕ 是由于物体运动而引起的扰动速度势函数。引

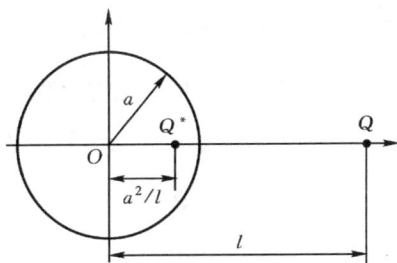

图 5.15　运动流体的动能

用矢量恒等式

$$\nabla \cdot (\phi \nabla \phi) = \nabla \phi \cdot \nabla \phi + \phi \nabla^2 \phi$$

将上式代入流体动能计算式,并考虑到对于不可压缩流体 $\nabla^2 \phi = 0$,则有

$$T = \frac{\rho}{2} \int_\tau \nabla \cdot (\phi \nabla \phi) \mathrm{d}\tau$$

利用高斯定理将体积分化为面积分

$$T = \frac{\rho}{2} \oint_\Sigma \boldsymbol{n} \cdot (\phi \nabla \phi) \mathrm{d}A = \frac{\rho}{2} \oint_\Sigma \phi \frac{\partial \phi}{\partial n} \mathrm{d}A$$

式中 Σ 是体积 τ 的外表面,$\Sigma = A + A_0$,于是

$$T = \frac{\rho}{2} \oint_{A_0} \phi \frac{\partial \phi}{\partial n} \mathrm{d}A - \frac{\rho}{2} \oint_A \phi \frac{\partial \phi}{\partial n} \mathrm{d}A$$

上式右侧第二项取负号是因为 A 面上 $\boldsymbol{n}$ 指向体积 τ 内部。物体运动引起的扰动速度势函数可用式(5.17a)表示,于是 $\phi = O\left(\frac{1}{r}\right)$,$\frac{\partial \phi}{\partial n} = O\left(\frac{1}{r^2}\right)$,考虑到面元 $\mathrm{d}A = O(r^2)$,则

$$\oint_{A_0} \phi \frac{\partial \phi}{\partial n} \mathrm{d}A = O\left(\frac{1}{r}\right)$$

可知当 A_0 半径取得足够大时,$\oint_{A_0} \phi \frac{\partial \phi}{\partial n} \mathrm{d}A = 0$,于是

$$T = -\frac{\rho}{2} \oint_A \phi \frac{\partial \phi}{\partial n} \mathrm{d}A \tag{5.21}$$

上式即是物体在静止流体中运动时周围流体总动能的计算式。

设质量为 M' 的流体以物体速度 U 运动,其动能等于周围流体所具有的总动能,即

$$\frac{1}{2} M' U^2 = -\frac{1}{2} \rho \oint_A \phi \frac{\partial \phi}{\partial n} \mathrm{d}A \quad \Rightarrow$$

$$M' = -\frac{\rho}{U^2} \oint_A \phi \frac{\partial \phi}{\partial n} \mathrm{d}A \tag{5.22}$$

称 M' 为虚拟质量。对于任意形状的物体,其扰动速度势函数取决于该物体的形状和运动方向,因此一个给定物体的虚拟质量只与该物体的形状和方位有关,而与其运动速度、角速度和加速度无关。一般情况下虚拟质量有三个主轴,轴对称物体有两个主轴,而圆球则只有一个主轴。作为实例,下边计算圆球的 M'。

式(5.12b)给出了速度为 U,沿正 x 轴方向的均匀流绕半径为 a 的圆球流动的势函数为

$$U\left(r + \frac{1}{2}\frac{a^3}{r^2}\right)\cos\theta$$

圆球在静止的流体中以速度 U 沿负 x 轴方向运动的速度势函数,可以通过给上式叠加一个沿 x 轴负方向、速度为 U 的均匀流速度势函数而得到,式如

$$\phi = U\left(r + \frac{1}{2}\,\frac{a^3}{r^2}\right)\cos\theta - Ur\cos\theta = \frac{1}{2}U\,\frac{a^3}{r^2}\cos\theta \tag{5.23}$$

对上式求导

$$\frac{\partial\phi}{\partial n} = \frac{\partial\phi}{\partial r} = -U\,\frac{a^3}{r^3}\cos\theta$$

在球面 A 上 $r = a$,则

$$\phi\,\frac{\partial\phi}{\partial n} = -\frac{1}{2}U^2 a\cos^2\theta$$

代入式(5.22)得

$$M' = -\frac{\rho}{U^2}\int_0^{2\pi}\mathrm{d}\omega\int_0^{\pi}\left(-\frac{1}{2}U^2 a\cos^2\theta\right)a^2\sin\theta\mathrm{d}\theta \quad\Rightarrow$$

$$M' = \frac{2}{3}\pi a^3\rho \tag{5.24}$$

圆球的附加质量相当于圆球所排开的流体质量的一半。

在第 3 章例 4 中利用非惯性系的伯努利方程求得半径为 a 的圆球以变速度 $U(t)$ 在静止流体中运动时受到的流体阻力等于式中 $\frac{2}{3}\pi a^3\rho\,\frac{\mathrm{d}U}{\mathrm{d}t}$,引用虚拟质量的概念,阻力可写为 $M'\dfrac{\mathrm{D}U}{\mathrm{D}t}$。小球之所以受到流体作用力,是因为在非定常运动中,小球周围流体的动能将随时间变化,它要靠小球对周围流体做功来供给能量,即小球要克服流体阻力做功。如果小球作匀速直线运动,则流体阻力为零。设小球受到的作用力为 $\boldsymbol{F}$,则由牛顿第二定理有

$$\boldsymbol{F} - M'\,\frac{\mathrm{d}U}{\mathrm{d}t} = M\,\frac{\mathrm{d}U}{\mathrm{d}t}$$

整理上式

$$\boldsymbol{F} = (M + M')\,\frac{\mathrm{d}U}{\mathrm{d}t} \tag{5.25}$$

即附加质量可以添加到圆球本身的质量上去,而把总质量 $(M+M')$ 应用于动力学方程。式(5.25)对其他形状的物体也适用。把虚拟质量添加到物体的实际质量上去后,在计算中就可以忽略周围流体存在的影响。

例 8　空气中有一球形水滴,求水滴下落的加速度。忽略流动的粘性阻力。

解　设水滴半径为 a,水的密度为 ρ_0,空气密度为 ρ。水滴质量 $M_0 = (4/3)\pi a^3\rho_0$,球形水滴的虚拟质量 $M' = (2/3)\pi a^3\rho$。水滴在空气中受到重力和浮力的作用,依据牛顿第二定理并考虑到虚拟质量,当忽略流动粘性阻力时,方程为

$$\frac{4}{3}\pi a^3 \rho_0 g - \frac{4}{3}\pi a^3 \rho g = \left(\frac{4}{3}\pi a^3 \rho_0 + \frac{2}{3}\pi a^3 \rho\right)\frac{\mathrm{d}U}{\mathrm{d}t}$$

化简上式

$$\frac{\mathrm{d}U}{\mathrm{d}t} = \frac{(\rho_0 - \rho)g}{\rho_0 + \frac{1}{2}\rho}$$

由 $\rho \ll \rho_0$，水滴下落的加速度为

$$\frac{\mathrm{d}U}{\mathrm{d}t} = g$$

如果 $\rho \gg \rho_0$（如气泡在液体中上升），则 $\dfrac{\mathrm{d}U}{\mathrm{d}t} = -2g$。

练习题

5.1 证明在球坐标系中 $\psi = \left(\dfrac{A}{r^2}\cos\theta + Br^2\right)\sin^2\theta$ 可表示不可压缩流体某轴对称无旋流动中的流函数，并求其速度势。

5.2 用直接代入的方法证明均匀流动、点源和偶极子的流函数表达式满足方程(5.6)。

5.3 试用分离变量的方法求解方程(5.6)，证明该方程的解可表示为 $\psi(r,\theta)$ $= \sum\limits_{n=1}^{\infty} A_n \dfrac{\sin\theta}{r^n}\dfrac{\mathrm{d}}{\mathrm{d}\theta}[P_n(\cos\theta)]$，式中 $P_n(\cos\theta)$ 是 n 阶第一类勒让德多项式。

5.4 证明如令 $A_n = 0 (n \neq 1)$，则上题得到的斯托克斯流函数的解可表示偶极子的解。

5.5 已知流体绕流圆球的速度势函数 $\phi(r,\theta) = U\left(r + \dfrac{a^3}{2r^2}\right)\cos\theta$，式中 a 是圆球半径。试求圆球表面的压强分布，并计算流体作用在圆球上的力。

5.6 考虑不可压缩流体在无限空间中的无旋运动。如果线段 AB 上分布等密度线源，在 A、B 两点分别有等强度集中点汇，其强度使整个流场中无流体产生或消失，证明流场的流函数为

$$\psi = k\left[(r_1 - r_2)^2 - c^2\right]\left(\frac{1}{r_1} - \frac{1}{r_2}\right)$$

式中 c 为 AB 的长度，r_1, r_2 为空间点 P 到 A、B 两点的距离，k 为常数，由源汇强度决定。

5.7 在距离圆球中心 l 处放置一强度为 μ 的偶极子（见题 5.7 图）。求球外流场的流函数，设圆球半径为 a。

5.8　证明题 5.7 中的强度为 μ 的偶极子对圆球的作用力为：

$$F = \frac{3\rho\mu^2 a^3 l}{2\pi(l^2-a^2)^4}\boldsymbol{e}_x$$

5.9　在离铅垂平面 h 处放置一强度为 Q 的点源（见题 5.9 图）。试求铅垂面表面上的压强分布，设原流场是静止的，压强为 p_0。

5.10　考虑不可压缩流体的空间定常无旋运动，如果在 $r_1,r_2,\cdots,r_n$ 这几个点上各有强度分别为 $Q_1,Q_2,\cdots,Q_n$ 的点源，求作用于 r_1 处的点源上的作用力。

5.11　从流体的动能定理出发考虑以非定常速度 $U(t)$ 运动的圆球所受的阻力：(1) 由流体运动的速度势函数求流体动能；(2) 由动能定理求圆球运动阻力。

5.12　如题 5.12 图所示，半径为 a 的圆球以变速度 $U(t)$ 沿静止坐标系的 x 轴运动，$t=0$ 时圆球处于坐标系的原点。空间固定点 P 相对于运动圆球的坐标 $r(t)$ 和 $\theta(t)$ 是随时间变化的。试求 P 点的势函数，然后利用惯性系的伯努利方程求圆球表面压强分布，进而求流体对圆球的阻力。将本题的计算结果与利用虚拟质量所得结果和第 3 章例 4 的结果作比较。

5.13　在无限深流体中一个半径为 a 的圆球以速度 U 与水平方向成 $\pi/4$ 角上抛，若圆球密度是流体密度的 2 倍，求圆球能达到的最大高度 H_{max}。

5.14　设半径为 a 的无穷长圆柱在无界的理想不可压缩均质静止流体中沿 x 轴（与圆柱轴线垂直的方向）作变速运动，平动速度为 $U(t)$（见题 5.14 图）。求流体对单位长圆柱体的作用力。

5.15　密度为 ρ_b 的半球状物块由于自重沉于水底，速度为 U 的均匀来流绕过此半球体。半球底部与河床间有很小的间隙，间隙内压强是滞止压强 p_0（见题 5.15 图）。求能使半球浮起来的最小速度 U_{min}。设流体密度为 ρ。

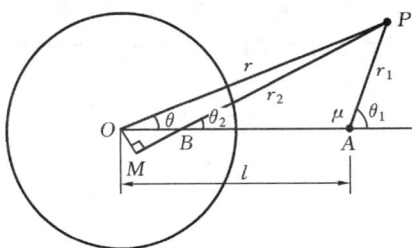
题 5.7 图

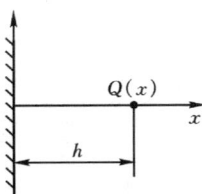
题 5.9 图

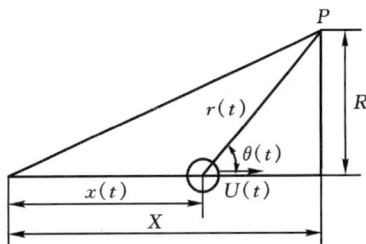
题 5.12 图

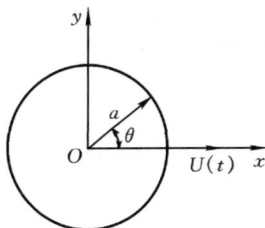
题 5.14 图

5.16 求半径为 a 的圆球在无限流场中由于重力而下沉的运动规律。设圆球运动阻力 $D = \frac{1}{2}C_D\rho V^2 A$，式中 C_D 是阻力系数，$A = \pi a^2$，称为迎风面积。圆球密度为 ρ_0，流体密度为 ρ。

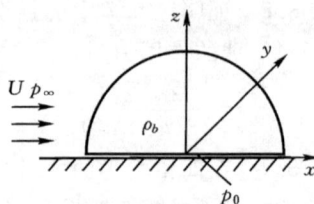

题 5.15 图

第6章 理想流体的旋涡运动

自然界和工程领域常常出现大尺度流体团的强烈旋转现象,如龙卷风,称为旋涡,旋涡流动是一种强烈的有旋运动。有旋运动是以涡量 $\boldsymbol{\Omega} = \nabla \times \boldsymbol{u}$ 来定义的,不是所有的有旋运动都表现为旋涡,如在上述章节中提到的简单平面剪切运动,流场内处处有涡量存在,但宏观上并不表现为流体团绕某一公共中心的旋转运动。旋涡的例子不胜枚举,如大气和海洋中的环流,工程领域如飞行器、发动机燃烧室、锅炉燃烧室、流体机械、桥梁和各种水利设施等涉及到的流动中都可以看到大量的旋涡运动。本章首先介绍涡量场的诱导速度场,并在此基础上介绍典型的旋涡运动,如涡丝、涡环、涡列和涡街,以及涡层等。

6.1 涡量场和散度场的诱导速度场

在自然界和工程领域常会遇到这样的场合,涡量集中在一个有限的区域内,在此区域外则可认为流动无旋。如涡量局限在很薄一层曲面内,则称此曲面为涡层;有时涡量可能集中在很细的一根涡管中,此时可近似将此涡管看成几何上的一条线,称之为涡丝。一个尖尾缘翼型在流体中作变速或变攻角运动,当雷诺数很大时,流体绕过上、下翼面将以不同的速度在后缘处重新汇合,形成一个切向速度剧烈变化的薄层,称作切向速度间断面,在此薄层内处处有旋,因此是一个涡层。又如当计算龙卷风周围的诱导速度场和压强场时,可以用直线涡来近似模拟实际的龙卷风。

本节先推导有限体积内涡量分布的诱导速度场,面涡量分布和线涡量分布的诱导速度场则作为特例导出。为了更加普遍起见,假定在涡量场内还同时有散度分布。

设在有限体积 τ 内给定涡量场和散度场,而在 τ 外的区域内则无旋无源,满足

在 τ 内,$\nabla \cdot \boldsymbol{u} = \sigma$, $\nabla \times \boldsymbol{u} = \boldsymbol{\Omega}$;

在 τ 外,$\nabla \cdot \boldsymbol{u} = 0$, $\nabla \times \boldsymbol{u} = 0$。

式中 σ 和 $\boldsymbol{\Omega}$ 是已知的速度散度函数和涡量函数,现欲求上述 σ 和 $\boldsymbol{\Omega}$ 的诱导速度场 $\boldsymbol{u}$。上述问题可以拆分成两个问题分别求解。先求速度场 $\boldsymbol{u}_1$,$\boldsymbol{u}_1$ 满足

在 τ 内, $\nabla \cdot u = \sigma$, $\nabla \times u = 0$;

在 τ 外, $\nabla \cdot u = 0$, $\nabla \times u = 0$。

再求速度场 u_2, u_2 满足

在 τ 内, $\nabla \cdot u = 0$, $\nabla \times u = \Omega$;

在 τ 外, $\nabla \cdot u = 0$, $\nabla \times u = 0$。

上述两速度场中 u_1 代表无旋有源场的诱导速度, u_2 代表有旋无源场的诱导速度。容易验证

$$u = u_1 + u_2$$

就是有旋有源场的诱导速度。

先求 u_1, 由 $\nabla \times u_1 = 0$, 根据无旋场性质知一定存在速度势函数 ϕ, 且

$$u_1 = \nabla \phi$$

代入 $\nabla \cdot u_1 = \sigma$ 得

$$\nabla^2 \phi = \sigma \tag{6.1a}$$

这是泊桑方程, 其解为

$$\phi = -\frac{1}{4\pi}\int_\tau \frac{\sigma}{r}\mathrm{d}\tau \tag{6.1b}$$

式(6.1b)的物理意义可说明如下:将 τ 内流体分成许多流体微团, 每个流体微团形成一个点源, 源强为 $\sigma\mathrm{d}\tau$, σ 是单位体积的源强, 上述点源的诱导速度势为

$$-\frac{\sigma\mathrm{d}\tau}{4\pi r}$$

对整个 τ 积分即得到式(6.1b)。对式(6.1b)求梯度即可得到 u_1,

$$u_1 = \nabla\left[-\frac{1}{4\pi}\int_\tau \frac{\sigma}{r}\mathrm{d}\tau\right] \tag{6.1c}$$

再来求解 u_2, 引入辅助矢势函数 A, 令

$$u_2 = \nabla \times A$$

由于一个矢量旋度的散度等于零(参阅附录 A), 由上式定义的速度 u_2 必满足 $\nabla \cdot u_2 = 0$。将上式代入 $\nabla \times u = \Omega$, 并利用矢量恒等式 $\nabla \times (\nabla \times A) = \nabla(\nabla \cdot A) - \nabla^2 A$, 得

$$\nabla(\nabla \cdot A) - \nabla^2 A = \Omega \tag{6.2a}$$

令

$$\nabla \cdot A = 0 \tag{6.2b}$$

于是

$$\nabla^2 A = -\Omega \tag{6.2c}$$

在下文中先求解方程(6.2c)得出 A 的表达式, 再验证求出的 A 是否满足式(6.2b)。方程(6.2c)是矢量方程, 其 3 个分量方程相当于 3 个泊桑方程, 因此其解为

$$A = \frac{1}{4\pi} \int_\tau \frac{\boldsymbol{\Omega}}{r} \mathrm{d}\tau \tag{6.2d}$$

于是 $\boldsymbol{u}_2$ 可表示为

$$\boldsymbol{u}_2 = \nabla \times \left[\frac{1}{4\pi} \int_\tau \frac{\boldsymbol{\Omega}}{r} \mathrm{d}\tau \right] \tag{6.2e}$$

请注意,式(6.1c)和式(6.2e)中的 σ 和 $\boldsymbol{\Omega}$ 可看作 τ 内某一点 $M(x_1,y_1,z_1)$ 的散度和涡量(见图 6.1),它们是 x_1,y_1,z_1 的函数;$\boldsymbol{u}_1$ 和 $\boldsymbol{u}_2$ 是流场中 M 点外一点 $P(x,y,z)$ 的速度,它们是 x,y,z 的函数;r 是 M 和 P 点连线的长度,

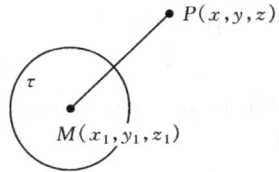

$$r = \sqrt{(x-x_1)^2 + (y-y_1)^2 + (z-z_1)^2} \tag{6.3}$$

积分在 τ 内对 (x_1,y_1,z_1) 进行。

图 6.1　涡量场和散度场
感应的速度场

　　现验证(6.2d)式是否满足(6.2b)式。对式(6.2d)求散度

$$\nabla \cdot A = \frac{1}{4\pi} \int_\tau \boldsymbol{\Omega} \cdot \nabla \left(\frac{1}{r} \right) \mathrm{d}\tau$$

考虑到式(6.3)有

$$\nabla \left(\frac{1}{r} \right) = - \nabla' \left(\frac{1}{r} \right)$$

其中 ∇ 表示对 x,y,z 微分,而 ∇' 表示对 x_1,y_1,z_1 微分,于是

$$\nabla \cdot A = -\frac{1}{4\pi} \int_\tau \boldsymbol{\Omega} \cdot \nabla' \left(\frac{1}{r} \right) \mathrm{d}\tau$$

因为

$$\nabla' \cdot \left(\frac{\boldsymbol{\Omega}}{r} \right) = \frac{1}{r} \nabla' \cdot \boldsymbol{\Omega} + \boldsymbol{\Omega} \cdot \nabla' \left(\frac{1}{r} \right) = \boldsymbol{\Omega} \cdot \nabla' \left(\frac{1}{r} \right)$$

于是

$$\nabla \cdot A = -\frac{1}{4\pi} \int_\tau \nabla' \left(\frac{\boldsymbol{\Omega}}{r} \right) \mathrm{d}\tau = -\frac{1}{4\pi} \int_A \boldsymbol{\Omega} \cdot \boldsymbol{n} \mathrm{d}A$$

A 是 τ 的界面,$\boldsymbol{n}$ 是 A 的外法线单位矢量。因为已假设 τ 外是无旋场,则在界面 A 上必有 $\boldsymbol{\Omega} \cdot \boldsymbol{n} = 0$,于是 $\nabla \cdot A = 0$,式(6.2b)得到满足,式(6.2e)即是所求的有旋无源场速度 $\boldsymbol{u}_z$ 的解析式。将式(6.1c)和式(6.2e)相加,有

$$\boldsymbol{u} = \nabla \left[-\frac{1}{4\pi} \int_\tau \frac{\sigma}{r} \mathrm{d}\tau \right] + \nabla \times \left[\frac{1}{4\pi} \int_\tau \frac{\boldsymbol{\Omega}}{r} \mathrm{d}\tau \right] \tag{6.4}$$

即得到有旋有源场的诱导速度。

6.2　直线涡丝和圆形涡丝

上节推导了涡量场与散度场的诱导速度场的计算式(6.4),对于有旋无源场,则可应用式(6.2e)。当把式(6.2e)应用于涡丝时,需作一些变化。在涡丝上取线元,其横截面积为 σ,长为 dl,体积 $d\tau=\sigma dl$,单位体积内涡量强度为 $\boldsymbol{\Omega}$,则有

$$\boldsymbol{\Omega} d\tau = \boldsymbol{\Omega} \sigma dl = \Omega \sigma d\boldsymbol{l}$$

其中 Ω 为涡量矢量的大小,$d\boldsymbol{l}$ 为线元矢量,其长度为 dl,方向为涡量矢量的方向。令

$$\lim_{\substack{\sigma \to 0 \\ \Omega \to \infty}} \sigma \Omega = \Gamma$$

Γ 为一有限值,称涡丝强度,由于一个涡管任意横截面上的涡管强度为常数,对一根涡丝来说,Γ 为常量,于是

$$\boldsymbol{\Omega} d\tau = \Gamma d\boldsymbol{l}$$

将上式代入式(6.2e)得

$$\boldsymbol{u} = \frac{\Gamma}{4\pi} \nabla \times \left[\int_L \frac{1}{r} d\boldsymbol{l} \right]$$

式中旋度运算是针对 x,y,z 的,而 $d\boldsymbol{l}$ 则是 x_1,y_1,z_1 的函数(见图 6.1),于是

$$\boldsymbol{u} = \frac{\Gamma}{4\pi} \int_L \nabla \left(\frac{1}{r} \right) \times d\boldsymbol{l} = -\frac{\Gamma}{4\pi} \int_L \frac{\boldsymbol{r} \times d\boldsymbol{l}}{r^3} \tag{6.5a}$$

式(6.5a)表示整个涡丝的诱导速度,而 $d\boldsymbol{l}$ 一段涡丝的诱导速度则为

$$d\boldsymbol{u} = \frac{\Gamma}{4\pi} \frac{d\boldsymbol{l} \times \boldsymbol{r}}{r^3} \tag{6.5b}$$

其大小为

$$| d\boldsymbol{u} | = \frac{\Gamma}{4\pi} \frac{\sin\alpha dl}{r^2} \tag{6.5c}$$

式中 α 是 $\boldsymbol{r}$ 与 $d\boldsymbol{l}$ 的夹角。式(6.5a)称毕奥-萨瓦尔公式。线元 $d\boldsymbol{l}$ 的诱导速度 $d\boldsymbol{u}$ 垂直于 $\boldsymbol{r}$ 与 $d\boldsymbol{l}$ 所在的平面,并沿 $d\boldsymbol{l} \times \boldsymbol{r}$ 的方向,其大小则与 r 的平方成反比,与 $d\boldsymbol{l}$ 和 $\boldsymbol{r}$ 的夹角 α 的正弦成正比。

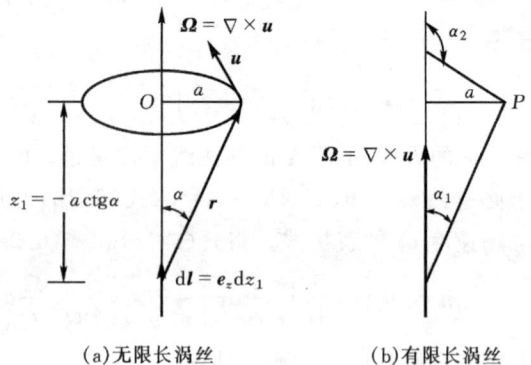

(a)无限长涡丝　　　　　(b)有限长涡丝

图 6.2　直线涡丝

6.2.1　直线涡丝

如图 6.2a 所示,考虑一无限长直涡丝的诱导速度场,涡丝强度为 Γ,方向铅垂向上,沿正 z 轴方向。由于涡丝双向均无界,速度场不应随 z 而变化,流动是二维的,只考虑 $z=0$ 平面内的流动即可,求距离涡丝为 a 处感生的速度。根据式(6.5a), $\boldsymbol{u}$ 应与 d$\boldsymbol{l}$ 和 $\boldsymbol{r}$ 所在平面正交,且垂直于涡丝,与半径为 a 的圆相切,

$$\boldsymbol{u}=\left[\frac{\Gamma}{4\pi}\int_{-\infty}^{+\infty}\frac{\sin\alpha}{r^2}\mathrm{d}z_1\right]\boldsymbol{e}_\theta$$

由图 6.2a 有

$$z_1=-a\operatorname{ctg}\alpha$$

于是 $z_1=-\infty$ 相应于 $\alpha=0$,而 $z_1=+\infty$ 相应于 $\alpha=\pi$,对上式微分

$$\mathrm{d}z_1=\frac{a}{\sin^2\alpha}\mathrm{d}\alpha$$

代入诱导速度计算式,并考虑到 $r=a/\sin\alpha$,得

$$\boldsymbol{u}=\left[\frac{\Gamma}{4\pi a}\int_0^\pi\sin\alpha\mathrm{d}\alpha\right]\boldsymbol{e}_\theta=\left[\frac{\Gamma}{4\pi a}(-\cos\alpha)\Big|_0^\pi\right]\boldsymbol{e}_\theta=\frac{\Gamma}{2\pi a}\boldsymbol{e}_\theta \tag{6.6a}$$

无限长直涡丝的诱导速度场是平面流场。可以把无限长的直涡丝看成是平面上某点强度为 Γ 的点涡,而无限长直涡丝诱导的流体运动可以归结为点涡的平面流动。

还应指出式(6.6a)表示的是绕直涡丝的旋转运动,直涡丝本身并不运动,即单根无限长直涡丝不对自身产生诱导速度。当 $a\to0$ 时,环绕涡丝的圆周运动线速度 $u_\theta\to\infty$,这在物理上是不可能的。这是由于把涡丝抽象成一条几何直线而引起的,可以通过让涡丝具有“涡核”,即具有半径 R_0 来克服:当 $R\geqslant R_0$,诱导速度用式(6.6a)来计算;$R<R_0$ 的区域则通常处理成“刚性核”,速度分布为 $u_\theta=\omega R$,ω 为常数,$R\to0$ 时,有 $u_\theta\to0$。

考虑一段有限长的直涡丝对 P 点的诱导速度(见图 6.2b),设相应于涡丝起点和终点的 α 角分别是 α_1 和 α_2,由式(6.6a)有

$$\boldsymbol{u}=\frac{\Gamma}{4\pi a}(\cos\alpha_1-\cos\alpha_2)\boldsymbol{e}_\theta \tag{6.6b}$$

若起点和终点的 α 角分别是 0 和 $\pi/2$,则相当于一根半无穷长的涡丝,

$$\boldsymbol{u}=\frac{\Gamma}{4\pi a}\boldsymbol{e}_\theta \tag{6.6c}$$

半无穷长直涡丝的诱导速度等于无穷长涡丝诱导速度的一半。

孤立的有限长或半无穷长的涡丝实际上是不可能存在的。涡量场是无源场,因此涡线不可能在流体中中断。上述的有限长或半无穷长涡丝只可能是自行封闭

的或两端均伸向无穷远涡丝的一部分。

在第 4 章中分析过二维流场中机翼的启动过程,指出只有当围绕机翼存在附着涡时才会有升力产生。可以把二维流场中机翼的附着涡看作一根无限长的涡丝,从升力计算的角度考虑,机翼可以用直涡丝来代替。当然机翼附近的速度场与直涡丝的诱导速度场是不同的,但远离机翼处的速度分布却是相似的。

实际的机翼都是有限长的,在有限展长机翼的两个端部会产生绕流。这是由于在机翼产生升力的情况下,下翼面的压强大于上翼面的压强,在此压强差的作用下流体会从下翼面绕过机翼端部流向上翼面,从而产生自由涡,这些涡会被流体携带向下游。对于有限展长的机翼,把附着涡看作无限长涡丝不再适用。此时沿翼展方向的附着涡,从机翼两端拖出的自由涡,以及机翼下游的启动涡构成了一个封闭的涡环(见图 6.3a)。如果启动涡已经流向下游无穷远处,则可认为附着涡和机翼两端部沿流动方向伸向无穷远的自由涡形成所谓的"马蹄形涡"(见图 6.3b)。马蹄形涡虽然只是有限翼展机翼的一个粗糙模型,但已可以用来定性解释机翼在理想流体中受到的"诱导阻力"。

下面研究 n 个相互平行的无限长直涡丝的诱导速度,由上文知这相当于研究由 n 个点涡组成的平面点涡系。设第 k 个点涡的位置为 $z_k = x_k + \mathrm{i} y_k$,强度为 $\varGamma_k$,则平面一点 z 的复位势为

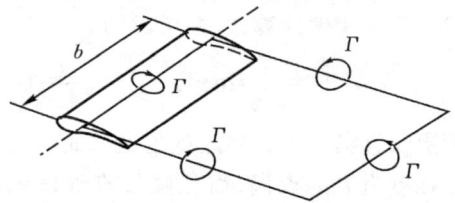

(a)有限展长机翼的简化涡系

$$F(z) = \sum_{k=1}^{n} \frac{\varGamma_k}{2\pi\mathrm{i}} \ln(z - z_k)$$

对上式求导可得到复速度

$$W(z) = u - \mathrm{i} v = \sum_{k=1}^{n} \frac{\varGamma_k}{2\pi\mathrm{i}} \frac{1}{z - z_k}$$

涡系中第 m 个涡因受到其他涡的诱导而产生的复速度为

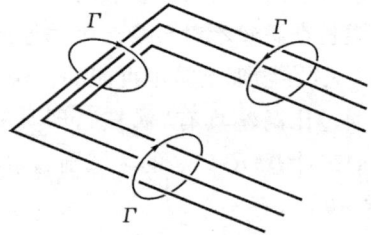

(b)马蹄形涡

图 6.3 有限展长机翼的涡系

$$\frac{\mathrm{d}\bar{z}_m}{\mathrm{d}t} = \sum_{\substack{k=1 \\ k \neq m}}^{n} \frac{\varGamma_k}{2\pi\mathrm{i}} \frac{1}{z - z_k} \qquad (6.7a)$$

z_m 是第 m 个点涡的坐标,在式(6.7a)中已经考虑到直涡丝不对自身产生诱导速度。

与质点系动力学相类似,平面涡系也存在不变量:质点系的总质量为常数,根据亥姆霍兹涡管强度保持定理(参阅 3.1 节),点涡系的总涡强度也保持恒定不变,$\varSigma\varGamma_k =$ 常数。以 $\varGamma_m$ 乘式(6.7a)的两边并求和,

$$\sum_{m=1}^{n} \Gamma_m \frac{\mathrm{d}\bar{z}_m}{\mathrm{d}t} = \Gamma_1 \frac{\mathrm{d}\bar{z}_1}{\mathrm{d}t} + \Gamma_2 \frac{\mathrm{d}\bar{z}_2}{\mathrm{d}t} + \Gamma_3 \frac{\mathrm{d}\bar{z}_3}{\mathrm{d}t} + \cdots$$

$$= \left\{ \frac{\Gamma_1 \Gamma_2}{2\pi\mathrm{i}} \frac{1}{z_1 - z_2} + \frac{\Gamma_1 \Gamma_3}{2\pi\mathrm{i}} \frac{1}{z_1 - z_3} + \cdots \right\}$$

$$+ \left\{ \frac{\Gamma_2 \Gamma_1}{2\pi\mathrm{i}} \frac{1}{z_2 - z_1} + \frac{\Gamma_2 \Gamma_3}{2\pi\mathrm{i}} \frac{1}{z_2 - z_3} + \cdots \right\}$$

$$+ \left\{ \frac{\Gamma_3 \Gamma_1}{2\pi\mathrm{i}} \frac{1}{z_3 - z_1} + \frac{\Gamma_3 \Gamma_2}{2\pi\mathrm{i}} \frac{1}{z_3 - z_2} + \cdots \right\} + \cdots$$

由上式的右边可以看出,相同的项总是成对出现,但相差一个"－"号,相互抵消,因此

$$\sum_{m=1}^{n} \Gamma_m \frac{\mathrm{d}\bar{z}_m}{\mathrm{d}t} = 0$$

积分上式得

$$\sum_{m=1}^{n} \Gamma_n \bar{z}_m = 常数 \tag{6.7b}$$

即

$$\sum_{m=1}^{n} \Gamma_m x_m = 常数, \quad \sum_{m=1}^{n} \Gamma_m y_m = 常数 \tag{6.7c}$$

由上式可以写出点涡系的重心坐标(x_c, y_c),式如

$$x_c = \frac{\displaystyle\sum_{m=1}^{n} \Gamma_m x_m}{\displaystyle\sum_{m=1}^{n} \Gamma_m}, \quad y_c = \frac{\displaystyle\sum_{m=1}^{n} \Gamma_m y_m}{\displaystyle\sum_{m=1}^{n} \Gamma_m} \tag{6.7d}$$

由于式中分子分母均为常数,点涡系的重心位置固定不变,这与不受外力作用的质点系的重心位置固定不变相对应。

由式(6.7d),当$\Sigma\Gamma_m = 0$,点涡系重心将在无穷远处,对于涡对,这相当于$\Gamma_1 = -\Gamma_2$,两个点涡以相同的速度作垂直于其连线的直线运动(可以看作绕无穷远点旋转);当$\Gamma_1 + \Gamma_2 \neq 0$,重心可能内分(当$\Gamma_1$、$\Gamma_2$同号)、也可能外分(当$\Gamma_1$、$\Gamma_2$异号)两个点涡的连线,此时两个点涡以一定的角速度绕重心旋转(见图6.4)。

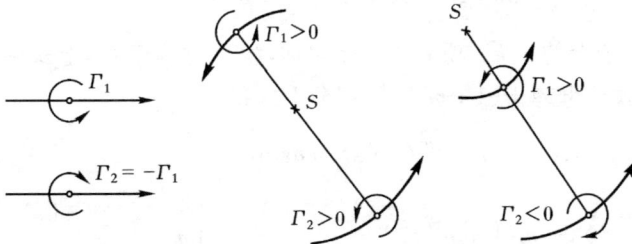

图 6.4　涡对的运动轨迹

6.2.2　圆形涡丝

在研究圆形涡丝前,有必要先分析一段曲线涡丝产生的诱导速度。在曲线涡丝上取一点 O,过 O 点作自然坐标系 $Ox_1x_2x_3$, O 点为坐标系原点, t,n,b 分别为切线、主法线和副法线方向的单位矢量(参见图 6.5)。设 P 点是涡丝法平面 x_2Ox_3 内一点,则

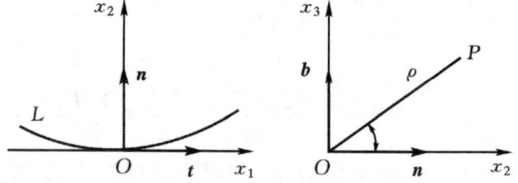

图 6.5　曲线涡丝

$$r_p = x_2\boldsymbol{n} + x_3\boldsymbol{b}$$

现在来考察当 $\rho = \sqrt{x_2^2 + x_3^2} \to 0$ 时, P 点速度矢量的表达式。在涡丝上取一点 M,其沿涡丝距 O 点的长度为 l,在 l 值的一定范围内,比如 $-L \ll l \ll L$,点 M 的位置矢量 r_M 可写为

$$r_M \approx l\cos\alpha\boldsymbol{t} + l\sin\alpha\boldsymbol{n} \approx l\boldsymbol{t} + \frac{1}{2}kl^2\boldsymbol{n}$$

式中 k 是曲线涡丝在 O 点附近的曲率。于是 O 点附近沿涡丝的线元弧矢量为

$$\mathrm{d}\boldsymbol{l} \approx (\boldsymbol{t} + kl\boldsymbol{n})\mathrm{d}l$$

$$r = r_P - r_M = -l\boldsymbol{t} + \left(x_2 - \frac{1}{2}kl^2\right)\boldsymbol{n} + x_3\boldsymbol{b}$$

将以上表达式代入式(6.5b),有

$$\mathrm{d}\boldsymbol{u} = \frac{\Gamma}{4\pi} \frac{x_3 kl\boldsymbol{t} - x_3\boldsymbol{n} + \left(x_2 + \frac{1}{2}kl^2\right)\boldsymbol{b}}{\left[x_2^2 + x_3^2 + l^2(1 - x_2 k) + \frac{1}{4}k^2 l^4\right]^{3/2}}\mathrm{d}l$$

令 $m = l/\rho$,并考虑到 $x_2 = \rho\cos\phi$, $x_3 = \rho\sin\phi$,则 $-L \leqslant l \leqslant L$ 一段涡丝的诱导速度为

$$\boldsymbol{u} = \frac{\Gamma}{4\pi}\int_{-\frac{L}{\rho}}^{+\frac{L}{\rho}} \frac{(\boldsymbol{b}\cos\phi - \boldsymbol{n}\sin\phi)\rho^{-1} + \frac{1}{2}km^2\boldsymbol{b}}{\left\{1 + m^2(1 - k\rho\cos\phi) + \frac{1}{4}k^2\rho^2 m^4\right\}^{3/2}}\mathrm{d}m$$

在 $\mathrm{d}\boldsymbol{u}$ 表达式分子上的 $x_3 kl\boldsymbol{t}$ 项关于 l 反对称,积分时等于零,上式中没有再写出。当 $\rho \to 0$ 时,上式分母趋于 $(1 + m^2)^{3/2}$,积分上式得

$$\boldsymbol{u} = \frac{\Gamma}{4\pi}\Big[\rho^{-1}m(1 + m^2)^{-1/2}(\boldsymbol{b}\cos\phi - \boldsymbol{n}\sin\phi)$$

$$+ \frac{1}{2}k\boldsymbol{b}\left\{-m(1 + m^2)^{-1/2} + \ln[m + (1 + m^2)^{1/2}]\right\}\Big]\Big|_{-\frac{L}{\rho}}^{+\frac{L}{\rho}}$$

考虑到

$$\ln[m + \sqrt{1+m^2}]\Big|_{-\frac{L}{\rho}}^{+\frac{L}{\rho}} \approx 2\ln\left(2\frac{L}{\rho}\right) = 2\ln\frac{L}{\rho} + 常数$$

于是整个积分的渐近值为

$$\boldsymbol{u} = \frac{\Gamma}{2\pi\rho}(\boldsymbol{b}\cos\phi - \boldsymbol{n}\sin\phi) + \frac{\Gamma k}{4\pi}\boldsymbol{b}\ln\frac{L}{\rho} + 常矢 \tag{6.8}$$

显然 O 点附近 $-L \leqslant l \leqslant L$ 的线涡对速度的贡献是主要的,而在 $\pm L$ 以外那部分线涡的影响可以忽略。

　　由式(6.8)知 O 点邻域内流体速度由两部分组成,第一部分是式(6.8)的第一项,它代表了绕线涡的周向旋转,并不改变线涡的位置和形状,当 $\rho \to 0$ 时,它趋于无穷,这是因为虽然涡丝强度有限,而当横截面积无限小时,涡丝强度趋于无限大。第二部分是式(6.8)的第二项,当 $\rho \to 0$ 它也趋于无穷,但奇性较弱是对数型的,它不是使流体质点绕涡丝旋转,而是使涡丝沿副法线方向 $\boldsymbol{b}$ 运动,它反映了涡丝本身的自诱导作用。这部分速度与曲率 k 有关,对变曲率涡丝而言,各点运动速度不同,因此涡丝在运动过程中将发生扭曲和拉伸;对曲率相同的圆形涡丝,自诱导引起运动速度是均匀的,涡丝沿垂直于自身平面的方向以常速度前进,不会发生变形;当 $k=0$,即为直线涡丝,涡丝本身不运动。

　　下边来研究半径为 a 的圆形涡丝的感生速度场。取直角坐标系,涡丝所在平面为 xOy 平面,z 轴通过圆心 O(见图 6.6)。同时取圆柱坐标系 (ρ, θ, z),两坐标系之间关系为

$$x = \rho\cos\theta, \quad y = \rho\sin\theta$$

由于轴对称性,通过 Oz 轴的所有平面上的运动都是相同的,不失普遍性只考虑平面 $\theta = 0$ 处的流体流动,在 $\theta = 0$ 平面上取点 $P(\rho, 0, z)$,此时 ρ 相当于 P 点的 x 坐标,其 y 坐标为零。

　　在圆形涡丝上取动点 M,M 点在直角坐标系内的坐标为

$$x_1 = a\cos\alpha, \quad y_1 = a\sin\alpha, \quad z_1 = 0$$

M 点处的弧元素矢量

$$\mathrm{d}\boldsymbol{l} = a\,\mathrm{d}\alpha\,\boldsymbol{e}_\theta$$

连接 MP 的矢量

$$\boldsymbol{r} = \boldsymbol{r}_P - \boldsymbol{r}_M = (\rho - a\cos\alpha)\boldsymbol{i} - a\sin\alpha\boldsymbol{j} + z\boldsymbol{k}$$

代入 $\boldsymbol{i} = \cos\alpha\boldsymbol{e}_R - \sin\alpha\boldsymbol{e}_\theta, \boldsymbol{j} = \sin\alpha\boldsymbol{e}_R + \cos\alpha\boldsymbol{e}_\theta, \boldsymbol{k} = \boldsymbol{e}_z$,上式化为

$$\boldsymbol{r} = (\rho\cos\alpha - a)\boldsymbol{e}_R - \rho\sin\alpha\boldsymbol{e}_\theta + z\boldsymbol{e}_z$$

于是

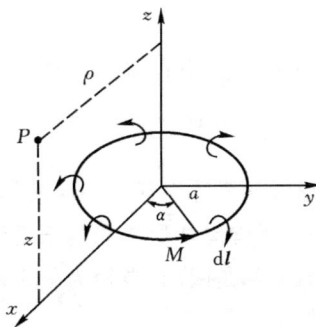

图 6.6　圆形涡丝

$$\mathrm{d}\boldsymbol{l} \times \boldsymbol{r} = a(a - \rho\cos\alpha)\mathrm{d}\alpha\boldsymbol{e}_z + az\,\mathrm{d}\alpha\boldsymbol{e}_R$$

由毕奥-萨瓦尔公式(6.5a)得

$$\boldsymbol{u} = \frac{\Gamma}{4\pi}\oint\frac{\mathrm{d}\boldsymbol{l} \times \boldsymbol{r}}{r^3} = \frac{\Gamma a}{4\pi}\int_0^{2\pi}\frac{(a - \rho\cos\alpha)\boldsymbol{e}_z}{r^3}\mathrm{d}\alpha + \frac{\Gamma a}{4\pi}\int_0^{2\pi}\frac{z\boldsymbol{e}_r}{r^3}\mathrm{d}\alpha \qquad (6.9)$$

式中

$$r = \sqrt{(\rho - a\cos\alpha)^2 + (a\sin\alpha)^2 + z^2} = \sqrt{\rho^2 + a^2 + z^2 - 2a\rho\cos\alpha}$$

适当变换后上述积分可化为第一类和第二
类完全椭圆积分。式(6.9)的结果示在图
6.7 中。由式(6.8),涡丝附近的流体质点
旋转运动的线速度以 ρ^{-1} 阶次趋向无穷,圆
形涡丝本身则以 $\ln\rho$ 阶次的无穷大速度作
垂直于自身平面的平动。值得注意的是,
尽管涡丝的平动速度无穷大,它附近的流
线仍为封闭曲线。这是因为虽然都趋于无
穷大,但 $\ln\rho$ 与 ρ^{-1} 相比却是高阶小量,因
此起主要作用的是旋转运动,流线呈封闭状。

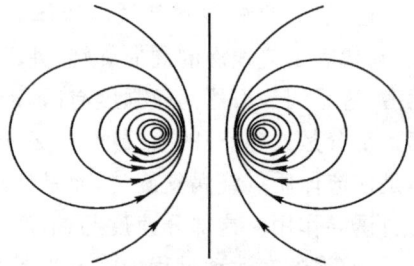

图 6.7 圆形涡丝周围的流线谱

如果仅求 z 轴上的诱导速度,则式(6.9)中 $\rho=0$,于是 $r = \sqrt{a^2 + z^2}$,有

$$\boldsymbol{u} = \frac{\Gamma a^2\boldsymbol{e}_z}{4\pi(a^2 + z^2)^{3/2}}\int_0^{2\pi}\mathrm{d}\alpha + \frac{\Gamma az}{4\pi(a^2 + z^2)^{3/2}}\int_0^{2\pi}\boldsymbol{e}_R\mathrm{d}\alpha = \frac{\Gamma}{2}\frac{a^2}{(a^2 + z^2)^{3/2}}\boldsymbol{e}_z$$

$$(6.10a)$$

特别是在 $z=0$ 的圆心处速度为

$$\boldsymbol{u} = \frac{\Gamma}{2a}\boldsymbol{e}_z \qquad (6.10b)$$

圆形涡丝又称涡环。一滴液体垂直地落入具有自由面的同种静止液体中会产生涡
环,原子弹爆炸形成的蘑菇云和抽烟者吐出的烟圈也是涡环。客观存在的涡环其
横截面都是限的,半径为 ε 的有限粗涡环的前进速度可由式(6.8)略作修改得到,
式如

$$u = \frac{\Gamma}{4\pi a}\ln\frac{a}{\varepsilon} \qquad (6.10c)$$

可见随着涡环半径 a 的增长,涡环前进速度减少。利用此性质可解释两涡环穿行
现象。假设两涡环沿同一轴线运动,后涡环产生的诱导速度在前涡环上产生离开
轴心向外的径向速度分量,使前涡环的半径不断增大,前进速度逐渐减小;同时,前
涡环产生的诱导速度在后涡环上产生指向轴心的径向速度分量,使后涡环的半径
不断减小,前进速度不断加快,最终穿过前涡环,于是前后涡环易位,上述过程又重

复进行(见图 6.8a)。

同样可以解释当一个涡环靠近平壁时,其半径会不断增大,前进速度不断减小;而当一个涡环离开平壁时,涡环的半径会不断减小,速度不断增大。事实上涡环靠近或离开平壁的运动可以看作两个旋转方向相反的涡环沿同一轴线相向运动或反向运动,平壁则是其对称面,两个涡环的相互作用使它们的半径同时增大或同时减小,速度则同时减小或同时增大(见图 6.8b)。

烟圈在运动过程中,烟始终保持在涡环内,并且随涡环一起运动,因此可以说烟携带着涡量。烟圈本身是一个自行封闭的涡管,它形象地表明,涡管始终由同一些流体质点所组成。这一点也

(a)两涡环穿行

(b)涡环朝向和离开壁面运动

图 6.8 涡环运动

可证明如下:初始时刻在涡管外表面任取一面积,因为涡量在涡面的法线方向分量为零,通过该面积的涡通量为零。根据开尔文定理,在此后时刻随着流体的运动,由同一些流体质点组成的上述曲面形状虽然会发生变化,但通过它的涡通量始终为零,即它仍是涡管的外表面,这些流体质点仍然在涡管的外表面上。当涡管截面非常小趋于零时,涡管可以看作涡线,于是也可以说涡线始终由同一些流体质点所组成,这就是亥姆霍兹第一定理。当然上述结论要成立必须满足理想、正压流体和质量力有势的条件。

6.3 卡门涡街

均匀来流绕流圆柱,当雷诺数 $Re = \dfrac{UD}{\nu}$(U 是来流速度,D 是圆柱直径,ν 是来流的运动粘性系数)大于 4 时,沿圆柱表面流动的流体会在圆柱的后半部分自物面分离,在圆柱下游形成一对稳定的驻涡,随着雷诺数增大,涡旋区被拉长;当 $Re >$ 40 以后,流场不再定常,上述涡破碎并被流体冲向下游,在圆柱两侧后方周期性地

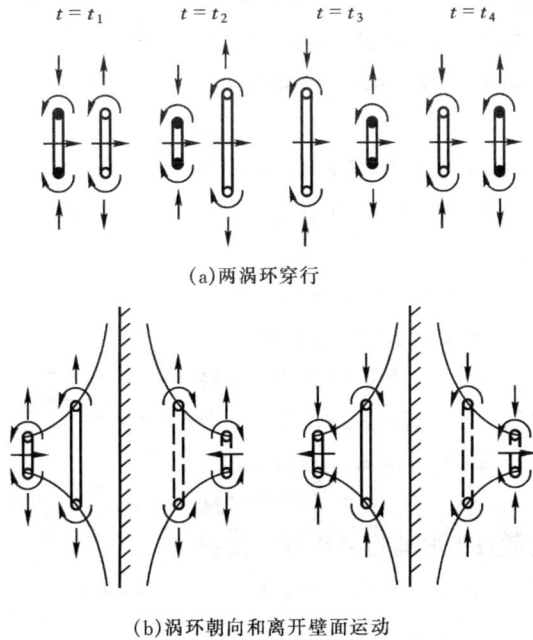

轮流有涡脱落,各自形成等间隔排列的涡列,同一涡列中涡的旋转方向相同,而两列涡的旋转方向彼此相反、交错排列,这就是卡门涡街。当 $Re > 300$ 以后,圆柱后方的涡排列逐渐失去其规则性和周期性(见图6.9)。

卡门涡街不仅在圆柱下游出现,也可在其他形状物体下游形成。伴随卡门涡街,高层建筑、烟囱、铁塔、斜拉桥等会受到垂直于流动方向的交变力,如果交变力的频率与建筑物的自由振动频率相等或接近时,就会发生共振,引起物体的大幅度振动,甚至对建筑物造成破环。

对卡门涡街的研究应先从沿直线排列的无穷长涡列开始。

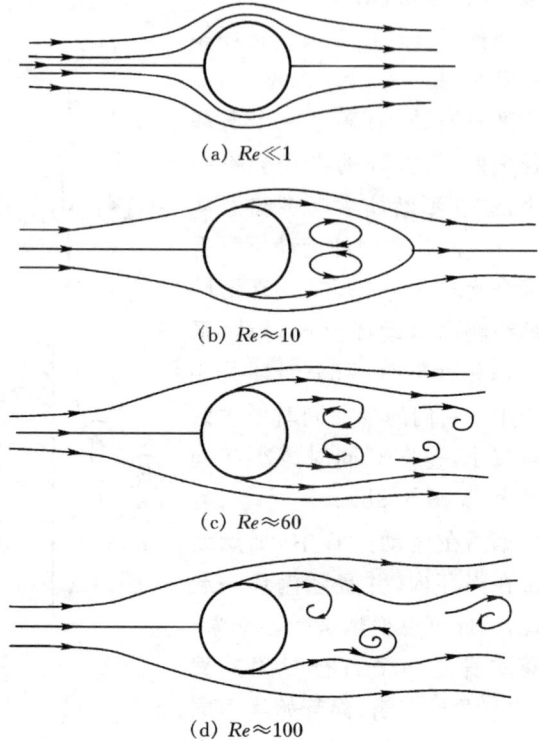

(a) $Re \ll 1$

(b) $Re \approx 10$

(c) $Re \approx 60$

(d) $Re \approx 100$

图 6.9 卡门涡街

单行涡列

考虑强度为 Γ 的平面点涡系,以相同的间距排列在一条无穷长的直线上(见图 6.10),流动的复位势

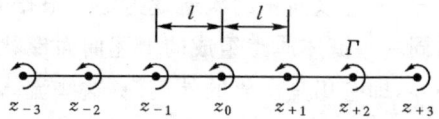

图 6.10 单行涡列

$$F(z) = \frac{\Gamma}{2\pi i}\Big[\ln(z - z_0) + \sum_{k=1}^{\infty}\ln(z - z_k)(z - z_{-k})\Big]$$

由于复位势可以增减常数而不影响无旋流动的流场,上式可作如下变化,

$$F(z) = \frac{\Gamma}{2\pi i}\Big[\ln\frac{\pi}{l}(z - z_0) + \sum_{k=1}^{\infty}\ln\frac{(z - z_k)}{-kl}\frac{(z - z_{-k})}{kl}\Big]$$

令 $z_k = z_0 + kl$, $z_{-k} = z_0 - kl$, 并考虑到复变函数无穷乘积公式 $\sin\pi z = \pi z\prod_{k=1}^{\infty}\Big(1 - \frac{z^2}{k^2}\Big)$, 上式可化简为

$$F(z) = \frac{\Gamma}{2\pi i}\ln\left\{\frac{\pi}{l}(z-z_0)\prod_{k=1}^{\infty}\left[1-\left(\frac{z-z_0}{kl}\right)^2\right]\right\} = \frac{\Gamma}{2\pi i}\ln\sin\frac{\pi(z-z_0)}{l}$$

选 $z_0 = 0$，则

$$F(z) = \frac{\Gamma}{2\pi i}\ln\sin\frac{\pi z}{l} \tag{6.11}$$

由于是无穷长涡列，涡列中每一个点涡受到的诱导速度相同。取 $k=0$ 的点涡来计算，在复位势中扣除 z_0 点点涡自身的复位势、并求导可得该点的复速度为

$$W(z) = \frac{d}{dz}\left[\frac{\Gamma}{2\pi i}\ln\sin\frac{\pi z}{l} - \frac{\Gamma}{2\pi i}\ln z\right]\bigg|_{z=0} = \frac{\Gamma}{2\pi i}\left[\frac{\pi}{l}\text{ctg}\left(\frac{\pi z}{l}\right) - \frac{1}{z}\right]\bigg|_{z=0} = 0$$

式中应用了当 $z \to 0$ 时，$\text{ctg}\frac{\pi z}{l} \approx \frac{l}{\pi z}$。可见每一个点涡受到涡列中其他点涡的作用而产生的诱导速度等于零，整个涡列是静止的。

无穷长单行涡列是不稳定的。只要某一个涡，比如 $z=0$ 处的涡，由于偶然的原因移动到新的位置 ξ_0，随着时间的推移该涡就会越来越偏离平衡位置而不能恢复到原来位置。下边来研究偏离平衡位置到 ξ_0 的涡受到涡列中其他涡的作用。ξ_0 点的复速度，

$$\frac{d\bar{\xi}_0}{dt} = \frac{d}{dz}\left[\frac{\Gamma}{2\pi i}\ln\sin\frac{\pi z}{l} - \frac{\Gamma}{2\pi i}\ln z\right]\bigg|_{z=\xi_0} = \frac{\Gamma}{2\pi i}\left[\frac{\pi}{l}\text{ctg}\left(\frac{\pi\xi_0}{l}\right) - \frac{1}{\xi_0}\right]$$

利用泰勒级数展开式 $\text{ctg}x = 1/x - x/3 - x^3/45 + \cdots$ 展开 $\text{ctg}\frac{\pi\xi_0}{l}$，并忽略 $\left(\frac{\pi\xi_0}{l}\right)^3$ 以上小量得

$$\frac{d\bar{\xi}_0}{dt} \approx -\frac{\Gamma\pi}{6l^2 i}\xi_0$$

等式两边取共轭

$$\frac{d\xi_0}{dt} = \frac{\Gamma\pi}{6l^2 i}\bar{\xi}_0$$

由以上两式可得

$$\frac{d^2\xi_0}{dt^2} = \left(\frac{\Gamma\pi}{6l^2}\right)^2\xi_0$$

令 $\lambda = \frac{\Gamma\pi}{6l^2}$，该方程的解为

$$\xi_0 = Ae^{\lambda t} + Be^{-\lambda t}$$

因为 $\lambda > 0$，$t \to \infty \Rightarrow \xi_0 = Ae^{\lambda t}$，受扰动的涡偏离平衡位置将越来越远，故单行涡列是不稳定的。

双行涡列

如图 6.11 所示，一行涡列的涡
强度为 Γ，另一行为 $-\Gamma$，同一行中
涡与涡之间间距为 l，两行之间的距
离为 h，两行涡列在 x 方向错开一
个距离 b。两行涡列中各个点涡的
位置为：

图 6.11　双行涡列

下一行涡的位置：$z=nl$，$n=0,\pm 1,\pm 2,\cdots$；

上一行涡的位置：$z=\xi+nl$，$n=0,\pm 1,\pm 2,\cdots$，$\xi=b+hi$。

流动的复位势为

$$F(z)=\frac{\Gamma}{2\pi i}\ln\sin\left(\frac{\pi z}{l}\right)-\frac{\Gamma}{2\pi i}\ln\sin\left[\frac{\pi}{l}(z-\xi)\right]$$

虽然单行涡列是静止不动的，但双行涡列却会在相互作用下产生平移运动。上文
已经证明在同一行中一个涡受到同涡列中其他涡的诱导速度为零。现考虑另一涡
列对它的作用，仍以 $z=0$ 的涡为计算对象，有

$$W_{\text{下}}=\frac{\mathrm{d}}{\mathrm{d}z}\left\{\frac{-\Gamma}{2\pi i}\ln\sin\left[\frac{\pi}{l}(z-\xi)\right]\right\}\bigg|_{z=0}=\frac{\Gamma}{2li}\operatorname{ctg}\left(\frac{\pi\xi}{l}\right)$$

上式表示下一行涡列受到上一行涡列的诱导作用，将以 $W_{\text{下}}$ 的复速度平移。同
样，上一行涡列由于受到下一行涡列诱导作用也将产生平移速度，式如

$$W_{\text{上}}=\frac{\mathrm{d}}{\mathrm{d}z}\left[\frac{\Gamma}{2\pi i}\ln\sin\left(\frac{\pi z}{l}\right)\right]\bigg|_{z=\xi}=\frac{\Gamma}{2li}\operatorname{ctg}\left(\frac{\pi\xi}{l}\right)$$

可见两行涡列的平移速度相同，于是双行平行涡列在移动过程中相对位置不变。
将上述复速度展开，并考虑到 $\xi=b+hi$，有

$$W=\frac{\Gamma}{2li}\operatorname{ctg}\left(\frac{\pi\xi}{l}\right)=-\frac{\Gamma}{2l}\frac{\operatorname{sh}\left(\frac{2\pi h}{l}\right)+i\sin\frac{2\pi b}{l}}{\operatorname{ch}\left(\frac{2\pi h}{l}\right)-\cos\frac{2\pi b}{l}}$$

一般说来，W 是复数，平行涡列将沿着与涡列斜交的方向移动。当 $\sin(2\pi b/l)=0$
时，W 为实数，涡列沿自身平面在 x 方向运动。此时 $b=0$ 或 $b=l/2$。$b=0$，两行
涡列为对称排列，$b=l/2$ 时为交叉排列。此时诱导速度为

$$u=\begin{cases}-\dfrac{\Gamma}{2l}\operatorname{cth}\dfrac{\pi h}{l} & b=0\\[3mm]-\dfrac{\Gamma}{2l}\operatorname{th}\dfrac{\pi h}{l} & b=\dfrac{l}{2}\end{cases}\tag{6.12}$$

速度方向指向 x 轴负方向。

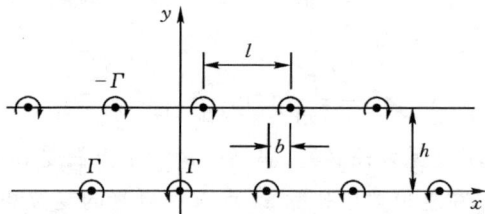

卡门涡街

双行涡列在一般情形下也是不稳定的。理论研究表明,只有两行涡列交叉排列,且间距 l 和 h 之间满足

$$\text{ch}\left(\frac{\pi h}{l}\right) = \sqrt{2}$$

即

$$\frac{h}{l} = 0.280\ 6 \tag{6.13}$$

时,双行涡列才是稳定的。

贝纳德(Benard,1908)首先在实验中观察到交叉排列的尾涡现象,而冯·卡门(Von Karman,T.,1911)则从理论上进行了分析,得出了上述结论。实验观测到的涡街 h/l 比值与理论值很接近,此时涡列移动速度为

$$u = -\frac{\Gamma}{2l\sqrt{2}}$$

涡从圆柱后脱落进入卡门涡街的频率 f 计算式为

$$f = 0.20\frac{U}{D}\left(1 - \frac{20}{Re}\right) \tag{6.14}$$

当建筑物的自由振动频率等于或接近卡门涡街频率 f 时会导致严重的后果。

6.4 涡层

在 6.1 节已介绍过如涡量局限在很薄的一层曲面中,而在曲面外很小的邻域内,其值迅速下降到零,则称此曲面为涡层。

设在涡层曲面上取微元面 dA,该处涡层厚度为 ε,则微元体 $d\tau = \varepsilon dA$ 内涡量 $\boldsymbol{\Omega}$ 可近似认为是常量,于是

$$\boldsymbol{\Omega}d\tau = \boldsymbol{\Omega}\varepsilon dA$$

令 $\varepsilon \to 0$,$\boldsymbol{\Omega} \to \infty$,而 $\varepsilon\boldsymbol{\Omega}$ 则趋近于一个有限值 $\boldsymbol{\gamma}$,式如

$$\boldsymbol{\gamma} = \lim_{\substack{\varepsilon \to 0 \\ \boldsymbol{\Omega} \to \infty}} \varepsilon\boldsymbol{\Omega} \tag{6.15}$$

$\boldsymbol{\gamma}$ 称涡层强度,它是涡层的局部特征量。由于涡量场是无源场,因此涡线都落在涡层曲面上,不会有涡线横穿涡层进入无涡区域。涡层外一点的流体速度依据式(6.2e)可计算为

$$\boldsymbol{u} = \nabla \times \left[\int_\tau \frac{\boldsymbol{\Omega}}{4\pi r}d\tau\right] = -\frac{1}{4\pi}\int_\tau \frac{\boldsymbol{r} \times \boldsymbol{\Omega}}{r^3}d\tau = -\frac{1}{4\pi}\int_A \frac{\boldsymbol{r} \times \boldsymbol{\gamma}}{r^3}dA \tag{6.16}$$

注意在(6.16)式中,求旋度的运算只作用于 r(参见 6.1 节)。如果是简单的平面

涡层,且 $\boldsymbol{\gamma}$ 为常矢量,则对于流体中一点 P,式(6.16)可简化为

$$\boldsymbol{u}_P = \frac{1}{4\pi}\boldsymbol{\gamma} \times \int_A \frac{\boldsymbol{r}}{r^3}\mathrm{d}A$$

将 $\boldsymbol{r}$ 分解成法向和切向两部分(见图6.12),由于切向部分总是正负成对出现,积分后为零,上式可改写为

$$\boldsymbol{u}_P = \frac{1}{2}\boldsymbol{\gamma} \times \boldsymbol{n}\left[\frac{1}{2\pi}\int_A \frac{\boldsymbol{n} \cdot \boldsymbol{r}}{r^3}\mathrm{d}A\right]$$

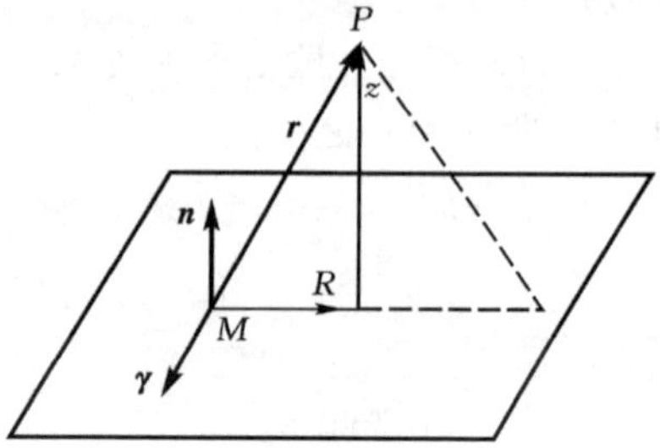

图 6.12　平面涡层的诱导速度

式中 $\boldsymbol{n} \cdot \boldsymbol{r}$ 即 $\boldsymbol{r}$ 的法向分量,由于

$$\frac{1}{2\pi}\int_A \frac{\boldsymbol{n} \cdot \boldsymbol{r}}{r^3}\mathrm{d}A = \frac{1}{2\pi}\int_0^\infty R\mathrm{d}R\int_0^{2\pi}\frac{z}{(R^2+z^2)^{3/2}}\mathrm{d}\theta = 1$$

所以

$$\boldsymbol{u}_+ = \frac{1}{2}\boldsymbol{\gamma} \times \boldsymbol{n}$$

速度矢量的下标改写为"+",表示是涡层法线单位矢量 $\boldsymbol{n}$ 指向一侧的流体速度。同理在涡层的另一侧有

$$\boldsymbol{u}_- = -\frac{1}{2}\boldsymbol{\gamma} \times \boldsymbol{n}$$

上两式表示简单平面涡层两侧的速度处处均匀,速度平行于涡层且与 $\boldsymbol{\gamma}$ 垂直。涡层两侧速度大小相等、方向相反,因此涡层是速度间断面。速度间断值 $[\boldsymbol{u}]$ 与 $\boldsymbol{\gamma}$ 的关系为

$$[\boldsymbol{u}] = \boldsymbol{u}_+ - \boldsymbol{u}_- = \boldsymbol{\gamma} \times \boldsymbol{n} \tag{6.17}$$

取式(6.17)的绝对值,得 $|\boldsymbol{u}_+ - \boldsymbol{u}_-| = \gamma$,$\gamma$ 是 $\boldsymbol{\gamma}$ 的模,可见涡层强度等于涡层两侧的切向速度间断值。

　　式(6.17)是在 $\boldsymbol{\gamma}$ 为常矢量的简单平面涡层的条件下推得的,下面将证明对于曲面涡层,而且 $\boldsymbol{\gamma}$ 非均匀分布的情形式(6.17)也是成立的。考虑图6.13所示的小扁长方形,它的两条长边在涡层两侧,平行于

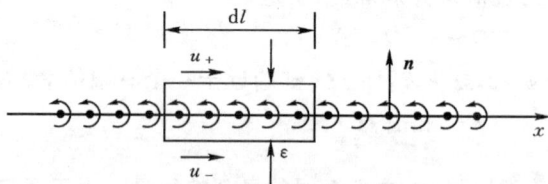

图 6.13　非均匀涡层局部示意图

涡层,而且垂直于 $\boldsymbol{\gamma}$;两条短边长度 ε 远小于长边长度 $\mathrm{d}l$。虽然涡层可以是任意形状的,但被小长方形包围的部分可近似看作是平面涡层,在这部分涡层中 $\boldsymbol{\gamma}$ 可看作是常矢量,而且涡层两侧的诱导速度 $\boldsymbol{u}$ 对于长方形的两条长边是均匀分布的。依

据斯托克斯公式,围绕长方形的速度环量等于通过长方形面积的涡通量,即

$$(u_- - u_+)\mathrm{d}l = |\boldsymbol{\Omega}|\,\varepsilon\mathrm{d}l = \gamma\mathrm{d}l$$

上式计算中忽略了两条短边对速度环量的贡献,u_-,u_+ 是涡层两侧的速度在长边方向,即 x 方向的投影,下标"$+$"表示 $\boldsymbol{n}$ 指向一侧,"$-$"为另一侧,同时引用了式 (6.15),$|\boldsymbol{\Omega}|\varepsilon = \gamma$。化简上式得

$$u_- - u_+ = \gamma$$

将上述扁长方形绕通过长边中点的涡层法线旋转 $90°$,使两条长边平行于 γ,同样的讨论可以得出沿 γ 方向的速度分量在涡层两侧连续的结论;为满足连续方程 $\nabla \cdot \boldsymbol{u}=0$,速度的法向分量在涡层两侧必然也是连续的,即

$$v_- - v_+ = 0, \quad w_- - w_+ = 0$$

于是涡层两侧速度矢量的间断值与 $\boldsymbol{\gamma}$ 之间关系式为

$$[\boldsymbol{u}] = \boldsymbol{u}_+ - \boldsymbol{u}_- = \boldsymbol{\gamma} \times \boldsymbol{n}$$

请注意上式中 $[\boldsymbol{u}]$ 和 $\boldsymbol{\gamma}$ 都是局部量。

对于平面涡层,当 $\boldsymbol{\gamma}$ 均匀分布时,涡层两侧的诱导速度大小相等、方向相反,这一结论则不是普遍成立的。

涡层是不稳定的,一有微小的扰动稳定就会被破坏,关于这一点这里只给出定性说明。如图 6.14 所示平面涡层在两股平行而反向的流动之间,涡层两侧的初始压强相等,涡层处于平衡状态。假设一扰动使涡层略有弯曲,则在涡层下凹处,上侧压强增加,下侧压强减小;而在涡层上凹处,情形正好相反。于是涡层向下凹和向上凹的趋势就会加剧,演变为图 6.15b 所示的形状;继续发展,如图 6.15c 所示,涡层破裂而成为涡列。间断面的变形、破裂是涡形成的原因之一。

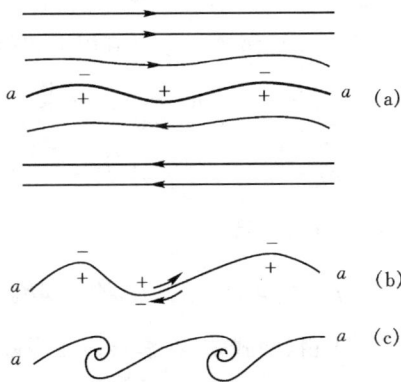

图 6.14　涡层演变为漩涡

例 1　考虑理想不可压缩均质流体平面定常运动中的兰金组合涡(见图 6.15)。设不计质量力,流体的速度分布为

$$\boldsymbol{u} = \begin{cases} \omega R\boldsymbol{e}_\theta & R \leqslant R_0 \\ \dfrac{\Gamma}{2\pi R}\boldsymbol{e}_\theta & R > R_0 \end{cases}$$

式中 R_0 为涡核半径,$\boldsymbol{e}_\theta$ 为柱坐标中 θ 方向的单位矢量。设 $R=R_0$ 处速度连续,无穷远处流体压强为 p_∞,ω,Γ 均为常数。(1)求涡核内外的压强分布;(2)证明涡核中心 $R=0$ 处的压强为最小值,且此值为 $p_{\min} = p_\infty - \rho\omega^2 R_0^2$,$\rho$ 为流体密度。

解　（1）由于 $R=R_0$ 处速度连续，由所给速度分布得

$$\Gamma = 2\pi R_0^2 \omega \tag{a}$$

注意到涡核以外流体无旋，且无穷远处速度趋于零，由伯努利方程

$$p_\infty = p_外 + \frac{1}{2}\rho u^2 \quad \Rightarrow$$

$$p_外 = p_\infty - \frac{1}{2}\rho \frac{\Gamma^2}{4\pi^2 R^2} = p_\infty - \frac{\rho \omega^2 R_0^4}{2R^2} \tag{b}$$

当 $R=R_0$，即在涡核边界上，有

$$p_界 = p_\infty - \frac{1}{2}\rho R_0^2 \omega^2 \tag{c}$$

图 6.15　兰金组合涡

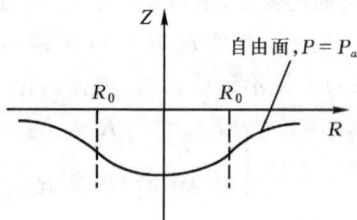

涡核内部为有旋流动。取动坐标系以角速度 ω 旋转，引用旋转坐标系中的伯努利方程式（3.15），并考虑到涡核内流体相对于动坐标系速度为零，则

$$\frac{p}{\rho} - \frac{1}{2}\omega^2 R^2 = C$$

对涡核边界与涡核内一点应用上式得

$$p_内 - \frac{1}{2}\rho \omega^2 R^2 = p_界 - \frac{1}{2}\rho \omega^2 R_0^2 \quad \Rightarrow$$

$$p_内 - p_界 = \frac{1}{2}\rho \omega^2 (R^2 - R_0^2)$$

将（c）式代入上式

$$p_内 = p_\infty + \frac{1}{2}\rho \omega^2 (R^2 - 2R_0^2) \tag{d}$$

（2）由（d）式知，在涡核内压强随 R 的减小而减小，当 $R=0$ 时，有

$$p_{\min} = p_\infty - \rho \omega^2 R_0^2 \tag{e}$$

比较式（b）、（d）和（e），可以看出 $R=0$ 处的压强值是整个平面上的压强最小点。

兰金组合涡的涡核内，流体速度与距离成正比，称受迫涡，或强制涡；$R>R_0$，流速与半径成反比，称自由涡，自由涡是无旋的。对于兰金组合涡，压强随 R 减小而减小，因此物体接近涡旋时，如接近台风、水旋时，常有被卷吸入内的危险。

如果考虑重力，并存在自由面，则兰金组合涡的自由面越接近核心越下凹（见图6.16），

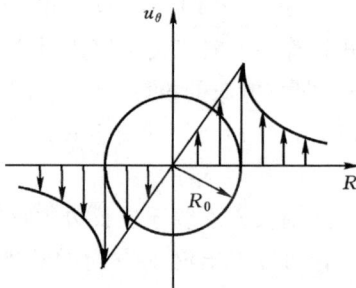

图 6.16　有自由面的兰金组合涡

水中的旋涡就是这种形状。

例 2　半径为 1 的圆柱外,离圆柱中心 2 倍半径处有一个强度为 $-\Gamma$ 的点涡。设理想不可压缩均质流体,绕圆柱的速度环量为零。求可使点涡静止不动的均匀来流速度的大小和方向。

解　取如图 6.17 所示的坐标系,不失一般性,让点涡位于虚轴上,均匀来流速度为 U,攻角为 α。设圆柱外点涡引起的复位势为 F_1,利用圆定理

$$F_1 = -\frac{\Gamma}{2\pi i}\ln(z-2i) + \frac{\Gamma}{2\pi i}\ln\left(z-\frac{i}{2}\right) - \frac{\Gamma}{2\pi i}\ln z$$

均匀来流绕流圆柱复位势 F_2 为

$$F_2 = U\left(ze^{-i\alpha} + \frac{e^{i\alpha}}{z}\right)$$

图 6.17　圆柱外有点涡时的无环量绕流

总复位势

$$F = F_1 + F_2$$

$z=2i$ 点的诱导速度

$$W(z)\Big|_{z=2i} = \frac{d}{dz}\left[F(z) + \frac{\Gamma}{2\pi i}\ln(z-2i)\right]\Big|_{z=2i}$$

$$= \left[\frac{\Gamma}{2\pi i}\left(\frac{1}{z-i/2} - \frac{1}{z}\right) + U\left(e^{-i\alpha} - \frac{e^{i\alpha}}{z^2}\right)\right]\Big|_{z=2i}$$

$$= -\frac{\Gamma}{12\pi} + \frac{5}{4}U\cos\alpha - i\frac{3}{4}U\sin\alpha = u - iv$$

令 $z=2i$ 点速度为零,$W(z)\Big|_{z=2i} = 0$,　$\Rightarrow$

$$v = \frac{3}{4}U\sin\alpha = 0, \quad u = -\frac{\Gamma}{12\pi} + \frac{5}{4}U\cos\alpha = 0 \quad \Rightarrow$$

$$\alpha = 0, \quad U = \frac{\Gamma}{15\pi}$$

表明无穷远处来流沿 x 轴正方向,大小为 $\dfrac{\Gamma}{15\pi}$。

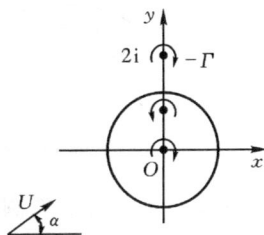

练习题

6.1　两个同轴心、相距 h 的圆形线涡,半径相同均为 a,线涡强度也相同,均为 Γ(见题 6.1 图)。求上部圆形线涡中心 O 点处的诱导速度。

6.2　在原静止的不可压缩无界流场中,在 $z=0$ 平面上放置一强度为 Γ 的 Π 形涡线(见题 6.2 图)。求 $z=0$ 平面上 Π 形涡线所围区域的速度场。

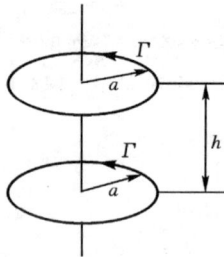

题 6.1 图

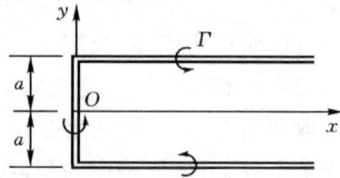

题 6.2 图

6.3 半径为 a 的圆外有一强度为 Γ 的点涡,此点涡到圆心的距离为 b,设圆外流体是理想不可压缩的(见题 6.3 图)。求:(1) 点涡运动速度;(2) 点涡运动轨迹。

6.4 设 Ox 与 Oy 轴为直角固体壁面(见题 6.4 图)。求直角中位于 z 点处点涡的运动轨迹为

$$\frac{1}{x^2} + \frac{1}{y^2} = c$$

其中 c 为常数。

6.5 在理想不可压缩无界流场中有一对等强度的涡丝,旋转方向相反,分别置于 $(0,h)$ 和 $(0,-h)$ 点上,无穷远处有一均匀来流 U 恰好使这两涡丝静止不动(见题 6.5 图)。求:(1) U 的值;(2) 流线方程。

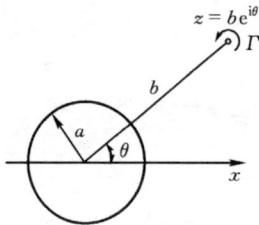

题 6.3 图

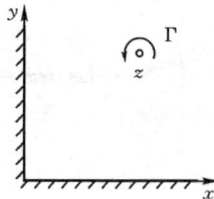

题 6.4 图

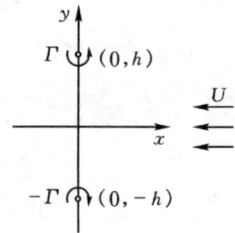

题 6.5 图

6.6 三个环量各为 Γ 的同向点涡,两两相距 $\sqrt{3}b/(2\pi)$,b 为实数。证明它们沿着同一个圆周运动,并且绕行一周需要时间为 $b^2/|\Gamma|$。

6.7 在半径为 a 的圆周上分布着涡旋强度为 Γ 的三个点涡,又在圆心上有一个等值而异号的、即强度为 $-\Gamma$ 的点涡。试判别这些点涡是否静止。

6.8 $2n$ 个等距离分布在半径为 a 的圆周上的点涡,它们的强度均为 Γ,且方向相同,证明各个点涡均以角速度 $\omega = \dfrac{(2n-1)\Gamma}{4\pi a^2}$ 沿圆周运动。

6.9　证明涡对的下述性质：

（1）如两个点涡旋转方向相同，则涡旋中心位于两点涡连线上近强点涡一侧；

（2）如两个点涡旋转方向相反，则涡旋中心位于两点涡连线的延长线上近强点涡一侧；

（3）如两个点涡旋转方向相反且强度相等，则涡旋中心在无穷远处，其转动角速度为零。

6.10[*]　证明如 4.13 题中的点涡位于曲线 $2Ry = R^2 - a^2$ 上（见题 6.10 图），则点涡相对圆柱静止，其中 R 是点涡到原点的距离，并求出此时的点涡强度。

6.11　在无界流体中有一彼此相距为 a 的无穷点涡列，每一点涡的强度都等于 Γ，但符号交替变化。假定坐标原点和其中一个正强度旋涡重合，证明流动复位势为

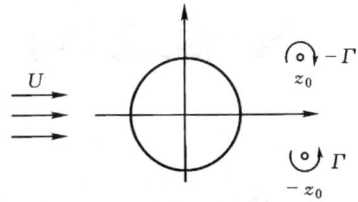

题 6.10 图

$$\frac{\Gamma}{2\pi i} \ln\left(\mathrm{tg}\, \frac{\pi z}{2a} \right)$$

进而证明在此流动中涡列静止不动。如果每一点涡的横截面积近似等于半径为 εa 的圆，其中 ε 是无穷小量，证明在相邻两个旋涡之间的流体流量近似等于 $\frac{\Gamma}{\pi} \ln(2/\pi\varepsilon)$。

第三部分

粘性不可压缩流体的流动

本章将研究粘性对流动的影响,为了突出并清楚地揭示粘性的力学效应,假设流体是均质不可压缩的。当流动速度远低于小扰动传播的速度,即音速,同时引起流体密度发生显著变化的其他效应,如压强的变化,粘性耗散而导致的流体温度的升高等,也都小到可以忽略不计,则不可压缩流体的假设近似成立。求解不可压缩流体流动不需考虑能量方程和热力学状态方程,当流体的物性参数也为常量时,描述流动的控制方程仅为连续方程和 N-S 方程,即

$$\nabla \cdot \boldsymbol{u} = 0 \tag{III.1}$$

$$\rho \frac{\partial \boldsymbol{u}}{\partial t} + \rho (\boldsymbol{u} \cdot \nabla) \boldsymbol{u} = -\nabla p + \mu \nabla^2 \boldsymbol{u} + \rho \boldsymbol{f} \tag{III.2}$$

以上方程组中密度 ρ 和动力粘性系数 μ 为已知量,此外作用在流体上的单位质量力 $\boldsymbol{f}$ 也为已知量,未知量为速度矢量 $\boldsymbol{u}$ 的三个分量和压强 p,四个标量形式的方程包含四个未知量,方程组封闭。

对于粘性流动,速度满足无滑移边界条件。在固体边界上,紧贴边界的流体粘附在固体边界上,它们之间没有相对运动,表示为

$$\boldsymbol{u} = \boldsymbol{U} \tag{III.3}$$

式中 $\boldsymbol{u}$ 为流体的速度,$\boldsymbol{U}$ 为固体边界的速度。

有些情形下,从涡量分布的观点来确定流动也是有益的,因此,N-S 方程也可以表示为涡量方程

$$\frac{\partial \boldsymbol{\Omega}}{\partial t} + (\boldsymbol{u} \cdot \nabla) \boldsymbol{\Omega} = (\boldsymbol{\Omega} \cdot \nabla) \boldsymbol{u} + \nu \nabla^2 \boldsymbol{\Omega} + \nabla \times \boldsymbol{f} \tag{III.4}$$

为了更具普遍性,式中保留了非保守质量力的旋度项。

第7章　纳维-斯托克斯方程的精确解

本章讨论均质不可压缩粘性流动的一些精确解。N-S方程至今尚未得到其通解,只有在一些特定的流动条件下,如流场中对流项$(u \cdot \nabla)u$等于零或可线性化,或偏微分方程可转化为常微分方程,才有可能得到精确解。一般来说,存在精确解的情况与实际流动情况相比,都作了一定程度的简化。讨论精确解的意义主要在于:(1)如果实际流动与精确解的流动情况相近,可用摄动法求解流动问题,精确解构成这种方法的基础;(2)用来校验数值计算的结果,如编写计算机程序进行数值计算时,以精确解作为算例,来验证程序的正确程度;(3)也可以用来校核测试仪器的精准度。

本章讨论的内容仅限于层流的情况,主要内容包括:定常的平行剪切流动,如两无限大平行平板间的库埃特流动,等截面直通道中的伯肃叶流动;非定常的平行剪切流动;平面圆周运动;某些非线性流动,其对流项不为零,但或可作线性化处理,或偏微分方程可转化为常微分方程,如平面滞止区域的流动,收缩形和扩张形通道内的流动,多孔壁上的流动等。

7.1　定常的平行剪切流动

设所有的流体质点都作平行直线运动,流场中各变量的分布都不随时间变化。选取流体运动的方向沿x轴,则各速度分量为

$$u = u(y,z), \quad v = w = 0$$

这样的速度分布自动满足连续方程

$$\nabla \cdot u = 0$$

在y、z方向上没有流体流动,惯性力和粘性力均为零,如进一步忽略质量力影响,根据动量方程知在y、z方向压强梯度为零,亦即压强不依赖于y、z,只是x的函数,

$$p = p(x)$$

沿流动方向对流加速度等于零,

$$(u \cdot \nabla)u = u\frac{\partial}{\partial x}u(y,z) = 0$$

于是流动方向的 N - S 方程可简化为

$$\frac{\partial u}{\partial t} = -\frac{1}{\rho}\frac{\partial p}{\partial x} + \nu \nabla^2 u \tag{7.1a}$$

式中 $\nabla^2 = \frac{\partial^2}{\partial y^2} + \frac{\partial^2}{\partial z^2}$。定常流动时,上述方程可进一步简化为

$$\nabla^2 u = \frac{1}{\mu}\frac{\partial p}{\partial x} \tag{7.1b}$$

上式一侧是 y 和 z 的函数,一侧是 x 的函数,欲使两侧恒相等,它们均需等于常数。

7.1.1 库埃特流动

最简单的粘性流动是两无限大平行平板间的定常流动。如果两平板间的距离 h 与板面的尺度相比很小,则可认为平板为无限大。选取两板间的流动方向为 x 方向,各速度分量为 $u = u(y)$,$v = w = 0$,流动为平面流动(见图 7.1a)。压强仅是 x 的函数,即 $p = p(x)$。在选定的坐标系下,平行直线流动的一般方程式(7.1b)进一步简化为常微分方程,于是

$$\frac{\mathrm{d}^2 u}{\mathrm{d}y^2} = \frac{1}{\mu}\frac{\mathrm{d}p}{\mathrm{d}x}$$

方程两侧都为常数。上述方程表示流动的压力与粘性剪切力处于平衡状态。对上式积分两次,可得

$$u = \frac{1}{\mu}\frac{\mathrm{d}p}{\mathrm{d}x}\left(\frac{y^2}{2} + Ay + B\right)$$

式中 A、B 为积分常数,它可由流动的边界条件确定。假定两平板均静止不动,由无滑移条件

$$y = 0, \quad u = 0; \quad y = h, \quad u = 0$$

可得,$B = 0$,$A = -\frac{h}{2}$,因此

$$u = -\frac{1}{2\mu}\frac{\mathrm{d}p}{\mathrm{d}x}y(h - y)$$

引入无量纲压强参数 P,定义为

$$P = -\frac{h^2}{2\mu U}\frac{\mathrm{d}p}{\mathrm{d}x}$$

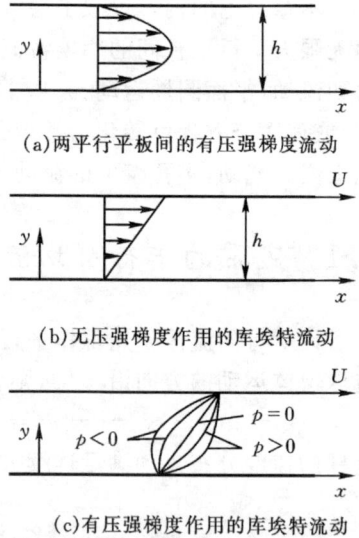

(a)两平行平板间的有压强梯度流动

(b)无压强梯度作用的库埃特流动

(c)有压强梯度作用的库埃特流动

图 7.1 库埃特流动

式中 U 表示任一特征速度,如板间流动的平均速度,则两板间的速度分布又可表示为

$$\frac{u(y)}{U} = P\frac{y}{h}\left(1 - \frac{y}{h}\right) \tag{7.2a}$$

该式表明,流动沿负的压强梯度方向,板间的速度分布为抛物线,最大速度在两板中央,即 $y=h/2$ 处,最大速度值为 $PU/4$。在这种情况下,压强梯度是造成流动的原因,如果不存在压强梯度,也就不会有流动。

除了通过压强梯度的作用引起流动外,另一种引起流动的方式是使两板中的一板沿板面方向等速运动,这种流动称为库埃特(Couette)流动,如图 7.1b 所示。如同前述的情况,非零的速度分量仅为 $u=u(y)$,$\partial p/\partial y=0$,假定不存在外加的 x 方向的压强梯度,这时 N - S 方程简化为

$$0 = \mu \frac{\mathrm{d}^2 u}{\mathrm{d}y^2}$$

积分以上方程,得

$$u(y) = Ay + B$$

利用边界条件

$$y = 0, \quad u = 0; \quad y = h, \quad u = U$$

得 $B=0$,$A=U/h$,因此速度分布为

$$\frac{u}{U} = \frac{y}{h} \tag{7.2b}$$

该式表明,由一板等速运动引起的板间流动的速度分布是线性的。

更为一般的情况是:两平行平板中的一板等速运动,并存在外加的沿流动方向的压强梯度(见图7.1c)。由于运动方程是线性的,此时板间的速度分布可由前两种情况线性叠加得到,即

$$\frac{u(y)}{U} = \frac{y}{h} + P \frac{y}{h} \left(1 - \frac{y}{h}\right) \tag{7.2c}$$

当 $P=0$ 时,无外加的压强梯度;

当 $P>0$ 时,即 $\mathrm{d}p/\mathrm{d}x<0$,外加压强梯度有助于剪切流克服下板面的剪切阻力;

当 $P<0$ 时,即 $\mathrm{d}p/\mathrm{d}x>0$,外加压强梯度阻滞由上板运动引起的剪切流,这时下板附近的区域可能会形成回流(逆流)。

7.1.2　泊肃叶流动

等截面直通道中的定常粘性流动称为泊肃叶流动。图 7.2a 表示任意形状截面通道内的流动,横向速度分量 v 和 w 仍为零,仅有 x 方向的速度分量 $u=u(y,z)$,假定横向不受外力场作用,因此压强沿横向不变化,仅为 x 的函数,$p=p(x)$。这种情况下,方程(7.1b)简化为一个泊桑方程,

$$\frac{\partial^2 u}{\partial y^2} + \frac{\partial^2 u}{\partial z^2} = \frac{1}{\mu} \frac{\mathrm{d}p}{\mathrm{d}x} \tag{7.3a}$$

速度分布 $u(y,z)$ 自动满足连续方程。对于任意截面,式(7.3a)并无通解。但在一

些特殊形状截面通道内解存在。

圆形截面通道 如图 7.2b 所示,由流动的几何特征,采用圆柱坐标 (R, θ, x) 较为方便。由于流动的对称性,速度与 θ 无关,仅为 R 的函数,$u = u(R)$,速度满足的方程成为

$$\frac{1}{R} \frac{\mathrm{d}}{\mathrm{d}R} \left(R \frac{\mathrm{d}u}{\mathrm{d}R} \right) = \frac{1}{\mu} \frac{\mathrm{d}p}{\mathrm{d}x}$$

积分上式得

$$u = \frac{1}{\mu} \frac{\mathrm{d}p}{\mathrm{d}x} \frac{R^2}{4} + A\ln R + B$$

式中 A、B 为积分常数。当 $R = 0$ 时,速度应为有限值,故 $A = 0$。当 $R = a$ 时,速度满足在静止壁面上的无滑移条件 $u = 0$,故 $B = -\frac{1}{\mu} \frac{\mathrm{d}p}{\mathrm{d}x} \frac{a^2}{4}$。由此得圆形截面直通道内流动的速度分布为

$$u(R) = -\frac{1}{4\mu} \frac{\mathrm{d}p}{\mathrm{d}x} (a^2 - R^2) \quad (7.3b)$$

由上式可见,流动依赖于外加的压强梯度,在轴截面上速度分布为抛物线。

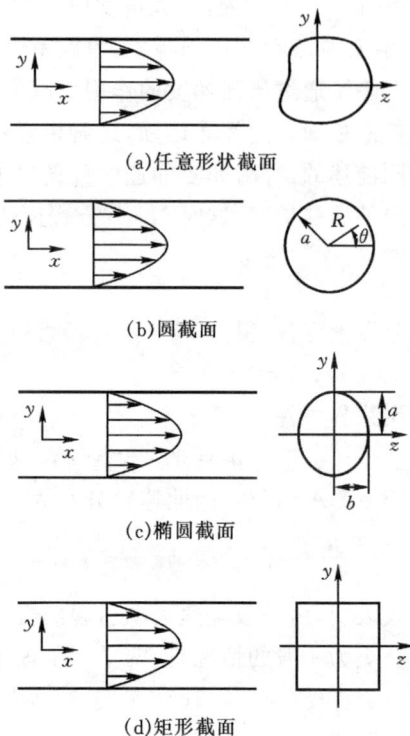

(a)任意形状截面

(b)圆截面

(c)椭圆截面

(d)矩形截面

图 7.2 伯肃叶流动

椭圆形截面通道 如图 7.2c 所示,对于椭圆形截面通道内的流动存在一种更为简单和直接的求解方法。注意到在通道边界上有

$$\frac{y^2}{a^2} + \frac{z^2}{b^2} - 1 = 0$$

而在边界上的速度亦为零,由此启发所寻求的解应与这一量成比例,设

$$u(y, z) = \alpha \left(\frac{y^2}{a^2} + \frac{z^2}{b^2} - 1 \right)$$

式中 α 为待定的系数。将该式代入方程(7.3a)式,得

$$\frac{2\alpha}{a^2} + \frac{2\alpha}{b^2} = \frac{1}{\mu} \frac{\mathrm{d}p}{\mathrm{d}x} \quad \Rightarrow$$

$$\alpha = \frac{1}{2\mu} \frac{\mathrm{d}p}{\mathrm{d}x} \left(\frac{a^2 b^2}{a^2 + b^2} \right)$$

因此

$$u(y,z) = \frac{1}{2\mu}\frac{\mathrm{d}p}{\mathrm{d}x}\left(\frac{a^2 b^2}{a^2+b^2}\right)\left(\frac{y^2}{a^2}+\frac{z^2}{b^2}-1\right) \tag{7.3c}$$

上式即为椭圆形截面通道内流动的速度分布。

正方形截面通道　为了得到边长为 $2a$ 的正方形截面通道内流动的速度分布(见图 7.2d),考虑函数

$$u^* = -\frac{1}{2\mu}\frac{\mathrm{d}p}{\mathrm{d}x}(a^2-y^2)$$

它是方程(7.3a)的一个特解。泊桑方程对应的齐次方程为拉普斯方程 $\frac{\partial^2 u}{\partial y^2}+\frac{\partial^2 u}{\partial z^2}=0$,考虑到通道截面的特点,流动应关于 y 轴和 z 轴对称,因此拉普拉斯方程的通解可表示为

$$u' = \sum_{n=0}^{\infty} A_n \mathrm{ch}\frac{(2n+1)\pi z}{2a}\cos\frac{(2n+1)\pi y}{2a}$$

式中 A_n 为待定系数。泊桑方程(7.3a)的通解于是可写为

$$u = u^* + u' = -\frac{1}{2\mu}\frac{\mathrm{d}p}{\mathrm{d}x}(a^2-y^2) + \sum_{n=0}^{\infty} A_n \mathrm{ch}\frac{(2n+1)\pi z}{2a}\cos\frac{(2n+1)\pi y}{2a}$$

由管道壁面的无滑移条件得 $y=\pm a$,$u=0$,此边界条件速度分布自动满足;另一边界条件为 $z=\pm a$,$u=0$,考虑到双曲余弦函数为偶函数,代入上述边界条件式得

$$-\frac{1}{2\mu}\frac{\mathrm{d}p}{\mathrm{d}x}(a^2-y^2) + \sum_{n=0}^{\infty} A_n \mathrm{ch}\frac{(2n+1)\pi}{2}\cos\frac{(2n+1)\pi y}{2a} = 0$$

上式对 y 求一阶导数,

$$\frac{1}{\mu}\frac{\mathrm{d}p}{\mathrm{d}x}y - \sum_{n=0}^{\infty} A_n \mathrm{ch}\frac{(2n+1)\pi}{2}\sin\frac{(2n+1)\pi y}{2a}\frac{(2n+1)\pi}{2a} = 0$$

上式两边乘以 $\sin\frac{(2m+1)\pi y}{2a}$,$m=0,1,2,\cdots$,得

$$\frac{1}{\mu}\frac{\mathrm{d}p}{\mathrm{d}x}y\sin\frac{(2m+1)\pi y}{2a}$$

$$-\sum_{n=0}^{\infty} A_n \mathrm{ch}\left[\frac{(2n+1)\pi}{2}\right]\sin\left[\frac{(2n+1)\pi y}{2a}\right]\frac{(2n+1)\pi}{2a}\sin\left[\frac{(2m+1)\pi y}{2ay}\right] = 0$$

上式在区间 $[-a,a]$ 对 y 积分,

$$\frac{1}{\mu}\frac{\mathrm{d}p}{\mathrm{d}x}\int_{-a}^{a} y\sin\frac{(2m+1)\pi y}{2a}\mathrm{d}y = \frac{1}{\mu}\frac{\mathrm{d}p}{\mathrm{d}x}\left[\frac{2a}{(2m+1)\pi}\right]^2 2\sin\frac{(2m+1)\pi}{2}$$

$$= \frac{2}{\mu}(-1)^m\frac{\mathrm{d}p}{\mathrm{d}x}\left[\frac{2a}{(2m+1)\pi}\right]^2$$

注意到当 $m\neq n$ 时

$$\int_{-a}^{a} \sin \frac{(2n+1)\pi y}{2a} \sin \frac{(2m+1)\pi y}{2a} \mathrm{d}y$$

$$= \int_{-a}^{a} \frac{1}{2} \left\{ \cos\left[\frac{(n-m)\pi y}{a}\right] - \cos\left[\frac{(n+m+1)\pi y}{a}\right] \right\} \mathrm{d}y = 0$$

当 $m=n$ 时

$$\int_{-a}^{a} \sin^2 \frac{(2n+1)\pi y}{2a} \mathrm{d}y = \int_{-a}^{a} \frac{1}{2} \left\{ 1 - \cos\left[\frac{(2n+1)\pi y}{a}\right] \right\} \mathrm{d}y = a$$

可求得系数

$$A_n = \frac{\dfrac{2}{\mu} \cdot \dfrac{\mathrm{d}p}{\mathrm{d}x} \left[\dfrac{2a}{(2n+1)\pi}\right]^3 (-1)^n}{a \, \mathrm{ch} \dfrac{(2n+1)\pi}{2}}$$

将上式代入泊桑方程的通解得

$$u = -\frac{1}{2\mu} \frac{\mathrm{d}p}{\mathrm{d}x} \left\{ a^2 - y^2 - 4a^2 \left(\frac{2}{\pi}\right)^3 \sum_{n=0}^{\infty} \frac{(-1)^n \mathrm{ch} \dfrac{(2n+1)\pi z}{2a} \cos \dfrac{(2n+1)\pi y}{2a}}{(2n+1)^3 \mathrm{ch} \dfrac{(2n+1)\pi}{2}} \right\}$$

$$(7.3\mathrm{d})$$

上式即方形截面通道内的速度分布表达式。

例 1 无限长的平板与水平面的夹角为 α, 其上有一层厚度为 h 的均质不可压缩粘性流体在重力作用下平行于平板面流动, 液膜上表面为自由面, h 为常数(见图 7.3)。求此定常流动的速度和压强分布。液体密度和粘性系数分别为 ρ 和 μ。

解 液体因重力作用而沿壁面流下, 方程中需计及重力影响。取坐标系如图, 由流场几何形状知

$$u = u(y), \quad v = w = 0$$

是平行剪切流动。速度分布自动满足连续方程。重力可沿 x 和 y 轴分解如下

$$\boldsymbol{g} = g\sin\alpha \, \boldsymbol{e}_x - g\cos\alpha \, \boldsymbol{e}_y$$

于是 N-S 方程和边界条件分别为

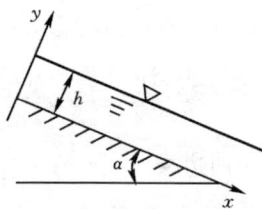

图 7.3 倾料壁面上的液膜流动

$$\begin{cases} 0 = -\dfrac{1}{\rho}\dfrac{\partial p}{\partial x} + \nu \dfrac{\partial^2 u}{\partial y^2} + g\sin\alpha & \text{(a)} \\[3mm] 0 = -\dfrac{1}{\rho}\dfrac{\partial p}{\partial y} - g\cos\alpha & \text{(b)} \end{cases}$$

和

$$y = 0, \quad u = 0; \quad y = h, \quad \frac{\mathrm{d}u}{\mathrm{d}y} = 0, \quad p = p_a \qquad \text{(c)}$$

边界条件中 $\dfrac{\mathrm{d}u}{\mathrm{d}y}(h)=0$ 是考虑在自由面上剪切应力为零。积分式(b)可得

$$p =-\rho g y\cos\alpha + c(x)$$

由边界条件(c)可得 $c=p_a+\rho gh\cos\alpha$，于是

$$p = \rho g(h-y)\cos\alpha + p_a \tag{d}$$

可见 p 只是 y 的函数，于是有

$$\frac{\partial p}{\partial x} = 0.$$

将式(a)积分两次可得

$$u(y) =-\left(\frac{g}{\nu}\sin\alpha\right)\frac{y^2}{2} + Ay + B$$

由边界条件(c)得 $B=0,A=\dfrac{gh}{\nu}\sin\alpha$，于是

$$u(y) = \frac{gh^2}{\nu}\sin\alpha\left[\frac{y}{h}-\frac{1}{2}\left(\frac{y}{h}\right)^2\right] \tag{e}$$

解毕。

例 2　图 7.4 所示为测定粘性的一种简单装置，在圆柱形容器的底部连接一根细长圆管，当容器中盛有液体后，使细管沿铅垂方向，测量流体从细管流出的体积流量即可确定流体的粘性系数。如容器中液面离容器底部的距离为 H，细管长为 L，半径为 a，a 远比容器半径小，试推导流体粘性系数 μ 与体积流量 Q 间的关系式。

解　由于容器半径比细管半径大得多，可认为在测量过程中容器内液面高度不变。细管中流动是定常的，且细管两端压差也为常数。毛细管直径很小(一般为毫米数量级)，流速很低，其雷诺数很小，管内是层流，细管中液体流动是泊肃叶流动。设 x 轴沿流动方向，则有

$$0 =-\frac{\mathrm{d}p}{\mathrm{d}x} + \mu\frac{1}{R}\frac{\mathrm{d}}{\mathrm{d}R}\left(R\frac{\mathrm{d}u}{\mathrm{d}R}\right) + \rho g$$

边界条件为 $R=a,u=0；R=0,u$ 为有限值。

求解上述定解问题得速度分布为

$$u =-\frac{1}{4\mu}\left(\frac{\mathrm{d}p}{\mathrm{d}x}-\rho g\right)(a^2-R^2)$$

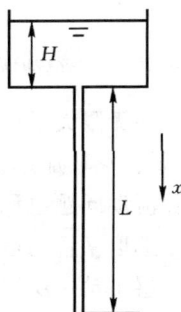

图 7.4　毛细管测粘计示意图

通过细管体积流量为

$$Q = \int_0^a u2\pi R\mathrm{d}R =-\left(\frac{\mathrm{d}p}{\mathrm{d}x}-\rho g\right)\frac{\pi a^4}{8\mu}$$

细管入口处压强等于 $p_a + \rho g H$，p_a 是大气压强，细管出口处压强是 p_a，又 $\dfrac{\mathrm{d}p}{\mathrm{d}x}$ 为常数，故

$$\frac{\mathrm{d}p}{\mathrm{d}x} = \frac{p_a - (p_a + \rho g H)}{L} = -\rho g \frac{H}{L}$$

代入上式得 $Q = \rho g \left(1 + \dfrac{H}{L}\right)\dfrac{\pi a^4}{8\mu}$，于是

$$\mu = \rho g \left(1 + \frac{H}{L}\right)\frac{\pi a^4}{8Q}$$

在进行上述计算时实际上已作了一些近似假设：比如把毛细管内流动当作充分发展流动处理，而忽略了其进口效应；液体从大容器进入毛细管时会有局部损失，因此毛细管进口压强并不准确地等于 $p_a + \rho g H$。但只要毛细管足够长，流速足够小，上述近似引起的偏差就可忽略，从工程观点看 μ 的计算式仍具有足够精度。在处理工程问题时作出合理的假设，既可以简化计算过程，又有足够的精度，是常常采用的方法。

7.2 非定常的平行剪切流动

对于非定常的平行剪切流动，虽然对流加速度项等于零，但需保留局部加速度项。求解非定常的平行剪切流动问题，需应用式(7.1a)，即

$$\frac{\partial u}{\partial t} = -\frac{1}{\rho}\frac{\partial p}{\partial x} + \nu \nabla^2 u$$

7.2.1 突然加速无界平板附近的流动

一无限大平板，其上部存在流体，初始时刻平板与流体都处于静止状态。某瞬时，平板突然加速，在自身平面内以速度 U 等速运动，从而带动其上部流体运动，这种流动问题也称为斯托克斯第一问题(见图7.5a)。

选取平板的运动方向为 x 轴。由于流体的运动是平板运动产生的切向摩擦力一层带动一层引起的，因此流动的非零速度分量仅为 u，它是时间 t 及到平板距离 y 的函数 $u = u(y, t)$。又因为流体的运动只是由于平板带动形成的，压强沿 x 轴无变化，压强为常数。根据这些流动特征，连续方程自动满足，式(7.1a)简化为

$$\frac{\partial u}{\partial t} = \nu \frac{\partial^2 u}{\partial y^2} \tag{7.4}$$

初始条件：$t = 0$，$u = 0\ (y > 0)$ \hfill (7.5a)

边界条件：$\begin{cases} y = 0, u = U\ (t > 0) \\ y \to \infty, u = 0 \end{cases}$ \hfill (7.5b)

(a)

(b)

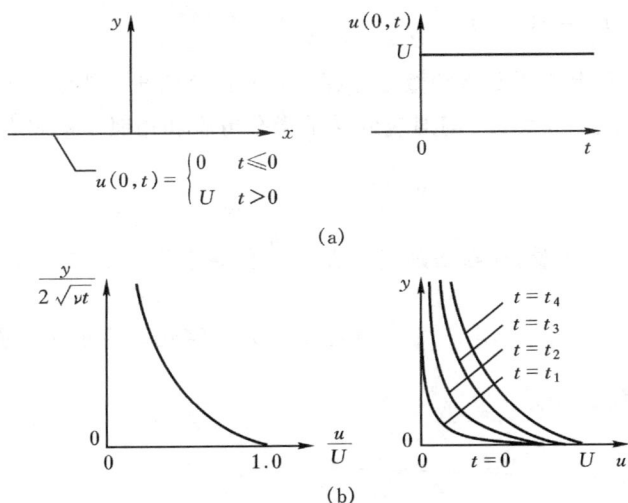

图 7.5　突然加速平板附近的流动

这一问题可采用拉普拉斯变换或相似解法求解。相似解法是含两个自变量的抛物型偏微分方程的一种特殊解法。所谓相似解法是指引入由自变量组成的相似变量,从而将偏微分方程化为常微分方程来求解的一种方法。本节采用相似解法。

可以预料,在距离板面不同值的 y 处,达到某速度值需要经历不同的时间 t,这就表明,存在 y 和 t 的某种形式的组合量,当组合量为常量时速度也为常量。可以期望的解的形式为

$$\frac{u(y,t)}{U} = f(\eta) \tag{7.6}$$

式中

$$\eta = \alpha \frac{y}{t^n} \tag{7.7}$$

称 η 为相似变量,n 为待定的幂指数,α 为待定的比例常数。由假定的解的形式可得

$$\frac{\partial u}{\partial t} = -Un\frac{\alpha y}{t^{n+1}}f' = -Un\frac{\eta}{t}f'$$

$$\frac{\partial u}{\partial y} = U\frac{\alpha}{t^n}f'$$

$$\frac{\partial^2 u}{\partial y^2} = U\frac{\alpha^2}{t^{2n}}f''$$

式中撇号(′)表示函数 f 对 η 的导数。将以上诸式代入(7.4)式得

$$-Un\,\frac{\eta}{t}f' = \nu U\,\frac{\alpha^2}{t^{2n}}f''$$

对于任意的 n 值,上式还不是常微分方程,但当 $n=1/2$ 时,则时间变量可消去,方程变为常微分方程。$n=1/2$ 时对应的 f 的微分方程和相似变量成为

$$f'' + \frac{\eta}{2\nu\alpha^2}f' = 0,\quad \eta = \alpha\,\frac{y}{t^{1/2}}$$

为了保证 η 为无量纲量,现在来确定 α 值。$\frac{y}{t^{1/2}}$ 的量纲是 $[LT^{-\frac{1}{2}}]$,而运动粘性系数 ν 的量纲为 $[L^2T^{-1}]$,因此,取 α 为 $\frac{1}{\sqrt{\nu}}$ 就可使 η 无量纲化。为了在后面求解方便,α 中还可包含常数 2,于是

$$\eta = \frac{y}{2\,\sqrt{\nu t}} \tag{7.8}$$

微分方程成为

$$f'' + 2\eta f' = 0 \tag{7.9}$$

上式改写为

$$\frac{\mathrm{d}}{\mathrm{d}\eta}(\ln f') = -2\eta$$

积分得

$$\ln f' = -\eta^2 + \ln A \quad \Rightarrow$$
$$f' = Ae^{-\eta^2}$$

再次积分得

$$f = A\int_0^\eta e^{-\xi^2}\,\mathrm{d}\xi + B$$

式中 B 为另一积分常数。为了确定积分常数,原方程的边界条件改写为以 η 和 $f(\eta)$ 表示的形式:

$$\left.\begin{array}{ll}\eta = 0, & f(\eta) = 1\\ \eta \to \infty, & f(\eta) = 0\end{array}\right\} \tag{7.10}$$

利用以上条件,并注意到 $\int_0^\infty e^{-\xi^2}\,\mathrm{d}\xi = \frac{\sqrt{\pi}}{2}$,可得 $B=1$,$A=-\frac{2}{\sqrt{\pi}}$,于是无量纲速度分布为

$$\frac{u(y,t)}{U} = 1 - \frac{2}{\sqrt{\pi}}\int_0^\eta e^{-\xi^2}\,\mathrm{d}\xi \tag{7.11}$$

式中右侧第二项称为误差函数,以 $erf(\eta)$ 表示。误差函数的函数值可查有关数学手册。于是斯托克斯第一问题解为,

$$\frac{u(y,t)}{U} = 1 - erf(\eta)\left(\frac{y}{2\sqrt{\nu t}}\right) \tag{7.12}$$

图 7.5b 表示了相似解的无量纲速度分布和有量纲的速度分布。图中表明,随着时间的增长,平板的运动所引起的扰动范围也在不断扩大,当 $\eta = 1.82, u/U = 0.01$, $\eta > 1.82$,则 $u/U < 0.01$,可以近似取 $\eta = 2$ 时所对应的 y 值为粘性影响厚度 δ,也就是受到平板运动影响的流体层厚度,在此厚度之外,流体运动速度很小,可以忽略不计。由定义有

$$2 = \frac{\delta}{2\sqrt{\nu t}}$$

所以

$$\delta = 4\sqrt{\nu t} \tag{7.13}$$

粘性影响厚度与时间及运动粘性系数的平方根成正比,这一结果也表明了流体的粘性在动量扩散中的作用。

7.2.2　无界振动平板附近的流动

另一个存在精确解的情形与 7.2.1 节类似,但是平板不作等速直线运动,而是随时间作简谐振动(见图 7.6a),这一流动问题称为斯托克斯第二问题。此时控制方程仍为

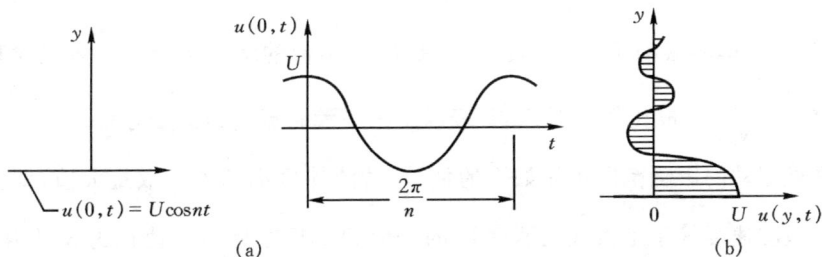

图 7.6　斯托克斯第二问题

$$\frac{\partial u}{\partial t} = \nu \frac{\partial^2 u}{\partial y^2}$$

但边界条件与前一节不同,为

$$\left.\begin{array}{ll} y = 0, & u = U\cos nt \\ y \to \infty, & u = 0 \end{array}\right\} \tag{7.14}$$

由于平板在 x 方向振动,在平板振动引起的粘性剪切力作用下的流体也在 x 方向振动,且具有相同的频率,但是流体振动的振幅及相对于平板振动的相位差应依赖于到平板的距离 y,因此解应具有的形式为

$$u(y,t) = \mathrm{Re}\big[w(y)\,\mathrm{e}^{\mathrm{i}nt}\big] \tag{7.15}$$

式中 Re 表示取复变量的实部。将假设的解代入运动方程，

$$\mathrm{Re}\big[\mathrm{i}nw(y)\,\mathrm{e}^{\mathrm{i}nt}\big] = \nu\,\mathrm{Re}\Big[\frac{\mathrm{d}^2 w(y)}{\mathrm{d}y^2}\,\mathrm{e}^{\mathrm{i}nt}\Big] = 0$$

移项后得

$$\mathrm{Re}\Big[\Big(\frac{\mathrm{d}^2 w(y)}{\mathrm{d}y^2} - \frac{\mathrm{i}n}{\nu}w(y)\Big)\mathrm{e}^{\mathrm{i}nt}\Big] = 0$$

要上式恒成立,则

$$\frac{\mathrm{d}^2 w}{\mathrm{d}y^2} - \frac{\mathrm{i}n}{\nu}w = 0 \tag{7.16}$$

该方程对应的特征根为 $\sqrt{\dfrac{\mathrm{i}n}{\nu}} = \pm\dfrac{1+\mathrm{i}}{\sqrt{2}}\sqrt{\dfrac{n}{\nu}}$,故方程的通解为

$$w(y) = A\mathrm{e}^{-(1+\mathrm{i})\sqrt{\frac{n}{2\nu}}y} + B\mathrm{e}^{(1+\mathrm{i})\sqrt{\frac{n}{2\nu}}y}$$

边界条件要求 $y\to\infty$ 时速度为零,因此必有系数 $B=0$。于是速度的表达式成为

$$u(y,t) = \mathrm{Re}\big[A\mathrm{e}^{-\sqrt{\frac{n}{2\nu}}y}\,\mathrm{e}^{\mathrm{i}(nt-\sqrt{\frac{n}{2\nu}}y)}\big] = A\mathrm{e}^{-\sqrt{\frac{n}{2\nu}}y}\cos\Big(nt - \sqrt{\frac{n}{2\nu}}y\Big)$$

由边界条件 $y=0$ 时 $u=U\cos nt$,可得 $A=U$,故得无量纲的速度分布为

$$\frac{u(y,t)}{U} = \mathrm{e}^{-\sqrt{\frac{n}{2\nu}}y}\cos\Big(nt - \sqrt{\frac{n}{2\nu}}y\Big) \tag{7.17}$$

该式表明,流体的振动频率与平板相同,振幅随 y 值的增大按指数函数规律衰减,相位差则与 $\sqrt{\dfrac{n}{\nu}}y$ 成比例。图 7.6b 表示了某一瞬时流动的速度分布。

平板振动的影响范围可做如下的估计:若流体振动的速度取最大值,即振幅,把流体振动速度等于平板最大速度 U 的 $\dfrac{1}{\mathrm{e}^4}$ 处到平板距离的 y 值记为 δ ,由速度分布的表达式得

$$\frac{u_{\max}}{U} = \frac{1}{\mathrm{e}^4} = \mathrm{e}^{-\sqrt{\frac{n}{2\nu}}\delta}$$

所以

$$\delta = 4\sqrt{\frac{2\nu}{n}} \tag{7.18}$$

δ 也称作粘性影响厚度,当 $y>\delta$ 时,u/U 的最大值 <0.0183 ,可以近似认为流体不受平板振动的影响。δ 与 $\sqrt{\nu}$ 成正比,与 $\sqrt{n}$ 成反比,粘性越大,受影响的范围越大,振动的圆频率越大,受影响的范围越小。

7.2.3 平行壁面间的振荡流动

设两平行壁面分别位于 $y=\pm a$，其间充满粘性均质不可压缩流体，x 轴取在两平行壁面中间，作用在流体上的 x 方向压强梯度随时间 t 发生振荡。流动是由压强梯度的作用产生的，因此仅有 x 方向的速度分量 $u=u(y,t)$，且该速度分量也随时间 t 振荡。根据这一流动特征，控制方程(7.1a)的简化形式为

$$\frac{\partial u}{\partial t}=-\frac{1}{\rho}\frac{\partial p}{\partial x}+\nu\frac{\partial^2 u}{\partial y^2} \tag{7.19}$$

壁面的无滑移条件表示为

$$y=a, \quad u=0; \quad y=-a, \quad u=0 \tag{7.20}$$

压强梯度随时间振荡，假设其形式为

$$\frac{\partial p}{\partial x}=P_x\cos nt \tag{7.21}$$

式中 P_x 表示压强梯度振荡的振幅，n 为圆频率。

这一问题可用前一节的方法进行类似的处理。也就是说，由于压强的振荡特性，可以预料流场的速度也随时间发生振荡，且振荡的频率相同，但相位相对于压强梯度的振荡滞后，故速度分布可表示为

$$u(y,t)=\mathrm{Re}[w(y)\mathrm{e}^{\mathrm{i}nt}] \tag{7.22}$$

将压强梯度和速度的表达式代入控制方程，得

$$\mathrm{Re}[\mathrm{i}nw\,\mathrm{e}^{\mathrm{i}nt}]=-\frac{1}{\rho}\mathrm{Re}(P_x\mathrm{e}^{\mathrm{i}nt})+\nu\mathrm{Re}\left(\frac{\mathrm{d}^2 w}{\mathrm{d}y^2}\mathrm{e}^{\mathrm{i}nt}\right)$$

移项得

$$\mathrm{Re}\left[\left(\frac{\mathrm{d}^2 w}{\mathrm{d}y^2}-\frac{\mathrm{i}n}{\nu}w-\frac{P_x}{\mu}\right)\mathrm{e}^{\mathrm{i}nt}\right]=0$$

由此可得，

$$\frac{\mathrm{d}^2 w}{\mathrm{d}y^2}-\frac{\mathrm{i}n}{\nu}w=\frac{P_x}{\mu} \tag{7.23}$$

该非齐次线性微分方程的通解应为一个特解(常数)加上对应的齐次线性微分方程的通解。设特解为 $w^*=K$(常数)，代入式(7.23)，得 $0-\frac{\mathrm{i}n}{\nu}K=\frac{P_x}{\mu}$，于是 $K=\mathrm{i}\frac{P_x}{\rho n}$。

对应的齐次方程为

$$\frac{\mathrm{d}^2 w}{\mathrm{d}y^2}-\frac{\mathrm{i}n}{\nu}w=0$$

该微分方程的特征根为 $\pm\sqrt{\dfrac{\mathrm{i}n}{\nu}}=\pm\dfrac{1+\mathrm{i}}{\sqrt{2}}\sqrt{\dfrac{n}{\nu}}$。

鉴于本问题中流场的宽度为有限值，$-a \leqslant y \leqslant a$，因此齐次方程的通解不表示为指数函数的形式，而表示为双曲函数的形式，

$$A\,\mathrm{ch}\left[(1+\mathrm{i})\sqrt{\frac{n}{2\nu}}y\right] + B\,\mathrm{sh}\left[(1+\mathrm{i})\sqrt{\frac{n}{2\nu}}y\right]$$

式(7.23)的通解为

$$w(y) = \mathrm{i}\frac{P_x}{\rho n} + A\,\mathrm{ch}\left[(1+\mathrm{i})\sqrt{\frac{n}{2\nu}}y\right] + B\,\mathrm{sh}\left[(1+\mathrm{i})\sqrt{\frac{n}{2\nu}}y\right]$$

代入边界条件得

$$0 = \mathrm{i}\frac{P_x}{\rho n} + A\,\mathrm{ch}\left[(1+\mathrm{i})\sqrt{\frac{n}{2\nu}}a\right] + B\,\mathrm{sh}\left[(1+\mathrm{i})\sqrt{\frac{n}{2\nu}}a\right]$$

$$0 = \mathrm{i}\frac{P_x}{\rho n} + A\,\mathrm{ch}\left[(1+\mathrm{i})\sqrt{\frac{n}{2\nu}}a\right] - B\,\mathrm{sh}\left[(1+\mathrm{i})\sqrt{\frac{n}{2\nu}}a\right]$$

上式中利用了双曲余弦函数为偶函数，双曲正弦函数为奇函数的性质。由以上方程组解得积分常数为

$$A = -\frac{\mathrm{i}P_x}{\rho n\,\mathrm{ch}\left[(1+\mathrm{i})\sqrt{\frac{n}{2\nu}}a\right]}, \quad B = 0$$

故 $w(y)$ 的通解为

$$w(y) = \mathrm{i}\frac{P_x}{\rho n}\left\{1 - \frac{\mathrm{ch}\left[(1+\mathrm{i})\sqrt{\frac{n}{2\nu}}y\right]}{\mathrm{ch}\left[(1+\mathrm{i})\sqrt{\frac{n}{2\nu}}a\right]}\right\} \tag{7.24}$$

速度分布的表达式为

$$u(y,t) = \mathrm{Re}\left[\mathrm{i}\frac{P_x}{\rho n}\left\{1 - \frac{\mathrm{ch}\left[(1+\mathrm{i})\sqrt{\frac{n}{2\nu}}y\right]}{\mathrm{ch}\left[(1+\mathrm{i})\sqrt{\frac{n}{2\nu}}a\right]}\right\}\mathrm{e}^{\mathrm{i}nt}\right] \tag{7.25}$$

以上表达式可以分解后得到复变函数的实部，虽然从概念上说很简单，但具体的细节就很繁琐，因此式(7.25)就认为是速度分布的最终表达式。由上式可以看出，速度以与压强梯度相同的频率振荡，但存在相位滞后，滞后的程度依赖于 y 值，因此壁面附近的流动运动相对于中心线附近流体的运动存在时间上的相位差。同样，壁面附近流体振荡的振幅亦与中心线附近的流体不同，由于粘性流体无滑移条件的限制，当逼近固体壁面时，振幅趋近于零。

例3　两无限大平行平板间充满静止流体，上板在 $t=0$ 时突然以常速 U_0 在自身平面内开始运动，试求解此两平板间流体速度场的发展过程。

解　令 $u=u_1+U_0\dfrac{y}{h}$,对于 u_1 有　　　　　　　　　　　　　　　　(a)

$$\frac{\partial u_1}{\partial t} = \nu \frac{\partial^2 u_1}{\partial y^2}\tag{b}$$

边界条件和初始条件为

$$u_1(h,t) = u_1(0,t) = 0\tag{c}$$

$$u_1(y,0) = -U_0\frac{y}{h},\quad u_1(y,\infty) = 0\tag{d}$$

通过式(a)把求解 u 变换为求解 u_1。令 $u_1=f(y)g(t)$,代入式(b)有

$$\frac{1}{\nu}\frac{g'}{g} = \frac{f''}{f} = -\lambda^2\ \Rightarrow$$

$$g'+\nu\lambda^2 g = 0,\quad f''+\lambda^2 f = 0$$

解上述微分方程,得

$$g = ce^{-\lambda^2\nu t},\quad f = A\sin(\lambda y)+B\cos(\lambda y)$$

由式(c)　$\Rightarrow$　$B=0$, $\lambda=\dfrac{n\pi}{h}$　$\Rightarrow$

$$u_1 = \sum_{n=1}^{\infty} c_n e^{-\left(\frac{n\pi}{h}\right)^2\nu t}\sin\left(\frac{n\pi}{h}y\right)\tag{e}$$

式(e)中已把积分常数 c 和 A 合并为 c_n。式(e)自然满足条件 $u_1(y,\infty)=0$。由 $u_1(y,0)=-U_0\dfrac{y}{h}$,有

$$-U_0\frac{y}{h} = \sum_{n=1}^{\infty} c_n\sin\left(\frac{n\pi}{h}y\right)\ \Rightarrow$$

$$c_n = \frac{1}{h}\int_{-h}^{h} -U_0\frac{y}{h}\sin\left(\frac{n\pi}{h}y\right)\mathrm{d}y = \frac{2U_0}{n\pi}(-1)^n\ \Rightarrow$$

$$u_1 = \sum_{1}^{\infty} \frac{2U_0}{n\pi}(-1)^n e^{-\nu\left(\frac{n\pi}{h}\right)^2 t}\sin\left(\frac{n\pi}{h}y\right)\tag{f}$$

将式(f)代入式(a)

$$\frac{u}{U_0} = \frac{y}{h} + \sum_{1}^{\infty} (-1)^n\frac{2}{n\pi}e^{-\nu\left(\frac{n\pi}{h}\right)^2 t}\sin\left(\frac{n\pi}{h}y\right)\tag{g}$$

当 $t\to\infty$ 时,上式右侧第 2 项趋于零,速度分布变为定常库埃特流动解式(7.2b)。

7.3　平面圆周运动

7.3.1　两旋转圆筒间的流动

　　两同心圆筒间充满粘性不可压缩流体,当两圆筒分别绕中心轴作等角速度旋

转,则引起筒间流体的圆周运动(见图 7.7)。假定圆筒的轴向长度与直径相比很大,则筒间的流动可看作平面流动。

设外筒的半径为 R_0,旋转角速度为 ω_0,内筒的半径为 R_i,旋转角度速度为 ω_i。这种情况下,采用圆柱坐标较为方便。由流动的特征可知,非零的速度分量仅为 u_θ,流动是轴对称的,u_θ 仅为 R 的函数,$u_\theta = u_\theta(R)_\theta$。

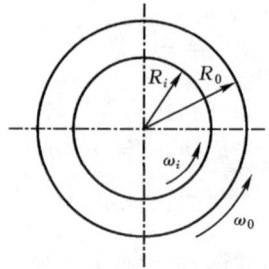

在圆柱坐标系下,连续方程为

$$\frac{1}{R}\left[\frac{\partial}{\partial R}(Ru_R) + \frac{\partial}{\partial \theta}(u_\theta)\right] = 0 \qquad (7.26)$$

图 7.7　两旋转圆筒间的流动

流动自动满足上述方程。N-S 方程为

$$\frac{\partial u_R}{\partial t} + u_R\frac{\partial u_R}{\partial R} + \frac{u_\theta}{R}\frac{\partial u_R}{\partial \theta} - \frac{u_\theta^2}{R} = f_R - \frac{1}{\rho}\frac{\partial p}{\partial R} + \nu\left(\nabla^2 u_R - \frac{2}{R^2}\frac{\partial u_\theta}{\partial \theta} - \frac{u_R}{R^2}\right)$$

$$(7.27)$$

$$\frac{\partial u_\theta}{\partial t} + u_R\frac{\partial u_\theta}{\partial R} + \frac{u_\theta}{R}\frac{\partial u_\theta}{\partial \theta} + \frac{u_R u_\theta}{R} = f_\theta - \frac{1}{\rho R}\frac{\partial p}{\partial \theta} + \nu\left(\nabla^2 u_\theta + \frac{2}{R^2}\frac{\partial u_R}{\partial \theta} - \frac{u_\theta}{R^2}\right)$$

$$(7.28)$$

本节讨论的问题是由圆筒旋转而引起的流动达到定常的情况,且不计质量力的作用,结合前面分析的流动特征,以上方程可简化为

$$-\frac{u_\theta^2}{R} = -\frac{1}{\rho}\frac{\mathrm{d}p}{\mathrm{d}R} \qquad (7.29)$$

$$0 = \nabla^2 u_\theta - \frac{u_\theta}{R^2} \qquad (7.30)$$

以上 R 方向的运动方程表示作用在流体质点上的惯性离心力与径向压强梯度的平衡,而 θ 方向的运动方程则表示流场中粘性应力的平衡关系。

现由式(7.30)先求速度场,而后由式(7.29)求解压强场。在圆柱坐标系内将拉普拉斯算子展开,式(7.30)成为

$$\frac{\mathrm{d}^2 u_\theta}{\mathrm{d}R^2} + \frac{1}{R}\frac{\mathrm{d}u_\theta}{\mathrm{d}R} - \frac{u_\theta}{R^2} = 0 \quad \Rightarrow \quad R^2\frac{\mathrm{d}^2 u_\theta}{\mathrm{d}R^2} + R\frac{\mathrm{d}u_\theta}{\mathrm{d}R} - u_\theta = 0$$

是为欧拉方程,通解为

$$u_\theta = c_1 R + \frac{c_2}{R}$$

由无滑移条件 $R = R_0$,$u_\theta = R_0\omega_0$,及 $R = R_i$,$u_\theta = R_i\omega_i$ 可得

$$R_0\omega_0 = c_1 R_0 + \frac{c_2}{R_0}, \quad R_i\omega_i = c_1 R_i + \frac{c_2}{R_i}$$

求解以上方程组,得

$$c_1 = \frac{R_0^2 \omega_0 - R_i^2 \omega_i}{R_0^2 - R_i^2}, \quad c_2 = -\frac{R_0^2 R_i^2 (\omega_0 - \omega_i)}{R_0^2 - R_i^2}$$

于是速度分布可写为

$$u_\theta(R) = \frac{1}{R_0^2 - R_i^2}\left[(R_0^2 \omega_0 - R_i^2 \omega_i)R - (\omega_0 - \omega_i)\frac{R_0^2 R_i^2}{R} \right] \tag{7.31}$$

将得到的速度分布代入(7.29)式,得

$$\frac{\mathrm{d}p}{\mathrm{d}R} = \rho\frac{u_\theta^2}{R} = \frac{\rho}{(R_0^2 - R_i^2)^2}\left[(R_0^2 \omega_0 - R_i^2 \omega_i)^2 R - 2(R_0^2 \omega_0 - R_i^2 \omega_i)(\omega_0 - \omega_i)\frac{R_0^2 R_i^2}{R} \right.$$
$$\left. + (\omega_0 - \omega_i)^2 \frac{R_0^4 R_i^4}{R^3} \right]$$

积分上式,得

$$p(R) = \frac{\rho}{(R_0^2 - R_i^2)}\left[(R_0^2 \omega_0 - R_i^2 \omega_i)^2 \frac{R^2}{2} - 2(R_0^2 \omega_0 - R_i^2 \omega_i)(\omega_0 - \omega_i)R_0^2 R_i^2 \ln R \right.$$
$$\left. - (\omega_0 - \omega_i)^2 \frac{R_0^4 R_i^4}{2R^2} \right] + C \tag{7.32}$$

式中 C 为积分常数,它可在具体流动问题中,由内筒或外筒上的压强值来确定。

在式(7.31)中分别令 $R_0 \to \infty$,$R_0\omega_0 \to 0$ 和 $R_i \to 0$,即可得到无界流体中等速旋转的圆柱引起的流动和等速旋转圆筒内的流动速度分布,读者可以自己求解。

7.3.2　无限长直涡丝诱导的流动

无界不可压缩流体中有一无限长直涡丝,位于圆柱坐标的 z 轴上,设其强度为 Γ_0,它诱导的速度场与理想流体中无限长直涡丝诱导的速度场相同,流体质点以 $u_\theta = \dfrac{\Gamma_0}{2\pi R}$ 的速度作平面圆周运动。不同的是,在理想流体中由于不存在粘性涡丝强度守恒,不需要外加能量来维持流体质点的定常圆周运动。然而在粘性流体中,由于存在粘性旋涡强度将衰减并扩散,要维持流体质点的定常圆周运动,就需要外加能量以保持旋涡强度不变。设在 $t = 0$ 时刻外加能量突然中断,分析 $t > 0$ 时该无限长直涡丝的衰减和扩散情况。假定没有质量力作用或质量力有势,涡量方程(Ⅲ.4)成为

$$\frac{\partial \boldsymbol{\Omega}}{\partial t} + (\boldsymbol{u} \cdot \nabla)\boldsymbol{\Omega} = (\boldsymbol{\Omega} \cdot \nabla)\boldsymbol{u} + \nu\nabla^2\boldsymbol{\Omega} \tag{7.33}$$

在选取的圆柱坐标系中,$t = 0$ 且 $R > 0$ 时有

$$\Omega_R = 0, \quad \Omega_\theta = 0, \quad \Omega_z = 0$$
$$u_R = 0, \quad u_z = 0, \quad u_\theta = \frac{\Gamma_0}{2\pi R}$$

在所作的假设下,显然在 $t>0$ 的任意时刻,有

$$\Omega_R = 0, \quad \Omega_\theta = 0, \quad \Omega_z = \Omega(R,t)$$

$$u_R = 0, \quad u_z = 0, \quad u_\theta = u(R,t), \quad \frac{\partial}{\partial z} = 0, \quad \frac{\partial}{\partial \theta} = 0$$

因此

$$(\boldsymbol{u} \cdot \nabla)\boldsymbol{\Omega} = 0, \quad (\boldsymbol{\Omega} \cdot \nabla)\boldsymbol{u} = 0$$

由于 $\boldsymbol{\Omega}$ 只有 z 方向分量,涡量方程进一步可简化为标量方程,于是

$$\frac{\partial \Omega}{\partial t} = \frac{\nu}{R} \frac{\partial}{\partial R}\left(R \frac{\partial \Omega}{\partial R}\right) \tag{7.34}$$

上式在形式上与有两个自变量 R、t 的经典的热传导方程相同,可以有不少方法求解,现采用较简单的方法,相似解方法。引入无量纲的涡量函数 $F(\eta)$,令

$$\Omega = \frac{\Gamma_0}{\nu t} F(\eta) \tag{7.35}$$

式中 η 是 R 和 t 的无量纲组合量,

$$\eta = \frac{R^2}{\nu t} \tag{7.36}$$

将式(7.35)代入方程(7.34),得到常微分方程,式如

$$F(\eta) + \eta F'(\eta) + 4[F'(\eta) + \eta F''(\eta)] = 0$$

或

$$\frac{\mathrm{d}[F(\eta) + 4F'(\eta)]}{F(\eta) + 4F'(\eta)} + \frac{\mathrm{d}\eta}{\eta} = 0$$

积分上式得

$$\eta[F(\eta) + 4F'(\eta)] = C_1$$

若在 $\eta=0$ 处,$F(\eta)$ 和 $F'(\eta)$ 均为有限值,则积分常数 C_1 应取为零,于是

$$F(\eta) + 4F'(\eta) = 0$$

积分上式,得

$$F(\eta) = C_2 \mathrm{e}^{-\frac{\eta}{4}} = C_2 \mathrm{e}^{-\frac{R^2}{4\nu t}}$$

因而

$$\Omega = \frac{C_2 \Gamma_0}{\nu t} \mathrm{e}^{-\frac{R^2}{4\nu t}} \tag{7.37}$$

为了确定积分常数 C_2,利用联系速度环量和涡量的斯托克斯公式,有

$$\oint_L \boldsymbol{u} \cdot \mathrm{d}\boldsymbol{l} = \int_A \boldsymbol{\Omega} \cdot \boldsymbol{n}\mathrm{d}A$$

在流动平面上,取半径为 R 的圆周,在该封闭周线上计算速度环量,在圆面积上计算涡通量,得

$$u_\theta 2\pi R = \int_0^{2\pi}\int_0^R \frac{C_2\Gamma_0}{\nu t}\,\mathrm{e}^{-\frac{R^2}{4\nu t}}R\,\mathrm{d}R\mathrm{d}\theta = 4\pi C_2\Gamma_0\left(1-\mathrm{e}^{-\frac{R^2}{4\nu t}}\right)\tag{7.38}$$

又由初始条件:$t=0$,$R>0$ 时 $u_\theta=\dfrac{\Gamma_0}{2\pi R}$,代入上式得

$$\Gamma_0 = 4\pi C_2\Gamma_0$$

由此得积分常数 $C_2=\dfrac{1}{4\pi}$。将 C_2 的值代入式(7.37)和式(7.38),可得涡量和速度分布的表达式为

$$\Omega = \frac{\Gamma_0}{4\pi\nu t}\mathrm{e}^{-\frac{R^2}{4\nu t}}\tag{7.39}$$

$$u_\theta = \frac{\Gamma_0}{2\pi R}\left(1-\mathrm{e}^{-\frac{R^2}{4\nu t}}\right)\tag{7.40}$$

由式(7.39)可以看出,当 $t=0$,流场 $R>0$ 的各处都是无旋的,即 $\Omega=0$,而在 $t>0$ 的任意时刻,整个流场立即产生旋涡,涡量随 R 增加按指数函数的规律单调下降,在涡丝所在处($R=0$),涡量随时间 t 按反比例函数规律单调下降,$t\to\infty$,$\Omega\to0$,如图 7.8 所示。图 7.9 表示在不同的空间点上,涡量随时间的变化规律,在某一定点,涡量由粘性引起的扩散,先随时间逐渐增大,之后由粘性耗散作用又逐渐衰减直至消亡。

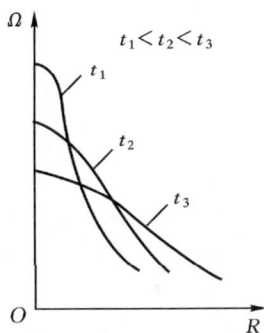

图 7.8　不同时刻涡量随
空间位置的变化

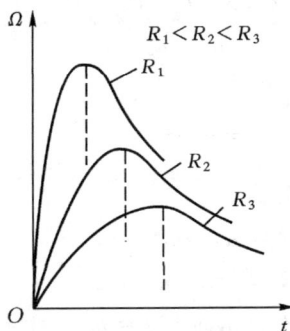

图 7.9　不同空间点涡量
随时间的变化

图 7.10 表示不同时刻速度的空间分布,在取定的初始时刻,流场与理想流体中无限长直涡丝所诱导的速度场完全相同,当外加能量突然中断后,涡丝所在处的速度立即降为零,由于粘性的耗散作用,随着时间的增长,流动终将滞止。

例 4　如图 7.11 所示,一半径为 a 的无穷长直立圆柱插于原静止的具有自由面的均质不可压缩流体中,求此圆柱以角速度 ω 作等速转动时自由面的形状。

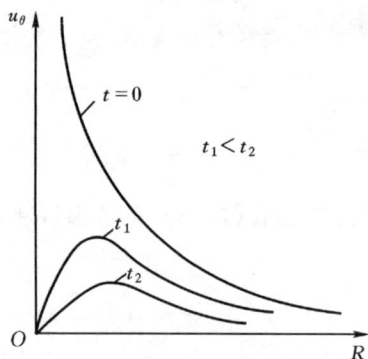

图 7.10　不同时刻的速度分布

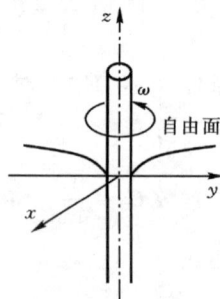

图 7.11　无界粘性流体中
　　　　　的旋转圆柱

解　取 z 轴与圆柱轴线重合,易见圆柱转动引起的流体运动是定常的,且所有的流线都是圆形的,并有

$$u_z = u_R = 0, \qquad u_\theta = u_\theta(R), \qquad \frac{\partial}{\partial \theta} = 0$$

于是柱坐标下的方程组可简化为

$$\frac{\partial^2 u_\theta}{\partial R^2} + \frac{1}{R} \frac{\partial u_\theta}{\partial R} - \frac{u_\theta}{R^2} = 0 \tag{a}$$

$$\frac{1}{\rho} \frac{\partial p}{\partial R} = \frac{u_\theta^2}{R} \tag{b}$$

$$\frac{\partial p}{\partial z} = -\rho g \tag{c}$$

边界条件为

$$R = a, \quad u_\theta = a\omega \tag{d}$$

$$R \to \infty, \quad u_\theta \to 0 \tag{e}$$

在自由面上 $p = p_a$ \qquad (f)

式(a)　$\Rightarrow$　$u_\theta = AR + \dfrac{B}{R}$

式(d)、(e)　$\Rightarrow$　$A = 0$, $B = a^2\omega$,于是

$$u_\theta = \frac{a^2 \omega}{R} \tag{g}$$

式(b)、(c)、(g)　$\Rightarrow$

$$p = -\frac{\rho a^4 \omega^2}{2R^2} - \rho g z + c \tag{h}$$

把坐标原点取在自由面上,则 $z = 0, R = a$ 时 $p = p_a$,得

$$c = p_a + \frac{\rho a^4 \omega^2}{2a^2}$$ (i)

在自由面上 $p = p_a$，由式(h)、(i)得

$$z = \frac{\omega^2 a^4}{2g}\left(\frac{1}{a^2} - \frac{1}{R^2}\right)$$

上式即自由面方程。

例 5 锥板式粘度仪是一种常用测量仪器，它由一个半径为 a 的圆板和一个圆锥组成，板通常保持静止，锥以角速度 ω 绕自身轴旋转，如图7.12所示。锥与板间夹角 θ_0 很小，商用仪器中 θ_0 通常在 $0.5°\sim8°$ 之间。试求解待测流体粘性系数 μ 与圆锥旋转角速度 ω 和转动力矩 M 之间的函数关系。

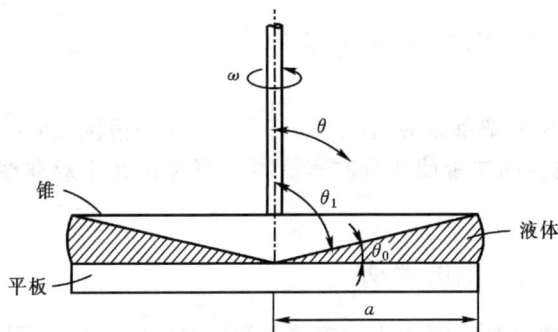

图 7.12 锥板式粘度仪

解 选用球坐标系。显然在锥板间隙中 $u_\omega = u_\omega(r, \theta)$，$u_r = u_\theta = 0$。由于 θ_0 非常小，可以把锥板间隙中的流动近似为相距 h 的两无限大平板间的流动。两平板中下板静止，上板以常速度 U 在自身平面内运动，沿流动方向压强梯度为零。

距离圆锥顶点 r 处的圆锥面的线速度为 $\omega r \cos\left(\frac{\pi}{2} - \theta\right) \approx \omega r$，相当于平板速度 U；锥板间距 $r\sin\theta_0 \approx r\theta_0$，相当于两平板间距 h。于是锥板间隙中速度分布可表示为

$$u_\omega = \omega r\left(\frac{\pi}{2} - \theta\right)\Big/\left(\frac{\pi}{2} - \theta_1\right) \quad \Rightarrow$$

由上述速度分布知应变率张量各分量中只有 $s_{\theta\omega}$ 不为零，即

$$s_{\theta\omega} = \frac{1}{2}\frac{\sin\theta}{r}\frac{\partial}{\partial\theta}\left(\frac{u_\omega}{\sin\theta}\right) \approx \frac{1}{2r}\frac{\partial u_\omega}{\partial\theta} = -\frac{\omega}{2\theta_0}$$

在上式计算中已考虑到 $\theta \approx \pi/2$，取 $\sin\theta$ 为 1。可见 $s_{\theta\omega}$ 在锥板间隙中近似为常量。通常非牛顿流体的粘性系数随应变率改变而改变，锥板间隙中 $s_{\theta\omega}$ 为常量对非牛顿

流体粘性测量有利。由于 $s_{\theta\omega}$ 为常数，$\tau_{\theta\omega}=2\mu s_{\theta\omega}$ 也为常数，因此转动圆锥或保持圆板静止的力矩是相同的，该力矩可通过在圆板上积分力 $\tau_{\theta\omega}\big|_{\theta=\pi/2} r\mathrm{d}r\mathrm{d}\omega$ 与力臂 r 的乘积而求得

$$M = \int_0^{2\pi} \mathrm{d}\omega \int_0^a \tau_{\theta\omega}\big|_{\theta=\pi/2} r^2\,\mathrm{d}r \quad \Rightarrow \quad \tau_{\theta\omega}=\frac{3M}{2\pi a^3}$$

于是

$$\mu = -\frac{\tau_{\theta\omega}}{2s_{\theta\omega}} = \frac{3M\theta_0}{2\pi a^3 \omega}$$

上式给出了流体动力粘性系数 μ 与几何尺寸 θ_0、a 和实测量 M 和 ω 之间的函数关系。

7.4　几种非线性流动的精确解

前面讨论的精确解都是对流项 $(\boldsymbol{u}\cdot\nabla)\boldsymbol{u}$ 为零的情况，当对流项不等于零时，N-S方程是非线性的二阶偏微分方程。本节将考虑几个对非线性流动问题精确求解的例子。

7.4.1　平面滞止区域的流动

滞止区域流动问题是流体力学中的一类重要问题。绕流问题总存在流动的滞止区域。滞止流动可以是三维、轴对称或平面流动，也可以是定常或非定常流动。作为N-S方程的一个精确解，现考虑定常平面滞止区域流动问题。

设一平壁面无限大，距壁面无穷远处流动速度垂直壁面，在流向壁面的过程中，有一条始终垂直壁面的流线，流线上的速度逐渐减小直至到达壁面后速度降为零，该流线可称为滞止流线或分流线，该流线与壁面的交点即为滞止点或驻点，滞止流线两侧的流体则分别向左右分流，如图 7.13 所示，这种流动称为平面滞止区域流动或希门茨流动。

将坐标原点取在滞止点，滞止流线取为 y 轴，壁面取为 x 轴。求解平面滞止区域流动的基本思路是修正相应的势流解，使之满足 N-S 方程和壁面上的无滑移条件。

根据流动关于 y 轴的对称性，现在来考虑夹角为 $\pi/2$ 的角形区域中的势流，由 4.3.4 节知，在直角区域内流动的复位势为

$$F(z) = Uz^2$$

复速度为

$$W(z) = \frac{\mathrm{d}F}{\mathrm{d}z} = 2Uz = 2U(x+\mathrm{i}y) = u-\mathrm{i}v$$

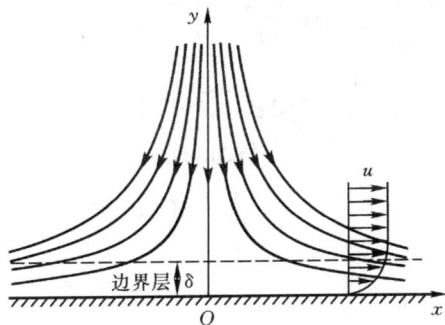

图 7.13　平面滞止区域的流动

于是

$$u = 2xU \tag{7.41}$$

$$v = -2yU \tag{7.42}$$

利用势流的伯努利方程,则有

$$p = p_0 - \frac{1}{2}\rho(u^2 + v^2) = p_0 - 2\rho U^2(x^2 + y^2) \tag{7.43}$$

式中 p_0 为滞止压强。

以上速度分布和压强分布满足平面流动的连续方程和欧拉方程。理想流体的运动方程(欧拉方程)与粘性流体的运动方程(N-S 方程)的差别在于后者包含了粘性项 $\nu \nabla^2 \boldsymbol{u}$,对于势流,$\boldsymbol{u} = \nabla \phi, \nabla^2 \boldsymbol{u} = \nabla^2(\nabla \phi) = \nabla(\nabla^2 \phi) = 0$,因此上述势流解也满足粘性不可压缩流体的运动方程,但是势流的速度分布不满足静止壁面上的无滑移条件。为了使速度分布满足无滑移条件,需要对势流速度分布进行修正,现将 x 方向的速度分量取为

$$u = 2Uxf'(y) \tag{7.44}$$

由连续方程的要求,

$$\frac{\partial v}{\partial y} = -\frac{\partial u}{\partial x} = -2Uf'(y)$$

所以 y 方向的速度分量形式为

$$v = -2Uf(y) \tag{7.45}$$

这样,任意形式的函数 $f(y)$ 均能满足连续方程。另外,考虑到远离壁面区域粘性的影响可以忽略,流动应恢复为势流的速度分布,这就限定当 $y \to \infty$ 时,$f(y) \to y$,$f'(y) \to 1$。假定的速度分布还应能满足粘性不可压缩流体的运动方程,这将对函数 $f(y)$ 的形式作进一步的限制。平面定常流动需要满足的方程为

$$u \frac{\partial u}{\partial x} + v \frac{\partial u}{\partial y} = -\frac{1}{\rho} \frac{\partial p}{\partial x} + \nu \left(\frac{\partial^2 u}{\partial x^2} + \frac{\partial^2 u}{\partial y^2} \right) \left. \right\}$$

$$u \frac{\partial v}{\partial x} + v \frac{\partial v}{\partial y} = -\frac{1}{\rho} \frac{\partial p}{\partial y} + \nu \left(\frac{\partial^2 v}{\partial x^2} + \frac{\partial^2 v}{\partial y^2} \right) \left. \right\} \tag{7.46}$$

将式(7.44)和式(7.45)式代入以上方程组,有

$$4U^2 x(f')^2 - 4U^2 xff'' = -\frac{1}{\rho} \frac{\partial p}{\partial x} + 2U\nu x f''' \left. \right\}$$

$$4U^2 ff' = -\frac{1}{\rho} \frac{\partial p}{\partial y} - 2U\nu f'' \left. \right\} \tag{7.47}$$

(7.47)式中第二个方程对 y 积分,得

$$p(x,y) = -2U\mu f' - 2\rho U^2 (f)^2 + g(x)$$

式中待定函数 $g(x)$ 可利用 $y \to \infty$ 时,压强分布应恢复为势流对应的压强分布来确定。注意到 $y \to \infty$,$f(y) \to y$,$f'(y) \to 1$,则 $p(x,y) \to -2U\mu - 2\rho U^2 y^2 + g(x)$,与势流的压强分布作比较,有

$$-2U\mu - 2\rho U^2 y^2 + g(x) = p_0 - 2\rho U^2 (x^2 + y^2)$$

可得 $g(x) = p_0 - 2\rho U^2 x^2 + 2U\mu$,故粘性起作用的压强分布为

$$p(x,y) = p_0 - 2\rho U^2 f^2 + 2U\mu(1 - f') - 2\rho U^2 x^2$$

由以上结果可得

$$\frac{\partial p}{\partial x} = -4\rho U^2 x$$

代入 x 方向的运动方程,即式(7.47)的第一式得

$$4U^2 x(f')^2 - 4U^2 xff'' = 4U^2 x + 2U\nu x f'''$$

经整理,上式成为

$$\frac{\nu}{2U} f''' + ff'' - (f')^2 + 1 = 0$$

静止壁面的无滑移条件要求 $u(x,0) = 0$,$v(x,0) = 0$;另外,前述要求 $y \to \infty$,$f(y) \to y$,$f'(y) \to 1$。于是函数 $f(y)$ 的边界条件成为

$$f(0) = f'(0) = 0; \quad y \to \infty, \quad f(y) \to y, \quad f'(y) \to 1$$

显然,如果消去参数 $\frac{\nu}{2U}$ 来求解方程更为便利,解将适合任意的粘性系数和速度参数,即解与 ν 和 U 无关。为此目的,作如下变量代换,

$$\phi(\eta) = \sqrt{\frac{2U}{\nu}} f(y) \tag{7.48}$$

$$\eta = \sqrt{\frac{2U}{\nu}} y \tag{7.49}$$

代入关于函数 $f(y)$ 的常微分方程和边界条件,得

$$\phi''' + \phi\phi'' - (\phi')^2 + 1 = 0 \tag{7.50}$$

边界条件：

$$\left.\begin{aligned}\phi(0) = \phi'(0) &= 0 \\ \eta \to \infty, \phi'(\eta) &\to 1\end{aligned}\right\} \tag{7.51}$$

这一非线性常微分方程需要采用数值方法求解,鉴于常微分方程的数值解较偏微分方程的数值解精度要高,在这个意义下,该解一般认为是精确解。微分方程的数值解,首先由 K. Hiemenz 给出,之后又由 L. Howarth 加以改进。表 7.1 和图7.14分别给出解的数值表格和曲线。

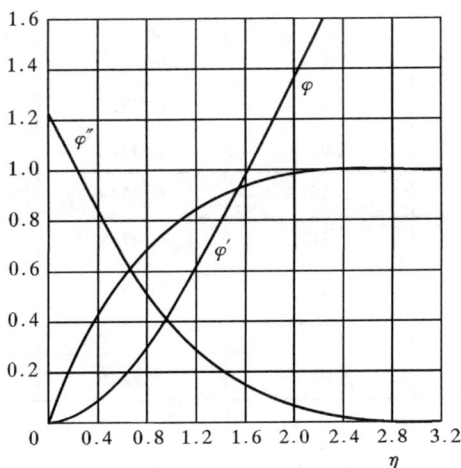

图 7.14 ϕ、ϕ' 和 ϕ'' 与 η 的关系曲线

定常平面滞止区域流动的速度场和压强场归纳为

$$u(x,y) = 2Ux\phi' \tag{7.52}$$

$$v(x,y) = -\sqrt{2U\nu}\phi \tag{7.53}$$

$$p(x,y) = p_0 - U\mu\phi^2 + 2U\mu(1-\phi') - 2\rho U^2 x^2 \tag{7.54}$$

图 7.14 表示了 ϕ, ϕ', ϕ'' 与 η 的变化关系曲线,ϕ' 表示考虑粘性后的 x 方向的速度分量与势流速度分量的比值,$\dfrac{u_{粘性}}{u_{势流}} = \dfrac{2Ux\phi'(\eta)}{2Ux} = \phi'(\eta)$,当 $\eta = 2.4$ 时,$\phi' = 0.99$,也就是说,粘性流动与势流的差别已很小,可以认为在 $\eta \leqslant 2.4$ 范围内应考虑粘性影响,之外则可看作理想流体的势流,于是

$$\delta = 2.4\sqrt{\dfrac{\nu}{2U}}$$

δ 也称为粘性影响厚度。

表 7.1　方程(7.50)的数值解(L. Howarth)

$\eta = \sqrt{\dfrac{2U}{\nu}}\,y$	ϕ	ϕ'	ϕ''
0.0	0	0	1.2326
0.2	0.0233	0.2266	1.0345
0.4	0.0881	0.4145	0.8463
0.6	0.1867	0.5663	0.6752
0.8	0.3124	0.6859	0.5251
1.0	0.4592	0.7779	0.3980
1.2	0.6220	0.8467	0.2938
1.4	0.7967	0.8968	0.2110
1.6	0.9798	0.9323	0.1474
1.8	1.1689	0.9568	0.1000
2.0	1.3620	0.9732	0.0658
2.2	1.5578	0.9839	0.0420
2.4	1.7553	0.9905	0.0260
2.6	1.9538	0.9946	0.0156
2.8	2.1530	0.9970	0.0090
3.0	2.3526	0.9984	0.0051
3.2	2.5523	0.9992	0.0028
3.4	2.7522	0.9996	0.0014
3.6	2.9521	0.9998	0.0007
3.8	3.1521	0.9999	0.0004
4.0	3.3521	1.0000	0.0002
4.2	3.5521	1.0000	0.0001
4.4	3.7521	1.0000	0.0000
4.6	3.9521	1.0000	0.0000

7.4.2　收缩形和扩张形通道内的流动

　　本节讨论收缩形或扩散形的二维通道内的流动。不失一般性,设固体壁面相对于中心对称平面的夹角(收缩或扩张)为 α,由于扩张形通道和收缩形通道内的流动具有一定程度的共性,所以归并到一起进行处理,如图 7.15 所示。在此情况

下,采用圆柱坐标系较为方便,
非零的速度分量仅为 u_R,且为坐
标 R 和 θ 的函数,$u_R = u_R(R,\theta)$。
设流动定常且质量力忽略不计,
连续方程和 N－S 方程分别为

图 7.15 收缩形和扩张形通道内的流动

$$\frac{1}{R}\frac{\partial}{\partial R}(Ru_R) = 0 \tag{7.55}$$

$$u_R\frac{\partial u_R}{\partial R} = -\frac{1}{\rho}\frac{\partial p}{\partial R} + \nu\left\{\frac{1}{R}\left[\frac{\partial}{\partial R}\left(R\frac{\partial u_R}{\partial R}\right) + \frac{\partial}{\partial\theta}\left(\frac{1}{R}\frac{\partial u_R}{\partial\theta}\right)\right] - \frac{u_R}{R^2}\right\} \tag{7.56}$$

$$0 = -\frac{1}{\rho R}\frac{\partial p}{\partial\theta} + \nu\left(\frac{2}{R^2}\frac{\partial u_R}{\partial\theta}\right) \tag{7.57}$$

将速度分量 u_R 表示为

$$u_R(R,\theta) = f(R)F(\theta)$$

由连续方程(7.55)可见,(Ru_R) 对 R 的偏导数为零,故 (Ru_R) 仅为 θ 的函数,而与 R
无关,可知 u_R 应与 R^{-1} 成比例,即

$$u_R = \frac{\nu}{R}F(\theta) \tag{7.58}$$

这里以流体运动粘性系数 ν 作为比例系数的目的,是使 $F(\theta)$ 成为无量纲函数。式
(7.58)自动满足连续方程,将其代入 N－S 方程式(7.56)和式(7.57),得

$$-\frac{\nu^2}{R^3}F^2 = -\frac{1}{\rho}\frac{\partial p}{\partial R} + \frac{\nu^2}{R^3}F''$$

$$0 = -\frac{1}{\rho R}\frac{\partial p}{\partial\theta} + 2\frac{\nu^2}{R^3}F'$$

式中撇号(′)表示对 θ 的导数。上述第一个方程两端对 θ 求偏导,第二个方程两端
乘以 R 后对 R 求偏导,这样消去 $-\frac{1}{\rho}\frac{\partial^2 p}{\partial R\partial\theta}$,得

$$-\frac{\nu^2}{R^3}2FF' = 4\frac{\nu^2}{R^3}F' + \frac{\nu^2}{R^3}F'''$$

进一步化简为

$$F''' + 2FF' + 4F' = 0$$

该式对 θ 积分一次,得

$$F'' + F^2 + 4F = K \tag{7.59}$$

式中 K 为积分常数。为了进一步简化方程,引入新变量,令 $G(F) = F'$,则

$$\frac{dG}{dF} = \frac{dF'}{dF} = \frac{dF'}{d\theta}\frac{d\theta}{dF} = \frac{F''}{F'} = \frac{F''}{G}$$

利用这一结果消去式(7.59)中的 F'',得

$$G\frac{\mathrm{d}G}{\mathrm{d}F}+4F+F^2=K$$

将上式改写为

$$\frac{\mathrm{d}}{\mathrm{d}F}\left(\frac{G^2}{2}\right)=K-4F-F^2$$

对 F 积分得

$$\frac{G^2}{2}=KF-2F^2-\frac{F^3}{3}+A$$

A 为新的积分常数,故可得

$$G=F'=\frac{\mathrm{d}F}{\mathrm{d}\theta}=\sqrt{2\left(KF-2F^2-\frac{F^3}{3}+A\right)}$$

虽然由上式不能得出以 θ 表示的 F 函数的显式表达式,但可表示成 θ 为 F 的函数形式

$$\theta=\int_0^F\frac{\mathrm{d}\xi}{\sqrt{2\left(K\xi-2\xi^2-\frac{1}{3}\xi^2+A\right)}}+B \tag{7.60}$$

式中 B 亦为积分常数,该式可通过简单数值积分求解,结合 $u_R=\dfrac{\nu}{R}F(\theta)$ 就可确定速度分布。流动满足的边界条件为

$$u_R(\alpha)=u_R(-\alpha)=0 \qquad\text{(扩张形通道)}$$
$$u_R(\pi+\alpha)=u_R(\pi-\alpha)=0 \qquad\text{(收缩形通道)}$$

另外,速度分布关于中心轴线是对称的,故

$$\frac{\partial u_R(R,0)}{\partial\theta}=0 \qquad\text{(扩张形通道)}$$

$$\frac{\partial u_R(R,\pi)}{\partial\theta}=0 \qquad\text{(收缩形通道)}$$

利用 $u_R=\dfrac{\nu}{R}F(\theta)$,上述边界条件可改写为

$$F(\alpha)=F(-\alpha)=F'(0)=0 \qquad\text{(扩张形通道)}$$
$$F(\pi-\alpha)=F(\pi+\alpha)=F'(\pi)=0 \qquad\text{(收缩形通道)}$$

分别利用以上条件,就可确定出两种流动所对应的积分常数 A、B 及 K。速度分布表示在图 7.16 中,图中不同雷诺数对应不同的曲线,$Re_1>Re_2>Re_3$,雷诺数定义为

$$Re=\frac{u_cR}{\nu}$$

u_c 表示流体沿通道中心线的流速。由图中可以看出收缩形通道与扩张形通道内

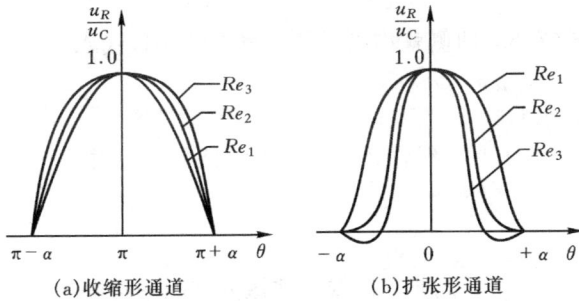

图 7.16　收缩形和扩张形通道内的速度分布

的速度分布有很大的不同,特别是低雷诺数情况下,在扩张形通道内靠近壁面区域,逆压梯度作用可能大于流体的惯性,出现回流。流动的分离现象已为实验所证实,特别是大扩张角 α 的情况。

7.4.3　多孔壁上的流动

如图 7.17 所示,平壁面上有沿正 x 轴方向的均匀流动,壁面上均匀分布疏松孔隙,流体因抽吸作用而流入壁面孔隙,垂直壁面的法向速度分量为 V,称为抽吸速度。采用有抽吸的多孔壁面,可以用来防止边界层的分离,如机翼表面的边界层分离会引起所谓"失速"现象,即机翼升力大幅度降低,而阻力猛增,因此边界层抽吸在飞机设计中应用是很自然的。

设上述流动问题中,$p=$const;适当地调整抽吸速度,以使得切向速度分量 u 与 x 无关,$u=u(y)$,这种情况下,连续方程和 N-S 方程成为

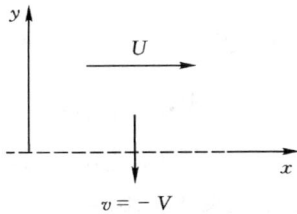

图 7.17　多孔壁上的流动

$$\frac{\partial v}{\partial y} = 0 \tag{7.61}$$

$$v\frac{\mathrm{d}u}{\mathrm{d}y} = \nu\frac{\mathrm{d}^2 u}{\mathrm{d}y^2} \tag{7.62}$$

$$u\frac{\partial v}{\partial x} + v\frac{\partial v}{\partial y} = \nu\left(\frac{\partial^2 v}{\partial x^2} + \frac{\partial^2 v}{\partial y^2}\right) \tag{7.63}$$

边界条件:

$$y = 0,\ u(y) = 0,\ v(x,y) = -V$$
$$y \to \infty,\ u(y) \to U$$

对连续方程积分并利用边界条件,得

$$v = -V \tag{7.64}$$

由于 v 为常数，式(7.63)两侧就均等于零。将式(7.64)代入 x 方向的运动方程，得

$$-V\frac{\mathrm{d}u}{\mathrm{d}y} = \nu\frac{\mathrm{d}^2 u}{\mathrm{d}y^2}$$

方程(7.62)的对流项于是被线性化了。以上常微分方程对 y 积分一次，得

$$\frac{\mathrm{d}u}{\mathrm{d}y} + \frac{V}{\nu}u = A\frac{V}{\nu}$$

式中积分常数取为 $A\dfrac{V}{\nu}$。该非齐次线性常微分方程的特解为

$$u^* = A$$

所对应的齐次方程的特征根为 $-\dfrac{V}{\nu}$，故通解为

$$u(y) = A + Be^{-\frac{V}{\nu}y}$$

式中 B 为另一积分常数。由流动的边界条件定出，$A=U$，$B=-U$，故速度分布为

$$u(y) = U(1 - e^{-\frac{V}{\nu}y}) \tag{7.65}$$

可以定义当速度 $u=U(1-e^{-4})$ 时对应的 y 值为粘性影响厚度 δ。其时 $\dfrac{u}{U}=1-\dfrac{1}{e^4}$ ≈ 0.98，因此

$$\delta = 4\frac{\nu}{V}$$

也就是说，流动基本恢复到均匀流处至壁面的距离与流体的运动粘性系数成正比，与抽吸速度成反比。

值得注意的是如果不是从壁面孔隙"抽吸"而是"吹入"流体，即当 V 取负值时，$u=u(y)$ 形式的解将不复存在。吹入流体将迫使沿壁面流动的流体脱离壁面，从而破坏了本节给出的定解条件，流动问题将变得更为复杂。

练习题

7.1 两平行的水平平板间有两层互不相混的不可压缩流体，厚度分别为 h_1、h_2，粘性系数分别为 μ_1、μ_2。如果水平方向无压强梯度，上方的平板以速度 U 在其自身平面内作等速直线运动，下板静止(见题 7.1 图)。求流体的速度分布。

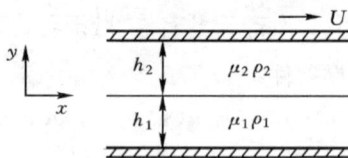

题 7.1 图

7.2 考虑两无穷大平行多孔平板间不可压缩均质流体的层流流动，两平板间距为 $2h$，平

板与水平面的夹角为 α。通过上板均匀喷气，通过下板均匀吸气，从而使流体有均匀的横向流动 $v=-v_w=\mathrm{cons}$（见题 7.2 图）。如果纵向压强梯度为 k_0，求两板间的速度分布。液体密度和粘性系数分别为 ρ 和 μ。

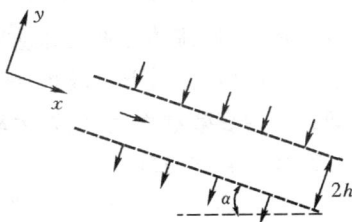

7.3　考虑椭圆管内的泊肃叶流动，椭圆长短轴分别为 a 和 b，在给定管横截面积和沿管长压强梯度的条件下，试求最佳 b/a 以使得通过椭圆管的体积流量最大。

题 7.2 图

7.4　如题 7.4 图所示，考虑等边三角形截面管道内的泊肃叶流动，三角形三条边的方程分别为

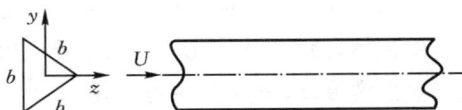

$$z+\frac{b}{2\sqrt{3}}=0,$$

$$z+\sqrt{3}y-\frac{b}{\sqrt{3}}=0, \quad z-\sqrt{3}y-\frac{b}{\sqrt{3}}=0$$

题 7.4 图

设速度分布为

$$u(y,z)=\alpha\left(z+\frac{b}{2\sqrt{3}}\right)\left(z+\sqrt{3}y-\frac{b}{\sqrt{3}}\right)\left(z-\sqrt{3}y-\frac{b}{\sqrt{3}}\right)$$

试确定常数 α 的表达式，以使上式为该型管内速度分布的精确解。

7.5　两同轴圆柱面间的粘性流体在压强梯度 G 的作用下作定常运动，内外柱面的半径分别为 a 和 na，试证明单位时间内通过环形截面的流体体积为：

$$Q=\frac{\pi G a^4}{8\mu}\left[n^4-1-\frac{(n^2-1)^2}{\ln n}\right]$$

7.6　两个同轴圆柱面之间充满粘性流体，圆柱半径分别为 a 和 b，其中一柱面静止，另一柱面沿轴向以常速度 U 运动。求柱面间流体的定常速度分布并给出 $a,b\rightarrow\infty$，但保持 $a-b=h=$ 常数时的极限形式。

7.7　直径为 D、长度为 L 的圆柱形活塞，其质量为 M，置于直径为 $D+2\delta$ 的直立圆柱形油缸中。如果活塞的中心轴线与油缸的中心线始终重合，且 $2\delta/D\ll1,2\delta/L\ll1$，（见题 7.7 图）。试计算活塞在重力作用下的下沉速度。设油的粘性系数为 μ，活塞近似作等速下沉运动。

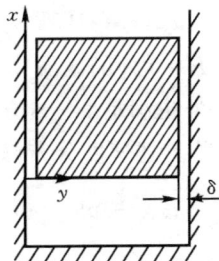

题 7.7 图

7.8　相距为 h 的两无限大平板间充满粘性不可压缩流体，上板固定不动，下

板以速度 $U=\cos(nt)$ 作往复运动,试求流体的速度分布。

7.9 粘性流体在两无限大平行平板间作定常库埃特流动(上板以常速度 U_0 在自身平面内运动,下板静止,$t<0$),在 $t=0$ 时刻,上板突然停止运动。试求两平板间运动的衰减过程,设流体运动粘性系数为 ν。

7.10 考虑两旋转同心圆柱面间的粘性流体流动,设内圆柱面静止,外圆柱面以常角速度旋转。试分别计算作用在内外圆柱面上的力矩大小。

7.11 利用两旋转同心圆柱间的速度分布,推导一无穷长圆柱在无界粘性流体中作旋转运动时诱导的速度场,并将所得结果与强度为 $\Gamma=2\pi R_i^2 \omega_i$ 的点涡在理想流体中的诱导速度场作比较。

7.12 在两垂直壁面和一水平壁面形成的空间内($0<y<b,z>0$)充满粘性不可压缩流体,两垂直壁面固定,水平壁面以常速度 U 沿正 x 轴方向运动(见题7.12图),设定常流动,忽略质量力作用。求 yz 平面内的速度分布,并求在 x 方向的流体体积流量。

7.13 在 7.2 节中给出了两平行平板间由于压强梯度脉动导致的流体速度分布为

$$u(y,t) = Re\left[i\frac{p_x}{\rho n}\left(1 - \frac{\cosh[(1+i)\sqrt{n/2\nu}y]}{\cosh[(1+i)\sqrt{n/2\nu}a]}\right)e^{int}\right]$$

定义雷诺数 $Re=\dfrac{a^2 n}{2\nu}$。考虑以下两种极限情形:

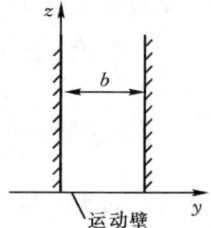

题 7.12 图

(1) $Re\ll 1$,此时流体中粘性作用占主导地位。展开上述速度表达式,并解释所得结果;

(2) $Re\gg 1$,则除壁面附近外粘性影响很小。展开上述速度表达式,并解释所得结果。

7.14 速度分布

$$u_R = -aR, \quad u_\theta = K/R, \quad u_z = 2az$$

在除 $R=0$ 外的区域中满足连续方程,$R=0$ 是一个奇点。证明上述速度分布除 $R=0$ 外也满足 N-S 方程,并求解相应的压强分布。

将上述速度分布修正为

$$u_R = -aR, \quad u_\theta = \frac{K}{R}f(R), \quad u_z = 2az$$

确定函数 $f(R)$,以使修正后的速度场满足粘性不可压缩流体的控制方程。同时,当 $R\to\infty$ 时,修正后的速度场恢复为原速度场。

7.15 如题 7.15 图所示,两相距 $2h_0$ 的平行圆盘间充满不可压缩均质粘性流体,力 F 分别施加在两圆盘上,试求两盘间距离随时间的变化。问题可当作准定

常流动处理,即在任意时刻 t,流动都可视为是
定常的,运动方程的惯性项可略去,忽略重力
作用。

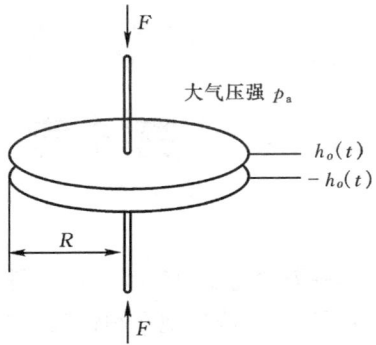

大气压强 p_a

$h_o(t)$

$-h_o(t)$

R

题 7.15 图

　　7.16　如题 7.16 图所示,考虑具有多孔
壁的圆管内的层流定常流动,设通过多孔壁的
流体径向出流速度 V_w 为常数。试利用所给条
件和流动的几何特点简化运动方程,并写出求
解方程所需的边界条件(设 $Re_w = V_w R_0/\nu \leqslant$
1.0);然后利用新变量 $\zeta = (R/R_0)^2$ 将得到的
偏微分方程组转换为一个常微分方程。

　　7.17　如题 7.17 图所示,不可压缩粘性
流体在一个水平放置的有一定锥度的圆管内流动。试证明在小锥度条件下直圆管
内泊肃叶流动的解可局部应用于这一流动,并确定通过锥度管的体积流量与总压
降 $\Delta p = p_0 - p_L$ 之间的函数关系。

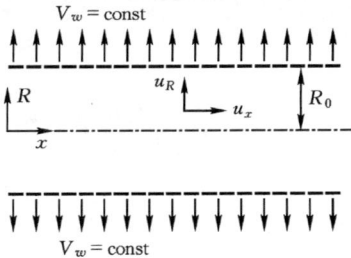

$V_w = \text{const}$

R

u_R

u_x

R_0

x

$V_w = \text{const}$

题 7.16 图

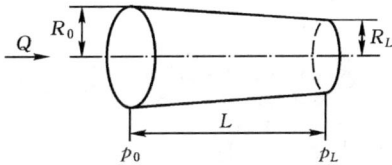

Q

R_0

R_L

L

p_0

p_L

题 7.17 图

第8章 小雷诺数流动

在石油化工、环境工程、水利工程、采矿、生物力学、气象学等领域,需要考虑微小粒子、液滴或气泡在粘性流体中的缓慢流动,或者粘性流体在微小尺寸通道内的缓慢流动,如地下水的流动,石油在岩层中的流动,或者粘性薄液膜的流动,如滑动轴承中的润滑油膜的流动等。这些运动的共同特点是流动的惯性力与粘性力相比可以忽略不计,或只占次要地位,称之为小雷诺数流动。本章研究小雷诺数流动的近似解,这里近似解指满足上述简化后方程的解析表达式。

本章以粘性流体绕圆球的缓慢流动为例,分别介绍了斯托克斯近似和奥辛近似,作为小雷诺数流动的实例又讨论了滑动轴承内润滑油的流动和粘性流体在多孔介质中的缓慢流动。

8.1 斯托克斯近似

引用 N–S 方程,

$$\frac{\partial \boldsymbol{u}}{\partial t} + (\boldsymbol{u} \cdot \nabla)\boldsymbol{u} = -\frac{1}{\rho}\nabla p + \nu \nabla^2 \boldsymbol{u} + \boldsymbol{f}$$

上式左侧两项分别表示流场中局部的非定常变化以及在非均匀场中流体质点运动所引起的流体惯性作用;其右侧三项则分别表示流体中压力、粘性力和质量力的作用。为了估计惯性力与粘性力的相对大小,引入流场的特征时间 t_0,特征长度 L 和特征速度 U,并用上标 * 表示无量纲量,则,

$$\frac{局部惯性力}{粘性力} \propto \frac{\dfrac{\partial \boldsymbol{u}}{\partial t}}{\nu \nabla^2 \boldsymbol{u}} = \frac{\dfrac{U}{t_0}\dfrac{\partial \boldsymbol{u}^*}{\partial t^*}}{\dfrac{\nu U}{L^2}\nabla^{*2}\boldsymbol{u}^*} \propto \frac{L^2}{\nu t_0} = Ns$$

$$\frac{对流惯性力}{粘性力} \propto \frac{(\boldsymbol{u}\cdot\nabla)\boldsymbol{u}}{\nu \nabla^2 \boldsymbol{u}} = \frac{\dfrac{U^2}{L}(\boldsymbol{u}^*\cdot\nabla^*)\boldsymbol{u}^*}{\dfrac{\nu U}{L^2}\nabla^{*2}\boldsymbol{u}^*} \propto \frac{UL}{\nu} = Re$$

上述两个无量纲数 Ns 和 Re 分别称作斯托克斯数和雷诺数。当雷诺数很小($Re \to$ 0)时,流体的对流惯性力远远小于粘性力,因此 N–S 方程中的非线性对流惯性项

可略去,于是

$$\frac{\partial \boldsymbol{u}}{\partial t} = -\frac{1}{\rho} \nabla p + \nu \nabla^2 \boldsymbol{u} + \boldsymbol{f}$$

注意,斯托克斯数 Ns 等于雷诺数 Re 与斯特鲁哈利(Strouhal)数 St 之乘积,

$$Ns = St \cdot Re$$

而 $St = L/(Ut_0)$,表示宏观流动特征时间 L/U 与非定常特征时间 t_0(如振动周期)之比。如果流动的 Re 很小,那么当 $Re \to 0$ 时也有 $Ns \to 0$,因此流动化为准定常问题,可以进一步忽略 N - S 方程左侧的局部惯性力项,如果质量力也可以忽略,则有,

$$\nabla^2 \boldsymbol{u} = \frac{1}{\mu} \nabla p \tag{8.1}$$

式(8.1)称斯托克斯方程,而满足式(8.1)和连续方程

$$\nabla \cdot \boldsymbol{u} = 0 \tag{8.2}$$

的流体运动称为斯托克斯流动。

严格地讲,只有 $Re \to 0$ 的极限情形下斯托克斯方程才成立,而只有 $U=0$,或 $L=0$ 时才有 $Re=0$,因此任何的真实流动的雷诺数都不等于零。实验证明,对于单个微粒在无界流体中的定常运动来说,斯托克斯理论的结果在 $Re < 0.1$ 时即能较好地成立;对大量微粒的悬浮液,或单个粒子在其他边界附近的情形,关于雷诺数的限制可以放宽,有时 $Re > 1$ 时斯托克斯理论仍可近似应用。

斯托克斯方程可以改写成不同的形式。对式(8.1)两侧取散度,并注意到式(8.2)及 μ 为常数,得

$$\nabla^2 p = 0 \tag{8.3}$$

即斯托克斯流动中的压强是调和函数,满足拉普拉斯方程。对式(8.1)两侧作 ∇^2 运算,并注意到式(8.3)及 μ 为常数,可得

$$\nabla^2 \nabla^2 \boldsymbol{u} = 0 \tag{8.4}$$

即斯托克斯流场中的速度矢量是双调和函数。对斯托克斯方程两侧取旋度,并注意到 $\nabla \times \nabla p = 0$ 及 μ 为常数,可得

$$\nabla^2 \boldsymbol{\Omega} = 0 \tag{8.5}$$

即斯托克斯流动中的涡量也是调和函数。

在平面流动中,涡量 $\boldsymbol{\Omega}$ 与流函数 ψ 之间有关系式(4.5b)成立,即

$$\boldsymbol{\Omega} = \boldsymbol{k} \nabla^2 \psi$$

将上式代入式(8.5)有

$$\nabla^2 \nabla^2 \psi = 0 \tag{8.6}$$

即平面斯托克斯流动的流函数满足双调和方程。对于轴对称流动,如采用球坐标系 (r, θ, ω),则相应于式(8.6)有

$$E^2 E^2 \psi = 0 \tag{8.7a}$$

$$E^2 = \frac{\partial^2}{\partial r^2} + \frac{\sin\theta}{r^2} \frac{\partial}{\partial \theta} \left(\frac{1}{\sin\theta} \frac{\partial}{\partial \theta} \right) \tag{8.7b}$$

ψ 是斯托克斯流函数,其与速度分量关系为

$$u_r = \frac{1}{r^2 \sin\theta} \frac{\partial \psi}{\partial \theta}, \quad u_\theta = -\frac{1}{r\sin\theta} \frac{\partial \psi}{\partial r}$$

而压强分布为

$$\frac{\partial P}{\partial r} = \frac{\mu}{r^2 \sin\theta} \frac{\partial}{\partial \theta} (E^2 \psi) \tag{8.8a}$$

$$\frac{\partial P}{\partial \theta} = -\frac{\mu}{\sin\theta} \frac{\partial}{\partial r} (E^2 \psi) \tag{8.8b}$$

考察(8.4),(8.5),(8.6)或(8.7)各式可以看出,斯托克斯流动的运动学问题与动力学问题是相互独立的,可首先解出流函数 ψ 或速度场 $\boldsymbol{u}$,然后再确定压强。在求解流场运动学问题时,方程及其相应的边界条件中,不出现流体的物性参数 μ 和 ρ,也不出现对时间的导数项,这表明在 $Re \to 0$ 的极限情形下,流场的运动学变量,如速度、涡量、流线和涡线等与流体的粘性 μ 和密度 ρ 无关,也不依赖于流动的历史,只与该瞬时的边界条件有关。此外,由于在式(8.1)中只出现 μ 而没有 ρ,所有流场的动力学变量,如压强、应力和物体所受合力等,都只与粘性系数 μ 有关而与密度 ρ 无关。这些都是斯托克斯流动的特点,只有在 $Re \to 0$ 时才严格成立。

例1 试证明利用轴对称运动球坐标系中的斯托克斯流函数 ψ,斯托克斯方程可化简为

$$E^2 E^2 \psi = 0$$

式中 $E^2 = \frac{\partial^2}{\partial r^2} + \frac{\sin\theta}{r^2} \frac{\partial}{\partial \theta} \left(\frac{1}{\sin\theta} \frac{\partial}{\partial \theta} \right)$。压强梯度则可表示为

$$\frac{\partial P}{\partial r} = \frac{\mu}{r^2 \sin\theta} \frac{\partial}{\partial \theta} (E^2 \psi), \quad \frac{\partial P}{\partial \theta} = -\frac{\mu}{\sin\theta} \frac{\partial}{\partial r} (E^2 \psi)$$

证明 引用矢量恒等式

$$\nabla \times \nabla \times \boldsymbol{\Omega} = \nabla (\nabla \cdot \boldsymbol{\Omega}) - \nabla^2 \boldsymbol{\Omega} = -\nabla^2 \boldsymbol{\Omega} \tag{a}$$

对斯托克斯方程 $\nabla^2 \boldsymbol{u} = \frac{1}{\mu} \nabla p$ 两侧取旋度,并注意到 $\nabla \times \nabla p = 0$,$\mu$ 为常数,可得 $\nabla^2 \boldsymbol{\Omega} = 0$,代入式(a)得

$$\nabla \times \nabla \times \boldsymbol{\Omega} = 0 \tag{b}$$

轴对称运动条件下球坐标中涡量为

$$\boldsymbol{\Omega} = \frac{1}{r^2 \sin\theta} \begin{vmatrix} \boldsymbol{e}_r & r\boldsymbol{e}_\theta & r\sin\theta \boldsymbol{e}_\omega \\ \frac{\partial}{\partial r} & \frac{\partial}{\partial \theta} & \frac{\partial}{\partial \omega} \\ u_r & ru_\theta & 0 \end{vmatrix} = \frac{\boldsymbol{e}_\omega}{r} \left[\frac{\partial}{\partial r} (ru_\theta) - \frac{\partial u_r}{\partial \theta} \right]$$

以流函数 ψ 表示 u_r、u_θ,

$$u_r = \frac{1}{r^2\sin\theta}\frac{\partial\psi}{\partial\theta}, \quad u_\theta = -\frac{1}{r\sin\theta}\frac{\partial\psi}{\partial r}$$

代入 $\boldsymbol{\Omega}$ 表达式,得

$$\boldsymbol{\Omega} = \frac{\boldsymbol{e}_\omega}{r}\left[-\frac{\partial}{\partial r}\left(\frac{1}{\sin\theta}\frac{\partial\psi}{\partial r}\right) - \frac{\partial}{\partial\theta}\left(\frac{1}{r^2\sin\theta}\frac{\partial\psi}{\partial\theta}\right)\right]$$

$$= -\frac{\boldsymbol{e}_\omega}{r\sin\theta}\left[\frac{\partial^2\psi}{\partial r^2} + \frac{\sin\theta}{r^2}\frac{\partial}{\partial\theta}\left(\frac{1}{\sin\theta}\frac{\partial\psi}{\partial\theta}\right)\right]$$

定义算子 $E^2 = \dfrac{\partial^2}{\partial r^2} + \dfrac{\sin\theta}{r^2}\dfrac{\partial}{\partial\theta}\left(\dfrac{1}{\sin\theta}\dfrac{\partial\psi}{\partial\theta}\right)$,上式可写为

$$\boldsymbol{\Omega} = -\frac{\boldsymbol{e}_\omega}{r\sin\theta}E^2\psi$$

于是

$$\nabla\times\boldsymbol{\Omega} = \frac{1}{r^2\sin\theta}\begin{vmatrix} \boldsymbol{e}_r & r\boldsymbol{e}_\theta & r\sin\theta\boldsymbol{e}_\omega \\ \dfrac{\partial}{\partial r} & \dfrac{\partial}{\partial\theta} & \dfrac{\partial}{\partial\omega} \\ 0 & 0 & -\dfrac{r\sin\theta}{r\sin\theta}E^2\psi \end{vmatrix} = \frac{\boldsymbol{e}_r}{r^2\sin\theta}\left[-\frac{\partial E^2\psi}{\partial\theta}\right] + \frac{\boldsymbol{e}_\theta}{r\sin\theta}\left[\frac{\partial E^2\psi}{\partial r}\right]$$

$$\text{(c)}$$

$$\nabla\times\nabla\times\boldsymbol{\Omega} = \frac{1}{r^2\sin\theta}\begin{vmatrix} \boldsymbol{e}_r & r\boldsymbol{e}_\theta & r\sin\theta\boldsymbol{e}_\omega \\ \dfrac{\partial}{\partial r} & \dfrac{\partial}{\partial\theta} & \dfrac{\partial}{\partial\omega} \\ -\dfrac{1}{r^2\sin\theta}\dfrac{\partial E^2\psi}{\partial\theta} & \dfrac{1}{\sin\theta}\dfrac{\partial E^2\psi}{\partial r} & 0 \end{vmatrix}$$

$$= \frac{\boldsymbol{e}_\omega}{r}\left[\frac{\partial}{\partial r}\left(\frac{1}{\sin\theta}\frac{\partial E^2\psi}{\partial r}\right) + \frac{\partial}{\partial\theta}\left(\frac{1}{r^2\sin\theta}\frac{\partial E^2\psi}{\partial\theta}\right)\right]$$

$$= \frac{\boldsymbol{e}_\omega}{r\sin\theta}\left[\frac{\partial^2 E^2\psi}{\partial r^2} + \frac{\sin\theta}{r^2}\frac{\partial}{\partial\theta}\left(\frac{1}{\sin\theta}\frac{\partial E^2\psi}{\partial\theta}\right)\right]$$

$$= \frac{\boldsymbol{e}_\omega}{r\sin\theta}E^2 E^2\psi$$

将上式代入式(b)有

$$E^2 E^2\psi = 0 \qquad\qquad\qquad\qquad\qquad\qquad\text{(d)}$$

再次引用矢量恒等式

$$\nabla\times\nabla\times\boldsymbol{u} = \nabla(\nabla\cdot\boldsymbol{u}) - \nabla^2\boldsymbol{u} = -\nabla^2\boldsymbol{u}$$

代入斯托克斯方程 $\nabla^2\boldsymbol{u} = \dfrac{1}{\mu}\nabla p$,得

$$\nabla \times \boldsymbol{\Omega} = -\frac{1}{\mu} \nabla p$$

考虑到式(c)有

$$\frac{\partial P}{\partial r} = \frac{\mu}{r^2 \sin\theta} \frac{\partial}{\partial \theta}(E^2 \psi) \tag{e}$$

$$\frac{\partial P}{\partial \theta} = -\frac{\mu}{\sin\theta} \frac{\partial}{\partial r}(E^2 \psi) \tag{f}$$

证毕。

8.2　绕圆球的缓慢流动

设一半径为 a 的刚性圆球以速度 U 在原为静止的粘性流体中匀速运动。如取运动坐标系,将坐标原点取在运动圆球球心,x 轴与圆球的运动方向相反,则圆球运动引起流动问题就变成速度为 U 的均匀流绕圆球的定常流动问题。如果来流速度 U 为特征速度,圆球直径为特征长度表示的雷诺数 $Re = \dfrac{U2a}{\nu} \ll 1$,则流动可用斯托克斯方程求解。根据流动的轴对称性和边界几何特征,采用球坐标系较为方便(见图8.1),此时无穷远处和球面的边界条件分别为

$$r \to \infty, \quad u_r = U\cos\theta, \quad u_\theta = -U\sin\theta$$

$$r \to a, \quad u_r = u_\theta = 0$$

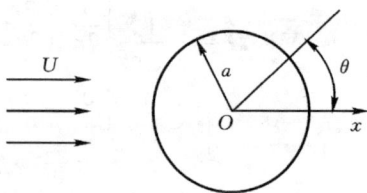

图 8.1　绕圆球的缓慢流动

上述问题可用式(8.1)求解,但采用流函数方程(8.7)比较便捷,

$$E^2 E^2 \psi = 0$$

考虑到无穷远处均匀来流流函数为 $\psi = \dfrac{1}{2} U r^2 \sin^2\theta$(参阅第 5 章),可令

$$\psi = f(r)\sin^2\theta \tag{8.9}$$

此时物面条件可改写为

$$r \to a, \quad f = f' = 0 \tag{8.10}$$

先计算 $E^2\psi$,式如

$$E^2\psi = \left[\frac{\partial^2}{\partial r^2} + \frac{\sin\theta}{r^2} \frac{\partial}{\partial \theta}\left(\frac{1}{\sin\theta} \frac{\partial}{\partial \theta}\right)\right] f \sin^2\theta = \sin^2\theta\left(\frac{\mathrm{d}^2 f}{\mathrm{d}r^2} - \frac{2f}{r^2}\right) \tag{8.11a}$$

将上式代入流函数方程(8.7)

$$\left[\frac{\partial^2}{\partial r^2} + \frac{\sin\theta}{r^2} \frac{\partial}{\partial \theta}\left(\frac{1}{\sin\theta} \frac{\partial}{\partial \theta}\right)\right]\left[\sin^2\theta\left(\frac{\mathrm{d}^2 f}{\mathrm{d}r^2} - \frac{2f}{r^2}\right)\right] = 0$$

化简上式

$$\left(\frac{\mathrm{d}^2}{\mathrm{d}r^2}-\frac{2}{r^2}\right)\left(\frac{\mathrm{d}^2}{\mathrm{d}r^2}-\frac{2}{r^2}\right)f=0 \tag{8.11b}$$

式(8.11b)是欧拉方程。令 $f=r^n$，则

$$\left(\frac{\mathrm{d}^2}{\mathrm{d}r^2}-\frac{2}{r^2}\right)r^n=\left[n(n-1)r^{n-2}-2r^{n-2}\right]=\left[n(n-1)-2\right]r^{n-2}$$

将上式代入式(8.11b)得

$$\left[(n-2)(n-3)-2\right]\left[n(n-1)-2\right]=0$$

以上方程的解为

$$n=-1,1,2,4$$

于是

$$f=A_1 r^{-1}+A_2 r+A_3 r^2+A_4 r^4 \tag{8.12}$$

为确定上式中的常数 A_1、A_2、A_3 和 A_4，需利用边界条件。由式(8.9)和式(8.12)，

$$u_r=\frac{1}{r^2\sin\theta}\frac{\partial\psi}{\partial\theta}=\frac{2f}{r^2}\cos\theta=\frac{2}{r^2}(A_1 r^{-1}+A_2 r+A_3 r^2+A_4 r^4)\cos\theta$$

由边界条件 $r\rightarrow\infty,u_r=U\cos\theta$ 得

$$A_3=\frac{U}{2},\quad A_4=0$$

由边界条件(8.10)得

$$A_1 a^{-1}+A_2 a+\frac{U}{2}a^2=0$$

$$-A_1 a^{-2}+A_2+Ua=0$$

联立求解上两式得

$$A_1=\frac{1}{4}Ua^3,\quad A_2=-\frac{3}{4}Ua$$

于是

$$f=Ua^2\left[\frac{1}{4}\frac{a}{r}-\frac{3}{4}\frac{r}{a}+\frac{1}{2}\left(\frac{r}{a}\right)^2\right] \tag{8.13a}$$

$$\psi=Ua^2\left[\frac{1}{4}\frac{a}{r}-\frac{3}{4}\frac{r}{a}+\frac{1}{2}\left(\frac{r}{a}\right)^2\right]\sin^2\theta \tag{8.13b}$$

$$u_r=U\left[1-\frac{3}{2}\frac{a}{r}+\frac{1}{2}\left(\frac{a}{r}\right)^3\right]\cos\theta \tag{8.13c}$$

$$u_\theta=-U\left[1-\frac{3}{4}\frac{a}{r}-\frac{1}{4}\left(\frac{a}{r}\right)^3\right]\sin\theta \tag{8.13d}$$

由式(8.11a)有

$$E^2\psi=\sin^2\theta\left(\frac{\mathrm{d}^2 f}{\mathrm{d}r^2}-\frac{2f}{r^2}\right)=\frac{3}{2}U\frac{a}{r}\sin^2\theta$$

引用式(8.8a)和式(8.8b),则

$$\frac{\partial P}{\partial r} = \frac{\mu}{r^2 \sin\theta} \frac{\partial}{\partial \theta}(E^2 \psi) = 3\mu Uar^{-3}\cos\theta$$

$$\frac{\partial P}{\partial \theta} = -\frac{\mu}{\sin\theta} \frac{\partial}{\partial r}(E^2 \psi) = \frac{3}{2}\mu Uar^{-2}\sin\theta$$

积分上两式

$$p = -\frac{3}{2}\mu Uar^{-2}\cos\theta + c$$

由 $r \to \infty$, $p = p_\infty$, 得 $c = p_\infty$, 于是

$$p = -\frac{3}{2}\mu Uar^{-2}\cos\theta + p_\infty \tag{8.13e}$$

计算圆球表面粘性应力,

$$(\tau_{rr})_{r=a} = \left(2\mu \frac{\partial u_r}{\partial r}\right)_{r=a} = 0$$

$$(\tau_{r\theta})_{r=a} = \mu\left(\frac{1}{r}\frac{\partial u_r}{\partial \theta} + \frac{\partial u_\theta}{\partial r} - \frac{u_\theta}{r}\right)_{r=a} = -\frac{3}{2}\frac{\mu U}{a}\sin\theta$$

$$(\tau_{r\omega})_{r=a} = \mu\left[r\frac{\partial}{\partial r}\left(\frac{u_\omega}{r}\right) + \frac{1}{r\sin\theta}\frac{\partial u_r}{\partial \omega}\right]_{r=a} = 0$$

于是在圆球表面 $\sigma_{rr} = -p + \tau_{r\omega} = -p_\infty + \frac{3\mu U}{2a}\cos, \sigma_{r\theta} = \tau_{r\omega} = -\frac{3}{2}\frac{\mu U}{a}\sin\theta, \sigma_{r\omega} = \tau_{r\omega} = 0$,这正是在第 1 章例 8 中给出的圆球表面的应力分布,由该例题知流体作用在圆球表面沿流动方向的合力,即球所受到的阻力为

$$F = 6\pi\mu Ua \tag{8.14}$$

阻力通常表示为

$$D = C_D \frac{1}{2}\rho U^2 A \tag{8.15a}$$

式中 C_D 为阻力系数,A 为参考面积,对圆球绕流问题,参考面积取为圆球的迎流面积 $A = \pi a^2$,所以

$$C_D = \frac{D}{\frac{1}{2}\rho U^2 \cdot \pi a^2} = \frac{6\pi\mu aU}{\frac{1}{2}\rho U^2 \cdot \pi a^2} = \frac{24\mu}{\rho U2a} = \frac{24}{Re} \tag{8.15b}$$

式中

$$Re = \frac{2aU\rho}{\mu} \tag{8.15c}$$

此式称斯托克斯阻力公式。该式与实验结果进行比较,在 $Re < 1$ 时两者符合较好,但当 $Re > 1$,随着 Re 数增大误差愈来愈大,因而阻力公式不再适用(见图8.2)。

例 2　求半径为 a 的球形气泡在均质不可压缩流体中作缓慢等速直线运动时

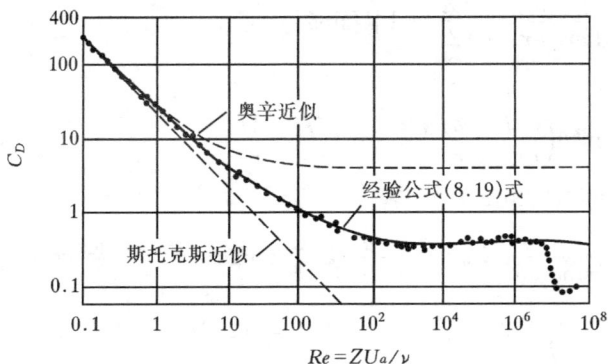

图 8.2　圆球阻力系数的理论解和经验公式与实验结果的比较

的阻力。质量力不计，流体的粘性系数 μ 为常数。

　　解　设气泡的运动速度为 U，如把参考系固连在气泡上，则问题就成为速度为 U 的均匀来流绕气泡的定常流动，流动是轴对称的。气泡绕流与刚性球绕流情形类似，适用方程(8.7)，区别在于气泡表面的边界条件不同，对于气泡有

$$r = a, \quad u_r = 0, \quad \tau_{r\theta} = \mu\left[r\frac{\partial}{\partial r}\left(\frac{u_\theta}{r}\right) + \frac{1}{r}\frac{\partial u_r}{\partial \theta}\right] = 0$$

令 $\psi = f(r)\sin^2\theta$ 时，边界条件可转化为

$$r = a, \quad f = 0, \quad -2f' + af'' = 0 \tag{a}$$

由 8.2 节，满足方程 $E^2E^2\psi = 0$ 和无穷远边界条件的解是

$$f = A_1 r^{-1} + A_2 r + \frac{U}{2}r^2 \tag{b}$$

由式(a)有

$$A_1 a^{-1} + A_2 a + \frac{U}{2}a^2 = 0, \quad 4A_1 a^{-2} - 2A_2 - Ua = 0,$$

联立求解上式

$$A_1 = 0, \quad A_2 = -\frac{U}{2}a$$

于是

$$f = \left(-\frac{a}{2}r + \frac{1}{2}r^2\right)U \tag{c}$$

$$\psi = \left(-\frac{a}{2}r + \frac{1}{2}r^2\right)U\sin^2\theta \tag{d}$$

$$u_r = \frac{1}{r^2\sin\theta}\frac{\partial\psi}{\partial\theta} = U\left(1 - \frac{a}{r}\right)\cos\theta \tag{e}$$

$$u_\theta = -\frac{1}{r\sin\theta}\frac{\partial \psi}{\partial r} = \left(\frac{a}{2r} - 1\right)U\sin\theta \tag{f}$$

求压强分布

$$E^2\psi = \sin^2\theta\left(\frac{\mathrm{d}^2 f}{\mathrm{d}r^2} - \frac{2f}{r^2}\right) = \sin^2\theta\left[U - \frac{U}{r^2}(r^2 - ar)\right] = U\frac{a}{r}\sin^2\theta$$

引用式(8.8a)和式(8.8b)得

$$\frac{\partial p}{\partial r} = \frac{\mu}{r^2\sin\theta}\frac{\partial}{\partial\theta}(E^2\psi) = \frac{\mu}{r^2\sin\theta}U\frac{a}{r}2\sin\theta\cos\theta = \frac{2Ua\mu}{r^3}\cos\theta$$

$$\frac{\partial P}{\partial\theta} = -\frac{\mu}{\sin\theta}\frac{\partial}{\partial r}(E^2\psi) = -\frac{\mu}{\sin\theta}\left(-\frac{Ua}{r^2}\right)\sin^2\theta = \frac{Ua\mu}{r^2}\sin\theta$$

积分上两式

$$p = -\frac{\mu Ua}{r^2}\cos\theta + c$$

由 $r\to\infty$，$p = p_\infty$，得 $c = p_\infty$，于是

$$p = -\frac{\mu Ua}{r^2}\cos\theta + p_\infty \tag{g}$$

计算气泡表面粘性应力

$$(\tau_{rr})_{r=a} = \left(2\mu\frac{\partial u_r}{\partial r}\right)_{r=a} = \left(2\mu U\cos\theta\frac{a}{r^2}\right)_{r=a} = 2\frac{\mu U}{a}\cos\theta$$

$$\tau_{r\theta} = \tau_{rw} = 0$$

气泡所受流体作用力

$$F = \int_A (-p + \tau_{rr})\Big|_{r=a}\cos\theta\mathrm{d}A$$

$$= \int_0^\pi\left[-p_\infty + \frac{\mu U}{a}\cos\theta + 2\frac{\mu U}{a}\cos\theta\right]\cos\theta 2\pi a^2\sin\theta\mathrm{d}\theta$$

$$= \frac{3\mu U}{a}2\pi a^2\int_0^\pi\cos^2\theta\sin\theta\mathrm{d}\theta = 4\pi\mu Ua$$

即

$$F = 4\pi\mu Ua \tag{h}$$

刚性圆球受到的总阻力为 $6\pi\mu Ua$，气泡阻力是刚性圆球阻力的 2/3。

例 3 试确定雾滴在空气中的沉降速度。

解 设雾滴近似为半径为 a 的球形，密度为 ρ'，空气的密度和粘性系数分别为 ρ 和 μ。雾滴除本身重量外，在沉降过程中受到空气浮力和斯托克斯阻力作用，由牛顿第二定律，沉降速度 u 随时间的变化规律可表示为

$$\frac{4}{3}\pi a^3\left(\rho' + \frac{1}{2}\rho\right)\frac{\mathrm{d}u}{\mathrm{d}t} = (\rho' - \rho)\frac{4}{3}\pi a^3 g - 6\pi\mu au$$

在上式左侧的液滴质量中包括了虚拟质量。利用初始条件 $t=0$ 时 $u=0$,可得

$$u/u_t = 1 - \mathrm{e}^{-\frac{9}{2}\frac{\mu t}{(\rho'+\rho/2)a^2}}$$

式中

$$u_t = \frac{2}{9}(\rho'-\rho)\frac{ga^2}{\mu}$$

u_t 是 $t\to\infty$ 时的终极沉降速度。事实上,雾滴开始沉降后几乎瞬时就达到这一速度。如在 1 个大气压和 20℃时,$\rho'=998\ \mathrm{kg/m^3}$,$\rho=1.2\ \mathrm{kg/m^3}$,$g=9.8\ \mathrm{m/s^2}$,$\mu=1.8\times10^{-5}\ \mathrm{Pa \cdot s}$,则半径为 10 $\mu\mathrm{m}$ 的雾滴在 0.011 s 就达到 0.999 9u_t。因此对于雾滴或烟尘沉降这类问题完全可以忽略其初始加速的非定常过程,而采用定常的力学模型来处理。

终极沉降速度公式有许多应用,如知道 ρ'、ρ 和 μ,通过测量 u_t 可以推算出极小微粒的半径 a;知道了 ρ'、ρ 和 a,通过测量 u_t 可以推算出流体的粘性 μ,依据这一原理制成的落球式粘度仪广泛应用于石油粘度的测量。

8.3　奥辛近似

在斯托克斯近似中,假设惯性力与粘性力相比很小,因此完全略去非线性的对流惯性项。8.2 节中绕圆球缓慢流动的斯托克斯解,仅适合圆球附近的区域,在离圆球较远的区域不再适用。为了说明这一点,下面对斯托克斯解重新作惯性力和粘性力的定性分析。依据式(8.13),$|\boldsymbol{u}|=U\left[1+aO\left(\dfrac{1}{r}\right)\right]$,由简单的微分运算可知,$|\nabla\boldsymbol{u}|=UaO\left(\dfrac{1}{r^2}\right)$,$|\nabla^2\boldsymbol{u}|=UaO\left(\dfrac{1}{r^3}\right)$。记 $Re=\dfrac{\rho Ua}{\mu}$,则有

$$\frac{惯性力}{粘性力} = \frac{\rho\,|\,\boldsymbol{u}\cdot\nabla\boldsymbol{u}\,|}{\mu\,|\,\nabla^2\boldsymbol{u}\,|} \propto \frac{\rho UUaO\left(\dfrac{1}{r^2}\right)}{\mu UaO\left(\dfrac{1}{r^3}\right)}$$

$$= \frac{\rho U}{\mu}O(r) = \frac{\rho Ua}{\mu}O\left(\frac{r}{a}\right) = Re_aO\left(\frac{r}{a}\right)$$

由上式可以看出,在球面附近,$r\to a$,惯性力与粘性力的比值为 Re_a 量级,是小量,惯性力与粘性力相比可以忽略;当 $r\to\infty$ 时,无论 Re_a 多么小,只要 Re_a 不为零,惯性力总会随 r 增大而增大到可与粘性力相比的量级,并进而超过粘性力。这是由于在远离球面的区域,速度梯度减小所以粘性作用减弱,而另一方面流动速度却增大到接近于来流速度,对流加速度项不再为小量。

斯托克斯方程的局限性在求解二维问题时表现出来,圆柱绕流的斯托克斯方

程的解不能同时满足物面和无穷远处的边界条件,即斯托克斯方程虽然对圆球绕流有解而对圆柱绕流无解,这称为斯托克斯佯谬。究其原因是在二维的小雷诺数流动中惯性项是不能忽略的,因为无穷长的二维柱体所产生的扰动十分深远。有人曾试图把斯托克斯方程关于圆球的解当作零阶近似,假设真实流动的解等于这个解加上一个小扰动,代回 N-S 方程用摄动法来求解扰动,发现对圆球因无法同时满足全部条件而失败,这叫做怀特赫德佯谬。因此,要想用逐次逼近法来考虑小雷诺数流动的惯性效应,是不能从斯托克斯方程的解出发的。

鉴于以上分析,奥辛对斯托克斯近似做了某些修正,对于 N-S 方程惯性项中的速度,奥辛既没有采用零速度,也没有采用局部速度,而是选用了均匀来流速度 U。当来流沿正 x 轴方向时,N-S 方程的惯性项近似取为

$$(\boldsymbol{u} \cdot \nabla)\boldsymbol{u} \approx U \frac{\partial \boldsymbol{u}}{\partial x}$$

于是绕流问题满足如下方程组

$$\nabla \cdot \boldsymbol{u} = 0 \tag{8.16a}$$

$$\frac{\partial \boldsymbol{u}}{\partial t} + U \frac{\partial \boldsymbol{u}}{\partial x} = -\frac{1}{\rho} \nabla p + \nu \nabla^2 \boldsymbol{u} \tag{8.16b}$$

对于绕圆球的缓慢流动,利用上述方程组求解,可得

$$u_r = U\cos\theta + \frac{C_1 \cos\theta \exp[-K_1 r(1-\cos\theta)]}{K_1 r^3} - \frac{C_0 \exp[-K_1 r(1-\cos\theta)]}{2K_1 r^2}$$

$$\times [1 + K_1 r(1+\cos\theta)] + \frac{2A_1 \cos\theta}{r^3} - \frac{A_0}{r^2} \tag{8.17a}$$

$$u_\theta = -U\sin\theta + \frac{C_1 \sin\theta \exp[-K_1 r(1-\cos\theta)]}{2K_1 r^3}$$

$$+ \frac{C_0 \sin\theta \exp[-K_1 r(1-\cos\theta)]}{2r} + \frac{A_1 \sin\theta}{r^3} \tag{8.17b}$$

$$p = p_\infty - \frac{3}{2}\mu a U\left(1 + \frac{3K_1 a}{4}\right)\frac{\cos\theta}{r^2} - \frac{1}{2}\frac{\rho a^3 U^2}{r^3}(3\cos^2\theta - 1) \tag{8.17c}$$

式中 $A_0 = -\frac{3Ua}{4K_1}\left(1 + \frac{3K_1 a}{4}\right)$, $A_1 = -\frac{1}{2}a^3 U$, $C_0 = \frac{3Ua}{2}\left(1 + \frac{3K_1 a}{4}\right)$, $C_1 = \frac{3}{2}K_1 a^3 U$,

$K_1 = \frac{U}{2\nu}$。作用在圆球上的阻力为

$$D = 6\pi\mu a U\left(1 + \frac{3}{16}\frac{2Ua}{\nu}\right) \tag{8.18a}$$

阻力系数为

$$C_D = \frac{24}{Re}\left(1 + \frac{3}{16}Re\right), \quad Re = \frac{2Ua}{\nu} \tag{8.18b}$$

　　绕圆球缓慢流动的奥辛解合理地考虑了远离物体的流动区域,即远场的惯性效应;而在近场,惯性项 $U\dfrac{\partial \boldsymbol{u}}{\partial z}$ 与粘性项相比则为小量。事实上在近场,式(8.17)可简化为斯托克斯解式(8.13),证明了奥辛解与斯托克斯解在近场是完全一致的。

　　阻力系数公式(8.18)式与实验结果的比较亦描绘在图 8.2 中,与斯托克斯公式相比,奥辛解没有多大改进。但是从奥辛方程出发,可以通过逐次逼近的方法不断扩展解的适用范围。近年求得的三级近似解直到 $Re=12$ 都与实验符合得很好。此外奥辛近似下也避免了斯托克斯佯谬,例如对于圆柱在无界粘性流体中的绕流问题也求得了满足全部边界条件的解。

　　顺便介绍由实验数据拟合的经验公式

$$C_D=\frac{24}{Re}+\frac{6}{1+\sqrt{Re}}+0.4\quad 0<Re\leqslant 2\times 10^5 \tag{8.19}$$

该式的误差在 $\pm 10\%$ 之间。

8.4　滑动轴承内润滑油的流动

　　在工程中润滑问题是一个重要的课题。当转轴表面的线速度不很高的情况下常采用滑动轴承,为了防止干摩擦,轴与轴承之间填充润滑油,轴在轴承中旋转时,由于轴的自重和负荷及油膜的作用,它与轴承不会处于同心位置(见图 8.3)。轴与轴承之间的间隙 δ 沿旋转方向是变化的,由于间隙 δ 与轴的半径相比很小,作为一级近似,可将轴与轴承表面用平面代替,润滑油在轴与轴承之间的流动,近似为倾斜平板之间的流动(见图 8.4)。

　　设上平板以 U 作等速直线运动,倾斜板静止不动,其间充满润滑油。假定轴与轴承足够长,流动可看作平面流动问题。选取坐标系如图示。由于间隙 δ 很小且两板的倾角 α 亦很小,所以 y 方向的速度分量远远小于 x 方向的速度分量,y 方向的变化率远远大于 x 方向的变化率,即

$$v\ll u,\quad \frac{\partial}{\partial y}\gg \frac{\partial}{\partial x}$$

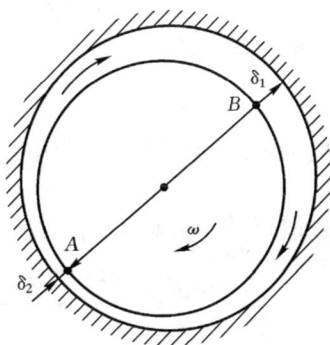

图 8.3　滑动轴承内的流动

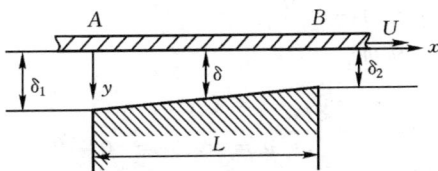

图 8.4　简化流动模型

单位体积流体的惯性力　$\rho u \dfrac{\partial u}{\partial x}$

单位体积流体的粘性力　$\mu \dfrac{\partial^2 u}{\partial y^2}$

$$\frac{惯性力}{粘性力} \sim \frac{\rho u \dfrac{\partial u}{\partial x}}{\mu \dfrac{\partial^2 u}{\partial y^2}} \propto \frac{\rho U^2 / L}{\mu U / \delta^2} = \frac{\rho U L}{\mu}\left(\frac{\delta}{L}\right)^2$$

如果 $\dfrac{\rho U L}{\mu}\left(\dfrac{\delta}{L}\right)^2 \ll 1$, 则惯性力与粘性力相比可以忽略。例如, 轴径 $d = 60$ mm, 转速 $n = 390$ r/min, 轴与轴承的平均间隙 $\bar{\delta} = 0.15$ mm, 润滑油的运动粘性系数 $\nu = 3.7 \times 10^{-5}$ m²/s, 可以算得 $U = n\pi d = 1.225$ m/s, $l = \dfrac{1}{2}\pi d = 0.094\ 2$ m, $\dfrac{\rho U L}{\mu}\left(\dfrac{\delta}{L}\right)^2 = 0.007\ 91$。如果滑动轴承问题的相关量满足以上条件, 则惯性力可全部略去, 在粘性项中仅保留速度对 y 的二阶导数项, 略去速度对 x 的二阶导数项, 这时流动方程组简化为

$$\frac{\partial u}{\partial x} + \frac{\partial v}{\partial y} = 0$$

$$0 = -\frac{1}{\rho}\frac{\partial p}{\partial x} + \nu \frac{\partial^2 u}{\partial y^2}$$

$$0 = -\frac{1}{\rho}\frac{\partial p}{\partial y} + \nu \frac{\partial^2 v}{\partial y^2}$$

又因 $u \gg v$, 所以 $\dfrac{\partial^2 u}{\partial y^2} \gg \dfrac{\partial^2 v}{\partial y^2}$, 比较以上 x 方向和 y 方向的运动方程, 可知 $\dfrac{\partial p}{\partial x} \gg \dfrac{\partial p}{\partial y}$, 进一步假定 $\dfrac{\partial p}{\partial y} = 0$, 则 $p = p(x)$。因此流动方程组进一步简化为

$$\frac{\partial u}{\partial x} + \frac{\partial v}{\partial y} = 0 \tag{8.20}$$

$$-\frac{1}{\rho}\frac{\mathrm{d}p}{\mathrm{d}x} + \nu \frac{\partial^2 u}{\partial y^2} = 0 \tag{8.21}$$

$$\frac{\partial^2 v}{\partial y^2} = 0 \tag{8.22}$$

边界条件:

$$y = 0, \quad u = U, \quad v = 0$$
$$y = \delta, \quad u = 0, \quad v = 0$$

式(8.22)对 y 积分两次, 得 $v = C_1 y + C_2$, 利用边界条件, 可得 $C_1 = C_2 = 0$, 故 $v = 0$。式(8.21)改写为

$$\frac{\partial^2 u}{\partial y^2} = \frac{1}{\mu} \frac{\mathrm{d}p}{\mathrm{d}x}$$

上式对 y 积分两次得

$$u = \frac{1}{2\mu} \frac{\mathrm{d}p}{\mathrm{d}x} y^2 + C_3 y + C_4$$

利用边界条件定出 $C_4 = U$，$C_3 = -\dfrac{U}{\delta} - \dfrac{1}{2\mu} \dfrac{\mathrm{d}p}{\mathrm{d}x} \delta$，因此

$$u = \frac{1}{2\mu} \frac{\mathrm{d}p}{\mathrm{d}x} (y^2 - \delta y) + \frac{U}{\delta} (\delta - y) \qquad (8.23)$$

轴承间隙 δ 内的平均流速

$$u_m = \frac{1}{\delta} \int_0^\delta u \mathrm{d}y = \frac{1}{\delta} \int_0^\delta \left[\frac{1}{2\mu} \frac{\mathrm{d}p}{\mathrm{d}x} (y^2 - \delta y) + \frac{U}{\delta} (\delta - y) \right] \mathrm{d}y$$

$$= -\frac{\delta^2}{12\mu} \frac{\mathrm{d}p}{\mathrm{d}x} + \frac{U}{2} \qquad (8.24)$$

因为 $v = 0$，不可压缩流体的连续方程(8.22)用下式代替，

$$Q = u_m \delta = 常量$$

将上式代入(8.24)式得

$$\frac{\mathrm{d}p}{\mathrm{d}x} = \frac{6\mu U}{\delta^2} - \frac{12\mu Q}{\delta^3} \qquad (8.25)$$

由几何关系两板之间夹角 α 的正切可表示为

$$\mathrm{tg}\alpha = \frac{\delta_1 - \delta_2}{L} = \frac{\delta_1 - \delta}{x} \quad \Rightarrow \quad \delta = \delta_1 - x\mathrm{tg}\alpha$$

(8.25)式又可表示为

$$\frac{\mathrm{d}p}{\mathrm{d}x} = \frac{6\mu U}{(\delta_1 - x\mathrm{tg}\alpha)^2} - \frac{12\mu Q}{(\delta_1 - x\mathrm{tg}\alpha)^3}$$

积分上式得

$$p = \frac{6\mu U}{\mathrm{tg}\alpha(\delta_1 - x\mathrm{tg}\alpha)} - \frac{6\mu Q}{\mathrm{tg}\alpha(\delta_1 - x\mathrm{tg}\alpha)^2} + C$$

设 $x = 0$，$p = p_0$，由此定出积分常数

$$C = p_0 - \frac{6\mu U}{\mathrm{tg}\alpha\delta_1} + \frac{6\mu Q}{\mathrm{tg}\alpha\delta_1^2}$$

所以

$$p - p_0 = \frac{6\mu}{\mathrm{tg}\alpha} \left[U\left(\frac{1}{\delta_1 - x\mathrm{tg}\alpha} - \frac{1}{\delta_1} \right) - Q\left(\frac{1}{(\delta_1 - x\mathrm{tg}\alpha)^2} - \frac{1}{\delta_1^2} \right) \right] \qquad (8.26)$$

假设滑块完全处于润滑油之中，只是在滑块一侧有狭窄的流体通道，所以在两端 A 和 B 处压强近似相等（对于图 8.3 所示的滑动轴承，实验和更深入的理论均已证明，A、B 两点的压强相等）。根据这一条件，即当 $x = L$（或 $\delta = \delta_2$）时，$p = p_0$，由式

(8.26)求出

$$Q = \frac{U\delta_1\delta_2}{\delta_1 + \delta_2} \tag{8.27}$$

将式(8.27)表示的 Q 值代回到式(8.26),压强又可表示为

$$p - p_0 = 6\mu UL \frac{(\delta_1 - \delta)(\delta - \delta_2)}{\delta^2(\delta_1^2 - \delta_2^2)} \tag{8.28}$$

上式表示流层中相对于 A(或 B)点压强的相对值,($p - p_0$)在整个润滑层中同号,当 $\delta_1 > \delta_2$ 时($p - p_0$)为正值,也就是通过相对运动把润滑层从较厚的一端拖向较薄的一端时,润滑层将产生正的压力从而支持垂直于该层的负荷。在润滑层中压强的相对值($p - p_0$)有一极大值,数量级为 $\dfrac{\mu UL}{\delta^2}$,表明在很薄的润滑层中可以产生很高的正压力。以上情况可以近似表示图 8.3 中滑动轴承右下部分的流动情况,左上部分的流动分析与前类似,只是这时相对运动是把润滑层从较薄的一端拖向较厚的一端,产生的压强相对值为负值,表现为"吸"力。

由速度分布可求出运动平板壁面的切应力,有

$$\tau_{yx}\Big|_{y=0} = \mu\left(\frac{\partial u}{\partial y} + \frac{\partial v}{\partial x}\right)\Big|_{y=0} = \mu\left[\frac{1}{\mu}\frac{\mathrm{d}p}{\mathrm{d}x}(2y - \delta) - \frac{U}{\delta}\right]_{y=0} = -\frac{4\mu U}{\delta} + \frac{6\mu Q}{\delta^2}$$

作用在单位宽度长为 L 的板面上的阻力为

$$\begin{aligned}
D &= -\int_0^L \tau_{yx}\Big|_{y=0}\mathrm{d}x = -\int_0^L\left[-\frac{4\mu U}{\delta_1 - x\mathrm{tg}\alpha} + \frac{6\mu U}{(\delta_1 - x\mathrm{tg}\alpha)^2}\frac{\delta_1\delta_2}{\delta_1 + \delta_2}\right]\mathrm{d}x \\
&= -\frac{4\mu U}{\mathrm{tg}\alpha}\ln(\delta_1 - x\mathrm{tg}\alpha)\Big|_0^L - \frac{6\mu U}{\mathrm{tg}\alpha}\frac{\delta_1\delta_2}{(\delta_1 + \delta_2)}\frac{1}{(\delta_1 - x\mathrm{tg}\alpha)}\Big|_0^L \\
&= \frac{2\mu UL}{\delta_1 - \delta_2}\left[2\ln\frac{\delta_1}{\delta_2} - 3\frac{\delta_1 - \delta_2}{\delta_1 + \delta_2}\right]
\end{aligned} \tag{8.29}$$

例 4 海雷-肖装置是在两块透明的大平行平板 $z = -h$ 和 $z = h$ 之间放置一个二维柱体,其边界为 $F(x, y) = 0$,特征长度为 L。沿 x 方向有 $\mu =$ 常数的不可压缩粘性流体流来,速度为 $u = U_\infty(1 - z^2/h^2)$,$v = w = 0$。假定 $h \ll L$,且 $\dfrac{U_\infty L}{\nu}\left(\dfrac{h}{L}\right)^2$ $\ll 1$,试证明这时任一 $z =$ 常数平面上的流线形状完全相同,而且与二维边界 $F(x, y) = 0$ 的无粘无旋绕流流线完全一致。正是利用这一性质,海雷-肖装置常用来显示二维无旋绕流流动的流线。

解 两平板间雷诺数 $Re_1 = 2Uh\rho/\mu$ 非常小时,平板间流动可看作斯托克斯流动。当两平板间有二维柱体,且线性尺寸为 L 时,$Re_2 = UL\rho/\mu$,此时最大粘性项与惯性项比值为

$$\frac{\rho u\partial u/\partial x}{\mu\partial^2 u/\partial z^2} \propto O\left(\frac{\rho U^2/L}{\mu U/h^2}\right) = O\left(\frac{\rho UL}{\mu}\frac{h^2}{L^2}\right)$$

当 $\dfrac{\rho UL}{\mu}\dfrac{h^2}{L^2}\ll 1$，适用斯托克斯方程，

$$\nabla p = \mu \nabla^2 \boldsymbol{u}$$

考虑到两平板间 $w=0$，上式分量式可写为

$$\frac{\partial p}{\partial x} = \mu \nabla^2 u, \quad \frac{\partial p}{\partial y} = \mu \nabla^2 v, \quad \frac{\partial p}{\partial z} = 0$$

在两平板间液膜中 $\dfrac{\partial^2}{\partial z^2} \gg \dfrac{\partial^2}{\partial x^2}, \dfrac{\partial^2}{\partial y^2}$，上述方程可简化为

$$\frac{\partial p}{\partial x} = \mu \frac{\partial^2 u}{\partial z^2}, \quad \frac{\partial p}{\partial y} = \mu \frac{\partial^2 v}{\partial z^2}, \quad \frac{\partial p}{\partial z} = 0 \qquad\qquad \text{(a)(b)(c)}$$

连续方程，

$$\frac{\partial u}{\partial x} + \frac{\partial v}{\partial y} = 0 \qquad\qquad \text{(d)}$$

由于 p 不是 z 的函数，积分式(a)，

$$u = \frac{1}{2\mu}\frac{\partial p}{\partial x}z^2 + c_1(x,y)z + c_2(x,y)$$

由边界条件 $z=\pm h, u=0$ 得 $c_2 = \dfrac{1}{2\mu}\dfrac{\partial p}{\partial x}h^2, c_1 = 0$，于是

$$u = \frac{1}{2\mu}\frac{\partial p}{\partial x}(z^2 - h^2)$$

同理

$$v = \frac{1}{2\mu}\frac{\partial p}{\partial y}(z^2 - h^2)$$

在 $z=z_0$ 平面内，$u = \dfrac{1}{2\mu}\dfrac{\partial p}{\partial x}(z_0^2 - h^2)$，$v = \dfrac{1}{2\mu}\dfrac{\partial p}{\partial y}(z_0^2 - h^2)$，于是流线斜率为

$$\frac{\mathrm{d}y}{\mathrm{d}x} = \frac{v}{u} = \frac{\partial p/\partial y}{\partial p/\partial x}$$

$\mathrm{d}y/\mathrm{d}x$ 不是 z 的函数，即任一 $z=$ 常数平面上的流线形状完全相同。

在上述平面内计算涡量

$$\Omega_z = \frac{\partial v}{\partial x} - \frac{\partial u}{\partial y} = 0$$

流动可看作无旋，定义势函数 $\phi = \dfrac{p}{2\mu}(z_0^2 - h^2)$，由连续方程(d)有

$$\nabla^2 \phi = 0$$

在柱体 $F(x,y)=0$ 上，有

$$\nabla \phi \cdot \nabla F = 0$$

在无穷远处，

$$x \to \infty, \quad \nabla \phi = U_\infty \left(1 - \frac{z_0^2}{h^2}\right) i$$

以上方程和边界条件与理想流体平面势流绕流运动方程和边界条件完全相同,因此流线也相同。

8.5　通过多孔介质的缓慢流动

自然界和工程领域存在各种各样的多孔介质,如土壤、岩石、砂砾堆,滤纸,陶瓷管壁,动物体内的微血管网络,等等。由于多孔介质内部结构极不规则,在研究流体通过多孔介质的流动时,主要感兴趣的是平均流速和压降的关系。

在多孔介质中取一块包含大量孔道而又宏观上足够小的体积,取三个相互垂直的方向,以一个方向上单位面积截面流过的流量定义当地速度 u 的分量,再以此体积中流体的平均压强定义当地压强 p。1856 年法国工程师达西(Darcy)发现,如果多孔介质的结构在统计学上是各向同性的,那么压强和速度之间有

$$u = -\frac{k}{\mu}(\nabla p - \rho g) \tag{8.30a}$$

如果选取铅垂向上方向为 z 轴正方向,则上式可写成分量形式为

$$u_i = -\frac{k}{\mu} \frac{\partial}{\partial x_i}(p - \rho g z) \tag{8.30b}$$

式中 μ 是流体的动力粘性系数;k 称为介质的渗透率,取决于介质中孔的尺寸和结构。式(8.30)称为达西渗流定律。显然介质中流体的连续性要求

$$\nabla \cdot u = 0 \tag{8.31}$$

大量实验表明,达西定律较好地描述了多孔介质中的流动规律。由于多孔介质中孔的结构尺寸微小,流速缓慢,这类流动也属于小雷诺数流动。

请注意,以上诸式中的 u 是表观速度,即通过介质的体积流量除以总截面积得出的速度。需要区分表观速度和空隙中的平均速度(或称有效速度),有效速度为

$$u_\varepsilon = \frac{u}{\varepsilon} \tag{8.32}$$

式中 ε 称为孔隙率,任取一宏观上足够小但又包含大量孔隙的体积 τ,其中孔隙所占体积为 τ_{void},则孔隙率定义为

$$\varepsilon = \frac{\tau_{void}}{\tau} \tag{8.33}$$

对于水平流动,则式(8.30b)中的重力项可以略去。

定义势函数 $\phi = z + \dfrac{p}{\rho g}$,则式(8.30a)可改写为

$$u = K\nabla\phi \tag{8.34}$$

式中 $K = \rho g k / \mu$，由于渗流的速度非常低，动能头可以忽略，于是势函数 ϕ 就相当于流动的总水头。定义势函数后连续方程(8.31)可写为

$$\nabla^2\phi = 0 \tag{8.35}$$

通过多孔介质的缓慢流动满足势流条件。

达西定律可以用来分析地下水的流动，石油在地下和油井中的流动，以及设计化学和陶瓷过滤器及其相关过程等，在诸多工业领域都有着广泛的应用。

例 5　考虑井下一厚度为 B 的含水层，其 K 值为常数。当以恒定流量 Q 开始抽水后，含水层的水头线由原始的水平线(面)变为漏斗形，在半径为 R_w 的井筒附近可表示为 $s(R) = \phi_R - \phi(R)$ (见图 8.5)。试求含水层中的径向水流速度 u_R 和 Q。

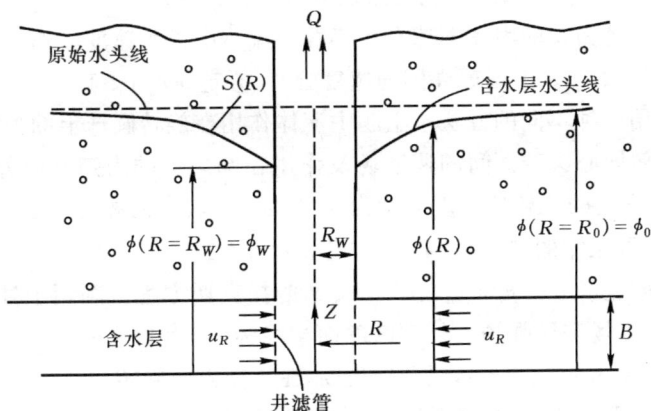

图 8.5　抽水井附近的定常径向流动

解　由于对称含水层中只有径向速度分量，$u_R = u_R(R)$。对于柱坐标中的定常流动，式(8.35)可展开为

$$\frac{\partial^2\phi}{\partial R^2} + \frac{1}{R}\frac{\partial\phi}{\partial R} = 0$$

边界条件为

$$\phi(R = R_w) = \phi_w, \quad \phi(R = R_0) = \phi_0$$

积分并利用边界条件得

$$\phi(R) = \phi_w + \frac{\phi_w - \phi_0}{\ln(R_w/R_0)}\ln\frac{R}{R_w}$$

于是径向水流速度或达西速度为

$$u_R = K\frac{\partial\phi}{\partial R} = K\frac{\phi_w - \phi_0}{R\ln(R_w/R_0)}$$

抽水流量

$$Q = 2\pi R B u_R = 2\pi B K \frac{\phi_W - \phi_0}{\ln(R_W/R_0)}$$

解毕。

练习题

8.1 试证明在二维斯托克斯流动中,涡量 Ω 和 p/μ 分布构成一个解析复变函数的实部和虚部。这里 p 是流体压强, μ 是粘性系数。

8.2 将金刚砂粉末撒入高 18 cm 的盛有水的玻璃杯中,摇晃均匀后使之沉淀。已知水澄清的时间为 90 s。若视粉末为球状体,试计算粉末的最小直径。金刚砂的密度等于 4 g/cm³,水的粘性系数 0.001 2 Pa·s。

8.3 一半径为 a 的固体圆球在无界静止流体中以角速度 ω 作等速转动,已知流体的粘性系数为 μ。求圆球周围的速度分布,假定 $\omega a^2/\nu \ll 1$。

8.4 试用两种不同的方法求上题中流体作用在旋转圆球上的力矩。

8.5 求两同心圆球面间的速度场及作用在圆球上的力矩。内外圆球半径分别为 r_i 和 r_0,它们的旋转角速度分别为 ω_i 和 ω_0,旋转方向相同。已知圆球面间的流体是均质不可压缩的,粘性系数为 μ,且 $\omega_i r_i^2/\nu \ll 1$。

8.6 证明流场 $\boldsymbol{u} = r e_r \times e_x$, $p = 0$ 满足斯托克斯方程。利用上述解求两同心圆球面间的速度场和压强场。外部圆球面半径为 r_0,以角速度 ω_0 转绕 x 轴旋转,内部圆球面半径为 $r_i(r_i < r_0)$,以角速度 ω_i 在相同方向旋转。

8.7 粘性系数为 μ_0 的球形液滴,在粘性系数为 μ 的静止无界流体中以速度 U 作等速直线运动,液滴和流体密度分布为 ρ_0 和 ρ,液滴半径为 a。试求球形液滴所受到的阻力。若此球形液滴在重力作用下铅直下降,求其平衡时的下降速度。

8.8 令 $\psi = R f(\theta)$,代入斯托克斯流函数方程 $E^2 E^2 \psi = 0$ 求解 $\psi(R,\theta)$。证明上述解可表示一个直角形区域内的斯托克斯流动的流函数,在这个角形域中,铅直壁面 $x=0$ 静止,水平壁面 $y=0$ 以速度 U 沿负 x 轴方向运动。估计上述解的适用范围。

8.9 考虑两个相交平板间的流体辐射运动(见题 8.9 图)。设两平板都无穷大,交角 $2\phi_0$ 很小,其间的不可压缩流体粘度很大。若流体流动缓慢,单位宽度截面上的流量 Q 等于常数,质量力作用不计。试求流动的速度分布和压强分布。

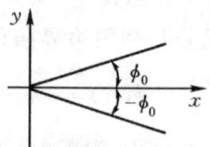

题 8.9 图

8.10 两个非常接近的无限大平行平板间间隙为 δ,充满粘性不可压缩流体(见题 8.10 图),假设重力对流体的影响不计,流动是定常的。

试求流体在压强梯度作用下的速度分布,并证明压强函数此时满足拉普拉斯方程。

8.11　一长为 h 的圆管,内外直径分别为 R_1 和 R_2,管壁为多孔介质材料,设管内外壁面上的压强分别为 p_1 和 p_2,不可压缩流体经外管壁流入管内(见题 8.11 图)。试求多孔介质中的压强分布、径向速度分布和总质量流量。

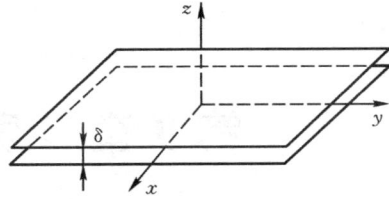

题 8.10 图

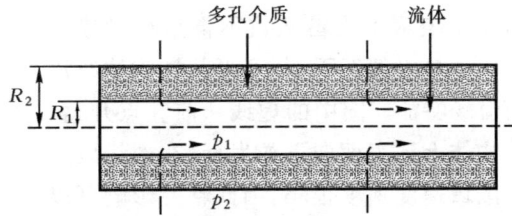

题 8.11 图

第9章　层流边界层流动

　　边界层是在大雷诺数流动情况下,物体表面附近粘性强烈起作用的一个薄层。
图 9.1 表示了当雷诺数不再是小量或小
于 1 的量级情况下,任意形状钝物体绕流
的流场特征。图中的虚线从前驻点开始,
沿物体上下表面向下游发展,在虚线以外
的区域速度梯度很小,因此粘性影响可以
忽略,如果压缩性的影响可以忽略,此区
域内的流体就可认为是理想不可压缩流

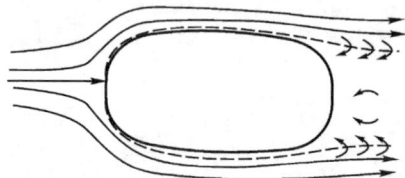

图 9.1　任意钝物体绕流特征

体。如果流场上游无限远处流动是均匀的话,来流即是无旋流动,由开尔文定理可
知,在物面附近虚线之外的流场将处处保持无旋,该势流流场常被称作外流(outer
flow),外流可用本书第二部分所述的势流理论来处理。

　　在虚线和物体表面间存在着很大的速度梯度。由于在物面上要满足无滑移边
界条件,流体速度在很小的距离内由外流的速度值降至物面处的零值,因此存在很
强的粘性影响,这一薄层就是边界层,或称为内流(inner flow)。在边界层内涡量
不为零,涡量在物体表面产生并通过边界层向外部扩散,同时也被边界层内的流体
携带向下游。边界层向物体尾部流动时会遇到逆压梯度,即沿流动方向压强增大,
这会引起流体从物面分离并在物体下游形成所谓尾迹(或尾流),在边界层中产生
的旋涡都流入尾迹,尾迹是相当复杂的有旋流动。在远下游处速度才会逐渐变得
均匀。

　　本章首先从 N-S 方程出发建立边界层方程,并给出它的一些精确解,包括布
拉修斯平板边界层解,福克纳-斯坎相似解;然后讨论卡门-波尔豪森近似方程及其
在一般边界层问题中的应用;最后介绍边界层的稳定性问题。

9.1　边界层的几个厚度

　　在建立边界方程之前,先介绍边界层常用的三种厚度。这些厚度中用得最多
的是名义边界层厚度,简称为边界层厚度,记作 δ,它通常定义为当地速度达到外

流速度的 99％处至物面的距离(见图 9.2a)，即

$$y = \delta, \quad u = 0.99U \tag{9.1}$$

另一类厚度称为位移厚度或排挤厚度，记作 δ^*。由于边界层中流体受到粘性阻滞，与无粘流动相比就会少流过一定量的流量。把未受扰动的外流由物体边界向外移动 δ^*，δ^* 可看作一个零速度层的厚度，它造成的质量流量亏损与实际边界层引起的流体质量减少相等(见图 9.2b)。用数学式子表示为

$$U\rho\delta^* = \int_0^\infty \rho(U - u)\mathrm{d}y$$

或

$$U\rho\delta^* = \int_0^\delta \rho(U - u)\mathrm{d}y$$

图 9.2　边界层厚度与位移厚度示意图

以上第一式是所谓边界层渐近理论中的表达式，第二式是有限厚度理论中的表达式。因此

$$\delta^* = \int_0^\infty \left(1 - \frac{u}{U}\right)\mathrm{d}y \tag{9.2a}$$

或

$$\delta^* = \int_0^\delta \left(1 - \frac{u}{U}\right)\mathrm{d}y \tag{9.2b}$$

因为积分上限选取 δ 或 ∞ 对计算结果影响很小，所以认为二者是等价的，可根据计算方便选取其中一种。

第三个常用的厚度是动量损失厚度或简称为动量厚度，记作 θ，定义为

$$\rho U^2 \theta = \int_0^\infty \rho u(U - u)\mathrm{d}y \quad \Rightarrow$$

$$\theta = \int_0^\infty \frac{u}{U}\left(1 - \frac{u}{U}\right)\mathrm{d}y \tag{9.3}$$

类似于位移厚度，它也表示一个零速度层的厚度，它引起的流体动量的亏损与实际边界层造成的动量减少相等。

以上定义的各种厚度在某种程度上表示了粘性影响延伸的距离，一般来说 $\delta > \delta^* > \theta$。

9.2　边界层方程

边界层方程可从 N-S 方程出发通过物理方面的考虑而推出，也可以从无量

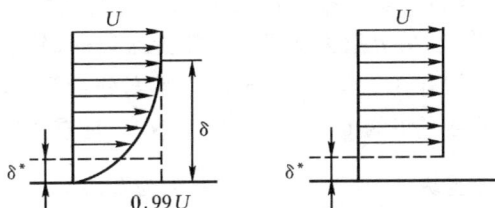

纲的 N-S 方程出发,求 $Re \to \infty$ 的极限而得到。普朗特首先提出边界层的概念,他
的推导是从物理方面的考虑出发的,本书也
采用这一方法,并限于二维边界层的情况。

图 9.3 表示一典型的平壁面上的边界
层,这类问题中唯一的几何尺寸是到前缘的
距离 x。边界层内除了前缘附近区域外,其余
各点均有 $\delta/x \ll 1$。x 方向的速度分量为 u,
它的数量级为 U(外流速度),$\partial/\partial x$ 具有 $1/x$

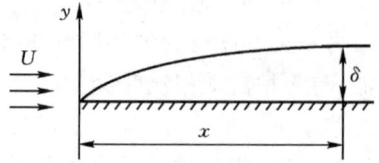

图 9.3　平壁面上的边界层

的数量级,于是 $\partial u/\partial x$ 的数量级为 U/x。由二维不可压缩流体的连续方程 $\dfrac{\partial u}{\partial x} + \dfrac{\partial v}{\partial y}$
$= 0$ 可以看出,$\partial v/\partial y$ 也应具有 U/x 的数量级,因为 v 与 u 相比小得多,$\partial/\partial y$ 就比
$\partial/\partial x$ 大得多,可以认为 $\partial/\partial y$ 具有 $1/\delta$ 的数量级,因此 v 具有 $U\delta/x$ 的数量级。综
上所述,边界层内有关量的数量级如下:

$$u \sim U, \quad v \sim U\frac{\delta}{x}, \quad \frac{\partial}{\partial x} \sim \frac{1}{x}, \quad \frac{\partial}{\partial y} \sim \frac{1}{\delta}$$

应用前述有关的数量级来估计 N-S 方程中各项的量级,x 方向动量方程为

$$u\frac{\partial u}{\partial x} + v\frac{\partial u}{\partial y} = -\frac{1}{\rho}\frac{\partial p}{\partial x} + \nu\frac{\partial^2 u}{\partial x^2} + \nu\frac{\partial^2 u}{\partial y^2}$$

$$\frac{U^2}{x} \qquad \frac{U^2}{x} \qquad\qquad\qquad \nu\frac{U}{x^2} \qquad \nu\frac{U}{\delta^2}$$

y 方向动量方程为

$$u\frac{\partial v}{\partial x} + v\frac{\partial v}{\partial y} = -\frac{1}{\rho}\frac{\partial p}{\partial y} + \nu\frac{\partial^2 v}{\partial x^2} + \nu\frac{\partial^2 v}{\partial y^2}$$

$$\frac{\delta U^2}{x^2} \qquad \frac{\delta U^2}{x^2} \qquad\qquad\qquad \nu\frac{\delta U}{x^3} \qquad \nu\frac{U}{x\delta}$$

压强梯度是被动的力,起调节作用,它们的数量级由方程中其他类型力中的最大数
量级决定,这里暂保留原先的形式。在以上第一个方程中,两个惯性项具有相同的
数量级,粘性项中第二项 $\left(\nu\dfrac{\partial^2 u}{\partial y^2}\right)$ 比第一项 $\left(\nu\dfrac{\partial^2 u}{\partial x^2}\right)$ 大得多,因此可以略去 $\nu\dfrac{\partial^2 u}{\partial x^2}$ 项。

边界层内的流体质点可以被加速,同时边界层内也存在着强烈的粘性作用,因
此可认为主要的粘性项与惯性项具有相同的数量级,即

$$\frac{U^2}{x} \sim \nu\frac{U}{\delta^2} \quad \Rightarrow \quad \delta \sim \sqrt{\frac{\nu x}{U}}$$

由上式可以看出,边界厚度随 $\sqrt{x}$ 线性增大。于是 $\delta/x \ll 1$ 的条件成为

$$\frac{x^2}{\delta^2} \sim \frac{Ux}{\nu} \gg 1 \quad \Rightarrow \quad Re = \frac{Ux}{\nu} \gg 1$$

也就是说假定 $\delta/x \ll 1$ 等价于条件 $Re \gg 1$，雷诺数 Re 的特征长度取考虑点到前缘的距离 x。

由上述讨论可见，只要以 x 为特征长度的雷诺数足够大，则 x 方向的动量方程可用如下近似方程代替，式如

$$u \frac{\partial u}{\partial x} + v \frac{\partial u}{\partial y} = -\frac{1}{\rho} \frac{\partial p}{\partial x} + \nu \frac{\partial^2 u}{\partial y^2}$$

另外，由 y 方向运动方程各项的数量级的估计，知 y 方向惯性项和粘性项的数量级均比 x 方向相应项的数量级小 δ/x 倍，在 $\delta/x \ll 1$ 的条件下，两式相比，这些项均可略去不计，故 y 方向的运动方程可改写为

$$0 = -\frac{1}{\rho} \frac{\partial p}{\partial y} \tag{9.4}$$

即边界层内压强 p 与横向坐标 y 无关，仅是 x 的函数。这样边界层内的连续方程和 N–S 方程就成为

$$\frac{\partial u}{\partial x} + \frac{\partial v}{\partial y} = 0 \tag{9.5}$$

$$u \frac{\partial u}{\partial x} + v \frac{\partial u}{\partial y} = -\frac{1}{\rho} \frac{\mathrm{d}p}{\mathrm{d}x} + \nu \frac{\partial^2 u}{\partial y^2} \tag{9.6}$$

值得注意的是对于 x 的二阶导数项的消失使方程变为抛物型方程，而 N–S 方程是椭圆型方程，这一数学上的变化会带来物理上的影响，将在以后的内容中作陈述。对于曲壁面边界层，只要壁面的曲率半径与边界层厚度相比很大，惯性离心力的影响可以忽略不计，方程式 (9.4) 和式 (9.6) 仍然适用。

由于边界层内的压强与横向坐标 y 无关，所以边界层内压强分布 $p(x)$ 与外流完全相同，外流为势流，伯努利方程适用，有

$$\frac{p}{\rho} + \frac{1}{2} U^2 = \text{const.} \quad \Rightarrow \quad -\frac{1}{\rho} \frac{\mathrm{d}p}{\mathrm{d}x} = U \frac{\mathrm{d}U}{\mathrm{d}x}$$

将以上结果代入式 (9.6)，可得边界层方程的另一种形式

$$u \frac{\partial u}{\partial x} + v \frac{\partial u}{\partial y} = U \frac{\mathrm{d}U}{\mathrm{d}x} + \nu \frac{\partial^2 u}{\partial y^2} \tag{9.7}$$

与边界层方程相应的边界条件为物面上的无滑移条件，及远离物面恢复为外流速度的条件，

$$u(x,0) = 0 \tag{9.8a}$$

$$v(x,0) = 0 \tag{9.8b}$$

$$\text{当 } y \to \infty, \; u(x,y) \to U(x) \tag{9.8c}$$

式 (9.8c) 实际上是使内流与外流耦合的条件，因此在解边界层问题之前必须知道对应的势流解。

例1 试证明如果以 $\xi=x$，$\eta=\psi$ 为自变量，则平面定常不可压缩流体层流边界层方程可化简为 $\dfrac{\partial h}{\partial \xi}=\nu u \dfrac{\partial^2 h}{\partial \eta^2}$，式中 $h=p+\rho\boldsymbol{u}\cdot\boldsymbol{u}/2$。

证明 $\xi=x$，$\eta=\psi$ $\Rightarrow$

$$\frac{\partial}{\partial x}=\frac{\partial \xi}{\partial x}\frac{\partial}{\partial \xi}+\frac{\partial \eta}{\partial x}\frac{\partial}{\partial \eta}=\frac{\partial}{\partial \xi}-v\frac{\partial}{\partial \eta},$$

$$\frac{\partial}{\partial y}=\frac{\partial \xi}{\partial y}\frac{\partial}{\partial \xi}+\frac{\partial \eta}{\partial y}\frac{\partial}{\partial \eta}=u\frac{\partial}{\partial \eta}。$$

在边界层中 h 可作如下近似：

$$h=p+\frac{\rho}{2}\boldsymbol{u}\cdot\boldsymbol{u} \quad \Rightarrow \quad p=h-\frac{1}{2}\rho u^2+\cdots \quad \Rightarrow$$

$$\frac{\partial p}{\partial x}=\frac{\partial h}{\partial x}-\rho u\frac{\partial u}{\partial x}=\frac{\partial h}{\partial \xi}-v\frac{\partial h}{\partial \eta}-\rho u\left(\frac{\partial u}{\partial \xi}-v\frac{\partial u}{\partial \eta}\right) \qquad (a)$$

$$\frac{\partial p}{\partial y}=\frac{\partial h}{\partial y}-\rho u\frac{\partial u}{\partial y}=0 \quad \Rightarrow \quad \frac{\partial u}{\partial y}=\frac{1}{\rho u}\frac{\partial h}{\partial y}=\frac{1}{\rho}\frac{\partial h}{\partial \eta} \qquad (b)$$

$$\frac{\partial^2 u}{\partial y^2}=u\frac{\partial}{\partial \eta}\left(\frac{1}{\rho}\frac{\partial h}{\partial \eta}\right)=\frac{u}{\rho}\frac{\partial^2 h}{\partial \eta^2} \qquad (c)$$

将式(a)、(b)和(c)代入边界层方程(9.6)，得

$$u\left(\frac{\partial u}{\partial \xi}-v\frac{\partial u}{\partial \eta}\right)+\frac{v}{\rho}\frac{\partial h}{\partial \eta}=-\frac{1}{\rho}\left(\frac{\partial h}{\partial \xi}-v\frac{\partial h}{\partial \eta}-\rho u\frac{\partial u}{\partial \xi}+\rho uv\frac{\partial u}{\partial \eta}\right)+\nu\frac{u}{\rho}\frac{\partial^2 h}{\partial \eta^2}$$

化得上式得

$$\frac{\partial h}{\partial \xi}=\nu u\frac{\partial^2 h}{\partial \eta^2} \qquad (d)$$

证毕。

9.3 顺流平板边界层

边界层微分方程与N-S方程相比，虽然在特定的几何和流动条件下作了一定程度的简化，但仍是非线性的偏微分方程，求解仍十分困难，只在一些特定的边界层流动问题中存在精确解。

设均匀来流绕一厚度很薄（假定平板厚度为零）的半无限长平板流动，平板顺流放置，即来流相对于平板的攻角为零，在平板两侧的壁面附近形成边界层流动，如图9.4所示。选取平板前缘为坐标原点，x 轴沿平板指向下游方向。这种情况下，外流速度 U 为

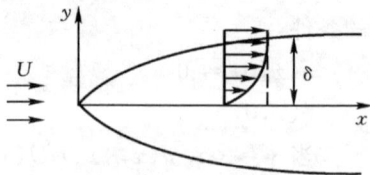

图9.4 顺流平板边界层流动

常量,压强梯度项为零,即 $-\dfrac{1}{\rho}\dfrac{\mathrm{d}p}{\mathrm{d}x}=U\dfrac{\mathrm{d}u}{\mathrm{d}x}=0$,故连续方程和边界层方程为

$$\frac{\partial u}{\partial x}+\frac{\partial v}{\partial y}=0$$

$$u\frac{\partial u}{\partial x}+v\frac{\partial u}{\partial y}=\nu\frac{\partial^2 u}{\partial y^2}$$

为了将两个方程归并为一个方程,引入流函数 ψ,$u=\dfrac{\partial\psi}{\partial y}$,$v=-\dfrac{\partial\psi}{\partial x}$,流函数自动满足连续方程,边界层方程成为

$$\frac{\partial\psi}{\partial y}\frac{\partial^2\psi}{\partial x\partial y}-\frac{\partial\psi}{\partial x}\frac{\partial^2\psi}{\partial y^2}=\nu\frac{\partial^3\psi}{\partial y^3} \tag{9.9}$$

这一方程为抛物型偏微分方程,且问题中不含任何几何特征长度,故存在相似解。假定相似解形式为

$$\psi(x,y)\sim f(\eta),\quad \eta\sim\frac{y}{x^n}$$

式中 $f(\eta)$ 是无量纲函数。对于平板边界层 n 取为 $1/2$,引入流动参数 U 和 ν,令

$$\eta=\frac{y}{\sqrt{\nu x/U}} \tag{9.10}$$

相似变量 η 为无量纲量,x 方向的速度分量的函数形式应为

$$u=\frac{\partial\psi}{\partial y}=\frac{\mathrm{d}f}{\mathrm{d}\eta}\frac{\partial\eta}{\partial y}\sim\sqrt{\frac{U}{\nu x}}f'(\eta)$$

对于相似解,当 $\eta=$ 常数时,u 亦应等于常数而与 x 无关,由上式知 $\psi(x,y)\sim f(\eta)$ 的比例系数中应包含因子 $\sqrt{x}$,又因流函数 ψ 的量纲为 $[\mathrm{L}]^2[\mathrm{T}]^{-1}$,若比例系数中还包含 $\sqrt{\nu U}$ 时,则量纲正确,因此寻求的相似解具有如下形式,

$$\psi(x,y)=\sqrt{\nu U x}\,f(\eta) \tag{9.11}$$

利用式(9.10)和式(9.11),边界层方程(9.9)式中的各项计算如下:

$$\frac{\partial\psi}{\partial x}=\sqrt{\nu U x}f'(\eta)\frac{\partial\eta}{\partial x}+f(\eta)\frac{\partial\sqrt{\nu U x}}{\partial x}=-\frac{1}{2}\sqrt{\frac{\nu U}{x}}\eta f'+\frac{1}{2}\sqrt{\frac{\nu U}{x}}f$$

$$\frac{\partial\psi}{\partial y}=\sqrt{\nu U x}f'(\eta)\frac{\partial\eta}{\partial y}=Uf'$$

$$\frac{\partial^2\psi}{\partial x\partial y}=\frac{\partial}{\partial\eta}\left(\frac{\partial\psi}{\partial y}\right)\frac{\partial\eta}{\partial x}=-\frac{U}{2x}\eta f''$$

$$\frac{\partial^2\psi}{\partial y^2}=U\sqrt{\frac{U}{\nu x}}f''$$

$$\frac{\partial^3\psi}{\partial y^3}=\frac{U^2}{\nu x}f'''$$

将以上诸式代入边界层方程(9.9)式,得

$$Uf'\left(-\frac{U}{2x}\eta f''\right)-\left(-\frac{1}{2}\sqrt{\frac{\nu U}{x}}\eta f'+\frac{1}{2}\sqrt{\frac{\nu U}{x}}f\right)\left(U\sqrt{\frac{U}{\nu x}}f''\right)=\frac{U^2}{x}f'''$$

化简后得

$$f'''+\frac{1}{2}ff''=0 \tag{9.12}$$

由上式可见变量 x 已从方程中消去,存在相似解得到证实。边界条件式(9.8)转换为

$$\eta=0,\quad f(\eta)=0,\quad f'(\eta)=0 \tag{9.13}$$

$$\eta\to\infty,\quad f'(\eta)\to 1 \tag{9.14}$$

方程式(9.12)称为布拉修斯方程式。一旦函数 $f(\eta)$ 确定后,流函数 ψ 和速度分量 u、v 就可算出,流动问题便得到解决。

通过引入流函数和相似变量,将原先的偏微分方程化为常微分方程,在数学上得到大大的简化。然而求布拉修斯方程(9.12)的解析解依然很困难,通常采用幂级数展开法或数值方法求解。表9.1给出数值解的结果。

表 9.1 布拉修斯方程的数值解

$\eta=y\sqrt{\dfrac{U}{\nu x}}$	f	$f'=\dfrac{u}{U}$	f''
0	0	0	0.332 06
0.2	0.006 64	0.066 41	0.331 99
0.4	0.026 56	0.132 77	0.331 47
0.6	0.059 74	0.198 94	0.330 08
0.8	0.106 11	0.264 71	0.327 39
1.0	0.165 57	0.329 79	0.323 01
1.2	0.237 95	0.393 78	0.316 59
1.4	0.322 98	0.456 27	0.307 87
1.6	0.420 32	0.516 76	0.296 67
1.8	0.529 52	0.574 77	0.282 93
2.0	0.650 03	0.629 77	0.266 75
2.2	0.781 20	0.681 32	0.248 35
2.4	0.922 30	0.728 99	0.228 09
2.6	1.072 52	0.772 46	0.206 46
2.8	1.230 99	0.811 52	0.184 01

续表 9.1

$\eta = y\sqrt{\dfrac{U}{\nu x}}$	f	$f' = \dfrac{u}{U}$	f''
3.0	1.396 82	0.846 05	0.161 36
3.2	1.569 11	0.876 09	0.139 13
3.4	1.746 96	0.901 77	0.117 88
3.6	1.929 54	0.923 33	0.098 09
3.8	2.116 05	0.941 12	0.080 13
4.0	2.305 76	0.955 52	0.064 24
4.2	2.498 06	0.966 96	0.050 52
4.4	2.692 38	0.975 87	0.038 97
4.6	2.888 26	0.982 69	0.029 48
4.8	3.085 34	0.987 79	0.021 87
5.0	3.283 29	0.991 55	0.015 91
5.2	3.481 89	0.994 25	0.011 34
5.4	3.680 94	0.996 16	0.007 93
5.6	3.880 31	0.997 48	0.005 43
5.8	4.079 90	0.998 38	0.003 65
6.0	4.279 64	0.998 98	0.002 40
6.2	4.479 48	0.999 37	0.001 55
6.4	4.679 38	0.999 61	0.000 98
6.6	4.879 31	0.999 77	0.000 61
6.8	5.079 28	0.999 87	0.000 37
7.0	5.279 26	0.999 92	0.000 22
7.2	5.479 25	0.999 96	0.000 13
7.4	5.679 24	0.999 98	0.000 07
7.6	5.879 24	0.999 99	0.000 04
7.8	6.079 23	1.000 00	0.000 02
8.0	6.279 23	1.000 00	0.000 01
8.2	6.479 23	1.000 00	0.000 01
8.4	6.679 23	1.000 00	0.000 00
8.6	6.879 23	1.000 00	0.000 00
8.8	7.079 23	1.000 00	0.000 00

边界层流动问题中,人们最感兴趣的是沿物体表面的切应力分布及作用在物体上的阻力。平板表面切应力为

$$\tau_0(x) = \mu \frac{\partial u(x,0)}{\partial y} = \mu \frac{\partial^2 \psi(x,0)}{\partial y^2} = \mu \sqrt{\frac{U^3}{\nu x}} f''(0)$$

用均匀来流的动压可将物面切应力无量纲化,式如

$$\frac{\tau_0(x)}{\frac{1}{2}\rho U^2} = \frac{2f''(0)}{\sqrt{Re}}$$

式中的雷诺数是以到前缘的距离 x 作为特征长度,称为当地雷诺数。由数值解的结果(见表 9.1)可知 $f''(0)=0.332$,故沿平板表面的切应力分布为

$$\frac{\tau_0}{\frac{1}{2}\rho U^2} = \frac{0.664}{\sqrt{Re}} \tag{9.15}$$

平板受到的阻力可将切应力沿平板积分求得。作用在平板一侧从前缘到 x 位置的阻力为

$$F_D = \int_0^x \tau_0(\xi)\,\mathrm{d}\xi$$

阻力系数为

$$C_D = \frac{F_D}{\frac{1}{2}\rho U^2 x} = \frac{1}{x}\int_0^x \frac{\tau_0(\xi)}{\frac{1}{2}\rho U^2}\mathrm{d}\xi = \frac{0.664}{x}\int_0^x \frac{\mathrm{d}\xi}{\sqrt{U\xi/\nu}} = \frac{1.328}{\sqrt{Re}} \tag{9.16}$$

上式积分中用到了式(9.15)。严格地讲,式(9.15)给出的切应力分布在平板前缘附近不适用,这是因为在该区域边界层假设不成立,应力分布在 $x=0$ 为奇点,但它是可积的,阻力不存在奇异性。由于这一区域的距离相对很短,实际的阻力与式(9.16)的计算结果相比并无显著的偏差。

另外,从表 9.1 中可以看出,当 $\eta=5.0$ 时,$f'=u/U=0.991\,55$,于是按边界层厚度的定义,有

$$\frac{\delta}{\sqrt{\nu x/U}} = 5.0 \Rightarrow$$

$$\frac{\delta}{x} = \frac{5.0}{\sqrt{Re}} \tag{9.17}$$

边界层位移厚度

$$\delta^* = \int_0^\infty \left(1 - \frac{u}{U}\right)\mathrm{d}y = \sqrt{\nu x/U}\int_0^\infty (1-f')\mathrm{d}\eta = \sqrt{\nu x/U}\,[\eta - f(\eta)]_0^\infty$$

利用表 9.1 给出的数值结果,$\eta=0$,$f(0)=0$,当 η 值大于 7.8 后,$(\eta - f)=1.720\,77$,故

$$\delta^* = 1.72 \sqrt{\nu x / U} \quad \Rightarrow$$

$$\frac{\delta^*}{x} = \frac{1.72}{\sqrt{Re}} \tag{9.18}$$

类似地,动量损失厚度 θ 由定义有

$$\theta = \int_0^\infty \frac{u}{U} \left(1 - \frac{u}{U} \right) \mathrm{d}y = \sqrt{\nu x / U} \int_0^\infty f'(1 - f') \mathrm{d}\eta$$

利用分部积分,上式成为

$$\theta = \sqrt{\nu x / U} \left[(1 - f')f \right]\Big|_0^\infty - \int_0^\infty - ff'' \mathrm{d}\eta$$

注意到 $f(0) = 0$, $\eta \to \infty$ 时 $f' = 1$, $(1-f')f \Big|_0^\infty = 0$,又由(9.12)式,$ff'' = -2f'''$,因此

$$\theta = \sqrt{\nu x / U} \left[-2f'' \Big|_0^\infty \right]$$

由数值解(见表9.1)得 $f''(0) = 0.332\,06$,$\eta > 8.4$ 后,$f''(\eta)$ 值前 6 位数字均为 0,可以预料 $\eta \to \infty$,$f''(\eta) \to 0$,故

$$\theta = 0.664 \sqrt{\frac{\nu x}{U}} \quad \Rightarrow$$

$$\frac{\theta}{x} = \frac{0.664}{\sqrt{Re}} \tag{9.19}$$

以上结果表明,各种厚度均随 $\sqrt{x}$ 增大而增大,且 $\theta < \delta^* < \delta$。布拉修斯方程的理论解为很多实验所证实,无论是速度分布的相似性或摩擦阻力系数,实验数据与理论解均符合得很好。

9.4　边界层方程的相似解

本节讨论边界层方程存在相似解的条件及求解过程。当边界层方程具有相似解时,如果把任意 x 位置的速度分布 $u \sim y$ 的坐标用适当的尺度因子归一化为无量纲坐标,则任意 x 位置的无量纲速度分布图形均相同。用位势流速度 $U(x)$ 无量纲化 u,以比例因子 $\xi(x)$ 无量纲化 y,如果在两个不同的 x 截面上有

$$\frac{y_1}{\xi(x_1)} = \frac{y_2}{\xi(x_2)}$$

则有

$$\frac{u(x_1, y_1)}{U(x_1)} = \frac{u(x_2, y_2)}{U(x_2)}$$

即

$$\frac{u}{U} = F(\eta), \quad \eta = \frac{y}{\xi(x)}$$

则称存在相似解，$\xi(x)$ 是与边界层厚度成比例的函数，通常直接取为边界层厚度 $\delta(x)$。

引入流函数 ψ，连续方程自动满足，边界层方程(9.7)成为

$$\frac{\partial \psi}{\partial y} \frac{\partial^2 \psi}{\partial x \partial y} - \frac{\partial \psi}{\partial x} \frac{\partial^2 \psi}{\partial y^2} = U \frac{dU}{dx} + \nu \frac{\partial^3 \psi}{\partial y^3} \tag{9.20}$$

寻求的通用相似解形式为

$$u(x, y) = U(x) f'(\eta), \quad \eta = \frac{y}{\xi(x)}$$

式中 $U(x)$ 表示外流速度，$\xi(x)$ 为 y 方向尺度因子(与边界层厚度成比例)，于是

$$u(x, y) = \frac{\partial \psi}{\partial y} = \frac{\partial \psi}{\partial \eta} \frac{\partial \eta}{\partial y} = \frac{\partial \psi}{\partial \eta} \frac{1}{\xi(x)} \quad \Rightarrow \quad U(x) f'(\eta) = \frac{\partial \psi}{\partial \eta} \frac{1}{\xi(x)} \quad \Rightarrow$$

$$\frac{\partial \psi}{\partial \eta} = U(x) \xi(x) \frac{df}{d\eta}$$

因此与这一速度分布相应的流函数必具有以下形式

$$\psi(x, y) = U(x) \xi(x) f(\eta)$$

利用上述流函数分别计算式(9.20)中出现的各项，有

$$\frac{\partial \psi}{\partial y} = U f'$$

$$\frac{\partial \psi}{\partial x} = \frac{dU}{dx} \xi f + U \frac{d\xi}{dx} f + U \xi f' \frac{\partial \eta}{\partial x} = \frac{dU}{dx} \xi f + U \frac{d\xi}{dx} f - U \frac{d\xi}{dx} \eta f'$$

$$\frac{\partial^2 \psi}{\partial x \partial y} = \frac{\partial}{\partial x}(U f') = \frac{dU}{dx} f' - \frac{U}{\xi} \frac{d\xi}{dx} \eta f''$$

$$\frac{\partial^2 \psi}{\partial y^2} = \frac{U}{\xi} f''$$

$$\frac{\partial^3 \psi}{\partial y^3} = \frac{U}{\xi^2} f'''$$

将以上各式代入式(9.20)，整理后得

$$f''' + \left[\frac{\xi}{\nu} \frac{d}{dx}(U\xi)\right] f f'' + \left[\frac{\xi^2}{\nu} \frac{dU}{dx}\right]\{1 - (f')^2\} = 0 \tag{9.21}$$

如果存在相似解的话，这一方程应与 x 无关，成为 $f(\eta)$ 的常微分方程，因此两个方括号中的项均应为常数，设分别为 α 和 β，也就是说，如果存在相似解，必有

$$\frac{\xi}{\nu} \frac{d}{dx}(U\xi) = \alpha \tag{9.22}$$

$$\frac{\xi^2}{\nu} \frac{dU}{dx} = \beta \tag{9.23}$$

于是式(9.21)可表示为

$$f''' + \alpha f f'' + \beta[1 - (f')^2] = 0 \tag{9.24}$$

该方程称福克纳-斯坎方程。由边界层的物理边界条件可得该方程的定解条件为

$$f(0) = f'(0) = 0; \quad \eta \to \infty, \quad f'(\eta) \to 1$$

由式(9.22)和式(9.23)得

$$2\alpha - \beta = \frac{1}{\nu} \frac{\mathrm{d}}{\mathrm{d}x}(\xi^2 U)$$

积分该式

$$\xi^2 U = (2\alpha - \beta)\nu x$$

式(9.23)除以上式,得

$$\frac{1}{U} \frac{\mathrm{d}U}{\mathrm{d}x} = \frac{\beta}{(2\alpha - \beta)x}$$

积分上式得

$$U = Cx^{\frac{\beta}{2\alpha-\beta}} = Cx^m \tag{9.25}$$

式中 C 为积分常数,$m = \dfrac{\beta}{2\alpha - \beta}$。式(9.25)表明,当边界层对应的外流(势流)速度

为 x 的幂函数时,存在相似解。

求边界层方程的相似解,一般通过以下几个步骤:

(1) 选择 α 和 β 的值。

(2) 利用方程

$$\frac{\mathrm{d}}{\mathrm{d}x}(U\xi^2) = \nu(2\alpha - \beta) \tag{9.26a}$$

$$\xi^2 \frac{\mathrm{d}U}{\mathrm{d}x} = \beta\nu \tag{9.26b}$$

确定 $U(x)$ 和 $\xi(x)$。$U(x)$ 表示对应于某特定几何形状物体绕流的势流解,对照第 4 章势流的结果,就可知道绕流物体的形状。

(3) 确定函数 $f(\eta)$,$f(\eta)$ 满足福克纳-斯坎方程及其定解条件,即

$$f''' + \alpha f f'' + \beta[1 - (f')^2] = 0$$

$$f(0) = f'(0) = 0; \quad \eta \to \infty, \quad f'(\eta) \to 1$$

(4) 由函数 $f(\eta)$、$U(x)$、$\xi(x)$ 得边界层流动的流函数、速度分布以及其他流动细节。

例如,选取 $\alpha = 1/2$,$\beta = 0$,由式(9.25)得 $U = C$,势流解为常数,对应于顺流放置的无限薄平板的绕流情况。代入式(9.26a),得

$$\xi^2 C = \nu x \quad \Rightarrow \quad \xi = \sqrt{\nu x / C} \quad \Rightarrow$$

$$\eta = \frac{y}{\sqrt{\nu x / U}}$$

福克纳–斯坎方程成为

$$f''' + \frac{1}{2} f f' = 0$$

这与顺流平板边界层的布拉修斯方程完全一致。

　　值得注意的是：在 $\alpha = 1$ 的情况下，福克纳–斯坎方程的数值解表明，随着 β 值的减小 $f''(0)$ 趋于零。$f''(0) = 0$ 对应的 β 值是 $\beta = -0.1988$，若 β 值小于该值时，$f'(\eta)$ 会在某些位置上大于 1，相当于 $u > U$，在物理上是不可能的。因此，对于 $\alpha = 1$，必须使 $\beta > -0.1988$。

9.5　绕楔形物体的流动

　　在福克纳–斯坎方程中，令 $\alpha = 1$，β 值暂不确定，按照上节讨论过的求相似解的步骤，$U(x)$ 和 $\xi(x)$ 的求解方程为

$$\frac{\mathrm{d}}{\mathrm{d}x}(\xi^2 U) = \nu(2 - \beta) \tag{9.27}$$

$$\xi^2 \frac{\mathrm{d}U}{\mathrm{d}x} = \nu\beta \tag{9.28}$$

积分(9.27)式

$$\xi^2 U = \nu(2 - \beta)x$$

在边界层问题中，根据绕流物体的形状，坐标原点有两种不同的取法：对于"尖"物体，如顺流放置的平板，坐标原点取在物体的尖前缘上，当 $x = 0$，虽然对应的势流 $U(0) \neq 0$，但是与边界层厚度成比例的函数 $\xi(0) = 0$，因此上式中积分常数取为零。对于"钝"物体，坐标原点取在对应势流解的驻点上，$x = 0$，$U(0) = 0$，上式中积分常数仍应为零。用上式除式(9.28)，得

$$\frac{1}{U} \frac{\mathrm{d}U}{\mathrm{d}x} = \frac{\beta}{2 - \beta} \frac{1}{x}$$

直接积分得

$$\ln U = \frac{\beta}{2 - \beta} \ln x + \ln C$$

式中 C 为积分常数。故选定 $\alpha = 1$ 时，外流的速度分布为

$$U(x) = C x^{\frac{\beta}{2-\beta}} \tag{9.29}$$

将式(9.29)代入式(9.28)，得

$$\xi = \sqrt{\frac{\nu(2 - \beta)}{C}} x^{\frac{1-\beta}{2-\beta}} = \sqrt{(2 - \beta)\frac{\nu x}{U}} \tag{9.30}$$

由第 4 章知,角度为 $\pi/n(n>1/2)$ 的角形区域内势流的复位势 $F(z)=Uz^n$,复速度 $W(z)=nUz^{n-1}$,即 $u-\mathrm{i}v=nU(x+\mathrm{i}y)^{n-1}$,在 x 轴上,$u=nUx^{n-1}$,$v=0$,可见式 (9.29)确定的外流与角形区域边界上的流动具有相同的形式。为了确定(9.29)式相应角形区域的角度,令两个式子中 x 的幂指数相等,则

$$n-1=\frac{\beta}{2-\beta} \quad \Rightarrow \quad n=\frac{2}{2-\beta}$$

或

$$\beta=\frac{2(n-1)}{n} \tag{9.31}$$

因为 $n>1/2$,所以有 $-2<\beta<2$。

　　i. $0<\beta<2$,式(9.29)表示绕半顶角为 $\beta\pi/2$ 的楔形物体的势流速度分布,参见图 9.5。

　　ii. $\beta=0$,即为前述半无限长顺流平板流动。

　　iii. $\beta=1$,半顶角为 $\pi/2$,这时流动与二维滞止点附近的流动完全相同。

　　iv. $-2<\beta<0$,式(9.33)表示绕外凸钝角物体流动,此时折转角为 $-\beta\pi/2$,参见图 9.6。

　　以上关系式确定了楔形物体的半顶角,根据流场的对称性,楔形物体的顶角为 $2(\pi-\pi/n)=\beta\pi$,参见图 9.6。

图 9.5　绕楔形物体的流动

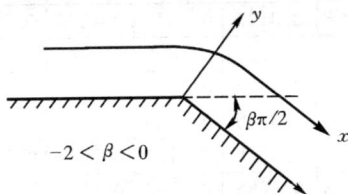

图 9.6　外折壁绕流

　　对于楔形物体绕流边界层问题,函数 f 的方程及定解条件成为

$$f'''+ff''+\beta[1-(f')^2]=0 \tag{9.32}$$

$$f(0)=f'(0)=0 \tag{9.33}$$

$$\eta \to \infty, \quad f'(\eta) \to 1 \tag{9.34}$$

该常微分方程可通过数值方法求解。由式(9.29)和式(9.30)得流函数为

$$\psi=\sqrt{(2-\beta)\nu Ux}\,f(\eta) \tag{9.35}$$

式中相似变量为

$$\eta=\frac{y}{\sqrt{2-\beta}}\sqrt{\frac{U}{\nu x}} \tag{9.36}$$

速度分量分别为

$$u=\frac{\partial \psi}{\partial y}=Uf'(\eta) \tag{9.37}$$

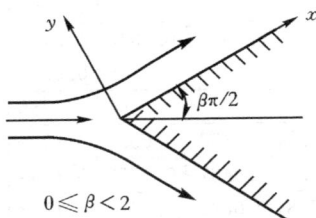

表 9.2　方程(9.32)式

η＼β	−0.1988	−0.19	−0.18	−0.16	−0.14	−0.10	0	0.1	0.2	0.3
0.0	0.0000	0.0000	0.0000	0.0000	0.0000	0.0000	0.0000	0.0000	0.0000	0.0000
0.1	0.0010	0.0095	0.0137	0.0198	0.0246	0.0324	0.0469	0.0582	0.0677	0.0760
0.2	0.0040	0.0209	0.0293	0.0413	0.0507	0.0659	0.0939	0.1154	0.1334	0.1490
0.3	0.0089	0.0343	0.0467	0.0643	0.0781	0.1003	0.1408	0.1715	0.1970	0.2189
0.4	0.0158	0.0495	0.0659	0.0889	0.1069	0.1356	0.1876	0.2265	0.2584	0.2858
0.5	0.0248	0.0665	0.0868	0.1151	0.1370	0.1718	0.2342	0.2803	0.3177	0.3495
0.6	0.0358	0.0855	0.1094	0.1427	0.1684	0.2088	0.2806	0.3328	0.3747	0.4100
0.7	0.0487	0.1063	0.1338	0.1719	0.2010	0.2466	0.3266	0.3839	0.4294	0.4672
0.8	0.0636	0.1289	0.1598	0.2023	0.2347	0.2849	0.3720	0.4335	0.4816	0.5212
0.9	0.0803	0.1533	0.1874	0.2341	0.2694	0.3237	0.4167	0.4815	0.5312	0.5718
1.0	0.0991	0.1794	0.2166	0.2671	0.3050	0.3628	0.4606	0.5274	0.5782	0.6190
1.2	0.1423	0.2364	0.2791	0.3362	0.3784	0.4415	0.5253	0.6135	0.6640	0.7033
1.4	0.1927	0.2991	0.3463	0.4083	0.4534	0.5194	0.6244	0.6907	0.7383	0.7743
1.6	0.2498	0.3665	0.4170	0.4820	0.5284	0.5948	0.6967	0.7583	0.8011	0.8326
1.8	0.3126	0.4372	0.4896	0.5555	0.6016	0.6660	0.7610	0.8160	0.8528	0.8791
2.0	0.3802	0.5095	0.5621	0.6269	0.6712	0.7314	0.8167	0.8637	0.8940	0.9151
2.2	0.4509	0.5814	0.6327	0.6944	0.7354	0.7896	0.8633	0.9019	0.9260	0.9421
2.4	0.5230	0.6509	0.6995	0.7561	0.7927	0.8398	0.9011	0.9315	0.9500	0.9517
2.6	0.5946	0.7162	0.7605	0.8107	0.8422	0.8817	0.9306	0.9537	0.9612	0.9754
2.8	0.6635	0.7754	0.8146	0.8574	0.8836	0.9153	0.9529	0.9697	0.9792	0.9847
3.0	0.7278	0.8273	0.8607	0.8959	0.9168	0.9413	0.9691	0.9808	0.9873	0.9908
3.2	0.8158	0.8713	0.8986	0.9265	0.9425	0.9607	0.9804	0.9883	0.9924	0.9946
3.4	0.8364	0.9071	0.9286	0.9499	0.9616	0.9746	0.9880	0.9931	0.9957	0.9970
3.6	0.8789	0.9352	0.9515	0.9669	0.9752	0.9841	0.9929	0.9961	0.9976	0.9984
3.8	0.9132	0.9563	0.9681	0.9789	0.9845	0.9904	0.9959	0.9978	0.9987	0.9991
4.0	0.9399	0.9716	0.9798	0.9871	0.9907	0.9944	0.9978	0.9988	0.9993	0.9995
4.2	0.9598	0.9822	0.9876	0.9924	0.9946	0.9969	0.9988	0.9994	0.9996	0.9997
4.4	0.9741	0.9893	0.9927	0.9957	0.9970	0.9983	0.9994	0.9997	0.9998	0.9999
4.6	0.9839	0.9938	0.9959	0.9977	0.9984	0.9991	0.9997	0.9998	0.9999	0.9999
4.8	0.9904	0.9965	0.9978	0.9988	0.9992	0.9996	0.9999	0.9999		
5.0	0.9945	0.9981	0.9988	0.9994	0.9996	0.9998	0.9999			
5.2	0.9969	0.9990	0.9994	0.9997	0.9998	0.9999				
5.4	0.9984	0.9995	0.9997	0.9999	0.9999					
5.6	0.9992	0.9997	0.9999	0.9999						
5.8	0.9996	0.9999	0.9999							
6.0	0.9998	0.9999								
6.2	0.9999									
6.4	1.0000									

数值解的 f' 值

0.4	0.5	0.6	0.8	1.0	1.2	1.6	2.0	2.4	β / η
0.0000	0.0000	0.0000	0.0000	0.0000	0.0000	0.0000	0.0000	0.0000	0.0
0.0834	0.0903	0.0966	0.1080	0.1183	0.1276	0.1441	0.1588	0.1720	0.1
0.1628	0.1756	0.1872	0.2081	0.2266	0.2433	0.2726	0.2980	0.3206	0.2
0.2382	0.2558	0.2719	0.3003	0.3252	0.3475	0.3859	0.4186	0.4472	0.3
0.3097	0.3311	0.3506	0.3848	0.4144	0.4405	0.4849	0.5219	0.5537	0.4
0.3771	0.4015	0.4235	0.4619	0.4946	0.5231	0.5708	0.6096	0.6424	0.5
0.4403	0.4670	0.4907	0.5317	0.5662	0.5959	0.6446	0.6834	0.7155	0.6
0.4994	0.5276	0.5524	0.5947	0.6298	0.6596	0.7076	0.7449	0.7752	0.7
0.5545	0.5834	0.6086	0.6512	0.6859	0.7150	0.7610	0.7858	0.8235	0.8
0.6055	0.6344	0.6596	0.7015	0.7350	0.7629	0.8058	0.8376	0.8624	0.9
0.6526	0.6811	0.7056	0.7460	0.7778	0.8037	0.8432	0.8717	0.8934	1.0
0.7351	0.7615	0.7837	0.8194	0.8467	0.8682	0.8997	0.9214	0.9373	1.2
0.8027	0.8258	0.8449	0.8748	0.8968	0.9137	0.9375	0.9530	0.9640	1.4
0.8568	0.8860	0.8917	0.9154	0.9324	0.9450	0.9620	0.9726	0.9799	1.6
0.8988	0.9141	0.9264	0.9443	0.9569	0.9658	0.9775	0.9845	0.9892	1.8
0.9305	0.9421	0.9514	0.9644	0.9732	0.9793	0.9871	0.9914	0.9944	2.0
0.9537	0.9621	0.9689	0.9779	0.9841	0.9879	0.9928	0.9954	0.9970	2.2
0.9700	0.9760	0.9807	0.9867	0.9905	0.9931	0.9961	0.9976	0.9985	2.4
0.9812	0.9852	0.9884	0.9922	0.9946	0.9962	0.9980	0.9989	0.9993	2.6
0.9886	0.9913	0.9933	0.9956	0.9971	0.9980	0.9990	0.9994	0.9996	2.8
0.9933	0.9952	0.9962	0.9976	0.9985	0.9989	0.9995	0.9997	0.9998	3.0
0.9962	0.9974	0.9979	0.9987	0.9992	0.9995	0.9998	0.9999	0.9999	3.2
0.9979	0.9986	0.9989	0.9993	0.9996	0.9997	0.9999			3.4
0.9989	0.9993	0.9995	0.9997	0.9998	0.9999				3.6
0.9994	0.9994	0.9997	0.9998	0.9999					3.8
0.9997	0.9999	0.9999	0.9999						4.0
0.9999									4.2
0.9999									4.4
									4.6
									4.8
									5.0
									5.2
									5.4
									5.6
									5.8
									6.0
									6.2
									6.4

$$v = -\frac{\partial \psi}{\partial x} = -\sqrt{\frac{\nu U}{(2-\beta)x}}\left[f + (\beta-1)\eta f'\right] \tag{9.38}$$

对于给定的 β 值，当 $f'(\eta) = \frac{u}{U} = 0.99$ 时，可由表 9.2 查到相应的 η 值，记作 $\eta_\delta(\beta)$，与其相应的 y 值则为边界层厚度。利用式(9.36)有

$$\delta = \sqrt{(2-\beta)\frac{\nu x}{U}}\,\eta_\delta(\beta) \tag{9.39}$$

位移厚度

$$\delta^* = \int_0^\infty \left(1 - \frac{u}{U}\right)\mathrm{d}y = \sqrt{(2-\beta)\frac{\nu x}{U}}\int_0^\infty (1-f')\mathrm{d}\eta$$

$$= \sqrt{(2-\beta)\frac{\nu x}{U}}\,A(\beta) \tag{9.40a}$$

式中

$$A(\beta) = \int_0^\infty (1-f')\mathrm{d}\eta \tag{9.40b}$$

动量损失厚度

$$\theta = \int_0^\infty \frac{u}{U}\left(1 - \frac{u}{U}\right)\mathrm{d}\eta = \sqrt{(2-\beta)\frac{\nu x}{U}}\int_0^\infty f'(1-f')\mathrm{d}\eta$$

$$= \sqrt{(2-\beta)\frac{\nu x}{U}}\,B(\beta) \tag{9.41a}$$

式中

$$B(\beta) = \int_0^\infty f'(1-f')\mathrm{d}\eta \tag{9.41b}$$

壁面切应力

$$\tau_0 = \mu\frac{\partial u}{\partial y}\bigg|_{y=0} = \mu\sqrt{\frac{U^3}{(2-\beta)\nu x}}\,f''(0,\beta) \tag{9.42}$$

表 9.3 给出了相应于不同 β 值的 $\eta_\delta(\beta)$、$A(\beta)$、$B(\beta)$ 及 $f''(0,\beta)$ 的函数表，利用该表，便可计算各种边界层厚度和壁面切应力。由表 9.3 可以看出，随着 β 值的增加（对绕楔形物体流动而言，是楔形物体顶角增大，对绕外折壁面流动而言，是折转角减小）η_δ 逐渐减小。同时 $A(\beta)$、$B(\beta)$ 也逐渐减小，但对于任意的 β 值总有

$$\eta_\delta(\beta) > A(\beta) > B(\beta)$$

也就是说在任何情况下

$$\delta > \delta^* > \theta$$

当 $\beta = -0.198\,8$，即 $m = -0.090\,4$ 时，对应的 $f''(o) = 0$，因而 $\tau_0 = 0$，这时对应边界层的速度分布在壁面出现"尖"点，即边界层即将发生分离的情况。

表 9.3 系数 $\eta_\delta(\beta)$、$A(\beta)$、$B(\beta)$ 和 $f''(0,\beta)$ 的值

β	$\eta_\delta(\beta)$	$A(\beta)$	$B(\beta)$	$f''(0,\beta)$
-0.1989	4.8	2.395	0.585	0.000
-0.19	4.7	2.007	0.577	0.086
-0.18	4.3	1.871	0.568	0.128
-0.16	4.1	1.708	0.552	0.190
-0.14	4.0	1.597	0.539	0.239
-0.10	3.8	1.444	0.515	0.319
0.00	3.5	1.217	0.470	0.469
0.10	3.3	1.080	0.435	0.587
0.20	3.1	0.984	0.408	0.687
0.30	3.0	0.911	0.386	0.777
0.40	2.9	0.853	0.367	0.854
0.50	2.7	0.804	0.350	0.927
0.60	2.6	0.764	0.336	0.996
0.80	2.5	0.699	0.312	1.120
1.00	2.4	0.648	0.292	1.233
1.20	2.3	0.607	0.276	1.336
1.60	2.1	0.544	0.250	1.521
2.00	2.0	0.498	0.231	1.687

例 2 作为应用边界层微分方程求解流动问题的一个例子,现考虑平面层流射流。设流体从宽度为 $2b_0$ 的狭缝以速度 u_0 流出,环境空间内充满与射流相同的静止流体。在流动过程中,由于粘性作用,射流将与周围流体进行动量交换。一方面,射流将不断带动周围的流体一同流动;另一方面,周围流体将阻滞射流,使速度均匀的射流核心区域沿流动方向越来越小直至 A 点完全消失,参见图 9.7。射流从出口至 A 截面的部分,称为射流的起始段,A 截面下游的部分,称为射流的主段或射流的充分发展区。受粘性影响的剪切层宽度称为射流的宽度,如图 9.7 中虚线所示。

解 将坐标原点取在狭缝中心,沿射流对称轴线指向下游方向取为 x 轴,垂直对称轴方向取为 y 轴。为了简化分析起见,假定狭缝出口宽度趋于零,由射流的流量为一有限量的要求,射流出口的速度应趋于无限大,射流从狭缝一流出就形

成充分发展区。在射流内,沿 y 方向的速度梯度 $\partial u/\partial y$ 很大,而 x 方向流速变化较小,设宽度与长度相比亦为小量,这一流动特征与边界层相似,因此可采用边界层微分方程来处理。环境流体中压强为常量,象平板边界的情况一样,射流内部的压强也为常量,因此压强梯度 $\mathrm{d}p/\mathrm{d}x=0$,取 $y=\pm\infty$ 和任意两个 $x=\mathrm{const}$ 的平面所围成的控制体来观察,作用在控制面上沿 x 方向的合力为零,故沿 x 方向动量通量的变化率为零,即

图 9.7　平面层流射流示意图

$$J = \rho \int_{-\infty}^{\infty} u^2 \,\mathrm{d}y = \mathrm{const} \quad (1)$$

上式是射流的一个积分形式的补充条件。于是,定常不可压缩流体平面边界层的微分方程为

$$u \frac{\partial u}{\partial x} + v \frac{\partial u}{\partial y} = \nu \frac{\partial^2 u}{\partial y^2} \tag{2}$$

连续方程为

$$\frac{\partial u}{\partial x} + \frac{\partial v}{\partial y} = 0 \tag{3}$$

射流相应的边界条件为

$$y = 0, \quad v = 0, \quad \frac{\partial u}{\partial y} = 0 \tag{4a}$$

$$y \rightarrow \pm\infty, \quad u = 0 \tag{4b}$$

在平面层流射流中,x 方向不存在特征长度。可以预期,平面层流射流也存在相似解,设

$$u(x,y) \sim f\left(\frac{y}{b}\right)$$

式中 b 为与射流宽度成比例的函数,并假设 $b \sim x^n$。平面不可压缩流动存在流函数,设流函数形式为

$$\psi = x^m f\left(\frac{y}{b}\right) = x^m f\left(\frac{y}{x^n}\right) \tag{5}$$

式中 m,n 为待定常数。由式(5)可得

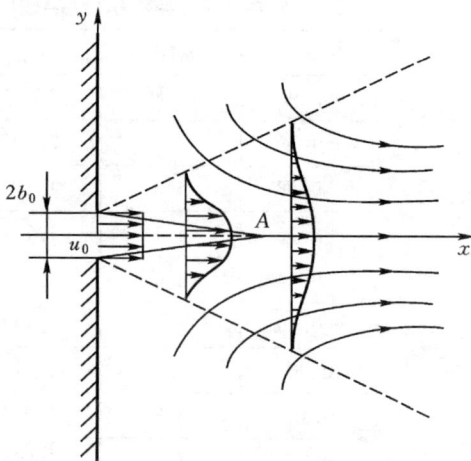

$$u = \frac{\partial \psi}{\partial y} = x^{m-n} f'$$

$$v = -\frac{\partial \psi}{\partial x} = nyx^{m-n-1} f' - mx^{m-1} f$$

$$\frac{\partial u}{\partial x} = -nyx^{m-2n-1} f'' + (m-n) x^{m-n-1} f'$$

$$\frac{\partial u}{\partial y} = x^{m-2n} f''$$

$$\frac{\partial u^2}{\partial y^2} = x^{m-3n} f'''$$

将以上诸式代入式(2)并化简,得

$$x^{2m-2n-1} \left[(m-n) f'^2 - m f f'' \right] = x^{m-3n} \nu f''' \tag{6}$$

从相似解存在的角度来说,常微分方程应与 x 无关,方程两侧 x 的幂指数必须相等从而可消去 x,因此

$$2m - 2n - 1 = m - 3n \quad \Rightarrow \quad m + n - 1 = 0 \tag{7}$$

将 $u = x^{m-n} f'$ 代入式(1),得

$$J = \rho \int_{-\infty}^{\infty} (x^{m-n} f')^2 \, \mathrm{d}y = \rho \int_{-\infty}^{\infty} x^{2m-n} f'^2 \, \mathrm{d}\left(\frac{y}{x^n} \right) = \text{const}$$

该积分对任意 x 位置均为常量,即与 x 无关,因此必须有 $x^{2m-n} = 1$,则

$$2m - n = 0 \tag{8}$$

联立方程式(7)和式(8)求解,得

$$m = \frac{1}{3}, \quad n = \frac{2}{3}$$

为了使下文得到的常微分方程得以简化,将相似变量取为

$$\eta = \frac{1}{3\nu^{1/2}} \frac{y}{x^{2/3}} \tag{9}$$

并令流函数为

$$\psi = \nu^{1/2} x^{1/3} f(\eta)$$

可以得出

$$u = \frac{\partial \psi}{\partial y} = \frac{1}{3x^{1/3}} f'(\eta)$$

$$v = -\frac{\partial \psi}{\partial x} = -\frac{1}{3x^{2/3}} \nu^{1/2} (f - 2\eta f')$$

再求出 $\dfrac{\partial u}{\partial x}, \dfrac{\partial^2 u}{\partial y^2}$ 的新值,代入式(2),可得

$$f''' + f f'' + f'^2 = 0 \tag{10}$$

相应的定解条件成为

$$\eta = 0, \quad f'' = 0, \quad f = 0 \tag{11a}$$

$$\eta \to \infty, \quad f' = 0 \tag{11b}$$

将式(10)改写为

$$\frac{\mathrm{d}}{\mathrm{d}\eta}(f'' + ff') = 0$$

积分得

$$f'' + ff' = C_1$$

由定解条件式(11a),可确定出积分常数 $C_1 = 0$,即

$$f'' + ff' = 0 \tag{12}$$

引入以下变换

$$\xi = \alpha\eta, \quad f = 2\alpha F(\xi)$$

式中 α 为待定常数,则式(12)成为

$$\frac{\mathrm{d}^2}{\mathrm{d}\eta^2}[2\alpha F(\xi)] + [2\alpha F(\xi)]\frac{\mathrm{d}}{\mathrm{d}\eta}[2\alpha F(\xi)] = 0$$

上式经化简为

$$F'' + 2FF' = 0 \tag{13}$$

对应的定解条件为

$$\xi = 0: F'' = 0, \ F = 0$$

$$\xi \to \infty: F' = 0$$

积分(13)式,得

$$F' + F^2 = C_2$$

代入定解条件 $\xi = 0, F = 0$,得 $C_2 = F'(0)$,不失一般性,令 $C_2 = 1$,这是因为 $F(\xi)$ 的自变量 ξ 中还含有待定常数 α,所以 C_2 取为 1 并未限制方程的普遍性,于是

$$F' + F^2 = 1 \tag{14}$$

上式称为 Riccati 型微分方程,其积分为

$$F = \mathrm{th}\xi = \frac{1 - \exp(-2\xi)}{1 + \exp(-2\xi)} \quad \Rightarrow$$

$$\frac{\mathrm{d}F}{\mathrm{d}\xi} = 1 - \mathrm{th}^2\xi$$

而射流速度分布为

$$u = \frac{1}{3x^{1/3}}f'(\eta) = \frac{1}{3x^{1/3}}\frac{\mathrm{d}}{\mathrm{d}\xi}[2\alpha F(\xi)]\frac{\mathrm{d}\xi}{\mathrm{d}\eta} = \frac{2\alpha^2}{3x^{1/3}}(1 - \mathrm{th}^2\xi) \tag{15}$$

为了确定待定常数 α,将以上速度表达式代入式(1),得

$$J = \rho\int_{-\infty}^{\infty}u^2\,\mathrm{d}y = \rho\int_{-\infty}^{\infty}\left[\frac{2\alpha^2}{3x^{1/3}}(1 - \mathrm{th}^2\xi)\right]^2\frac{3\nu^{1/2}x^{2/3}}{\alpha}\,\mathrm{d}\xi = \frac{16}{9}\rho\alpha^3\nu^{1/2} = \mathrm{const}$$

所以

$$\alpha = \left(\frac{9J}{16\rho\nu^{1/2}}\right)^{1/3} = 0.825\ 5\left(\frac{J}{\rho\nu^{1/2}}\right)^{1/3} \tag{16}$$

J 可由射流出口狭缝内外的压强差求得。
于是平面层流射流的速度分布可表示为

$$u = 0.454\ 3\left(\frac{J^2}{\rho^2\nu x}\right)^{1/3}(1 - \mathrm{th}^2\xi) \tag{17}$$

当 $y=0(\xi=0)$ 时, $u=u_{\max}$, 于是

$$u_{\max} = 0.454\ 3\left(\frac{J^2}{\rho^2\nu x}\right)^{1/3} \tag{18}$$

所以

$$\frac{u}{u_{\max}} = 1 - \mathrm{th}^2\xi$$

无量纲速度分布 $\dfrac{u}{u_{\max}}$ 表示在图 9.8 中。

平面层流射流的横向速度为

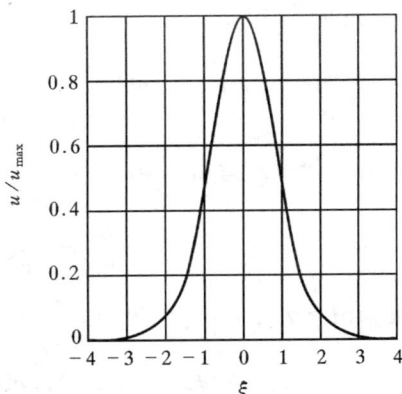

图 9.8 平面层流射流的速度分布

$$v = 0.550\ 3\left(\frac{J\nu}{\rho x^2}\right)^{1/3}\left[2\xi(1 - \mathrm{th}^2\xi) - \mathrm{th}\xi\right] \tag{19}$$

在射流边界处,有

$$v_{\infty} = \pm 0.550\ 3\left(\frac{J\nu}{\rho x^2}\right)^{1/3} \tag{20}$$

v_{∞} 有时称为卷吸速度。通过射流横截面(垂直纸面取单位高度)的体积流量为

$$Q = \int_{-\infty}^{\infty} u\mathrm{d}y = 3.302\left(\frac{J}{\rho}\nu x\right)^{1/3} \tag{21}$$

射流的体积流量沿流动方向增大且与 $x^{1/3}$ 成正比,其原因是射流不断地将周围的静止流体卷入。由式(18)可以看出,射流中心线上的最大速度 $u_{\max}$ 沿流动方向减小,并与 $x^{1/3}$ 成反比。由式(20)可看出卷吸速度沿流动方向不断减小。

9.6 动量积分方程

前面讨论了边界层方程的相似解,在相似解存在的条件下,边界层方程可以从偏微分方程化为非线性的常微分方程,通过数值方法得到高精度的数值解,在这个意义下,相似解可以看作是边界层方程的精确解。在精确解不存在的情况下,需寻求其近似解。本节介绍的动量积分方程就是经典的求边界层近似解的方法之一,它的基本思路是将边界层方程沿 y 方向积分,得到的方程表示在任一 x 位置的平

均惯性力和粘性力的平衡,由这种近似方法得到的结果,在大多数情况下都是足够精确的。

对于定常不可压缩二维边界层流动,方程组为

$$\frac{\partial u}{\partial x} + \frac{\partial v}{\partial y} = 0$$

$$u\frac{\partial u}{\partial x} + v\frac{\partial u}{\partial y} = U\frac{\mathrm{d}U}{\mathrm{d}x} + \nu\frac{\partial^2 u}{\partial y^2}$$

上式中 $u\dfrac{\partial u}{\partial x}$ 可改写为

$$u\frac{\partial u}{\partial x} = \frac{\partial}{\partial x}(u^2) - u\frac{\partial u}{\partial x} = \frac{\partial}{\partial x}(u^2) + u\frac{\partial v}{\partial y}$$

式中利用了连续方程,将 $\dfrac{\partial u}{\partial x}$ 用 $-\dfrac{\partial v}{\partial y}$ 代替,则边界层方程可表示为

$$\frac{\partial}{\partial x}(u^2) + u\frac{\partial v}{\partial y} + v\frac{\partial u}{\partial y} = U\frac{\mathrm{d}U}{\mathrm{d}x} + \nu\frac{\partial^2 u}{\partial y^2}$$

进一步化为

$$\frac{\partial}{\partial x}(u^2) + \frac{\partial}{\partial y}(uv) = U\frac{\mathrm{d}U}{\mathrm{d}x} + \nu\frac{\partial^2 u}{\partial y^2}$$

对上式沿 y 方向从 $0 \rightarrow \delta$ 积分,并利用边界条件 $u(x,0)=0, u(x,\delta)=U,$ $\mu\dfrac{\partial u(x,0)}{\partial y}=\tau_0, \dfrac{\partial u(x,\delta)}{\partial y}=0,$得

$$\int_0^\delta \frac{\partial}{\partial x}(u^2)\mathrm{d}y + Uv(x,\delta) = \frac{\mathrm{d}U}{\mathrm{d}x}\int_0^\delta U\mathrm{d}y - \frac{\tau_0}{\rho}$$

上式中由于外流速度 U 仅依赖于 x,$\mathrm{d}U/\mathrm{d}x$ 从积分号内提出,为了下文中分析方便仍将 U 保留在积分号内。连续方程对 y 积分得

$$v(x,\delta) = -\int_0^\delta \frac{\partial u}{\partial x}\mathrm{d}y$$

将以上结果代入边界层方程的积分形式,得

$$\int_0^\delta \frac{\partial}{\partial x}(u^2)\mathrm{d}y - U\int_0^\delta \frac{\partial u}{\partial x}\mathrm{d}y = \frac{\mathrm{d}U}{\mathrm{d}x}\int_0^\delta U\mathrm{d}y - \frac{\tau_0}{\rho}$$

利用莱布尼茨法则可将上式中两个微分的积分表示为积分的微分。对任一函数 $f(x,y)$,莱布尼茨法则为

$$\int_{\alpha(x)}^{\beta(x)} \frac{\partial}{\partial x}f(x,y)\mathrm{d}y = \frac{\mathrm{d}}{\mathrm{d}x}\int_{\alpha(x)}^{\beta(x)} f(x,y)\mathrm{d}y - f(x,\beta)\frac{\mathrm{d}\beta}{\mathrm{d}x} + f(x,\alpha)\frac{\mathrm{d}\alpha}{\mathrm{d}x}$$

利用这一法则,方程中的两个积分表示为

$$\int_0^\delta \frac{\partial}{\partial x}(u^2)\mathrm{d}y = \frac{\mathrm{d}}{\mathrm{d}x}\int_0^\delta u^2\mathrm{d}y - U^2\frac{\mathrm{d}\delta}{\mathrm{d}x}$$

$$\int_0^\delta \frac{\partial u}{\partial x} \mathrm{d}y = \frac{\mathrm{d}}{\mathrm{d}x} \int_0^\delta u \mathrm{d}y - U \frac{\mathrm{d}\delta}{\mathrm{d}x}$$

前述方程于是成为

$$\frac{\mathrm{d}}{\mathrm{d}x} \int_0^\delta u^2 \mathrm{d}y - U \frac{\mathrm{d}}{\mathrm{d}x} \int_0^\delta u \mathrm{d}y = \frac{\mathrm{d}U}{\mathrm{d}x} \int_0^\delta U \mathrm{d}y - \frac{\tau_0}{\rho}$$

式中左侧第二个积分改写为

$$U \frac{\mathrm{d}}{\mathrm{d}x} \int_0^\delta u \mathrm{d}y = \frac{\mathrm{d}}{\mathrm{d}x} \int_0^\delta U u \mathrm{d}y - \frac{\mathrm{d}U}{\mathrm{d}x} \int_0^\delta U \mathrm{d}y$$

代入前式,得

$$\frac{\mathrm{d}}{\mathrm{d}x} \int_0^\delta u^2 \mathrm{d}y - \frac{\mathrm{d}}{\mathrm{d}x} \int_0^\delta U u \mathrm{d}y + \frac{\mathrm{d}U}{\mathrm{d}x} \int_0^\delta u \mathrm{d}y = \frac{\mathrm{d}U}{\mathrm{d}x} \int_0^\delta U \mathrm{d}y - \frac{\tau_0}{\rho}$$

将方程左侧第一项与第二项合并,左侧第三项与右端第一项合并,得

$$\frac{\mathrm{d}}{\mathrm{d}x} \int_0^\delta u(U - u) \mathrm{d}y + \frac{\mathrm{d}U}{\mathrm{d}x} \int_0^\delta (U - u) \mathrm{d}y = \frac{\tau_0}{\rho} \tag{9.43}$$

式中两个积分的被积函数在 $y > \delta$ 的区间近似为零,所以积分上限也可以改为 ∞,由此得

$$\frac{\mathrm{d}}{\mathrm{d}x} \left[U^2 \int_0^\infty \frac{u}{U} \left(1 - \frac{u}{U}\right) \mathrm{d}y \right] + \frac{\mathrm{d}U}{\mathrm{d}x} U \int_0^\infty \left(1 - \frac{u}{U}\right) \mathrm{d}y = \frac{\tau_0}{\rho} \tag{9.44}$$

式(9.43)或式(9.44)称为动量积分方程,这一方程表示在任一 x 位置,边界层内动量沿 x 方向的变化率等于 x 方向的作用力,包括壁面摩擦力和压力。由动量损失厚度和位移厚度的定义,上式又可表示为

$$\frac{\mathrm{d}}{\mathrm{d}x} (U^2 \theta) + \frac{\mathrm{d}U}{\mathrm{d}x} U \delta^* = \frac{\tau_0}{\rho} \tag{9.45}$$

将上式中对 x 的导数展开,并两边同除以 U^2,得到动量方程的另一种形式为

$$\frac{\mathrm{d}\theta}{\mathrm{d}x} + (2\theta + \delta^*) \frac{1}{U} \frac{\mathrm{d}U}{\mathrm{d}x} = \frac{\tau_0}{\rho U^2} \tag{9.46}$$

动量积分方程本身仍是精确的方程,但由于方程中包含多个变量,如速度分布、壁面摩擦应力,边界层厚度等,因此不能单独依靠动量积分方程求解边界层流动问题。通常先假设一个速度分布,然后按 θ、δ^* 和 τ_0 的定义计算各有关项,动量积分方程就成为关于边界层厚度 $\delta(x)$ 的常微分方程。由于假定的速度分布只能根据边界层流动的特点,在一些特定的点上作限定,它是近似表达式,所以用动量积分方程求解边界层流动问题的方法是近似方法。

例 3　利用动量积分方程求解平板边界层。

解　假设速度分布为

$$\frac{u}{U} = a_0 + a_1 \frac{y}{\delta} + a_2 \left(\frac{y}{\delta}\right)^2$$

由边界条件 $u(x,0)=0, u(x,\delta)=U, \partial u(x,\delta)/\partial y=0$ 可确定上式中的常数 $a_0=0$，$a_1=2, a_2=-1$，于是

$$\frac{u}{U} = 2\frac{y}{\delta} - \left(\frac{y}{\delta}\right)^2$$

在不同 x 位置，$\frac{u}{U}$ 具有相同的速度剖面。θ 和 τ_0 表达式为

$$\theta = \int_0^\delta \frac{u}{U}\left(1-\frac{u}{U}\right)\mathrm{d}y = \int_0^\delta \left[2\frac{y}{\delta}-\left(\frac{y}{\delta}\right)^2\right]\left[1-2\frac{y}{\delta}+\left(\frac{y}{\delta}\right)^2\right]\mathrm{d}y$$

$$= \delta\int_0^1 (2\eta-\eta^2)(1-2\eta+\eta^2)\mathrm{d}\eta = \frac{2}{15}\delta$$

$$\tau_0 = \mu\frac{\mathrm{d}u}{\mathrm{d}y}\bigg|_{y=0} = 2\mu\frac{U}{\delta}$$

对于平板边界层 U 为常数，$\mathrm{d}U/\mathrm{d}x=0$，因此式(9.46)可简化为

$$\frac{\mathrm{d}\theta}{\mathrm{d}x} = \frac{\tau_0}{\rho U^2}$$

代入 θ 和 τ_0 表达式，得

$$\frac{\mathrm{d}}{\mathrm{d}x}\left(\frac{2}{15}\delta\right) = \frac{2\nu}{\delta U} \quad \Rightarrow \quad \delta\mathrm{d}\delta = 15\frac{\nu}{U}\mathrm{d}x$$

考虑到 $\delta\big|_{x=0}=0$ 有

$$\delta^2 = 30\frac{\nu}{U}x \quad \Rightarrow \quad \delta = \sqrt{30}\sqrt{\frac{\nu x}{U}} \quad \Rightarrow$$

$$\frac{\delta}{x} = \frac{5.48}{\sqrt{Re}}$$

由 $\tau_0 = 2\mu\dfrac{U}{\delta}$，则有

$$\frac{\tau_0}{\rho U^2/2} = \frac{4\nu}{U\delta} = \frac{0.73}{\sqrt{Re}} \qquad \text{解毕。}$$

例 4 设某不可压缩流体以常速度 U 纵向绕流多孔平板流动，平板表面流体的法向速度为常数 $v\big|_{y=0}=-V_w$，试导出边界层的动量积分关系(见图 9.9)。如果把速度剖面近似地表示为 $\dfrac{u}{U}=\dfrac{y}{\delta}$，$\delta$ 是边界层厚度，试确定 δ 随 x 的变化规律。

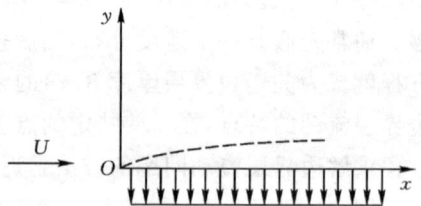

图 9.9　有抽气的多孔平壁边界层

解 从下列边界层方程出发推导相应

的动量积分关系式

$$\begin{cases} \dfrac{\partial u}{\partial x} + \dfrac{\partial v}{\partial y} = 0 & (1) \\[2mm] u\dfrac{\partial u}{\partial x} + v\dfrac{\partial u}{\partial y} = \nu\dfrac{\partial^2 u}{\partial y^2} & (2) \end{cases}$$

边界条件为

$$y=0,\quad u=0,\quad v=-V_w;\quad y=\delta,\quad u=U,\ \frac{\partial u}{\partial y}=0$$

$(1)\times u + (2) \Rightarrow$

$$\frac{\partial(u^2)}{\partial x} + \frac{\partial(uv)}{\partial y} = \nu\frac{\partial^2 u}{\partial y^2} \tag{3}$$

$(1)\times U - (3) \Rightarrow$

$$\frac{\partial}{\partial x}(Uu) - \frac{\partial(u^2)}{\partial x} + \frac{\partial}{\partial y}(Uv) - \frac{\partial(uv)}{\partial y} = -\nu\frac{\partial^2 u}{\partial y^2} \Rightarrow$$

$$\frac{\partial}{\partial x}[u(U-u)] + \frac{\partial}{\partial y}[v(U-u)] = -\nu\frac{\partial^2 u}{\partial y^2}$$

将上式对 y 从 0 到 δ 积分,得

$$\int_0^\delta \frac{\partial}{\partial x}[u(U-u)]\mathrm{d}y + \int_0^\delta \frac{\partial}{\partial y}[v(U-u)]\mathrm{d}y = \int_0^\delta -\nu\frac{\partial^2 u}{\partial y^2}\mathrm{d}y \tag{4}$$

利用莱布尼茨法则,并注意到边界条件后得

$$\int_0^{\delta(x)} \frac{\partial}{\partial x}[u(U-u)]\mathrm{d}y = \frac{\mathrm{d}}{\mathrm{d}x}\int_0^{\delta(x)} u(U-u)\mathrm{d}y - U(U-U)\frac{\mathrm{d}\delta}{\mathrm{d}x}$$

$$= U^2\frac{\mathrm{d}}{\mathrm{d}x}\int_0^{\delta(x)} \frac{u}{U}\left(1-\frac{u}{U}\right)\mathrm{d}y = U^2\frac{\mathrm{d}\theta}{\mathrm{d}x}$$

$$\int_0^{\delta(x)} \frac{\partial}{\partial y}[v(U-u)]\mathrm{d}y = V_w U$$

$$\int_0^\delta -\nu\frac{\partial^2 u}{\partial y^2}\mathrm{d}y = \nu\left(\frac{\partial u}{\partial y}\right)_{y=0} = \frac{\tau_0}{\rho}$$

则式(4)可写为

$$U^2\frac{\mathrm{d}\theta}{\mathrm{d}x} + V_w U = \frac{\tau_0}{\rho} \Rightarrow \frac{\mathrm{d}\theta}{\mathrm{d}x} + \frac{V_w}{U} = \frac{\tau_0}{\rho U^2} \tag{5}$$

取 $\dfrac{u}{U}=\dfrac{y}{\delta}$,则

$$\theta = \int_0^\delta \frac{y}{\delta}\left(1-\frac{y}{\delta}\right)\mathrm{d}y = \frac{1}{6}\delta,\quad \frac{\tau_0}{\rho U^2} = \frac{\mu(\partial u/\partial y)_{y=0}}{\rho U^2} = \frac{\mu}{\rho U\delta} \tag{6},(7)$$

将式(6)、(7)代入式(5)得

$$\frac{1}{6}\frac{\mathrm{d}\delta}{\mathrm{d}x} + \frac{V_w}{U} = \frac{\nu}{U\delta}$$

积分上式,并利用 $\delta(0)=0$,则

$$\delta + \frac{\nu}{V_w}\ln\left(1 - \frac{V_w\delta}{\nu}\right) = -\frac{6V_w}{U}x \tag{8}$$

如 $\dfrac{V_w\delta}{\nu} \ll 1$ 则,

$$\ln\left(1 - \frac{V_w\delta}{\nu}\right) \approx -\frac{V_w\delta}{\nu} - \frac{1}{2}\left(\frac{V_w\delta}{\nu}\right)^2 \quad \Rightarrow$$

$$\delta^2 = 12\frac{\nu}{U}x \tag{9}$$

此时边界层厚度与无抽气情况是相同的。

9.7 卡门-波尔豪森近似

波尔豪森首先利用动量积分方程求解具有压强梯度的边界层流动,他选用的速度剖面为四次多项式

$$\frac{u}{U} = a + b\eta + c\eta^2 + d\eta^3 + e\eta^4$$

式中 $\eta(x,y) = \dfrac{y}{\delta(x)}$。对于二维任意形状物体的绕流,并不一定存在相似性解,因此系数 a、b、c、d、e 取作 x 的函数。假定的速度分布需要满足一定的边界条件。对边界层流动而言,物体表面是边界层的内边界,与外部势流接壤的界限称为外边界。在边界层内边界上,必须满足无滑移条件,在边界层外边界上必须满足速度相等且应力相等,即

$$u(x,0) = 0, \quad u(x,\delta) = U, \quad \frac{\partial u(x,\delta)}{\partial y} = 0$$

以上三个边界条件称为自然边界条件或本质边界条件。另外,还有一些与边界层流动特点密切相关的边界条件,称为相容性条件。根据边界层方程

$$u\frac{\partial u}{\partial x} + v\frac{\partial u}{\partial y} = U\frac{\mathrm{d}U}{\mathrm{d}x} + \nu\frac{\partial^2 u}{\partial y^2}$$

在边界层内边界上,满足无滑移条件,即 $y=0$,$u=v=0$,由此得出

$$y = 0, \quad \frac{\partial^2 u}{\partial y^2} = -\frac{U}{\nu}\frac{\mathrm{d}U}{\mathrm{d}x}$$

该条件反映了物面形状对边界层内速度分布的影响,是重要的相容性条件。类似地,可得出速度分布的三阶导数或更高阶导数应满足的条件。在边界层外边界上,为了保证边界层流动与外部势流的光滑过渡,u 对 y 的高阶导数亦应为零,即

$$y = \delta, \quad \frac{\partial^2 u}{\partial y^n} = 0, \quad n = 2,3,\cdots$$

四次多项式表示的速度分布中,包含了五个待定系数,因此需要五个边界条件来确定,它们分别取为

$$u(x,0) = 0, \quad u(x,\delta) = U, \quad \frac{\partial u(x,\delta)}{\partial y} = 0, \quad \frac{\partial^2 u(x,0)}{\partial y^2} = -\frac{U}{\nu}\frac{\mathrm{d}U}{\mathrm{d}x},$$

$$\frac{\partial^2 u(0,\delta)}{\partial y^2} = 0$$

以上边界条件用无量纲速度 $\dfrac{u}{U}$ 和无量纲坐标 η 表示为

$$\eta = 0, \quad \frac{u}{U} = 0, \quad \frac{\partial^2 (u/U)}{\partial \eta^2} = -\frac{\delta^2}{\nu}\frac{\mathrm{d}U}{\mathrm{d}x} = -\Lambda(x)$$

$$\eta = 1, \quad \frac{u}{U} = 1, \quad \frac{\partial (u/U)}{\partial \eta} = \frac{\partial^2 (u/U)}{\partial \eta^2} = 0$$

式中

$$\Lambda(x) = \frac{\delta^2}{\nu}\frac{\mathrm{d}U}{\mathrm{d}x} \tag{9.47}$$

对上式稍作变化,$\Lambda(x) = \dfrac{\delta^2}{\nu}\dfrac{\mathrm{d}U}{\mathrm{d}x} = -\dfrac{\mathrm{d}p}{\mathrm{d}x}\Big/\Big(\mu\dfrac{U}{\delta^2}\Big)$,可以看出 $\Lambda(x)$ 反映了外部势流中压强梯度对边界层内部流动的影响,$\dfrac{\mathrm{d}U}{\mathrm{d}x} = 0$ 时,$\Lambda(x) = 0$,相当于零压强梯度的情形。称 $\Lambda(x)$ 为压强参数或波尔豪森型参数。将假定的四次多项式速度分布代入以上五个边界条件,可确定多项式各系数分别为

$$a = 0, \quad b = 2 + \frac{\Lambda}{6}, \quad c = -\frac{\Lambda}{2}, \quad d = -2 + \frac{\Lambda}{2}, \quad e = 1 - \frac{\Lambda}{6}$$

因此速度分布为

$$\frac{u}{U} = \Big(2 + \frac{\Lambda}{6}\Big)\eta - \frac{\Lambda}{2}\eta^2 - \Big(2 - \frac{\Lambda}{2}\Big)\eta^3 + \Big(1 - \frac{\Lambda}{6}\Big)\eta^4$$

将以上表达式重新组合,使依赖于 $\Lambda(x)$ 的项和与 $\Lambda(x)$ 无关的项分离,有

$$\frac{u}{U} = (2\eta - 2\eta^3 + \eta^4) + \frac{\Lambda}{6}(\eta - 3\eta^2 + 3\eta^3 - \eta^4)$$

$$= 1 - (1 + \eta)(1 - \eta)^3 + \frac{\Lambda}{6}\eta(1 - \eta)^3 \tag{9.48a}$$

令 $F(\eta) = 1 - (1 + \eta)(1 - \eta)^3, G(\eta) = \dfrac{\eta}{6}(1 - \eta)^3$,则上式成为

$$\frac{u}{U} = F(\eta) + \Lambda G(\eta) \tag{9.48b}$$

函数 $F(\eta)$ 和 $G(\eta)$ 随 η 的变化曲线如图 9.10 所示。由图 9.10 可见,函数 $F(\eta)$ 在区域[0,1]内随 η 单调增大;函数 $G(\eta)$ 随 η 增大先增大,$\eta = 0.25$ 时达到最大值

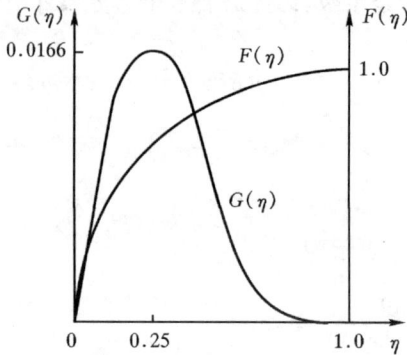

图 9.10　函数 $F(\eta)$ 及 $G(\eta)$

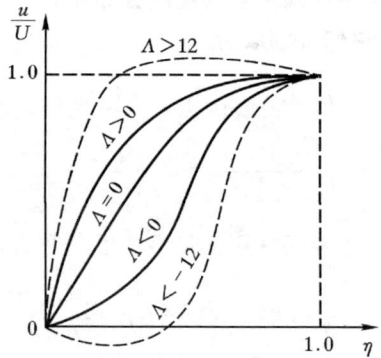

图 9.11　不同压强参数 Λ 值的速度分布

0.016 6,此后随 η 增大而下降,到 $\eta=1$ 时为零。图 9.11 表示了相应于各种压强参数 Λ 值的速度分布。$\Lambda=0$,相当于零压强梯度的平板边界层流动,当 $\Lambda>12$ 时,速度分布出现 $\frac{u}{U}>1$ 的区域,边界层内的速度不会超过外流速度,故限定 $\Lambda<12$;同样当 $\Lambda<-12$ 时,速度分布出现负值区域,这相当于出现回流(反向流)现象,在物理上是可能出现的,但是在这种情况下,边界层理论所依赖的基本假定不再成立,因此压强参数 Λ 应大于 -12。压强参数 $\Lambda(x)$ 应在 ±12 的范围之内取值,即

$$-12<\Lambda(x)<12 \tag{9.48c}$$

确定了速度分布后,就可以计算边界层的各种厚度和壁面切应力,分别为

$$\delta^* = \delta\int_0^1\left(1-\frac{u}{U}\right)\mathrm{d}\eta = \delta\int_0^1\left[(1+\eta)(1-\eta)^3-\frac{\Lambda}{6}\eta(1-\eta)^3\right]\mathrm{d}\eta$$

$$= \delta\left(\frac{3}{10}-\frac{\Lambda}{120}\right) \tag{9.49}$$

$$\theta = \delta\int_0^1\frac{u}{U}\left(1-\frac{u}{U}\right)\mathrm{d}\eta$$

$$= \delta\int_0^1\left[1-(1+\eta)(1-\eta)^3+\frac{\Lambda}{6}\eta(1-\eta)^3\right]$$

$$\times\left[(1+\eta)(1-\eta)^3-\frac{\Lambda}{6}\eta(1-\eta)^3\right]\mathrm{d}\eta$$

$$= \delta\left(\frac{37}{315}-\frac{\Lambda}{945}-\frac{\Lambda^2}{9\,072}\right) \tag{9.50}$$

$$\tau_0 = \mu\frac{U}{\delta}\frac{\partial(u/U)}{\partial\eta}\bigg|_{\eta=0} = \mu\frac{U}{\delta}\frac{\partial}{\partial\eta}\left[1-(1+\eta)(1-\eta)^3+\frac{\Lambda}{6}\eta(1-\eta)^3\right]\bigg|_{\eta=0}$$

$$= \mu \frac{U}{\delta} \left(2 + \frac{\Lambda}{6}\right) \tag{9.51}$$

将动量积分方程式(9.46)两边乘以 $\dfrac{U\theta}{\nu}$，得

$$\frac{U\theta}{\nu} \frac{\mathrm{d}\theta}{\mathrm{d}x} + (2\theta + \delta^*) \frac{\theta}{\nu} \frac{\mathrm{d}U}{\mathrm{d}x} = \frac{\tau_0}{\mu} \frac{\theta}{U}$$

或

$$\frac{1}{2}U \frac{\mathrm{d}}{\mathrm{d}x}\left(\frac{\theta^2}{\nu}\right) + \left(2 + \frac{\delta^*}{\theta}\right)\frac{\theta^2}{\nu} \frac{\mathrm{d}U}{\mathrm{d}x} = \frac{\tau_0 \theta}{\mu U} \tag{9.52}$$

由式(9.47)和(9.50)有

$$\Lambda = \frac{\delta^2}{\nu} \frac{\mathrm{d}U}{\mathrm{d}x} \quad \Rightarrow$$

$$\frac{\theta^2}{\nu} \frac{\mathrm{d}U}{\mathrm{d}x} = \frac{\theta^2}{\delta^2}\Lambda = \left(\frac{37}{315} - \frac{\Lambda}{945} - \frac{\Lambda^2}{9\,072}\right)^2 \Lambda = K(x) \tag{9.53}$$

由式(9.49)和式(9.50)有

$$\frac{\delta^*}{\theta} = \frac{\dfrac{\delta^*}{\delta}}{\dfrac{\theta}{\delta}} = \frac{\left(\dfrac{3}{10} - \dfrac{\Lambda}{120}\right)}{\left(\dfrac{37}{315} - \dfrac{\Lambda}{945} - \dfrac{\Lambda^2}{9\,072}\right)} = f(K) \tag{9.54}$$

函数 f 依赖于 Λ，也就是依赖于 x，同样函数 K 也是 x 的函数，所以 f 可看作是 K 的函数(隐函数)。另外，利用式(9.50)和式(9.51)，得

$$\frac{\tau_0 \theta}{\mu U} = \left(2 + \frac{\Lambda}{6}\right)\left(\frac{37}{315} - \frac{\Lambda}{945} - \frac{\Lambda^2}{9\,072}\right) = g(K) \tag{9.55}$$

将式(9.53)、式(9.54)和式(9.55)代入式(9.52)式，得

$$\frac{1}{2}U \frac{\mathrm{d}}{\mathrm{d}x}\left(\frac{\theta^2}{\nu}\right) + [2 + f(K)]K = g(K) \tag{9.56}$$

令 $z = \dfrac{\theta^2}{\nu}$，由式(9.53)$K = z\dfrac{\mathrm{d}U}{\mathrm{d}x}$，式(9.56)式成为

$$U \frac{\mathrm{d}z}{\mathrm{d}x} = 2\{g(K) - [2 + f(K)]K\} = H(K) \tag{9.57a}$$

注意到

$$K = \left(\frac{37}{315} - \frac{\Lambda}{945} - \frac{\Lambda^2}{9\,072}\right)^2 \Lambda$$

$$H = 2\left\{\left(2 + \frac{\Lambda}{6}\right)\left(\frac{37}{315} - \frac{\Lambda}{945} - \frac{\Lambda^2}{9\,072}\right) - \left[2 + \frac{\left(\dfrac{3}{10} - \dfrac{\Lambda}{120}\right)}{\left(\dfrac{37}{315} - \dfrac{\Lambda}{945} - \dfrac{\Lambda^2}{9\,072}\right)}\right]\right.$$

$$\left. \times \left(\frac{37}{315} - \frac{\Lambda}{945} - \frac{\Lambda^2}{9\,072}\right)^2 \Lambda\right\}$$

$$= 2\left(\frac{37}{315} - \frac{\Lambda}{945} - \frac{\Lambda^2}{9\,072}\right)\left[2 - \frac{116}{315}\Lambda + \left(\frac{2}{945} + \frac{1}{120}\right)\Lambda^2 + \frac{2}{9\,072}\Lambda^3\right]$$

由以上两个表达式,对任意的压强参数 $\Lambda(x)$ 都可计算出相应的 K 值和 H 值,因此就可建立 K 与 $H(K)$ 的对应关系。由于 $H(K)$ 的形式相当复杂,式(9.57a)表示的动量积分方程不能显式地积分,而只能采用数值方法。将式(9.57a)改写为

$$\frac{\mathrm{d}z}{\mathrm{d}x} = \frac{H(K)}{U} \tag{9.57b}$$

在进行数值积分时,首先应确定出积分初值 z_0 和 $\left(\dfrac{\mathrm{d}z}{\mathrm{d}x}\right)_0$。边界层问题计算中,一般坐标原点取在对应势流解的前滞止点上,因此 $U(0)=0$。要使式(9.57b)有意义,则必须有 $H(K)=0$,由前述 $H(K)$ 的表达式可得出有实际物理意义的解为

$$K_0 = 0.077\,0, \quad \Lambda_0 = 7.052$$

由关系式 $K = z\dfrac{\mathrm{d}U}{\mathrm{d}x}$,有 $z_0 = \dfrac{K_0}{\left(\dfrac{\mathrm{d}U}{\mathrm{d}x}\right)_0} = \dfrac{0.077\,0}{U'_0}$

式中 $U'_0 = \left(\dfrac{\mathrm{d}U}{\mathrm{d}x}\right)_0$,由对应的势流解得出。

在坐标原点即滞止点 $\mathrm{d}z/\mathrm{d}x$ 成为 $0/0$ 型的不定式,为此应用罗必塔法则求极限,

$$\left(\frac{\mathrm{d}z}{\mathrm{d}x}\right)_0 = \lim_{x \to 0} \frac{\dfrac{\mathrm{d}H}{\mathrm{d}x}}{\dfrac{\mathrm{d}U}{\mathrm{d}x}} = \lim_{\substack{\Lambda \to \Lambda_0 \\ x \to 0}} \frac{\dfrac{\mathrm{d}H}{\mathrm{d}\Lambda}\dfrac{\mathrm{d}\Lambda}{\mathrm{d}K}\dfrac{\mathrm{d}K}{\mathrm{d}x}}{U'_0}$$

注意到 $K = z\dfrac{\mathrm{d}U}{\mathrm{d}x}$, $\dfrac{\mathrm{d}K}{\mathrm{d}x} = \dfrac{\mathrm{d}z}{\mathrm{d}x}\dfrac{\mathrm{d}U}{\mathrm{d}x} + z\dfrac{\mathrm{d}^2U}{\mathrm{d}x^2} = \dfrac{\mathrm{d}z}{\mathrm{d}x}U' + \dfrac{K}{U'}U''$,所以上式成为

$$\left(\frac{\mathrm{d}z}{\mathrm{d}x}\right)_0 = \frac{\left(\dfrac{\mathrm{d}H}{\mathrm{d}\Lambda}\right)_{\Lambda_0}}{\left(\dfrac{\mathrm{d}K}{\mathrm{d}\Lambda}\right)_{\Lambda_0}}\left[\left(\frac{\mathrm{d}z}{\mathrm{d}x}\right)_0 + \frac{K_0}{U'_0}\frac{U''_0}{U'_0}\right] \quad \Rightarrow$$

$$\left(\frac{\mathrm{d}z}{\mathrm{d}x}\right)_0 = \frac{\left(\dfrac{\mathrm{d}H}{\mathrm{d}\Lambda}\right)_{\Lambda_0}\dfrac{K_0}{U'_0}\dfrac{U''_0}{U'_0}}{\left(\dfrac{\mathrm{d}K}{\mathrm{d}\Lambda}\right)_{\Lambda_0}\left[1 - \dfrac{\left(\dfrac{\mathrm{d}H}{\mathrm{d}\Lambda}\right)_{\Lambda_0}}{\left(\dfrac{\mathrm{d}K}{\mathrm{d}\Lambda}\right)_{\Lambda_0}}\right]}$$

式中

$$\frac{\mathrm{d}H}{\mathrm{d}\Lambda} = \frac{\mathrm{d}}{\mathrm{d}\Lambda}\left\{2\left(\frac{37}{315} - \frac{\Lambda}{945} - \frac{\Lambda^2}{9\,072}\right)\left[2 - \frac{116}{315}\Lambda + \left(\frac{2}{945} + \frac{1}{120}\right)\Lambda^2\right.\right.$$

$$+ \frac{2}{9\,072}\Lambda^3\Big]\Big\}$$

$$\frac{\mathrm{d}K}{\mathrm{d}\Lambda} = \frac{\mathrm{d}}{\mathrm{d}\Lambda}\Big[\Big(\frac{37}{315} - \frac{\Lambda}{945} - \frac{\Lambda^2}{9\,072}\Big)^2\Lambda\Big]$$

考虑到 $\Lambda_0 = 7.052, K_0 = 0.077\,0$，于是

$$\Big(\frac{\mathrm{d}z}{\mathrm{d}x}\Big)_0 = -0.065\,2\,\frac{U''_0}{U'^2_0}$$

初值确定后，沿 x 坐标按间隔 Δx 依次取计算点 $x_1, x_2, \cdots$，在 x_1 点，

$$z_1 = z_0 + \Big(\frac{\mathrm{d}z}{\mathrm{d}x}\Big)_0\Delta x, \quad K_1 = z_1\Big(\frac{\mathrm{d}U}{\mathrm{d}x}\Big)_1, \quad \Big(\frac{\mathrm{d}z}{\mathrm{d}x}\Big)_1 = \frac{H(K_1)}{U_1}$$

得到 x_1 处的函数值 z_1 和导数值 $\Big(\dfrac{\mathrm{d}z}{\mathrm{d}x}\Big)_1$ 后，即可计算 x_2 点的有关值为

$$z_2 = z_1 + \Big(\frac{\mathrm{d}z}{\mathrm{d}x}\Big)_1\Delta x, \quad K_2 = z_2\Big(\frac{\mathrm{d}U}{\mathrm{d}x}\Big)_2, \quad \Big(\frac{\mathrm{d}z}{\mathrm{d}x}\Big)_2 = \frac{H(K_2)}{U_2}$$

依次类推，从前滞止点 $\Lambda_0 = 7.052$ 起可持续算到分离点 $\Lambda = -12(K = -0.156\,7)$ 为止，各点的 z 和 K 值确定后，就可求出其他量 $\delta, \delta^*, \theta, \tau_0$。

除数值积分外，式(9.57)还可用其他方法求解。思韦茨发现速度剖面对 $H(K)$ 影响不大，$H(K)$ 与 K 近似为线性关系，有

$$H(K) = 0.45 - 6K \tag{9.58}$$

故动量积分方程(9.57)式成为

$$U\frac{\mathrm{d}z}{\mathrm{d}x} = 0.45 - 6K = 0.45 - 6z\frac{\mathrm{d}U}{\mathrm{d}x}$$

整理上式，得

$$U\frac{\mathrm{d}z}{\mathrm{d}x} + 6z\frac{\mathrm{d}U}{\mathrm{d}x} = 0.45 \quad \Rightarrow \quad \frac{1}{U^5}\frac{\mathrm{d}}{\mathrm{d}x}(zU^6) = 0.45$$

积分后得

$$z(x) = \frac{0.45}{U^6(x)}\int_0^x U^5(\xi)\mathrm{d}\xi$$

又因 $z = \dfrac{\theta^2}{\nu}$，所以

$$\theta^2 = \frac{0.45\nu}{U^6(x)}\int_0^x U^5(\xi)\mathrm{d}\xi \tag{9.59}$$

求得 θ 后可利用式(9.53)计算压强参数 K，则

$$K = \frac{\theta^2}{\nu}\frac{\mathrm{d}U}{\mathrm{d}x}$$

位移厚度 δ^* 和壁面切应力 τ_0 由式(9.54)和式(9.55)计算，

$$\delta^* = \theta f(K), \quad \tau_0 = \frac{\mu U}{\theta} g(K)$$

通常称式(9.59)为思韦茨公式,而上述线性化积分方法为思韦茨方法。函数$g(K)$与K之间的函数关系可用以下经验公式表示为

$$g(K) \approx (K + 0.09)^{0.62} \tag{9.60}$$

将式(9.58)代入式(9.57a),则可得到$f(K)$与$g(K)$之间的函数关系式为

$$2g(K) - 2[2 + f(K)]K = 0.45 - 6.0K \tag{9.61}$$

$g(K) = 0$的点是分离点,在该点壁面切应力为零,按照思韦茨方法该点相应于$K = -0.090$。

例5　利用卡门-波尔豪森方法解顺流平板边界层问题。

解　这种情况下,$U =$常量,由式(9.59)得

$$\theta = 0.671 \sqrt{\frac{\nu x}{U}}$$

由于$dU/dx = 0, K = 0$,由式(9.60)有

$$g(K) = 0.225$$

由式(9.61)使用求极限的洛必塔法则可得

$$f(K) = 2.55$$

于是

$$\delta^* = 2.55\theta = 1.71 \sqrt{\frac{\nu x}{U}}$$

$$\tau_0 = 0.225 \frac{\mu U}{\theta} = 0.335 \rho U^2 \sqrt{\frac{\nu}{Ux}}$$

θ、δ^*和τ_0精确解的系数分别是$0.664,1.72$和0.332,以上结果与精确解相比还是相当令人满意的。

例6　利用卡门-波尔豪森方法求解钝头柱体前驻点附近的二维绕流问题。

解　此时,$U = cx$,由式(9.59)得

$$\theta = 0.274 \sqrt{\frac{\nu}{c}}$$

由(9.53)可得

$$K = 0.075$$

由式(9.60)和式(9.61)得

$$g(K) = 0.327, \quad f(K) = 2.35,$$

于是

$$\delta^* = 2.35\theta = 0.644 \sqrt{\frac{\nu}{c}}$$

$$\tau_0 = 0.327 \frac{\mu U}{\theta} = 1.193\rho U^2 \sqrt{\frac{\nu}{c}}$$

由表 9.3,令 $\beta=1$ 可得 θ、δ^* 和 τ_0 精确解的系数分别是 0.292,0.648 和 1.233。

9.8　边界层分离

　　在平壁边界层中,压强沿流动方向保持不变。当流体绕曲面流动时,边界层之外的流动可视为势流,而边界层内仍有 $\partial p / \partial y = 0$。如图 9.12 所示的绕曲面的流动,对于外部势流而言在 C 点的左半部分流动是加速的,在 C 点边界层外的流速达到最大值,压强达到最小值,从 A 到 C 压强梯度 $\partial p / \partial y$ 为负值,负的压强梯度称顺压梯度,在此区域边界层内流体质点受到的压力与流动方向一致,压强梯度克服壁面和流动内部的

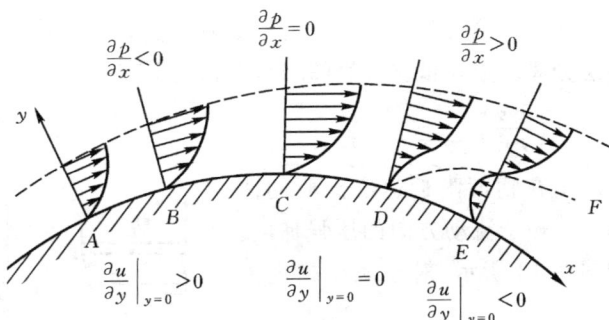

图 9.12　曲壁面边界层流动

粘滞作用推动流体质点前进,不会发生边界层分离。在 C 的右半部分,流动是减速的,压强沿流动方向增大,$\partial p / \partial y > 0$。正的压强梯度称逆压梯度,在此区域边界层内流体质点受到的压力与流动方向相反,在压强梯度和粘滞力的复合作用下流体质点的速度逐渐减小,在同一 x 截面上,越靠近壁面的流体质点速度越低,因此,首先在 D 点靠近壁面的流体质点速度减小为零。在 D 点下游压强较高,在逆压梯度的作用下,下游流体将会回流,并将边界层内从上游相继流来的流体质点推离壁面,挤向主流,形成边界层分离。从下游回流的流体受到主流的冲击又折返方向,向下游流去,在分离点下游形成旋涡和尾流区。当边界层分离后,脱离壁面的流体注入外部势流中,在主流和回流之间形成一条分离流线,如图中虚线 DF 所示。在 DF 线两侧,两股来自不同方向的流体速度是不相同的,在 DF 线附近存在着大的速度梯度,这一薄层称为自由剪切层,它是一个涡量集中的区域。自由剪切层极不稳定,任何小扰动都会使它畸变,卷成许多旋涡。尾流区的旋涡造成能量损失,该区压强较理想流体流动为低,这就是钝形物体绕流出现压差阻力的原因。

　　边界层分离是逆压梯度和壁面粘性阻滞作用综合作用的结果。逆压梯度不仅出现在曲面绕流中,在其他流动中,如流体在扩张流道中流动,也会产生逆压梯度,也就可能出现边界层分离现象。

如图 9.12 所示,在分离点上游沿 y 轴的速度剖面中流速均为正值,于是在 $y=0$ 处有 $\partial u/\partial y>0$;在分离点下游,壁面附近产生回流,回流区流速为负值,在 $y=0$ 处有 $\partial u/\partial y<0$。于是可推知在分离点处有

$$\frac{\partial u}{\partial y}\Big|_{y=0} = 0 \tag{9.62}$$

这就是确定分离点位置的判据,上式也意味着在分离点 $\tau_w=0$。由于在分离点上游壁面切应力 $\tau_w>0$,在分离点下游 $\tau_w<0$,因此在分离点上同时有

$$\tau_w(x,0)=0, \quad \frac{\partial \tau_w}{\partial x}\Big|_{y=0} < 0$$

下边讨论在分离点前后边界层内速度分布的特点,这有助于更深刻地理解边界层分离现象。依据方程(9.6),在物面上有

$$\left(\frac{\partial^2 u}{\partial y^2}\right)_{y=0} = \frac{1}{\mu}\frac{\partial p}{\partial y}$$

这表明在物面附近速度剖面的曲率只依赖于流动方向的压强梯度。如图 9.13 所示,对于顺压梯度流动,有 $\partial p/\partial y<0$,于是 $\left(\frac{\partial^2 u}{\partial y^2}\right)_{y=0}<0$;另一方面,当趋近于边界层外边界时,$\partial u/\partial y$ 不断减小并趋于零,因此当 $y\to\delta$ 时,$\partial^2 u/\partial y^2<0$,由此推知在顺压梯度区 $\partial^2 u/\partial y^2$ 始终是负的,这意味着 $\partial u/\partial y$ 将由壁面上的最大值 τ_w/μ 随 y 增加单调减小直至为零。与此相应,边界层内的速度剖面是一条没有拐点的向外凸的光滑曲线,所以流体质点都向下游运动,不会发生边界层分离。对于逆压梯度流动,有 $\partial p/\partial y>0$,于是 $\left(\frac{\partial^2 u}{\partial y^2}\right)_{y=0}>0$,又根据上文的

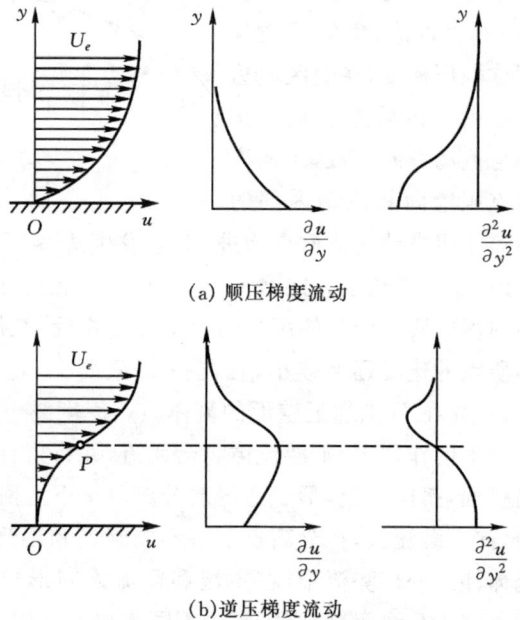

(a) 顺压梯度流动

(b) 逆压梯度流动

图 9.13 边界层内的速度剖面

讨论当 $y\to\delta$ 时,$\partial^2 u/\partial y^2<0$,于是必然在 $0<y<\delta$ 的某点处出现 $\partial^2 u/\partial y^2=0$,这意味着 $\partial u/\partial y$ 剖面上的相应点是极值点,而速度剖面上的相应点是拐点,如图 9.13 中的 P 点。拐点的出现改变了速度剖面的形状,在拐点上部速度剖面外凸,拐点下部速度剖面内凹。随着流体粘性和壁面阻滞作用的累积,逆压区中拐点的位置

也在变化。在最小压强点(图 9.12 中的 C 点),有 $\partial p/\partial y=0$,因此 $\left(\dfrac{\partial^2 u}{\partial y^2}\right)_{y=0}=0$,拐点位于物面上;随着流体质点向下游运动,拐点将向外边界方向移动。当拐点靠近物面时,整个速度剖面保持 $\partial u/\partial y>0$,所有流体质点沿主流流动方向运动;而随着拐点外移,速度剖面变得越来越瘦削,物面附近流体速度越来越小,必然在物面的某点处出现 $\left.\dfrac{\partial u}{\partial y}\right|_{y=0}=0$,从这点开始再向下游就有 $\left.\dfrac{\partial u}{\partial y}\right|_{y=0}<0$,即发生了回流。

在分离点附近及分离点下游,边界层厚度大幅度增加,u 与 v 的数量级发生了很大的变化,与 u 相比 v 不再是小量,$\delta\ll L$ 的条件也不再成立,推导边界层方程的基本前提不再适用。因此在顺压区应用边界层方程没有困难,精度也好;进入逆压区,特别是分离点附近,计算精度与收敛性迅速变坏。在逆压区用波尔豪森方法计算的速度滞后于真实的速度分布,越靠近分离点,滞后越严重,预测的分离点比实际发生的晚。用边界层方程只能求出分离点,而不能得到分离点后的流场。要计算分离点后流场则需借助于 N-S 方程。

分离常常给工程带来危害,比如流体分离可能造成机翼表面失速,阻力剧增;在叶轮机械或扩压器中,分离不仅带来大的机械能损失,还可能引起剧烈的喘振和旋转失速,甚至造成结构破坏。因此,分离流动的研究在理论和工程实际上都有重要价值。

例 7 求绕流圆柱表面层流边界层流动分离点的位置。

解 如图 9.14 示,均匀流绕流半径为 a 的圆柱,由第 4 章知物面势流速度为

$$U(x) = 2U_\infty \sin\phi \qquad\text{(a)}$$

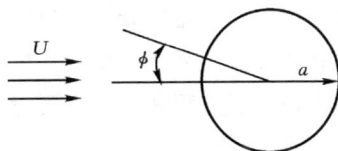

图 9.14 圆柱边界层分离

式中 x 是沿圆柱面的坐标,在圆柱前驻点 x 等于零。由式(9.59)计算边界层动量损失厚度的平方为

$$\theta^2 = \frac{0.45\nu}{U^6(x)}\int_0^x U^5(x)\,\mathrm{d}x = \frac{0.45\nu}{2^6 U_\infty^6 \sin^6\phi}\int_0^x 32 U_\infty^5 \sin^5\phi\,\mathrm{d}x$$

作坐标置换,$t=\cos\phi$,$\sin^4\phi=(1-t^2)^2$,$\sin\phi\mathrm{d}x=\sin\phi a\mathrm{d}\phi=-a\mathrm{d}t$,于是

$$\theta^2 = -\frac{0.45\nu a}{2U_\infty \sin^6\phi}\int_1^t (1-t^2)^2\,\mathrm{d}t$$

$$= 0.015\frac{\nu a}{U_\infty \sin^6\phi}(8 - 15t + 10t^3 - 3t^5) \qquad\text{(b)}$$

令 $\xi=\sin^2(\phi/2)$,则

$$\sin^2\phi = 4\xi(1-\xi), \quad \sin^6\phi = 64\xi^3(1-\xi)^3,$$

$$t = \cos\phi = 1-2\xi, \quad t^3 = 1-6\xi+12\xi^2-8\xi^3,$$

$$t^5 = 1 - 10\xi + 40\xi^2 - 80\xi^3 + 80\xi^4 - 32\xi^5$$

将以上各式代入式(b)并化简

$$\theta^2 = 0.037\ 5\ \frac{\nu a}{U_\infty}\left(1 - \frac{3}{2}\xi + \frac{3}{5}\xi^2\right)(1 - \xi)^{-3} \tag{c}$$

利用式(9.53)计算 K,则

$$K = \frac{\theta^2}{\nu}\frac{\mathrm{d}U(x)}{\mathrm{d}x} = 0.037\ 5\ \frac{a}{U_\infty}\left(1 - \frac{3}{2}\xi + \frac{3}{5}\xi^2\right)(1 - \xi)^{-3}(1 - 2\xi)\frac{2U_\infty}{a}$$

$$= 0.075\left(1 - \frac{7}{2}\xi + \frac{18}{5}\xi^2 - \frac{6}{5}\xi^3\right)(1 - \xi)^{-3} \tag{d}$$

上式计算中用到 $\dfrac{\mathrm{d}U(x)}{\mathrm{d}x} = \dfrac{\mathrm{d}U(x)}{\mathrm{d}\phi}\dfrac{\mathrm{d}\phi}{\mathrm{d}x} = \dfrac{2U_\infty}{a}\cos\phi = \dfrac{2U_\infty}{a}(1 - 2\xi)$。相应于 $K = -0.090$,则

$$\xi = 0.613 = \sin^2(\phi/2) \tag{e}$$

即

$$\phi = 103° \tag{f}$$

圆柱的层流分离发生 $\phi \approx 80.5°$,可见利用思韦茨公式预测的分离点位置滞后于实际分离点位置。希门兹实测的势流速度分布为

$$U(x) = U_\infty\left[1.814\ \frac{x}{a} - 0.271\left(\frac{x}{a}\right)^3 - 0.047\ 1\left(\frac{x}{a}\right)^5\right]$$

由上述速度分布出发运用思韦茨公式计算的分离点位置则为 $\phi = 78.5°$,与实测结果非常接近。采用实测的速度或压强分布进行边界层计算以确定分离点位置,是解决边界层方程在分离点附近精度不高问题的有效方法之一。

9.9 层流边界层的稳定性

粘性流体运动微分方程组在相应的定解条件下得到的每一个解,确定了一类可能的运动状态,但是其中只有一部分是可以在自然界中真正实现的。借助于对方程组进行稳定性研究,便能知道哪些运动状态真正能在自然界实现。换言之,在自然界中存在的流动不仅必须服从粘性流体运动微分方程组,还必须是稳定的。所谓稳定性指给定的物理状态能否抵抗某一扰动而回复到原来的状态,若能,则这一物理状态是稳定的,若不能,则这个特殊的物理状态是不稳定的。对流动现象而言,一般不稳定性表现为流态会由层流转变为紊流。与所有的流动现象一样,层流边界层也可能变得不稳定而转变为紊流边界层,层流边界层与紊流边界层的性质有很大的差异。例如,圆柱绕流边界层分离点的位置,层流情况下为从前驻点算起约为 $80.5°$,紊流情况为 $108°$,分离点位置的变化会引起阻力系数显著的变化。因

此,研究边界层的稳定性有实际的价值。

层流稳定性理论研究中,广泛采用的方法是所谓小扰动法,层流流动经常会受到一些小扰动,例如在管流的情况,扰动可能是由管道进口或管壁面的粗糙产生的。在边界层流动中,这些扰动则可能是由外流的某些不规则性或壁面粗糙所产生的。当这些小扰动叠加在主流流动上之后,观察扰动量随时间是增大的抑或衰减的,若扰动量随时间增大,则流动是不稳定的,若扰动量随时间衰减,则流动是稳定的,若扰动量随时间既不增大也不减小,则称为临界稳定。层流稳定性理论的主要内容是寻求在各种流动情况下层流对小扰动失去抑制能力时的雷诺数,也就是临界雷诺数 Re_{cr}。本节以不可压缩二维边界层流动为例,简要介绍小扰动法,导出稳定性方程并对其作简要说明。

设不可压缩二维层流边界层的主流流动中,x 方向的速度分量仅为 y 的函数,为了避免与外部势流速度 U 相混淆,表示为 $V(y)$,垂直物体表面的 y 方向速度分量为零,压强为 $p_0(x)$。将小扰动量 $u'(x,y,t),v'(x,y,t)$ 和 $p'(x,y,t)$ 叠加到主流运动上去,得到合成运动的瞬时量为

$$u(x,y,t) = V(y) + u'(x,y,t), \quad v(x,y,t) = o + v'(x,y,t),$$
$$p(x,y,t) = p_0(x) + p'(x,y,t)$$

按照小扰动的限制,$\left|\dfrac{u'}{V}\right|$、$\left|\dfrac{v'}{V}\right|$ 和 $\left|\dfrac{p'}{p_0}\right|$ 均为比单位 1 小得多的量。将以上速度和压强的瞬时量代入连续方程和 N-S 方程,得

$$\frac{\partial u'}{\partial x} + \frac{\partial v'}{\partial y} = 0$$

$$\frac{\partial u'}{\partial t} + (V+u')\frac{\partial u'}{\partial x} + v'\left(\frac{dV}{dy} + \frac{\partial u'}{\partial y}\right) = -\frac{1}{\rho}\left(\frac{dp_0}{dx} + \frac{\partial p'}{\partial x}\right)$$
$$+ \nu\left(\frac{\partial^2 u'}{\partial x^2} + \frac{d^2 V}{dy^2} + \frac{\partial^2 u'}{\partial y^2}\right)$$

$$\frac{\partial v'}{\partial t} + (V+u')\frac{\partial v'}{\partial x} + v'\frac{\partial v'}{\partial y} = -\frac{1}{\rho}\frac{\partial p'}{\partial y} + \nu\left(\frac{\partial^2 v'}{\partial x^2} + \frac{\partial^2 v'}{\partial y^2}\right)$$

作为特殊情况,当扰动量全为零时,上述方程组化简为

$$0 = -\frac{1}{\rho}\frac{dp_0}{dx} + \nu\frac{d^2 V}{dy^2}$$

因此,上式中的两项可从 x 方向的运动方程中去掉。另外,因为假定的扰动量很小,所以二阶小量(即带撇号量的乘积)可以略去,于是得到扰动量的线性方程为

$$\frac{\partial u'}{\partial x} + \frac{\partial v'}{\partial y} = 0$$

$$\frac{\partial u'}{\partial t} + V\frac{\partial u'}{\partial x} + v'\frac{dV}{dy} = -\frac{1}{\rho}\left(\frac{dp'}{dx}\right) + \nu\left(\frac{\partial^2 u'}{\partial x^2} + \frac{\partial^2 u'}{\partial y^2}\right)$$

$$\frac{\partial v'}{\partial t} + V \frac{\partial v'}{\partial x} = -\frac{1}{\rho} \frac{\partial p'}{\partial y} + \nu\left(\frac{\partial^2 v'}{\partial x^2} + \frac{\partial^2 v'}{\partial y^2}\right)$$

由于扰动速度满足连续方程,引入扰动流函数 ψ,定义为

$$u' = \frac{\partial \psi}{\partial y}, \quad v' = -\frac{\partial \psi}{\partial x}$$

以扰动流函数表示的控制方程组成为

$$\frac{\partial^2 \psi}{\partial y \partial t} + V \frac{\partial^2 \psi}{\partial x \partial y} - \frac{\partial \psi}{\partial x} \frac{\mathrm{d}V}{\mathrm{d}y} = -\frac{1}{\rho} \frac{\partial p'}{\partial x} + \nu\left(\frac{\partial^3 \psi}{\partial x^2 \partial y} + \frac{\partial^3 \psi}{\partial y^3}\right)$$

$$-\frac{\partial^2 \psi}{\partial x \partial t} - V \frac{\partial^2 \psi}{\partial x^2} = -\frac{1}{\rho} \frac{\partial p'}{\partial y} - \nu\left(\frac{\partial^3 \psi}{\partial x^3} + \frac{\partial^3 \psi}{\partial x \partial y^2}\right)$$

以上方程组中,第一式两端对 y 求偏导,第二式两端对 x 求偏导,两式相减消去 $\frac{\partial^2 p'}{\partial x \partial y}$,得

$$\left(\frac{\partial}{\partial t} + V \frac{\partial}{\partial x}\right)\left(\frac{\partial^2 \psi}{\partial x^2} + \frac{\partial^2 \psi}{\partial y^2}\right) - \frac{\mathrm{d}^2 V}{\mathrm{d}y^2} \frac{\partial \psi}{\partial x} = \nu\left(\frac{\partial^4 \psi}{\partial x^4} + 2\frac{\partial^4 \psi}{\partial x^2 \partial y^2} + \frac{\partial^4 \psi}{\partial y^4}\right) \quad (9.63)$$

扰动流函数满足四阶的线性偏微分方程。

考虑到扰动可以是任意的形式,它由 x 方向传播的各种扰动波叠加而成,x 方向的扰动波可用傅里叶级数表示,故扰动流函数可表示成如下的傅里叶积分,

$$\psi(x,y,t) = \int_0^\infty \Psi(y)\mathrm{e}^{\mathrm{i}\alpha(x-ct)}\,\mathrm{d}\alpha \quad (9.64)$$

式中 $\Psi(y)$ 表示扰动的幅度,考虑到边界层流动的主流速度仅为 y 的函数,故假定扰动的幅度也是 y 的函数。α 为正实数,称为波数,它与 x 方向扰动波波长的关系为 $\lambda = \frac{2\pi}{\alpha}$;$c$ 为复数,$c = c_r + \mathrm{i}c_i$,实部 c_r 表示扰动波在 x 方向的传播速度,称为相速度,虚部 c_i 决定扰动波随时间增大或衰减的程度。若 $c_i > 0$ 扰动将随时间增大,$c_i < 0$ 则扰动随时间而衰减,$c_i = 0$ 为中性稳定。

将式(9.64)代入式(9.63),得微分积分方程

$$\int_0^\infty \left[(-\mathrm{i}\alpha c + \mathrm{i}\alpha V)(\Psi'' - \alpha^2 \Psi) - \mathrm{i}\alpha \Psi V''\right]\mathrm{e}^{\mathrm{i}\alpha(x-ct)}\,\mathrm{d}\alpha$$

$$= \int_0^\infty \left[\nu(\Psi'''' - 2\alpha^2 \Psi'' + \alpha^4 \Psi)\right]\mathrm{e}^{\mathrm{i}\alpha(x-ct)}\,\mathrm{d}\alpha$$

式中撇号($'$)表示对 y 的导数。因为该方程对任意形式的扰动波均成立,也就是对每个单独的波数 α 值成立,故上式两端的被积表达式相等。换言之,若将上式移项并将积分合并,被积函数应为零。由此得

$$(V - c)(\Psi'' - \alpha^2 \Psi) - V''\Psi = \frac{\nu}{\mathrm{i}\alpha}(\Psi'''' - 2\alpha^2 \Psi'' + \alpha^4 \Psi) \quad (9.65)$$

该方程称为奥尔-索默菲尔德方程,是讨论层流稳定性的基本方程。相应的边界条

件由扰动在边界层的内外边界上为零得到

$$u'(x,0,t) = v'(x,0,t) = 0$$

$$y \to \infty, \quad u'(x,y,t) = v'(x,y,t) \to 0$$

若以扰动流函数表示,则为

$$\boldsymbol{\Psi}(0) = \boldsymbol{\Psi}'(0) = 0 \qquad (9.66)$$

$$y \to \infty, \quad \boldsymbol{\Psi}(y) = \boldsymbol{\Psi}'(y) \to 0 \qquad (9.67)$$

对于给定的未受扰动速度分布和扰动波的波长,$V(y)$ 和 α 均已知,由稳定性方程(9.65)和边界条件(9.66)和(9.67)式可确定一个特征函数 $\boldsymbol{\Psi}(y)$ 和一个复特征值 c。如果每一个可能的波长都依次处理

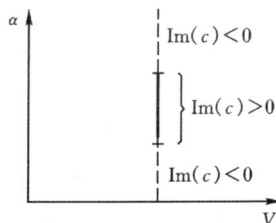

图 9.15　给定速度分布 V 的
稳定性计算结果

过后,就可确定出稳定区域(相应于 c 的虚部为负)和不稳定区域(相应于 c 的虚部为正),如图 9.15 所示。

　　然后,考虑边界层速度分布所有可能的值,即在 $0 \leqslant V(y) \leqslant U(x)$ 的范围内考虑所有可能的值,重复以上的计算过程,就可对某一指定 x 值的位置,确定出稳定性的界限。

　　图 9.16 表示平板边界层稳定性的计算结果。图中横坐标为雷诺数,其特征长度取为边界层的位移厚度,特征速度取为外流速度。纵坐标 α 也用位移厚度无量纲化。图中曲线表示 c 的虚部为零的点的连线,即中性稳定曲线,也称为拇指曲线。中性稳定曲线对

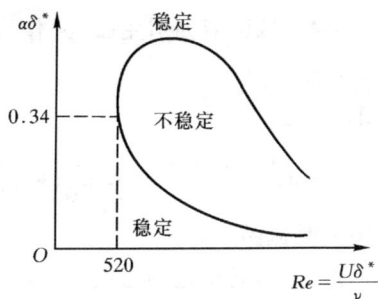

图 9.16　稳定性曲线

应的最小雷诺数称为临界雷诺数 Re_{cr},当流动雷诺数小于该值时,对于任何 α 值的扰动波主流都是稳定的,当流动雷诺数大于该值时,某些特定波数的扰动使主流变为不稳定。对于平板边界层流动 $Re_{cr} = 520$。可以预期,当流动雷诺数大于该值时,层流边界层将转换为紊流边界层。

　　奥尔-索默菲尔德方程在数学上求解很困难,因此多年来层流的稳定性问题并没有完全得到解决,只是在某些简单的流动情况下得到了一些结果。但人们对层流的稳定性认识却因此得到很大的提高。

练习题

9.1　给定边界层的速度分布为 $\dfrac{u}{U} = 1 - e^{-k\frac{y}{\delta}}$,其中 δ 为边界层厚度。试求 k

以及 $\dfrac{\delta^*}{\delta}$ 和 $\dfrac{\theta}{\delta}$ 的值。

9.2 试证明不可压缩流体边界层流动存在下列关系式：(1) $\displaystyle\int_0^\delta \dfrac{u}{U}\mathrm{d}y = \delta - \delta^*$；(2) $\displaystyle\int_0^\delta \left(\dfrac{u}{U}\right)^2 \mathrm{d}y = \delta - \delta^* - \theta$；(3) $\delta > \delta^* > \theta$；(4) $\delta > \delta^* + \theta$。

9.3 矩形等截面风洞实验段边长为 a 和 b，长度为 l，入口流速为 U，且均匀分布（见题 9.3 图）。假定入口处边界层厚度为零，出口处的边界层厚度、位移厚度和动量厚度分别为 δ, δ^* 和 θ。试求出口截面边界层外部均匀气流的流速及实验段所受的总摩擦力（不考虑壁面交界处的相互影响，流体为均质不可压缩）。

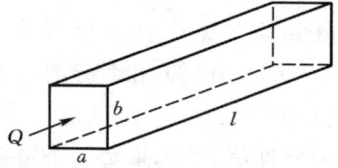
题 9.3 图

9.4 试证明如引用 (x, ψ) 作为新的自变量，则可将边界层方程 $u\dfrac{\partial u}{\partial x} + v\dfrac{\partial u}{\partial y} = U\dfrac{\mathrm{d}U}{\mathrm{d}x} + \nu\dfrac{\partial^2 u}{\partial y^2}$ 化为

$$u\dfrac{\partial u}{\partial x} = U\dfrac{\mathrm{d}U}{\mathrm{d}x} + u v \dfrac{\partial}{\partial \psi}\left(u\dfrac{\partial u}{\partial \psi}\right)$$

其中 ψ 是流函数。

9.5 试利用边界层简化方法将不可压缩平壁边界层的耗散函数简化为 $\Phi = \mu\left(\dfrac{\partial u}{\partial y}\right)^2$。

9.6 试利用力学基本原理说明，对于平板边界层 θ 与 c_f 之间有关系式 $c_f = \theta/x$ 成立。

9.7 设某边界层外边界的势流速度分布为 $U = kx^{1/3}$，设 $\psi = \sqrt{\dfrac{3}{2}k\nu x^m}f(\eta)$，$\eta = \sqrt{\dfrac{2}{3}\dfrac{k}{\nu}}\dfrac{y}{x^{1/3}}$，试证明边界层方程可转换为常微分方程 $f''' + ff' - \dfrac{1}{2}(f')^2 + \dfrac{1}{2} = 0$。

9.8 如题 9.8 图所示，平面射流进入静止的相同流体中，沿射流方向没有压强梯度。试利用层流边界层方程求流场的相似性解。设流函数可表示为

$$\psi(x, y) = 6\alpha\nu x^{1/3} f(\eta)$$

式中 $\eta = \alpha y/x^{2/3}$，α 是一个有量纲的常数，ν 是流体运动粘性系数。试推导 $f(\eta)$ 满足的常微分方程和相

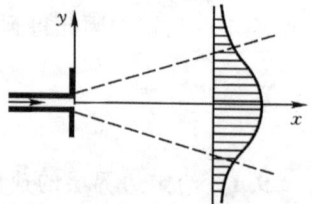
题 9.8 图

应的边界条件,然后求出 $f(\eta)$ 的解析式,进而得到流函数和速度的表达式。

9.9 相应于收缩通道内的边界层流动的常微分方程为

$$f''' + 1 - (f')^2 = 0$$

证明可积分上述方程得到

$$f'(\eta) = 3\,\mathrm{th}^2\left[\frac{\eta}{\sqrt{2}} + 1.146\right] - 2,$$

式中撇号表示对 η 求导。

9.10 考虑有吸气的定常平壁边界层流动,试研究在什么情况下这种边界层方程组有相似性解。

9.11 一沿平板的层流边界层,平板长度为 L,来流速度为 U,试证明单位平板宽的阻力为 $\rho U^2 L \sqrt{\dfrac{a\nu}{UL}}$,式中 $a = \dfrac{U\theta^2}{\nu L}$。

9.12 考虑零攻角绕半无穷平板的不可压缩流体定常层流边界层流动,试用动量积分关系式和速度剖面 $\dfrac{u}{U} = \sin\left[\dfrac{\pi}{2}\dfrac{y}{\delta(x)}\right]$ 计算平板上的局部摩阻系数 $\dfrac{\tau_0}{\rho U^2/2}$,式中 $\delta(x)$ 是边界层厚度,U 是来流速度。

9.13 设平板层流边界层速度分布为,$\dfrac{u}{U} = a + b\dfrac{y}{\delta}$,试利用动量积分方程确定边界层厚度 δ、δ^* 和 θ,以及壁面切应力 τ_0。

9.14 利用速度剖面 $\dfrac{u}{U} = a + b\dfrac{y}{\delta} + c\left(\dfrac{y}{\delta}\right)^2 +$ $d\left(\dfrac{y}{\delta}\right)^3$,重复题 9.13 计算。

9.15 粘性不可压缩流体沿铅垂壁面流下,沿壁面的边界层逐渐发展和增厚,最终与自由面相接(见题 9.15 图)。写出此流动的边界层流动方程(考虑重

题 9.15 图

力作用),在此基础上推导相应的动量积分方程,设边界层内速度为二次多项式分布。求边界层厚度 $\delta(x)$ 的表达式。

9.16 设某表面边界层外主流速度 $U(x) = Ax^{1/6}$,式中 A 是常数,试用卡门-波尔豪森方法求解此边界层,确定边界厚度 δ 和壁面切应力 τ_0 的表达式。

9.17 已知不可压缩流体的平面定常边界层外沿的速度分布为 $U(x) \approx -cx$(后驻点附近的流动),如果利用波尔豪森四次多项式作为速度剖面,问物面上以什么样的吸气规律吸气时才可使物面上各点的摩擦力都等于零。

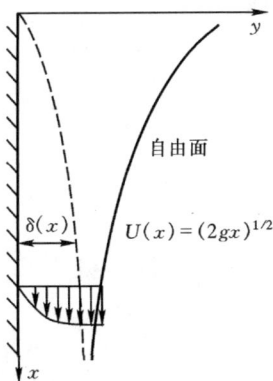

9.18 对二维相似层流势流速度 $U(x) = cx^m$(c, m 为常数),当 m 取何值时壁面切应力 τ_0 与 x 无关。

9.19 假定横向绕流圆柱时不可压缩层流边界层外部势流速度为 $U = 2U\sin(x/R)$,式中 R 是圆柱半径,U 是自由来流速度(见题 9.19 图)。求解前驻点附近的边界层问题。

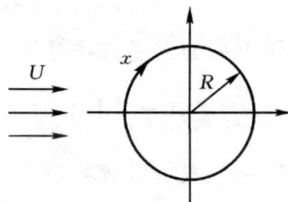

题 9.19 图

9.20 有一绕半顶角为 $\pi/4$ 的半无限楔形体的对称流动,流经平壁时正前方来流速度为 U(见题 9.20图)。试求解绕流此楔形体的不可压缩层流边界层的厚度(δ, δ^*, θ)及壁面切应力 τ_0。

9.21 不可压缩流体定常绕流某翼型时形成层流边界层,为防止其上表面脱体,设计者从上表面某一点开始,使翼型参数 $k = \dfrac{\theta^2}{\nu} \dfrac{\mathrm{d}U}{\mathrm{d}x}$ 一直保持为常数,$k = -0.07$。问此时外部势流速度分布应满足什么条件。

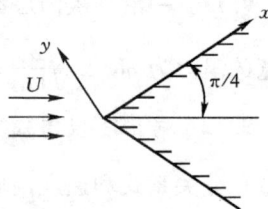

题 9.20 图

第 10 章　紊流

自然界中的流动大多是紊流（又称湍流），紊流是现代流体力学的重要组成部分，对许多科学技术领域，如航空航天、航运、气象、化工、环保、能源动力、交通等，都有直接或间接的关系。通过诸多学者一百多年来不懈的努力，建立了以统计理论和半经验理论为代表的紊流理论，发展了模拟较复杂紊流流动的数值计算方法，无论在对紊流本质认识方面，还是在它的工程实际应用方面都取得了很大进步。尽管如此，由于紊流问题的极端复杂性，人们对紊流的认识还没有达到成熟阶段，尚未对紊流的物理本质有十分清楚的认识。

本章介绍紊流的一些基础知识和紊流数值模拟的一些必备知识，主要内容包括：紊流的时间平均方法和紊流基本方程；简要介绍紊流统计理论和各向平均紊流；紊流模型简介；简单剪切紊流举例，包括平壁紊流，圆管紊流和平面紊流射流。

10.1　紊流概述及紊流的统计平均

10.1.1　紊流的基本特性

1983 年英国科学家雷诺进行了有关层流和紊流的实验。让水在水平圆管内流动，与水密度相近的着色液通过一细管加进水管轴线处。定义雷诺数 $Re=UD/\nu$（U 为管内截面平均速度，D 为管径，ν 为流体运动粘性系数），在 Re 小于临界雷诺数 Re_{cr} 时，即流动为层流状态时，着色液在水流中保持为一条直线，不与周围的水相混合；当 Re 大于临界雷诺数 Re_{cr} 时，流动进入紊流状态，此时着色液一进入管内就剧烈波动，发生断裂，掺混在很小的旋涡中，随机地扩散到整个管子截面（见图 10.1）。对于圆管内的流动 Re_{cr} 大约在 2100～4000 之间。如非常仔细地设计和安排实验，保持流动不

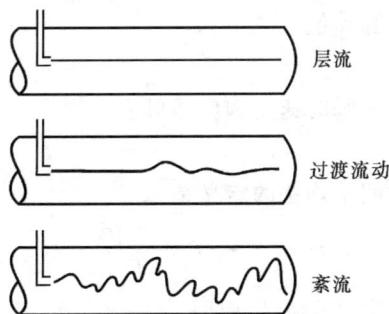

图 10.1　层流和紊流

受外界干扰,流体内不含杂质,管壁非常光滑等,Re_{cr}可以到90 000,而流动仍保持为层流状态。可以推想,在层流时流体的流动是平滑的,相邻流体层之间以一种有序的方式流动。进入紊流,流动变得随机而紊乱,流动本质上变成了非稳态流动。对管内一点的速度测量表明,流速随时间以一种随机的、无规则的方式变化,而且在垂直于管轴方向也存在不规则的速度分量,即这种随机脉动呈现三维特征。图 10.2 给出紊流流动区域中某点上主流速度随时间的变化特性。

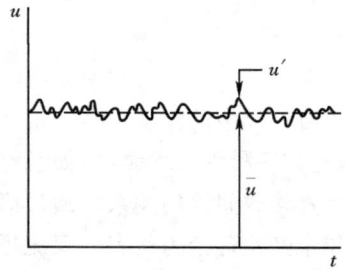

紊流流动中,不仅速度随时间和空间发生不规则的随机性的连续脉动,其他各个参数,诸如压强、温度等都是如此,并且在不同时间段和不同空间范围内观测到的连续脉动的曲线的形状都不相同。

图 10.2 圆管内轴向紊流速度脉动

紊流参数变化呈现出的脉动实质上是一种庞杂的旋涡运动的结果。大旋涡的尺度可以与流动边界(如边界层厚度)相比拟,也就是说大尺度的旋涡的大小取决于流动区域的线性尺度,小旋涡的尺度很小,频率却很高,而且随着时间的推进,大尺度的旋涡不断的分解为小尺度的旋涡,小尺度的涡旋再分解为更小尺度。整个紊流流动呈现出了涡中有涡,涡上加涡的复杂旋涡系结构。

10.1.2 紊流的统计平均

时间平均法

尽管紊流的瞬时参数随时间做连续的无规则变化,没有规律性,但瞬时参数的统计平均却有一定的规律性,在实际应用中主要研究紊流参数的平均值。最常用的统计平均方法是时间平均法,此时紊流流动参数的瞬时值 f 可表示为时均值 $\bar{f}$ 与脉动值 f' 之和,即

$$f = \bar{f} + f' \tag{10.1}$$

比如瞬时速度和压强可表示为

$$u = \bar{u} + u', \quad p = \bar{p} + p'$$

时间平均法的定义是

$$\bar{f}(x,y,z,t) = \frac{1}{T} \int_{t-T/2}^{t+T/2} f(x,y,z,\tau) d\tau \tag{10.2}$$

其中 T 为时均周期。

除时间平均外还有空间平均和统计平均(系综平均)。由于紊流的随机性质不仅表现在时间上,也表现在空间上,空间平均就是在一条线段上或一空间体积内对

紊流随机量进行平均;统计平均则是对多次重复的实验测量结果作算术平均。

严格来说,时间平均法只适用于定常紊流场,空间平均法只适用于均匀紊流场。对于非定常、非均匀的流场就应采用统计平均法,但由于实现统计平均比较困难,实践上可用"短"时间平均代替。这种情况下,时间平均的周期 T 选取要适当,即 T 要远远大于紊流脉动的时间尺度,同时又远远小于流场非定常变化的特征时间,从而使时均值与 T 无关。

在各态遍历假设下,三种平均是等价的,即三种平均值相等。各态遍历假设的基本思想是:一个随机变量在重复多次的试验中出现的所有可能状态,能够在一次试验的相当长时间或相当大的空间范围内以相同概率出现。这样在符合各态遍历假设的前提下,时间平均与空间平均和统计平均方法得到的结果相同

时均运算性质

设 $\bar{f},\bar{g},\bar{r}$ 为紊流运动参数的时均值,f',g',r' 为紊流运动参数的脉动值,f,g,r 为紊流运动参数的瞬时值,则时均值与脉动值有下列性质:

(1) 时均值再取时均时仍为原时均值,即

$$\bar{\bar{f}} = \frac{1}{T}\int_{t_0}^{t_0+T}\bar{f}\mathrm{d}t = \bar{f}\,\frac{T}{T} = \bar{f} \quad \Rightarrow \quad \bar{\bar{f}} = \bar{f}$$

(2) 两瞬时值和的时均值等于各时均值之和,即

$$\overline{f+g} = \frac{1}{T}\int_{t_0}^{t_0+T}(f+g)\mathrm{d}\tau = \frac{1}{T}\int_{t_0}^{t_0+T}f\mathrm{d}\tau + \frac{1}{T}\int_{t_0}^{t_0+T}g\mathrm{d}\tau = \bar{f}+\bar{g} \quad \Rightarrow$$

$$\overline{f+g} = \bar{f}+\bar{g}$$

脉动值的时均值等于零,

$$\overline{f'} = \overline{f-\bar{f}} = \bar{f}-\bar{f} = 0$$

由此可推得

$$\overline{kf'} = k\,\overline{f'} = 0$$

式中 k 是常数。

(3) 脉动值与任一时均值乘积的时均值为零,即

$$\overline{f'\bar{g}} = \overline{f'}\,\bar{g} = 0$$

两个时均值乘积的时均值,等于两个时均值的乘积,即

$$\overline{\bar{f}\bar{g}} = \bar{f}\,\bar{g} = \bar{f}\bar{g}$$

(4) 两个瞬时值乘积的时均值,等于两个时均值的乘积加上两个脉动值乘积的时均值,即

$$\overline{fg} = \overline{(\bar{f}+f')(\bar{g}+g')} = \overline{\bar{f}\bar{g}} + \overline{\bar{f}g'} + \overline{f'\bar{g}} + \overline{f'g'}$$

$$= \bar{f}\bar{g} + \bar{f}\overline{g'} + \overline{f'}\bar{g} + \overline{f'g'} = \bar{f}\bar{g} + \overline{f'g'} \quad \Rightarrow \quad \overline{fg} = \bar{f}\bar{g} + \overline{f'g'}$$

由上式可推知

$$\overline{fgk} = \bar{f}\bar{g}\bar{k} + \bar{f}\overline{g'k'} + \bar{g}\overline{k'f'} + \bar{k}\overline{f'g'} + \overline{f'g'k'}$$

（7）时均值与瞬时值乘积的时均值,等于两时均值的乘积,即

$$\overline{\bar{f}g} = \overline{\bar{f}(\bar{g} + g')} = \overline{\bar{f}\bar{g}} + \overline{\bar{f}g'} = \bar{f}\bar{g}$$

（8）瞬时值对坐标的各阶偏导数的时均值,等于时均值对同一座标的各阶偏导数,即

$$\overline{\frac{\partial f}{\partial x_i}} = \frac{1}{T}\int_{t_0}^{t_0+T} \frac{\partial f}{\partial x_i} \mathrm{d}\tau = \frac{\partial}{\partial x_i}\left[\frac{1}{T}\int_{t_0}^{t_0+T} f\mathrm{d}\tau\right] = \frac{\partial \bar{f}}{\partial x_i} \quad \Rightarrow$$

$$\overline{\frac{\partial f}{\partial x_i}} = \frac{\partial \bar{f}}{\partial x_i}$$

同理有

$$\overline{\frac{\partial^2 f}{\partial x_i^2}} = \frac{\partial^2 \bar{f}}{\partial x_i^2}$$

由上式可推知,$\overline{\dfrac{\partial f'}{\partial x_i}} = 0$, $\overline{\dfrac{\partial^2 f'}{\partial x^2}} = 0$

（9）瞬时值对时间偏导数的时均值,等于时均值对时间的偏导数,即

$$\frac{\partial \bar{f}}{\partial t} = \frac{\partial}{\partial t}\left[\frac{1}{T}\int_{t_0}^{t_0+T} f(x,y,z,\tau)\mathrm{d}\tau\right] = \frac{1}{T}\left[f(x,y,z,t_0+T) - f(x,y,z,t_0)\right]$$

$$= \frac{1}{T}\int_{t_0}^{t_0+T} \frac{\partial f}{\partial t}\mathrm{d}t = \overline{\frac{\partial f}{\partial t}} \quad \Rightarrow$$

$$\overline{\frac{\partial f}{\partial t}} = \frac{\partial \bar{f}}{\partial t}$$

由此可推出 $\overline{\dfrac{\partial f'}{\partial t}} = 0$,而在准定常湍流情况下 $\dfrac{\partial \bar{f}}{\partial t} = 0$。

10.2 紊流的基本方程

紊流的实验研究表明,虽然紊流结构十分复杂,但它仍然遵循连续介质的一般动力学规律,N-S方程组可用以描写紊流。本节将对N-S方程组作平均运算,得出紊流运动的时均方程。

10.2.1 时均流动的连续性方程和运动方程

若空间点上流体质点的瞬时速度分量为 $u_i = \bar{u}_i + u_i'$,则不可压缩流体紊流的瞬时值的连续性方程为

$$\frac{\partial u_i}{\partial x_i} = 0 \tag{10.3}$$

对此式做时间平均,则有

$$\frac{\partial \overline{u_i}}{\partial x_i} = 0 \tag{10.4}$$

是为不可压缩流体紊流时均流动的连续性方程。式(10.3)和式(10.4)相减可得

$$\frac{\partial u_i'}{\partial x_i} = 0 \tag{10.5}$$

上式是不可压缩流体紊流脉动速度的连续方程。不可压缩流体紊流的瞬时运动,时均运动和脉动运动的连续性方程的形式是相同的。

考虑到连续性方程(10.3),在忽略质量力情况下,不可压缩流体紊流瞬时流场的 N-S 方程可以写为

$$\frac{\partial u_i}{\partial t} + \frac{\partial (u_i u_j)}{\partial x_j} = -\frac{1}{\rho}\frac{\partial p}{\partial x_i} + \nu \frac{\partial^2 u_i}{\partial x_j \partial x_j} \tag{10.6}$$

对此方程进行时间平均,

$$\overline{\frac{\partial u_i}{\partial t}} + \overline{\frac{\partial u_i u_j}{\partial x_j}} = -\overline{\frac{1}{\rho}\frac{\partial p}{\partial x}} + \nu \overline{\frac{\partial^2 u_i}{\partial x_j \partial x_j}}$$

根据时均运算法则及时均值和脉动值的性质,有 $\overline{\dfrac{\partial u_i}{\partial t}} = \dfrac{\partial \overline{u_i}}{\partial t}$,$\overline{\dfrac{\partial u_i u_j}{\partial x_j}} = \dfrac{\partial \overline{u_i}\,\overline{u_j}}{\partial x_j} + \dfrac{\partial \overline{u_i' u_j'}}{\partial x_j}$,

$\overline{\dfrac{1}{\rho}\dfrac{\partial p}{\partial x}} = -\dfrac{1}{\rho}\dfrac{\partial \overline{p}}{\partial x}$,$\nu \overline{\dfrac{\partial^2 u_i}{\partial x_j \partial x_j}} = \nu \dfrac{\partial^2 \overline{u_i}}{\partial x_j \partial x_j}$,代入上式得

$$\frac{\partial \overline{u_i}}{\partial t} + \frac{\partial \overline{u_i}\,\overline{u_j}}{\partial x_j} = -\frac{1}{\rho}\frac{\partial \overline{p}}{\partial x_i} + \nu \frac{\partial^2 \overline{u_i}}{\partial x_j \partial x_j} - \frac{\partial \overline{u_i' u_j'}}{\partial x_j} \tag{10.7a}$$

或

$$\frac{\partial \overline{u_i}}{\partial t} + \frac{\partial \overline{u_i}\,\overline{u_j}}{\partial x_j} = -\frac{1}{\rho}\frac{\partial \overline{p}}{\partial x_i} + \frac{\partial}{\partial x_j}\left(\nu \frac{\partial \overline{u_i}}{\partial x_j} - \overline{u_i' u_j'}\right) \tag{10.7b}$$

方程式(10.7)即为不可压缩流体的紊流时均运动微分方程,由于是由雷诺最先推得而被称为雷诺方程。该方程与 N-S 方程相比,增加了脉动速度相关项 $\dfrac{\partial \overline{u_i' u_j'}}{\partial x_j}$,类比于由于流体粘性而产生的应力 $\mu \dfrac{\partial \overline{u_i}}{\partial x_j}$,称 $-\rho \overline{u_i' u_j'} \,(i,j=1,2,3)$ 为紊流附加应力或雷诺应力。雷诺应力包含了 9 个分量,构成一个张量,

$$\tau_{ij}' = -\rho \overline{u_i' u_j'} = \begin{bmatrix} -\rho \overline{u'^2} & -\rho \overline{u' v'} & -\rho \overline{u' w'} \\ -\rho \overline{u' v'} & -\rho \overline{v'^2} & -\rho \overline{v' w'} \\ -\rho \overline{u' w'} & -\rho \overline{v' w'} & -\rho \overline{w'^2} \end{bmatrix} \tag{10.8}$$

可以看出,雷诺应力张量是对称张量,它的对角线分量为法向应力,非对角线分量

两两对应相等,为切向应力。

可以从动量输运角度来理解雷诺应力的物理意义。考察紊流中的一个面元 δA,紊流的瞬时速度为 $\boldsymbol{u}=(u,v,w)$。设想面元的法线平行于 x 轴,y 轴和 z 轴在面元平面内。在 δt 时间内通过面元的流体质量为 $\rho u\delta A\delta t$,这部分质量携带的动量为 $\rho u\boldsymbol{u}\delta A\delta t$,动量在 x、y 和 z 方向的分量可分别表示为

$$\rho uu\delta A\delta t,\quad \rho uv\delta A\delta t,\quad \rho uw\delta A\delta t$$

考虑到密度不变,可计算出单位时间内动量通量的时均值为

$$\rho \overline{uu}\delta A,\quad \rho \overline{uv}\delta A,\quad \rho \overline{uw}\delta A$$

这些表示动量变化速率的量具有作用在面元上力的量纲,再除以 δA 就得到单位面积的力,即应力。由于单位时间通过某一面积的动量通量总是等价于周围流体作用于该面积的一个大小相等,方向相反的力,可以断定在所讨论的这个垂直于 x 轴的面积上作用的应力沿 x、y 和 z 方向的分量分别为

$$-\rho \overline{uu}=-\rho(\overline{u}\ \overline{u}+\overline{u'u'}),\quad -\rho \overline{uv}=-\rho(\overline{u}\ \overline{v}+\overline{u'v'}),$$
$$-\rho \overline{uw}=-\rho(\overline{u}\ \overline{w}+\overline{u'w'})$$

上式推导中已引用了时均性质 $\overline{fg}=\overline{f}\ \overline{g}+\overline{f'g'}$。上述三个应力中第一个是法向应力,后两个是切应力。由此可见由于脉动引起了作用在面元上的三个附加应力,即雷诺应力

$$\tau'_{xx}=-\rho \overline{u'^{2}},\quad \tau'_{xy}=-\rho \overline{u'v'},\quad \tau'_{xx}=-\rho u'w'$$

相应的表达式也可以应用于面元垂直于 y 轴和 z 轴的情形,它们在一起构成了完整的雷诺应力张量。

容易想象速度脉动值乘积的时间平均值(例如 $\overline{u'v'}$)实际上不等于零。应力分量 $\tau'_{xy}=\tau'_{yx}=-\rho \overline{u'v'}$ 可以解释为通过垂直于 y 轴平面的 x 方向的动量输运。考察由 $\overline{u}=\overline{u}(y)$、$\overline{v}=\overline{w}=0$ 和 $\mathrm{d}\overline{u}/\mathrm{d}y>0$ 给出的平均流动(见图 10.3),可以看出平均乘积 $\overline{u'v'}$ 不为零。由于紊流脉动而向上移动的质点($v'>0$)从平均速度 $\overline{u}$ 较小的区域到达 y 层,由于它们大体上保持原来的速度 $\overline{u}$,所以它们在 y 层引起负的分量 u'。相反,从上层下来的质点($v'<0$)在这层引起正的 u'。因此平均来说,正的 v' 基本上与负的 u' 相联系,而负的 v' 基本上与正的 u' 相联系。可以期望时间平均值 $\overline{u'v'}$ 不仅不为零,而且是负的。在这种情况下切应力 $\tau'_{yx}=-\rho \overline{u'v'}$ 是正的,而且和相应的层流切应力 $\tau=\mu \mathrm{d}\overline{u}/\mathrm{d}y$ 符号相同。

引入总平均应力张量

$$\sigma_{ij}=-\overline{p}\delta_{ij}+\tau_{ij}+\tau'_{ij}$$

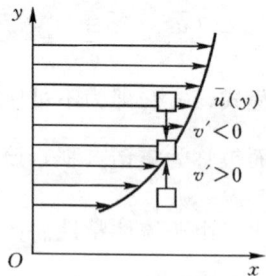

图 10.3　紊流脉动引起的动量输运

式中 $\tau_{ij} = \mu\left(\dfrac{\partial \overline{u}_i}{\partial x_j} + \dfrac{\partial \overline{u}_j}{\partial x_i}\right)$，则式(10.7)可表示为

$$\frac{\partial \overline{u}_i}{\partial t} + \overline{u}_j \frac{\partial \overline{u}_i}{\partial x_j} = -\frac{1}{\rho} \frac{\partial \sigma_{ij}}{\partial x_i}$$

式(10.4)和式(10.7)构成了不可压缩时均流动的基本方程组。相对于瞬时运动方程组包括 4 个方程，4 个未知量，构成封闭方程组而言，方程(10.7)增加了 6 个雷诺应力未知量。

瞬时参数运动方程式(10.6)减去时均参数运动方程(10.7a)可得紊流脉动参数运动方程，式如

$$\frac{\partial u_i'}{\partial t} + \frac{\partial(\overline{u_i}u_j' + u_i'\overline{u_j} + u_i'u_j')}{\partial x_j} = -\frac{1}{\rho} \frac{\partial p'}{\partial x_i} + \nu \frac{\partial^2 u_i'}{\partial x_j \partial x_j} + \frac{\partial \overline{u_i'u_j'}}{\partial x_j}$$

展开

$$\frac{\partial u_i'}{\partial t} + \overline{u_j} \frac{\partial u_i'}{\partial x_j} + u_j' \frac{\partial u_i'}{\partial x_j} + u_j' \frac{\partial \overline{u_i}}{\partial x_j} - \frac{\partial}{\partial x_j} \overline{u_i'u_j'} = -\frac{1}{\rho} \frac{\partial p'}{\partial x_i} + \nu \frac{\partial^2 u_i'}{\partial x_j \partial x_j}$$

$$(10.9)$$

此方程给出了不可压缩流体紊流脉动的运动规律，体现了时均流动和脉动流动之间的相互作用。

例 1　试推导圆柱坐标下的平均 N-S 方程。

解　(1) 连续方程，

$$\frac{1}{R} \frac{\partial}{\partial R}(Ru_R) + \frac{1}{R} \frac{\partial u_\theta}{\partial \theta} + \frac{\partial u_z}{\partial z} = 0 \tag{a1}$$

对上式作时均运算有

$$\frac{1}{R} \frac{\partial}{\partial R}(R\overline{u}_R) + \frac{1}{R} \frac{\partial \overline{u}_\theta}{\partial \theta} + \frac{\partial \overline{u}_z}{\partial z} = 0 \tag{a2}$$

展开上述左侧第一项则得

$$\frac{\partial \overline{u}_R}{\partial R} + \frac{\overline{u}_R}{R} + \frac{1}{R} \frac{\partial \overline{u}_\theta}{\partial \theta} + \frac{\partial \overline{u}_z}{\partial z} = 0 \tag{a3}$$

瞬时方程(a1)与(a3)相减，得

$$\frac{\partial u_R'}{\partial R} + \frac{u_R'}{R} + \frac{1}{R} \frac{\partial u_\theta'}{\partial \theta} + \frac{\partial u_z'}{\partial z} = 0 \tag{a4}$$

(2) R 方向 N-S 方程，

$$\rho\left(\frac{\mathrm{D}u_R}{\mathrm{D}t} - \frac{u_\theta^2}{R}\right) = -\frac{\partial p}{\partial R} + \mu\left(\nabla^2 u_R - \frac{u_R}{R^2} - \frac{2}{R^2} \frac{\partial u_\theta}{\partial \theta}\right) \tag{b1}$$

分别对上式各项作时均运算，得

$$\overline{\frac{\mathrm{D}u_R}{\mathrm{D}t}} = \overline{\frac{\partial u_R}{\partial t} + u_R \frac{\partial u_R}{\partial R} + \frac{u_\theta}{R} \frac{\partial u_R}{\partial \theta} + u_z \frac{\partial u_R}{\partial z}}$$

$$= \frac{\partial \bar{u}_R}{\partial t} + \bar{u}_R \frac{\partial \bar{u}_R}{\partial R} + \frac{\bar{u}_\theta}{R} \frac{\partial \bar{u}_R}{\partial \theta} + \bar{u}_z \frac{\partial \bar{u}_R}{\partial z} + \overline{u'_R \frac{\partial u'_R}{\partial R}} + \overline{\frac{u'_\theta}{R} \frac{\partial u'_R}{\partial \theta}} + \overline{u'_z \frac{\partial u'_R}{\partial z}}$$

$$= \frac{\mathrm{D}\bar{u}_R}{\mathrm{D}t} + \frac{\partial \overline{u'_R u'_R}}{\partial R} + \frac{1}{R} \frac{\partial \overline{u'_R u'_\theta}}{\partial \theta} + \frac{\partial \overline{u'_R u'_z}}{\partial z} - \overline{u'_R \left(\frac{\partial u'_R}{\partial R} + \frac{1}{R} \frac{\partial u'_\theta}{\partial \theta} + \frac{\partial u'_z}{\partial z} \right)}$$

$$= \frac{\mathrm{D}\bar{u}_R}{\mathrm{D}t} + \frac{\partial \overline{u'_R u'_R}}{\partial R} + \frac{1}{R} \frac{\partial \overline{u'_R u'_\theta}}{\partial \theta} + \frac{\partial \overline{u'_R u'_z}}{\partial z} + \frac{\overline{u'_R u'_R}}{R}$$

上式运算中应用了式(a4)。

$$\overline{\frac{u_\theta^2}{R}} = \frac{\bar{u}_\theta^2}{R} + \frac{\overline{u'_\theta u'_\theta}}{R}$$

$$\overline{\frac{\partial p}{\partial R}} = \frac{\partial \bar{p}}{\partial R}$$

$$\overline{\nabla^2 u_R - \frac{u_R}{R^2} - \frac{2}{R^2} \frac{\partial u_\theta}{\partial \theta}} = \overline{\frac{1}{R} \frac{\partial}{\partial R} \left(R \frac{\partial u_R}{\partial R} \right) + \frac{1}{R^2} \frac{\partial^2 u_R}{\partial \theta^2} + \frac{\partial^2 u_R}{\partial z^2} - \frac{u_R}{R^2} - \frac{2}{R^2} \frac{\partial u_\theta}{\partial \theta}}$$

$$= \frac{1}{R} \frac{\partial}{\partial R} \left(R \frac{\partial \bar{u}_R}{\partial R} \right) + \frac{1}{R^2} \frac{\partial^2 \bar{u}_R}{\partial \theta^2} + \frac{\partial^2 \bar{u}_R}{\partial z^2} - \frac{\bar{u}_R}{R^2} - \frac{2}{R^2} \frac{\partial \bar{u}_\theta}{\partial \theta}$$

$$= \nabla^2 \bar{u}_R - \frac{\bar{u}_R}{R^2} - \frac{2}{R^2} \frac{\partial \bar{u}_\theta}{\partial \theta}$$

将以上各式代入式(b1),

$$\rho \left(\frac{\mathrm{D}\bar{u}_R}{\mathrm{D}t} - \frac{\bar{u}_\theta^2}{R} \right) = -\frac{\partial \bar{p}}{\partial R} + \mu \left(\nabla^2 \bar{u}_R - \frac{\bar{u}_R}{R^2} - \frac{2}{R^2} \frac{\partial \bar{u}_\theta}{\partial \theta} \right)$$

$$- \rho \frac{\partial \overline{u'^2_R}}{\partial R} - \frac{\rho}{R} \frac{\partial \overline{u'_R u'_\theta}}{\partial \theta} - \rho \frac{\partial \overline{u'_R u'_z}}{\partial z} - \frac{\rho}{R} (\overline{u'^2_R} - \overline{u'^2_\theta}) \qquad (b2)$$

(3) θ 方向 N-S 方程,

$$\rho \left(\frac{\mathrm{D}u_\theta}{\mathrm{D}t} + \frac{u_R u_\theta}{R} \right) = -\frac{1}{R} \frac{\partial p}{\partial \theta} + \mu \left(\nabla^2 u_\theta - \frac{u_\theta}{R^2} + \frac{2}{R^2} \frac{\partial u_R}{\partial \theta} \right) \qquad (c1)$$

分别对上式各项作时均运算,

$$\overline{\frac{\mathrm{D}u_\theta}{\mathrm{D}t}} = \frac{\mathrm{D}\bar{u}_\theta}{\mathrm{D}t} + \overline{u'_R \frac{\partial u'_\theta}{\partial R}} + \overline{\frac{u'_\theta}{R} \frac{\partial u'_\theta}{\partial \theta}} + \overline{u'_z \frac{\partial u'_\theta}{\partial z}}$$

$$= \frac{\mathrm{D}\bar{u}_\theta}{\mathrm{D}t} + \frac{\partial \overline{u'_R u'_\theta}}{\partial R} + \frac{1}{R} \frac{\partial \overline{u'_\theta u'_\theta}}{\partial \theta} + \frac{\partial \overline{u'_z u'_\theta}}{\partial z}$$

$$- \overline{u'_\theta \left(\frac{\partial u'_R}{\partial R} + \frac{1}{R} \frac{\partial u'_\theta}{\partial \theta} + \frac{\partial u'_z}{\partial z} \right)}$$

$$= \frac{\mathrm{D}\bar{u}_\theta}{\mathrm{D}t} + \frac{\partial \overline{u'_R u'_\theta}}{\partial R} + \frac{1}{R} \frac{\partial \overline{u'_\theta u'_\theta}}{\partial \theta} + \frac{\partial \overline{u'_z u'_\theta}}{\partial z} + \frac{\overline{u'_\theta u'_R}}{R}$$

$$\overline{\frac{u_R u_\theta}{R}} = \frac{\bar{u}_R \bar{u}_\theta}{R} + \frac{\overline{u'_R u'_\theta}}{R}$$

$$\overline{-\frac{1}{R} \frac{\partial p}{\partial \theta} + \mu \left(\nabla^2 u_\theta - \frac{u_\theta}{R^2} + \frac{2}{R^2} \frac{\partial u_R}{\partial \theta} \right)} = -\frac{1}{R} \frac{\partial \bar{p}}{\partial \theta} + \mu \left(\nabla^2 \bar{u}_\theta - \frac{\bar{u}_\theta}{R^2} + \frac{2}{R^2} \frac{\partial \bar{u}_R}{\partial \theta} \right)$$

将以上各式代入式(c1),得

$$\rho\left(\frac{\mathrm{D}\bar{u}_\theta}{\mathrm{D}t}+\frac{\bar{u}_\theta\bar{u}_R}{R}\right)=-\frac{1}{R}\frac{\partial\bar{p}}{\partial\theta}+\mu\left(\nabla^2\bar{u}_\theta-\frac{\bar{u}_\theta}{R^2}-\frac{2}{R^2}\frac{\partial\bar{u}_R}{\partial\theta}\right)$$

$$-\rho\frac{\partial\overline{u'_\theta u'_R}}{\partial R}-\frac{\rho}{R}\frac{\partial\overline{u'^2_\theta}}{\partial\theta}-\rho\frac{\partial\overline{u'_\theta u'_z}}{\partial z}-2\rho\frac{\overline{u'_R u'_\theta}}{R} \qquad (c2)$$

(4) z 方向 N-S 方程,

$$\rho\frac{\mathrm{D}u_z}{\mathrm{D}t}=-\frac{\partial p}{\partial z}+\mu\nabla^2 u_z \qquad (d1)$$

分别对上式各项作时均运算,

$$\overline{\frac{\mathrm{D}u_z}{\mathrm{D}t}}=\frac{\mathrm{D}\bar{u}_z}{\mathrm{D}t}+\frac{\partial\overline{u'_z u'_R}}{\partial R}+\frac{1}{R}\frac{\partial\overline{u'_z u'_\theta}}{\partial\theta}+\frac{\partial\overline{u'_z u'_z}}{\partial z}$$

$$-\overline{u'_z\left(\frac{\partial u'_R}{\partial R}+\frac{1}{R}\frac{\partial u'_\theta}{\partial\theta}+\frac{\partial u'_z}{\partial z}\right)}$$

$$=\frac{\mathrm{D}\bar{u}_R}{\mathrm{D}t}+\frac{\partial\overline{u'_z u'_R}}{\partial R}+\frac{1}{R}\frac{\partial\overline{u'_z u'_\theta}}{\partial\theta}+\frac{\partial\overline{u'_z u'_z}}{\partial z}+\frac{\overline{u'_z u'_R}}{R}$$

$$\overline{-\frac{\partial p}{\partial z}+\mu\nabla^2 u_z}=-\frac{\partial\bar{p}}{\partial z}+\mu\nabla^2\bar{u}_z$$

将以上各式代入式(d1),得

$$\rho\frac{\mathrm{D}\bar{u}_z}{\mathrm{D}t}=-\frac{\partial\bar{p}}{\partial z}+\mu\nabla^2\bar{u}_z-\rho\frac{\partial\overline{u'_z u'_R}}{\partial R}-\frac{\rho}{R}\frac{\partial\overline{u'_z u'_\theta}}{\partial\theta}-\rho\frac{\partial\overline{u'_z u'_z}}{\partial z}-\frac{\overline{u'_z u'_R}}{R} \qquad (d2)$$

10.2.2　雷诺应力方程及紊动能方程

雷诺应力方程

紊流脉动参数运动方程(10.9)可以写成 i 方向分量方程

$$\frac{\partial u'_i}{\partial t}+\bar{u}_k\frac{\partial u'_i}{\partial x_k}+u'_k\frac{\partial u'_i}{\partial x_k}+u'_k\frac{\partial\bar{u}_i}{\partial x_k}-\frac{\partial}{\partial x_k}\overline{u'_i u'_k}=-\frac{1}{\rho}\frac{\partial p'}{\partial x_i}+\nu\frac{\partial^2 u'_i}{\partial x_k\partial x_k}$$

j 方向分量方程

$$\frac{\partial u'_j}{\partial t}+\bar{u}_k\frac{\partial u'_j}{\partial x_k}+u'_k\frac{\partial u'_j}{\partial x_k}+u'_k\frac{\partial\bar{u}_j}{\partial x_k}-\frac{\partial}{\partial x_k}\overline{u'_j u'_k}=-\frac{1}{\rho}\frac{\partial p'}{\partial x_j}+\nu\frac{\partial^2 u'_j}{\partial x_k\partial x_k}$$

现用 u'_j 乘 i 方向分量方程,用 u'_i 乘 j 方向分量方程,得

$$u'_j\frac{\partial u'_i}{\partial t}+u'_j\bar{u}_k\frac{\partial u'_i}{\partial x_k}+u'_j u'_k\frac{\partial u'_i}{\partial x_k}+u'_j u'_k\frac{\partial\bar{u}_i}{\partial x_k}=-\frac{1}{\rho}u'_j\frac{\partial p'}{\partial x_i}+\nu u'_j\frac{\partial^2 u'_i}{\partial x_k\partial x_k}$$

$$+u'_j\frac{\partial}{\partial x_k}\overline{u'_i u'_k}$$

$$u'_i\frac{\partial u'_j}{\partial t}+u'_i\bar{u}_k\frac{\partial u'_j}{\partial x_k}+u'_i u'_k\frac{\partial u'_j}{\partial x_k}+u'_i u'_k\frac{\partial\bar{u}_j}{\partial x_k}=-\frac{1}{\rho}u'_i\frac{\partial p'}{\partial x_j}+\nu u'_i\frac{\partial^2 u'_j}{\partial x_k\partial x_k}$$

$$+ u_i' \frac{\partial}{\partial x_k} \overline{u_k' u_k'}$$

将上述二式相加并进行时间平均,考虑到连续方程 $\partial u_i'/\partial x_i = 0$,并进行整理可得

$$\frac{\partial}{\partial t} \overline{u_i' u_j'} + \overline{u_k} \frac{\partial}{\partial x_k} \overline{u_i' u_j'} = D_{ij} + \varphi_{ij} - \varepsilon_{ij} + P_{ij} \tag{10.10}$$

上式就是雷诺应力方程,式中

$$D_{ij} = -\frac{\partial}{\partial x_k} \left\{ \overline{u_i' u_j' u_k'} + \overline{\frac{p'}{\rho} (\delta_{jk} u_i' + \delta_{ik} u_j')} - \nu \frac{\partial \overline{u_i' u_j'}}{\partial x_k} \right\}$$

$$\varphi_{ij} = \overline{\frac{p'}{\rho} \left(\frac{\partial u_i'}{\partial x_j} + \frac{\partial u_j'}{\partial x_i} \right)}$$

$$\varepsilon_{ij} = 2\nu \overline{\frac{\partial u_i'}{\partial x_k} \frac{\partial u_j'}{\partial x_k}}$$

$$P_{ij} = -\left(\overline{u_i' u_k'} \frac{\partial \overline{u_j}}{\partial x_k} + \overline{u_j' u_k'} \frac{\partial \overline{u_i}}{\partial x_k} \right)$$

D_{ij} 反应了脉动速度、脉动压强和分子粘性引起的扩散,通称为扩散项;φ_{ij} 表示脉动压强作功功率的时均值在空间的变化,起到使紊流流动趋于各向均匀的作用,称为压强应变率项;ε_{ij} 为分子粘性引起的耗散,为耗散项;P_{ij} 表示雷诺应力和平均速度梯度的乘积,具有源项性质,称为生成项。

紊动能方程

令雷诺应力方程(10.10)中的 $i = j$,则有

$$\frac{\partial}{\partial t} \overline{u_i' u_i'} + \overline{u_k} \frac{\partial}{\partial x_k} \overline{u_i' u_i'} = -\frac{\partial}{\partial x_k} \left[\overline{u_k' (u_i' u_i' + 2 \frac{p'}{\rho})} - \nu \frac{\partial \overline{u_i' u_i'}}{\partial x_k} \right]$$

$$- 2\nu \overline{\frac{\partial u_i'}{\partial x_k} \frac{\partial u_i'}{\partial x_k}} - 2 \overline{u_i' u_k'} \frac{\partial \overline{u_i}}{\partial x_k}$$

定义 $k = \frac{1}{2} \overline{u_i' u_i'} = \frac{1}{2} (\overline{u'^2} + \overline{v'^2} + \overline{w'^2})$ 为紊流的脉动运动动能,简称脉动动能或紊动能,则上式可写为

$$\frac{\partial k}{\partial t} + \overline{u_k} \frac{\partial k}{\partial x_k} = D - \varepsilon + P \tag{10.11}$$

上式即为紊动能方程,式中

$$D = -\frac{\partial}{\partial x_k} \left[\overline{u_k' (\frac{1}{2} u_i' u_i' + \frac{p'}{\rho})} - \nu \frac{\partial k}{\partial x_k} \right]$$

$$\varepsilon = \nu \overline{\frac{\partial u_i'}{\partial x_k} \frac{\partial u_i'}{\partial x_k}}$$

$$P = -\overline{u_i' u_k'} \frac{\partial \overline{u_i}}{\partial x_k}$$

式(10.11)左侧是单位质量流体的紊动能的时间变化率；右侧扩散项 D 包括脉动压强和脉动速度引起的对流扩散和分子粘性扩散，它使能量重新分配，并不增加或减少湍流总动能；耗散项 ε 表示分子粘性把湍流动能转化为热，该项总是正的，使紊动能减少；生成项 P 表示依靠雷诺应力克服平均速度梯度做功从平均流获得能量，该项起着抵消紊动能耗散，维持紊流脉动的作用。雷诺应力方程中的压强应变率项 φ_{ij} 在缩并运算后为零，即

$$\varphi_{ij} = 2\,\overline{\frac{p'}{\rho}\,\frac{\partial u_i'}{\partial x_i}} = 0$$

因此该项对湍动能的增加率并无贡献，只是在雷诺应力各分量间起调节作用。

平均动能方程

将雷诺方程(10.7a)各项遍乘以 $\bar{u}_i$，有

$$\bar{u}_i\,\frac{\partial \bar{u}_i}{\partial t} + \bar{u}_i\,\frac{\partial \overline{u_i u_k}}{\partial x_k} = -\bar{u}_i\,\frac{1}{\rho}\,\frac{\partial \bar{p}}{\partial x_i} + \nu\bar{u}_i\,\frac{\partial^2 \bar{u}_i}{\partial x_k \partial x_k} - \bar{u}_i\,\frac{\partial \overline{u_i' u_k'}}{\partial x_k}$$

应用时均连续方程(10.4)，上式可写成

$$\bar{u}_i\,\frac{\partial \bar{u}_i}{\partial t} + \bar{u}_k \bar{u}_i\,\frac{\partial \bar{u}_i}{\partial x_k} = -\bar{u}_i\,\frac{1}{\rho}\,\frac{\partial \bar{p}}{\partial x_i} + \nu\bar{u}_i\,\frac{\partial^2 \bar{u}_i}{\partial x_k \partial x_k} - \bar{u}_i\,\frac{\partial \overline{u_i' u_k'}}{\partial x_k}$$

将上式对下标求和，并进行整理可得

$$\frac{\partial}{\partial t}\left(\frac{\bar{u}_i^2}{2}\right) + \bar{u}_k\,\frac{\partial}{\partial x_k}\left(\frac{\bar{u}_i^2}{2}\right) = -\frac{\partial}{\partial x_k}\left[\overline{u_i'\,u_k'}\,\bar{u}_i' + \frac{\bar{p}}{\rho}\,\bar{u}_k - \nu\left(\frac{\partial \bar{u}_i}{\partial x_k} + \frac{\partial \bar{u}_k}{\partial x_i}\right)\bar{u}_i\right]$$

$$- \nu\left(\frac{\partial \bar{u}_i}{\partial x_k} + \frac{\partial \bar{u}_k}{\partial x_i}\right)\frac{\partial \bar{u}_i}{\partial x_k} + \overline{u_i' u_k'}\,\frac{\partial \bar{u}_i}{\partial x_k} \qquad (10.12)$$

上式就是不可压缩紊流的平均动能方程，等式右端第一项为紊流的雷诺应力、时均压强和分子粘性应力引起的紊流平均动能的扩散项。第二项为分子粘性引起的紊流平均动能的耗散项。第三项为生成项，该项正好与紊动能方程中的生成项相同，而符号相反，说明紊动能的唯一来源是平均流动能(雷诺应力克服平均速度梯度做功)，表明平均流动能和脉动动能之间进行着能量交换。当该项大于零并大于紊流能量耗散时，紊流将得到发展；当该项小于零或小于紊流能量耗散时，紊流将衰减直至湮灭。稳定的紊流则是生成与耗散相平衡。

10.3　紊流统计理论和各向同性紊流

紊流研究的一个重要方面是分析紊流场的内部结构。应用统计理论研究流场不同点的各种速度分量的相互关联可以定性地反映出不同紊流涡团的大小和空间结构。紊流可以看作是由各种不同尺度的旋涡运动所组成，紊流涡团的特征长度

可由速度脉动量有显著关联的范围来确定。

10.3.1 紊流脉动量的关联

在上节引入了雷诺应力的概念，$\tau'_{ij} = -\rho \overline{u'_i u'_j}$，$\overline{u'_i u'_j}$ 表示同一点两个脉动速度分量乘积的平均，如果 $\overline{u'_i u'_j} \neq 0$，称 u'_i 和 u'_j 相互关联，如 $\overline{u'_i u'_j} = 0$，则称不关联。

最一般的两点空间-时间关联是

$$R_{ij}(\boldsymbol{x}, \boldsymbol{r}, t, \tau) = \overline{u'_i(\boldsymbol{x}, t) u'_j(\boldsymbol{x}+\boldsymbol{r}, t+\tau)} \tag{10.13a}$$

R_{ij} 称二阶相关函数，式中 $\boldsymbol{x}$ 和 $\boldsymbol{x}+\boldsymbol{r}$ 是空间两个不同点的位置矢量，t 和 $t+\tau$ 是两个不同时刻。式(10.13a)代表了不同时刻(时间间距为 τ)、不同空间点(空间间距为 $\boldsymbol{r}$)上两个脉动速度($i \neq j$)之间的关联程度。显然如果脉动速度之间完全无关，则 $R_{ij} = 0$。

如果一个随机场的 R_{ij} 不依赖于 t，而只与时间间距 τ 有关，则称为时间平稳场，式(10.13a)于是可改写为

$$R_{ij}(\boldsymbol{x}, \boldsymbol{r}, \tau) = \overline{u'_i(\boldsymbol{x}, t) u'_j(\boldsymbol{x}+\boldsymbol{r}, t+\tau)} \tag{10.13b}$$

式(10.13b)中的 t 只起参考作用，可以令 $t=0$。如果一个随机场的 R_{ij} 不依赖于空间绝对位置 $\boldsymbol{x}$，而只与空间间距 $\boldsymbol{r}$ 有关，则称空间平稳场，式(10.13a)于是可改写为

$$R_{ij}(\boldsymbol{r}, t, \tau) = \overline{u'_i(\boldsymbol{x}, t) u'_j(\boldsymbol{x}+\boldsymbol{r}, t+\tau)} \tag{10.13c}$$

如取 $\tau=0$，即取同一时刻不同点的关联，式(10.13c)可改写为

$$R_{ij}(\boldsymbol{r}, t) = \overline{u'_i(\boldsymbol{x}, t) u'_j(\boldsymbol{x}+\boldsymbol{r}, t)} \tag{10.13d}$$

称作空间关联。

用于描述紊流统计特征的量除了速度关联外，还有压强与速度的关联，压强和温度的关联等；除了二阶关联外，还有三阶、四阶等更高阶的关联。本节只介绍速度脉动分量的二阶关联。

所谓的均匀紊流场即空间平稳场。均匀紊流场有以下性质：

(1) 平均速度 $\overline{u_i}(\boldsymbol{x}, t)$ 必须是常数。

(2) 两点的速度关联与点的空间绝对位置无关，只依赖于两点的空间间距。

两点的空间间距等于零($\boldsymbol{r}=0$)的情形是性质 2 的一个特例，此时式(10.13d)可表示为

$$R_{ij}(0, t) = \overline{u'_i(\boldsymbol{x}, t) u'_j(\boldsymbol{x}, t)} \tag{10.14}$$

令 $i=j$ 有

$$R_{11} = \overline{u'^2_1}, \quad R_{22} = \overline{u'^2_2}, \quad R_{33} = \overline{u'^2_3}$$

由性质2，上述各量与空间位置无关，$\overline{u'^2_1}$、$\overline{u'^2_2}$、$\overline{u'^2_3}$ 可能互不相等，但在给定时刻它们各自在全流场取相同的值。

各向同性指流动的统计特性与空间取向无关,即不因坐标轴的旋转而改变。各向同性紊流场具有均匀紊流场的所有性质,同时它还具有以下性质:

(1) 任意时刻在所有空间点上速度脉动量的均方值相互相等,即

$$\overline{u_1'^2} = \overline{u_2'^2} = \overline{u_3'^2} = \overline{u^2} \tag{10.15}$$

$\overline{u^2}$ 只是时间 t 的函数,而与空间坐标无关。

(2) 两不同点上的速度脉动量的相关函数是对称的,即

$$R_{ij}(\boldsymbol{r},t) = R_{ji}(\boldsymbol{r},t) \tag{10.16}$$

这是因为在各向同性的情形下相关函数与 $\boldsymbol{r}$ 的方向无关。

考虑点 $\boldsymbol{x}$ 和 $\boldsymbol{y}$,两点间距 $\boldsymbol{r}=\boldsymbol{y}-\boldsymbol{x}$,由于 $\boldsymbol{x}$ 和 $\boldsymbol{y}$ 相互独立,微分关系式为

$$\frac{\partial}{\partial x_i} = -\frac{\partial}{\partial r_i} \tag{10.17}$$

对于不可压缩流体,由瞬时连续方程,有

$$\frac{\partial}{\partial x_i} u_i'(\boldsymbol{x},t) = 0$$

以 $u_j'(\boldsymbol{y},t)$ 乘上式两侧并取平均,有

$$\frac{\partial}{\partial x_i} \overline{u_i'(\boldsymbol{x},t)u_j'(\boldsymbol{y},t)} = 0 \quad \Rightarrow \quad \frac{\partial}{\partial x_i} R_{ij}(\boldsymbol{r},t) = 0$$

考虑到式(10.17),上式可改写为

$$\frac{\partial}{\partial r_i} R_{ij}(\boldsymbol{r},t) = 0 \tag{10.18}$$

各向同性紊流是对实际流场的一种近似,虽然严格意义上的各向同性紊流并不存在,但远离地面的大气,以及远离海面和海岸的海洋中的紊流可近似为各向同性的;风洞内栅格后平均速度均匀的流场是近似为各向同性紊流的另一个例子。各向同性紊流在数学上比较简单,对它进行研究有助于加深理解非各向同性紊流。

10.3.2　各向同性紊流分析

如图 10.4 所示,$\boldsymbol{\lambda}$ 和 $\boldsymbol{\mu}$ 分别是位于点 $\boldsymbol{x}$ 和 $\boldsymbol{x}+\boldsymbol{r}$ 的任意单位矢量,$\boldsymbol{u}'(\boldsymbol{x},t)$ 和 $\boldsymbol{u}'(\boldsymbol{x}+\boldsymbol{r},t)$ 为上述两点的脉动速度矢量,$\boldsymbol{\lambda}$ 和 $\boldsymbol{\mu}$ 与 $\boldsymbol{r}$ 的夹角分别为 ϕ 和 θ。$\boldsymbol{u}'(\boldsymbol{x},t)$ 沿 $\boldsymbol{\lambda}$ 方向的分量 $\boldsymbol{u}'(\boldsymbol{x},t) \cdot \boldsymbol{\lambda}$ 与 $\boldsymbol{u}'(\boldsymbol{x}+\boldsymbol{r},t)$ 沿 $\boldsymbol{\mu}$ 方向的分量 $\boldsymbol{u}'(\boldsymbol{x}+\boldsymbol{r},t) \cdot \boldsymbol{\mu}$ 的关联,用张量下标的形式可写为

$$\overline{\lambda_i u_i'(\boldsymbol{x},t) \mu_j u_j'(\boldsymbol{x}+\boldsymbol{r},t)} = \lambda_i \mu_j R_{ij}(\boldsymbol{r},t)$$

如果流场是各向同性的,则 $\boldsymbol{\lambda}$、$\boldsymbol{\mu}$ 和 $\boldsymbol{r}$ 不改变其相对位置和夹角、整体作平动或旋转时,$\lambda_i \mu_j R_{ij}(\boldsymbol{r},t)$

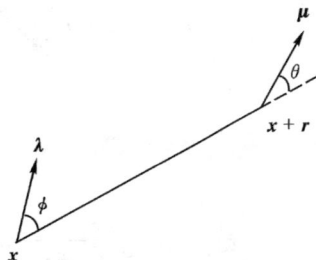

图 10.4　描述各向同性紊流的几何构架

保持为常数,它是 λ_i、μ_j 和 r_i,以及时间 t 的函数。这意味着 $\lambda_i \mu_j R_{ij}(\boldsymbol{r}, t)$ 是依赖于 r^2、$\boldsymbol{\lambda} \cdot \boldsymbol{\mu}$、$\boldsymbol{\lambda} \cdot \boldsymbol{r}$、$\boldsymbol{\mu} \cdot \boldsymbol{r}$、$(\boldsymbol{\lambda} \times \boldsymbol{\mu}) \cdot \boldsymbol{r}$ 等的标量不变量,于是

$$\lambda_i \mu_j R_{ij}(\boldsymbol{r}, t) = F(r^2, \boldsymbol{\lambda} \cdot \boldsymbol{\mu}, \boldsymbol{\lambda} \cdot \boldsymbol{r}, \boldsymbol{\mu} \cdot \boldsymbol{r}, (\boldsymbol{\lambda} \times \boldsymbol{\mu}) \cdot \boldsymbol{r}, \cdots)$$

由上式左侧知函数 F 一定是 λ_i、μ_j 的双线性齐次函数,同时考虑到三个矢量的混和积仅有正负号的差别,上述函数一定可以表示为

$$\lambda_i \mu_j R_{ij}(\boldsymbol{r}, t) = \lambda_i r_i \mu_j r_j a(r, t) + \lambda_i \mu_j \delta_{ij} b(r, t) + \varepsilon_{ijk} \lambda_i \mu_j r_k c(r, t)$$

式中 a、b 和 c 都是 r 和 t 的标量函数。对于各向同性紊流,则

$$R_{ij} = R_{ji}$$

于是有 $c \equiv 0$,因此

$$R_{ij} = r_i r_j a(r, t) + \delta_{ij} b(r, t) \tag{10.19}$$

由式(10.18)有

$$\frac{\partial R_{ij}}{\partial r_i} = \frac{\partial}{\partial r_i}(r_i r_j a + \delta_{ij} b) = 0$$

将注意到链导法则 $\dfrac{\partial a}{\partial r_i} = \dfrac{\partial a}{\partial r} \dfrac{\partial r}{\partial r_i} = \dfrac{r_i}{r} \dfrac{\partial a}{\partial r}$ 等,可得

$$r \frac{\partial a}{\partial r} + \frac{1}{r} \frac{\partial b}{\partial r} + 4a = 0 \tag{10.20}$$

由式(10.19)和式(10.20)知,不可压缩流体各向同性紊流的二阶速度关联只要一个标量函数就可能确定。实验验证了这一结果的正确性。

式(10.19)是相对于任意直角坐标系的表达式。现取坐标轴分别沿着 $\boldsymbol{r}$ 方向和垂直于 $\boldsymbol{r}$ 方向(见图 10.5),坐标轴 p 和 n 分别称作主轴和垂直轴,$\boldsymbol{r}$ 方向的单位矢量为 $\boldsymbol{r}/r$,n 方向的单位矢量为 $\boldsymbol{n}$。于是可以定义纵向和横向的二阶速度关联为

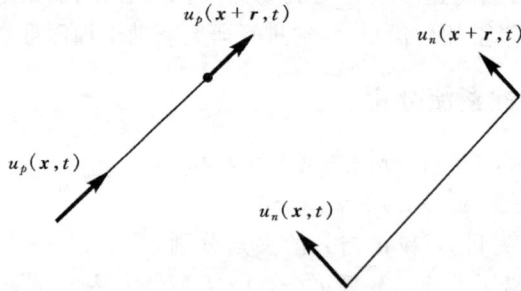

图 10.5　纵向和横向关联

$$\overline{u^2} f(r, t) = \overline{u_p'(\boldsymbol{x}, t) u_p'(\boldsymbol{x} + \boldsymbol{r}, t)} \tag{10.21a}$$

$$\overline{u^2} g(r, t) = \overline{u_n'(\boldsymbol{x}, t) u_n'(\boldsymbol{x} + \boldsymbol{r}, t)} \tag{10.21b}$$

式中 $\overline{u^2}$ 的定义见式(10.15),它只是时间 t 的函数。上两式可分别用 $R_{ij}(\boldsymbol{r}, t)$ 表示

(参见式(10.13d)),则有

$$\overline{u^2} f(r,t) = \overline{\frac{r_i}{r}u_i'(\boldsymbol{x},t)\,\frac{r_j}{r}u_j'(\boldsymbol{x}+\boldsymbol{r},t)} = \frac{r_i}{r}\frac{r_j}{r}\overline{u_i'(\boldsymbol{x},t)u_j'(\boldsymbol{x}+\boldsymbol{r},t)}$$

$$= \frac{r_i}{r}\frac{r_j}{r}R_{ij}$$

$$\overline{u^2} g(r,t) = \overline{n_i u_i'(\boldsymbol{x},t)n_j u_j'(\boldsymbol{x}+\boldsymbol{r},t)} = n_i n_j \overline{u_i'(\boldsymbol{x},t)u_j'(\boldsymbol{x}+\boldsymbol{r},t)}$$

$$= n_i n_j R_{ij}$$

考虑到式(10.19),纵向和横向的二阶速度关联可分别表示为

$$\overline{u^2} f(r,t) = r^2 a(r,t) + b(r,t)$$

$$\overline{u^2} g(r,t) = b(r,t)$$

将上述第 2 式代入第 1 式得

$$\frac{\overline{u^2}(f-g)}{r^2} = a(r,t)$$

将上两式代入式(10.20)得

$$g = f + \frac{1}{2}r\frac{\partial f}{\partial r} \tag{10.22}$$

由式(10.19)$R_{ij}(r,t)$可用 f 和 g 表示为

$$R_{ij} = \frac{\overline{u^2}r_i r_j}{r^2}(f-g) + \overline{u^2}\delta_{ij}g \tag{10.23}$$

当$|\boldsymbol{r}|=r$很小时,式(10.21a)可以用泰勒级数展开为

$$\overline{u^2} f(r,t) = \overline{u_p'(\boldsymbol{x},t)u_p'(\boldsymbol{x}+\boldsymbol{r},t)} = \overline{u_p'(0,t)u_p'(r,t)}$$

$$= \overline{u_p'^2(0,t)} + r\overline{u_p'(0,t)\left(\frac{\partial u_p'}{\partial r}\right)_0} + \frac{r^2}{2}\overline{u_p'(0,t)\left(\frac{\partial^2 u_p'}{\partial r^2}\right)_0} + \cdots$$

由于$\overline{u_p'^2(0,t)}=\overline{u^2}$只是时间 t 的函数,于是

$$\overline{u_p'(0,t)\left(\frac{\partial u_p'}{\partial r}\right)_0} = \frac{1}{2}\left[\frac{\partial}{\partial r}(\overline{u_p'^2})\right]_0 = 0$$

$$\overline{u_p'(0,t)\left(\frac{\partial^2 u_p'}{\partial r^2}\right)_0} = \frac{\partial^2}{\partial r^2}\left(\frac{\overline{u_p'^2}}{2}\right) - \overline{\left(\frac{\partial u_p'}{\partial r}\right)_0^2} = -\overline{\left(\frac{\partial u_p'}{\partial r}\right)_0^2}$$

因此

$$\overline{u^2} f(r,t) = \overline{u^2} - \frac{r^2}{2}\overline{\left(\frac{\partial u_p'}{\partial r}\right)_0^2} \quad \Rightarrow$$

$$f(r,t) = 1 - \frac{r^2}{2\overline{u^2}}\overline{\left(\frac{\partial u_p'}{\partial r}\right)_0^2} = 1 - \frac{r^2}{2\lambda_T^2} \tag{10.24a}$$

将式(10.24a)代入式(10.22)得

$$g(r,t) = 1 - \frac{r^2}{\lambda_T^2} \tag{10.24b}$$

于是有

$$f(0,t) = g(0,t) = 1$$

和

$$f''(0,t) = -1/\lambda_T^2$$

以上各当 $|\boldsymbol{r}| = r$ 很小时成立。典型的 f 和 g 曲线形状如图 10.6 所示。$r \to \infty$ 时，$f(\infty)$ 和 $g(\infty) \to 0$。

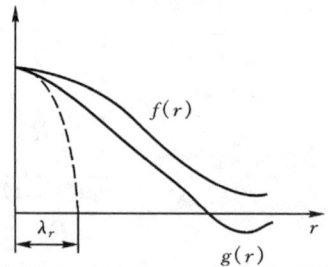

图 10.6　积分尺度和微分尺度

依据 f 和 g 可定义描述紊流涡团大小的两个特征尺度。紊流积分尺度定义为

$$L = \int_0^\infty f(r)\mathrm{d}r \tag{10.25}$$

L 可理解为流场中有显著关联的范围。同一涡团结构内的两点应有明显的相关，因此 L 表示了最大涡的尺度。紊流微尺度定义为

$$\lambda_T = [-f''(0,t)]^{-1/2} \tag{10.26}$$

它是曲线(10.24b)在横轴上的截距。可将 λ_T 理解为紊流场中关联系数偏离 1 极小的关联范围，它代表了极大相关的小涡尺度。

从 N-S 方程出发，还可以推出 f 满足的动力学微分方程，这已超出了本书的研究范围，有兴趣的读者可参阅相关专著。

10.3.3　科尔莫高洛夫局部各向同性假设与紊能谱的 $-3/5$ 幂次律

在讨论科尔莫高洛夫局部各向同性假设前，先介绍一下能量谱函数的概念。傅里叶变换是研究波动现象的有力工具，任意的波动总能通过谱分析表示为不同波数的简谐波动的线性叠加。对于紊流这一变换具有明确的物理意义，即每一个波数都代表了紊流场中涡的一个尺度。

用波数矢量 $\boldsymbol{k} = (k_1, k_2, k_3)$ 来表示波数空间，傅里叶变换的目的是把物理空间 $\boldsymbol{x} = (x_1, x_2, x_3)$ 中的函数变换到波数空间 $\boldsymbol{k} = (k_1, k_2, k_3)$ 中去。首先考虑二阶速度关联

$$R_{jl}(\boldsymbol{x}, \boldsymbol{r}, t) = \overline{u_j'(\boldsymbol{x}, t) u_l'(\boldsymbol{x} + \boldsymbol{r}, t)}$$

$R_{ji}(\boldsymbol{x}, \boldsymbol{r}, t)$ 的傅里叶变换式可写为

$$\Phi_{jl}(\boldsymbol{x}, \boldsymbol{k}, t) = \frac{1}{(2\pi)^3} \iiint_{-\infty}^{\infty} R_{jl}(\boldsymbol{x}, \boldsymbol{r}, t) \mathrm{e}^{-\mathrm{i}\boldsymbol{k}\cdot\boldsymbol{r}} \mathrm{d}\boldsymbol{r} \tag{10.27a}$$

反变换式为

$$R_{ji}(\boldsymbol{x}, \boldsymbol{r}, t) = \iiint_{-\infty}^{\infty} \Phi_{jl}(\boldsymbol{x}, \boldsymbol{k}, t) \mathrm{e}^{\mathrm{i}\boldsymbol{k}\cdot\boldsymbol{r}} \mathrm{d}\boldsymbol{k} \tag{10.27b}$$

式中 $\mathrm{d}\boldsymbol{r} = \mathrm{d}x_1 \mathrm{d}x_2 \mathrm{d}x_3$，$\mathrm{d}\boldsymbol{k} = \mathrm{d}k_1 \mathrm{d}k_2 \mathrm{d}k_3$，$\mathrm{i} = \sqrt{-1}$。对于 $\boldsymbol{r} = 0$，有

$$R_{jl}(\boldsymbol{x},0,t) = \iiint_{-\infty}^{\infty} \Phi_{jl}(\boldsymbol{x},\boldsymbol{k},t)\mathrm{d}\boldsymbol{k} \tag{10.28}$$

$R_{jl}(\boldsymbol{x},0,t)$ 称自相关张量,其分量分别为

$$\overline{u'^2_1},\ \overline{u'^2_2},\ \overline{u'^2_3},\ \overline{u'_1 u'_2},\ \overline{u'_1 u'_3},\ \overline{u'_2 u'_3}$$

上述变量的前三项是正应力,后三项是切应力,即雷诺应力。由前三项可以定义紊流脉动动能为

$$K = \frac{1}{2}(\overline{u'^2_1} + \overline{u'^2_2} + \overline{u'^2_3})$$

为了与波数 k 相区别,本节采用 K 表示紊流脉动动能。由式(10.28)求出 $R_{jl}(\boldsymbol{x},0,t)$ 后,就可以确定紊流脉动动能和雷诺应力,因此 $R_{jl}(\boldsymbol{x},0,t)$ 称作能量张量,$\Phi_{jl}(\boldsymbol{x},\boldsymbol{k},t)$ 则称能量谱张量。注意,$\Phi_{jl}\mathrm{d}\boldsymbol{k} = \Phi_{jl}\mathrm{d}k_1 \mathrm{d}k_2 \mathrm{d}k_3$ 是在 $\boldsymbol{k}\sim\boldsymbol{k}+\mathrm{d}\boldsymbol{k}$ 范围内,即在 $k_1\sim k_1+\mathrm{d}k_1,k_2\sim k_2+\mathrm{d}k_2$ 和 $k_3\sim k_3+\mathrm{d}k_3$ 范围内对 $R_{jl}(\boldsymbol{x},0,t)$ 的贡献。为得到一个只依赖于波数矢量的模 k 的张量($k = |\boldsymbol{k}|$),在半径为 k 的球面上积分 $\Phi_{jl}(\boldsymbol{x},\boldsymbol{k},t)$,

$$E_{jl}(\boldsymbol{x},k,t) = \iint_A \Phi_{jl}(\boldsymbol{x},\boldsymbol{k},t)\mathrm{d}A(k) \tag{10.29a}$$

$E_{jl}(\boldsymbol{x},k,t)$ 称作平均能量谱张量,$E_{jl}(\boldsymbol{x},k,t)\mathrm{d}k$ 是在 $k\sim k+\mathrm{d}k$ 范围内对 R_{jl} 的贡献。基于 $E_{jl}(\boldsymbol{x},k,t)$ 可以定义一个三维的能量谱函数,

$$E(\boldsymbol{x},k,t) = \frac{1}{2}E_{jj}(\boldsymbol{x},k,t) = \frac{1}{2}(E_{11} + E_{22} + E_{33}) \tag{10.29b}$$

由于 $E_{11}\mathrm{d}k$ 是在 $k\sim k+\mathrm{d}k$ 的范围内对 R_{11} 的贡献,$E_{22}\mathrm{d}k$ 是在 $k\sim k+\mathrm{d}k$ 的范围内对 R_{22} 的贡献,$E_{33}\mathrm{d}k$ 是在 $k\sim k+\mathrm{d}k$ 的范围内对 R_{33} 的贡献,于是

$$\frac{1}{2}(E_{11} + E_{22} + E_{33})\mathrm{d}k = E(\boldsymbol{x},k,t)\mathrm{d}k$$

就是在 $k\sim k+\mathrm{d}k$ 的范围内对紊流脉动动能 K 的贡献。因此

$$K(\boldsymbol{x},t) = \int_0^{\infty} E(\boldsymbol{x},k,t)\mathrm{d}k \tag{10.30}$$

$E(\boldsymbol{x},k,t)$ 是能量密度。对均匀各向同性紊流,K 仅是时间的函数,则

$$K = \frac{3}{2}\overline{u'^2}$$

则式(10.30)可改写为

$$\frac{3}{2}\overline{u'^2} = \int_0^{\infty} E(k,t)\mathrm{d}k \tag{10.31}$$

可以证明紊流耗散率可以表示为

$$\varepsilon = 2\nu\int_0^{\infty} k^2 E(k,t)\mathrm{d}k \tag{10.32}$$

　　图 10.7 给出了 $E(k)$ 与 $k^2E(k)$ 的分布规律,可以看出绝大部分的耗散发生在高波数(小尺度脉动)范围内,而能量集中在低波数(大尺度脉动)范围内。事实上大尺度脉动不断地输出能量,小尺度脉动把从大尺度脉动输运来的能量全部耗散掉,而能量从大尺度脉动向小尺度脉动的输运则依赖于流体惯性。流动的雷诺数越高,大尺度和小尺度之

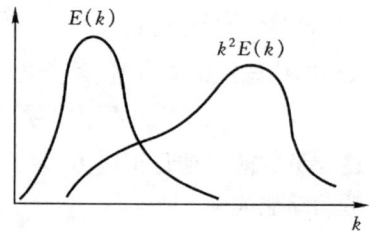

图 10.7　能谱与耗散谱的分布规律

间的区域越大。这种紊动能的输运过程称为紊动能的串级过程。

　　1942 年科尔莫高洛夫针对紊流提出了两个假设:

　　(1) 在高雷诺数紊流流场中,小尺度分量(小涡)从统计角度看是定常、局部各向同性的(无方向性),而且与大尺度运动(大涡)的结构细节无关。这一波数范围称平衡区。

　　(2) 当雷诺数足够大时,含能涡将远大于粘性耗散涡,于是在平衡区的低端将出现一个区域,在该区域中粘性耗散可以忽略,而依赖于惯性的能量输运起主导作用,称这一区域为惯性子区。

　　上述两个假设定义的波数区域如图 10.8 所示。惯性子区只是整个平衡区的一部分,根据上述假设粘性耗散在整个平衡区内消耗能量,但主要发生在该区的高端,其处 k ~k_u;而在平衡区低端则主要输运能量,其处 k~k_l,于是有

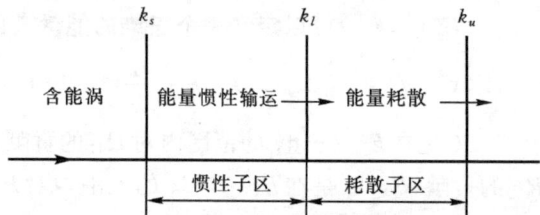

图 10.8　基于柯尔莫高洛夫假设的不同波数区域

$$k_s \ll k_l \ll k_u$$

因为流动是各向同性的,能量的耗散率和输运率相等,都等于 ε,因此 ε 是一个重要的结构参数。另外一个需要考虑的参数是运动粘性系数 ν,因为粘性耗散依赖于 ν。于是平衡区的控制参数便是 ε 和 ν,它们的量纲分别是

$$\varepsilon = [L^2/t^3], \quad \nu = [L^2/t]$$

由 ε 和 ν 科尔莫高洛夫定义了两个无量纲量,即

$$\eta = \left(\frac{\nu^3}{\varepsilon}\right)^{1/4} \cong 1/k_u, \quad \upsilon = (\nu\varepsilon)^{1/4} \tag{10.33}$$

其中 η 称为柯氏微尺度,它是紊流中的最小特征长度;υ 是平衡区的特征速度。由量纲分析的结果可以看出,ε 或 ν 变化的结果就是导致运动的有效几何与时间尺度

改变。科尔莫高洛夫假设对于在 $k_s \sim k_u$ 范围内的任何紊流都是适用的,称这一区间为普适平衡区。

在普适平衡区内能量密度 E 应具有普适的函数形式,考虑到 E 是 ε 和 ν 的函数,令

$$E(k,t) = AE_0(\eta k)$$

式中 E_0 是 ηk 的无量纲函数,注意自变量 ηk 也是无量纲量;A 应该与能量密度 E 的量纲一致,E 的量纲是 $[L^3/t^2]$,考虑到 ε 和 ν 的量纲,$A = (\varepsilon \nu^5)^{1/4}$,于是

$$E(k,t) = (\varepsilon \nu^5)^{1/4} E_0(\eta k) = \eta \nu^2 E_0(\eta k) \tag{10.34}$$

依据假设(2),在惯性子区内流体粘性与 ε 相比影响是次要的,因此 E 与 ν 无关,为了在 E 的表达式中不出现 ν,$E_0(\eta k)$ 必须与 $\nu^{-5/4}$ 成正比,于是

$$E_0(\eta k) = k_0(\eta k)^{-5/3}$$

式中 k_0 是普适常数。将上式代入式(10.34),有

$$E(k,t) = k_0 \varepsilon^{2/3} k^{-5/3} \tag{10.35a}$$

于是在惯性子区中能量密度与 k 的 $-3/5$ 次方成正比,即

$$E(k,t) \sim k^{-5/3} \tag{10.35b}$$

实验证明了式(10.35b)的正确性,这个关系常被用来判断紊流是否是各向同性的。需要指出虽然从科尔莫高洛夫的两个假设出发推出了惯性子区内的小尺度运动的特征,但却不能确定大波数的粘性耗散区域内的 $E_0(\eta k)$。进一步的研究表明,在大波数的粘性耗散区域内($k \to \infty$,小尺度涡),

$$E(k,t) \sim k^{-7} \tag{10.36}$$

10.4　紊流模型及紊流的数值模拟

紊流的数值模拟是流体力学和计算流体力学的极其重要的内容,实践已经证明,紊流的数值模拟无论对于推动紊流研究的发展还是解决工程实际问题都起到了非常重要的作用,随着计算机和计算技术的发展,它的作用将更加突出。

紊流的数值模拟采用的方法可以概括为直接数值模拟法(DNS)、大涡模拟法(LDS)和雷诺平均数值模拟(RANS)。

雷诺平均数值模拟是以在 10.2 节中建立的时均流动控制方程组为基础的。以不可压缩流体紊流为例,平均流动的方程组由 4 个方程构成,包括雷诺方程和连续方程,而未知量有 10 个,包括平均压强,3 个平均速度分量和 6 个雷诺应力分量,未知量数多于方程数。如果引入雷诺应力方程,则又出现了三阶关联量及压强速度关联量,这些量又是待定的。尽管通过类似的推导可以再得出相关量应服从的控制方程,但不难想象这些控制方程中又会出现更高阶的脉动速度的关联项及

其他未知量。因此沿着这条思路是不可能解决未知量个数与方程个数统一的问题的,这就是湍流理论中著名的"封闭问题"。跳出这一恶性循环的的方法是对控制方程中的未知量作简化近似或假设,即进行模化处理,使其成为那些基本未知量的函数,从而封闭方程组。依据这一思路便形成了湍流模式理论。

　　以时均流动控制方程组为基础的湍流模式理论可以分为两类,即湍流的涡粘性模型和雷诺应力模型。湍流涡粘性模型是基于这样一个假设:粘性应力和雷诺应力与时均流的作用之间存在着可以比拟的特性。据牛顿内摩擦定律,粘性应力等于流体的动力粘性系数与应变率的乘积。与此相似可假设雷诺应力等于湍流涡粘性系数 ν_t 和时均应变率的乘积。根据确定湍流涡粘性系数 ν_t 的方程的数目,湍流涡粘性模型又分为代数模型(也称零方程模型),一方程模型,两方程模型等。代数模型只引入附加的代数关系式,一方程和两方程模型则分别引入一个和两个偏微分方程。

　　湍流涡粘性模型的基本假设是湍流涡粘性系数 ν_t 是各向同性的,换句话说雷诺应力和时均速度梯度之比在各个方向是相同的。这个假设在许多情况下不成立,于是就会导致不真实的流动预测结果。这就促使人们考虑抛弃涡粘性系数的假设,直接求解雷诺应力本身的输运方程得到雷诺应力。雷诺应力方程有 6 个,每个方程针对一个雷诺应力,方程中包括有扩散,压强应变及耗散项,对这些未知项作模化处理,将模化后的方程和湍动能及湍动能耗散率的输运方程一起求解,从而使方程封闭。

　　湍流模型种类繁多,本节重点介绍经典而且常用的几种湍流涡粘性模型和雷诺应力模型,而对大涡模拟法和直接数值模拟只作概述说明。

10.4.1　代数涡粘性模型

布辛涅斯克假设和涡粘性系数

　　层流情况下的粘性应力与应变率成线性关系,对不可压缩流体有

$$\tau_{ij} = 2\mu s_{ij} = \mu\left(\frac{\partial u_i}{\partial x_j} + \frac{\partial u_i}{\partial x_i}\right)$$

与此相应,对湍流的实际观察发现在等温不可压缩流体中只有存在剪切应变率的情况下,才能够形成湍流;进一步观察还发现,当时均应变率增加时,雷诺应力也增加。1877 年布辛涅斯克根据雷诺应力和粘性应力的相似性,建议用一种假想的涡粘性系数通过时均应变率来计算雷诺应力。对不可压缩流动有

$$-\rho\overline{u_i'u_j'} = A\delta_{ij} + \mu_t\left(\frac{\partial \bar{u}_i}{\partial x_j} + \frac{\partial \bar{u}_j}{\partial x_i}\right)$$

令 $i=j$,并考虑到对于不可压缩流体 $\dfrac{\partial \bar{u}_i}{\partial x_i}=0$ 可得,

$$A = -\frac{2}{3}\rho k$$

式中 $k = \frac{1}{2}\overline{u_i'^2}$,是紊流脉动动能,于是

$$-\rho\overline{u_i'u_j'} = -\frac{2}{3}\rho\delta_{ij}k + \mu_t\left(\frac{\partial\overline{u_i}}{\partial x_j} + \frac{\partial\overline{u_j}}{\partial x_i}\right) \tag{10.37a}$$

引入平均流动的应变率张量 $\overline{s_{ij}} = \frac{1}{2}\left(\frac{\partial\overline{u_i}}{\partial x_j} + \frac{\partial\overline{u_j}}{\partial x_i}\right)$,涡运动粘性系数 $\nu_t = \frac{\mu_t}{\rho}$,则式

(10.37a)可写为

$$-\overline{u_i'u_j'} = -\frac{2}{3}\delta_{ij}k + 2\nu_t\overline{s_{ij}} \tag{10.37b}$$

涡粘性系数 ν_t 与分子运动粘性系数 ν 具有相同的量纲。需要指出的是分子运动粘性系数是由流体本身的性质决定的,反映的是流体的粘性属性,而涡粘性系数 ν_t 则不是流体本身具有的性质,它与流动情况有关,强烈依赖于紊流的流动状态。式(10.37)虽然给出了雷诺应力和时均应变率之间的关系,但涡粘性系数 ν_t 仍然是未知量,欲将其应用于实际计算,还须要建立 ν_t 与时均速度之间的具体关系式。

定义紊流压强,$p_t = -\frac{2}{3}\rho k$,把上述紊流压强归并到压强项中去,$p + p_t \rightarrow p$,将式(10.37a)代入雷诺方程(10.7)可得

$$\frac{\partial\overline{u_i}}{\partial t} + \overline{u_j}\frac{\partial\overline{u_i}}{\partial x_j} = -\frac{1}{\rho}\frac{\partial\overline{p}}{\partial x_i} + \frac{\partial}{\partial x_j}\left[(\nu + \nu_t)\frac{\partial\overline{u_i}}{\partial x_j}\right] \tag{10.38}$$

混合长度理论

混合长度理论是普朗特于 1925 年提出来的。普朗特仿照气体分子运动论的方法,把紊流中流体微团的脉动和气体分子运动相类比。气体分子运动一个平均自由程后才和其他气体分子相碰撞并进行动量交换。普朗特假设在紊流运动中,流体微团也是在运动某一距离后才和周围其他的流体微团相互掺混,失去原有的流动特征,而在运动过程中流体微团保持其原有流动特征不变。流体微团运动的这个距离称为混合长度。

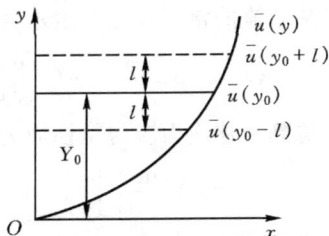

图 10.9 混合长度分析图

如图 10.9 所示,固体壁面上二维紊流的时均速度分布为 $\overline{u}(y)$。原位于 $y = y_0 - l$ 处的流体微团的时均速度为 $\overline{u}(y_0 - l)$,当 y 方向脉动速度 $v' > 0$ 时,该流体微团沿 y 方向向上运动 l 距离后和周围的流体相互掺混,流体微团带来的时均速

度 $\bar{u}(y_0-l)$ 与该处原有的时均速度 $\bar{u}(y_0)$ 的差值,可以看作 y_0 处的速度脉动,即

$$\Delta u_1 = \bar{u}(y_0-l) - \bar{u}(y_0)$$

考虑 l 为小量,则利用泰勒级数展开并忽略二阶以上高阶小量得

$$\Delta u_1 \approx - l\left(\frac{\mathrm{d}\bar{u}}{\mathrm{d}y}\right)_{y_0}$$

原位于 $y=y_0+l$ 处的流体微团的时均速度为 $\bar{u}(y_0+l)$,当 $v'<0$ 时,流体微团沿 y 方向向下运动 l 距离后和周围的流体相互掺混,同理 y_0 处的速度脉动可计算为

$$\Delta u_2 = \bar{u}(y_0+l) - \bar{u}(y_0) \approx l\left(\frac{\mathrm{d}\bar{u}}{\mathrm{d}y}\right)_{y_1}$$

到达 y_0 处的流体微团是随机地来自上、下两方,在一段时间内由上方和下方到达的机会是相等的,故可假设 y_0 处的速度脉动 u' 与以上两种扰动幅度的平均值同量级,即

$$|\overline{u'}| = \frac{1}{2}(|\nabla u_1|+|\nabla u_2|) = l\left|\frac{\mathrm{d}\bar{u}}{\mathrm{d}y}\right|$$

上式中为简洁计略去了速度梯度项的下标。又设 y 方向的脉动速度 v' 与 u' 具有相同量级,则

$$|\overline{v'}| \sim |\overline{u'}| = l\left|\frac{\mathrm{d}\bar{u}}{\mathrm{d}y}\right|$$

由于在绝大多数情况下 v' 和 u' 的符号是相反的,$(\overline{u'v'})<0$,$\overline{u'v'} \sim -|\overline{u'}|\,|\overline{v'}|$,于是

$$\overline{u'v'} = -cl^2\left|\frac{\mathrm{d}\bar{u}}{\mathrm{d}y}\right|^2$$

式中 c 为比例系数,由于混合长度 l 还是未知量,可以把它包含到混合长度 l 中去。于是紊流的雷诺应力可表示为

$$\tau_t = -\rho\overline{u'v'} = \rho l^2\left(\frac{\mathrm{d}\bar{u}}{\mathrm{d}y}\right)^2 \tag{10.39a}$$

考虑到上述应力应与粘性应力具有一致的符号,即

$$\tau_t = \rho l^2\left|\frac{\mathrm{d}\bar{u}}{\mathrm{d}y}\right|\frac{\mathrm{d}\bar{u}}{\mathrm{d}y} \tag{10.39b}$$

上式与式(10.37)相对比,可得混合长度理论下的涡粘性系数为

$$\nu_t = l^2\left|\frac{\mathrm{d}\bar{u}}{\mathrm{d}y}\right| \tag{10.39c}$$

式(10.39c)将涡粘性系数与时均速度联系在了一起,式中混合长度 l 要由试验确定。由于靠近壁面处的 u' 和 v' 必须等于零,普朗特假定混合长度 l 与距壁面的距离 y 成正比。根据平板边界层的实验数据,其比例关系近似为

$$l = ky \tag{10.40}$$

式中 $k=0.4\sim0.41$。

在一般的三维紊流中,式(10.39c)可推广写为

$$\nu_t = l^2 (\bar{s}_{ij} \bar{s}_{ij})^{1/2} \tag{10.41}$$

式中

$$\bar{s}_{ij} = \frac{1}{2} \left(\frac{\partial \bar{u}_i}{\partial x_j} + \frac{\partial \bar{u}_j}{\partial x_i} \right) \tag{10.42}$$

Baldwin-lomax 模型

Baldwin-lomax 模型是目前工程紊流数值模拟中广泛应用的代数紊流模型,它对混合长度模型在以下方面进行了改进:涡粘性系数采用分区进行计算;用涡量代替应变率;对混合长度做了近壁区修正。具体计算时将紊流边界层分成内层和外层,并分别给出涡粘性系数的表达式为

$$\nu_t = \begin{cases} (\nu_t)_{\text{in}} & 0 < y \leqslant y_c \\ (\nu_t)_{\text{out}} & y > y_c \end{cases} \tag{10.43a}$$

当 $y=y_c$,$(\nu_t)_{\text{in}} = (\nu_t)_{\text{out}}$。内层的涡粘性系数计算公式为

$$(\nu_t)_{\text{in}} = l^2 \Omega \tag{10.43b}$$

$\Omega = |\Omega_i \Omega_i|^{1/2}$($\Omega_i = S_{ijk} \partial \bar{u}_k / \partial x_j$)是当地涡量的绝对值;$l$ 是考虑了壁面修正的混合长度,由下式确定

$$l = ky[1 - \exp(-y^+ /A^+)]$$

式中 $k=0.4$,$A^+ = 26$,$y^+ = u_* y/\nu_w$,ν_w 是壁面处的流体运动粘性系数,$u_* = \sqrt{\tau_w/\rho}$,是摩擦速度。外层的涡粘性系数的计算公式为

$$(\nu_t)_{\text{out}} = CF_{\text{wake}} F_{\text{kleb}}(y) \tag{10.43c}$$

式中 $F_{\text{wake}} = \min(y_{\max} F_{\max}, C_{\text{wk}} y_{\max} U_{\text{dif}}^2 / F_{\max})$,$F_{\text{wake}}$ 称为尾流函数,$F_{\max}$ 和 $y_{\max}$ 分别是函数 $F(y) = y\Omega[1-\exp(-y^+/A^+)]$ 的最大值和最大值的坐标,U_{dif} 是时均速度剖面上最大速度和最小速度之差;$F_{\text{kleb}}(y)$ 是紊流边界层外层的间歇性修正,称为 Klebanoff 间歇函数,

$$F_{\text{kleb}}(y) = [1 + 5.5(C_{\text{kleb}} y / y_{\max})^6]^{-1}$$

上述各式中的模型常数分别为:$C=0.02668$,$C_{\text{kleb}}=0.3$,$C_{\text{wk}}=1.0$。

普朗特混合长度理论和以其为基础的各种修正后的代数紊流模型已成功地用于研究诸如管道流动、槽道流动、边界层流动、各种自由剪切紊流以及其他工程紊流流动中。由于其计算量少,比较容易针对特定的流动做各种修正,因而受到工程师们的欢迎,目前仍然较普遍地被工程界所采用。其缺点是它的局部性,将紊流看成是处于局部平衡状态,即紊流的能量的产生和耗散在每一点上是平衡的,没有考

虑各点之间的能量输运的影响,也没有考虑各点流动的历史效应,因此许多情况下得到的结果和实际情况不符。

10.4.2 标准 k-ε 模型

k-ε 模式是两方程紊流模型中最具代表性的,同时也是工程中应用最为普遍的模式。它仍沿用了紊流涡粘性系数的概念,即由式(10.37)建立的雷诺应力与涡粘性系数和时均速度之间的关系,但涡粘性系数采用紊动能 k 和紊动能耗散率ε来确定。

涡粘性系数应当和含能涡的特征速度和特征长度有关,即 $\nu_t \sim u'l$。$u' \sim \sqrt{k}$ 是含能涡的特征速度;而含能涡向小尺度涡的能量输运率等于 ε,因此含能涡的特征长度 $l \sim k^{3/2}/\varepsilon$。将含能涡的特征速度和特征长度代入涡粘性系数表达式可得

$$\nu_t = C_\mu \frac{k^2}{\varepsilon} \tag{10.44}$$

式中 $k = \frac{1}{2}\overline{u_i' u_i'}$ 为紊动能,$\varepsilon = \nu\overline{\dfrac{\partial u_i'}{\partial x_k}\dfrac{\partial u_i'}{\partial x_k}}$ 为紊动能耗散率,C_μ 为模型系数,通常取 0.09。k 和 ε 由各自的输运方程确定。k-ε 模型考虑紊流中各点流动的历史效应的能力要比代数涡粘性模型强,计算得到的涡粘性系数更为合理。

k 方程及其模化

不可压缩紊流的紊动能方程式为

$$\frac{\partial k}{\partial t} + \bar{u}_k\frac{\partial k}{\partial x_k} = -\frac{\partial}{\partial x_k}\left[\overline{u_k'\left(\frac{u_i'u_i'}{2} + \frac{p'}{\rho}\right)} - \nu\frac{\partial k}{\partial x_k}\right] - \nu\overline{\frac{\partial u_i'}{\partial x_k}\frac{\partial u_i'}{\partial x_k}} - \overline{u_i'u_k'}\frac{\partial \overline{u_i}}{\partial x_k}$$

可以看出方程中出现了三阶速度关联项和压强速度关联项,这些都是新的未知量,需要对他们施行模式化,即在未知量与已知量或可求解量之间建立联系,确定高阶关联项与低阶关联项以及平均速度之间的函数关系,这些关系不可能通过理论推导得出,而需依据对紊流特性的认识和物理理解,加上必要的假设和推理得到。对于紊动能方程右侧第一项的扩散项,假设其遵循局部梯度原则,即假设由于脉动速度和脉动压强引起的紊动能扩散只与紊动能自身梯度大小成正比,即

$$-\overline{u_k'\left(\frac{1}{2}u_i'u_i' + \frac{p'}{\rho}\right)} \sim \frac{\partial k}{\partial x_k}$$

进一步由量纲分析,上式可写为

$$-\overline{u_k'\left(\frac{1}{2}u_i'u_i' + \frac{p'}{\rho}\right)} = c_k\frac{k^2}{\varepsilon}\frac{\partial k}{\partial x_k}$$

把式(10.37)代入紊动能方程右侧的第三项,即生成项,并考虑到平均速度连续方程,有

$$P = -\overline{u_i' u_k'}\frac{\partial \overline{u_i}}{\partial x_k} = \left[-\frac{2}{3}\delta_{ik}k + \nu_t\left(\frac{\partial \overline{u_i}}{\partial x_k}+\frac{\partial \overline{u_k}}{\partial x_i}\right)\right]\frac{\partial \overline{u_i}}{\partial x_k} = \nu_t\left(\frac{\partial \overline{u_i}}{\partial x_k}+\frac{\partial \overline{u_k}}{\partial x_i}\right)\frac{\partial \overline{u_i}}{\partial x_k}$$

方程右侧第二项就是紊动能耗散率,即

$$\nu\,\overline{\frac{\partial u_i'}{\partial x_k}\frac{\partial u_i'}{\partial x_k}} = \varepsilon$$

模式化后的 k 的输运方程为

$$\frac{\partial k}{\partial t}+\overline{u_i}\frac{\partial k}{\partial x_i}=\frac{\partial}{\partial x_i}\left[\left(C_k\frac{k^2}{\varepsilon}+\nu\right)\frac{\partial k}{\partial x_i}\right]+P-\varepsilon \qquad (10.45)$$

其中 $P=\nu_t\left(\dfrac{\partial \overline{u_i}}{\partial x_k}+\dfrac{\partial \overline{u_k}}{\partial x_i}\right)\dfrac{\partial \overline{u_i}}{\partial x_k}$,　$C_k=0.09-0.11$。

ε 方程及其模化

　　首先推导 ε 方程。将紊流脉动方程(10.9)各项对 x_j 求偏导,然后用 $2\nu\dfrac{\partial u_i'}{\partial x_j}$ 遍乘各项,再对全式取时均,可得 ε 方程为

$$\frac{\partial \varepsilon}{\partial t}+\overline{u_k}\frac{\partial \varepsilon}{\partial x_k}=-\frac{\partial}{\partial x_l}\left\{\underbrace{\nu\,\overline{u_l'\frac{\partial u_i'}{\partial x_j}\frac{\partial u_i'}{\partial x_j}}}_{\text{(紊流扩散)}}+\underbrace{2\frac{\nu}{\rho}\,\overline{\frac{\partial u_l'}{\partial x_j}\frac{\partial p'}{\partial x_j}}-\nu\frac{\partial \varepsilon}{\partial x_l}}_{\text{(分子扩散)}}\right\}$$

$$\underbrace{-2\nu\frac{\partial \overline{u_i}}{\partial x_l}\left(\overline{\frac{\partial u_i'}{\partial x_j}\frac{\partial u_l'}{\partial x_j}}+\overline{\frac{\partial u_j'}{\partial x_l}\frac{\partial u_j'}{\partial x_i}}\right)}_{\text{(生成项 I)}}\underbrace{-2\nu\,\overline{u_l'\frac{\partial u_i'}{\partial x_j}\frac{\partial^2 \overline{u_i}}{\partial x_l\partial x_j}}}_{\text{(生成项 II)}}\underbrace{-2\nu\,\overline{\frac{\partial u_i'}{\partial x_j}\frac{\partial u_l'}{\partial x_j}\frac{\partial u_i'}{\partial x_l}}}_{\text{(小涡拉伸耗散项)}}$$

$$\underbrace{-2\nu^2\,\overline{\left(\frac{\partial^2 u_i'}{\partial x_l\partial x_j}\right)^2}}_{\text{(粘性耗散)}} \qquad (10.46)$$

　　紊动能的耗散机理是十分复杂的,要想对紊动能耗散率 ε 方程各项进行比较严格的模式化几乎是不可能的,对方程各项的模化主要是依据量纲分析和类比的方法。

　　(1)扩散项的模化

　　假设紊动能耗散率 ε 的紊流扩散仍然遵循局部梯度原则,即假设紊动能耗散率 ε 的紊流扩散与自身梯度大小成正比,则

$$-\nu\,\overline{u_l'\frac{\partial u_i'}{\partial x_j}\frac{\partial u_i'}{\partial x_j}}-2\frac{\nu}{\rho}\,\overline{\frac{\partial u_l'}{\partial x_j}\frac{\partial p'}{\partial x_j}}=c_\varepsilon\frac{k^2}{\varepsilon}\frac{\partial \varepsilon}{\partial x_l}$$

　　(2)生成项模化

　　生成项包括两项,对于生成项 I,利用小涡的各向同性性质可以证明该项实际上接近于零。对于生成项 II,许多学者认为该项是微量,可以忽略。因此紊动能耗散率 ε 的生成项进行模化后近似等于零。

(3) 耗散项的模化

由小涡拉伸引起的耗散项可以看做紊动能耗散率 ε 的一个源项,假设它和紊动能生成项 P 成正比。这样假设的理由是如若 P 增加引起紊动能的增加,那么紊动能耗散率 ε 也要相应增加,于是有

$$-2\nu\,\overline{\frac{\partial u_i'}{\partial x_j}\frac{\partial u_l'}{\partial x_j}\frac{\partial u_i'}{\partial x_l}} = C_{\varepsilon 1}\,\frac{\varepsilon}{k}P$$

粘性耗散项广泛采用的模化模型为

$$-2\nu^2\,\overline{\left(\frac{\partial^2 u_i'}{\partial x_l\partial x_j}\right)^2} = -C_{\varepsilon 2}\,\frac{\varepsilon^2}{k}$$

将上述模化结果代入式(10.46)可得模化后的 ε 方程为

$$\frac{\partial \varepsilon}{\partial t} + \bar{u}_i\,\frac{\partial \varepsilon}{\partial x_i} = \frac{\partial}{\partial x_i}\left[\left(C_\varepsilon\,\frac{k^2}{\varepsilon} + \nu\right)\frac{\partial \varepsilon}{\partial x_i}\right] + C_{\varepsilon 1}\,\frac{\varepsilon}{k}P - C_{\varepsilon 2}\,\frac{\varepsilon^2}{k} \tag{10.47}$$

式中各经验系数的取值分别为:$C_\varepsilon = 0.07 \sim 0.09$,$C_{\varepsilon 1} = 1.41 \sim 1.45$,$C_{\varepsilon 2} = 1.91 \sim 1.92$。

k-ε 模型方程组的封闭

利用方程(10.44)、(10.45)和(10.47)求解涡粘性系数时需与平均流动的连续方程(10.4)和雷诺方程(10.38)联立求解,此时共有 7 个方程,而未知量也是 7 个,包括 $\bar{p}, \bar{u}_i, k, \varepsilon, \nu_t$,方程组封闭。

上文中介绍的 k-ε 紊流模型称为标准 k-ε 紊流模型,它是目前应用最广泛的两方程紊流模型。大量的工程应用实践表明,该模型可以计算比较复杂的紊流,比如它可以较好地预测无浮力的平面射流,平壁边界层流动,管流,通道流动,喷管内的流动,以及二维和三维无旋或弱旋回流流动等。但从定量结果来看,它还没有比代数模型表现出更明显的优势。标准 k-ε 模型主要缺点是:该模型仍然假定雷诺应力和当地时均应变率成正比,不能反映雷诺应力沿流动方向上的历史效应;标准 k-ε 模型是各向同性的,不能反映雷诺应力的各向异性;标准 k-ε 模型不能反映平均涡量对雷诺应力分布的影响,而这种影响是重要的。

除标准 k-ε 模型外还有诸如 RNG k-ε 模型、Realizabile k-ε 模型等多种改进模型。这些新的模型在预测浮力影响、强旋流、高剪切率、低雷诺数影响等方面的能力有所改进。

例 2　实验测量表明当 t 很大时,各向同性紊动能以

$$k(t) \sim t^{-1.1}$$

的规律衰减。求在各向同性紊流条件下 k 方程和 ε 方程的表达式,此时 k 和 ε 都只是时间的函数,且 $t=0$ 时,$k(t)=k_0$,$\varepsilon(t)=\varepsilon_0$。由该表达式确定常数 $c_{\varepsilon 2}=1.91$。

解　对于各向同性紊流，k 和 ε 都只是时间的函数，且 $\overline{u}_i$ 为常数，于是 k 方程和 ε 方程可简化为

$$\frac{\mathrm{d}\varepsilon}{\mathrm{d}t} = -c_{\varepsilon 2}\frac{\varepsilon^2}{k} \tag{1}$$

$$\frac{\mathrm{d}k}{\mathrm{d}t} = -\varepsilon \tag{2}$$

由(2)得 $\dfrac{\mathrm{d}^2 k}{dt^2} = -\dfrac{\mathrm{d}\varepsilon}{\mathrm{d}t}$，代入(1)式有

$$\frac{\mathrm{d}^2 k}{\mathrm{d}t^2} = c_{\varepsilon 2}\left(\frac{\mathrm{d}k}{\mathrm{d}t}\right)^2 \frac{1}{k}$$

令 $G = \dfrac{\mathrm{d}k}{\mathrm{d}t}$，则 $\dfrac{\mathrm{d}^2 k}{\mathrm{d}t^2} = \dfrac{\mathrm{d}G}{\mathrm{d}t} = G\dfrac{\mathrm{d}G}{\mathrm{d}k}$，代入上式

$$G\frac{\mathrm{d}G}{\mathrm{d}k} = c_{\varepsilon 2}G^2 \frac{1}{k} \quad \Rightarrow \quad \frac{\mathrm{d}G}{G} = c_{\varepsilon 2}\frac{\mathrm{d}k}{k}$$

积分上式

$$\ln G = \ln k^{c_{\varepsilon 2}} + c \quad \Rightarrow \quad G = Bk^{c_{\varepsilon 2}}$$

考虑到式(2)上式又可写为

$$Bk^{c_{\varepsilon 2}} = -\varepsilon$$

由初始条件 $t=0$ 时 $k(t)=k_0$，$\varepsilon(t)=\varepsilon_0$ 得 $B = -\dfrac{\varepsilon_0}{k_0^{c_{\varepsilon 2}}}$，代入上式

$$\varepsilon = \frac{\varepsilon_0}{k_0^{c_{\varepsilon 2}}}k^{c_{\varepsilon 2}} \tag{3}$$

即

$$\frac{\mathrm{d}k}{\mathrm{d}t} = -\frac{\varepsilon_0}{k_0^{c_{\varepsilon 2}}}k^{c_{\varepsilon 2}} \quad \Rightarrow \quad \frac{\mathrm{d}k}{k^{c_{\varepsilon 2}}} = -\frac{\varepsilon_0}{k_0^{c_{\varepsilon 2}}}\mathrm{d}t$$

积分上式

$$k^{1-c_{\varepsilon 2}} = -(1-c_{\varepsilon 2})\frac{\varepsilon_0}{k_0^{c_{\varepsilon 2}}}t + A$$

再应用初始条件 $t=0$ 时 $k(t)=k_0$，有 $A = k_0^{1-c_{\varepsilon 2}}$，于是

$$k = \left[k_0^{1-c_{\varepsilon 2}} - (1-c_{\varepsilon 2})\frac{\varepsilon_0}{k_0^{c_{\varepsilon 2}}}t\right]^{-\frac{1}{c_{\varepsilon 2}-1}} \tag{4}$$

将上式代入式(3)得

$$\varepsilon = \frac{\varepsilon_0}{k_0^{c_{\varepsilon 2}}}\left[k_0^{1-c_{\varepsilon 2}} - (1-c_{\varepsilon 2})\frac{\varepsilon_0}{k_0^{c_{\varepsilon 2}}}t\right]^{-\frac{c_{\varepsilon 2}}{c_{\varepsilon 2}-1}} \tag{5}$$

由(4)式，当 t 很大时，可忽略 $k_0^{1-c_{\varepsilon 2}}$ 项，有，

$$k \approx \left[(c_{\varepsilon 2} - 1) \frac{\varepsilon_0}{k_0^{c_{\varepsilon 2}}} t \right]^{-\frac{1}{c_{\varepsilon 2} - 1}}$$

上式与 $k(t) \sim t^{-1.1}$ 比较有, $-\dfrac{1}{c_{\varepsilon 2} - 1} = -1.1$, 于是

$$c_{\varepsilon 2} \approx 1.91 \tag{6}$$

10.4.3 雷诺应力模型和代数应力模型

混合长度模型和 $k - \varepsilon$ 两方程模型都基于涡粘性系数假设,涡粘性模型的主要缺点是它的局部性,即在涡粘性模型中雷诺应力只与当地的平均变形率有关,而忽略了紊流统计量之间关系的历史效应。抛弃涡粘性系数的概念,直接从雷诺应力的输运方程出发,则雷诺应力的历史效应就可得到合理模拟。

雷诺应力模型

在式(10.10)给出的雷诺应力输运方程中,需要模化的量包括扩散项中的三阶速度关联项和压强速度关联项

$$\overline{u_i' u_j' u_k'} + \overline{\frac{p'}{\rho} (\delta_{ik} u_j' + \delta_{jk} u_i')}$$

以及压强应变率项和耗散项

$$\varphi_{ij} = \overline{\frac{p'}{\rho} \left(\frac{\partial u_i'}{\partial x_j} + \frac{\partial u_j'}{\partial x_i} \right)}, \quad \varepsilon_{ij} = 2\nu \overline{\left(\frac{\partial u_i'}{\partial x_k} \frac{\partial u_j'}{\partial x_k} \right)}$$

生成项 $P_{ij} = -\left(\overline{u_i' u_k'} \dfrac{\partial \bar{u}_j}{\partial x_k} + \overline{u_j' u_k'} \dfrac{\partial \bar{u}_i}{\partial x_k} \right)$ 中只包含雷诺应力和平均速度梯度,不需模化。研究人员对上述各项提出了不止一种的模化方案,其中最简单,事实上也是最常用的模化后的雷诺应力输运方程为

$$\frac{\mathrm{D} \overline{u_i' u_j'}}{\mathrm{D} t} = \frac{\partial}{\partial x_l} \left[\left(C_k \frac{k^2}{\varepsilon} + \nu \right) \frac{\partial \overline{u_i' u_j'}}{\partial x_l} \right] + P_{ij} - \frac{2}{3} \delta_{ij} \varepsilon$$

$$- C_1 \frac{\varepsilon}{k} \left(\overline{u_i' u_j'} - \frac{2}{3} \delta_{ij} k \right) - C_2 \left(P_{ij} - \frac{2}{3} \delta_{ij} P \right) \tag{10.48}$$

式中 $P_{ij} = -\left(\overline{u_i' u_k'} \dfrac{\partial \bar{u}_j}{\partial x_k} + \overline{u_j' u_k'} \dfrac{\partial \bar{u}_i}{\partial x_k} \right)$, $P_{ii} = -2 \overline{u_i' u_k'} \dfrac{\partial \bar{u}_i}{\partial x_k}$, $P = \dfrac{1}{2} P_{ii}$;各经验常数可取为

$$C_k = 0.09 \sim 0.11, \ C_1 = 1.5 \sim 2.2, \ C_2 = 0.4 \sim 0.5$$

在实际的紊流计算中,雷诺应力方程需和平均运动的连续方程、雷诺方程以及紊动能 k 和紊动能耗散率 ε 方程联立求解,共 12 个方程;未知量也是 12 个,包括 6 个雷诺应力分量,3 个速度分量,压强,紊动能 k 和紊动能耗散率 ε,方程组是封闭

的。雷诺应力是一点脉动速度的二阶关联,又称二阶矩,因此雷诺应力方程的封闭模型又称二阶矩模型。

二阶矩模型基于雷诺应力方程,包含雷诺应力发展过程,如流线曲率、旋转系统等非局部性效应,因此能够较好地预测复杂紊流,可考虑旋流、浮力、曲率、壁面等影响,在许多情况下给出优于 $k-\varepsilon$ 模式的结果;但计算工作量大,总的精度并不高于其他模式。

代数应力模型

应用雷诺应力方程的封闭模型求解平均紊流场与涡粘性模型相比,需要多解 6 个雷诺应力的偏微分方程,因此需要更多的计算机内存和计算时间。仔细观察雷诺应力方程可发现 $\overline{u_i' u_j'}$ 的导数项只包含在对流和扩散两项中。如果在某些条件下可将对流和扩散项消去,计算工作量即可大幅度减少。有两种情况可考虑消去对流和扩散项:一是在高剪切率的流动中,雷诺应力的生成项很大,而对流和扩散项相对很小;另一种情况是在所谓的局部平衡紊流中,生成项与耗散项基本相抵,而对流项也与扩散项大体相等。

雷诺应力模型方程消去对流和扩散项后,式(10.48)便简化为 6 个代数方程,

$$(1-C_2)P_{ij} - C_1 \frac{\varepsilon}{k}\left(\overline{u_i' u_j'} - \frac{2}{3}\delta_{ij}k\right) - \frac{2}{3}\delta_{ij}(\varepsilon - C_2 P) = 0 \qquad (10.49)$$

还有一种代数模型,它部分保留了对流和扩散项的影响。假设 $\overline{u_i' u_j'}$ 与紊动能 k 成正比,于是由式(10.48),并考虑到 k 的输运方程(10.45),有

$$\frac{\mathrm{D}\,\overline{u_i' u_j'}}{\mathrm{D}t} - \frac{\partial}{\partial x_l}\left[\left(C_k \frac{k^2}{\varepsilon} + \nu\right)\frac{\partial \overline{u_i' u_j'}}{\partial x_l}\right]$$

$$= \frac{\mathrm{D}}{\mathrm{D}t}\left(\frac{\overline{u_i' u_j'}}{k}k\right) - \frac{\partial}{\partial x_l}\left[\left(C_k \frac{k^2}{\varepsilon} + \nu\right)\frac{\partial}{\partial x_l}\left(\frac{\overline{u_i' u_j'}}{k}k\right)\right]$$

$$= \frac{\overline{u_i' u_j'}}{k}\left\{\frac{\mathrm{D}k}{\mathrm{D}t} - \frac{\partial}{\partial x_l}\left[\left(C_k \frac{k^2}{\varepsilon} + \nu\right)\frac{\partial k}{\partial x_l}\right]\right\} = \frac{\overline{u_i' u_j'}}{k}(P-\varepsilon)$$

将上述结果代入式(10.48),则有

$$\frac{\overline{u_i' u_j'}}{k}(P-\varepsilon) = P_{ij} - \frac{2}{3}\delta_{ij}\varepsilon - C_1 \frac{\varepsilon}{k}\left(\overline{u_i' u_j'} - \frac{2}{3}\delta_{ij}k\right) - C_2\left(P_{ij} - \frac{2}{3}\delta_{ij}P\right)$$

$$(10.50)$$

上述代数应力方程(10.50)或(10.49)可代替雷诺应力方程(10.48),与平均运动的连续方程、运动方程以及紊动能 k 和紊动能耗散率 ε 方程构成封闭方程组,方程和未知量都是 12 个,与雷诺应力封闭模型相同。

代数应力模型与微分形式的雷诺应力模型相比,大大减少了计算量。在考虑浮力和旋流效应时代数应力模型比 $k-\varepsilon$ 模型更为优越。

10.4.4　高级数值模拟简介

　　以上三节重点介绍了雷诺平均数值模拟方法,毋庸置疑这些传统的紊流模式理论在解决工程实际问题中已经并且还将继续发挥巨大的作用,但它们也存在着重大缺陷。各种紊流模型都存在一定的局限性,有依赖于经验数据、预报准确程度差等缺点。这一方面是因为在构造模型时,由于对未知项知之甚少,又无实测数据作为参考,所作的假设主观臆测程度很大,特别是 ε 的模型方程可靠性更差;另一方面在模化过程中对所有大大小小不同尺度的涡同等对待,不加区分,且认为都是各向同性的。实际上大涡与平均流动之间有强烈的相互作用,是高度各向异性的。小涡主要起粘性耗散作用,与平均流动和流场边界条件几乎没有关系,近似是各向同性的。将大小涡混在一起,就不可能找到一种紊流模型能把对不同的流动有不同结构的大涡特性考虑进去。另外,紊流模型都通过平均运算将脉动运动的全部行为细节一律抹平,因此丢失了包含在脉动运动中的大量有重要意义的信息。

　　计算机规模和速度的飞跃发展给人们提供了一种解决紊流问题的新途径。包括脉动运动在内的紊流瞬时运动服从 N-S 方程,而 N-S 方程组本来就是封闭的,不需要建立模型,因此可以不引入任何紊流模式,直接对三维非定常的 N-S 方程进行数值求解。直接数值模拟可以获得流场的全部信息,特别是可以提供目前还无法实际测量的量,例如流场中的压强脉动至今没有很精细的测量结果,流场中的涡量分布也很难测量,紊流场的涡结构现在只有流动显示的定性观察结果。紊流的直接模拟可为研究人员提供可靠的原始资料。

　　紊流脉动中包含着大大小小不同尺度的涡运动,其最大尺度 L 可与平均运动的特征长度相比拟,而最小尺度则与柯氏微尺度 η 相当。为了保证准确模拟小尺度涡运动,网格长度 Δ 必须小于 η,同时计算区域又需足够大以包含最大尺度的涡,因此一维网格数至少应满足

$$N_x > \frac{L}{\eta}$$

柯氏微尺度 $\eta = (\nu^3/\varepsilon)^{1/4}$,而 $\varepsilon \sim u'^3/L$,u' 表示脉动速度的均方根值,于是

$$N_x > Re_L^{3/4}$$

式中 $Re_L = u'L/\nu$。三维总网格数则应满足

$$N = N_x N_y N_z > Re_L^{9/4}$$

如果 $Re_L = 10^4$,则总的网格数 $N = 10^9$。另外,计算要模拟的时间长度也需大于大涡的时间尺度 L/u',而时间步长又应小于最小涡的时间尺度 η/u',因此需要的时间步数应为

$$N_t > l/\eta \sim Re_L^{3/4}$$

这就对计算机的内存和运算速度提出了非常高的要求。鉴于当今计算机的发展水平,直接数值模拟还仅限于较低的雷诺数和有简单几何边界条件的问题,主要用来作紊流的基础研究,如发现新结构,揭示新机理,提供新概念,检验与改进紊流模型等,对具有高雷诺数的实际工程问题的直接数值模拟目前还无法施行。

大涡模拟是介于直接数值模拟和一般模型理论之间的折衷方法。它的基本思想是把包括脉动运动在内的紊流瞬时运动通过某种滤波方法分解成大尺度和小尺度运动两部分。大尺度量通过数值求解运动微分方程直接计算出来,小尺度运动对大尺度运动的影响将在运动方程中表现为类似于雷诺应力一样的应力项,称之为亚格子雷诺应力,它们可以通过建立模型来模拟。如前所述,小尺度涡运动受流动边界条件影响甚少,且近似是各向同性的,比较有可能找到一个广泛适用的模型;同时因为流动中的大部分质量、动量和能量的输运主要通过大涡运动,这部分贡献现在可以通过运动微分方程直接计算出来,需要通过模型提供的份额很小,因此总体的结果对模型的不可靠性不甚敏感。

大涡模拟也必须是三维和非定常的,这意味着需用很大的计算机,目前也仅限于计算较为简单的紊流。

10.5　平壁上的紊流运动

10.3 节讨论了均匀各向同性紊流的特性,均匀各向同性紊流是理想化了的简单紊流模型。自然界和工程实际中常见的紊流流动一般是速度平均值在空间有梯度变化的流动,称之为剪切紊流。剪切紊流又可分为无固壁影响的自由剪切紊流和有固壁作用的壁面紊流。本节研究平壁上的紊流流动,属于壁面紊流的一种。

速度分布与分层结构

流体绕流固壁时会在壁面附近形成边界层,而边界层外部是未受扰动的势流区。平壁边界层流动中,势流速度和压强在整个流场中为常数。靠近壁面前沿边界层内的流动是层流,当雷诺数 $Re = ux/\nu$ 达到临界值后边界层流动由层流转化为紊流。与层流边界层的层状单一结构不同,紊流边界层则分为内层和外层。在内层,流动由以粘性应力占主导地位的粘性底层过渡到完全紊流;在外层紊流强度逐渐减弱,边界层顶部与外部势流相衔接,存在从紊流到势流的过渡层——粘性顶层。

由雷诺方程出发,考虑到边界层近似可以得到边界层流动的微分方程。对于二维定常的平壁紊流边界层,微分方程形式为

$$\frac{\partial \bar{u}}{\partial x} + \frac{\partial \bar{v}}{\partial y} = 0 \tag{10.51}$$

$$\bar{u}\frac{\partial \bar{u}}{\partial x} + \bar{v}\frac{\partial \bar{u}}{\partial y} = \frac{1}{\rho}\frac{\partial \tau}{\partial y} \tag{10.52}$$

式中 $\tau = \mu\dfrac{\partial \bar{u}}{\partial y} - \rho\overline{u'v'}$。与层流边界层方程相比,切应力项中包含了雷诺应力项 $-\rho\overline{u'v'}$。对于上述方程的推导过程读者可参阅有关文献。

由边界条件,$y=0$,$\bar{u}=\bar{v}=0$,根据方程式(10.52),$(\partial\tau/\partial y)_{y=0}=0$。将动量方程对 y 微分一次,然后利用连续方程和边界条件可得$(\partial^2\tau/\partial y^2)_{y=0}=0$。因此在任一 x 截面上贴近壁面的区域内将有$\partial\tau/\partial y=0$,$\tau\approx\tau_w(x)$($\tau_w(x)$是壁面的切应力)在该截面内近似为常数。于是有

$$\mu\frac{\partial \bar{u}}{\partial y} - \rho\overline{u'v'} = \tau_w \tag{10.53}$$

可以把贴近壁面的区域划分为三个子区,即粘性底层,缓冲层和对数率层。粘性底层是最贴近壁面的一层,这里紊流应力趋于消失,分子粘性起主导作用,于是有

$$\mu\frac{\partial \bar{u}}{\partial y} = \tau_w \tag{10.54}$$

引入一个具有速度量纲的量

$$u_* = \sqrt{\tau_w/\rho}$$

称为摩擦速度,再引入一个无量纲长度和无量纲速度,$y^+ = yu_*/\nu$,$\bar{u}^+ = \bar{u}/u_*$,则式(10.54)可改写为

$$\frac{\partial \bar{u}^+}{\partial y^+} = 1$$

积分上式得

$$\bar{u}^+ = y^+$$

在粘性底层与完全发展紊流之间存在一个过渡层,称缓冲层,在该层内粘性应力变小,紊流应力增加,两者具有相同量级。由于这一层的流动现象比较复杂,尚未得出比较合理的平均速度分布公式,一个近似公式是,

$$\bar{u}^+ = 5.0\ln y^* - 3.05$$

对数率层处于完全发展紊流之中,在该层粘性应力与紊流应力相比可以忽略,因此

$$-\rho\overline{u'v'} = \tau_w$$

引用混合长度,并考虑到$\dfrac{\partial \bar{u}}{\partial y}>0$ 时 $\left|\dfrac{\partial \bar{u}}{\partial y}\right| = \dfrac{\partial \bar{u}}{\partial y}$,上式可改写为

$$\rho l^2\left(\frac{\partial \bar{u}}{\partial y}\right)^2 = \tau_w \quad \Rightarrow \quad \frac{\partial \bar{u}}{\partial y} = \frac{\sqrt{\tau_w/\rho}}{l} = \frac{u_*}{l}$$

对于平壁边界层流动通常取 $l=ky$,于是

$$\frac{\partial \bar{u}}{\partial y} = \frac{u_*}{ky}$$

积分上式

$$\bar{u} = \frac{u_*}{k}\ln y + c$$

上式又可以整理为

$$\bar{u}^+ = \frac{1}{k}\ln y^+ + c_1$$

常数由实验确定,对于光滑壁面,$k=0.40$,$c_1=5.0$。

内层的三个子区及其分布范围可归纳如下:

粘性底层 $\quad \bar{u}^+ = y^+$, $\quad y^+ < 5$ (10.55)

缓冲层 $\quad \bar{u}^+ = 5.0\ln y^+ - 3.05$, $\quad 5 \leqslant y^+ < 30$ (10.56)

对数律层 $\quad \bar{u}^+ = 2.5\ln y^+ + 5.5$, $\quad y^+ \geqslant 30$, $\quad y/\delta < 0.2$ (10.57)

外层也可细分为尾迹律层($0.2 \leqslant y/\delta \leqslant 0.4$)和粘性顶层($0.4 < y/\delta < 1$)。在尾迹律层流动虽然仍然是完全紊流状态,但紊流强度已明显减弱,速度分布偏离对数律。

在粘性顶层最明显的特征是紊流的间歇性。定义某一给定点上流动保持为紊流的时间分数为间歇因子 γ,测量表明,当 $y/\delta < 0.4$ 时 $\gamma=1$,当 $y/\delta > 1.2$ 时 $\gamma=0$,而当 $0.4 \leqslant y/\delta \leqslant 1.2$ 时,γ 从 1 减少到 0,这表明边界层外部势流深深嵌入到边界层内部,紊流和势流交界面呈现犬牙交错的不规则状态(见图10.10),紊流和势流之间的掺混使紊流强度显著减弱。整个外层的速度分布可由下述经验公式表示为

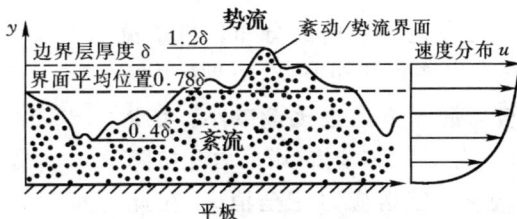

图 10.10 平壁紊流边界层自由边界示意图

$$\frac{U - \bar{u}}{u_*} = -\frac{1}{k}\ln\frac{y}{\delta} + \frac{\Pi}{k}\left[2 - W\left(\frac{y}{\delta}\right)\right]$$ (10.58)

式中 $W\left(\dfrac{y}{\delta}\right) = 2\sin^2\left(\dfrac{\pi}{2}\dfrac{y}{\delta}\right)$,$\Pi$ 是压强梯度因子,零压强梯度时 $\Pi=0.6$,公式的适用范围为 $y^+ > 400$ 或 $0.2 \leqslant y/\delta < 1.0$。

边界层中紊流量的测量结果

1954 年克莱巴诺夫(P. S. Klebanoff)利用热线探针对零压强梯度紊流平壁边

界层内的紊流脉动特性进行了测量,图 10.11 给出了无量纲的脉动强度在测量截面上的变化。尽管势流速度 U 是单向的,紊流脉动速度却是三维的,体现出紊流脉动的三维特征。可以看出沿流动方向的紊流强度 $\sqrt{\overline{u'^2}}/U$ 远大于另外两个方向的紊流强度 $\sqrt{\overline{v'^2}}/U$ 和 $\sqrt{\overline{w'^2}}/U$,而 y 方向紊流强度 $\sqrt{\overline{v'^2}}/U$ 最小,可以认为是由于壁面对该方向的限制较大造成的。各个方向的紊流强度在壁面附近取最大值,沿着 y 方向逐渐减弱;三个方向紊流强度的不同说明边界层内的紊流是各向异性的,愈接近边界层外沿,愈趋于各向同性。

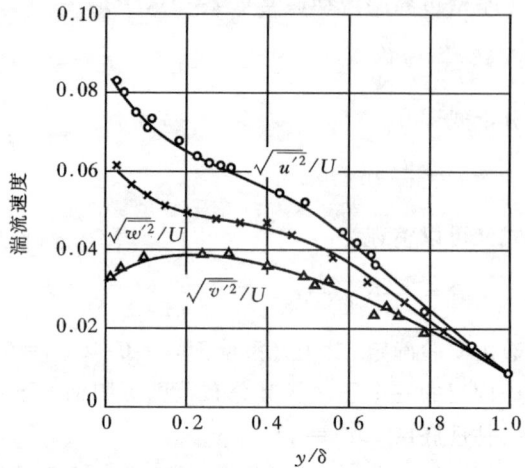

图 10.11　平面紊流边界层内脉动速度分布

图 10.12 和图 10.13 示出了雷诺应力在边界层内的分布。与紊流强度的分布规律相对应,边界层内雷诺应力沿 y 方向也逐渐减小。在近壁区,当 $y^+ < 20$ 时雷诺应力开始降低,$y \to 0$,雷诺应力完全消失,在此区域内分子粘性起主导作用。值得注意的是,图 10.13 中在邻近壁面的一个区域内雷诺应力基本为常数,这与上文中的理论分析和式(10.53)是一致的。

例 3　证明当 $y^+ = 60$ 时粘性切应力约为壁面切应力的 4%。

解　$y^+ = 60$ 已处于紊流区,速度满足对数分布规律,即

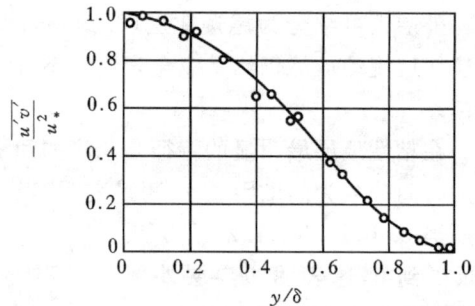

图 10.12　平面边界层内紊流剪切应力分布

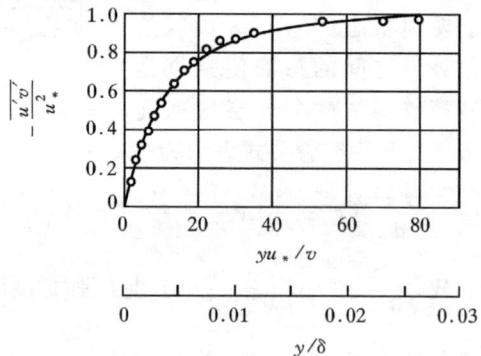

图 10.13　平面边界层内壁面附近的紊流剪切应力的分布

$$\bar{u}^+ = \frac{1}{k}\ln y^+ + c$$

对上式求导，

$$\frac{\mathrm{d}\bar{u}^+}{\mathrm{d}y^+} = \frac{1}{ky^+}$$

考虑到 $\bar{u}^+ = \bar{u}/u_*$，$y^+ = yu_*/\nu$，u_* 是摩擦速度，$u_* = \tau_w/\rho$，上式可化为

$$\mu\frac{\mathrm{d}\bar{u}}{\mathrm{d}y} = \frac{\tau_w}{ky^+}$$

令 $y^+ = 60$，并取 $k = 0.41$，代入上式得

$$\mu\frac{\mathrm{d}\bar{u}}{\mathrm{d}y} = 0.040\,6\tau_w$$

即粘性切应力约为壁面切应力的 4%。

例 4 利用式 $\mu\frac{\partial\bar{u}}{\partial y} - \rho\overline{u'v'} = \tau_w$ 证明紊动能产生项的最大值是 $u_*^4/(4\nu)$。

解 式 $\mu\frac{\partial\bar{u}}{\partial y} - \rho\overline{u'v'} = \tau_w$ 两边同乘以 $\partial\bar{u}/\partial y$，并加以整理得

$$P = -\overline{u'v'}\frac{\partial\bar{u}}{\partial y} = u_*^2\frac{\partial\bar{u}}{\partial y} - \nu\left(\frac{\partial\bar{u}}{\partial y}\right)^2$$

式中 u_* 是摩擦速度，$u_* = \tau_w/\rho$。由 $\dfrac{\mathrm{d}P}{\mathrm{d}(\partial\bar{u}/\partial y)} = u_*^2 - 2\nu\left(\dfrac{\partial\bar{u}}{\partial y}\right) = 0$，知 $\dfrac{\partial\bar{u}}{\partial y} = \dfrac{u_*^2}{2\nu}$ 时 P 取最大值，于是

$$P_{\max} = u_*^2\frac{u_*^2}{2\nu} - \nu\left(\frac{u_*^2}{2\nu}\right)^2 = \frac{u_*^4}{4\nu}$$

解毕。

例 5 利用混合长度理论证明平壁边界层内层的速度分布为

$$u^+ = 2\int_0^{y^+}\frac{\mathrm{d}y^+}{1 + (1 + 4l^{+2})^{1/2}}$$

式中 $l^+ = lu_*/\nu$，是无量纲混合长度。如 $l^+ = \alpha_0^2 y^+(1 + \alpha_0^4 y^{+2})^{1/2}$，$\alpha_0 = 0.3$，求 u^+ 的表达式。

解 依据混合长度假设

$$-\rho\overline{u'v'} = \rho l^2\left(\frac{\partial\bar{u}}{\partial y}\right)^2$$

在平壁边界层内层，有

$$\mu\frac{\partial\bar{u}}{\partial y} - \rho\overline{u'v'} = \tau_w$$

由上两式得

$$\rho l^2 \left(\frac{\partial \bar{u}}{\partial y} \right)^2 + \mu \frac{\partial \bar{u}}{\partial y} - \tau_w = 0$$

令 $\bar{u}^+ = \bar{u}/u_*$，$y^+ = yu_*/\nu$，u_* 是摩擦速度，$u_* = \sqrt{\tau_w/\rho}$，则上式可无量纲化为

$$l^{+2} \left(\frac{\partial \bar{u}^+}{\partial y^+} \right)^2 + \frac{\partial \bar{u}^+}{\partial y^+} - 1 = 0 \tag{a}$$

求解上述二元一次方程，得

$$\frac{\partial \bar{u}^+}{\partial y^+} = \frac{-1 \pm \sqrt{1 + 4l^{+2}}}{2l^{+2}}$$

考虑到 $\partial \bar{u}^+/\partial y^+ > 0$，取，$\dfrac{\partial \bar{u}^+}{\partial y^+} = \dfrac{-1 + \sqrt{1 + 4l^{+2}}}{2l^{+2}} = \dfrac{2}{1 + \sqrt{1 + 4l^{+2}}}$，代入上式

$$u^+ = 2 \int_0^{y^+} \frac{\mathrm{d} y^+}{1 + (1 + 4l^{+2})^{1/2}} \tag{b}$$

如 $l^+ = \alpha_0^2 y^+ (1 + \alpha_0^4 y^{+2})^{1/2}$，则 $\sqrt{1 + 4l^{+2}} = \sqrt{1 + 4\alpha_0^4 y^{+2}(1 + \alpha_0^4 y^{+2})} = 1 + 2\alpha_0^4 y^{+2}$，代入式（b）有

$$u^+ = \int_0^{y^+} \frac{\mathrm{d} y^+}{1 + \alpha_0^4 y^{+2}} = \frac{1}{\alpha_0^2} \mathrm{arctg}(\alpha_0^2 y^+) \tag{c}$$

解毕。

10.6 圆管紊流

圆管紊流也是壁面紊流的一种，与平壁紊流的不同之处是流动的四周都受到壁面的约束，本节讨论直圆管内的定常紊流流动。

速度分布与分层

上节给出了零压强梯度平壁紊流边界层内的速度分布曲线，它也适用于压强梯度等于常数而不等于零的轴对称圆管紊流。通常将圆管内充分发展的紊流速度剖面作如下划分，

粘性底层 $\quad \bar{u}^+ = y^+$，$\quad y^+ \leqslant 5$，

缓冲层 $\quad$ 尚未有合理的平均速度分布公式，$5 < y^+ < 30$

完全紊流或紊流核心 $\quad \bar{u}^+ = 2.5 \ln y^+ + 5.0$，$\quad y^+ \geqslant 30$，

图 10.14 中给出了上述速度分布式与实验测量的比较，两者符合很好；由图可见过渡层中的测量点与公式曲线相差不远，因此在简化模型中，常忽略缓冲层而只考虑粘性底层和紊流核心区两层，这时认为 $y^+ \leqslant 11.6$ 是粘性底层，$y^+ > 11.6$ 是紊流核心区。

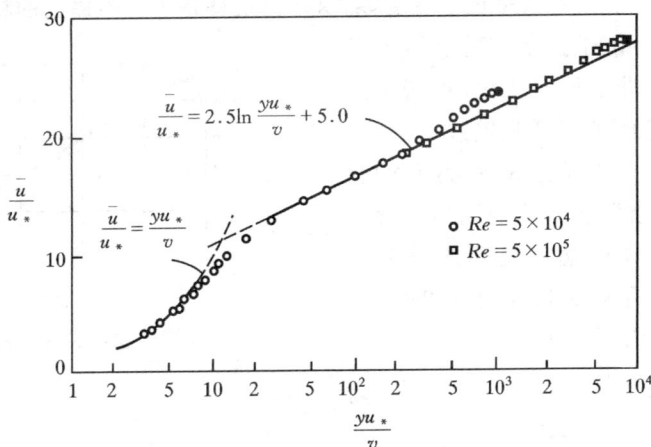

图 10.14 光滑圆管内紊流平均速度分布

圆管内紊流量的测量结果

1954 年劳弗(J. Laufer)利用热线探头对光滑圆管内的各种紊流量进行了系统的测量,以管轴线上的时均速度为特征长度的雷诺数 $\bar{u}_{max}D/\nu = 5 \times 10^4$ 和 5×10^5。由管壁上实测的时均速度梯度或由轴向压强梯度,可以推算出壁面切应力,然后计算出摩擦速度 u_*,与上述两种雷诺数对应的 $u_*/\bar{u}_{max}$ 分别为 0.042 和 0.035。

图 10.15 中示出了轴向、周向和径向的紊流强度沿径向的变化,无量纲横坐标中的 y 是由壁面起算沿半径指向轴线的距离,$y/R_0 = 0$ 和 1 分别相应于壁面和轴线。可以看出尽管圆管中的时均速度是单向的,紊流脉动速度仍是三维的。与平壁上边界层内的情形类似,沿流动方向的紊流强度 $\sqrt{\overline{u_x'^2}}/\bar{u}_{max}$ 远大于另外两个方向的紊流强度 $\sqrt{\overline{u_\theta'^2}}/\bar{u}_{max}$ 和 $\sqrt{\overline{u_R'^2}}/\bar{u}_{max}$,而径向紊流强度 $\sqrt{\overline{u_R'^2}}/\bar{u}_{max}$ 最小,这显然是由于壁面对该方向的限制较大所致。在靠

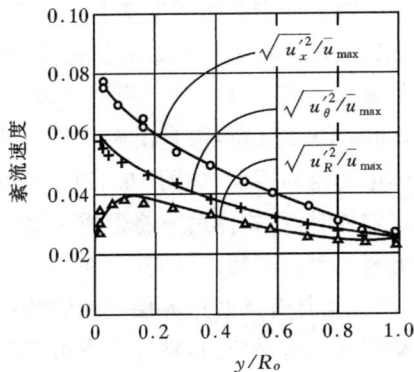

图 10.15 光滑圆管内脉动速度的分布

近轴线的区域,各个方向上的紊流强度相差不多,即接近于各向同性;而在管壁面附近,各个方向上的紊流强度相差愈来愈大,如在 $y/R_0 = 0.1$ 附近,$\sqrt{\overline{u_x'^2}}$ 达到最大值,这时 $\sqrt{\overline{u_x'^2}}$ 约为 $\sqrt{\overline{u_R'^2}}$ 的 2 倍。劳弗的测量还表明,在紧靠管壁面的一薄层内(约 $y/R_0 = 0.002$,在图 10.15 中无法辨认),各个方向上的脉动都随着趋近于管壁

面而迅速减小,直到在管壁面上变为零,这一薄层就是上文中提到的粘性底层。

图 10.16 给出了劳弗测量的雷诺应力 $-\rho\,\overline{u'_x u'_R}$ 沿半径的变化,雷诺应力成一直线由壁面值降低到轴线上的零。在圆管内取一个半径为 R,长为 L 的圆柱状微元体,该微元体的轴线与圆管轴线重合,微元体两端面受到的压差为 $\pi R^2\,\nabla p$,侧面受到的粘性力为 $2\pi R L\tau$,由微元体受力平衡可得

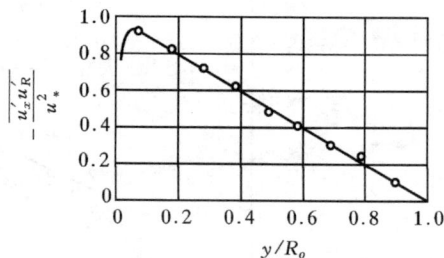

图 10.16　光滑圆管内紊流剪切应力的分布

$$\tau = \frac{\nabla p}{L}\frac{R}{2} \qquad (10.59)$$

上式表示圆管内总切应力 τ 沿径向成线性分布,与图 10.16 的测量结果相对照,可以看出雷诺应力几乎等于总切应力。需要说明的是图中无法分辨出紧贴壁面的粘性底层,在此薄层中雷诺应力应该随着趋近壁面迅速减小到零,在那里切应力近似等于粘性应力。

10.7　平面紊流射流

上两节分别介绍了平壁上的紊流和圆管紊流,它们都是壁面紊流。自然界和工程领域还存在无固壁影响的紊流,称为自由紊流,自由紊流包括自由剪切层,自由射流和尾流。自由剪切层通常发生在两个速度不同但运动方向相同的流体之间,如图 10.17a 所示;自由射流是一种流体从一喷口或孔口射入另一静止或运动流体中的流动现象,如图 10.17b 所示;当一物体在静止流体中运动或流体绕流一固定物体时,在物体后方将形成一尾流区,简称尾流,如图 10.17c 所示。这些自由紊流有一个共同特点,即都存在一个狭窄的混合区,在此区域内有大的横向速度梯度,因此均具有某些边界层流动的特点。由于没有固壁,它们的剪切应力只有紊流运动引起的雷诺应力,粘性应力可忽略不计,再加上在自由紊流以外,环境压强为常数,压强梯度影响也可忽略,因此自由紊流求解相对于壁面紊流要容易一些。作为自由射流的典型示例,本节讨论平面紊流射流。

如图 10.18 所示,一流体通过一缝高为 $2b_0$ 的平面缝隙以均匀速度 u_0 向另一静止流体中喷射,由于喷出流体与周围流体在界面处形成很大的速度梯度,射流能不断地将周围流体卷吸进来,于是沿流动方向(x 方向)的速度不断减小,范围逐渐扩大。在雷诺数 $Re=u_0 2b_0/\nu=30$ 左右射流即开始向紊流过渡。在射流的初始段,在中心线附近仍保留一个尖劈形的势流区,势流区外部为混合区,在混合区内速度沿 y 方向

(a)自由剪切层

(b)自由射流　　　　　　　　　(c)尾流

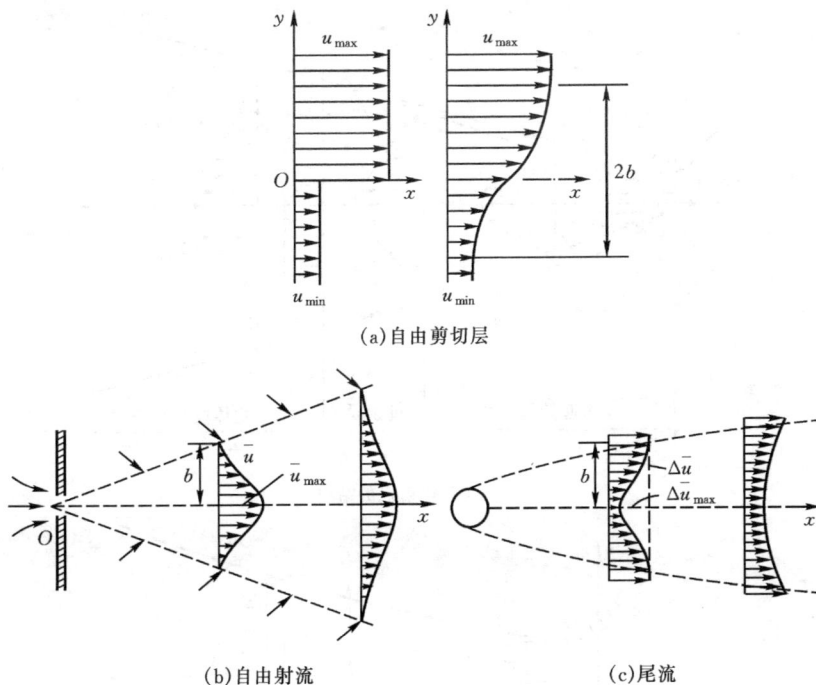

图 10.17　自由紊流

减小,直至界面处等于零。起始段后射流再经过过渡段的充分混合后,即进入主体段,主体段中沿中心线各横截面的速度剖面出现相似性。中心线上的速度沿 x 轴继续减小,直至等于零,射流即告终结。选坐标原点在喷口内部中心线上某点(见图 10.18b),取中心线至射流边界的距离 b 为射流半宽度。由于实际的射流边界极不规则,分析中取 $\bar{u} = \bar{u}_{max}/2$ 处的 y 值作为特征半厚度,以 $b_{1/2}$ 表示,$\bar{u}_{max}$ 是中心线上的最大流速。对于平面射流仍可应用边界层方程(10.51)和(10.52),即

$$\frac{\partial \bar{u}}{\partial x} + \frac{\partial \bar{v}}{\partial y} = 0 \tag{10.60}$$

$$\bar{u}\frac{\partial \bar{u}}{\partial x} + \bar{v}\frac{\partial \bar{u}}{\partial y} = \frac{1}{\rho}\frac{\partial \tau_t}{\partial y} \tag{10.61}$$

与平面边界层不同,这里的剪切应力只有雷诺应力,即

$$\tau_t = -\rho\overline{u'v'} = \rho\nu_t\frac{\partial \bar{u}}{\partial y} \tag{10.62}$$

根据普朗特关于自由紊流混合长度的假设,有

$$\nu_t = k_1 b(\bar{u}_{max} - \bar{u}_{min}) = k_1 b\bar{u}_{max} \tag{10.63}$$

边界条件可写为

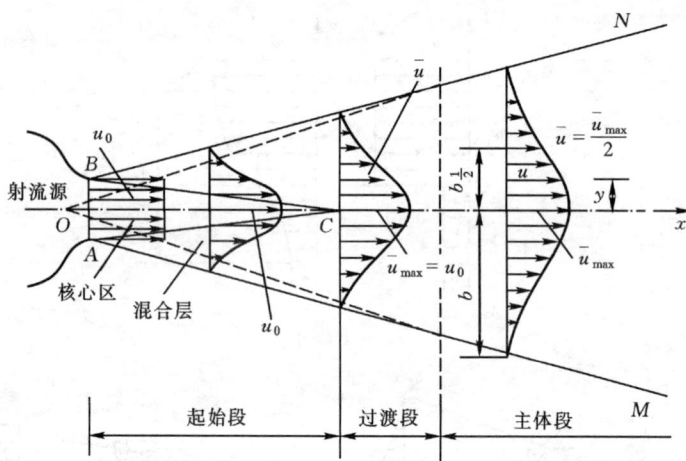

(a) 紊流射流的结构

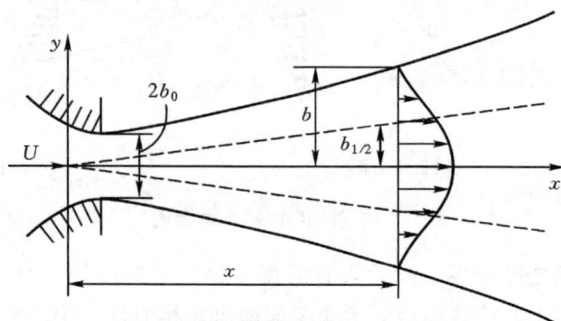

(b)平面紊流射计算示意图

图 10.18　紊流射流

$$y = 0, \quad \bar{u} = \bar{u}_{\max}, \quad \bar{v} = 0, \quad \frac{\partial \bar{u}}{\partial y} = 0$$

$$y \to \infty, \quad \bar{u} = 0, \quad \frac{\partial \bar{u}}{\partial y} = 0$$

除上述方程组外,射流还要满足单位时间通过任一单位宽横截面的总动量保持不变,即

$$M = \rho \int_{-\infty}^{\infty} \bar{u}^2 \mathrm{d}y = 常数 \tag{10.64}$$

由于在射流的主体段存在相似解,可设

$$\frac{\bar{u}}{u_{\max}} = f\left(\frac{y}{b}\right), \quad \frac{\tau_t}{\rho \bar{u}_{\max}^2} = g\left(\frac{y}{b}\right)$$

进一步假设

$$\bar{u}_{\max} \sim x^n, \quad b \sim x^m$$

式中 n 和 m 是待定常数。为了满足式(10.61),惯性项与粘性项随 x 有相同的变化规律,于是

$$\frac{\partial \bar{u}}{\partial x} \sim x^{n-1}, \quad \bar{u}\frac{\partial \bar{u}}{\partial x} \sim x^{2n-1}, \quad \frac{\partial \tau_t}{\partial y} \sim x^{2n-m} \quad \Rightarrow$$

$$2n - 1 = 2n - m \quad \Rightarrow \quad m = 1$$

又由式(10.64),动量 M 不随 x 变化,则

$$\rho \int_{-\infty}^{\infty} \bar{u}^2 \mathrm{d}y \sim x^{2n+m} \quad \Rightarrow \quad 2n + m = 0 \quad \Rightarrow \quad n = -\frac{1}{2}$$

于是有

$$\bar{u}_{\max} \sim x^{-1/2}, \quad b \sim x \tag{10.65}$$

用 $\bar{u}_s$ 与 b_s 分别表示沿 x 方向距假想原点 s 处的中心线速度和射流半宽度,则

$$\bar{u}_s \sim s^{-1/2} \quad \Rightarrow$$

$$\bar{u}_{\max} = \bar{u}_s (x/s)^{-1/2} \tag{10.66}$$

$$b = b_s x/s \tag{10.67}$$

由式(10.63)有

$$\nu_t = k_1 b\bar{u}_{\max}, \quad \nu_{ts} = k_1 b_s \bar{u}_s \quad \Rightarrow \quad \frac{\nu_t}{\nu_{ts}} = \frac{b\bar{u}_{\max}}{b_s u_s} = \frac{x}{s}\left(\frac{x}{s}\right)^{-1/2} \quad \Rightarrow$$

$$\nu_t = \nu_{ts} (x/s)^{1/2} \tag{10.68}$$

定义相似变量

$$\eta = \sigma_1 \frac{y}{x}$$

式中 σ_1 为待定常数。引入流函数

$$\psi = \sigma_1^{-1} \bar{u}_s s^{1/2} x^{1/2} F(\eta)$$

则速度分量为

$$\bar{u} = \frac{\partial \psi}{\partial y} = \bar{u}_s \left(\frac{x}{s}\right)^{-\frac{1}{2}} F'(\eta) \tag{10.69}$$

$$\bar{v} = -\frac{\partial \psi}{\partial x} = \sigma_1^{-1} \bar{u}_s \left(\frac{s}{x}\right)^{\frac{1}{2}} \left(\eta F' - \frac{1}{2}F\right) \tag{10.70}$$

上两式自动满足连续方程。将上两式及其微分代入式(10.61),则有

$$\frac{1}{2}F'^2 + \frac{1}{2}FF'' + \frac{\nu_{ts}}{\bar{u}_s s}\sigma_1^2 F''' = 0$$

令 $\sigma_1 = \frac{1}{2}\left(\frac{\bar{u}_s s}{\nu_{ts}}\right)^{1/2}$,上式可进一步简化为,

$$2F'^2 + 2FF'' + F''' = 0 \tag{10.71}$$

与式(10.61)相应的边界条件此时则变为

$$\eta = 0, \quad F = 0, \quad F' = 1, \quad F'' = 0$$
$$\eta = \infty, \quad F' = 0, \quad F'' = 0$$

积分式(10.71),得

$$2FF' + F'' = C$$

由 $\eta = 0, F = 0, F'' = 0$ 得 $C = 0$,于是

$$2FF' + F'' = 0$$

再积分上式,得

$$F^2 + F' = C'$$

由边界条件 $\eta = 0, F = 0, F' = 1$ 得 $C' = 1$,则有

$$F^2 + F' = 1$$

上述方程的解为

$$F = \text{th}\eta + C''$$

由 $\eta = 0, F = 0$ 得 $C'' = 0$,于是

$$F = \text{th}\eta \tag{10.72}$$

将上式代入式(10.69)和式(10.70),

$$\bar{u} = \bar{u}_s \left(\frac{x}{s}\right)^{-1/2} (1 - \text{th}^2\eta)$$

$$\bar{v} = \sigma_1^{-1} \bar{u}_s \left(\frac{s}{x}\right)^{1/2} \left[\eta(1 - \text{th}^2\eta) - \frac{1}{2}\text{th}\eta\right]$$

特征速度 $\bar{u}_s$ 可用单位宽度的动量值表示为

$$\rho \int_{-\infty}^{\infty} \bar{u}^2 \, dy = \rho \int_{-\infty}^{\infty} \bar{u}_s^2 \frac{s}{x}(1 - F^2) F' \, dy = \rho \bar{u}_s^2 \frac{s}{x} \frac{x}{\sigma_1} \int_{-\infty}^{\infty} (1 - F^2) F' \, d\eta$$

$$= \rho \bar{u}_s^2 \frac{s}{\sigma_1} \left[F - \frac{F^3}{3}\right]\Big|_{-\infty}^{\infty} = \frac{4}{3} \rho \bar{u}_s^2 \frac{s}{\sigma_1} = M$$

令 $K = \dfrac{M}{\rho}$,则

$$\bar{u}_s = \frac{\sqrt{3}}{2} \sqrt{\frac{K\sigma_1}{s}}$$

于是

$$\bar{u} = \frac{\sqrt{3}}{2} \sqrt{\frac{K\sigma_1}{x}} (1 - \text{th}^2\eta) \tag{10.73}$$

$$\bar{v} = \frac{\sqrt{3}}{4} \sqrt{\frac{K}{x\sigma_1}} [2\eta(1 - \text{th}^2\eta) - \text{th}\eta] \tag{10.74}$$

里夏特(H. Reichardt)通过实验确定 $\sigma_1 = 7.67$。图 10.19 示出理论与福特曼

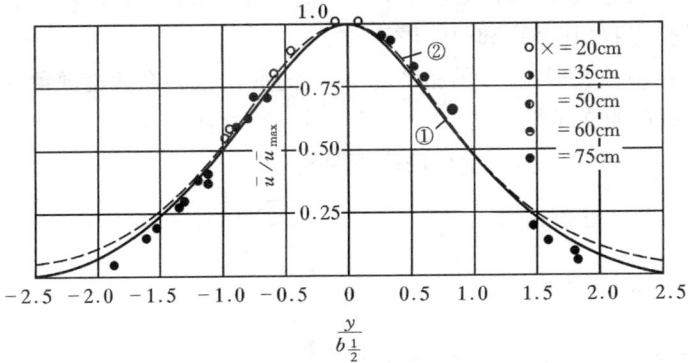

图 10.19 平面紊流射流断面速度分布

(E. Förthmann)实测值的比较,图中曲线 1 是托尔明(W. Tollmien)应用混合长度理论进行计算的结果,曲线 2 是式(10.73)。可以看出在上部曲线 2 与实测数据更为符合。

练习题

10.1 证明在静止的封闭容器中均质不可压缩流体紊流脉动动能随时间的变化率为

$$\frac{\mathrm{D}}{\mathrm{D}t}\int_{\tau}\rho k\,\mathrm{d}\tau = -\int_{\tau}\overline{\rho\,u_i'u_j'}\,\frac{\partial\overline{u}_i}{\partial x_j}\mathrm{d}\tau - \mu\int_{\tau}\overline{\frac{\partial u_i'}{\partial x_j}\,\frac{\partial u_i'}{\partial x_j}}\mathrm{d}\tau$$

式中 $\overline{u}_i$ 是平均速度,u_i' 是脉动速度,$k = \overline{u_i'u_i'}/2$,假定质量力可忽略不计。

10.2 证明在均质不可压缩流体的紊流流动中有

$$\nabla^2\frac{p'}{\rho} = -\frac{\partial^2}{\partial x_i\partial x_j}(u_i'u_j' - \overline{u_i'u_j'}) + 2\frac{\partial\overline{u}_i}{\partial x_j}\,\frac{\partial u_j'}{\partial x_i}$$

10.3 令 $\omega_i = \overline{\omega}_i + \omega_i'$,如果 $\overline{\omega}_i = 0$,则涡量方程(3.22)可简化为

$$\frac{\partial\omega_i'}{\partial t} + u_j'\frac{\partial\omega_i'}{\partial x_j} - \omega_j'\frac{\partial u_i'}{\partial x_j} = \nu\nabla^2\omega_i'$$

式中 $\omega_i' = \varepsilon_{ijk}\dfrac{\partial u_k'}{\partial x_j}$,以 ω_i' 乘上式两侧,令 $\psi = \overline{\omega'\omega'} = \overline{\omega^2}$,$\phi = \overline{\omega^2}$,$\phi$ 称涡量密度函数,对于各向同性紊流,ψ 和 ϕ 都只是时间的函数。试证明对于各向同性紊流有

$$\frac{\partial\phi}{\partial t} = 2\overline{\omega_i'\omega_j'\frac{\partial u_i'}{\partial x_j}} - 2\nu\overline{\left(\frac{\partial u_i'}{\partial x_j}\right)^2}$$

上式右侧第一项表示由于涡线的拉伸导致的涡量增长,第二项表示粘性耗散。

10.4 展开紊动能耗散率 $\varepsilon = \nu\overline{\dfrac{\partial u_i'}{\partial x_j}\,\dfrac{\partial u_i'}{\partial x_j}}$,写出其在直角坐标系中的表达式。

10.5 利用量级分析法从连续方程(10.4)和雷诺方程(10.7)出发推导平壁紊流边界层微分方程(10.51)和(10.52)。

10.6 在粘性底层,流体的粘性起主导作用,但也存在紊流现象。粘性底层中的速度 $u \sim y$,证明在粘性底层中对于紊流粘性系数有:

(1) $\mu_t \sim y^3$,其中 y 为到壁面的垂直距离;

(2) 如果与对数剖面 $u^+ = \dfrac{1}{k}\ln y^+ + B$ 相匹配,则

$$\mu_t = k\mu \mathrm{e}^{-kB}\left[\mathrm{e}^{-kB} - 1 - ku^+ - \frac{(ku^+)^2}{2}\right]$$

其中 $u^+ = u/u_*$,$y^+ = yu_*/\nu$,u_* 是摩擦系数。

10.7 考虑平壁附近的定常紊流。如果平均速度分布为,$\bar{u} = c(y/b)^{1/7}$,式中 b 是一个具有长度量纲的常数,c 是具有速度量纲的常数,y 是垂直于平板的坐标。求混合长度。

10.8 设光滑圆管中的定常紊流流动的平均速度分布为,$\bar{u} = u_{\max}[(a-R)/a]^{1/7}$,$a$ 为圆管半径,$u_{\max}$ 是管轴线上的速度。求混合长度。

10.9 普朗特混合长理论有两种推广形式:$l^2(2s_{ij}s_{ij})^{1/2}$ 和 $l^2(2a_{ij}a_{ij})^{1/2}$,其中 $s_{ij} = \dfrac{1}{2}\left(\dfrac{\partial \bar{u}_i}{\partial x_j} + \dfrac{\partial \bar{u}_j}{\partial x_i}\right)$,$a_{ij} = \dfrac{1}{2}\left(\dfrac{\partial \bar{u}_i}{\partial x_j} - \dfrac{\partial \bar{u}_j}{\partial x_i}\right)$,它们分别表示平均应变率张量和旋转率张量。试分析说明在二维平面边界层流动中,这两种推广形式都蜕变为普朗特混合长公式。

10.10 对于紊流平壁边界层,当 $Re_\delta = U\delta/\nu < 10^5$,边界层速度剖面可表示为 $u/U = (y/\delta)^n$,此时壁面摩擦系数 $c_f = CRe_s^{-m}$,其中 $m = 2n/(n+1)$。

(1) 证明 $\dfrac{\theta}{\delta} = \dfrac{n}{(n+1)(2n+1)}$;

(2) 利用积分方程 $\dfrac{\mathrm{d}\theta}{\mathrm{d}t} = \dfrac{1}{2}c_f$ 证明

$$\theta(x) = \frac{nx}{(n+1)(2n+1)}\left[\frac{C(2n+1)(3n+1)}{2n}\right]^{\frac{n+1}{3n+1}} Re_x^{-\frac{2n}{3n+1}}$$

式中 $Re_x = Ux/\nu$;

(3) 取 $n = 1/7$,$C = 0.045$,证明

$$\theta(x) = 0.036xRe_x^{-1/5}, \quad \delta(x) = 0.37xRe_x^{-1/5}, \quad \delta_{turb}/\delta_{lam} = 0.074xRe_x^{3/10}.$$

10.11 考虑圆管中的定常紊流,假定不可压缩均质流体,圆管的半径为 a,证明:(1) $\overline{u'_\theta u'_R} = 0$;(2) $\overline{u'_x u'_R} = \nu\dfrac{\partial \bar{u}_x}{\partial R} + \dfrac{R}{a}u_*^2$。式中 u_* 是摩擦速度,x 轴与圆管中心轴重合。

第四部分

理想可压缩流体的流动

    本部分讨论与流体可压缩性相关的流动现象,并介绍一些求解可压缩流动问题的方法。可压缩性总是与高流动速度相联系,由于高速气流的雷诺数都很大,因此可忽略流体的粘性,而流体惯性则必须考虑。

    整个部分分为两章。第 11 章介绍一维流动,分别讨论小扰动和有限振幅波在可压缩流体中的传播,然后介绍正激波和一维定常等熵流动。第 12 章介绍平面流动,主要讨论如何运用小扰动理论处理亚声速和超声速流动问题,最后介绍斜激波和普朗特-迈耶流动。

    在可压缩流动中,流体的密度不再保持为常数,而且流体内能与机械能相互转换,此时为了求得流场的速度和压强分布,连续方程和动量方程必须与能量方程联立求解。当忽略质量力时,理想流体可压缩流动的控制方程为

$$\frac{\partial \rho}{\partial t} + \nabla \cdot (\rho \boldsymbol{u}) = 0 \qquad\qquad (\text{IV}.1)$$

$$\rho \frac{\partial \boldsymbol{u}}{\partial t} + \rho(\boldsymbol{u} \cdot \nabla)\boldsymbol{u} = -\nabla p \qquad\qquad (\text{IV}.2)$$

$$\rho \frac{\partial e}{\partial t} + \rho(\boldsymbol{u} \cdot \nabla)e = -p\nabla \cdot \boldsymbol{u} + \nabla \cdot (k\nabla T) \qquad\qquad (\text{IV}.3a)$$

为了封闭方程组,还需要给出压强和内能的热力学方程

$$p = p(p, T)$$
$$e = e(\rho, T)$$

上述方程组包括 7 个标量方程,7 个未知量,$\boldsymbol{u}, p, \rho, e$ 和 T,因此方程组是封闭的。

    方程(IV.3a)可用焓的方程代替,即

$$\rho \frac{\partial h}{\partial t} + \rho(\boldsymbol{u} \cdot \nabla)h = \frac{\partial p}{\partial t} + (\boldsymbol{u} \cdot \nabla)p + \nabla \cdot (k\nabla T) \qquad\qquad (\text{IV}.3b)$$

相应地关于内能的热力学方程也应用关于焓的热力学方程代替,即

$$h = h(\rho, T)$$

　　由于假设理想流体,流动中没有粘性摩擦损失;再假设导热影响可以忽略,流动就是绝热的。在理想流体和忽略导热影响的条件下,完全气体方程(Ⅳ.3a)可以简化为

$$\frac{\mathrm{D}}{\mathrm{D}t}\left(\frac{p}{\rho^{\gamma}}\right)=0 \qquad\qquad (\text{Ⅳ}.3c)$$

下边证明式(Ⅳ.3c)。当忽略导热影响时,式(Ⅳ.3a)简化为

$$\rho\frac{\mathrm{D}e}{\mathrm{D}t}=-p\nabla\cdot\boldsymbol{u}$$

对于完全气体,内能只是温度 T 的函数,$e=e(T)$,$\mathrm{d}e/\mathrm{d}T=C_v$,考虑到 $\mathrm{D}e/\mathrm{D}t=(\mathrm{d}e/\mathrm{d}T)\mathrm{D}T/\mathrm{D}t=C_v\mathrm{D}T/\mathrm{D}t$,能量方程可进一步写为

$$\rho C_v\frac{\mathrm{D}T}{\mathrm{D}t}=-p\nabla\cdot\boldsymbol{u}$$

根据完全气体的状态方程 $p=\rho RT$,上式中的 T 可用 $p/(\rho R)$ 来代替,$\nabla\cdot\boldsymbol{u}$ 通过连续方程可写为 $-(\mathrm{D}\rho/\mathrm{D}t)/\rho$,于是

$$\rho C_v\frac{\mathrm{D}}{\mathrm{D}t}\left(\frac{p}{\rho R}\right)=\frac{p}{\rho}\frac{\mathrm{D}\rho}{\mathrm{D}t}\quad\Rightarrow\quad \frac{\rho C_v}{R}\left(\frac{1}{\rho}\frac{\mathrm{D}p}{\mathrm{D}t}-\frac{p}{\rho^2}\frac{\mathrm{D}\rho}{\mathrm{D}t}\right)=\frac{p}{\rho}\frac{\mathrm{D}\rho}{\mathrm{D}t}$$

两边同除以 pC_v/R,并加以整理得

$$\frac{1}{p}\frac{\mathrm{D}p}{\mathrm{D}t}=\left(\frac{R+C_v}{C_v}\right)\frac{1}{\rho}\frac{\mathrm{D}\rho}{\mathrm{D}t}=\frac{\gamma}{\rho}\frac{\mathrm{D}\rho}{\mathrm{D}t}$$

上边推导中用到了热力学关系式 $C_p-C_v=R$,$\gamma=C_p/C_v$。于是

$$\frac{\mathrm{D}}{\mathrm{D}t}(\ln p)=\frac{\mathrm{D}}{\mathrm{D}t}(\ln\rho^{\gamma})\quad\Rightarrow\quad \frac{\mathrm{D}}{\mathrm{D}t}\left(\ln\frac{p}{\rho^{\gamma}}\right)=0\quad\Rightarrow$$

$$\frac{\mathrm{D}}{\mathrm{D}t}\left(\frac{p}{\rho^{\gamma}}\right)=0$$

上式即热力学过程的等熵关系式。在推导上式时假设流动是绝热的,流动过程中没有粘性摩擦损失,于是流动可认为是等熵的。式(Ⅳ.3c)表示在定常流动时,p/ρ^{γ} 沿流线保持不变,意味着熵沿流线为常数。如果流动起源于一个均熵区域,即熵处处相等的区域,则每一条流线的熵都相等。

　　对于上述方程组应该给出边界上的速度分布,温度分布或热流密度分布。由于是理想流体,在固壁上的速度边界条件为

$$\boldsymbol{u}\cdot\boldsymbol{n}=\boldsymbol{U}\cdot\boldsymbol{n}$$

即流体与固壁的法向速度相等,而在切向流体质点可能存在相对于固体壁面的滑移速度。

第 11 章 理想可压缩流体的一维流动

本章首先研究一维小扰动的传播过程,得出气体中音速的计算式。接着介绍如何利用黎曼不变量求解小扰动传播问题,如求解由于活塞运动引起的扰动波的传播速度和压强变化。然后讨论有限振幅波的传播,解释为什么有限振幅波的波形在传播过程中的不断改变会导致激波的产生,并推导静止和运动正激波前后的流动参数关系式,分析激波管内的流动过程。最后介绍一维定常等熵流动。

11.1 小扰动在静止流体中的传播

11.1.1 小扰动传播方程和音速

本节考虑一维小扰动或平面小扰动在静止的完全气体中的传播。假设扰动传播速度足够高,流动过程中的导热可以忽略,即流动是绝热的,于是方程(Ⅳ.1)、(Ⅳ.2)和(Ⅳ.3c)可分别写为

$$\frac{\partial \rho}{\partial t} + \frac{\partial}{\partial x}(\rho u) = 0$$

$$\frac{\partial u}{\partial t} + u \frac{\partial u}{\partial x} = -\frac{1}{\rho} \frac{\partial p}{\partial x}$$

$$\frac{\mathrm{D}}{\mathrm{D}t}\left(\frac{p}{\rho^\gamma}\right) = 0$$

对于等熵流动,p/ρ^γ 沿流动方向为常数,压强 p 可以看作只是热力学变量 ρ 的函数,$p = p(\rho)$,于是动量方程中的压强梯度项可表示为 $\frac{\partial p}{\partial x} = \frac{\mathrm{d}p}{\mathrm{d}\rho} \frac{\partial \rho}{\partial x}$,则动量方程可改写为

$$\frac{\partial u}{\partial t} + u \frac{\partial u}{\partial x} + \frac{1}{\rho} \frac{\mathrm{d}p}{\mathrm{d}\rho} \frac{\partial \rho}{\partial x} = 0$$

连续方程可展开为

$$\frac{\partial \rho}{\partial t} + u \frac{\partial \rho}{\partial x} + \rho \frac{\partial u}{\partial x} = 0$$

设未被扰动的静止气体中压强和密度分别为 p_0 和 ρ_0,速度 $u_0 = 0$,于是扰动

通过后流场的瞬时变量可表示为上述常数量与扰动量之和的形式,即

$$p = p_0 + p', \quad \rho = \rho_0 + \rho', \quad u = 0 + u' \tag{11.1}$$

上式中 ρ'/ρ_0, p'/p_0 以及 u' 都是小量。将上述各式代入连续方程和动量方程,得

$$\frac{\partial \rho'}{\partial t} + u' \frac{\partial \rho'}{\partial x} + (\rho_0 + \rho') \frac{\partial u'}{\partial x} = 0, \quad \frac{\partial u'}{\partial t} + u' \frac{\partial u'}{\partial x} + \left(\frac{1}{\rho_0 + \rho'}\right) \frac{\mathrm{d}p}{\mathrm{d}\rho} \frac{\partial \rho'}{\partial x} = 0$$

忽略高阶小量,即扰动量的乘积项,上两方程可简化为线性形式

$$\frac{\partial \rho'}{\partial t} + \rho_0 \frac{\partial u'}{\partial x} = 0, \quad \frac{\partial u'}{\partial t} + \frac{1}{\rho_0} \left(\frac{\mathrm{d}p}{\mathrm{d}\rho}\right)_0 \frac{\partial \rho'}{\partial x} = 0 \tag{11.2}$$

在式中 $\left(\dfrac{\mathrm{d}p}{\mathrm{d}\rho}\right)_0$ 表示 $\dfrac{\mathrm{d}p}{\mathrm{d}\rho}$ 作泰勒级数展开后的首项,下标"0"表示 $\dfrac{\mathrm{d}p}{\mathrm{d}\rho}$ 在未受扰动的气体,即静止气体中取值。式(11.2)中第一个方程对 t 求偏导,第二个方程对 x 求偏导,然后相互比较得

$$\rho_0 \frac{\partial^2 u'}{\partial x \partial t} = -\frac{\partial^2 \rho'}{\partial t^2} = -\left(\frac{\mathrm{d}p}{\mathrm{d}\rho}\right)_0 \frac{\partial^2 \rho'}{\partial x^2} \quad \Rightarrow$$

$$\frac{\partial^2 \rho'}{\partial t^2} - \left(\frac{\mathrm{d}p}{\mathrm{d}\rho}\right)_0 \frac{\partial^2 \rho'}{\partial x^2} = 0 \tag{11.3}$$

采用同样的方法由(11.2)式中消去 ρ',则速度扰动量 u' 满足的方程为

$$\frac{\partial^2 u'}{\partial t^2} - \left(\frac{\mathrm{d}p}{\mathrm{d}\rho}\right)_0 \frac{\partial^2 u'}{\partial x^2} = 0 \tag{11.4}$$

偏微分方程(11.3)和(11.4)都是一维的波动方程,它们有着相同形式的解,密度扰动 ρ' 的解可写为

$$\rho' = f\left(x - \sqrt{\left(\frac{\mathrm{d}p}{\mathrm{d}\rho}\right)_0} \, t\right) + g\left(x + \sqrt{\left(\frac{\mathrm{d}p}{\mathrm{d}\rho}\right)_0} \, t\right) \tag{11.5}$$

式中 f 和 g 是任意形式的可微分函数,它们的具体函数形式要通过初始条件和边界条件来确定,将式(11.5)代入式(11.3)即可验证它是波动方程的解。首先分析函数 f 的物理意义,令

$$\rho' = f\left(x - \sqrt{\left(\frac{\mathrm{d}p}{\mathrm{d}\rho}\right)_0} \, t\right)$$

上式表示一个扰动,或者说表示一个波,在 xt 平面上 $t = 0$ 时,初始扰动波形为 $\rho' = f(x)$;在 t 时刻,波的形状不变,但波上所有的点都向右移动了 $\sqrt{\left(\dfrac{\mathrm{d}p}{\mathrm{d}\rho}\right)_0} \, t$ 的距离,波上每一点(于是波本身)的传播速度都是 $\sqrt{\left(\dfrac{\mathrm{d}p}{\mathrm{d}\rho}\right)_0}$。因此 $f\left(x - \sqrt{\left(\dfrac{\mathrm{d}p}{\mathrm{d}\rho}\right)_0} \, t\right)$ 代表以速度 $\sqrt{\left(\dfrac{\mathrm{d}p}{\mathrm{d}\rho}\right)_0}$ 沿正 x 轴方向传播的波,称右行波(见图 11.1a)。同样

$g\left(x+\sqrt{\left(\dfrac{\mathrm{d}p}{\mathrm{d}\rho}\right)_0}\,t\right)$ 代表以速

度 $\sqrt{\left(\dfrac{\mathrm{d}p}{\mathrm{d}\rho}\right)_0}$ 沿负 x 轴方向移

动的波，称左行波（见图 11.1b）。

　　这种只在一个方向上传播的波常称作简单波。式(11.5)则是两种简单波的叠加。需要指出，这里所研究的波属于纵波，因为它的传播方向和流体质点的运动方向重合。

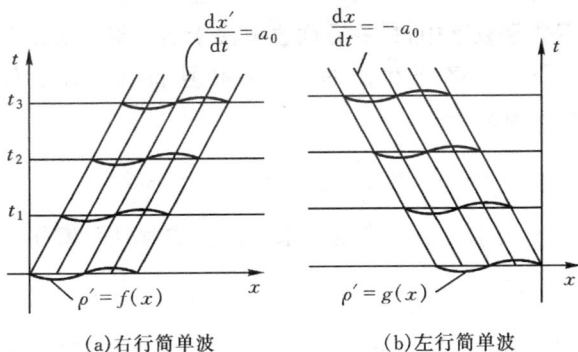

图 11.1　小扰动波的传播

　　用 a_0 表示小扰动在未受扰动的静止气体中的运动速度，

$$a_0 = \sqrt{\left(\frac{\mathrm{d}p}{\mathrm{d}\rho}\right)_0} \tag{11.6a}$$

由上述分析知，无论是 ρ' 还是 u'，其在静止气体中的传播速度都等于 a_0，称音速，这是因为声音也是一种小扰动波，在空气中以上式确定的速度传播。在小扰动的前提下，式(11.6a)对运动气体而言也是正确的，取掉下标"0"后，可以将 a 理解为小扰动相对于运动气体的局部音速，式如

$$a = \sqrt{\left(\frac{\mathrm{d}p}{\mathrm{d}\rho}\right)_s} \tag{11.6b}$$

上式中下标"s"表示求导是在等熵条件下进行的，因为小扰动的传播过程是等熵的。式(11.6b)表示音速大小与扰动过程中压强变化与密度变化的比值有关，介质愈易压缩，音速愈小，反之愈大。对于不可压缩流体 $\rho=$ 常数，$\mathrm{d}\rho=0$，音速无穷大。对于等熵过程，有

$$\frac{p}{\rho^\gamma} = C \Rightarrow \frac{\mathrm{d}p}{p} = \gamma\frac{\mathrm{d}\rho}{\rho} \Rightarrow$$
$$\frac{\mathrm{d}p}{\mathrm{d}\rho} = \gamma\frac{p}{\rho}$$

由完全气体状态方程 $p=\rho RT$，上式又可写为

$$\frac{\mathrm{d}p}{\mathrm{d}\rho} = \gamma RT$$

于是音速计算式也可表示为

$$a = \sqrt{\gamma RT} = \sqrt{\gamma\frac{p}{\rho}} \tag{11.7}$$

由此可见,小扰动在气体中的传播速度一方面取决于气体的物理性质,体现在不同的气体常数 γ 中,另一方面也取决于当地绝对温度 T。

下面考察 u' 和 ρ' 的关系及传播特点。对于右行波,$\rho' = f(x - a_0 t)$。由式(11.2)有

$$\frac{\partial u'}{\partial t} = -\frac{a_0^2}{\rho_0}\frac{\partial \rho'}{\partial x} = -\frac{a_0^2}{\rho_0}f'(x - a_0 t)$$

式中 f' 表示对 f 的自变量求导。上式对时间积分

$$u' = \frac{a_0}{\rho_0}f(x - a_0 t) = \frac{a_0}{\rho_0}\rho'$$

在积分过程已经考虑到 $\rho' = 0$ 时 $u' = 0$,因此积分常数取零。对于左行波,重复上述过程可得

$$u' = -\frac{a_0}{\rho_0}g(x + a_0 t) = -\frac{a_0}{\rho_0}\rho'$$

上两式可综合写为

$$u' = \pm\frac{a_0}{\rho_0}\rho' \tag{11.8a}$$

上式右侧的正号和负号分别对应于右行和左行波。在上文中提到速度扰动量 u' 是小量,由式(11.8a)可以进一步明确 u' 是小量的准确含义,即流体质点的速度和小扰动传播速度—音速相比是小量,由于 $\rho'/\rho_0 \ll 1$,因此 $u'/a_0 \ll 1$。在波动现象中,小扰动以很大的速度在流体中传播,而流体质点的速度相对于音速则很小。

由式(11.8a)表示的 u' 和 ρ' 的关系分别在图 11.2a、b 中示出。根据 ρ' 大于零还是小于零,即根据密度 ρ 大于或小于未扰动密度 ρ_0,可以区分增密波段和减密波段。依据密度波形和波的传播方向可以在图 11.2 中区分压缩波

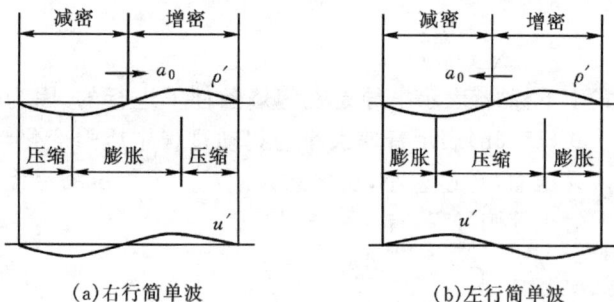

(a)右行简单波　　(b)左行简单波

图 11.2　简单波的压缩波段和膨胀波段

段和膨胀波段,波经过后密度增加的部分称压缩波,而密度减小的部分则称膨胀波。从图 11.2 中 u' 的分布可以看出,压缩波在波的传播方向上加速流体质点,而膨胀波则使其减速。

当 u' 和 ρ' 非常小时,可以用 $\mathrm{d}u$ 和 $\mathrm{d}\rho$ 代替 u' 和 ρ',而以 a 和 ρ 代替 a_0 和 ρ_0,于是式(11.8a)可改写为

$$\mathrm{d}u = \pm \frac{a}{\rho} \mathrm{d}\rho \tag{11.8b}$$

上式将会在后继章节中用到。

11.1.2　小扰动传播的特征线和黎曼不变量

求解小扰动传播问题需要用到特征线和黎曼不变量的知识,下边先推导相关的公式。考虑到式(11.1)和式(11.6a),式(11.2)可写为

$$\frac{\partial}{\partial t}(\rho_0 + \rho') + \rho_0 \frac{\partial}{\partial x}(0 + u') = 0, \quad \rho_0 \frac{\partial}{\partial t}(0 + u') + a_0^2 \frac{\partial}{\partial x}(\rho_0 + \rho') = 0$$

即

$$\frac{\partial \rho}{\partial t} + \rho_0 \frac{\partial u}{\partial t} = 0, \quad \rho_0 \frac{\partial u}{\partial t} + a_0^2 \frac{\partial \rho}{\partial x} = 0$$

将第一个方程除以 ρ_0,第二个方程除以 $\rho_0 a_0$,使 ρ 和 u 无量纲化,则

$$\frac{\partial}{\partial t}\left(\frac{\rho}{\rho_0}\right) + a_0 \frac{\partial}{\partial x}\left(\frac{u}{a_0}\right) = 0, \quad \frac{\partial}{\partial t}\left(\frac{u}{a_0}\right) + a_0 \frac{\partial}{\partial x}\left(\frac{\rho}{\rho_0}\right) = 0$$

分别让上两个方程相加和相减得

$$\frac{\partial}{\partial t}\left(\frac{u}{a_0} + \frac{\rho}{\rho_0}\right) + a_0 \frac{\partial}{\partial x}\left(\frac{u}{a_0} + \frac{\rho}{\rho_0}\right) = 0, \quad \frac{\partial}{\partial t}\left(\frac{u}{a_0} - \frac{\rho}{\rho_0}\right) + a_0 \frac{\partial}{\partial x}\left(\frac{u}{a_0} - \frac{\rho}{\rho_0}\right) = 0 \tag{11.9}$$

上两方程均可改写为某一量的随体导数等于零的形式,如第一个方程可写为

$$\frac{\mathrm{D}}{\mathrm{D}t}\left(\frac{u}{a_0} + \frac{\rho}{\rho_0}\right) = \frac{\partial}{\partial t}\left(\frac{u}{a_0} + \frac{\rho}{\rho_0}\right) + \frac{\mathrm{d}x}{\mathrm{d}t} \frac{\partial}{\partial x}\left(\frac{u}{a_0} + \frac{\rho}{\rho_0}\right) = 0$$

式中 $\dfrac{\mathrm{d}x}{\mathrm{d}t} = a_0$,$x = x(t)$ 是量 $\left(\dfrac{u}{a_0} + \dfrac{\rho}{\rho_0}\right)$ 取同一值的点,该点的运动速度为 a_0。同样可以证明式(11.9)中的第二个方程表示 $\left(\dfrac{u}{a_0} - \dfrac{\rho}{\rho_0}\right)$ 取同一值点的运动速度为 $-a_0$。积分式(11.9)可得

$$\frac{u}{a_0} + \frac{\rho}{\rho_0} = 常数 \qquad (沿\ x - a_0 t = 常数) \tag{11.10a}$$

$$\frac{u}{a_0} - \frac{\rho}{\rho_0} = 常数 \qquad (沿\ x + a_0 t = 常数) \tag{11.10b}$$

直线 $x - a_0 t = $ 常数和 $x + a_0 t = $ 常数称特征线,而 $\dfrac{u}{a_0} + \dfrac{\rho}{\rho_0}$ 和 $\dfrac{u}{a_0} - \dfrac{\rho}{\rho_0}$ 则称为黎曼不变量。约定特征线 $x - a_0 t = 0$ 在 xt 平面上用 C^+ 来表示,特征线 $x + a_0 t = $ 常数用 C^- 来表示。图 11.3a 中分别绘出了通过 x_0 点的两条特征线及相应的黎曼不变量。两条特征线一条向右伸出,一条向左伸出。

黎曼不变量也可用速度和压降来表示。在推导用压强表示的黎曼不变量前,

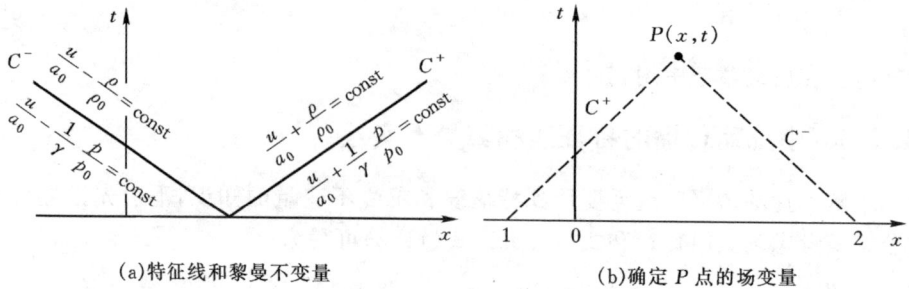

(a)特征线和黎曼不变量　　　　　　　(b)确定 P 点的场变量

图 11.3　利用特征线和黎曼不变量求解流场变量

先需要考察一下流动过程中热力学变量间的关系式。由式（Ⅳ.3C）和完全气体状态方程,有

$$\frac{p}{\rho^{\gamma}} = C, \quad \frac{p}{p_0} = \frac{\rho T}{\rho_0 T_0} \quad \Rightarrow \quad \frac{p}{p_0} = \left(\frac{\rho}{\rho_0}\right)^{\gamma}, \quad \frac{T}{T_0} = \left(\frac{\rho}{\rho_0}\right)^{\gamma-1}$$

综合考虑以上各式及音速表达式 $a = \sqrt{\gamma R T}$,得

$$\frac{p}{p_0} = \left(\frac{\rho}{\rho_0}\right)^{\gamma} = \left(\frac{T}{T_0}\right)^{\frac{\gamma}{\gamma-1}} = \left(\frac{a}{a_0}\right)^{\frac{2\gamma}{\gamma-1}} \tag{11.11}$$

引用上式,并考虑到 $\dfrac{\rho'}{\rho_0} \ll 1$,则有

$$\frac{p}{p_0} = \left(\frac{\rho}{\rho_0}\right)^{\gamma} = \left(1 + \frac{\rho'}{\rho_0}\right)^{\gamma} \approx 1 + \gamma \frac{\rho'}{\rho_0} \quad \Rightarrow \quad \frac{\rho'}{\rho_0} = \frac{1}{\gamma}\left(\frac{p}{p_0} - 1\right) \quad \Rightarrow$$

$$\frac{\rho}{\rho_0} = 1 + \frac{\rho'}{\rho_0} = 1 + \frac{1}{\gamma}\left(\frac{p}{p_0} - 1\right) = \frac{1}{\gamma}\frac{p}{p_0} + \frac{\gamma-1}{\gamma}$$

将上述表达式代入式（11.10a）和式（11.10b）,并将 $\dfrac{\gamma-1}{\gamma}$ 吸收进相应的常数中,则有

$$\frac{u}{a_0} + \frac{1}{\gamma}\frac{p}{p_0} = 常数 \qquad （沿 \ x - a_0 t = 常数） \tag{11.12a}$$

$$\frac{u}{a_0} - \frac{1}{\gamma}\frac{p}{p_0} = 常数 \qquad （沿 \ x + a_0 t = 常数） \tag{11.12b}$$

特征线和黎曼不变量可用来求解小扰动量的一维传播问题。如图 11.3b 所示,现欲求 xt 平面上 $P(x,t)$ 点的 u 和 ρ。作特征线 C^+ 和 C^- 如图,它们分别从 $t=0$ 时刻的 1、2 点出发并通过 P 点,由式（11.10）知沿 C^+ 和 C^- 的黎曼不变量分别为常数,而与 C^+ 和 C^- 相应的黎曼不变量的值则可分别通过 1、2 点的初始值求出。由式（11.10）有

$$\frac{u_1}{u_0} + \frac{\rho_1}{\rho_0} = \frac{u}{u_0} + \frac{\rho}{\rho_0}, \quad \frac{u_2}{u_0} - \frac{\rho_2}{\rho_0} = \frac{u}{u_0} - \frac{\rho}{\rho_0}$$

解上两式得

$$u = \frac{u_0}{2}\left[\frac{u_1}{u_0} + \frac{p_1}{p_0} + \frac{u_2}{u_0} - \frac{p_2}{p_0}\right], \quad \rho = \frac{\rho_0}{2}\left[\frac{u_1}{u_0} + \frac{p_1}{p_0} - \frac{u_2}{u_0} + \frac{p_2}{p_0}\right]$$

同样也可利用式(11.12)求解 P 点的压强 p。

11.1.3　活塞问题

作为利用特征线和黎曼不变量求解小扰动传播问题的实例,本节讨论所谓活塞问题。如图 11.4a 所示,管道内的活塞和活塞右边的气体在初始时刻处于静止状态,活塞突然加速后以常速度向右运动,本节的任务就是求解活塞右侧气体的压强和速度变化。

在图 11.4b 所示的 xt 平面内画出了两条直线,右边的直线表示由于活塞的突然加速运动引起的右行波,它的速度是音速 a_0,其方程为 $x = a_0 t$,它本身也是一条特征线;另一条直线则是活塞的运动轨迹,活塞以常速度 U 向右运动,该直线的方程是 $x = Ut$。由于假设小扰动,$U/a_0 \ll 1$,因此与右行波相比,活塞始终靠近时间轴 $x = 0$,作为近似可以认为活塞运动轨迹线与时间轴重合。

图 11.4c 中 xt 平面被直线 $x = a_0 t$ 划分为两个区域,其中区域①是未扰动区,速度为零,压强为 p_0。在待求解区域②取点 $P(x,t)$,设该区域内速度为 u,压强为 p。作特征线 C_1^-,连接 P 点和区域①。作第二条特征线 C_1^+ 与直线 $x = a_0 t$ 平行,该特征线从 P 点出发,并与时间轴 $x = 0$ 相交,即与活塞表面相交,活塞表面速度已知,但压强未知。再作第三条特征线 C_2^-,该特征线连接 C_1^+ 与活塞面的交点和区域①。设活塞表面压强为 p_p,由于沿特征线 C_1^+ 黎曼不变量为常数,由式(11.12a)有

$$\frac{u}{a_0} + \frac{1}{\gamma}\frac{p}{p_0} = \frac{U}{a_0} + \frac{1}{\gamma}\frac{p_p}{p_0}$$

沿特征线 C_2^- 黎曼不变量也为常数,由式(11.12b)有

$$\frac{U}{a_0} - \frac{1}{\gamma}\frac{p_p}{p_0} = \frac{0}{a_0} - \frac{1}{\gamma}\frac{p_0}{p_0} = -\frac{1}{\gamma}$$

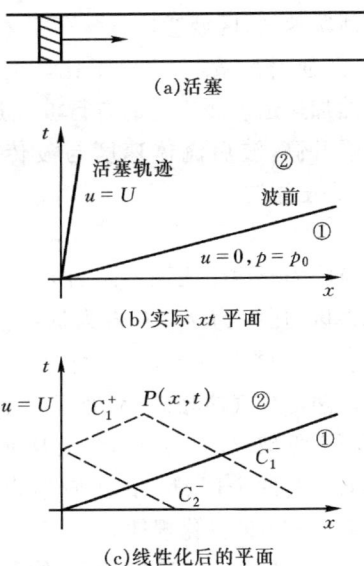

(a)活塞

(b)实际 xt 平面

(c)线性化后的平面

图 11.4　活塞运动引起的压缩波

由上式解出 p_p，代入特征线 C_1^+ 的方程得

$$\frac{u}{a_0} + \frac{1}{\gamma}\frac{p}{p_0} = 2\frac{U}{a_0} + \frac{1}{\gamma}$$

另一个联系 u 和 p 的方程可通过沿特征线 C_1^- 的黎曼不变量而得到,由式(11.12b)有

$$\frac{u}{a_0} - \frac{1}{\gamma}\frac{p}{p_0} = -\frac{1}{\gamma}$$

联立求解最后两式得

$$u = U, \qquad \frac{p}{p_0} = \gamma\frac{U}{a_0} + 1$$

可以看出在区域②内速度处处相等,等于活塞速度;区域②内压强高于未扰动区压强,压强增加量与 U 成正比。也即由活塞突然加速运动而产生的右行波扫过后,气体压强升高,波后流体速度与波传播方向相同,为压缩波。

例 1 如图 11.5a 所示,在一维管道中用薄膜隔开两个压强不同的区域,左方为高压强区,压强为 p_1;右方为低压强区,压强为 p_0。压强差 $p_1 - p_0$ 与 p_1 和 p_0 相比是小量。两部分气体相同,都处于静止状态。设薄膜突然破裂,就会有压强波从薄膜附近释放向左右两个区域。试求管道内压强和速度随 x 和 t 的变化规律。

解 如图 11.5b、c 所示,取薄膜位置为 $x=0$,$t=0$ 时薄膜破裂。当 $t>0$,将有一个压缩波向右传入低压强区,同时有一个膨胀波向左传入高压强区。由于假设是小振幅扰动,压缩波和膨胀波的传播速度都是音速

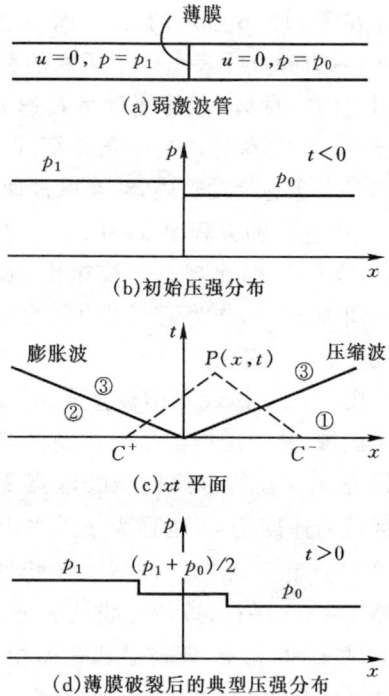

(a)弱激波管

(b)初始压强分布

(c)xt 平面

(d)薄膜破裂后的典型压强分布

图 11.5 弱激波管内的压缩波和膨胀波

a_0,在 xt 平面内它们的斜率分别是 a_0 和 $-a_0$。xt 平面被从原点发出的波面线分为三个区域,其中区域①和②为未扰动区,速度为零,压强分别为 p_0 和 p_1;区域③分别受到压缩波和膨胀波的影响,由于在 $x=0$ 两侧压强和速度必须连续,区域③ x 轴正负两侧气体的速度和压强相等。

在区域③取点 $P(x,t)$,过 P 点作特征性 C^+ 和 C^-(见图 11.5c),沿两条特征线的黎曼不变量可通过 $t=0$ 时沿 x 轴的速度和压强分布求出。引用式(11.12a)

可写出沿特征线 C^+ 的方程

$$\frac{u}{a_0} + \frac{1}{\gamma}\frac{p}{p_0} = \frac{0}{a_0} + \frac{1}{\gamma}\frac{p_1}{p_0} = \frac{1}{\gamma}\frac{p_1}{p_0}$$

由式(11.12b)可写出沿特征线 C^- 的方程

$$\frac{u}{a_0} - \frac{1}{\gamma}\frac{p}{p_0} = \frac{0}{a_0} - \frac{1}{\gamma}\frac{p_0}{p_0} = -\frac{1}{\gamma}$$

求解上两式得

$$\frac{u}{a_0} = \frac{1}{2\gamma}\left(\frac{p_1}{p_0} - 1\right), \quad \frac{p}{p_0} = \frac{1}{2}\left(\frac{p_1}{p_0} + 1\right) \tag{11.13}$$

可以看出,当 $\frac{p_1}{p_0} > 1$ 时 $\frac{u}{a_0} > 0$,区域③内流体质点沿正 x 轴方向运动,即对简单波来说流体质点运动方向与压缩波传播方向一致,而与膨胀波的传播方向相反。区域③的压强等于高压区和低压区压强的算术平均值,压缩波和膨胀波两侧与未扰动区域的压差相同,均为 $\frac{1}{2}(p_1 - p_0)$。

例 2　设上题的一维管道右端是封闭的,如图 11.6a 所示,其余条件相同,重新求解管道内速度和压强随 x 和 t 的变化规律。

解　薄膜破裂后,xt 平面的波面线表示在图 11.6b 中。由上题知,左行膨胀波和右行压缩波把 xt 平面划分为①、②和③三个区域。右行压缩波遇到管道端部后将会发生反射,由于假设小振幅扰动,反射波仍将以音速 a_0 运动。区域④受到入射压缩波和反射波的双重影响,该区域内的气体速度和压强未知。

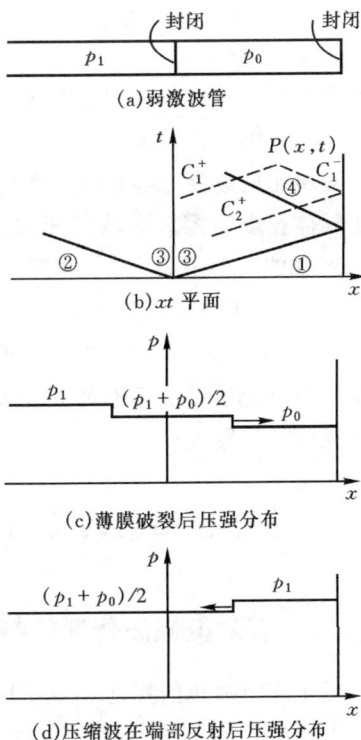

(a)弱激波管

(b)xt 平面

(c)薄膜破裂后压强分布

(d)压缩波在端部反射后压强分布

图 11.6　波的壁面反射

已知区域①和②是未扰动区,其速度均为零,压强分别为 p_0 和 p_1。区域③分别受到压缩波和膨胀波的影响,其速度和压强由式(11.13)给出。设待求解区域④的速度为 u 和 p。在区域④内取点 $P(x,t)$,过 P 点作特征线 C_1^+ 和 C_1^-,C_1^+ 延伸入区域③,C_1^- 与反射波面线平行,并与管道封闭端面相交。过上述交点再作特征线 C_2^+,该特征线也延伸入区域③。

在管道封闭端面上速度为零,设压强为 p_w,于是沿 C_1^- 的黎曼不变量方程为

$$\frac{u}{a_0} - \frac{1}{\gamma}\frac{p}{p_0} = \frac{0}{a_0} - \frac{1}{\gamma}\frac{p_w}{p_0}$$

沿特性线 C_2^+ 的黎曼不变量可由区域③的速度和压降来计算,由式(11.13)有

$$\frac{0}{a_0} + \frac{1}{\gamma}\frac{p_w}{p_0} = \frac{1}{2\gamma}\left(\frac{p_1}{p_0}-1\right) + \frac{1}{2\gamma}\left(\frac{p_1}{p_0}+1\right) = \frac{1}{\gamma}\frac{p_1}{p_0}$$

求解上式得 $p_w = p_1$,代入 C_1^- 的方程,则

$$\frac{u}{a_0} - \frac{1}{\gamma}\frac{p}{p_0} = -\frac{1}{\gamma}\frac{p_1}{p_0}$$

沿特性线 C_1^+ 的黎曼不变量也可由区域③的参数计算,再次运用式(11.13)得

$$\frac{u}{a_0} + \frac{1}{\gamma}\frac{p}{p_0} = \frac{1}{\gamma}\frac{p_1}{p_0}$$

由上两式可计算出④区的 u 和 p 为

$$u = 0, \quad p = p_1$$

　　区域④的速度为零是很自然的,因为管道端面速度为零,这一边界条件要求区域④气体速度为零。区域④压强,即反射波后压强,与未扰动区②的压强相等。$x>0$ 区域的初始压降为 p_0,当第一个右行波通过后,压强升高为 $(p_1+p_0)/2$(见例1),反射波后压强又跃升为 p_1,入射波和反射波两边的压强差均 $(p_1-p_0)/2$。通常称 $(p_1-p_0)/p_0$ 为波的强度。可见压缩波经固壁反射后仍为压缩波,波的强度不变。由于上述结果无论对 $p_1 > p_0$ 还是 $p_1 < p_0$ 均成立,膨胀波的反射波是具有相同强度的膨胀波。

11.2　有限振幅波的传播

11.2.1　有限振幅波传播的特征线和黎曼不变量

　　对于有限振幅的扰动,不能利用11.1节的小扰动方法使方程线性化,而必须求解方程(Ⅳ.1)、(Ⅳ.2)和(Ⅳ.3C)本身。一维不定常运动的连续方程、动量方程和能量方程分别为

$$\frac{\partial \rho}{\partial t} + \rho\frac{\partial u}{\partial x} + u\frac{\partial \rho}{\partial x} = 0$$

$$\frac{\partial u}{\partial t} + u\frac{\partial u}{\partial x} + \frac{1}{\rho}\frac{\partial p}{\partial x} = 0$$

$$\frac{p}{\rho^{\gamma}} = C$$

在等熵流动条件下,密度只是压强的函数,于是

$$\frac{\partial \rho}{\partial t} = \frac{\mathrm{d}\rho}{\mathrm{d}p}\frac{\partial p}{\partial t} = \frac{1}{a^2}\frac{\partial p}{\partial t}, \quad \frac{\partial \rho}{\partial x} = \frac{\mathrm{d}\rho}{\mathrm{d}p}\frac{\partial p}{\partial x} = \frac{1}{a^2}\frac{\partial p}{\partial x}$$

在以上推导中用到了关系式 $a^2 = \mathrm{d}p/\mathrm{d}\rho$。将以上两式代入连续方程并整理后得

$$\frac{\partial p}{\partial t} + \rho a^2 \frac{\partial u}{\partial x} + u \frac{\partial p}{\partial x} = 0$$

定义一个新的函数

$$F = \int \frac{\mathrm{d}p}{a\rho} = \int \frac{\mathrm{d}\rho}{a\rho}\frac{\mathrm{d}p}{\mathrm{d}\rho} = \int \frac{a}{\rho}\mathrm{d}\rho$$

在等熵流动条件下 F 只是 p 或 ρ 的函数,因此

$$\mathrm{d}F = \frac{\mathrm{d}p}{a\rho}, \quad \frac{\partial F}{\partial t} = \frac{\mathrm{d}F}{\mathrm{d}p}\frac{\partial p}{\partial t} = \frac{1}{a\rho}\frac{\partial p}{\partial t}, \quad \frac{\partial F}{\partial x} = \frac{\mathrm{d}F}{\mathrm{d}p}\frac{\partial p}{\partial x} = \frac{1}{a\rho}\frac{\partial p}{\partial x}$$

将上述关系式代入动量方程和经过变化后的连续方程,则

$$\frac{\partial F}{\partial t} + a \frac{\partial u}{\partial x} + u \frac{\partial F}{\partial x} = 0, \quad \frac{\partial u}{\partial t} + u \frac{\partial u}{\partial x} + a \frac{\partial F}{\partial x} = 0$$

将上两式分别相加和相减得

$$\frac{\partial}{\partial t}(u+F) + (u+a)\frac{\partial}{\partial x}(u+F) = 0 \tag{11.14a}$$

$$\frac{\partial}{\partial t}(u-F) + (u-a)\frac{\partial}{\partial x}(u-F) = 0 \tag{11.14b}$$

由于方程(11.14)与方程(11.9)在形式上相类似,将对方程(11.9)的讨论应用于方程(11.14),可以推知物理量 $u+F$ 在以速度 $u+a$ 运动的波面上为常数,$u-F$ 在以速度为 $u-a$ 运动的波面上为常数。以速度 $u+a$ 运动的波的运动方程为

$$\frac{\mathrm{d}x}{\mathrm{d}t} = u + a \tag{11.15a}$$

它在 xt 平面上的曲线称作第 I 族特征线,用 C^+ 来表示;以速度 $u-a$ 运动的波的运动方程为

$$\frac{\mathrm{d}x}{\mathrm{d}t} = u - a \tag{11.15b}$$

它在 xt 平面上的曲线称作第 II 族特征线,用 C^- 来表示。一般说来由于 u、a 是 x、t 的函数,所以第 I、II 族特征线在 xt 图上都是曲线。在小扰动条件下,它们都是直线。

对于完全气体可以写出 F 的具体表达式。由 $a^2 = \gamma \dfrac{p}{\rho}$ 和式(11.11)可得到 $\dfrac{\mathrm{d}p}{\rho a} = \dfrac{2}{\gamma-1}\mathrm{d}a$,代入 F 表达式

$$F = \int \frac{\mathrm{d}p}{\rho a} = \int \frac{2}{\gamma-1}\mathrm{d}a = \frac{2}{\gamma-1}a + C$$

式中 C 是积分常数,于是

$$u+F=u+\frac{2}{\gamma-1}a+C_1, \quad u-F=u-\frac{2}{\gamma-1}a+C_2$$

令

$$J^+=u+\frac{2}{\gamma-1}a, \quad J^-=u-\frac{2}{\gamma-1}a \tag{11.16}$$

J^+,J^- 也称作黎曼不变量,沿第一族特征线 J^+ 为常数,沿第二族特征线 J^- 为常数。

在小扰动条件下,式(11.15)和式(11.16)表示的有限振幅波的特征线和黎曼不变量蜕化为式(11.10)表示的小扰动传播的特征线和黎曼不变量。当小扰动在静止流体中传播时,$u=u'\ll a\approx a_0$,所以式(11.15)可以写为 $dx/dt=\pm a_0$。由等熵关系式(11.11)有

$$\frac{a}{a_0}=\left(\frac{\rho}{\rho_0}\right)^{\frac{\gamma-1}{2}} \Rightarrow \frac{a}{a_0}=\left(1+\frac{\rho'}{\rho_0}\right)^{\frac{\gamma-1}{2}}\approx 1+\frac{\gamma-1}{2}\frac{\rho'}{\rho_0} \Rightarrow$$

$$\frac{2}{\gamma-1}\frac{a}{a_0}\approx\frac{2}{\gamma-1}+\frac{\rho'}{\rho_0}=1+\frac{\rho'}{\rho_0}+\frac{2}{\gamma-1}-1=\frac{\rho}{\rho_0}+\frac{3-\gamma}{\gamma-1}$$

由式(11.16)有

$$\frac{J^+}{a_0}=\frac{u}{a_0}+\frac{2}{\gamma-1}\frac{a}{a_0}=\frac{u}{a_0}+\frac{\rho}{\rho_0}+C$$

上述关于 $\frac{2}{\gamma-1}\frac{a}{a_0}$ 的表达式右侧的 $\frac{3-\gamma}{\gamma-1}$ 已吸收进常数 C 中。这就是式(11.10a)。同样在小扰动条件下 $J^+=u-\frac{2}{\gamma-1}a$ 蜕化为 $\frac{J^+}{a_0}=\frac{u}{a_0}-\frac{\rho}{\rho_0}+C$,即式(11.10b)。

利用式(11.15)和式(11.16)表示的特征线和相应的黎曼不变量可以求解一维有限振幅波的传播问题。作为实例,计算一个无限长管道内的流动。由于管两边没有端部,这是一个初始值问题。设 $t=0$ 时刻沿管道的流动参数是 $u(x,0)$ 和 $a(x,0)$,欲求此后 t_1 时刻 x_1 位置处的流动参数,也即 xt 平面上点 $P_1=P_1(x_1,t_1)$ 的流动参数(见图

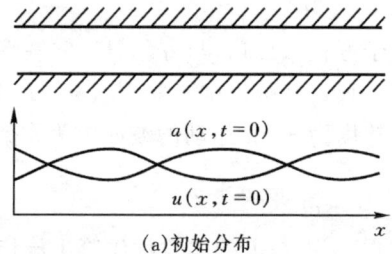

(a)初始分布

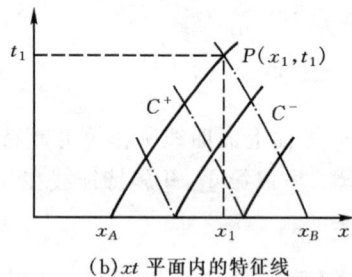

(b)xt 平面内的特征线

图 11.7　无限长管道内的流动参数计算

11.7)。连接 x_A 与 P_1 和连接 x_B 与 P_1 的特征线上的黎曼不变量可通过初始条件来计算,

$$J_0^+ = u(x_A,0) + \frac{2}{\gamma-1}a(x_A,0), \quad J_0^- = u(x_B,0) - \frac{2}{\gamma-1}a(x_B,0)$$

由于沿特征线的黎曼不变量为常数，J_0^+ 和 J_0^- 又可表示为

$$J_0^+ = u(x_1,t_1) + \frac{2}{\gamma-1}a(x_1,t_1), \quad J_0^- = u(x_1,t_1) - \frac{2}{\gamma-1}a(x_1,t_1)$$

由上述诸式可解得

$$u(x_1,t_1) = \frac{1}{2}(J_0^+ + J_0^-), \quad a(x_1,t_1) = \frac{\gamma-1}{4}(J_0^+ - J_0^-)$$

实际上连接 P_1 点与 x_A 和 x_B 点的特征线事先是未知的，可使用下述的近似方法来确定它们：首先在 x_A 和 x_B 之间沿 x 轴取一系列密集的点，过这些点的特征线的方向可通过初始条件确定，在这些点上用特征线的切线近似特征线本身，这些切线的交点上的 u 和 a 则可通过上述的求解方法来确定；交点上的特征线的切线又是已知的，于是可以再一次重复上述计算过程；此过程可反复进行，直到 $P_1(x_1, t_1)$ 点的 u 和 a 计算出来为止。

11.2.2　简单波

　　特征线就是波的运动轨迹线，在一般情况下，它是曲线，但在特征情况下却可能是直线。考虑向右传播的扰动波。在图 11.8 所示的 xt 平面内，区域①为未扰动区，假设是均匀流区域，区域②为受扰动区，两个区域的分界线是 C_1^+。因为在均匀流场中，u 和 a 为常数，所以在区域①第 I、II 族特征线都是相互平行的直线，在同族特征线上黎曼不变量相同，即

$$J_0^+ = u_0 + \frac{2}{\gamma-1}a_0,$$

$$J_0^- = u_0 - \frac{2}{\gamma-1}a_0$$

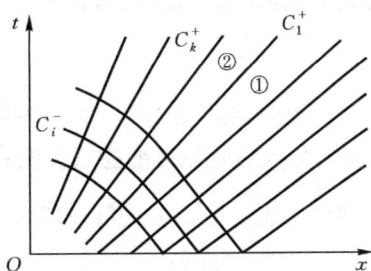

图 11.8　右行单行波

式中下标"0"为①区中的物理量标志。由于 C_1^+ 是①区和②区的分界线，同时 C_1^+ 也是均匀流场中的一条特征线，因此它是一条直线。下文将证明在②区中由于流场不均匀，第 I 族特征线并不相互平行，但它们都是直线。

　　在②区中任取一条第 II 族特征线 C_i^-，由于它是由①区延伸过来的，而且在同一条特征线上黎曼不变量相等，即

$$J_i^- = u_i - \frac{2}{\gamma-1}a_i = u_0 - \frac{2}{\gamma-1}a_0 = J_0^-$$

事实上，由于在①区中各条第 II 族特征线上的黎曼不变量均相同，因此在②区中所

有第Ⅱ族特征线上的黎曼不变量也相同,都等于 J_0^-。再在②区中任取一条第Ⅰ族特征线 C_k^+,其黎曼不变量为

$$J_k^+ = u_k + \frac{2}{\gamma-1}a_k$$

由上述两式可以解出在 C_i^- 和 C_k^+ 两条特征线交点上的 u 和 a 为

$$u = \frac{1}{2}(J_k^+ + J_0^-), \quad \frac{2}{\gamma-1}a = \frac{1}{2}(J_k^+ - J_0^-) \tag{11.17}$$

J_0^- 为常数,在 C_k^+ 线上 J_k^+ 也是常数,因此在 C_k^+ 线上 u 和 a 都是常数,由 $\frac{\mathrm{d}x}{\mathrm{d}t} = u+a$ 知 C_k^+ 必为直线。以此类推,在②区中第Ⅰ族其他特征线也都是直线。把特征线为直线的波称作简单波。凡区域内只要有一族特征线是直线,则称该区域为简单波区域。可知与均匀流区域相邻接的②区是简单波区域。

事实上,在②区中第Ⅰ族特征线上的其他热力学参数,如 p,ρ,T 等也是常数。由等熵关系式(11.11)可以看出,在第Ⅰ族特征线上,由于 a/a_0 为常数,p/p_0,ρ/ρ_0,T/T_0 也为常数。

当未扰动区①为静止流体时,$u_0=0$,于是

$$J_0^- = u_0 - \frac{2}{\gamma-1}a_0 = -\frac{2}{\gamma-1}a_0$$

考虑到上式,令式(11.17)两式相减,则

$$u = \frac{2}{\gamma-1}(a-a_0) \tag{11.18a}$$

(11.18a)说明,对于沿正 x 轴方向传入静止流体的压缩波,$u>0$,$a>a_0$,对于沿正 x 轴方向传入静止流体的膨胀波则 $u<0$,$a<a_0$,而且 a 与 a_0 差值的绝对值与流体的局部速度成正比。由式(11.18a),$\frac{a}{a_0}=1+\frac{\gamma-1}{2}\frac{u}{a_0}$,代入式(11.11)有

$$\frac{\rho}{\rho_0} = \left(1+\frac{\gamma-1}{2}\frac{u}{a_0}\right)^{\frac{2}{\gamma-1}}, \quad \frac{p}{p_0} = \left(1+\frac{\gamma-1}{2}\frac{u}{a_0}\right)^{\frac{2\gamma}{\gamma-1}},$$

$$\frac{T}{T_0} = \left(1+\frac{\gamma-1}{2}\frac{u}{a_0}\right)^2$$

对于压缩波,$u>0$,ρ/ρ_0,p/p_0,T/T_0 均大于1,因此当压缩波经过后,气体的压强、密度、温度均升高;对于膨胀波 $u<0$,上述各热力学参数均下降。

对于沿负 x 轴方向传入静止流体的有限振幅扰动波,重复上文的推导过程不难证明,此时在受扰动区内第Ⅱ族特征线为直线,且有

$$u = -\frac{2}{\gamma-1}(a-a_0) \tag{11.18b}$$

式(11.18a)和式(11.18b)也可以从等熵关系式推得,有限振幅波可以看作由许多

小扰动波组成,对小扰动波有式(11.8b)成立,

$$\mathrm{d}u = \pm a\,\frac{\mathrm{d}\rho}{\rho} \tag{11.8c}$$

式中正号对应于右行波,负号对应于左行波。又由式(11.11),$a = a_0 (\rho/\rho_0)^{(\gamma-1)/2}$,于是

$$u = \pm \int_{\rho_0}^{\rho} a\,\frac{\mathrm{d}\rho}{\rho} = \pm \int_{\rho_0}^{\rho} a_0 \left(\frac{\rho}{\rho_0}\right)^{\frac{\gamma-1}{2}} \frac{\mathrm{d}\rho}{\rho} = \pm \frac{2a_0}{\gamma-1}\left[\left(\frac{\rho}{\rho_0}\right)^{\frac{\gamma-1}{2}} - 1\right]$$

考虑到式(11.11),上式可写为

$$u = \pm \frac{2}{\gamma-1}(a - a_0)$$

11.2.3　激波的形成

　　下面重点讨论右行波,所得结论对左行波也是成立的。设有限振幅波的传播速度为 U,则由式(11.18a)有

$$U(x,t) = a + u = a_0 + \frac{\gamma+1}{2}u \tag{11.19}$$

可见 $u>0$ 时,$U>a_0$,而且 u 越大波的传播速度越高。有限振幅波的传播速度不是常数,而是依赖于局部的流体运动速度,局部速度高的区域传播快,局部速度低的区域传播慢。当 $u<0$ 时,由式(11.19),波的传播速度将小于音速,此时 u 的绝对值愈大,传播速度愈低。因此有限振幅波在传播过程中波形是不断变化的。图 11.9 给出了一个右行有限振幅简单波的速度剖面随时间变化的过程。对于右行简单波,BC 是压缩波段,AB 与 CD 是膨胀波段。根据上面的分析在压缩波段 BC,后面的扰动比前面的扰动传播速度高,于是后面的扰动波会赶上并超过前面的扰动波,当 $t=t_3$ 时,出现了在同一位置速度取三个不同值的现象,这在物理上显然是不可能的。实际上此时在流体中已经产生了速度间断面,即激波。物理量在间断面前后发生突跃变化,而在间断面前后

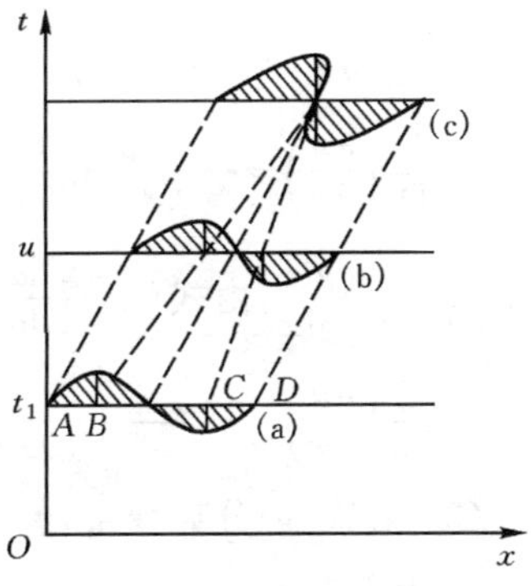

图 11.9　有限振幅波的传播

的其他区域则是单值连续的,整个间断面以一个常速度向右传播。在膨胀波段 AB 和 CD,后面的扰动比前面扰动的传播速度低,它永远赶不上前面的,波形将会变得更为平缓,因此膨胀波段不会产生激波。

　　小扰动波的波形在传播过程中保持不变,因此也不会产生激波。

　　例 3　设有限振幅波沿正 x 轴方向进入静止的完全气体,试证明:(1)流体运

动速度满足方程 $\dfrac{Du}{Dt} = 0$，式中 $\dfrac{D}{Dt} = \dfrac{\partial}{\partial t} + (u+a)\dfrac{\partial}{\partial x}$；(2) 波面斜率 $\dfrac{\partial u}{\partial x}$ 满足方程 $\dfrac{D}{Dt}\left(\dfrac{\partial u}{\partial x}\right) = -\dfrac{\gamma+1}{2}\left(\dfrac{\partial u}{\partial x}\right)^2$；(3) 设 $t=0$ 时刻 $\left.\dfrac{\partial u}{\partial x}\right|_{t=0} = s$，求 $\dfrac{\partial u}{\partial x}$ 从 s 演变为无穷大所需时间。

证明 (1) 对于右行有限振幅波有

$$\frac{\partial(u+F)}{\partial t} + (u+a)\frac{\partial(u+F)}{\partial x} = 0 \tag{a}$$

对于完全气体，且当未扰动区静止时，式(11.18a)成立，即

$$u = \frac{2}{\gamma-1}(a-a_0) \quad\Rightarrow\quad \frac{2}{\gamma-1}a = u + \frac{2}{\gamma-1}a_0 \tag{b}$$

于是黎曼不变量可写为

$$u + F = u + \frac{2}{\gamma-1}a = 2u + \frac{2}{\gamma-1}a_0 \quad\Rightarrow$$

$$\frac{\partial(u+F)}{\partial t} = 2\frac{\partial u}{\partial t}, \quad \frac{\partial(u+F)}{\partial x} = 2\frac{\partial u}{\partial x}$$

把上两式代入式(a)，得

$$\frac{\partial u}{\partial t} + (u+a)\frac{\partial u}{\partial x} = 0 \quad\Rightarrow\quad \frac{Du}{Dt} = 0 \tag{c}$$

(2) 式(c)两边对 x 求导

$$\frac{\partial}{\partial t}\left(\frac{\partial u}{\partial x}\right) + (u+a)\frac{\partial}{\partial x}\left(\frac{\partial u}{\partial x}\right) + \left(\frac{\partial u}{\partial x} + \frac{\partial a}{\partial x}\right)\frac{\partial u}{\partial x} = 0 \quad\Rightarrow$$

$$\frac{D}{Dt}\left(\frac{\partial u}{\partial x}\right) = -\left(\frac{\partial u}{\partial x} + \frac{\partial a}{\partial x}\right)\left(\frac{\partial u}{\partial x}\right) \tag{d}$$

式中 $\dfrac{\partial a}{\partial x} = \dfrac{da}{du}\dfrac{\partial u}{\partial x}$，由式(b)得 $\dfrac{da}{du} = \dfrac{\gamma-1}{2}$，于是 $\dfrac{\partial a}{\partial x} = \dfrac{\gamma-1}{2}\dfrac{\partial u}{\partial x}$，把上式代入式(d)，得

$$\frac{D}{Dt}\left(\frac{\partial u}{\partial x}\right) = -\frac{\gamma+1}{2}\left(\frac{\partial u}{\partial x}\right)^2 \tag{e}$$

(3) 对式(e)分离变量，有

$$\frac{d(\partial u/\partial x)}{(\partial u/\partial x)^2} = -\frac{\gamma+1}{2}dt$$

积分上式，并考虑到 $\left.\dfrac{\partial u}{\partial x}\right|_{t=0} = s$ 得

$$-\frac{1}{\partial u/\partial x} = -\frac{\gamma+1}{2}t - \frac{1}{s} \quad\Rightarrow\quad t = \frac{2}{\gamma+1}\left[-\frac{1}{s} + \frac{1}{\partial u/\partial x}\right]$$

当 $\dfrac{\partial u}{\partial x} \to \infty$ 时，则

$$t_\infty = -\frac{2}{\gamma+1}\frac{1}{s}$$

由于 $t_\infty > 0$，s 需取负值，$\frac{\partial u}{\partial x}$ 才可能变化为无穷大，即发展为激波。由图 11.2 知对于右行波，s 取负值的波即是压缩波。

11.3　正激波

上节分析了激波的产生过程。激波很薄，它的厚度与流场的宏观尺度相比非常小，通常将激波简化为数学上的几何面。一般情况下，激波可以在气体中运动，也可能是静止的，为了便于分析，将坐标系固结在激波上，将激波看作是静止的平面。气流穿过激波时，气流参数在激波面两侧发生突跃变化。由于物理量在激波面上不连续，不能用微分形式的方程来分析这一现象，而只能采用积分形式的方程来建立激波前后的物理量关系式。

静止正激波基本方程组

如图 11.10a 所示，激波前来流的速度、压强、密度和温度分别是 u_1、p_1、ρ_1 和 T_1，激波后气流的速度、压强、密度和温度分别是 u_2、p_2、ρ_2 和 T_2。由于这里设激波平面与来流速度矢量垂直，故称为正激波。激波与速度矢量不正交的斜激波将在第 12 章研究。取紧贴激波的控制体如图，则激波前后的质量守恒方程为

$$\rho_1 u_1 = \rho_2 u_2 \tag{11.20a}$$

激波前后的动量变化为 $\rho_2 u_2^2 - \rho_1 u_1^2$，而作用在单位面积上的压力差为 $p_1 - p_2$，因此动量方程可写为

$$\rho_1 u_1^2 + p_1 = \rho_2 u_2^2 + p_2 \tag{11.20b}$$

单位质量流体的焓是

$$h = C_p T = C_p \frac{p}{\rho R} = \frac{C_p}{C_p - C_v}\frac{p}{\rho} = \frac{\gamma}{\gamma-1}\frac{p}{\rho}$$

单位质量流体的总能量等于动能与焓值之和。由于与激波相关的气流速度很高，热传导的影响可以忽略，可以认为经过激波的流动是绝热的，因此能量守恒方程可表示为

$$\frac{1}{2}u_1^2 + \frac{\gamma}{\gamma-1}\frac{p_1}{\rho_1} = \frac{1}{2}u_2^2 + \frac{\gamma}{\gamma-1}\frac{p_2}{\rho_2} \tag{11.20c}$$

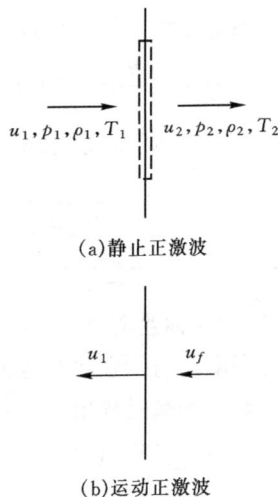

(a)静止正激波

(b)运动正激波

图 11.10　正激波

激波前后都是完全气体,遵守气体状态方程,有

$$\frac{p_1}{\rho_1 T_1} = \frac{p_2}{\rho_2 T_2} \qquad\qquad (11.20\text{d})$$

式(11.20a)至式(11.20d)有 4 个方程,牵扯到 8 个变量。应用以上方程分析激波前后气流参数间的关系,只要知道激波前的 4 个气流参数,就可以确定激波后的 4 个气流参数。

兰金-雨果纽关系式

用式(11.20a)除式(11.20b),得

$$u_1 + \frac{p_1}{\rho_1 u_1} = u_2 + \frac{p_2}{\rho_2 u_2} \;\Rightarrow\; u_2 - u_1 = \frac{p_1 - p_2}{\rho_1 u_1}$$

以 $(u_2 + u_1)$ 乘上式左右两侧,则

$$u_2^2 - u_1^2 = \frac{p_1 - p_2}{\rho_1}\left(1 + \frac{u_2}{u_1}\right)$$

由连续方程(11.20a),$u_2/u_1 = \rho_1/\rho_2$,代入上式得

$$u_2^2 - u_1^2 = (p_1 - p_2)\left(\frac{1}{\rho_1} + \frac{1}{\rho_2}\right)$$

利用能量方程(11.20c),用压强和密度的函数代替上式左侧,则

$$\frac{2\gamma}{\gamma - 1}\left(\frac{p_1}{\rho_1} - \frac{p_2}{\rho_2}\right) = (p_1 - p_2)\left(\frac{1}{\rho_1} + \frac{1}{\rho_2}\right)$$

求解上式以 p_2/p_1 表示 ρ_2/ρ_1,并考虑到连续方程得

$$\frac{\rho_2}{\rho_1} = \frac{1 + \dfrac{\gamma + 1}{\gamma - 1}\dfrac{p_2}{p_1}}{\dfrac{\gamma + 1}{\gamma - 1} + \dfrac{p_2}{p_1}} = \frac{u_1}{u_2} \qquad (11.21)$$

式(11.21)称兰金-雨果纽关系式,它把激波两侧的密度比与压强比和速度比联系起来。

对于等熵过程由式(11.11)有

$$\frac{\rho_2}{\rho_1} = \left(\frac{p_2}{p_1}\right)^{1/\gamma}$$

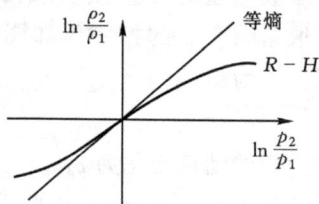

图 11.11　激波绝热曲线和等熵曲线

式(11.21)和上式均在图 11.11 中示出,图中式(11.21)的曲线以 R－H 表示,R－H 是兰金-雨果纽的英文字母缩写。可以看出,除非 p_2/p_1,ρ_2/ρ_1 接近 1,激波关系式(11.21)偏离等熵关系式,即除了强度很小的情形外,激波过程不是等熵过程。

由热力学,当气流由状态 1 变化到状态 2 时熵增为

$$s_2 - s_1 = C_p \ln\left(\frac{T_2}{T_1}\right) - R\ln\left(\frac{p_2}{p_1}\right) \tag{11.22}$$

引用完全气体状态方程 $T = p/(\rho R)$，有

$$s_2 - s_1 = C_p \ln\left(\frac{p_2}{p_1}\frac{\rho_1}{\rho_2}\right) - R\ln\left(\frac{p_2}{p_1}\right) = (C_p - R)\ln\left(\frac{p_2}{p_1}\right) - C_p\ln\left(\frac{\rho_2}{\rho_1}\right)$$

考虑到 $C_p - R = C_v$，并令 $s_2 - s_1 = \Delta s$，则

$$\frac{\Delta s}{C_v} = \ln\left(\frac{p_2}{p_1}\right) - \gamma\ln\left(\frac{\rho_2}{\rho_1}\right)$$

对于通过激波的流动，当给定 p_2/p_1 时，ρ_2/ρ_1 可用式 11.21 来计算，因此

$$\left(\frac{\Delta s}{C_v}\right)_{\text{R-H}} = \ln\left(\frac{p_2}{p_1}\right) - \gamma\ln\left(\frac{\rho_2}{\rho_1}\right)_{\text{R-H}}$$

上式中下标 R－H 表示熵增 Δs 和 ρ_2/ρ_1 是关于激波流动的。对于同样的 p_2/p_1，当为等熵过程时，$\rho_2/\rho_1 = (p_2/p_1)^{1/\gamma}$，$\Delta s = 0$，于是

$$0 = \ln\left(\frac{p_2}{p_1}\right) - \gamma\ln\left(\frac{\rho_2}{\rho_1}\right)_{\text{I}}$$

上式中下标"I"表示等熵过程。上两式相减

$$\left(\frac{\Delta s}{C_v}\right)_{\text{R-H}} = \gamma\left[\ln\left(\frac{\rho_2}{\rho_1}\right)_{\text{I}} - \ln\left(\frac{\rho_2}{\rho_1}\right)_{\text{R-H}}\right]$$

根据热力学第二定理 $\Delta s \geqslant 0$，所以

$$\ln\left(\frac{\rho_2}{\rho_1}\right)_{\text{I}} \geqslant \ln\left(\frac{\rho_2}{\rho_1}\right)_{\text{R-H}}$$

只有在图 11.11 的第一象限，上述条件才得以满足。在第一象限 $\ln\left(\frac{\rho_2}{\rho_1}\right) > 0$，即

$$\frac{\rho_2}{\rho_1} \geqslant 1 \tag{11.23a}$$

上式意味着通过激波后气流受到了压缩，由连续方程(11.20a)有

$$\frac{u_1}{u_2} \geqslant 1 \tag{11.23b}$$

即通过激波后气流速度减小。

普朗特方程

在推导关于激波过程的普朗特方程前，需要先介绍马赫数和临界参数的概念，马赫数定义为流体速度与当地音速的比值，即

$$M = \frac{u}{a} \tag{11.24}$$

$M < 1$ 的流动称亚音速流动，$M > 1$ 的流动称超音速流动，$M = 1$ 的流动是音速流

动。流体质点的速度等于当地音速的状态，即 $M=1$ 的状态称为临界状态，临界状态下的气体状态参数称作临界参数，分别表示为 ρ_*，p_*，T_*，h_*，u_* 等，于是 $u_*=a_*$。对于确定的一维定常等熵流动，临界参数为常数。

普朗特公式的推导可以从用连续方程（11.20a）的两边分别去除动量方程（11.20b）的两边开始，式如

$$u_1 + \frac{p_1}{\rho_1 u_1} = u_2 + \frac{p_2}{\rho_2 u_2}$$

引用音速定义式 $a_1^2 = \gamma p_1/\rho_1$ 和 $a_2^2 = \gamma p_2/\rho_2$，上式可变化为

$$u_1 + \frac{a_1^2}{\gamma u_1} = u_2 + \frac{a_2^2}{\gamma u_2} \quad \Rightarrow \quad u_1 - u_2 = \frac{a_2^2}{\gamma u_2} - \frac{a_1^2}{\gamma u_1}$$

能量方程（11.20c）可改写为

$$\frac{u_1^2}{2} + \frac{a_1^2}{\gamma-1} = \frac{u_2^2}{2} + \frac{a_2^2}{\gamma-1} = \frac{\gamma+1}{2(\gamma-1)}a_*^2$$

式中应用了临界参数关系式 $u_{1*} = u_{2*} = a_{2*} = a_{1*} = a_*$。由上两式速度差可表示为

$$u_1 - u_2 = \frac{1}{\gamma u_2}\left(\frac{\gamma+1}{2}a_*^2 - \frac{\gamma-1}{2}u_2^2\right) - \frac{1}{\gamma u_1}\left(\frac{\gamma+1}{2}a_*^2 - \frac{\gamma-1}{2}u_1^2\right)$$

上式化简后可得到普朗特公式如下

$$u_1 u_2 = a_*^2 \tag{11.25}$$

由式（11.23b）和式（11.25）可得不等式

$$\frac{u_1^2}{u_1 u_2} \geqslant 1 \quad \Rightarrow \quad \frac{u_1^2}{a_*^2} \geqslant 1$$

上式左边可通过能量方程表示为 $M=u_1/a_1$ 的函数。由能量方程有

$$\frac{u_1^2}{2} + \frac{a_1^2}{\gamma-1} = \frac{\gamma+1}{2(\gamma-1)}a_*^2 \quad \Rightarrow \quad \frac{1}{2} + \frac{1}{\gamma-1}\frac{1}{M_1^2} = \frac{\gamma+1}{2(\gamma-1)}\frac{a_*^2}{u_1^2} \quad \Rightarrow$$

$$\frac{u_1^2}{a_*^2} = \frac{(\gamma+1)M_1^2}{2+(\gamma-1)M_1^2} \geqslant 1$$

上式可简化为

$$M_1 \geqslant 1 \tag{11.26a}$$

由式（11.23b）和式（11.25）还可推得

$$\frac{u_2^2}{a_*^2} \leqslant 1$$

重复上述推导过程可得

$$M_2 \ll 1 \tag{11.26b}$$

式（11.26a）和式（11.26b）表明，正激波只能在超音速气流中产生，激波后是亚音速

气流,通过激波气流受到压缩。

静止正激波前后流动参数关系

在搞清楚了通过激波的流动的基本规律后,现在可以着手推导正激波前后流动参数之间的关系式。假设激波前来流的 p_1,ρ_1,T_1 和 M_1 已知,未知量是 p_2,ρ_2, T_2 和 M_2。引用能量方程,可得激波前流动参数和临界音速的关系式

$$\frac{u_1^2}{2}+\frac{a_1^2}{\gamma-1}=\frac{\gamma+1}{2(\gamma-1)}a_*^2 \quad \Rightarrow \quad \frac{a_*^2}{u_1^2}=\frac{\gamma-1}{\gamma+1}\Big[1+\frac{2}{(\gamma-1)M_1^2}\Big]$$

同样可以得到激波后流动参数与临界音速的关系式

$$\frac{a_*^2}{u_2^2}=\frac{\gamma-1}{\gamma+1}\Big[1+\frac{2}{(\gamma-1)M_2^2}\Big]$$

综合考虑以上两式和普朗特关系式 $u_1 u_2=a_*^2$,$\dfrac{a_*^2}{u_1^2}\dfrac{a_*^2}{u_2^2}=1$,得

$$\Big(\frac{\gamma-1}{\gamma+1}\Big)^2\Big[1+\frac{2}{(\gamma-1)M_1^2}\Big]\Big[1+\frac{2}{(\gamma-1)M_2^2}\Big]=1$$

求解上式得

$$M_2^2=\frac{1+[(\gamma-1)/2]M_1^2}{\gamma M_1^2-(\gamma-1)/2} \tag{11.27a}$$

由普朗特关系式(11.25)有

$$\frac{u_2}{u_1}=\frac{a_*^2}{u_1^2}=2\frac{\gamma-1}{\gamma+1}\Big[\frac{1}{2}+\frac{1}{(\gamma-1)M_1^2}\Big]$$

再引用连续方程 $u_2/u_1=\rho_1/\rho_2$,并化简上式右侧得

$$\frac{\rho_2}{\rho_1}=\frac{(\gamma+1)M_1^2}{(\gamma-1)M_1^2+2} \tag{11.27b}$$

由兰金-雨果纽关系式(11.21)和式(11.27b)得

$$\frac{1+[(\gamma+1)/(\gamma-1)](p_2/p_1)}{(\gamma+1)/(\gamma-1)+p_2/p_1}=\frac{(\gamma+1)M_1^2}{(\gamma-1)M_1^2+2}$$

整理上式可得激波两边压强比的表达式

$$\frac{p_2}{p_1}=1+\frac{2\gamma}{\gamma+1}(M_1^2-1) \tag{11.27c}$$

激波前后温度比为 $\dfrac{T_2}{T_1}=\dfrac{p_2}{p_1}\dfrac{\rho_1}{\rho_2}$,再考虑到式(11.27b)和式(11.27c),则有

$$\frac{T_2}{T_1}=\frac{[2\gamma M_1^2-(\gamma-1)][(\gamma-1)M_1^2+2]}{(\gamma+1)^2 M_1^2} \tag{11.27d}$$

上述函数关系以线图的形式表示在图 11.12 中。可以看出,M_2 随着 M_1 增加而减

小，当 $M_1 \to \infty$ 时，M_2 趋近于 $\sqrt{\dfrac{\gamma-1}{2\gamma}}$；热力学参数 ρ_2/ρ_1，p_2/p_1 和 T_2/T_1 均随着 M_1 的增加而增加，而当 $M_1 \to \infty$ 时，p_2/p_1、T_2/T_1 也趋于无穷大，ρ_2/ρ_1 则趋近于渐近值 $(\gamma+1)/(\gamma-1)$。上述函数关系已经作成函数表格的形式，可在普通的流体力学或空气动力学书籍中查到。

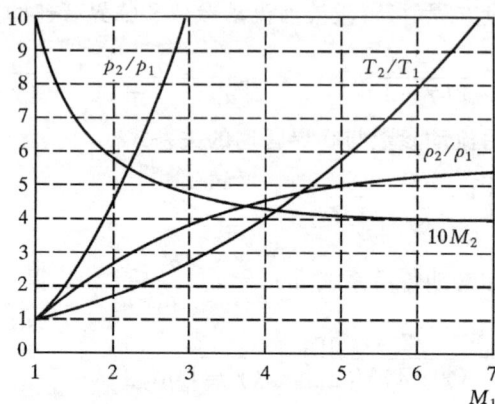

图 11.12　正激波前后流场变量的关系

运动正激波

上文的推导都是针对静止激波的。如果在图 11.10a 所示的流场上叠加一个均匀速度 $-u_1$，则激波将以速度 u_1 向左传播；激波前，即激波左侧流体处于静止状态；激波后，即激波右侧流体以速度 u_1-u_2 向左运动，通常称之为伴随速度（见图 11.10b）。运动正激波的运动速度 u_1 可由式（11.27c）求得

$$u_1 = a_1 \sqrt{\frac{\gamma-1}{2\gamma} + \frac{\gamma+1}{2\gamma}\frac{p_2}{p_1}} \tag{11.28}$$

定义激波强度为 $(p_2-p_1)/p_1$，显然激波强度愈弱，激波传播速度愈低；当 p_2/p_1 趋近于 1 时，u_1 趋近于音速 a_1。

激波后流体的伴随速度

$$u_f = u_1 - u_2 = -\left(\frac{u_2}{u_1}-1\right)u_1 = -\left(\frac{\rho_1}{\rho_2}-1\right)u_1$$

将式（11.21）和式（11.28）代入上式并加以整理，则

$$u_f = \sqrt{\frac{2}{\gamma}}a_1 \frac{p_2/p_1-1}{\sqrt{(\gamma-1)+(\gamma+1)p_2/p_1}} \tag{11.29}$$

可见激波强度愈弱，伴随速度愈低。

例 4 一个长 L 两端封闭的细直管,安装在小车上,内部充满状态为 p_0、ρ_0 和 T_0 的空气,如图 11.13 所示。在某一时刻小车突然以速度 U 向右运动,求管内气体全部受到扰动所需的时间。

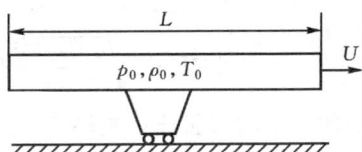

图 11.13 细长管突然以 U 运动

解 车子突然以速度 U 向右运动,管子右壁如同活塞突然以速度 U 向右运动,而管子左壁如同活塞突然向右推进。根据上文分析,右壁运动产生膨胀波向左进入静止空气,波前的运动速度是未扰动静止空气的音速,即

$$a_0 = \sqrt{\gamma R T_0} \tag{a}$$

左壁运动产生激波,以速度 u_s 向右进入静止空气,激波后面的气体随管子端壁一起以速度 U 向右运动,即激波后流体的伴随速度为 U。由式(11.29)可得 U 与激波前后压强比的关系式

$$U = \sqrt{\frac{2}{\gamma}} a_0 \frac{p_2/p_1 - 1}{\sqrt{(\gamma-1)+(\gamma+1)p_2/p_1}} \tag{b}$$

由式(11.28)给出的激波运动速度与 p_2/p_1 的关系为

$$u_s = a_0 \sqrt{\frac{\gamma-1}{2\gamma} + \frac{\gamma+1}{2\gamma}\frac{p_2}{p_1}} \Rightarrow$$

$$\sqrt{(\gamma-1)+(\gamma+1)(p_2/p_1)} = \sqrt{2\gamma}\frac{u_s}{a_0} = \sqrt{2\gamma}M_s \tag{c}$$

式中 M_s 表示激波运动的马赫数。式(11.27c)给出 p_2/p_1 与 M_s 的关系为

$$\frac{p_2}{p_1} = 1 + \frac{2\gamma}{\gamma+1}(M_s^2 - 1) \Rightarrow \frac{p_2}{p_1} - 1 = \frac{2\gamma}{\gamma+1}(M_s^2 - 1) \tag{d}$$

将式(c)、(d)代入式(b),则

$$U = \sqrt{\frac{2}{\gamma}} a_0 \frac{\frac{2\gamma}{\gamma+1}(M_s^2-1)}{\sqrt{2\gamma}M_s}$$

上式可化简为 M_s 的二元一次方程,即

$$M_s^2 - \frac{\gamma+1}{2a_0}U M_s - 1 = 0$$

求解上式

$$M_s = \frac{\gamma+1}{4a_0}U \pm \sqrt{\frac{(\gamma+1)^2}{16a_0^2}U^2 + 1} \Rightarrow$$

$$u_s = \frac{\gamma+1}{4}U \pm \sqrt{\frac{(\gamma+1)^2}{16}U^2 + a_0^2}$$

u_s 不可能为负值，舍去根号前为负号的解，并引用 $a_0^2 = \gamma R T_0$，则

$$u_s = \frac{\gamma+1}{4}U + \sqrt{\frac{(\gamma+1)^2}{16}U^2 + \gamma R T_0} \qquad (e)$$

当右端产生的膨胀波和左端产生的激波相遇时，管内气体就全部受到了扰动。考虑到式(a)和式(e)，受扰动时间为

$$t = \frac{L}{a_0 + u_s} = L\Bigg/ \left[\frac{\gamma+1}{4}U + \sqrt{\frac{(\gamma+1)^2}{16}U^2 + \gamma R T_0} + \sqrt{\gamma R T_0}\right] \qquad (f)$$

11.4　激波管

如图 11.14a、b 所示，在一维的等截面管道内，一薄膜隔开左右两区，左侧为高压区，压强为 p_4，右侧为低压区，压强为 p_1。薄膜两侧填充不同的气体，其绝热指数和温度分别为 γ_4、T_4 和 γ_1、T_1，初始时刻气体均处于静止状态。请读者注意激波管内压强差 $p_4 - p_1$ 为有限值，因此线性理论不能用来分析激波管内的流动过程。

在 $t=0$ 时刻，薄膜破裂(见图 11.14c)，在薄膜处形成压强间断面。于是会产生压缩波向右传入低压区，由 11.2 节知，有限振幅压缩波一定发展为激波，激波前①区为未扰动区，波后②区为扰动区。同时管道内将有膨胀波向左传入高压区，波前④区为未扰动区，波后③区为扰动区。由 11.2 节讨论知，膨胀波在传播过程中波形会被展开，变得更为平缓，因此最初的压强间断会变化为沿 x 方向的一段光滑曲线(见图 11.14d)。在 xt 平面内激波用一条直线来表示，而膨胀波则由一束特征线组成，称膨胀波扇，其中每一条线可以看作是一个小扰动膨胀波。由于与未扰动区④相

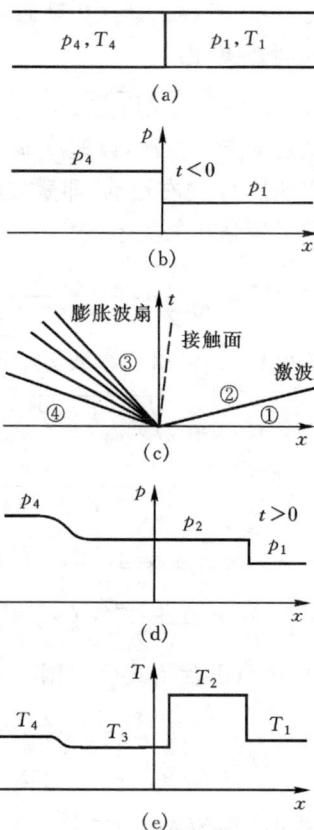

图 11.14　激波管

邻，扇形区内为简单波区域，每一条特征线都是直线，沿同一条特征线，音速和气体速度为常数。在最左端的特征线上 $u=0, a=a_4$，在最右端的特征线上 $u=u_3, a=a_3$，u_3 沿正 x 轴方向。在薄膜破裂后，薄膜处速度瞬间由零增加到 u_3，膨胀波扇区的所有特征线均由原点出发，在该点速度可取 0 到 u_3 间的任何值，因此原点是奇点。

　　xt 平面内①、②区和③、④区分别由不同的气体占据,两种气体接触面的运动轨迹也在图 11.14c 中给出,用虚线表示。出于连续性要求,接触面两侧压强和速度应相等,$u_3 = u_2$,$p_3 = p_2$,但温度和密度一般说来是间断的。设初始温度相等 $T_1 = T_4$,于是激波通过后温度由 T_1 上升到波后 T_2,而膨胀波则使静止气体温度从 T_4 降低到 T_3,因此 T_3 一定不等于 T_2(见图 11.14e),考虑到 $p_3 = p_2$,从而一定有 $\rho_3 \neq \rho_2$,在接触面形成了温度和密度间断。

　　下面计算薄膜破裂后激波管内的流动参数,首先考虑激波运动。由式(11.28)可得到激波运动的马赫数为

$$M_s = \sqrt{\frac{\gamma_1 - 1}{2\gamma_1} + \frac{\gamma_1 + 1}{2\gamma_1} \frac{p_2}{p_1}} \tag{11.30}$$

由式(11.29)可得运动激波后气流的伴随速度为

$$u_2 = a_1 \sqrt{\frac{2}{\gamma_1}} \frac{p_2/p_1 - 1}{\sqrt{(\gamma_1 - 1) + (\gamma_1 + 1)(p_2/p_1)}} \tag{11.31}$$

由完全气体状态方程,激波前后的温度比可表示为

$$\frac{T_2}{T_1} = \frac{p_2}{p_1} \frac{\rho_1}{\rho_2}$$

将式(11.21)代入上式

$$T_2 = T_1 \frac{p_2}{p_1} \frac{(\gamma_1 + 1) + (\gamma_1 - 1)(p_2/p_1)}{(\gamma_1 - 1) + (\gamma_1 + 1)(p_2/p_1)} \tag{11.32}$$

下面考虑膨胀波前后区域的流动参数。由左行有限振幅波速度和音速关系式(11.18b)可以计算出③区的流体运动速度为

$$u_3 = -\frac{2}{\gamma_4 - 1}(a_3 - a_4) = -\frac{2a_4}{\gamma_4 - 1}\left(\frac{a_3}{a_4} - 1\right)$$

由等熵关系式(11.11),音速比可用压强比来表示,即

$$u_3 = \frac{2a_4}{\gamma_4 - 1}\left[1 - \left(\frac{p_3}{p_4}\right)^{(\gamma_4 - 1)/(2\gamma_4)}\right] \tag{11.33}$$

由等熵关系式(11.11)③区温度可用 p_3/p_4 表示为

$$T_3 = T_4 \left(\frac{p_3}{p_4}\right)^{(\gamma_4 - 1)/\gamma_4} \tag{11.34}$$

利用接触面的连续条件,让式(11.31)等于式(11.33),且将式(11.33)中的 p_3 置换为 p_2,于是

$$\frac{2a_4}{\gamma_4 - 1}\left[1 - \left(\frac{p_2}{p_4}\right)^{(\gamma_4 - 1)/(2\gamma_4)}\right] = a_1 \sqrt{\frac{2}{\gamma_1}} \frac{p_2/p_1 - 1}{\sqrt{(\gamma_1 - 1) + (\gamma_1 + 1)(p_2/p_1)}}$$

整理上式得

$$\frac{p_4}{p_1} = \frac{p_2}{p_1} \left\{ 1 - \frac{(\gamma_4 - 1)(a_1/a_4)(p_2/p_1 - 1)}{\sqrt{2\gamma_1 [(\gamma_1 - 1) + (\gamma_1 + 1)(p_2/p_1)]}} \right\}^{-2\gamma_4/(\gamma_4 - 1)} \tag{11.35}$$

已知 p_4/p_1，可先求解式(11.35)得出 p_2/p_1，再利用式(11.30)至式(11.34)分别算出 $M_s, u_2 (= u_3), T_2, T_3$ 诸量。

由上述讨论可知，当薄膜破裂后，激波扫过的区域可以产生短暂的均匀高速高温气流，如果 p_4/p_1 足够大，激波后的气流就是超音速的，可以利用来进行相应的空气动力学实验。激波管的结构相对简单，运行费用低，在高速实验中常常被采用。

例 5 试求激波管内激波后伴随流动的马赫数 M_2。

解 由式(11.29)，激波后流体伴随速度为

$$u_2 = \sqrt{\frac{2}{\gamma_1}} a_1 \frac{p_2/p_1 - 1}{\sqrt{(\gamma_1 - 1) + (\gamma_1 + 1)(p_2/p_1)}}$$

式中"1"表示激波前的区域，"2"表示激波后的区域。上式两边同除以 a_2，得

$$M_2 = \sqrt{\frac{2}{\gamma_1}} \frac{a_1}{a_2} \frac{p_2/p_1 - 1}{\sqrt{(\gamma_1 - 1) + (\gamma_1 + 1)(p_2/p_1)}} \tag{a}$$

由等熵关系式(11.11)和完全气体状态方程，有

$$\frac{a_1}{a_2} = \left(\frac{T_1}{T_2} \right)^{1/2} = \left(\frac{p_1}{p_2} \frac{\rho_2}{\rho_1} \right)^{1/2}$$

利用兰金-雨果纽关系式(11.21)，将上式中的 ρ_2/ρ_1 用 p_2/p_1 的函数式来代替，则有

$$\frac{a_1}{a_2} = \left[\frac{p_2}{p_1} \frac{(\gamma_1 + 1) + (\gamma_1 - 1)(p_2/p_1)}{(\gamma_1 - 1) + (\gamma_1 + 1)(p_2/p_1)} \right]^{-1/2}$$

将上式代入式(a)得

$$M_2 = \sqrt{\frac{2}{\gamma_1} \frac{p_1}{p_2}} \frac{p_2/p_1 - 1}{\sqrt{[(\gamma_1 + 1) + (\gamma_1 - 1)(p_2/p_1)] \frac{p_2}{p_1}}} \tag{b}$$

在 11.3 节曾证明静止激波后的气流马赫数小于1，但运动激波后伴随流动的马赫数则可能大于1。令 $p_2/p_1 = n$，代入式(b)有

$$M_2^2 = \frac{2(n-1)^2}{\gamma_1 n [(\gamma_1 + 1) + (\gamma_1 - 1)n]}$$

令 $M_2 = 1$，求解上式得 $n_{1,2} = \dfrac{4 + \gamma_1^2 + \gamma_1 \pm \sqrt{(4 + \gamma_1^2 + \gamma_1)^2 - 8 \times (2 - \gamma_1^2 + \gamma_1)}}{2 \times (2 - \gamma_1^2 + \gamma_1)}$，取 $\gamma_1 = 1.4$，则

$$n_1 = 4.82, \quad n_2 = 0.288 \tag{c}$$

根据激波性质，n 应大于 1。当 n 取值范围是 $1 < n < 4.82$ 时 $M_2 < 1$；当 $n > 4.82$ 时 $M_2 > 1$，即激波后的气流是超音速气流。

11.5　一维定常等熵流动

对于一维定常等熵流动，热力学变量如温度、压强和密度等与马赫数之间存在简单而有用的关系式，本节将从能量方程出发推导这些关系式。当忽略导热影响时，以焓表示的能量方程（Ⅳ.3b）可简化为

$$\rho \frac{Dh}{Dt} = \frac{\partial p}{\partial t} + \boldsymbol{u} \cdot \nabla p$$

给动量方程（Ⅳ.2）两边点乘速度矢量 $\boldsymbol{u}$，则

$$\rho \frac{D}{Dt}\left(\frac{1}{2}\boldsymbol{u} \cdot \boldsymbol{u}\right) = -\boldsymbol{u} \cdot \nabla p$$

上两式相加则有

$$\rho \frac{D}{Dt}\left(h + \frac{1}{2}\boldsymbol{u} \cdot \boldsymbol{u}\right) = \frac{\partial p}{\partial t}$$

对于定常流动，$\dfrac{\partial p}{\partial t} = 0$，于是

$$\frac{D}{Dt}\left(h + \frac{1}{2}\boldsymbol{u} \cdot \boldsymbol{u}\right) = 0 \quad \Rightarrow \quad h + \frac{1}{2}\boldsymbol{u} \cdot \boldsymbol{u} = C$$

即定常流动的动能和焓的总和沿流线为常数。当动能减少时，流体的焓必然增加，速度为零时的焓称滞止焓，以 h_0 表示，于是上式可表示为

$$h + \frac{1}{2}\boldsymbol{u} \cdot \boldsymbol{u} = h_0 \tag{11.36}$$

对于完全气体 $h = C_p T$；在一维流动时，$\boldsymbol{u} \cdot \boldsymbol{u} = u^2$，式（11.36）可改写为

$$C_p T + \frac{1}{2}u^2 = C_p T_0$$

式中 T_0 是滞止温度，即流体速度沿着流线等熵滞止为零时的流体温度。整理上式，将温度表示为无量纲的形式，即

$$\frac{T_0}{T} = 1 + \frac{u^2}{2C_p T}$$

考虑到 $u^2/T = \gamma R u^2/(\gamma R T) = \gamma R u^2/a^2 = \gamma R M^2$，以及 $R/C_p = (\gamma-1)/\gamma$，上式可改写为

$$\frac{T}{T_0} = \left(1 + \frac{\gamma-1}{2}M^2\right)^{-1} \tag{11.37}$$

由等熵关系式（11.11），无量纲的压强和密度也可分别用马赫数表示为

$$\frac{p}{p_0} = \left(1 + \frac{\gamma-1}{2}M^2\right)^{-\gamma/(\gamma-1)} \tag{11.38}$$

$$\frac{\rho}{\rho_0} = \left(1 + \frac{\gamma-1}{2}M^2\right)^{-1/(\gamma-1)} \tag{11.39}$$

以上诸式中 p_0 和 ρ_0 是滞止压强和滞止密度,它们分别是流体速度等熵滞止为零时的压强和密度。h_0, T_0, p_2 和 ρ_0 都是滞止参考量,对于一个确定的一元定常等熵流动,滞止参考量是常数。

例 6 已知空气流速 120 m/s,温度 $20\ ℃$,用毕托管测速时如把气体看作不可压缩流体,求计算流速与实际流速之比。

解 如认为流体是不可压缩的,则由不可压缩流体伯努利方程,滞止压强可表示为

$$p_0 = p + \frac{1}{2}\rho u^2$$

用毕托管测得 p_0 和 p,则计算流速为

$$u_{\text{计}} = \sqrt{\frac{2(p_0-p)}{\rho}}$$

由式(11.38),考虑可压缩性时滞止压强为

$$p_0 = p\left(1 + \frac{\gamma-1}{2}M^2\right)^{\frac{\gamma}{\gamma-1}}$$

当 $\frac{\gamma-1}{2}M^2 < 1$,即马赫数较低时上式可展开为

$$p_0 = p\left[1 + \frac{\gamma}{\gamma-1}\frac{\gamma-1}{2}M^2 + \frac{1}{2}\left(\frac{\gamma}{\gamma-1}\right)\left(\frac{\gamma}{\gamma-1}-1\right)\left(\frac{\gamma-1}{2}\right)^2 M^4 + \cdots\right]$$

$$= p\left[1 + \frac{\gamma}{2}M^2 + \frac{\gamma}{8}M^4 + \cdots\right] = p\left[1 + \frac{\gamma}{2}M^2\left(1 + \frac{1}{4}M^2 + \cdots\right)\right]$$

考虑到 $\gamma M^2 = \gamma\frac{u^2}{a^2} = \gamma\frac{u^2}{\gamma p/\rho} = \frac{\rho}{p}u^2$,并令 $\varepsilon = \frac{1}{4}M^2 + \cdots$,上式可写为

$$p_0 = p + \frac{1}{2}\rho u^2(1+\varepsilon) \quad \Rightarrow \quad u = \sqrt{\frac{2(p_0-p)}{(1+\varepsilon)\rho}}$$

计算流速与实际流速之比为

$$\frac{u_{\text{计}}}{u} = \frac{\sqrt{\dfrac{2(p_0-p)}{\rho}}}{\sqrt{\dfrac{2(p_0-p)}{(1+\varepsilon)\rho}}} = \sqrt{1+\varepsilon}$$

题目给出的气流马赫数为

$$M = \frac{u}{\sqrt{\gamma RT}} = \frac{120}{\sqrt{1.4 \times 287 \times (273+20)}} \approx 0.350 \quad \Rightarrow$$

$$\varepsilon \approx \frac{1}{4}M^2 = \frac{1}{4} \times 0.350^2 = 0.0305 \quad \Rightarrow$$

$$\frac{u_{\text{计}}}{u} = \sqrt{1 + 0.0305} \approx 1.015$$

通常在工程计算中,当 $M > 0.3$ 时就应考虑压缩性的影响。

练习题

11.1　通常焓是压强和温度的函数,$h = h(p, T)$。对于完全气体,$p = \rho RT$,试证明 h 此时只是温度的函数,$h = h(T)$。

11.2　通常内能是比容和温度的函数,$e = e(v, T)$。对于完全气体,$p = \rho RT$,试证明 e 此时只是温度的函数,$e = e(T)$。

11.3　试证明对于完全气体,熵增与温度比和压强比,或与温度比和密度比有下述关系式成立,$s - s_0 = c_p \ln \dfrac{T}{T_0} - R\ln \dfrac{p}{p_0} = c_v \ln \dfrac{T}{T_0} + R\ln \dfrac{\rho_0}{\rho}$。

11.4　如题 11.4 图所示,无穷长管道被一薄膜分为两部分,左侧压强为 p_1,右侧压强为 $p_0(p_1 > p_0)$;距薄膜右侧一段距离处有一界面,界面两侧存在两种不同的气体,其音速和绝热指数分别为 a_{01}、γ_1 和

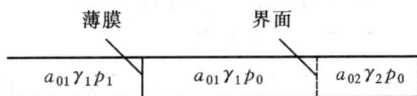

题 11.4 图

a_{02}、γ_2。当薄膜破裂后,将有压缩波传入右侧气体中,遇到界面将同时发生反射和透射(折射)。试求界面的运动速度,以及反射波和折射波两侧的压强比。

11.5　设第 11 章例 1 所研究的管道中薄膜右侧为有限长,且管道右侧端部直接与大气连通。薄膜破裂后产生的右行压缩波在管道端部遇到大气后发生反射,反射波将向管道左侧运动。试求反射波后气体的运动速度和压强。设管道右侧开放端的压强始终保持为 p_0。

11.6　如题 11.6 图所示,一维通道长 L,在 $x = 0$ 处有一活塞,两种不同的气体占据活塞与通道右端之间的空间,其交界面位于 $x = \alpha L$ 处。设 $t = 0$ 时刻,活塞突然以常速度 U

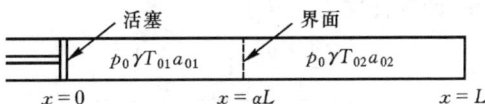

题 11.6 图

向右运动($U < a_{01}$、a_{02}),产生的右行压缩波在两种气体的交界面上同时发生反射和透射(折射)。设反射和折射波在同一时刻 $t = \tau$ 分别抵达活塞和通道右端部。作 xt 图,并求:(1)温度比 T_{02}/T_{01} 与 α 的函数关系;(2)在 $0 < x < L$ 和 $0 < t < \tau$ 的

速度和压强与 U、p_0、γ、a_{01} 和 α 函数关系;(3)反射波与折射波两侧压强差的比值。

11.7　证明当有限振幅扰动沿正 x 轴方向传入静止气体时流体运动方程为

$$\frac{\partial u}{\partial t} + (u+a)\frac{\partial u}{\partial x} = 0$$

式中 u 和 a 都是 x 和 t 的函数。通过代入法证明方程的普遍解可写为

$$u = f[x - (u+a)t],$$

f 为任意可微分函数。

11.8　通过激波的熵增的计算公式为

$$\frac{\Delta s}{c_v} = \ln\left[\frac{p_2}{p_1}\left(\frac{\rho_1}{\rho_2}\right)^\gamma\right]$$

利用激波关系式将 $\Delta s / c_v$ 表示成 M_1 和 γ 的函数。令 $\varepsilon = M_1^2 - 1$,证明当 ε 很小时,则

$$\frac{\Delta s}{c_v} \sim \varepsilon^3 \,.$$

11.9　已知运动正激波前后的压强分别为 p_1 和 p_2,该激波遇到平壁后发生反射,求反射波后的气体压强。

11.10　空气在管道中以 150 m/s 的速度流动,压强为 1.5×10^5 Pa,温度为 300 K。某瞬时管道末端阀门突然关闭,于是形成一道正激波逆流向管道内部传播。试求该激波相对于管壁的传播速度。

11.11　一无限长的管道中,用活塞隔成两个区域。已知管道横截面积为 A,活塞质量为 M,在初始时刻活塞左侧部分($x<0$)置有压强为 p_0 的气体,而活塞的右侧($x>0$)则为真空。求由于气体膨胀而引起的活塞运动。

11.12　在长度 $L = 3.5$ m 的直管中充有压强 $p_0 = 2.50 \times 10^5$ Pa,温度 $T_0 = 288$ K 的空气。假定空气为完全气体,当管子右端突然打开与压强为 1.00×10^5 Pa 的大气相通,试计算空气喷出管口的速度和第一个膨胀波到达管子左端所需时间。

11.13　证明文丘里流量计测量可压缩流体流量的计算公式为

$$u_1^2 = \frac{\dfrac{2\gamma}{\gamma-1}\dfrac{p_1}{\rho_1}\left[1-\left(\dfrac{p_2}{p_1}\right)^{(\gamma-1)/\gamma}\right]}{\left(\dfrac{p_1}{p_2}\right)^{2/\gamma}\left(\dfrac{A_1}{A_2}\right)^2 - 1}$$

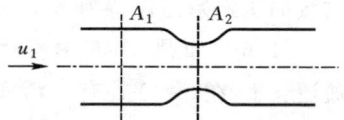

题 11.13 图

11.14　理想可压缩流体作一维定常流动。若流动是等温过程,证明

$$\frac{\rho_0}{\rho} = \exp\left(\frac{\gamma}{2}M^2\right).$$

第 12 章　理想可压缩流体的平面流动

本章介绍理想可压缩流体的平面势流。首先讨论如何利用小扰动理论实现势流方程和相应边界条件、压强系数的线性化,进而处理一些亚音速和超音速流动问题,如波形壁的绕流问题,并介绍对于亚音速流动的普朗特–葛劳渥法则以及超音速流动的埃克特理论。然后介绍斜激波和普朗特–迈耶流动的概念和推导相应的计算式。

12.1　势流流动

在自然界和工程领域,许多可压缩流体流动是无旋的。对于理想流体且忽略导热影响时,流动是等熵的,压强可以看作是密度的函数,$p = p(\rho)$,于是动量方程中的压强梯度项可改写如下,$\nabla p = \dfrac{\mathrm{d}p}{\mathrm{d}\rho} \nabla \rho = a^2 \nabla \rho$,将上式代入动量方程(Ⅳ.2),有

$$\frac{\partial \boldsymbol{u}}{\partial t} + (\boldsymbol{u} \cdot \nabla) \boldsymbol{u} = -\frac{a^2}{\rho} \nabla \rho$$

用速度矢量 $\boldsymbol{u}$ 点乘上式两边,

$$\frac{1}{2} \frac{\partial}{\partial t} (\boldsymbol{u} \cdot \boldsymbol{u}) + \boldsymbol{u} \cdot [(\boldsymbol{u} \cdot \nabla) \boldsymbol{u}] = -\frac{a^2}{\rho} \boldsymbol{u} \cdot \nabla \rho$$

由连续方程(Ⅳ.1),$\boldsymbol{u} \cdot \nabla \rho = -\dfrac{\partial \rho}{\partial t} - \rho \nabla \cdot \boldsymbol{u}$,把上式代入动量方程,得

$$\frac{1}{2} \frac{\partial}{\partial t} (\boldsymbol{u} \cdot \boldsymbol{u}) + \boldsymbol{u} \cdot [(\boldsymbol{u} \cdot \nabla) \boldsymbol{u}] = \frac{a^2}{\rho} \frac{\partial \rho}{\partial t} + a^2 \nabla \cdot \boldsymbol{u} \tag{12.1}$$

为消去上式中的密度 ρ,引用势流伯努利方程,

$$\frac{\partial \phi'}{\partial t} + \frac{1}{2} \boldsymbol{u} \cdot \boldsymbol{u} + \int \frac{\mathrm{d}p}{\rho} = f(t) \tag{12.2a}$$

方程右侧的时间函数项可以吸引到速度势函数 ϕ' 中去,令 $\phi = \phi' - \int f(t) \mathrm{d}t$,则伯努利方程可写为

$$\frac{\partial \phi}{\partial t} + \frac{1}{2} \boldsymbol{u} \cdot \boldsymbol{u} + \int \frac{\mathrm{d}p}{\rho} = 0$$

对上述方程求时间导数

$$\frac{\partial^2 \phi}{\partial t^2} + \frac{1}{2} \frac{\partial}{\partial t}(\boldsymbol{u} \cdot \boldsymbol{u}) = -\frac{\partial}{\partial t}\int \frac{\mathrm{d}p}{\rho} \tag{12.2b}$$

上式右侧可作如下变化，$\dfrac{\partial}{\partial t}\displaystyle\int \dfrac{\mathrm{d}p}{\rho} = \dfrac{\partial}{\partial t}\displaystyle\int \dfrac{\mathrm{d}p}{\mathrm{d}\rho} \dfrac{\mathrm{d}\rho}{\rho} = \dfrac{\partial}{\partial t}\displaystyle\int \dfrac{a^2}{\rho}\mathrm{d}\rho$，考虑到 $\displaystyle\int \dfrac{a^2}{\rho}\mathrm{d}\rho$ 是 ρ 的函

数，$\dfrac{\partial}{\partial t}\displaystyle\int \dfrac{a^2}{\rho}\mathrm{d}\rho = \Big[\dfrac{\partial}{\partial \rho}\displaystyle\int \dfrac{a^2}{\rho}\mathrm{d}\rho\Big]\dfrac{\partial \rho}{\partial t} = \dfrac{a^2}{\rho}\dfrac{\partial \rho}{\partial t}$，于是 $\dfrac{\partial}{\partial t}\displaystyle\int \dfrac{\mathrm{d}p}{\rho} = \dfrac{a^2}{\rho}\dfrac{\partial \rho}{\partial t}$，将上式代入式

(12.2b)，然后代入式(12.1)，得

$$\frac{1}{2}\frac{\partial}{\partial t}(\boldsymbol{u} \cdot \boldsymbol{u}) + \boldsymbol{u} \cdot [(\boldsymbol{u} \cdot \nabla)\boldsymbol{u}] = -\frac{\partial^2 \phi}{\partial t^2} - \frac{1}{2}\frac{\partial}{\partial t}(\boldsymbol{u} \cdot \boldsymbol{u}) + a^2 \nabla \cdot \boldsymbol{u}$$

整理以上方程

$$\nabla \cdot \boldsymbol{u} = \frac{1}{a^2}\Big\{\boldsymbol{u} \cdot [(\boldsymbol{u} \cdot \nabla)\boldsymbol{u}] + \frac{\partial}{\partial t}\Big(\frac{\partial \phi}{\partial t} + \boldsymbol{u} \cdot \boldsymbol{u}\Big)\Big\} \tag{12.3}$$

以速度势函数 ϕ 表示 $\boldsymbol{u}$，则

$$\nabla^2 \phi = \frac{1}{a^2}\Big\{\nabla \phi \cdot [(\nabla \phi \cdot \nabla)\nabla \phi] + \frac{\partial}{\partial t}\Big(\frac{\partial \phi}{\partial t} + \nabla \phi \cdot \nabla \phi\Big)\Big\} \tag{12.4a}$$

式(12.4a)即是理想可压缩流体势流流动的势函数所满足的方程。对于不可压缩流体 $a \to \infty$，式(12.4a)简化为拉氏方程，即

$$\nabla^2 \phi = 0$$

拉氏方程是线性方程，而式(12.4a)则是非线性的，通常很难得出解析解。本章利用小扰动理论寻求它的近似解。

例 1 由方程(12.4a)推导可压缩理想流体定常平面无旋流动的基本方程。

解 对于定常的平面势流，式(12.4a)简化为

$$\frac{\partial^2 \phi}{\partial x^2} + \frac{\partial^2 \phi}{\partial y^2} = \frac{1}{a^2}\{\boldsymbol{u} \cdot [(\boldsymbol{u} \cdot \nabla)\nabla \phi]\}$$

$$= \frac{1}{a^2}\Big\{(u\boldsymbol{e}_x + v\boldsymbol{e}_y) \cdot \Big[\Big(u\frac{\partial}{\partial x} + v\frac{\partial}{\partial y}\Big)\Big(\frac{\partial \phi}{\partial x}\boldsymbol{e}_x + \frac{\partial \phi}{\partial y}\boldsymbol{e}_y\Big)\Big]\Big\}$$

$$= \frac{1}{a^2}\Big\{(u\boldsymbol{e}_x + v\boldsymbol{e}_y) \cdot \Big[\Big(u\frac{\partial^2 \phi}{\partial x^2} + v\frac{\partial^2 \phi}{\partial x \partial y}\Big)\boldsymbol{e}_x + \Big(u\frac{\partial^2 \phi}{\partial x \partial y} + v\frac{\partial^2 \phi}{\partial y^2}\Big)\boldsymbol{e}_y\Big]\Big\}$$

$$= \frac{1}{a^2}\Big\{u^2\frac{\partial^2 \phi}{\partial x^2} + 2uv\frac{\partial^2 \phi}{\partial x \partial y} + v^2\frac{\partial^2 \phi}{\partial y^2}\Big\}$$

上式可整理为

$$\Big(1 - \frac{u^2}{a^2}\Big)\frac{\partial^2 \phi}{\partial x^2} - 2\frac{uv}{a^2}\frac{\partial^2 \phi}{\partial x \partial y} + \Big(1 - \frac{v^2}{a^2}\Big)\frac{\partial^2 \phi}{\partial y^2} = 0 \tag{12.4b}$$

根据数理方程理论，偏微分方程

$$A\frac{\partial^2 \phi}{\partial x^2} + B\frac{\partial^2 \phi}{\partial x \partial y} + C\frac{\partial^2 \phi}{\partial y^2} + D\frac{\partial \phi}{\partial x} + E\frac{\partial \phi}{\partial y} + F\phi = 0$$

可依据判别式 $B^2 - 4AC$ 大于零、小于零或等于零而分为双曲型、椭圆型或抛物型三类。式(12.4b)的判别式为

$$B^4 - 4AC = \frac{4u^2 v^2}{a^4} - 4\left(1 - \frac{u^2}{a^2}\right)\left(1 - \frac{v^2}{a^2}\right) = 4\left(\frac{u^2 + v^2}{a^2} - 1\right) = 4(M^2 - 1)$$

因此对于超声速流动，$M>1$，方程(12.4b)属于双曲线型；对于亚声速流动，$M<1$，属于椭圆型；对于声速流动，$M=1$，属于抛物线型。

12.2　小扰动理论

小扰动理论用来将方程(12.4a)线性化，从而求得它的近似解。小扰动理论既适用于亚音速流动，也适用于超音速流动，但只限于细长物体绕流的场合。

12.2.1　势流方程的线性化

考虑均匀来流绕一细长物体的流动（见图 12.1），该物体对来流的扰动非常小，流动的速度势函数可表示为

$$\phi = Ux + \Phi$$

Φ 是扰动速度势函数，U 是来流速度，为常数，$\frac{1}{U}\left|\frac{\partial \Phi}{\partial x_i}\right| \ll 1$。对于定常流动，式(12.4a)简化为

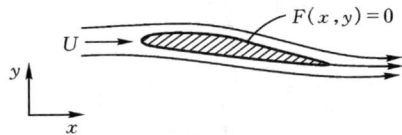

图 12.1　细长物体绕流

$$\nabla^2 \phi = \frac{1}{a^2}\{\nabla\phi \cdot [(\nabla\phi \cdot \nabla)\nabla\phi]\}$$

将速度势函数表达式代入上式，并考虑到 $\boldsymbol{u} = U\boldsymbol{e}_x + \nabla\Phi$，则

$$\nabla^2 \Phi = \frac{1}{a^2}\{(U\boldsymbol{e}_x + \nabla\Phi) \cdot [(U\boldsymbol{e}_x + \nabla\Phi) \cdot \nabla](U\boldsymbol{e}_x + \nabla\Phi)\} \tag{12.5}$$

应用张量下标表示法，上式右侧可作如下运算，

$$\left(U\delta_{1j} + \frac{\partial \Phi}{\partial x_j}\right)\left[\left(U\frac{\partial}{\partial x_1} + \frac{\partial \Phi}{\partial x_i}\frac{\partial}{\partial x_i}\right)\left(U\delta_{1j} + \frac{\partial \Phi}{\partial x_j}\right)\right]$$

$$= \left(U\delta_{1j} + \frac{\partial \Phi}{\partial x_j}\right)\left(U\frac{\partial^2 \Phi}{\partial x_1 \partial x_j} + \frac{\partial \Phi}{\partial x_i}\frac{\partial^2 \Phi}{\partial x_i \partial x_j}\right)$$

$$= U^2\frac{\partial^2 \Phi}{\partial x_1 \partial x_1} + U\frac{\partial \Phi}{\partial x_i}\frac{\partial^2 \Phi}{\partial x_i \partial x_1} + U\frac{\partial \Phi}{\partial x_j}\frac{\partial^2 \Phi}{\partial x_1 \partial x_j} + \frac{\partial \Phi}{\partial x_j}\frac{\partial \Phi}{\partial x_i}\frac{\partial^2 \Phi}{\partial x_i \partial x_j}$$

$$= U^2\frac{\partial^2 \Phi}{\partial x_1 \partial x_1} + 2U\frac{\partial \Phi}{\partial x_i}\frac{\partial^2 \Phi}{\partial x_1 \partial x_i} + \frac{\partial \Phi}{\partial x_j}\frac{\partial \Phi}{\partial x_i}\frac{\partial^2 \Phi}{\partial x_i \partial x_j}$$

将上述结果代入式(12.5)并加以整理，得

$$\nabla^2 \Phi = \frac{U^2}{a^2} \left(\frac{\partial^2 \Phi}{\partial x_1 \partial x_1} + \frac{2}{U} \frac{\partial \Phi}{\partial x_i} \frac{\partial^2 \Phi}{\partial x_1 \partial x_i} + \frac{1}{U^2} \frac{\partial \Phi}{\partial x_j} \frac{\partial \Phi}{\partial x_i} \frac{\partial^2 \Phi}{\partial x_i \partial x_j} \right) \tag{12.6}$$

式(12.6)中，a 仍是一个变量，也需要线性化，引用能量方程

$$\frac{1}{2} \boldsymbol{u} \cdot \boldsymbol{u} + \frac{a^2}{\gamma - 1} = \frac{1}{2} U^2 + \frac{a_\infty^2}{\gamma - 1}$$

左侧第一项为

$$\boldsymbol{u} \cdot \boldsymbol{u} = \left(U\delta_{1i} + \frac{\partial \Phi}{\partial x_i} \right) \left(U\delta_{1i} + \frac{\partial \Phi}{\partial x_i} \right) = U^2 + 2U \frac{\partial \Phi}{\partial x_1} + \frac{\partial \Phi}{\partial x_i} \frac{\partial \Phi}{\partial x_i}$$

由以上两式，并考虑到 $M_\infty^2 = U^2 / a_\infty^2$，可得

$$a^2 = a_\infty^2 \left\{ 1 - (\gamma - 1)M_\infty^2 \left(\frac{1}{U} \frac{\partial \Phi}{\partial x_1} + \frac{1}{2} \frac{1}{U^2} \frac{\partial \Phi}{\partial x_i} \frac{\partial \Phi}{\partial x_i} \right) \right\}$$

将上式代入式(12.6)，并加以整理得

$$\frac{\partial^2 \Phi}{\partial x_i \partial x_i} - M_\infty^2 \frac{\partial^2 \Phi}{\partial x_1 \partial x_1}$$

$$= M_\infty^2 \left(\frac{2}{U} \frac{\partial \Phi}{\partial x_i} \frac{\partial^2 \Phi}{\partial x_1 \partial x_i} + \frac{1}{U^2} \frac{\partial \Phi}{\partial x_i} \frac{\partial \Phi}{\partial x_j} \frac{\partial^2 \Phi}{\partial x_i \partial x_j} \right) + (\gamma - 1)M_\infty^2 \frac{1}{U} \frac{\partial \Phi}{\partial x_1} \frac{\partial^2 \Phi}{\partial x_i \partial x_i}$$

$$+ \frac{\gamma - 1}{2} M_\infty^2 \frac{1}{U^2} \frac{\partial \Phi}{\partial x_i} \frac{\partial \Phi}{\partial x_i} \frac{\partial^2 \Phi}{\partial x_j \partial x_j}$$

考虑到小扰动的假定，$\dfrac{1}{U} \left| \dfrac{\partial \phi}{\partial x_i} \right| \ll 1$，上式右侧第二和第四项包含二阶小量 $\dfrac{1}{U^2} \dfrac{\partial \Phi}{\partial x_i} \dfrac{\partial \Phi}{\partial x_j}$，与包含一阶小量 $\dfrac{1}{U} \dfrac{\partial \Phi}{\partial x_i}$ 的第一和第三项相比可以略去(设 Φ 的二级导数项是同一数量级)。对略去包含高阶小量项后的方程加以整理可得

$$(1 - M_\infty^2) \frac{\partial^2 \Phi}{\partial x^2} + \frac{\partial^2 \Phi}{\partial y^2} + \frac{\partial^2 \Phi}{\partial z^2}$$

$$= (\gamma + 1)M_\infty^2 \frac{1}{U} \frac{\partial \Phi}{\partial x} \frac{\partial^2 \Phi}{\partial x^2} + (\gamma - 1)M_\infty^2 \frac{1}{U} \frac{\partial \Phi}{\partial x} \left(\frac{\partial^2 \Phi}{\partial y^2} + \frac{\partial^2 \Phi}{\partial z^2} \right)$$

$$+ M_\infty^2 \frac{2}{U} \frac{\partial \Phi}{\partial y} \frac{\partial^2 \Phi}{\partial y \partial x} + M_\infty^2 \frac{2}{U} \frac{\partial \Phi}{\partial z} \frac{\partial^2 \Phi}{\partial z \partial x}$$

在 Φ 的二阶导数项是同一数量级的假设前提下，如果

(1) $\dfrac{M_\infty^2}{U} \dfrac{\partial \Phi}{\partial x}, \dfrac{M_\infty^2}{U} \dfrac{\partial \Phi}{\partial y}, \dfrac{M_\infty^2}{U} \dfrac{\partial \Phi}{\partial z} \ll 1$,

(2) $(\gamma + 1) \dfrac{M_\infty^2}{U} \dfrac{\partial \Phi}{\partial x} \ll |1 - M_\infty^2|$, 或 $\dfrac{(\gamma + 1)M_\infty^2}{|1 - M_\infty^2|} \dfrac{1}{U} \dfrac{\partial \Phi}{\partial x} \ll 1$,

则上式右侧各项均可略去。为满足条件(1)，来流马赫数 M_∞ 不能很大，即不能是高超音速流动；为满足条件(2)，马赫数 M_∞ 不能接近于 1，在 $M_\infty \approx 1$ 附近，$|1 - M_\infty^2|$ 是小量，条件(2)不满足。于是当 M_∞ 不是很大又不接近于 1 时，上式可

简化为

$$(1-M_\infty^2)\frac{\partial^2\Phi}{\partial x^2}+\frac{\partial^2\Phi}{\partial y^2}+\frac{\partial^2\Phi}{\partial z^2}=0 \tag{12.7a}$$

式(12.7a)即是理想可压缩流体定常势流小扰动的线性化方程。当 $M_\infty<1$,方程是椭圆型的;当 $M_\infty>1$,方程是双曲型的。它既适用于亚音速流动,也适用于超音速流动,但在 $M_\infty=1$ 附近和高超音速流动的条件下是不成立的。请注意,式(12.7a)只限于应用在细长物体绕流的场合,此时物体对来流的扰动非常小。

在平面流动条件下,式(12.7a)可简化为

$$(1-M_\infty^2)\frac{\partial^2\Phi}{\partial x^2}+\frac{\partial^2\Phi}{\partial y^2}=0 \tag{12.7b}$$

12.2.2　边界条件的线性化

设物面方程为 $F(x,y)=0$(见图 12.1),则在静止的物面上有

$$\boldsymbol{u}\cdot\boldsymbol{n}=0 \quad\Rightarrow\quad \boldsymbol{u}\cdot\nabla F=0$$

设扰动速度为 u' 和 v',则 $\boldsymbol{u}=(U+u')\boldsymbol{e}_x+v'\boldsymbol{e}_y$,上式可写为

$$(U+u')\frac{\partial F}{\partial x}+v'\frac{\partial F}{\partial y}=0$$

由于 $U\gg u'$,因此上式中可以略去 u',即

$$U\frac{\partial F}{\partial x}+v'\frac{\partial F}{\partial y}=0 \quad\Rightarrow\quad \frac{v'}{U}=-\frac{\partial F/\partial x}{\partial F/\partial y}=\frac{\mathrm{d}y_w}{\mathrm{d}x}$$

式中 $\dfrac{\mathrm{d}y_w}{\mathrm{d}x}$ 是物面型线的斜率,v'/U 则是物面上流线的斜率,上式意味着物面是一条流线。由于假设物体很薄,即物面型线的纵坐标 y_w 远远小于物体的长度,因此可以认为

$$v'(x,y_w)\approx v'(x,0)$$

代入边界条件

$$\frac{v'(x,0)}{U}=\frac{\mathrm{d}y_w}{\mathrm{d}x}$$

用扰动速度势函数 Φ 表示 v',上述边界条件可表示为

$$\frac{\partial\Phi}{\partial y}(x,0)=U\frac{\mathrm{d}y_w}{\mathrm{d}x} \tag{12.8}$$

12.2.3　压强系数的线性化

压强分布是流场求解的重要任务之一,压强通常表示为压强系数的形式,即

$$C_p=\frac{p-p_\infty}{\dfrac{1}{2}\rho_\infty U^2} \tag{12.9}$$

式中 p_∞，ρ_∞ 和 U 分别是均匀来流的压强、密度和速度。注意到 $a_\infty^2 = \gamma p_\infty / \rho_\infty$，上式可写为

$$C_p = \frac{\left(\dfrac{p}{p_\infty} - 1\right)}{\dfrac{1}{2}\gamma M_\infty^2} \tag{12.10}$$

为了寻求无量纲压强 p/p_∞ 与速度的关系，引用能量方程(11.36)，并考虑到焓 $h = C_p T = \dfrac{\gamma}{\gamma-1}\dfrac{p}{\rho}$，则有

$$\frac{\boldsymbol{u} \cdot \boldsymbol{u}}{2} + \frac{\gamma}{\gamma-1}\frac{p}{\rho} = \frac{U^2}{2} + \frac{\gamma}{\gamma-1}\frac{p_\infty}{\rho_\infty} \quad \Rightarrow$$

$$\frac{p}{\rho}\frac{\rho_\infty}{p_\infty} = 1 - \frac{\gamma-1}{2\gamma}\frac{p_\infty}{\rho_\infty}(\boldsymbol{u} \cdot \boldsymbol{u} - U^2) = 1 - \frac{\gamma-1}{2}\frac{U^2}{a_\infty^2}\left[\frac{\boldsymbol{u} \cdot \boldsymbol{u}}{U^2} - 1\right]$$

考虑到 $\boldsymbol{u} \cdot \boldsymbol{u} = (U+u')^2 + v'^2$，上式可写为

$$\frac{p}{\rho}\frac{\rho_\infty}{p_\infty} = 1 - \frac{\gamma-1}{2}M_\infty^2\left(2\frac{u'}{U} + \frac{u'^2 + v'^2}{U^2}\right) \approx 1 + (\gamma-1)M_\infty^2\frac{u'}{U}$$

式中忽略了包含二阶小量 u'^2 和 v'^2 的项。由等熵关系式有

$$\frac{p}{p_\infty}\frac{\rho_\infty}{\rho} = \frac{p}{p_\infty}\left(\frac{p}{p_\infty}\right)^{-\frac{1}{\gamma}} = \left(\frac{p}{p_\infty}\right)^{\frac{\gamma-1}{\gamma}}$$

由以上两式得

$$\left(\frac{p}{p_\infty}\right)^{\frac{\gamma-1}{\gamma}} = 1 - (\gamma-1)M_\infty^2\frac{u'}{U} \quad \Rightarrow$$

$$\frac{p}{p_\infty} = \left[1 - (\gamma-1)M_\infty^2\frac{u'}{U}\right]^{\frac{\gamma}{\gamma-1}} \approx 1 - \frac{\gamma}{\gamma-1}(\gamma-1)M_\infty^2\frac{u'}{U} = 1 - \gamma M_\infty^2\frac{u'}{U}$$

上式在作级数展开过程中忽略了二阶小量。将上式代入式(12.10)，则

$$C_p = -2\frac{u'}{U} \tag{12.11}$$

式(12.11)即是线性化形式的压强系数表达式。

12.3 波形壁绕流

本节利用小扰动理论求解无穷长波形壁的绕流流场。此问题相对简单，但可以清楚地反映出亚音速和超音速流动的区别。

12.3.1 亚音速流动

设均匀来流绕流无穷长平面波形壁一侧，如图 12.2 所示。波形壁方程为

$$y_w = \varepsilon \sin\left(\frac{2\pi}{\lambda}x\right)$$

波幅 ε 和波长 λ 满足 $\varepsilon/\lambda \ll 1$，即壁面倾斜角很小，可利用小扰动理论求解。平面定常势流的线性化方程为式(12.7b)，即

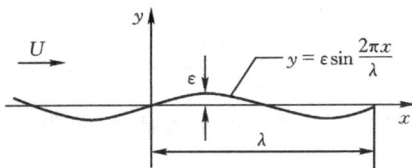

图 12.2　波形壁绕流

$$(1 - M_\infty^2)\frac{\partial^2 \Phi}{\partial x^2} + \frac{\partial^2 \Phi}{\partial y^2} = 0$$

$$(12.12a)$$

无穷远处边界条件，

$$\frac{\partial \Phi}{\partial x}(x,\infty) = 0 \qquad \frac{\partial \Phi}{\partial y}(x,\infty) = 0 \qquad\qquad (12.12b)$$

由式(12.8)得壁面条件，则

$$\frac{\partial \Phi}{\partial y}(x,0) = U\frac{\mathrm{d}y_w}{\mathrm{d}x} = U\frac{2\pi}{\lambda}\varepsilon\cos\left(\frac{2\pi}{\lambda}x\right) \qquad\qquad (12.12c)$$

对于亚音速流动，$M_\infty < 1$，$(1 - M_\infty^2)$ 为正，令 $\beta^2 = 1 - M_\infty^2$，方程(12.12a)可写为

$$\frac{\partial^2 \Phi}{\partial x^2} + \frac{1}{\beta^2}\frac{\partial^2 \Phi}{\partial y^2} = 0$$

此方程为椭圆型方程，可用分离变量法求解，令

$$\Phi = F(x)G(y)$$

代入上述方程有

$$\frac{1}{F}\frac{\mathrm{d}^2 F}{\mathrm{d}x^2} = -\frac{1}{\beta^2}\frac{1}{G}\frac{\mathrm{d}^2 G}{\mathrm{d}y^2}$$

上式一边是 x 的函数，一边是 y 的函数，要使其恒相等两边都应等于常数。令

$$\frac{1}{F}\frac{\mathrm{d}^2 F}{\mathrm{d}x^2} = -\frac{1}{\beta^2}\frac{1}{G}\frac{\mathrm{d}^2 G}{\mathrm{d}y^2} = -k^2$$

上述两个方程的解分别为

$$F = A_1\cos kx + A_2\sin kx, \quad G = B_1\mathrm{e}^{\beta ky} + B_2\mathrm{e}^{-\beta ky}$$

于是解的一般形式为

$$\Phi = F(x)G(y) = (C_1\cos kx + C_2\sin kx)\mathrm{e}^{-\beta ky}$$

上式中已经考虑到边界条件(12.12b)，令 $B_1 = 0$，有关的积分常数也作了合并。将上式代入边界条件(12.12c)，则有

$$-\beta k(C_1\cos kx + C_2\sin kx) = U\frac{2\pi}{\lambda}\varepsilon\cos\left(\frac{2\pi}{\lambda}x\right)$$

比较两侧系数可得

$$C_2 = 0, \quad -\beta kC_1 = U\frac{2\pi}{\lambda}\varepsilon, \quad k = \frac{2\pi}{\lambda}$$

由上述最后两式,并考虑到 $\beta^2 = 1 - M_\infty^2$,有

$$C_1 = -\frac{U\varepsilon}{\sqrt{1 - M_\infty^2}}$$

将 C_1, C_2, k 代入 Φ 的表达式,可得波形壁亚音速绕流的扰动势函数

$$\Phi = -\frac{U\varepsilon}{\sqrt{1 - M_\infty^2}}\cos\left(\frac{2\pi}{\lambda}x\right)e^{-\frac{2\pi}{\lambda}\sqrt{1 - M_\infty^2}\,y} \qquad (12.13a)$$

由上式可求得扰动速度

$$u' = \frac{\partial\Phi}{\partial x} = \frac{2\pi}{\lambda}\frac{U\varepsilon}{\sqrt{1 - M_\infty^2}}\sin\left(\frac{2\pi}{\lambda}x\right)e^{-\frac{2\pi}{\lambda}\sqrt{1 - M_\infty^2}\,y} \qquad (12.13b)$$

$$v' = \frac{\partial\Phi}{\partial y} = U\varepsilon\frac{2\pi}{\lambda}\cos\left(\frac{2\pi}{\lambda}x\right)e^{-\frac{2\pi}{\lambda}\sqrt{1 - M_\infty^2}\,y} \qquad (12.13c)$$

由式(12.11)得压强系数为

$$C_p(x,y) = -\frac{2u'}{U} = -\frac{4\pi\varepsilon}{\lambda}\frac{1}{\sqrt{1 - M_\infty^2}}\sin\left(\frac{2\pi}{\lambda}x\right)e^{-\frac{2\pi}{\lambda}\sqrt{1 - M_\infty^2}\,y} \qquad (12.13d)$$

$$\bar{C} = C_p(x,0) = -\frac{4\pi\varepsilon}{\lambda}\frac{1}{\sqrt{1 - M_\infty^2}}\sin\left(\frac{2\pi}{\lambda}x\right) \qquad (12.13e)$$

可见扰动随 y 增加以指数规律衰减,在距壁面足够远处,流动趋于均匀;当 M_∞ 增大时,衰减速度减慢,即随着 M_∞ 的增大,扰动在 y 方向可以传到更远的地方。由压强系数可知压强分布与壁面曲线反相位,压强最大值对应于壁面的波谷,压强最小点对应于波峰,由于压强分布对于波谷波峰对称,壁面在 x 方向受力为零(见图12.3)。

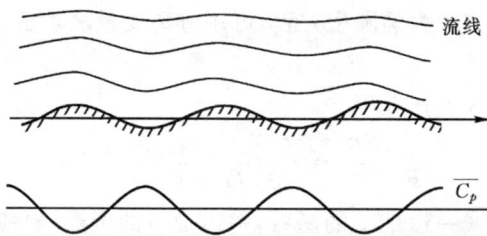

图 12.3 波形壁上亚音速绕流的流线和压强分布

下面求流线方程,

$$\frac{\mathrm{d}y}{\mathrm{d}x} = \frac{v'}{U + u'} = \frac{v'/U}{1 + u'/U}$$

上式右侧分母 $1 + \dfrac{u'}{U} = 1 + (1 - M_\infty^2)\dfrac{u'}{U} + M_\infty^2\dfrac{u'}{U} \approx 1 + (1 - M_\infty^2)\dfrac{u'}{U}$,依据小扰动的假设对于亚音速流动,$M_\infty^2\dfrac{u'}{U} \ll 1$,故在上式中舍去。于是

$$\frac{\mathrm{d}y}{\mathrm{d}x} \approx \frac{v'/U}{1 + (1 - M_\infty^2)u'/U}$$

代入式(12.13b)和式(12.13c),并加以整理得

$$\left[1+\frac{2\pi\varepsilon}{\lambda}\sqrt{1-M_\infty^2}\sin\left(\frac{2\pi}{\lambda}x\right)e^{-\frac{2\pi}{\lambda}\sqrt{1-M_\infty^2}\,y}\right]dy=\frac{2\pi\varepsilon}{\lambda}\cos\left(\frac{2\pi}{\lambda}x\right)e^{-\frac{2\pi}{\lambda}\sqrt{1-M_\infty^2}\,y}dx$$

再整理成全微分形式

$$dy=\varepsilon d\left[\sin\left(\frac{2\pi}{\lambda}x\right)e^{-\frac{2\pi}{\lambda}\sqrt{1-M_\infty^2}\,y}\right]$$

积分得

$$y=\varepsilon\sin\left(\frac{2\pi}{\lambda}x\right)e^{-\frac{2\pi}{\lambda}\sqrt{1-M_\infty^2}\,y}+C \tag{12.13f}$$

当 $y\to\infty$ 时,流线振幅也按指数规律衰减,但其相位与壁面相同(见图 12.3)。

12.3.2　超音速流动

在求解波形壁超音速绕流前,先介绍一下马赫线和马赫角的概念。考虑一个位于超音速气流中的静止点扰动源,点源发出的微弱扰动相对于气体以球面波的形式以当地音速 a 向四面八方传播,同时气流又以速度 U 把上述扰动携带向点源下游。由于在超音速气流中 $U>a$,在不同时刻产生的球面波都将局限在以该点源为顶点的圆锥形区域内(见图 12.4),该圆锥面称马赫锥,马赫锥以内为受扰区,马赫锥以外为未扰动区。马赫锥的半顶角称为马赫角,用 μ 表示,它与当地声速 a 和气流速度 U 的关系为

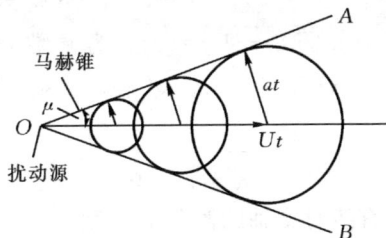

图 12.4　马赫锥

$$\sin\mu=\frac{a}{U}=\frac{1}{M_\infty} \tag{12.14a}$$

由上式可以看出,气流马赫数 M_∞ 越大,μ 越小;M_∞ 越小,μ 越大。当 $M_\infty=1$ 时,$\mu=\pi/2$,达到马赫锥的极限位置。如果把气流速度 U 分解为垂直于马赫锥锥面和平行于马赫锥锥面的分速度 U_n 和 U_t,则

$$U_n=U\sin\mu=a \tag{12.14b}$$

即气流垂直于马赫锥面向锥内的分速度与扰动波向锥外的传播速度大小相等,方向相反,合速度为零,所以马赫锥在气流中是稳定不动的,而微弱扰动波沿着马赫面以 U_t 的速度向下游传播。

当 $M_\infty<1$,微弱扰动波的传播已无边界,不存在马赫锥。

对于平面流动,图 12.4 中的 OA、OB 为两条扰动线,称马赫线,扰动只能在马赫线之间的区域内传播,顺着气流方向看,称 OA 为左伸马赫线,OB 为右伸马赫线。

介绍完马赫线和马赫角,再来看绕波形壁的流动。假设图 12.2 中波形壁上部

是超音速气流,由于 $M_\infty > 1$,方程(12.7b)可写成

$$\frac{\partial^2 \Phi}{\partial x^2} - \frac{1}{M_\infty^2 - 1}\frac{\partial^2 \Phi}{\partial y^2} = 0 \tag{12.15a}$$

物体引起的扰动在无穷远处为有限值,则

$$\frac{\partial \Phi}{\partial x}(x,\infty) = 有限值,\frac{\partial \Phi}{\partial y}(x,\infty) = 有限值 \tag{12.15b}$$

壁面上的边界条件与(12.12c)相同,则

$$\frac{\partial \Phi}{\partial y}(x,0) = U\frac{\mathrm{d}y_w}{\mathrm{d}x} = U\frac{2\pi}{\lambda}\varepsilon\cos\left(\frac{2\pi}{\lambda}x\right) \tag{12.15c}$$

方程(12.15a)是简单的波动方程,它的通解可表示为,

$$\Phi(x,y) = f(x - \sqrt{M_\infty^2 - 1}\,y) + g(x + \sqrt{M_\infty^2 - 1}\,y)$$

式中 f 和 g 都是任意的可微分函数,它们的具体函数形式由边界条件确定。先假设 g 为常数,于是

$$\Phi(x,y) = f(x - \sqrt{M_\infty^2 - 1}\,y) \tag{12.16a}$$

当 $x - \sqrt{M_\infty^2 - 1}\,y = c$($c$ 为常数)时,Φ 为常数,即壁面产生的扰动沿着直线 $x - \sqrt{M_\infty^2 - 1}\,y = c$ 传播,直线的斜率为正,式如

$$\frac{\mathrm{d}y}{\mathrm{d}x} = \frac{1}{\sqrt{M_\infty^2 - 1}}$$

设直线对 x 轴的倾角是 θ,则有

$$\mathrm{tg}\theta = \frac{1}{\sqrt{M_\infty^2 - 1}}, \quad \sin\theta = \frac{1}{M_\infty}$$

显然 θ 角就是马赫角,直线 $x - \sqrt{M_\infty^2 - 1}\,y = c$ 即是马赫线。该马赫线从壁面发出,延伸向下游(见图12.5)。由于马赫角不能大于 $\frac{\pi}{2}$,对于波形壁面的上半空间,只能存在如图12.5所示的左伸马赫线,即解的形式应为式(12.16a)。

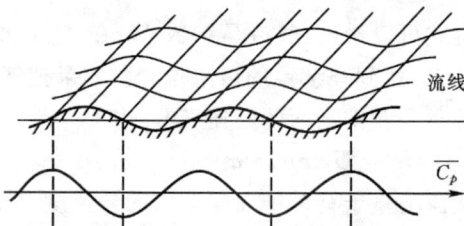

图 12.5　波形壁上超音速绕流的流线和压缩分布

如令 f 为常数,则

$$\Phi(x,y) = g(x + \sqrt{M_\infty^2 - 1}\,y)$$

马赫线为 $x + \sqrt{M_\infty^2 - 1}\,y = c \Rightarrow \mathrm{d}y/\mathrm{d}x = -1/\sqrt{M_\infty^2 - 1}$,其斜率为负,马赫线从壁面发出后延伸向上游。因为在超音速流动中,壁面的扰动不可能逆流上传,上式的

解在物理上是不可能的,应予舍去。

现在利用物面条件来确定式(12.16a)中函数 f 的具体形式。由式(12.15c)有

$$-\sqrt{M_\infty^2-1}\,f'(x) = U\frac{2\pi\varepsilon}{\lambda}\cos\left(\frac{2\pi}{\lambda}x\right) \quad \Rightarrow$$

$$f'(x) = -\frac{U\varepsilon}{\sqrt{M_\infty^2-1}}\frac{2\pi}{\lambda}\cos\left(\frac{2\pi}{\lambda}x\right)$$

式中 $f'(x) = \left[\dfrac{\partial f}{\partial(x-\sqrt{M_\infty^2-1}\,y)}\right]_{y=0} = \left(\dfrac{\partial f}{\partial x}\right)_{y=0}$。积分上式,并让积分常数为零,

$$f(x) = -\frac{U\varepsilon}{\sqrt{M_\infty^2-1}}\sin\left(\frac{2\pi}{\lambda}x\right)$$

于是

$$\varPhi = -\frac{U\varepsilon}{\sqrt{M_\infty^2-1}}\sin\left[\frac{2\pi}{\lambda}\left(x-\sqrt{M_\infty^2-1}\,y\right)\right] \tag{12.16b}$$

显然上述解也满足无穷远边界条件(12.15b)。由式(12.16b)可确定扰动速度为

$$u' = \frac{\partial\varPhi}{\partial x} = -\frac{U\varepsilon}{\sqrt{M_\infty^2-1}}\frac{2\pi}{\lambda}\cos\left[\frac{2\pi}{\lambda}\left(x-\sqrt{M_\infty^2-1}\,y\right)\right] \tag{12.16c}$$

$$v' = \frac{\partial\varPhi}{\partial y} = \frac{2\pi\varepsilon}{\lambda}U\cos\left[\frac{2\pi}{\lambda}\left(x-\sqrt{M_\infty^2-1}\,y\right)\right] \tag{12.16d}$$

压强系数为

$$C_p(x,y) = -\frac{2u'}{U} = \frac{4\pi\varepsilon}{\lambda}\frac{1}{\sqrt{M_\infty^2-1}}\cos\left[\frac{2\pi}{\lambda}\left(x-\sqrt{M_\infty^2-1}\,y\right)\right] \tag{12.16e}$$

$$\overline{C}_p = C_p(x,0) = \frac{4\pi\varepsilon}{\lambda}\frac{1}{\sqrt{M_\infty^2-1}}\cos\left(\frac{2\pi}{\lambda}x\right) \tag{12.16f}$$

由以上结果可以看出,超音速绕流与亚音速绕流不同,扰动不随 y 增加而衰减,扰动速度 u',v' 和压强沿马赫线 $x-\sqrt{M_\infty^2-1}\,y=c$ 保持为常数。由式(12.16f)知,在超音速流动中,壁面压强分布与壁面波形的相位差为 $\dfrac{\pi}{2}$,压强分布对于波峰或波谷不对称(见图 12.5),因此在 x 方向产生压差阻力,称为波阻。请注意在亚音速流动中,压强分布对于壁面的波峰和波谷是对称的,因此在 x 方向不产生阻力。

由式(12.16d)可以得到流线斜率为

$$\frac{\mathrm{d}y}{\mathrm{d}x} \approx \frac{v'}{U} = \frac{2\pi\varepsilon}{\lambda}\cos\left[\frac{2\pi}{\lambda}\left(x-\sqrt{M_\infty^2-1}\,y\right)\right] \tag{12.16g}$$

由式(12.16g)知,流线的振幅也不随 y 衰减,在同一条马赫线上流线同相位。

考虑到波形壁方程 $y_w = \varepsilon\sin\left(\dfrac{2\pi}{\lambda}x\right)$,式(12.16f)可写为

$$\overline{C}_p = \frac{2}{\sqrt{M_\infty^2 - 1}} \frac{\mathrm{d}y_w}{\mathrm{d}x}$$

设 θ 为壁面切线与 x 轴夹角,当 $y_w \ll \lambda$ 时,θ 是小量,$\mathrm{d}y_w/\mathrm{d}x = \mathrm{tg}\theta \approx \theta$,代入上式得

$$\overline{C}_p = \frac{2\theta}{\sqrt{M_\infty^2 - 1}} \tag{12.17}$$

可见,在小扰动前提下,超音速气流绕流物面的压强系数,只与当地的物面倾斜角有关,而与其他部分物面的条件无关。

例 2 通过对作用在波形壁上的压强作积分,验证亚音速绕流时沿 x 轴方向的阻力为零。计算超音速绕流时单位宽度、一个波长的波形壁上所受到的流体作用力,即波阻。

解 设波形壁下表面压强为 p_∞,即均匀来流的压强,如图 12.6 所示,则 $\mathrm{d}s$ 长的波面(单位宽度)所受的压力为

图 12.6 波阻计算

$$(p - p_\infty)\mathrm{d}s$$

该力在 x 方向分量为

$$(p - p_\infty)\mathrm{d}y \approx \left[p(x,0) - p_\infty\right] \frac{\mathrm{d}y_w}{\mathrm{d}x}\mathrm{d}x \approx \overline{C}_p \frac{1}{2}\rho U^2 \frac{\mathrm{d}y_w}{\mathrm{d}x}\mathrm{d}x$$

于是

$$F_D = \int_0^\lambda \overline{C}_p \frac{1}{2}\rho U^2 \frac{\mathrm{d}y_w}{\mathrm{d}x}\mathrm{d}x = \frac{1}{2}\rho U^2 \frac{2\pi\varepsilon}{\lambda}\int_0^\lambda \overline{C}_p \cos\frac{2\pi x}{\lambda}\mathrm{d}x$$

上式用到波形壁面方程 $y_w = \varepsilon\sin\dfrac{2\pi x}{\lambda}$。

(1) 亚音速流动时,$M_\infty < 1$,则

$$\overline{C}_p = -\frac{4\pi\varepsilon}{\lambda} \frac{1}{\sqrt{1 - M_\infty^2}}\sin\frac{2\pi x}{\lambda}$$

$$F_D = -\frac{1}{2}\rho U^2 \frac{2\pi\varepsilon}{\lambda} \frac{4\pi\varepsilon}{\lambda} \frac{1}{\sqrt{1 - M_\infty^2}}\int_0^\lambda \sin\frac{2\pi x}{\lambda}\cos\frac{2\pi x}{\lambda}\mathrm{d}x = 0$$

(2) 超音速流动时,$M_\infty > 1$,则

$$\overline{C}_p = \frac{4\pi\varepsilon}{\lambda} \frac{1}{\sqrt{M_\infty^2 - 1}}\cos\frac{2\pi x}{\lambda}$$

$$F_D = \frac{1}{2}\rho U^2 \frac{2\pi\varepsilon}{\lambda} \frac{4\pi\varepsilon}{\lambda} \frac{1}{\sqrt{M_\infty^2 - 1}}\int_0^\lambda \cos^2\frac{2\pi x}{\lambda}\mathrm{d}x$$

$$= \frac{4\pi^2\varepsilon^2}{\lambda^2} \frac{\rho U^2}{\sqrt{M_\infty^2 - 1}}\int_0^\lambda \frac{1 + \cos\dfrac{4\pi x}{\lambda}}{2}\mathrm{d}x$$

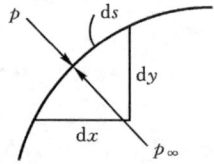

$$= \frac{4\pi^2 \varepsilon^2}{\lambda^2} \frac{\rho U^2}{\sqrt{M_\infty^2 - 1}} \frac{\lambda}{2} = \frac{2\pi^2 \varepsilon^2}{\lambda} \frac{\rho U^2}{\sqrt{M_\infty^2 - 1}}$$

解毕。

12.4　普朗特-葛劳渥特法则

在均匀亚音速气流绕流细长机翼的条件下，可以利用小扰动理论通过恰当的变换，将亚音速气流绕流问题转化为不可压缩流体的绕流问题。假设机翼方程是 $y = f(x)$，则亚音速气流绕流的扰动速度势函数满足的方程为

$$\frac{\partial^2 \Phi}{\partial x^2} + \frac{1}{1 - M_\infty^2} \frac{\partial^2 \Phi}{\partial y^2} = 0 \tag{12.18a}$$

物面边界条件和无穷远处的边界条件分别为

$$\frac{\partial \Phi}{\partial y}(x, 0) = U \frac{\mathrm{d}f(x)}{\mathrm{d}x} \tag{12.18b}$$

$$\frac{\partial \Phi}{\partial x}(x, \infty) = 0, \quad \frac{\partial \Phi}{\partial y}(x, \infty) = 0 \tag{12.18c}$$

引入变换

$$\Phi = \frac{1}{\sqrt{1 - M_\infty^2}} \Phi', \quad \eta = \sqrt{1 - M_\infty^2} \, y$$

则方程(12.18a)至(12.18c)可转换为

$$\frac{\partial^2 \Phi'}{\partial x^2} + \frac{\partial^2 \Phi}{\partial \eta^2} = 0 \tag{12.19a}$$

$$\frac{\partial \Phi'}{\partial \eta}(x, 0) = U \frac{\mathrm{d}f(x)}{\mathrm{d}x} \tag{12.19b}$$

$$\frac{\partial \Phi'}{\partial x}(x, \infty) = 0, \quad \frac{\partial \Phi'}{\partial \eta}(x, \infty) = 0 \tag{12.19c}$$

值得注意的是方程(12.18a)转换为拉氏方程(12.19a)，物面边界条件式(12.19b)与式(12.18b)的右侧相同。因此通过上述变换把求 xOy 平面内亚音速绕流的势流解转换为求 $xO\eta$ 平面内不可压缩流体的势流解，物面方程均为 $\eta = f(x)$，被绕流机翼外形在转换中保持不变，来流速度仍为 U。如果 Φ' 可以求得，则相应的压强系数可利用式(12.11)计算。设不可压缩流体的压强系数为 C_p'，则

$$C_p' = -\frac{2}{U} \frac{\partial \Phi'}{\partial x}$$

相应的可压缩流体压强系数为

$$C_p = -\frac{2}{U} \frac{\partial \Phi}{\partial x} = -\frac{1}{\sqrt{1 - M_\infty^2}} \frac{2}{U} \frac{\partial \Phi'}{\partial x}$$

由上式可得

$$C_p = \frac{C_p'}{\sqrt{1 - M_\infty^2}} \tag{12.20}$$

上式说明,亚音速可压缩流体绕流细长机翼的压强分布可通过不可压缩流体中的相应压强分布而求得。联系这两种压强分布的相似律称为普朗特-葛劳渥特法则。

12.5 超音速流动的埃克特理论

一机翼放置于马赫数为 M_∞ 的超音速均匀气流中,其厚度、弯度和气流攻角 α 都很小。如图 12.7a 所示,机翼的弦长为 c,最大厚度和弯度分别为 t 和 h。上表面的方程是 $y = \eta_u(x)$,下表面的方程是 $\eta_l(x)$。根据线性化理论,扰动速度势函数满足的方程和边界条件为

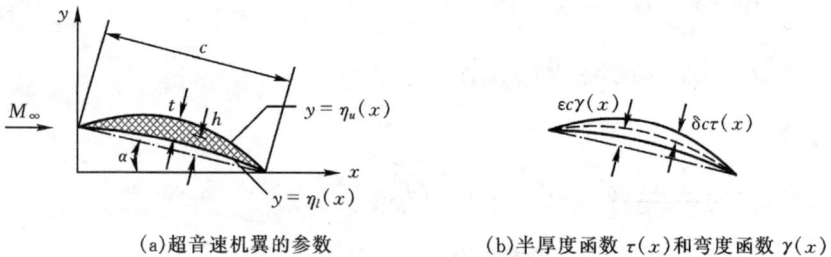

(a)超音速机翼的参数　　　　　(b)半厚度函数 $\tau(x)$ 和弯度函数 $\gamma(x)$

图 12.7 超音速机翼

$$\frac{\partial^2 \Phi}{\partial x^2} - \frac{1}{M_\infty^2 - 1} \frac{\partial^2 \Phi}{\partial y^2} = 0 \tag{12.21}$$

$$\frac{\partial \Phi}{\partial y}(x, 0) = U \frac{\mathrm{d}\eta(x)}{\mathrm{d}x} \tag{12.22a}$$

$$\frac{\partial \Phi}{\partial x}(x, \infty) = 有限值, \frac{\partial \Phi}{\partial y}(x, \infty) = 有限值 \tag{12.22b}$$

由于表面方程 $y = \eta_u(x)$ 和 $y = \eta_l(x)$ 不同,对于上下表面的边界条件也不同,因此扰动速度势函数 Φ 也将各异,分别表示为 Φ_u 和 Φ_l,式如

$$\Phi_u(x, y) = f(x - \sqrt{M_\infty^2 - 1}\, y) \tag{12.23a}$$

$$\Phi_l(x, y) = g(x + \sqrt{M_\infty^2 - 1}\, y) \tag{12.23b}$$

在写出上两式时,考虑到了机翼表面产生的扰动将沿马赫线向下游传播,因此上表面存在左伸马赫线,其斜率为正;而下表面存在右伸马赫线,斜率为负。函数 f 和 g 的具体形式需通过机翼表面的边界条件确定。对机翼上表面式(12.22a)可写为

$$\frac{\partial \Phi_u}{\partial y}(x,0) = U \frac{\mathrm{d}\eta_u}{\mathrm{d}x}$$

由式(12.23a)，上式可进一步写为

$$(-\sqrt{M_\infty^2-1})f'(x) = U \frac{\mathrm{d}\eta_u}{\mathrm{d}x} \quad \Rightarrow$$

$$f'(x) = -\frac{U}{\sqrt{M_\infty^2-1}} \frac{\mathrm{d}\eta_u}{\mathrm{d}x}$$

式中 $f'(x) = \dfrac{\partial \Phi_u}{\partial x}(x,0)$。同样对于下表面可推得

$$g'(x) = \frac{U}{\sqrt{M_\infty^2-1}} \frac{\mathrm{d}\eta_l}{\mathrm{d}x}$$

式中 $g'(x) = \dfrac{\partial \Phi_l}{\partial x}(x,0)$。

　　设上下表面的压强系数分别是 $\overline{C}_{pu}$ 和 $\overline{C}_{pl}$，则依据压强系数的线性化式(12.11)有

$$\overline{C}_{pu} = -\frac{2}{U} f'(x) = \frac{2}{\sqrt{M_\infty^2-1}} \frac{\mathrm{d}\eta_u}{\mathrm{d}x} \tag{12.24a}$$

$$\overline{C}_{pl} = -\frac{2}{U} g'(x) = -\frac{2}{\sqrt{M_\infty^2-1}} \frac{\mathrm{d}\eta_l}{\mathrm{d}x} \tag{12.24b}$$

可以看出，机翼表面局部压强系数与机翼当地表面斜率成正比，这与式(12.17)是一致的。利用压强系数，机翼的升力系数可计算如下

$$C_L = \frac{1}{\frac{1}{2}\rho_\infty U^2 c} \int_0^c (\overline{p}_l - \overline{p}_u)\mathrm{d}x = \frac{1}{\frac{1}{2}\rho_\infty U^2 c} \int_0^c [(\overline{p}_l - p_\infty) - (\overline{p}_u - p_\infty)]\mathrm{d}x$$

$$= \frac{1}{c} \int_0^c (\overline{C}_{pl} - \overline{C}_{pu})\mathrm{d}x$$

式中 $\overline{p}_l$ 和 $\overline{p}_u$ 分别是机翼下表面和上表面的压强，ρ_∞ 是来流的密度。把式(12.24a)和式(12.24b)代入上式，得

$$C_L = -\frac{2}{c\sqrt{M_\infty^2-1}} \int_0^c \left(\frac{\mathrm{d}\eta_l}{\mathrm{d}x} + \frac{\mathrm{d}\eta_u}{\mathrm{d}x}\right)\mathrm{d}x = -\frac{2}{c\sqrt{M_\infty^2-1}} (\eta_l + \eta_u)\Big|_0^c$$

由图 12.7，$\eta_l(c) = \eta_u(c) = 0$，$\eta_l(o) = \eta_u(0) = \alpha c$，于是

$$C_L = \frac{4\alpha}{\sqrt{M_\infty^2-1}} \tag{12.25}$$

式(12.25)表明超音速绕流的机翼升力系数只取决于来流马赫数和攻角，而与机翼的厚度和弯度无关，这与亚音速绕流时的结果截然不同。由式(4.33c)与式(12.20)可得亚音速绕流机翼升力系数为

$$C_L = \frac{2\pi}{\sqrt{1-M_\infty^2}}\left(1+0.77\,\frac{t}{c}\right)\sin\left(\alpha+2\,\frac{h}{c}\right)$$

很清楚亚音速机翼绕流升力系数 C_L 受到机翼厚度和弯度的影响。

超音速机翼的阻力系数可用类似的方法求出，式如

$$C_D = \frac{1}{\frac{1}{2}\rho_\infty U^2 c}\int_0^{ac}(\bar{p}_l-\bar{p}_u)\mathrm{d}y = \frac{1}{c}\int_0^{ac}(\bar{C}_{pl}-\bar{C}_{pu})\mathrm{d}y$$

令 $\mathrm{d}y=\dfrac{\mathrm{d}y}{\mathrm{d}x}\mathrm{d}x$，可把上述积分转换为对 x 积分。注意到机翼上下表面方程不同，上式可改写为

$$C_D = \frac{1}{c}\int_c^0\left(\bar{C}_{pl}\,\frac{\mathrm{d}\eta_l}{\mathrm{d}x}-\bar{C}_{pu}\,\frac{\mathrm{d}\eta_u}{\mathrm{d}x}\right)\mathrm{d}x$$

把压强系数的表达式(12.24a)和式(12.24b)代入上式得

$$C_D = \frac{2}{c\,\sqrt{M_\infty^2-1}}\int_0^c\left[\left(\frac{\mathrm{d}\eta_l}{\mathrm{d}x}\right)^2+\left(\frac{\mathrm{d}\eta_u}{\mathrm{d}x}\right)^2\right]\mathrm{d}x$$

请注意，在上式中积分限已由 $c\to0$ 改为从 $0\to c$。由于被积函数为正，阻力系数也取正值。为了推导 C_D 的具体表达式，需要具体写出 η_L 和 η_u 的方程。参阅图 12.7a，定义相对厚度和弯度为

$$\delta = \frac{t}{c}, \quad \varepsilon = \frac{h}{c}$$

机翼的半厚度和弯度随 x 的变化可分别表示为 $\delta c\tau(x)$ 和 $\varepsilon c\gamma(x)$（见图 12.7b），$\tau(x)$ 称半厚函数，$\gamma(x)$ 称弯度函数，其取值范围分别为

$$0\leqslant\tau(x)\leqslant\frac{1}{2}, \quad 0\leqslant\gamma(x)\leqslant1$$

机翼的上下表面可以看作是在机翼的中线（在图 12.7b 中用虚线表示）上增加或减小一个半厚度而得到，式如

$$\eta_u(x) = \alpha(c-x)+\varepsilon c\gamma(x)+\delta c\tau(x)$$
$$\eta_l(x) = \alpha(c-x)+\varepsilon c\gamma(x)-\delta c\tau(x)$$

于是

$$\frac{\mathrm{d}\eta_u}{\mathrm{d}x}=-\alpha+\varepsilon c\gamma'+\delta c\tau', \quad \frac{\mathrm{d}\eta_l}{\mathrm{d}x}=-\alpha+\varepsilon c\gamma'-\delta c\tau' \Rightarrow$$

$$\left(\frac{\mathrm{d}\eta_u}{\mathrm{d}x}\right)^2+\left(\frac{\mathrm{d}\eta_l}{\mathrm{d}x}\right)^2 = 2\alpha^2+2\varepsilon^2c^2(\gamma')^2+2\delta^2c^2(\tau')^2-4\alpha\varepsilon c\gamma'$$

以上诸式中""表示对 x 微分。把上述表达式代入 C_D 的计算式，有

$$C_D = \frac{2}{c\,\sqrt{M_\infty^2-1}}\int_0^c[2\alpha^2+2\varepsilon^2c^2(\gamma')^2+2\delta^2c^2(\tau')^2-4\alpha\varepsilon c\gamma']\mathrm{d}x$$

式中被积函数的第一项 $2\alpha^2$ 为常数,可直接积分;考虑到 $\gamma(o)=\gamma(c)=0$,最后一项积分为零。于是

$$C_D = \frac{4\alpha^2}{\sqrt{M_\infty^2-1}} + \frac{4\varepsilon^2 c}{\sqrt{M_\infty^2-1}}\int_0^c (\gamma')^2 \mathrm{d}x + \frac{4\delta^2 c}{\sqrt{M_\infty^2-1}}\int_0^c (\tau')^2 \mathrm{d}x \qquad (12.26)$$

式(12.26)表明,机翼的厚度和弯度增加阻力,为了减少超音速机翼的阻力,在结构许可的条件下,应尽可能地减小机翼厚度和弯度。

例 3　试求图示对称菱形机翼在超音速气流中的阻力系数,设来流攻角为 0。

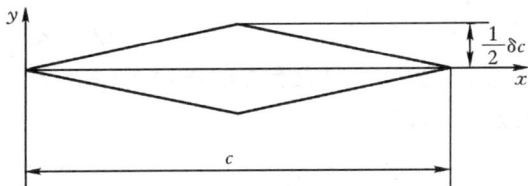

图 12.8　对称菱形机翼

解　取坐标系如图 12.8 所示,机翼上表面的方程为

$$\eta_u = \delta c\tau(x) = \begin{cases} \delta cx/c, & 0 \leqslant x < c/2 \\ \delta c(1-x/c), & c/2 \leqslant x \leqslant c \end{cases}$$

于是半厚度函数及其导数为

$$\tau(x) = \begin{cases} x/c, & 0 \leqslant x < c/2 \\ 1-x/c, & c/2 \leqslant x \leqslant c \end{cases} \Rightarrow \tau'(x) = \pm\frac{1}{c}$$

依据题意,气流攻角 $\alpha=0$,厚度函数 $\gamma(x)=0$。由式(12.26)有

$$C_D = \frac{4\delta^2 c}{\sqrt{M_\infty^2-1}}\int_0^c (\tau')^2 \mathrm{d}x$$

$$= \frac{4\delta^2 c}{\sqrt{M_\infty^2-1}}\frac{1}{c^2}\int_0^c \mathrm{d}x = \frac{4\delta^2}{\sqrt{M_\infty^2-1}}$$

如果来流攻角 α 不为零,则只需给上式增加一项,便可得到所求阻力系数,

$$C_D = \frac{4\alpha^2}{\sqrt{M_\infty^2-1}} + \frac{4\delta^2}{\sqrt{M_\infty^2-1}}$$

解毕。

12.6　斜激波

在实际的超音速流动中,激波可能不垂直于气流方向。如图 12.9a 所示,超音速气流流经一个楔形体,如果尖楔的顶角足够小,在其头部就会形成附体激波,气流与激波斜交,穿过激波后气流向激波方向折转一个角度,然后沿与固壁平行的方向流动。超音速气流绕流有小折角的平壁面时也会在转折处产生斜激波(见图12.9b)。称这种与气流方向不垂直的平面激波为斜激波。

设激波前气流速度为 u_1，激波与来流夹角为 β，波后速度为 u_2，气流转角为 θ（见图 12.9c）。分别将 u_1 和 u_2 分解为垂直与平行于激波的分量 u_{1n}、u_{1t} 和 u_{2n}、u_{2t}。根据质量守恒有

$$\rho_1 u_{1n} = \rho_2 u_{2n} \tag{12.27a}$$

考虑到沿激波切向没有力的作用，切向的动量方程可写为

$$\rho_1 u_{1n} u_{1t} = \rho_2 u_{2n} u_{2t} \tag{12.27b}$$

由上述两式可得

$$u_{1t} = u_{2t} \tag{12.27c}$$

可见在斜激波上，切向速度连续。取运动坐标系以速度 u_{1t} 沿激波运动，则相对于运动坐标系激波前的速度将垂直于激波，正激波的有关关系式对于这一运动参考系将是适用的。激波前的马赫数为

$$M_{1n} = \frac{u_{1n}}{a_1} = M_1 \sin\beta$$

由正激波关系式（11.27b）、（11.27c）和式（11.27d），可得

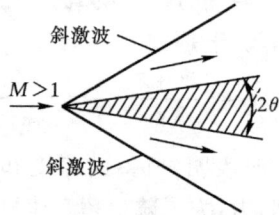

(a)超音速气流流过楔形体

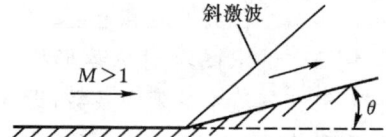

(b)超音速气流流过有小折角的平壁

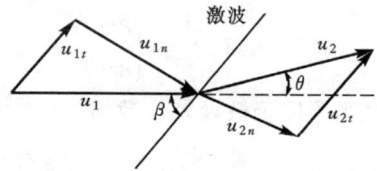

(c)斜激波前后的速度关系

图 12.9　斜激波前后气流的几何关系

$$\frac{\rho_2}{\rho_1} = \frac{(\gamma+1)M_1^2\sin^2\beta}{(\gamma-1)M_1^2\sin^2\beta+2} \tag{12.28a}$$

$$\frac{p_2}{p_1} = 1 + \frac{2\gamma}{\gamma+1}(M_1^2\sin^2\beta-1) \tag{12.28b}$$

$$\frac{T_2}{T_1} = \frac{[2\gamma M_1^2\sin^2\beta-(\gamma-1)][(\gamma-1)M_1^2\sin^2\beta+2]}{(\gamma-1)^2 M_1^2\sin^2\beta} \tag{12.28c}$$

激波前后马赫数的关系，可由式（11.27a）求得，考虑到 $M_{2n}=M_2\sin(\beta-\theta)$，则

$$M_2^2\sin^2(\beta-\theta) = \frac{1+\dfrac{\gamma-1}{2}M_1^2\sin^2\beta}{\gamma M_1^2\sin^2\beta-\dfrac{\gamma-1}{2}} \tag{12.28d}$$

激波倾角 β 和波后气流偏转角 θ 的关系可推导如下：

$$\text{tg}\beta = \frac{u_{1n}}{u_{1t}}, \quad \text{tg}(\beta-\theta) = \frac{u_{2n}}{u_{2t}}$$

考虑到 $u_{1t}=u_{2t}$ 和式（12.27a）有

$$\frac{\mathrm{tg}(\beta-\theta)}{\mathrm{tg}\beta} = \frac{u_{2n}}{u_{1n}} = \frac{\rho_1}{\rho_2}$$

由式(12.28a)和上式,则有

$$\frac{\mathrm{tg}(\beta-\theta)}{\mathrm{tg}\beta} = \frac{(\gamma-1)M_1^2\sin^2\beta+2}{(\gamma+1)M_1^2\sin^2\beta}$$

整理上式

$$\mathrm{tg}\theta = \frac{2\mathrm{ctg}\beta(M_1^2\sin^2\beta-1)}{(\gamma+1)M_1^2-2(M_1^2\sin^2\beta-1)} \tag{12.28e}$$

式(12.28a)至(12.28e)给出了斜激波前后物理量之间的关系。与正激波不同,若仅知道斜激波前的物理量还不能确定波后物理量,因为激波倾角 β 不能由波前物理量来确定,尚需补充一个波后条件,通常是给定气流偏转角 θ 或波后压强 p_2。

由正激波的性质 $M_1\sin\beta>1$,即激波前沿法向的流动是超音速流动,式如

$$\beta \geqslant \arcsin\frac{1}{M_1} = \mu_1$$

$\beta=\mu_1$ 的斜激波线就是马赫线;当斜激波变为正激波时,β 取最大值为 $\pi/2$。因此给定来流马赫数 M_1,斜激波倾角范围为

$$\arcsin\frac{1}{M_1} \leqslant \beta \leqslant \frac{\pi}{2}$$

马赫线是微弱扰动波的传播轨迹,马赫线两侧的压强比和密度比都为1。在给定来流马赫数的条件下,正激波两侧的压强比和密度比最大。据此可把斜激波划分为强激波和弱激波,当 β 接近 $\frac{\pi}{2}$ 时称强激波,当 β 接近马赫角 μ_1 时称弱激波。

图 12.10 给出了式(12.28e)表示的 $\beta-\theta$ 曲线。对应于每一个给定的 M_1 值有一个最大的气流偏转角 θ_{max}。当 $\theta<\theta_{max}$ 时,同一个 θ 值对应两个可能的激波倾角 β,其中较大的 β 值对应的是强激波,较小的 β 值对应的是弱激波。$\theta=\theta_{max}$ 曲线(虚线)把图分为两部分,右边是强激波区,左边是弱激波区,可以看出与强激波对应的波后流动为亚音速,$M_2<1$;

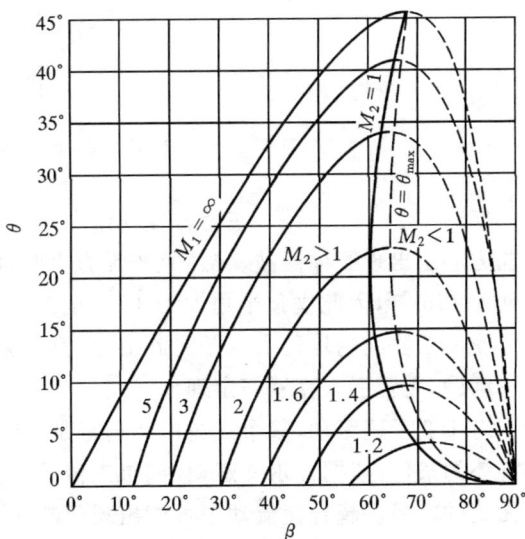

图 12.10　斜激波的 β 与 θ 的关系

在弱激波的情形下,除了在 $M_2=1$ 曲线(实线)和 $\theta=\theta_{max}$ 曲线之间的小区域外,波后流动仍为超音速,$M_2>1$。通常斜激波后为超音速流的弱解。

当 $\theta=0$,$\beta=\arcsin \dfrac{1}{M_1}$ 或 $\beta=\dfrac{\pi}{2}$。这也可由式(12.28e)推出。$\theta=0$ 时,$\mathrm{tg}\theta=0$,

由(12.28e)式知或者 $\mathrm{ctg}\beta=0$,或者 $M_1^2\sin^2\beta-1=0$,即 $\beta=\dfrac{\pi}{2}$ 或 $\beta=\arcsin\dfrac{1}{M_1}$。

最后介绍一下脱体激波的概念。如图 12.11a 所示,在超音速气流中存在一楔形体。当楔顶半角 $\theta<\theta_{max}$,在楔的顶部会形成附体斜激波,激波后仍为超音速流动。当楔顶半角 $\theta>\theta_{max}$ 时,激波就不再可能附着在楔尖,而是在离楔尖一定距离处形成一条曲线激波,称脱体激波(见图 12.11b、c)。在脱体激波的中心流线上是正激波,在中心流线及其附近的流线上,波后为亚音速流动;再向外,脱体激波的强度逐渐变弱,激波线的倾角逐渐变小,直至趋近于马赫角。故脱体激波是非等强度激波。对于一定的来流马赫数,在脱体激波的不同位置上气流物理量的变化是不一样的,沿着脱体激波气流物理量的变化包括了斜激波解的整个范围。

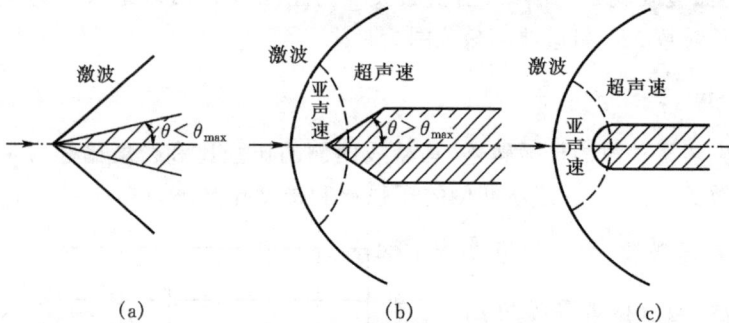

图 12.11　脱体激波

如图 12.11b、c 所示,在超音速气流中对于钝头体,不论来流马赫数为多少,在其前方必定出现脱体激波。M_1 趋于无穷大时,对于 $\gamma=1.4$ 的气体,最大气体偏转角 $\theta_{max}=45.4°$,因此楔顶半角大于 45.5° 时就不再可能出现附体激波。

脱体激波前的均匀来流是无旋流动,激波后是否仍为无旋流场呢?为了回答这一问题,需要引入克罗柯定理。

对于亚音速流动,整个流场中物理量是连续的,如果满足理想正压流体和质量力有势的条件,依据开尔文定理,如果来流是无旋的,那么绕流物体的流动也一定是无旋的。但在超音速流动中可能出现间断面,在间断面上开尔文定理不再适用,因此需寻求新的判断准则。

引用矢量恒等式 $(\boldsymbol{u} \cdot \nabla)\boldsymbol{u} = \nabla\left(\dfrac{1}{2}\boldsymbol{u} \cdot \boldsymbol{u}\right) - \boldsymbol{u} \times (\nabla \times \boldsymbol{u})$（见附录 A），方程 (Ⅳ.2) 可写为

$$\frac{\partial \boldsymbol{u}}{\partial t} + \nabla\left(\frac{1}{2}\boldsymbol{u} \cdot \boldsymbol{u}\right) - \boldsymbol{u} \times \boldsymbol{\Omega} = -\frac{\nabla p}{\rho}$$

在上式中已经忽略了质量力的影响。对于定常流动，上式可进一步简化为

$$\boldsymbol{u} \times \boldsymbol{\Omega} = \frac{\nabla p}{\rho} + \nabla\left(\frac{1}{2}\boldsymbol{u} \cdot \boldsymbol{u}\right) \tag{12.29}$$

引用热力学公式，有

$$T\nabla s = \nabla e + p\nabla\left(\frac{1}{\rho}\right) = \nabla h - \frac{\nabla p}{\rho}$$

将上式代入 (12.29) 式，则

$$\boldsymbol{u} \times \boldsymbol{\Omega} = \nabla h_0 - T\nabla s \tag{12.30a}$$

上式中 $h_0 = h + \dfrac{1}{2}\boldsymbol{u} \cdot \boldsymbol{u}$，为滞止焓。上式称克罗柯方程，它的成立条件是理想流体，定常流动，质量力可略去不计。如果来流是均匀的，滞止焓 h_0 沿每一条流线都为常数，且在流场中处处相等，于是在该区域 $h_0 = \text{const.}$ 。在绝热流动的假设下，理想气体质点通过激波时，h_0 的值保持不变，于是在整流中有 $h_0 = \text{const.}$，$\nabla h_0 = 0$，是为均能流动，式 (12.30a) 可简化为

$$\boldsymbol{u} \times \boldsymbol{\Omega} = -T\nabla s \tag{12.30b}$$

对于平面流动和轴对称流动，矢量 $\boldsymbol{u} \times \boldsymbol{\Omega}$ 和 ∇s 都垂直于流线，且 $\boldsymbol{u} \perp \boldsymbol{\Omega}$，上式可写成标量方程

$$U\Omega + T\frac{\mathrm{d}s}{\mathrm{d}n} = 0 \tag{12.30c}$$

式 (12.30c) 中，U 和 Ω 分别是矢量 $\boldsymbol{u}$ 和 $\boldsymbol{\Omega}$ 的模，n 方向垂直于流线。由上式可知如果 s 等于常数，则 Ω 必为零；如果 Ω 等于零，则 $\dfrac{\mathrm{d}s}{\mathrm{d}n} = 0$，于是 s 为常数。即均熵流动一定是无旋的，无旋流动一定是均熵的。

　　激波前的均匀来流是无旋的，依据式 (12.30c)，流动也必然是均熵的。气流通过激波的过程是熵增过程，熵增量 Δs 与来流和激波面的夹角，即与激波强度有关。正激波是等强度激波，通过激波平面各处的熵增是相同的，因此激波后的流动仍然是均熵的，由式 (12.30c)，流动仍将保持无旋。脱体激波是非等强度激波，沿激波各处的熵增也不相同，因此波后流动不再保持均熵，由式 (12.30c)，波后流场一定是有旋的。但如果激波强度不大，则波后流场中的涡量也是不大的。

　　例 4　如图 12.12 所示，超音速气流沿着 ABC 壁面流动，在转折点 B 处产生斜激波。来流的马赫数为 2.0，压强为 101.3 kPa，温度为 290.0 K，$\gamma = 1.4$。试求

通过斜激波后的马赫数、压强、温度和速
度。

　　解　首先利用式(12.28e),从 $M_1 =$
2.0和气流偏转角 $\theta = 5°$,迭代求出激波
倾角 β,

　　　$\beta = 34.30°$

β 角也可以通过图 12.10 的线图得出。

然后由式(12.28d)、(12.28b)、(12.28c)分别求出,

　　　$M_2 = 1.821$,　$p_2/p_1 = 1.315$,　$T_2/T_1 = 1.082$

最后求得斜激波后的压强和温度为

　　　$p_2 = 133.2 \text{ kPa}$,　$T_2 = 313.9 \text{ K}$

气流速度为

　　　$u_2 = a_2 M_2 = \sqrt{\gamma R T_2} M_2 = \sqrt{1.4 \times 287 \times 313.9} \times 1.821 = 646.8 \text{ m/s}$

解毕。

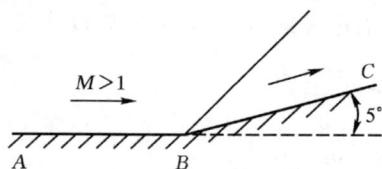

图 12.12　超音速气流绕凹角的偏转流动

12.7　普朗持-迈耶流动

　　由上节讨论知超音速气流经内折角时,气体发生压缩性偏转产生斜激波。超
音速气流绕凸角流动时,将会出现什么现象
呢?在 12.6 节曾指出,当激波偏转角 θ 很
小时,激波倾角 β 接近或等于马赫角 μ,斜激
波蜕化为马赫波。用弱斜激波公式(12.17)
来估算超音速气流绕小外折角的平面流动,
由于气流偏转角为负值,波后的压强小于波
前压强,即绕凸角的流动过程是膨胀过程。
由于绝热膨胀过程中不会出现激波那样的
间断面,超音速气流绕凸角的流动是连续等
熵流动。

　　在图 12.13a 中,马赫数为 M_1 的超音速
气流先平行于水平面流动,遇到凸角后,为
满足边界条件,速度矢量会偏转与凸角同样
的角度,然后再与倾斜面平行流动。实际的
膨胀过程是连续的,在图中以一系列的弱膨
胀波来表示,称膨胀扇。此种流动称为普朗

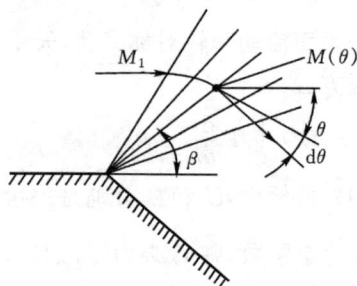

(a)普朗持-迈耶扇

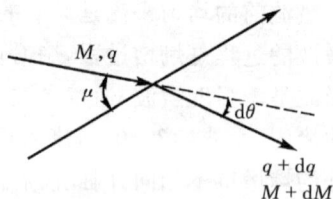

(b)穿过马赫线的速度变化

图 12.13　普朗持-迈耶流动

特–迈耶流动。

在膨胀扇内任取一点,在该点速度矢量相对初始流动方向的偏转角为 θ。图 12.13b 示出通过该点的一条马赫线前后的流动示意图,气流经过马赫线后偏转了微元角 $\mathrm{d}\theta$(在以下计算中为方便计取顺时针旋转为正),波前速度大小和马赫数分别为 q 和 M,波后为 $q+\mathrm{d}q$ 和 $M+\mathrm{d}M$,μ 是马赫角。由于沿膨胀波方向没有力的作用,马赫线前后速度的切向分量相等,则

$$q\cos\mu = (q+\mathrm{d}q)\cos(\mu+\mathrm{d}\theta) \approx (q+\mathrm{d}q)(\cos\mu - \mathrm{d}\theta\sin\mu)$$
$$\approx q\cos\mu + \mathrm{d}q\cos\mu - \mathrm{d}\theta q\sin\mu$$

在上式推导过程中考虑到了 $\mathrm{d}\theta$ 和 $\mathrm{d}q$ 均是微量,$\sin\mathrm{d}\theta\approx\mathrm{d}\theta$,$\cos\mathrm{d}\theta\approx1$,并忽略 $\mathrm{d}q\mathrm{d}\theta$ 乘积项。整理上式

$$\mathrm{d}\theta = \frac{\mathrm{d}q}{q}\frac{1}{\mathrm{tg}\mu}$$

已知马赫角 μ 与 M 间有关系式 $\mathrm{tg}\mu = \dfrac{1}{\sqrt{M^2-1}}$,于是

$$\mathrm{d}\theta = \sqrt{M^2-1}\frac{\mathrm{d}q}{q} \tag{12.31}$$

为了便于积分上式需以 M 表示 q,引用马赫数的定义,$q=aM$　$\Rightarrow$

$$\frac{\mathrm{d}q}{q} = \frac{\mathrm{d}a}{a} + \frac{\mathrm{d}M}{M} \tag{12.32}$$

为消去 a 引用能量方程,$\dfrac{1}{2}q^2 + \dfrac{a^2}{\gamma-1} = \dfrac{a_0^2}{\gamma-1}$,两边同乘以 $(\gamma-1)/a^2$,

$$\frac{a_0^2}{a^2} = 1+\frac{\gamma-1}{2}M^2 \quad \Rightarrow \quad a^2 = \frac{a_0^2}{1+\dfrac{\gamma-1}{2}M^2}$$

微分上式

$$2a\,\mathrm{d}a = \frac{-a_0^2(\gamma-1)M\mathrm{d}M}{\left\{1+\dfrac{\gamma-1}{2}M^2\right\}^2}$$

考虑到等熵关系式 $\dfrac{a_0^2}{a^2} = 1+\dfrac{\gamma-1}{2}M^2$,上式可写为

$$\frac{\mathrm{d}a}{a} = -\frac{(\gamma-1)M\mathrm{d}M}{2\left[1+\dfrac{\gamma-1}{2}M^2\right]}$$

将上式代入式(12.32)有

$$\frac{\mathrm{d}q}{q} = \frac{1}{1+[(\gamma-1)/2]M^2}\frac{\mathrm{d}M}{M}$$

将上式代入式(12.31)有

$$\mathrm{d}\theta = \frac{\sqrt{M^2-1}}{1+[(\gamma-1)/2]M^2}\frac{\mathrm{d}M}{M}$$

积分上式

$$\theta = \nu(M) - \nu(M_1) \tag{12.33a}$$

式中

$$\nu(M) = \sqrt{\frac{\gamma+1}{\gamma-1}}\mathrm{arctg}\sqrt{\frac{\gamma-1}{\gamma+1}(M^2-1)} - \mathrm{arctg}\sqrt{M^2-1} \tag{12.33b}$$

式(12.33b)定义了所谓的普朗特-迈耶函数,以 $\nu(M)$ 来表示,此关系式已作成图表,可在普通的空气动力学或流动力学书籍中查到。由式(12.33a),当 $M=M_1$ 时 $\theta=0$;当 $M>M_1$ 时,式(12.33a)是 M 的单值递增函数。请注意,当 $M_1=1$ 时, $\nu(M_1)=0$,如果流动从 $M_1=1$ 开始,则当 M 趋于无穷大时, θ 取最大值,即

$$\theta_{\max} = \frac{\pi}{2}\left(\sqrt{\frac{\gamma+1}{\gamma-1}}-1\right)$$

如 $\gamma=1.4$, $\theta_{\max}=130.5°$。

例5　如图 12.14 所示,超音速气流沿着 ABC 壁面流动,在转折点处产生膨胀波。来流的马赫数 $M_1=1.821$,压强 $p_1=133.2$ kPa,温度 $T_1=313.9$ K, $\gamma=1.4$。求通过膨胀波后的 M_2, p_2, T_2 和 u_2。

解　因为 $M_1=1.821$,依据式(12.33b)有

$$\nu(M_1) = \nu(1.821) = 21.2°$$

又因为 $\theta=10°$,依据式(12.33a)有

$$\nu(M_2) = 10° + 21.2° = 31.2°$$

再利用式(12.33b)作迭代计算求出对应于转折
角 31.2° 的马赫数,

$$M_2 = 2.181$$

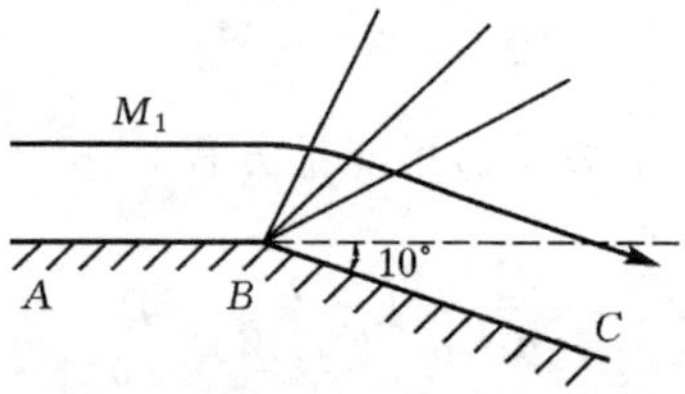

图 12.14　超音速气流绕凸角
的偏转流动

利用等熵关系式,有

$$\frac{T_2}{T_1} = \frac{1+\dfrac{\gamma-1}{2}M_1^2}{1+\dfrac{\gamma-1}{2}M_2^2} = \frac{1+0.2\times1.821^2}{1+0.2\times2.181^2} = 0.852 \quad \Rightarrow$$

$$T_2 = 0.852 \times 313.9 = 267 \text{ (K)}$$

$$\frac{p_2}{p_1} = \left(\frac{T_2}{T_1}\right)^{\frac{\gamma}{\gamma-1}} = 0.852^{3.5} = 0.571 \quad \Rightarrow$$

$$p_2 = 0.571 \times 133.2 = 76.1 \text{ (kPa)}$$

$$u_2 = \sqrt{\gamma R T_2}M_2 = \sqrt{1.4\times287\times267}\times2.181 = 714 \text{ (m/s)}$$

解毕。

例 6　用斜激波、膨胀波理论求马赫数为 2 的超音速气流以零攻角绕流对称菱形机翼的阻力系数,机翼的弦长为 c,最大厚度为 t。气流绝热指数 $\gamma=1.4$。

解　如图 12.15 所示,在 A 点相当于超音速气流流过有内折角的平壁,于是会产生两道斜激波;在 B、D 点则相当于流过有凸角的平面,因此会产生两束膨胀波;在尾部 E 产生两道斜激波,机翼上下表面的气流经过尾部激波后相遇,沿与来流一致的方向向下游流去。机翼上下表面的流动参数是对称的,只需考虑上表面的流动即可。由例 4 知道头部激波的倾角为

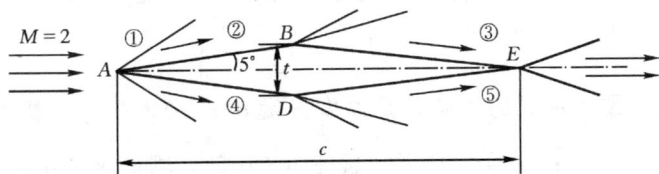

图 12.15　对称菱形机翼的超音速绕流

$$\beta_{12} = 34.3°$$

斜激波后有

$$M_2 = 1.821, \quad p_2/p_1 = 1.315$$

由例 5 知,在点膨胀波后有

$$M_3 = 2.181, \quad p_3/p_2 = 0.571$$

$$p_3 = 0.571 p_2 = 0.571 \times 1.315 p_1 = 0.751 p_1$$

考虑到机翼上下表面流动参数对称,阻力可计算如下,

$$F_D = 2(p_2 - p_3)\frac{c}{2}\mathrm{tg}5° = 2 \times (1.315 - 0.751)p_1 \frac{c}{2}\mathrm{tg}5° = 0.564 c p_1 \mathrm{tg}5°$$

$$C_D = \frac{F_D}{\frac{1}{2}\rho_1 U^2 c} = \frac{0.564 c p_1 \mathrm{tg}5°}{\frac{1}{2}\rho_1 U^2 c} = \frac{1.128 \mathrm{tg}5°}{\gamma M_1^2} = \frac{1.128 \times \mathrm{tg}5°}{1.4 \times 2^2} = 0.017\,6$$

在上式中应用了 $\gamma p_1/\rho_1 = a_1^2$,$U/a_1 = M_1$。例 3 依据线性理论求得的阻力系数为

$$C_D = \frac{4\delta^2}{\sqrt{M_1^2 - 1}}$$

式中 $\delta = t/c = 2\frac{c}{2}\mathrm{tg}5°/c = \mathrm{tg}5°$,代入上式得

$$C_D = \frac{4 \times \mathrm{tg}^2 5°}{\sqrt{2^2 - 1}} = 0.017\,7$$

两种方法计算得到的阻力系数非常接近。

练习题

12.1　定义流函数如下：

$$\rho u = \rho_0 \frac{\partial \psi}{\partial y}, \quad \rho v = \rho_0 = \frac{\partial \psi}{\partial x}$$

式中 ρ_0 是一个参考密度值，为常数。证明上述流函数满足可压缩流体的定常平面流动的连续方程，而且对于无旋流动，上述流函数满足下述方程，

$$\left(1 - \frac{u^2}{a^2}\right)\frac{\partial^2 \psi}{\partial x^2} - 2\frac{uv}{a^2}\frac{\partial^2 \psi}{\partial x \partial y} - \left(1 - \frac{v^2}{a^2}\right)\frac{\partial^2 \psi}{\partial y^2} = 0$$

12.2　设上题中定义的流函数是速度矢量 $\boldsymbol{u}(u,v)$ 的模 q 和幅角 θ 的函数，$\psi = \psi(q,\theta)$，$q = \sqrt{u^2+v^2}$，$\theta = \mathrm{arctg}\,\dfrac{v}{u}$。试证明流函数 ψ 满足微分方程

$$q^2 \frac{\partial^2 \psi}{\partial q^2} + q(1+M^2)\frac{\partial \psi}{\partial q} + (1-M^2)\frac{\partial^2 \psi}{\partial \theta^2} = 0$$

式中 $M = q/a$，a 为音速。

12.3　利用小扰动理论给出的压强系数的表达式是 $C_p = -2u'/U$，试推导 C_p 包含二阶无穷小量的表达式。

12.4　由于制造误差，飞机机翼上存在一个长 40 mm，比周围高出 $\varepsilon = 2$ mm 的小鼓包。试估算在当地马赫数为 0.7 时小鼓包表面的最大马赫数。如果在小鼓包的最高点上开静压孔测量机翼表面静压，试估算由于小鼓包的存在造成的测量误差。

12.5　在低速风洞中，攻角为 α 时测得某翼型的升力系数为 0.8，试求 $M_\infty = 0.6$ 时相同翼型、攻角仍为 α 时的升力系数。

12.6　如题 12.6 图所示，一个由两段圆弧组成的机翼的半厚度函数为

$$\tau(x) = \frac{1}{\delta c}\eta(x)$$

机翼上表面的方程为

$$(\eta + a)^2 + (x - \frac{c}{2})^2 = (a + \frac{1}{2}\delta c)^2$$

试利用埃克特理论求上述双圆弧机翼在零攻角条件下的阻力系数。

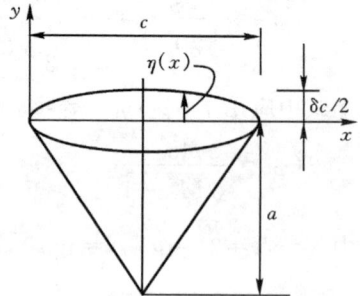

题 12.6 图

12.7　求题 12.7 图所示二维双楔翼型的阻力系数，来流攻角为 α，马赫数为 M_∞。

12.8　为了求得超音速风洞中均匀空气流的马赫数,放置一个顶角为 $28°$ 的尖楔形探头,在气流方向与楔形探头轴线方向一致的情况下测得的楔形尖端所产生的斜激波角为 $46.0°$。求来流马赫数是多少。

12.9　如题 12.9 图所示,沿固体壁面 $ABCD$ 有定常超音速空气流,B 和 C 点处的转折角分别为 $6°$ 和 $10°$,在 B 点和 C 点将分别产生膨胀波和斜激波。已知区域 3 中的马赫数和压强分别为 1.622 和 $140×10^3$ Pa。问区域 1 的马赫数和压强各为多少。

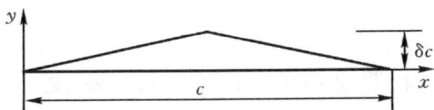 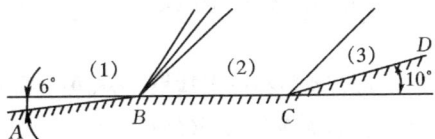

题 12.7 图　　　　　　　　　　　　题 12.9 图

12.10　题 12.7 中如果 $M_\infty=2$,楔角等于 $10°$(见题 12.10 图),试利用激波-膨胀波理论计算机翼各个区域的压强分布,然后计算翼型的阻力系数,并与上题小扰动理论结果对比。

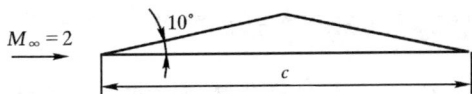 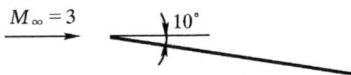

题 12.10 图　　　　　　　　　　　　题 12.11 图

12.11　计算题 12.11 图所示平板翼型的升力和阻力系数,并与小扰动理论结果对比。来流马赫数 $M_\infty=3$,攻角为 $10°$。

12.12　等音速流动绕流任意角度的折角时(见题 12.12 图),试证明其流线表达式为

$$\frac{R}{R^*}=\left[\cos\sqrt{\frac{\gamma-1}{\gamma+1}}\omega\right]^{\frac{\gamma+1}{\gamma-1}}$$

式中 R 为流线的径向坐标,R^* 为 $M=1$ 时的 R,ω 为 R^* 和 R 之间的夹角。

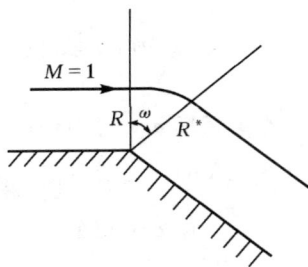

题 12.12 图

附录 A 矢量分析和场论

A.1 标量场的梯度

在标量场 $\phi(\boldsymbol{r}, t)$ 中任取一点 M，过 M 点作曲线 s，在 s 上取另一点 M'，若

$$\lim_{MM' \to 0} \frac{\phi(M') - \phi(M)}{MM'}$$

存在，则称该极限值为标量场 ϕ 在 M 点沿 s 方向的变化率。在过 M 点所有可能的方向中存在一个 ϕ 的变化率最大的方向。定义梯度是这样一个矢量，它的方向为 ϕ 变化率最大的方向，而其大小则为这个最大变化率的数值。梯度是标量场不均匀性的量度，通常以 $\mathrm{grad}\phi$ 表示。在直角坐标系中

$$\mathrm{grad}\phi = \frac{\partial \phi}{\partial x}\boldsymbol{i} + \frac{\partial \phi}{\partial y}\boldsymbol{j} + \frac{\partial \phi}{\partial z}\boldsymbol{k} = \left(\boldsymbol{i}\frac{\partial}{\partial x} + \boldsymbol{j}\frac{\partial}{\partial y} + \boldsymbol{k}\frac{\partial}{\partial z}\right)\phi = \nabla\phi$$

式中 $\nabla = \boldsymbol{i}\dfrac{\partial}{\partial x} + \boldsymbol{j}\dfrac{\partial}{\partial y} + \boldsymbol{k}\dfrac{\partial}{\partial z}$，称哈密顿算子，它具有矢量和微分的双重运算性质。由上式可见 ϕ 的梯度可表示为 ∇ 作用于 ϕ。

A.2 矢量场的散度

在矢量场 $\boldsymbol{a}(\boldsymbol{r}, t)$ 中任取一点 M，包围 M 点作一微元体积 $\Delta\tau$，其表面积为 ΔA，设 $\boldsymbol{n}$ 为 ΔA 的外法线单位矢量，若极限

$$\lim_{\Delta\tau \to 0} \frac{\oint_{\Delta A} \boldsymbol{a} \cdot \boldsymbol{n}\mathrm{d}A}{\Delta\tau}$$

存在，则称该极限值为矢量场 $\boldsymbol{a}$ 在 M 点处的散度，记为 $\mathrm{div}\boldsymbol{a}$。在直角坐标系中

$$\mathrm{div}\boldsymbol{a} = \frac{\partial a_x}{\partial x} + \frac{\partial a_y}{\partial y} + \frac{\partial a_z}{\partial z} = \nabla \cdot \boldsymbol{a}$$

由上式可见 $\boldsymbol{a}$ 的散度也可以表示为哈密顿算子 $\nabla = \boldsymbol{i}\dfrac{\partial}{\partial x} + \boldsymbol{j}\dfrac{\partial}{\partial y} + \boldsymbol{k}\dfrac{\partial}{\partial z}$ 与矢量 $\boldsymbol{a} = a_x\boldsymbol{i} + a_y\boldsymbol{j} + a_z\boldsymbol{k}$ 作点乘运算的结果。矢量 $\boldsymbol{a}$ 的散度是一个标量。

A.3　矢量场的旋度

在矢量场 $a(r,t)$ 中任取一点 M，过 M 点作一微元面积 ΔA，其边界线为 Δl，微元面积的法线方向为 n。若极限，

$$\lim_{\Delta A \to 0} \frac{\oint_{\Delta l} a \cdot dr}{\Delta A}$$

存在，则称该极限为矢量 a 在 M 点处沿 n 方向的环量面密度。在过 M 点的所有方向中存在一个环量面密度最大的方向。定义旋度是这样一个矢量，它的方向是环量面密度最大的方向，其大小为这个最大环量面密度的值，记为 $\mathrm{rot}a$ 或 $\mathrm{curl}a$。在直角坐标系中

$$\mathrm{rot}a = \begin{vmatrix} i & j & k \\ \dfrac{\partial}{\partial x} & \dfrac{\partial}{\partial y} & \dfrac{\partial}{\partial z} \\ a_x & a_y & a_z \end{vmatrix} = \nabla \times a$$

由上式可见 a 的旋度可以表示为哈密顿算子 $\nabla = i \dfrac{\partial}{\partial x} + j \dfrac{\partial}{\partial y} + k \dfrac{\partial}{\partial z}$ 与矢量 $a = a_x i + a_y j + a_z k$ 作叉乘运算的结果。

A.4　矢量恒等式

在下列公式中，ϕ 是任意标量，a、b、c 和 d 是任意矢量。

$a \cdot b = b \cdot a$

$a \times b = -b \times a$

$a \cdot (b \times c) = (a \times b) \cdot c = c \cdot (a \times b) = (c \times a) \cdot b$

$a \times (b \times c) = (a \cdot c)b - (a \cdot b)c$

$(a \times b) \cdot (c \times d) = (a \cdot c)(b \cdot d) - (b \cdot c)(a \cdot d)$

$\nabla \times \nabla \phi = 0$

$\nabla \cdot (\phi a) = \phi \nabla \cdot a + a \cdot \nabla \phi$

$\nabla \times (\phi a) = \nabla \phi \times a + \phi (\nabla \times a)$

$\nabla \cdot (\nabla \times a) = 0$

$(a \cdot \nabla)a = \dfrac{1}{2} \nabla (a \cdot a) - a \times (\nabla \times a)$

$$\nabla \times (\nabla \times \boldsymbol{a}) = \nabla (\nabla \cdot \boldsymbol{a}) - \nabla^2 \boldsymbol{a}$$

$$\nabla \times (\boldsymbol{a} \times \boldsymbol{b}) = \boldsymbol{a}(\nabla \cdot \boldsymbol{b}) - \boldsymbol{b}(\nabla \cdot \boldsymbol{a}) - (\boldsymbol{a} \cdot \nabla)\boldsymbol{b} + (\boldsymbol{b} \cdot \nabla)\boldsymbol{a}$$

$$\nabla \cdot (\boldsymbol{a} \times \boldsymbol{b}) = \boldsymbol{b} \cdot (\nabla \times \boldsymbol{a}) - \boldsymbol{a} \cdot (\nabla \times \boldsymbol{b})$$

A.5 高斯公式

高斯公式把体积分和面积分联系起来。在下列公式中，τ 为一由封闭面积 A 包围的体积，A 的外法线方向为 $\boldsymbol{n}$，ϕ 是任意标量，$\boldsymbol{a}$ 和 $\boldsymbol{b}$ 是任意矢量，则

$$\int_{\tau} \nabla \cdot \boldsymbol{a} \mathrm{d}\tau = \oint_A \boldsymbol{n} \cdot \boldsymbol{a} \mathrm{d}A$$

推广的高斯公式可以写为

$$\int_{\tau} \nabla \phi \mathrm{d}\tau = \oint_A \boldsymbol{n}\phi \mathrm{d}A$$

$$\int_{\tau} \nabla \times \boldsymbol{a} \mathrm{d}\tau = \oint_A \boldsymbol{n} \times \boldsymbol{a} \mathrm{d}A$$

$$\int_{\tau} (\boldsymbol{b} \cdot \nabla)\boldsymbol{a} \mathrm{d}\tau = \oint_A (\boldsymbol{b} \cdot \boldsymbol{n})\boldsymbol{a} \mathrm{d}A$$

$$\int_{\tau} (\nabla \cdot \nabla)\phi \mathrm{d}\tau = \oint_A \boldsymbol{n} \cdot \nabla \phi \mathrm{d}A$$

以上公式中只要把体积分中的哈密顿算子 ∇ 置换为法线单位矢量 $\boldsymbol{n}$，就可得到面积分的被积函数。

附录 B 笛卡尔张量

B.1 指标表示法和求和约定

在张量表示法中通常将直角坐标系的三个坐标方向分别记做 1、2、3，x、y、z 分别计作 x_1、x_2、x_3，矢量 $\boldsymbol{a}$ 的三个分量 a_x、a_y、a_z 分别计作 a_1、a_2、a_3，而三个单位矢量 $\boldsymbol{i}$、$\boldsymbol{j}$、$\boldsymbol{k}$ 分别计作 $\boldsymbol{e}_1$、$\boldsymbol{e}_2$、$\boldsymbol{e}_3$，等等。于是矢量 $\boldsymbol{a}$ 可表示为

$$\boldsymbol{a} = a_x\boldsymbol{i} + a_y\boldsymbol{j} + a_z\boldsymbol{k} = a_1\boldsymbol{e}_1 + a_2\boldsymbol{e}_2 + a_3\boldsymbol{e}_3$$

为简化书写，约定在同一项中如有两个指标相同时，就表示对该指标从 1 到 3 求和。利用上述约定，矢量 $\boldsymbol{a}$ 可表示为

$$\boldsymbol{a} = a_i\boldsymbol{e}_i$$

又如，

$$a_i b_i = a_1 b_1 + a_2 b_2 + a_3 b_3$$

$$\tau_{ji} n_j = \tau_{1i} n_1 + \tau_{2i} n_2 + \tau_{3i} n_3$$

在方程同一项中出现两次的指标称为哑指标，由于哑指标在作求和运算后就消失了，因此改变哑指标的字母并不改变表达式的内容。在张量运算中，善于利用这一性质，将会带来很大便利。在方程同一项中只出现一次的指标称自由指标，在同一方程的所有项中出现的自由指标必需相同，即

$$t_i = \tau_{ji} n_j$$

$$a_{ij} = b_{ik} c_{kj} + d_{ijl} n_l$$

为了避免混淆，求和约定要求在方程同一项中同一指标出现的次数不能多于 2。

B.2 标量、矢量和张量

流体力学中遇到的各种物理量，以其维数可划分标量、矢量和张量。标量是一维的量，它只需 1 个数来表示，流体的温度、密度、能量等均是标量。

矢量则不仅有数量的大小，而且有指定的方向，通常矢量用它沿某一空间坐标系坐标轴方向的 3 个分量及相应单位矢量(称为基矢量)的线性组合来表示，比如空间一点的位置矢量可写为

$$r = x_i e_i$$

三维空间中的二阶张量由 9 个分量组成,例如一点的应力、应变率等都是二阶张量。可以把一个二阶张量看作 2 个张量 a 和 b 的并矢,式如

$$T = ab = a_i b_j e_i e_j$$

并矢运算不同于两个矢量的点乘运算和叉乘运算,点乘运算的结果是一个标量,叉乘运算的结果是一个矢量,而并矢运算的结果则是一个二阶张量。上述表达式中 $e_i e_j$ 的顺序不能交换,因为 $a_i b_j e_j e_i$ 相应于 ba。如果把张量 T 的分量表示为 t_{ij},则

$$T = t_{ij} e_i e_j$$

可以看出有两个基矢量伴随一个二阶张量分量,在三维空间这样的基矢量对有 9 个,称之为并基。三维空间中 n 阶张量由 3^n 个分量组成,其每一个分量有 n 个基矢量相伴随。标量和矢量是低阶张量,标量为零阶张量,而矢量为一阶张量。

由于直角坐标系中基矢量是常矢量,于是也可以用一个分量来描述一个矢量,

$$a_i \quad (i = 1, 2, 3)$$

同样描述一个二阶张量 T,只需给出它的一个分量,

$$t_{ij} \quad (i, j = 1, 2, 3)$$

二阶张量的分量可以写成矩阵的形式,

$$T = \begin{bmatrix} t_{11} & t_{12} & t_{13} \\ t_{21} & t_{22} & t_{23} \\ t_{31} & t_{32} & t_{33} \end{bmatrix}$$

请注意不是所有的矩阵都可以表示张量。

B.3　克罗内克 δ_{ij} 符号和置换符号 ε_{ijk}

克罗内克(Kronecker)δ_{ij} 符号定义如下:

$$\delta_{ij} = \begin{cases} 0 & \text{当 } i \neq j \text{ 时} \\ 1 & \text{当 } i = j \text{ 时} \end{cases}$$

δ_{ij} 与任一个矢量 a_j 作相乘运算,$\delta_{ij} a_j$,因为只有当 $j = i$ 时 δ_{ij} 才不等于零,于是,

$$\delta_{ij} a_j = a_i$$

δ_{ij} 的作用相当于把 a_j 的下标由 j 置换为 i。根据 δ_{ij} 的定义,有

$$\frac{\partial x_j}{\partial x_i} = \delta_{ij}$$

置换符号 ε_{ijk} 定义如下:

$$\varepsilon_{ijk} = \begin{cases} 0 & i, j, k \text{ 有两个或两个以上指标相同} \\ 1 & i, j, k \text{ 偶排列,即 } 123, 231, 312 \\ -1 & i, j, k \text{ 奇排列,即 } 213, 321, 132 \end{cases}$$

ε_{ijk} 与 δ_{ij} 间有以下关系式成立

$$\varepsilon_{ijk}\varepsilon_{ist} = \delta_{js}\delta_{kt} - \delta_{jt}\delta_{ks}$$

$$\varepsilon_{ijk}\varepsilon_{ijt} = 2\delta_{kt}$$

$$\varepsilon_{ijk}\varepsilon_{ijk} = 2\delta_{kk} = 6$$

$$\delta_{kk} = \delta_{11} + \delta_{22} + \delta_{33} = 3。$$

δ_{ij} 和 ε_{ijk} 与相互正交的单位矢量之间的关系为

$$\boldsymbol{e}_i \cdot \boldsymbol{e}_j = \delta_{ij}, \quad \boldsymbol{e}_i \times \boldsymbol{e}_j = \varepsilon_{ijk}\boldsymbol{e}_k, \quad \boldsymbol{e}_i \cdot (\boldsymbol{e}_j \times \boldsymbol{e}_k) = \varepsilon_{ijk}$$

运用以上结果可以推出一些重要矢量运算式:

$$\boldsymbol{a} \cdot \boldsymbol{b} = (a_i\boldsymbol{e}_i) \cdot (b_j\boldsymbol{e}_j) = a_ib_j(\boldsymbol{e}_i \cdot \boldsymbol{e}_j) = a_ib_j\delta_{ij} = a_ib_i$$

$$\boldsymbol{a} \times \boldsymbol{b} = a_i\boldsymbol{e}_i \times b_j\boldsymbol{e}_j = \boldsymbol{e}_i \times \boldsymbol{e}_j a_ib_j = \varepsilon_{ijk}a_ib_j\boldsymbol{e}_k = \begin{vmatrix} \boldsymbol{e}_1 & \boldsymbol{e}_2 & \boldsymbol{e}_3 \\ a_1 & a_2 & a_3 \\ b_1 & b_2 & b_3 \end{vmatrix}$$

$$(\boldsymbol{a} \times \boldsymbol{b}) \cdot \boldsymbol{c} = (\varepsilon_{ijk}a_ib_j)\boldsymbol{e}_k \cdot (c_l\boldsymbol{e}_l) = \varepsilon_{ijk}a_ib_jc_l(\boldsymbol{e}_k \cdot \boldsymbol{e}_l)$$

$$= \varepsilon_{ijk}a_ib_jc_l\delta_{kl} = \varepsilon_{ijk}a_ib_jc_k = \begin{vmatrix} a_1 & a_2 & a_3 \\ b_1 & b_2 & b_3 \\ c_1 & c_2 & c_3 \end{vmatrix}$$

B.4　对称张量和反对称张量、张量分解定理

共轭张量　设 $\boldsymbol{P} = p_{ij}$ 是一个二阶张量,则

$$\boldsymbol{P} = p_{ij} = \begin{pmatrix} p_{11} & p_{12} & p_{13} \\ p_{21} & p_{22} & p_{23} \\ p_{31} & p_{32} & p_{33} \end{pmatrix}$$

则 $\boldsymbol{P}_c = p_{ji}$ 也是一个二阶张量,称为 $\boldsymbol{P}$ 的共轭张量,$\boldsymbol{P}_c$ 可表示为

$$\boldsymbol{P}_c = p_{ji} = \begin{pmatrix} p_{11} & p_{21} & p_{31} \\ p_{12} & p_{22} & p_{32} \\ p_{13} & p_{23} & p_{33} \end{pmatrix}$$

对称张量　若二阶张量 p_{ij} 分量之间满足

$$p_{ij} = p_{ji}$$

则称此张量为对称张量,可表示为

$$\boldsymbol{S} = s_{ij} = \begin{pmatrix} s_{11} & s_{12} & s_{13} \\ s_{12} & s_{22} & s_{23} \\ s_{13} & s_{23} & s_{33} \end{pmatrix}$$

一个对称张量只有 6 个独立的分量。

反对称张量　若二阶张量 a_{ij} 分量之间满足

$$a_{ij} = - a_{ji}$$

则称此张量为反对称对张量,可表示为

$$\boldsymbol{A} = a_{ij} = \begin{vmatrix} 0 & a_{12} & -a_{31} \\ -a_{12} & 0 & a_{23} \\ a_{31} & -a_{23} & 0 \end{vmatrix}$$

一个反对称张量只有 3 个独立的分量,对角线各元素均为零。

张量分解定理　二阶张量可以唯一地分解为一个对称张量和一个反对称张量之和,即

$$\boldsymbol{P} = \frac{1}{2}(\boldsymbol{P} + \boldsymbol{P}_c) + \frac{1}{2}(\boldsymbol{P} - \boldsymbol{P}_c)$$

容易验证,上式右边第一项是对称张量,第二项是反对称张量。

B.5　二阶张量的代数运算

张量相等　两个张量相等则各分量一一对应相等。设 $\boldsymbol{A} = a_{ij}$,$\boldsymbol{B} = b_{ij}$,若 $\boldsymbol{A} = \boldsymbol{B}$,则

$$a_{ij} = b_{ij}$$

若两个张量在某一直角坐标系中相等,则它们在任意一个直角坐标系中也相等。

张量加减　设 $\boldsymbol{A} = a_{ij}$、$\boldsymbol{B} = b_{ij}$,则

$$\boldsymbol{A} + \boldsymbol{B} = a_{ij} + b_{ij}$$

张量的加减为其同一坐标系下对应元素相加减,只有同阶的张量才能相加减。

张量数乘　二阶张量 $\boldsymbol{A}$ 乘以标量 λ,$\boldsymbol{B} = \lambda \boldsymbol{A}$,则

$$b_{ij} = \lambda a_{ij}$$

张量数乘等于以该标量乘所有的张量分量。

点积和双点积　设 $\boldsymbol{A} = a_{ij}\boldsymbol{e}_i\boldsymbol{e}_j$,$\boldsymbol{B} = b_{kl}\boldsymbol{e}_k\boldsymbol{e}_l$,两个张量的点积定义为

$$\boldsymbol{A} \cdot \boldsymbol{B} = (a_{ij}\boldsymbol{e}_i\overbrace{\boldsymbol{e}_j) \cdot (b_{kl}}\boldsymbol{e}_k\boldsymbol{e}_l) = a_{ij}b_{kl}\delta_{jk}\boldsymbol{e}_i\boldsymbol{e}_l = a_{ij}b_{jl}\boldsymbol{e}_i\boldsymbol{e}_l$$

二阶张量点积即两个张量中相邻的两个单位矢量作点积,得到一个新的二阶张量。

　　二阶张量与矢量的点积则定义为

$$\boldsymbol{a} \cdot \boldsymbol{B} = (a_i\overbrace{\boldsymbol{e}_i) \cdot b_{jk}}\boldsymbol{e}_j\boldsymbol{e}_k = a_ib_{jk}\delta_{ij}\boldsymbol{e}_k = a_ib_{ik}\boldsymbol{e}_k$$

$$\boldsymbol{B} \cdot \boldsymbol{a} = (b_{ij}\boldsymbol{e}_i\overbrace{\boldsymbol{e}_j) \cdot (a_k}\boldsymbol{e}_k) = b_{ij}a_k\delta_{jk}\boldsymbol{e}_i = b_{ij}a_j\boldsymbol{e}_i$$

矢量与一个二阶张量点积得到一个新的矢量。

　　二阶张量的双点积定义为

$$\boldsymbol{A} : \boldsymbol{B} = (a_{ij}\overbrace{\boldsymbol{e_i e_j}}) : (b_{kl}\boldsymbol{e_k e_l}) = a_{ij}b_{kl}\delta_{ik}\delta_{jl} = a_{ij}b_{ij}$$

两个二阶张量的双点积结果为一个新的标量。

设 s_{ij} 和 a_{ij} 分别是对称张量和反对称张量。让 s_{ij} 和 a_{ij} 作双点积运算,则

$$s_{ij}a_{ij} = \frac{1}{2}(s_{ij}a_{ij} + s_{ji}a_{ij}) = \frac{1}{2}(s_{ij}a_{ij} + s_{ij}a_{ji}) = \frac{1}{2}(s_{ij}a_{ij} - s_{ij}a_{ij}) = 0$$

即一个反对称张量与对称张量的双点积等于零,在以上推导过程应用了对称张量和反对称张量的性质 $s_{ij} = s_{ji}, a_{ij} = -a_{ji}$,以及哑指标可以任意改变字母的法则。

ε_{ijk} 对于 i、j 也是反对称的,它与对称张量 s_{ij} 的双点积也等于零,

$$\varepsilon_{ijk}s_{ij} = 0$$

B.6　微分和积分运算

附录 A 中的微分和积分运算可以推广到张量运算中来。

梯度　如果哈密顿算子用张量指标法表示为 $\nabla = \boldsymbol{e}_i \dfrac{\partial}{\partial x_i}$,则标量 ϕ 的梯度为

$$\nabla\phi = \operatorname{grad}\phi = \left(\boldsymbol{e}_i \frac{\partial}{\partial x_i}\right)\phi = \boldsymbol{e}_i \frac{\partial\phi}{\partial x_i}$$

矢量 $\boldsymbol{a} = a_i\boldsymbol{e}_i$ 的梯度可写为

$$\nabla\boldsymbol{a} = \operatorname{grad}\boldsymbol{a} = \left(\boldsymbol{e}_i \frac{\partial}{\partial x_i}\right)(a_j\boldsymbol{e}_j) = \frac{\partial a_j}{\partial x_i}\boldsymbol{e}_i\boldsymbol{e}_j$$

一个矢量的梯度是一个新的二阶张量。用分量形式写出上述矢量的梯度为

$$\nabla\boldsymbol{a} = t_{ij} = \frac{\partial a_j}{\partial x_i}$$

t_{ij} 的第一个下标表示对之求导的坐标,第二个下标表示矢量 $\boldsymbol{a}$ 沿那个坐标取分量。一个标量的梯度是一个新的矢量,一个 n 阶张量的梯度是 $n+1$ 阶张量。

散度　矢量 $\boldsymbol{a} = a_i\boldsymbol{e}_i$ 的散度为

$$\nabla \cdot \boldsymbol{a} = \operatorname{div}\boldsymbol{a} = \left(\boldsymbol{e}_i \frac{\partial}{\partial x_i}\right) \cdot (a_j\boldsymbol{e}_j) = \delta_{ij}\frac{\partial a_j}{\partial x_i} = \frac{\partial a_i}{\partial x_i}$$

二阶张量 $\boldsymbol{P} = p_{ij}\boldsymbol{e}_i\boldsymbol{e}_j$ 的散度为

$$\nabla \cdot \boldsymbol{P} = \operatorname{div}\boldsymbol{P} = \left(\boldsymbol{e}_i \frac{\partial}{\partial x_i}\right) \cdot (p_{jk}\boldsymbol{e}_j\boldsymbol{e}_k) = \frac{\partial p_{jk}}{\partial x_i}\delta_{ij}\boldsymbol{e}_k = \frac{\partial p_{jk}}{\partial x_j}\boldsymbol{e}_k$$

一个二阶张量的散度是一个矢量,一个 n 阶张量的散度是 $n-1$ 阶张量。

旋度　矢量 $\boldsymbol{a} = a_i\boldsymbol{e}_i$ 的旋度是一个矢量,即

$$\nabla \times \boldsymbol{a} = \operatorname{div}\boldsymbol{a} = (\boldsymbol{e}_i \frac{\partial}{\partial x_i}) \times (a_j\boldsymbol{e}_j) = \boldsymbol{e}_i \times \boldsymbol{e}_j \frac{\partial a_j}{\partial x_i} = \varepsilon_{ijk}\boldsymbol{e}_k \frac{\partial a_j}{\partial x_i}$$

二阶张量 $\boldsymbol{P}=p_{ij}\boldsymbol{e}_i\boldsymbol{e}_j$ 的旋度为

$$\nabla \times \boldsymbol{P} = \operatorname{div} \boldsymbol{P} = (\boldsymbol{e}_i \frac{\partial}{\partial x_i}) \times (p_{jl}\boldsymbol{e}_j\boldsymbol{e}_l) = \boldsymbol{e}_i \times \boldsymbol{e}_j \frac{\partial p_{jl}}{\partial x_i}\boldsymbol{e}_l = \varepsilon_{ijk}\frac{\partial p_{jl}}{\partial x_i}\boldsymbol{e}_k\boldsymbol{e}_l$$

拉普拉斯算子　拉普拉斯算子可表示为先求梯度,然后求散度的运算,式如

$$\nabla \cdot \nabla \phi = \nabla^2 \phi = (\boldsymbol{e}_i \frac{\partial}{\partial x_i}) \cdot (\boldsymbol{e}_j \frac{\partial}{\partial x_j})\phi = \boldsymbol{e}_i \cdot \boldsymbol{e}_j \frac{\partial}{\partial x_i}(\frac{\partial \phi}{\partial x_j}) = \delta_{ij}\frac{\partial}{\partial x_i}(\frac{\partial \phi}{\partial x_j})$$

$$= \frac{\partial}{\partial x_i}(\frac{\partial \phi}{\partial x_i})$$

拉普拉斯算子作用于矢量 $\boldsymbol{a}=a_i\boldsymbol{e}_i$,则有

$$\nabla \cdot \nabla \boldsymbol{a} = \nabla^2 \boldsymbol{a} = \frac{\partial}{\partial x_i}\frac{\partial}{\partial x_i}(a_j\boldsymbol{e}_j) = \boldsymbol{e}_j \frac{\partial}{\partial x_i}\left(\frac{\partial a_j}{\partial x_i}\right)$$

高斯定理　设 $\boldsymbol{P}$ 是二阶张量,则

$$\int_A \boldsymbol{n} \cdot \boldsymbol{P}\mathrm{d}A = \int_\tau \nabla \cdot \boldsymbol{P}\mathrm{d}\tau$$

B.7　各向同性张量

在连续介质力学中,通常认为介质的力学性质与所取的坐标方向无关,即介质各向同性。表示这类力学性质的张量称为各向同性张量,如流体粘性、电导率等。在数学上可作如下定义:若一个张量在正交笛卡尔坐标系中的每一个分量值,经过旋转坐标变换后均保持不变,则称此张量为各向同性张量。

零阶张量(标量)和任意阶零张量都是各向同性张量。这里零张量是指全部分量值均为零的张量。

一阶张量(矢量)除零矢量外,都是各向异性张量。

二阶各向同性张量都可写成 $\lambda\delta_{ij}$ 的形式,其中 λ 为一标量常数。

三阶各向同性张量都可写成 $\sigma\varepsilon_{ijk}$ 的形式,其中 σ 为一标量常数。

四阶各向同性张量都可表示为

$$H_{ijkl} = \nu\delta_{ij}\delta_{kl} + \alpha\delta_{ik}\delta_{jl} + \beta\delta_{il}\delta_{jk}$$

其中 ν、α、β 都是标量常数。当 i、j 两指标对称时,则

$$H_{ijkl} = \nu\delta_{ij}\delta_{kl} + \mu(\delta_{ik}\delta_{jl} + \delta_{il}\delta_{jk})$$

其中 ν 和 μ 都是标量常数。

附录 C　正交曲线坐标系

C.1　正交曲线坐标系

C.1.1　基矢量,拉梅系数

正交曲线坐标系的三个坐标 q_1、q_2、q_3 可用直角坐标 x、y、z 表示为

$$q_1 = q_1(x,y,z), \quad q_2 = q_2(x,y,z), \quad q_3 = q_3(x,y,z)$$

上式的反函数为

$$x = x(q_1,q_2,q_3), \quad y = y(q_1,q_2,q_3), \quad z = z(q_1,q_2,q_3)$$

或

$$\boldsymbol{r} = \boldsymbol{r}(q_1,q_2,q_3)$$

令 q_2 和 q_3 保持不变,则矢量 $\boldsymbol{r} = \boldsymbol{r}(q_1)$ 表示正交曲线坐标系的一条坐标线 q_1,$\partial \boldsymbol{r}/\partial q_1$ 是与 q_1 坐标线相切的矢量,于是沿 q_1 增加方向的基矢量为

$$\boldsymbol{e}_1 = \frac{\partial \boldsymbol{r}/\partial q_1}{|\partial \boldsymbol{r}/\partial q_1|}$$

令 $|\partial \boldsymbol{r}/\partial q_1| = h_1$,则

$$\frac{\partial \boldsymbol{r}}{\partial q_1} = \boldsymbol{e}_1 h_1$$

同样可以得到

$$\frac{\partial \boldsymbol{r}}{\partial q_2} = \boldsymbol{e}_2 h_2, \quad \frac{\partial \boldsymbol{r}}{\partial q_3} = \boldsymbol{e}_3 h_3$$

式中 $h_2 = |\partial \boldsymbol{r}/\partial q_2|$,$h_3 = |\partial \boldsymbol{r}/\partial q_3|$,于是

$$\mathrm{d}\boldsymbol{r} = \frac{\partial \boldsymbol{r}}{\partial q_1}\mathrm{d}q_1 + \frac{\partial \boldsymbol{r}}{\partial q_2}\mathrm{d}q_2 + \frac{\partial \boldsymbol{r}}{\partial q_3}\mathrm{d}q_1$$

$$= h_1 \mathrm{d}q_1 \boldsymbol{e}_1 + h_2 \mathrm{d}q_2 \boldsymbol{e}_3 + h_3 \mathrm{d}q_3 \boldsymbol{e}_3$$

由于基矢量 $\boldsymbol{e}_1$、$\boldsymbol{e}_2$、$\boldsymbol{e}_3$ 相互正交,线元 $\mathrm{d}\boldsymbol{r}$ 长度的平方为

$$\mathrm{d}\boldsymbol{r} \cdot \mathrm{d}\boldsymbol{r} = h_1^2 \mathrm{d}q_1^2 + h_2^2 \mathrm{d}q_2^2 + h_3^2 \mathrm{d}q_3^2$$

图 C.1 中所示的体积元为

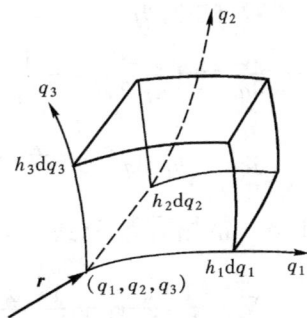

图 C.1　正交曲线坐标系

$$\mathrm{d}\tau = h_1\,\mathrm{d}q_1\,\boldsymbol{e}_1 \cdot (h_2\,\mathrm{d}q_2\,\boldsymbol{e}_2 \times h_3\,\mathrm{d}q_3\,\boldsymbol{e}_3) = h_1 h_2 h_3\,\mathrm{d}q_1\,\mathrm{d}q_2\,\mathrm{d}q_3$$

与体积元相应的三个面元为

$$\mathrm{d}A_1 = |\,h_2\,\mathrm{d}q_2\,\boldsymbol{e}_2 \times h_3\,\mathrm{d}q_3\,\boldsymbol{e}_3\,| = h_2 h_3\,\mathrm{d}q_2\,\mathrm{d}q_3$$

$$\mathrm{d}A_2 = h_3 h_1\,\mathrm{d}q_3\,\mathrm{d}q_1$$

$$\mathrm{d}A_3 = h_1 h_2\,\mathrm{d}q_1\,\mathrm{d}q_2$$

在以上等式中

$$h_i = \left|\frac{\partial \boldsymbol{r}}{\partial q_i}\right|, \quad i = 1,2,3$$

称拉梅系数,它表示沿坐标线 q_i 的弧长 $|\delta r|$ 与坐标增量 δq_i 的比值,在曲线坐标系中 $|\delta r|$ 与 δq_i 不全相同。由式 $\boldsymbol{r} = \boldsymbol{r}(q_1, q_2, q_3)$ 有

$$h_i = \sqrt{\left(\frac{\partial x}{\partial q_i}\right)^2 + \left(\frac{\partial y}{\partial q_i}\right)^2 + \left(\frac{\partial z}{\partial q_i}\right)^2}, \quad i = 1,2,3$$

基矢量为

$$\boldsymbol{e}_i = \frac{1}{h_i}\frac{\partial \boldsymbol{r}}{\partial q_i} = \frac{1}{h_i}\left(\frac{\partial x}{\partial q_i}\boldsymbol{i} + \frac{\partial y}{\partial q_i}\boldsymbol{j} + \frac{\partial z}{\partial q_i}\boldsymbol{k}\right), \quad i = 1,2,3$$

C.1.2 基矢量对坐标的偏导数

曲线坐标系中的基矢量 $\boldsymbol{e}_1$、$\boldsymbol{e}_2$、$\boldsymbol{e}_3$,其方向随坐标位置不同而改变,因此其对坐标的偏导数不全为零,式如

$$\frac{\partial \boldsymbol{e}_1}{\partial q_1} = -\frac{1}{h_2}\frac{\partial h_1}{\partial q_2}\boldsymbol{e}_2 - \frac{1}{h_3}\frac{\partial h_1}{\partial q_3}\boldsymbol{e}_3, \qquad \frac{\partial \boldsymbol{e}_1}{\partial q_3} = \frac{1}{h_1}\frac{\partial h_3}{\partial q_1}\boldsymbol{e}_3, \qquad \frac{\partial \boldsymbol{e}_1}{\partial q_2} = \frac{1}{h_1}\frac{\partial h_2}{\partial q_1}\boldsymbol{e}_2$$

$$\frac{\partial \boldsymbol{e}_2}{\partial q_2} = -\frac{1}{h_3}\frac{\partial h_2}{\partial q_3}\boldsymbol{e}_3 - \frac{1}{h_1}\frac{\partial h_2}{\partial q_1}\boldsymbol{e}_1, \qquad \frac{\partial \boldsymbol{e}_2}{\partial q_1} = \frac{1}{h_2}\frac{\partial h_1}{\partial q_2}\boldsymbol{e}_1, \qquad \frac{\partial \boldsymbol{e}_2}{\partial q_3} = \frac{1}{h_2}\frac{\partial h_3}{\partial q_2}\boldsymbol{e}_3$$

$$\frac{\partial \boldsymbol{e}_3}{\partial q_3} = -\frac{1}{h_1}\frac{\partial h_3}{\partial q_1}\boldsymbol{e}_1 - \frac{1}{h_2}\frac{\partial h_3}{\partial q_2}\boldsymbol{e}_2, \qquad \frac{\partial \boldsymbol{e}_3}{\partial q_2} = \frac{1}{h_3}\frac{\partial h_2}{\partial q_3}\boldsymbol{e}_2, \qquad \frac{\partial \boldsymbol{e}_3}{\partial q_1} = \frac{1}{h_3}\frac{\partial h_1}{\partial q_3}\boldsymbol{e}_1$$

以上方程可简写为

$$\frac{\partial \boldsymbol{e}_i}{\partial q_i} = -\frac{1}{h_j}\frac{\partial h_i}{\partial q_j}\boldsymbol{e}_j - \frac{1}{h_k}\frac{\partial h_i}{\partial q_k}\boldsymbol{e}_k, \ i \neq j \neq k, \ i,j,k \ \text{轮换}$$

$$\frac{\partial \boldsymbol{e}_i}{\partial q_j} = \frac{1}{h_i}\frac{\partial h_j}{\partial q_i}\boldsymbol{e}_j, \ i \neq j, \ i,j \ \text{轮换}$$

C.1.3 常用导数公式

$$\nabla = \frac{1}{h_1}\frac{\partial}{\partial q_1}\boldsymbol{e}_1 + \frac{1}{h_2}\frac{\partial}{\partial q_2}\boldsymbol{e}_2 + \frac{1}{h_3}\frac{\partial}{\partial q_3}\boldsymbol{e}_3$$

$$\nabla\phi = \frac{1}{h_1}\frac{\partial \phi}{\partial q_1}\boldsymbol{e}_1 + \frac{1}{h_2}\frac{\partial \phi}{\partial q_2}\boldsymbol{e}_2 + \frac{1}{h_3}\frac{\partial \phi}{\partial q_3}\boldsymbol{e}_3$$

$$\nabla \cdot \boldsymbol{a} = \frac{1}{h_1 h_2 h_3}\left[\frac{\partial(a_1 h_2 h_3)}{\partial q_1} + \frac{\partial(a_2 h_3 h_1)}{\partial q_2} + \frac{\partial(a_3 h_1 h_2)}{\partial q_3}\right]$$

$$\nabla \times \boldsymbol{a} = \frac{1}{h_1 h_2 h_3}\begin{vmatrix} h_1 \boldsymbol{e}_1 & h_2 \boldsymbol{e}_2 & h_3 \boldsymbol{e}_3 \\ \dfrac{\partial}{\partial q_1} & \dfrac{\partial}{\partial q_2} & \dfrac{\partial}{\partial q_3} \\ h_1 a_1 & h_2 a_2 & h_3 a_3 \end{vmatrix}$$

$$\nabla \cdot \nabla \phi = \frac{1}{h_1 h_2 h_3}\left[\frac{\partial}{\partial q_1}\left(\frac{h_2 h_3}{h_1}\frac{\partial \phi}{\partial q_1}\right) + \frac{\partial}{\partial q_2}\left(\frac{h_3 h_1}{h_2}\frac{\partial \phi}{\partial q_2}\right) + \frac{\partial}{\partial q_3}\left(\frac{h_1 h_2}{h_3}\frac{\partial \phi}{\partial q_3}\right)\right]$$

$$\nabla \cdot \nabla \boldsymbol{a} = \left[\frac{1}{h_1}\frac{\partial}{\partial q_1}(\nabla \cdot \boldsymbol{a}) + \frac{1}{h_2 h_3}\frac{\partial}{\partial q_3}\left\{\frac{h_2}{h_1 h_3}\left[\frac{\partial(h_1 a_1)}{\partial q_3} - \frac{\partial(h_3 a_3)}{\partial q_1}\right]\right\}\right.$$
$$\left. - \frac{1}{h_2 h_3}\frac{\partial}{\partial q_2}\left\{\frac{h_3}{h_1 h_2}\left[\frac{\partial(h_2 a_2)}{\partial q_1} - \frac{\partial(h_1 a_1)}{\partial q_2}\right]\right\}\right]\boldsymbol{e}_1$$
$$+ \left[\frac{1}{h_2}\frac{\partial}{\partial q_2}(\nabla \cdot \boldsymbol{a}) + \frac{1}{h_1 h_3}\frac{\partial}{\partial q_1}\left\{\frac{h_3}{h_1 h_2}\left[\frac{\partial(h_2 a_2)}{\partial q_1} - \frac{\partial(h_1 a_1)}{\partial q_2}\right]\right\}\right.$$
$$\left. - \frac{1}{h_1 h_3}\frac{\partial}{\partial q_3}\left\{\frac{h_1}{h_2 h_3}\left[\frac{\partial(h_3 a_3)}{\partial q_2} - \frac{\partial(h_2 a_2)}{\partial q_3}\right]\right\}\right]\boldsymbol{e}_2$$
$$+ \left[\frac{1}{h_3}\frac{\partial}{\partial q_3}(\nabla \cdot \boldsymbol{a}) + \frac{1}{h_1 h_2}\frac{\partial}{\partial q_2}\left\{\frac{h_1}{h_2 h_3}\left[\frac{\partial(h_3 a_3)}{\partial q_2} - \frac{\partial(h_2 a_2)}{\partial q_3}\right]\right\}\right.$$
$$\left. - \frac{1}{h_1 h_2}\frac{\partial}{\partial q_1}\left\{\frac{h_2}{h_1 h_3}\left[\frac{\partial(h_1 a_1)}{\partial q_3} - \frac{\partial(h_3 a_3)}{\partial q_1}\right]\right\}\right]\boldsymbol{e}_3$$

$$(\boldsymbol{a} \cdot \nabla)\boldsymbol{a} = \left\{\boldsymbol{a} \cdot \nabla a_1 + \frac{a_2}{h_1 h_2}\left(a_1 \frac{\partial h_1}{\partial q_2} - a_2 \frac{\partial h_2}{\partial q_1}\right) + \frac{a_3}{h_1 h_3}\left(a_1 \frac{\partial h_1}{\partial q_3} - a_3 \frac{\partial h_3}{\partial q_1}\right)\right\}\boldsymbol{e}_1$$
$$+ \left\{\boldsymbol{a} \cdot \nabla a_2 + \frac{a_3}{h_2 h_3}\left(a_2 \frac{\partial h_2}{\partial q_3} - a_3 \frac{\partial h_3}{\partial q_2}\right) + \frac{a_1}{h_1 h_2}\left(a_2 \frac{\partial h_2}{\partial q_1} - a_1 \frac{\partial h_1}{\partial q_2}\right)\right\}\boldsymbol{e}_2$$
$$+ \left\{\boldsymbol{a} \cdot \nabla a_3 \frac{a_1}{h_3 h_1}\left(a_3 \frac{\partial h_3}{\partial q_1} - a_1 \frac{\partial h_1}{\partial q_3}\right) + \frac{a_2}{h_2 h_3}\left(a_3 \frac{\partial h_3}{\partial q_2} - a_2 \frac{\partial h_2}{\partial q_3}\right)\right\}\boldsymbol{e}_3$$

式中 $\boldsymbol{a} \cdot \nabla = \dfrac{a_1}{h_1}\dfrac{\partial}{\partial q_1} + \dfrac{a_2}{h_2}\dfrac{\partial}{\partial q_2} + \dfrac{a_3}{h_3}\dfrac{\partial}{\partial q_3}$。

C.2　圆柱坐标

圆柱坐标如图 C.2 所示。

坐标：(R, θ, z)

$x = R\cos\theta,\ y = R\sin\theta,\ z = z$

$\boldsymbol{e}_R = \cos\theta\, \boldsymbol{i} + \sin\theta\, \boldsymbol{j},\ \boldsymbol{e}_\theta = -\sin\theta\, \boldsymbol{i} + \cos\theta\, \boldsymbol{j},\ \boldsymbol{e}_z = \boldsymbol{k}$

拉梅系数：$h_R = 1,\ h_\theta = R,\ h_z = 1$

线元，体积元：$\mathrm{d}\boldsymbol{r} = \mathrm{d}r\boldsymbol{e}_R + R\mathrm{d}\theta\boldsymbol{e}_\theta + \mathrm{d}z\boldsymbol{e}_z,\ \mathrm{d}\tau = R\mathrm{d}R\mathrm{d}\theta\mathrm{d}z$

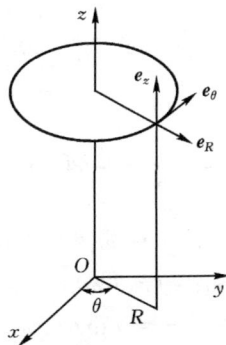

图 C.2　圆柱坐标系

基矢量导数：

$$\frac{\partial \boldsymbol{e}_R}{\partial R} = 0, \quad \frac{\partial \boldsymbol{e}_R}{\partial \theta} = \boldsymbol{e}_\theta, \quad \frac{\partial \boldsymbol{e}_R}{\partial z} = 0$$

$$\frac{\partial \boldsymbol{e}_\theta}{\partial R} = 0, \quad \frac{\partial \boldsymbol{e}_\theta}{\partial \theta} = -\boldsymbol{e}_R, \quad \frac{\partial \boldsymbol{e}_\theta}{\partial z} = 0$$

$$\frac{\partial \boldsymbol{e}_z}{\partial R} = 0, \quad \frac{\partial \boldsymbol{e}_z}{\partial \theta} = 0, \quad \frac{\partial \boldsymbol{e}_z}{\partial z} = 0$$

常用导数公式：

$$\nabla = \frac{\partial}{\partial R}\boldsymbol{e}_R + \frac{1}{R}\frac{\partial}{\partial \theta}\boldsymbol{e}_\theta + \frac{\partial}{\partial z}\boldsymbol{e}_z$$

$$\nabla \phi = \frac{\partial \phi}{\partial R}\boldsymbol{e}_R + \frac{1}{R}\frac{\partial \phi}{\partial \theta}\boldsymbol{e}_\theta + \frac{\partial \phi}{\partial z}\boldsymbol{e}_z$$

$$\nabla \cdot \boldsymbol{a} = \frac{1}{R}\frac{\partial (Ra_R)}{\partial R} + \frac{1}{R}\frac{\partial a_\theta}{\partial \theta} + \frac{\partial a_z}{\partial z}$$

$$\nabla \cdot \nabla \phi = \frac{1}{R}\frac{\partial}{\partial R}\left(R\frac{\partial \phi}{\partial R}\right) + \frac{1}{R^2}\frac{\partial^2 \phi}{\partial \theta^2} + \frac{\partial^2 \phi}{\partial z^2}$$

$$\nabla \times \boldsymbol{a} = \frac{1}{R}\begin{vmatrix} \boldsymbol{e}_R & R\boldsymbol{e}_\theta & \boldsymbol{e}_z \\ \dfrac{\partial}{\partial R} & \dfrac{\partial}{\partial \theta} & \dfrac{\partial}{\partial z} \\ a_R & Ra_\theta & a_z \end{vmatrix}$$

$$\nabla \cdot \nabla \boldsymbol{a} = \left(\nabla \cdot \nabla a_R - \frac{a_R}{R^2} - \frac{2}{R^2}\frac{\partial a_\theta}{\partial \theta}\right)\boldsymbol{e}_R + \left(\nabla \cdot \nabla a_\theta + \frac{2}{R^2}\frac{\partial a_R}{\partial \theta} - \frac{a_\theta}{R^2}\right)\boldsymbol{e}_\theta +$$
$$\nabla \cdot \nabla a_z \boldsymbol{e}_z$$

$$(\boldsymbol{a} \cdot \nabla)\boldsymbol{a} = \left(a_R\frac{\partial a_R}{\partial R} + \frac{a_\theta}{R}\frac{\partial a_R}{\partial \theta} + a_z\frac{\partial a_R}{\partial z} - \frac{a_\theta^2}{R}\right)\boldsymbol{e}_R +$$
$$\left(a_R\frac{\partial a_\theta}{\partial R} + \frac{a_\theta}{R}\frac{\partial a_\theta}{\partial \theta} + a_z\frac{\partial a_\theta}{\partial z} + \frac{a_R a_\theta}{R}\right)\boldsymbol{e}_\theta +$$
$$\left(a_R\frac{\partial a_z}{\partial R} + \frac{a_\theta}{R}\frac{\partial a_z}{\partial \theta} + a_z\frac{\partial a_z}{\partial z}\right)\boldsymbol{e}_z$$

C.3　球坐标

球坐标如图 C.3 所示。

坐标：(r,θ,ω)

$$x = r\sin\theta\cos\omega, \quad y = r\sin\theta\sin\omega, \quad z = r\cos\theta$$
$$\boldsymbol{e}_r = \sin\theta\cos\omega\,\boldsymbol{i} + \sin\theta\sin\omega\,\boldsymbol{j} + \cos\theta\,\boldsymbol{k}$$

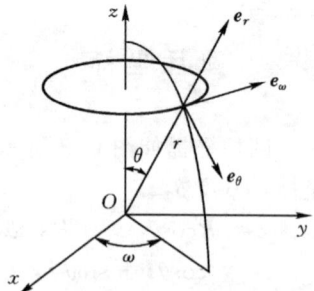

图 C.3　球坐标系

$$e_\theta = \cos\theta\cos\omega\, \pmb{i} + \cos\theta\sin\omega\, \pmb{j} - \sin\theta\, \pmb{k}$$

$$e_\omega = -\sin\omega\, \pmb{i} + \cos\omega\, \pmb{j}$$

拉梅系数：　$h_r = 1$,　$h_\theta = r$,　$h_\omega = r\sin\theta$

基矢量导数：

$$\frac{\partial \pmb{e}_r}{\partial r} = 0, \quad \frac{\partial \pmb{e}_r}{\partial \theta} = \pmb{e}_\theta, \quad \frac{\partial \pmb{e}_r}{\partial \omega} = \pmb{e}_\omega \sin\theta$$

$$\frac{\partial \pmb{e}_\theta}{\partial r} = 0, \quad \frac{\partial \pmb{e}_\theta}{\partial \theta} = -\pmb{e}_r, \frac{\partial \pmb{e}_\theta}{\partial \omega} = \pmb{e}_\omega \cos\theta$$

$$\frac{\partial \pmb{e}_\omega}{\partial r} = 0, \quad \frac{\partial \pmb{e}_\omega}{\partial \theta} = 0, \quad \frac{\partial \pmb{e}_\omega}{\partial \omega} = -\pmb{e}_r \sin\theta - \pmb{e}_\theta \cos\theta$$

线元,体积元：　$\mathrm{d}\pmb{r} = \mathrm{d}r\pmb{e}_r + r\mathrm{d}\theta\pmb{e}_\theta + r\sin\theta\mathrm{d}\omega\pmb{e}_\omega$,　$\mathrm{d}\tau = r^2\sin\theta\mathrm{d}r\mathrm{d}\theta\mathrm{d}\omega$

常用导数公式：

$$\nabla = \frac{\partial}{\partial r}\pmb{e}_r + \frac{1}{r}\frac{\partial}{\partial \theta}\pmb{e}_\theta + \frac{1}{r\sin\theta}\frac{\partial}{\partial \omega}\pmb{e}_\omega$$

$$\nabla\phi = \frac{\partial \phi}{\partial r}\pmb{e}_r + \frac{1}{r}\frac{\partial \phi}{\partial \theta}\pmb{e}_\theta + \frac{1}{r\sin\theta}\frac{\partial \phi}{\partial \omega}\pmb{e}_\omega$$

$$\nabla \cdot \pmb{a} = \frac{1}{r^2}\frac{\partial (r^2 a_r)}{\partial r} + \frac{1}{r\sin\theta}\frac{\partial}{\partial \theta}(\sin\theta\, a_\theta) + \frac{1}{r\sin\theta}\frac{\partial a_\omega}{\partial \omega}$$

$$\nabla \cdot \nabla\phi = \frac{1}{r^2}\frac{\partial}{\partial r}\left(r^2\frac{\partial \phi}{\partial r}\right) + \frac{1}{r^2\sin\theta}\frac{\partial}{\partial \theta}\left(\sin\theta\frac{\partial \phi}{\partial \theta}\right) + \frac{1}{r^2\sin^2\theta}\frac{\partial^2 \phi}{\partial \omega^2}$$

$$\nabla \times \pmb{a} = \frac{1}{r^2\sin\theta}\begin{vmatrix} \pmb{e}_r & r\pmb{e}_\theta & r\sin\theta\pmb{e}_\omega \\ \dfrac{\partial}{\partial r} & \dfrac{\partial}{\partial \theta} & \dfrac{\partial}{\partial \omega} \\ a_r & ra_\theta & r\sin\theta a_\omega \end{vmatrix}$$

$$\nabla \cdot \nabla\pmb{a} = \left\{\nabla \cdot \nabla a_r - \frac{2}{r^2}\left[a_r + \frac{\partial a_\theta}{\partial \theta} + a_\theta\mathrm{ctg}\theta + \frac{1}{\sin\theta}\frac{\partial a_\omega}{\partial \omega}\right]\right\}\pmb{e}_r$$

$$+ \left\{\nabla \cdot \nabla a_\theta + \frac{2}{r^2}\frac{\partial a_r}{\partial \theta} - \frac{1}{r^2\sin^2\theta}\left[a_\theta + 2\cos\theta\frac{\partial a_\omega}{\partial \omega}\right]\right\}\pmb{e}_\theta$$

$$+ \left\{\nabla \cdot \nabla a_\omega - \frac{1}{r^2\sin^2\theta}\left[a_\omega - 2\sin\theta\frac{\partial a_r}{\partial \omega} - 2\cos\theta\frac{\partial a_\theta}{\partial \omega}\right]\right\}\pmb{e}_\omega$$

$$(\pmb{a} \cdot \nabla)\pmb{a} = \left(a_r\frac{\partial a_r}{\partial r} + \frac{a_\theta}{r}\frac{\partial a_r}{\partial \theta} + \frac{a_\omega}{r\sin\theta}\frac{\partial a_r}{\partial \omega} - \frac{a_\theta^2 + a_\omega^2}{r}\right)\pmb{e}_r$$

$$+ \left(a_r\frac{\partial a_\theta}{\partial r} + \frac{a_\theta}{r}\frac{\partial a_\theta}{\partial \theta} + \frac{a_\omega}{r\sin\theta}\frac{\partial a_\theta}{\partial \omega} + \frac{a_r a_\theta}{r} - \frac{a_\omega^2}{r}\mathrm{ctg}\theta\right)\pmb{e}_\theta$$

$$+ \left(a_r\frac{\partial a_\omega}{\partial r} + \frac{a_\theta}{r}\frac{\partial a_\omega}{\partial \theta} + \frac{a_\omega}{r\sin\theta}\frac{\partial a_\omega}{\partial \omega} + \frac{a_r a_\omega}{r} + \frac{a_\theta a_\omega}{r}\mathrm{ctg}\theta\right)\pmb{e}_\omega$$

附录 D 流体力学基本方程组

本节将给出牛顿流体的本构方程、连续方程、N-S 方程以及能量方程在正交曲线坐标系中的表达式,然后给出上述方程在直角坐标系、圆柱坐标系和球坐标系中的具体形式。设不可压缩液体,动力粘性系数 μ 和导热系数 k 均为常数。

D.1 正交曲线坐标系

D.1.1 本构方程

应力张量和应变率张量间的关系用本构方程来表示:

$$\sigma_{ij} = -p\delta_{ij} + 2\mu s_{ij}$$

应变率张量 s_{ij} 各分量可计算如下:

$$
\begin{cases}
s_{11} = \dfrac{1}{h_1} \dfrac{\partial u_1}{\partial q_1} + \dfrac{u_2}{h_1 h_2} \dfrac{\partial h_1}{\partial q_2} + \dfrac{u_3}{h_3 h_1} \dfrac{\partial h_1}{\partial q_3} \\[2mm]
s_{22} = \dfrac{1}{h_2} \dfrac{\partial u_2}{\partial q_2} + \dfrac{u_3}{h_2 h_3} \dfrac{\partial h_2}{\partial q_3} + \dfrac{u_1}{h_1 h_2} \dfrac{\partial h_2}{\partial q_1} \\[2mm]
s_{33} = \dfrac{1}{h_3} \dfrac{\partial u_3}{\partial q_3} + \dfrac{u_1}{h_3 h_1} \dfrac{\partial h_3}{\partial q_1} + \dfrac{u_2}{h_2 h_3} \dfrac{\partial h_3}{\partial q_2} \\[2mm]
2s_{32} = 2s_{23} = \dfrac{h_3}{h_2} \dfrac{\partial(u_3/h_3)}{\partial q_2} + \dfrac{h_2}{h_3} \dfrac{\partial(u_2/h_2)}{\partial q_3} \\[2mm]
2s_{13} = 2s_{31} = \dfrac{h_1}{h_3} \dfrac{\partial(u_1/h_1)}{\partial q_3} + \dfrac{h_3}{h_1} \dfrac{\partial(u_3/h_3)}{\partial q_1} \\[2mm]
2s_{21} = 2s_{12} = \dfrac{h_2}{h_1} \dfrac{\partial(u_2/h_2)}{\partial q_1} + \dfrac{h_1}{h_2} \dfrac{\partial(u_1/h_1)}{\partial q_2}
\end{cases}
$$

式中 u_1, u_2, u_3 为速度矢量 $\boldsymbol{u}$ 在正交曲线坐标系中的三个分量。

D.1.2 连续方程

不可压缩流体的连续方程为

$$\nabla \cdot \boldsymbol{u} = 0$$

在正交曲线坐标系中可写为

$$\frac{1}{h_1 h_2 h_3}\left[\frac{\partial(u_1 h_2 h_3)}{\partial q_1}+\frac{\partial(u_2 h_3 h_1)}{\partial q_2}+\frac{\partial(u_3 h_1 h_2)}{\partial q_3}\right]=0$$

D.1.3　Navier – Stokes **方程**

Navier – Stokes 方程为

$$\rho\left[\frac{\partial \boldsymbol{u}}{\partial t}+(\boldsymbol{u}\cdot\nabla)\boldsymbol{u}\right]=-\nabla p+\mu\nabla^2\boldsymbol{u}+\rho\boldsymbol{f}$$

引用附录 C 中 $\nabla\phi, \nabla\cdot\nabla a$ 和 $(\boldsymbol{a}\cdot\nabla)\boldsymbol{a}$ 的表达式，并注意到 $\boldsymbol{f}=f_1\boldsymbol{e}_1+f_2\boldsymbol{e}_2+f_3\boldsymbol{e}_3$，$\partial\boldsymbol{u}/\partial t=(\partial u_1/\partial t)\boldsymbol{e}_1+(\partial u_2/\partial t)\boldsymbol{e}_2+(\partial u_3/\partial t)\boldsymbol{e}_3$，上式可写成如下分量形式：

$$\rho\left[\frac{\mathrm{D}u_1}{\mathrm{D}t}+\frac{u_2}{h_1 h_2}\left(u_1\frac{\partial h_1}{\partial q_2}-u_2\frac{\partial h_2}{\partial q_1}\right)+\frac{u_3}{h_1 h_3}\left(u_1\frac{\partial h_1}{\partial q_3}-u_3\frac{\partial h_3}{\partial q_1}\right)\right]=-\frac{1}{h_1}\frac{\partial p}{\partial q_1}$$

$$+\mu\left[\frac{1}{h_2 h_3}\frac{\partial}{\partial q_3}\left\{\frac{h_2}{h_1 h_3}\left[\frac{\partial(h_1 u_1)}{\partial q_3}-\frac{\partial(h_3 u_3)}{\partial q_1}\right]\right\}\right.$$

$$\left.-\frac{1}{h_2 h_3}\frac{\partial}{\partial q_2}\left\{\frac{h_3}{h_1 h_2}\left[\frac{\partial(h_2 u_2)}{\partial q_1}-\frac{\partial(h_1 u_1)}{\partial q_2}\right]\right\}\right]+\rho f_1$$

$$\rho\left[\frac{\mathrm{D}u_2}{\mathrm{D}t}+\frac{u_3}{h_2 h_3}\left(u_2\frac{\partial h_2}{\partial q_3}-u_3\frac{\partial h_3}{\partial q_2}\right)+\frac{u_1}{h_2 h_1}\left(u_2\frac{\partial h_2}{\partial q_1}-u_1\frac{\partial h_1}{\partial q_2}\right)\right]=-\frac{1}{h_2}\frac{\partial p}{\partial q_2}$$

$$+\mu\left[\frac{1}{h_1 h_3}\frac{\partial}{\partial q_1}\left\{\frac{h_3}{h_2 h_1}\left[\frac{\partial(h_2 u_2)}{\partial q_1}-\frac{\partial(h_1 u_1)}{\partial q_2}\right]\right\}\right.$$

$$\left.-\frac{1}{h_3 h_1}\frac{\partial}{\partial q_3}\left\{\frac{h_1}{h_2 h_3}\left[\frac{\partial(h_3 u_3)}{\partial q_2}-\frac{\partial(h_2 u_2)}{\partial q_3}\right]\right\}\right]+\rho f_2$$

$$\rho\left[\frac{\mathrm{D}u_3}{\mathrm{D}t}+\frac{u_1}{h_1 h_3}\left(u_3\frac{\partial h_3}{\partial q_1}-u_1\frac{\partial h_1}{\partial q_3}\right)+\frac{u_2}{h_3 h_2}\left(u_3\frac{\partial h_3}{\partial q_2}-u_2\frac{\partial h_2}{\partial q_3}\right)\right]=-\frac{1}{h_3}\frac{\partial p}{\partial q_3}$$

$$+\mu\left[\frac{1}{h_2 h_1}\frac{\partial}{\partial q_2}\left\{\frac{h_1}{h_2 h_3}\left[\frac{\partial(h_3 u_3)}{\partial q_2}-\frac{\partial(h_2 u_2)}{\partial q_3}\right]\right\}\right.$$

$$\left.-\frac{1}{h_2 h_1}\frac{\partial}{\partial q_1}\left\{\frac{h_2}{h_3 h_1}\left[\frac{\partial(h_1 u_1)}{\partial q_3}-\frac{\partial(h_3 u_3)}{\partial q_1}\right]\right\}\right]+\rho f_3$$

式中 $\dfrac{\mathrm{D}}{\mathrm{D}t}=\dfrac{\partial}{\partial t}+\dfrac{u_1}{h_1}\dfrac{\partial}{\partial q_1}+\dfrac{u_2}{h_2}\dfrac{\partial}{\partial q_2}+\dfrac{u_3}{h_3}\dfrac{\partial}{\partial q_3}$。

D.1.4　**能量方程**

能量方程，

$$\rho C_v\frac{\mathrm{D}T}{\mathrm{D}t}=k\nabla^2 T+\Phi$$

应引用附录 C 中 $\nabla^2 T$ 的表达式上式可写为

$$\rho C_v\frac{\mathrm{D}T}{\mathrm{D}t}=\frac{k}{h_1 h_2 h_3}\left[\frac{\partial}{\partial q_1}\left(\frac{h_2 h_3}{h_1}\frac{\partial T}{\partial q_1}\right)+\frac{\partial}{\partial q_2}\left(\frac{h_3 h_1}{h_2}\frac{\partial T}{\partial q_2}\right)+\frac{\partial}{\partial q_3}\left(\frac{h_1 h_2}{h_3}\frac{\partial T}{\partial q_3}\right)\right]+\Phi$$

算符 D/Dt 的表达式已在 D.1.3 节给出。耗损函数 Φ 可写为

$$\Phi = 2\mu s_{ij} s_{ij} = 2\mu[s_{11}^2 + s_{22}^2 + s_{33}^2 + 2(s_{13}^2 + s_{12}^2 + s_{23}^2)]$$

应变率张量各分量的表达式已在 D.1.1 节给出。

D.2 直角坐标系

$$\frac{\partial u}{\partial x} + \frac{\partial v}{\partial y} + \frac{\partial w}{\partial z} = 0$$

$$\rho \frac{Du}{Dt} = -\frac{\partial p}{\partial x} + \mu \nabla^2 u + \rho f_x$$

$$\rho \frac{Dv}{Dt} = -\frac{\partial p}{\partial y} + \mu \nabla^2 v + \rho f_y$$

$$\rho \frac{Dw}{Dt} = -\frac{\partial p}{\partial z} + \mu \nabla^2 w + \rho f_z$$

$$\rho C_v \frac{DT}{Dt} = k \nabla^2 T + \phi$$

$$\sigma_{xx} = -p + 2\mu s_{xx} = -p + 2\mu \frac{\partial u}{\partial x}$$

$$\sigma_{yy} = -p + 2\mu s_{yy} = -p + 2\mu \frac{\partial v}{\partial y}$$

$$\sigma_{zz} = -p + 2\mu s_{zz} = -p + 2\mu \frac{\partial w}{\partial z}$$

$$\sigma_{xy} = \sigma_{yx} = 2\mu s_{xy} = \mu \left(\frac{\partial v}{\partial x} + \frac{\partial u}{\partial y} \right)$$

$$\sigma_{yz} = \sigma_{zy} = 2\mu s_{yz} = \mu \left(\frac{\partial w}{\partial y} + \frac{\partial v}{\partial z} \right)$$

$$\sigma_{zx} = \sigma_{xz} = 2\mu s_{zx} = \mu \left(\frac{\partial u}{\partial z} + \frac{\partial w}{\partial x} \right)$$

$$\frac{D}{Dt} = \frac{\partial}{\partial t} + u \frac{\partial}{\partial x} + v \frac{\partial}{\partial y} + w \frac{\partial}{\partial z}$$

$$\nabla^2 = \frac{\partial^2}{\partial x^2} + \frac{\partial^2}{\partial y^2} + \frac{\partial^2}{\partial z^2}$$

$$\Phi = 2\mu \left[\left(\frac{\partial u}{\partial x} \right)^2 + \left(\frac{\partial v}{\partial y} \right)^2 + \left(\frac{\partial w}{\partial z} \right)^2 \right] +$$
$$\mu \left[\left(\frac{\partial u}{\partial y} + \frac{\partial v}{\partial x} \right)^2 + \left(\frac{\partial u}{\partial z} + \frac{\partial w}{\partial x} \right)^2 + \left(\frac{\partial v}{\partial z} + \frac{\partial w}{\partial y} \right)^2 \right]$$

D.3　圆柱坐标系

$$\frac{1}{R}\frac{\partial}{\partial R}(Ru_R)+\frac{1}{R}\frac{\partial u_\theta}{\partial \theta}+\frac{\partial u_z}{\partial z}=0$$

$$\rho\left(\frac{Du_R}{Dt}-\frac{u_\theta^2}{R}\right)=-\frac{\partial p}{\partial R}+\mu\left(\nabla^2 u_R-\frac{u_R}{R^2}-\frac{2}{R^2}\frac{\partial u_\theta}{\partial \theta}\right)+\rho f_R$$

$$\rho\left(\frac{Du_\theta}{Dt}+\frac{u_R u_\theta}{R}\right)=-\frac{1}{R}\frac{\partial p}{\partial \theta}+\mu\left(\nabla^2 u_\theta-\frac{u_\theta}{R^2}+\frac{2}{R^2}\frac{\partial u_R}{\partial \theta}\right)+\rho f_\theta$$

$$\rho\frac{Du_z}{Dt}=-\frac{\partial p}{\partial z}+\mu\nabla^2 u_z+\rho f_z$$

$$\rho C_v\frac{DT}{Dt}=k\nabla^2 T+\phi$$

$$\sigma_{RR}=-p+2\mu s_{RR}=-p+2\mu\frac{\partial u_R}{\partial R}$$

$$\sigma_{\theta\theta}=-p+2\mu s_{\theta\theta}=-p+2\mu\left(\frac{1}{R}\frac{\partial u_\theta}{\partial \theta}+\frac{u_R}{R}\right)$$

$$\sigma_{zz}=-p+2\mu s_{zz}=-p+2\mu\frac{\partial u_z}{\partial z}$$

$$\sigma_{R\theta}=\sigma_{\theta R}=2\mu s_{R\theta}=\mu\left[R\frac{\partial}{\partial R}\left(\frac{u_\theta}{R}\right)+\frac{1}{R}\frac{\partial u_R}{\partial \theta}\right]$$

$$\sigma_{\theta z}=\sigma_{z\theta}=2\mu s_{\theta z}=\mu\left[\frac{\partial u_\theta}{\partial z}+\frac{1}{R}\frac{\partial u_z}{\partial \theta}\right]$$

$$\sigma_{zR}=\sigma_{Rz}=2\mu s_{zR}=\mu\left[\frac{\partial u_z}{\partial R}+\frac{\partial u_R}{\partial z}\right]$$

$$\frac{D}{Dt}=\frac{\partial}{\partial t}+u_R\frac{\partial}{\partial R}+\frac{u_\theta}{R}\frac{\partial}{\partial \theta}+u_z\frac{\partial}{\partial z}$$

$$\nabla^2=\frac{1}{R}\frac{\partial}{\partial R}\left(R\frac{\partial}{\partial R}\right)+\frac{1}{R^2}\frac{\partial^2}{\partial \theta^2}+\frac{\partial^2}{\partial z^2}$$

$$\Phi=2\mu\left\{\left(\frac{\partial u_R}{\partial R}\right)^2+\left[\frac{1}{R}\left(\frac{\partial u_\theta}{\partial \theta}+u_R\right)\right]^2+\left(\frac{\partial u_z}{\partial z}\right)^2\right\}$$

$$+\mu\left\{\left(\frac{\partial u_\theta}{\partial z}+\frac{1}{R}\frac{\partial u_z}{\partial \theta}\right)^2+\left(\frac{\partial u_z}{\partial R}+\frac{\partial u_R}{\partial z}\right)^2+\left[\frac{1}{R}\frac{\partial u_R}{\partial \theta}+R\frac{\partial}{\partial R}\left(\frac{u_\theta}{R}\right)\right]^2\right\}$$

D.4　球坐标系

$$\frac{1}{r^2}\frac{\partial}{\partial r}(r^2 u_r)+\frac{1}{r\sin\theta}\frac{\partial}{\partial \theta}(u_\theta\sin\theta)+\frac{1}{r\sin\theta}\frac{\partial u_\omega}{\partial \omega}=0$$

$$\rho\left(\frac{\mathrm{D}u_r}{\mathrm{D}t} - \frac{u_\theta^2 + u_\omega^2}{r}\right) = -\frac{\partial p}{\partial r} + \mu\left(\nabla^2 u_r - \frac{2}{r^2}u_r - \frac{2}{r^2}\frac{\partial u_\theta}{\partial\theta} - \frac{2}{r^2}u_\theta\mathrm{ctg}\theta\right.$$

$$\left. - \frac{2}{r^2\sin\theta}\frac{\partial u_\omega}{\partial\omega}\right) + \rho f_r$$

$$\rho\left(\frac{\mathrm{D}u_\theta}{\mathrm{D}t} + \frac{u_r u_\theta}{r} - \frac{u_\omega^2}{r}\mathrm{ctg}\theta\right) = -\frac{1}{r}\frac{\partial p}{\partial\theta} + \mu\left(\nabla^2 u_\theta + \frac{2}{r^2}\frac{\partial u_r}{\partial\theta} - \frac{u_\theta}{r^2\sin^2\theta}\right.$$

$$\left. - \frac{2}{r^2}\frac{\mathrm{ctg}\theta}{\sin\theta}\frac{\partial u_\omega}{\partial\omega}\right) + \rho f_\theta$$

$$\rho\left(\frac{\mathrm{D}u_\omega}{\mathrm{D}t} + \frac{u_r u_\omega}{r} + \frac{u_\theta u_\omega}{r}\mathrm{ctg}\theta\right) = -\frac{1}{r\sin\theta}\frac{\partial p}{\partial\omega} + \mu\left(\nabla^2 u_\omega + \frac{2}{r^2\sin\theta}\frac{\partial u_r}{\partial\omega}\right.$$

$$\left. + \frac{2\cos\theta}{r^2\sin^2\theta}\frac{\partial u_\theta}{\partial\omega} - \frac{u_\omega}{r^2\sin^2\theta}\right) + \rho f_\omega$$

$$\rho C_v \frac{\mathrm{D}T}{\mathrm{D}t} = k\nabla^2 T + \Phi$$

$$\sigma_{rr} = -p + 2\mu s_{rr} = -p + 2\mu\frac{\partial u_r}{\partial r}$$

$$\sigma_{\theta\theta} = -p + 2\mu s_{\theta\theta} = -p + 2\mu\left(\frac{1}{r}\frac{\partial u_\theta}{\partial\theta} + \frac{u_r}{r}\right)$$

$$\sigma_{\omega\omega} = -p + 2\mu s_{\omega\omega} = -p + 2\mu\left(\frac{1}{r\sin\theta}\frac{\partial u_\omega}{\partial\omega} + \frac{u_r}{r} + \frac{u_\theta\mathrm{ctg}\theta}{r}\right)$$

$$\sigma_{r\theta} = \sigma_{\theta r} = 2\mu s_{r\theta} = \mu\left[r\frac{\partial}{\partial r}\left(\frac{u_\theta}{r}\right) + \frac{1}{r}\frac{\partial u_r}{\partial\theta}\right]$$

$$\sigma_{\theta\omega} = \sigma_{\omega\theta} = 2\mu s_{\theta\omega} = \mu\left[\frac{\sin\theta}{r}\frac{\partial}{\partial\theta}\left(\frac{u_\omega}{\sin\theta}\right) + \frac{1}{r\sin\theta}\frac{\partial u_\theta}{\partial\omega}\right]$$

$$\sigma_{\omega r} = \sigma_{r\omega} = 2\mu s_{\omega r} = \mu\left[r\frac{\partial}{\partial r}\left(\frac{u_\omega}{r}\right) + \frac{1}{r\sin\theta}\frac{\partial u_r}{\partial\omega}\right]$$

$$\frac{\mathrm{D}}{\mathrm{D}t} = \frac{\partial}{\partial t} + u_r\frac{\partial}{\partial r} + \frac{u_\theta}{r}\frac{\partial}{\partial\theta} + \frac{u_\omega}{r\sin\theta}\frac{\partial}{\partial\omega}$$

$$\nabla^2 = \frac{1}{r^2}\frac{\partial}{\partial r}\left(r^2\frac{\partial}{\partial r}\right) + \frac{1}{r^2\sin\theta}\frac{\partial}{\partial\theta}\left(\sin\theta\frac{\partial}{\partial\theta}\right) + \frac{1}{r^2\sin^2\theta}\frac{\partial^2}{\partial\omega^2}$$

$$\Phi = 2\mu\left[\left(\frac{\partial u_r}{\partial r}\right)^2 + \left(\frac{1}{r}\frac{\partial u_\theta}{\partial\theta} + \frac{u_r}{r}\right)^2 + \left(\frac{1}{r\sin\theta}\frac{\partial u_\omega}{\partial\omega} + \frac{u_r}{r} + \frac{u_\theta}{r}\mathrm{ctg}\theta\right)^2\right]$$

$$+ \mu\left\{\left[\frac{1}{r}\frac{\partial u_r}{\partial\theta} + r\frac{\partial}{\partial r}\left(\frac{u_\theta}{r}\right)\right]^2 + \left[\frac{1}{r\sin\theta}\frac{\partial u_r}{\partial\omega} + r\frac{\partial}{\partial r}\left(\frac{u_\omega}{r}\right)\right]^2\right.$$

$$\left. + \left[\frac{1}{r\sin\theta}\frac{\partial u_\theta}{\partial\omega} + \frac{\sin\theta}{r}\frac{\partial}{\partial\theta}\left(\frac{u_\omega}{\sin\theta}\right)\right]^2\right\}$$

附录 E 复变函数

E.1 解析函数

如果函数 $F(z)$ 在 z_0 及 z_0 的邻域内处处可导,那么称 $F(z)$ 在 z_0 解析。如果 $F(z)$ 在区域 D 内每一点解析,那么称 $F(z)$ 在 D 内解析,或称 $F(z)$ 是 D 内的一个解析函数。如果 $F(z)$ 在 z_0 不解析,那么称 z_0 为 $F(z)$ 的奇点。

两个解析函数的和、差、积、商都是解析函数(在商的情形除去分母为零的点);解析函数的复合函数仍为解析函数。由于解析函数 $F(z)$ 的导数 DF/Dz 与求导的方向无关,因此有

$$\frac{\mathrm{d}F}{\mathrm{d}z} = \frac{\mathrm{d}F}{\mathrm{d}x} = \mathrm{i}\,\frac{\mathrm{d}F}{\mathrm{d}y}$$

E.2 柯西-黎曼方程

函数 $F(z)=\phi(x,y)+\mathrm{i}\psi(x,y)$ 在其定义域 D 内解析的充要条件是 $\phi(x,y)$ 和 $\psi(x,y)$ 在 D 内任一点 $z=x+\mathrm{i}y$ 可微,而且满足柯西-黎曼方程,式如

$$\frac{\partial \phi}{\partial x} = \frac{\partial \psi}{\partial y}, \qquad \frac{\partial \phi}{\partial y} = -\frac{\partial \psi}{\partial x}$$

容易证明如 $\phi(x,y)$ 和 $\psi(x,y)$ 满足柯西-黎曼方程,则它们也满足拉普拉斯方程,式如

$$\frac{\partial^2 \phi}{\partial x^2} + \frac{\partial^2 \phi}{\partial y^2} = 0, \qquad \frac{\partial^2 \psi}{\partial x^2} + \frac{\partial^2 \psi}{\partial y^2} = 0$$

通常把具有二阶连续偏导数并且满足拉普拉斯方程的二元函数叫做调和函数,而把构成 $F(z)$ 的两个调和函数 ϕ 和 ψ 叫做共轭调和函数。

E.3 柯西定理

如果函数 $F(z)$ 在单连通域 B 内处处解析,那么函数 $F(z)$ 沿 B 中的任何一条封闭曲线 c 的积分为零,即

$$\oint_c F(z)\mathrm{d}z = 0$$

E.4 解析函数的高阶导数

解析函数 $F(z)$ 的导数仍为解析函数,它的 n 阶导数为

$$F^n(z_0) = \frac{\mathrm{d}^n F(z_0)}{\mathrm{d}z^n} = \frac{n!}{2\pi\mathrm{i}} \oint_c \frac{F(z)}{(z-z_0)^{n+1}}\mathrm{d}z \quad (n = 1, 2, \cdots)$$

其中 c 为在函数 $F(z)$ 的解析域 D 内围绕 z_0 的任何一条正向简单封闭曲线,而且它的内部全属于 D。

E.5 泰勒级数

设 $F(z)$ 在区域 D 内解析,z_0 为 D 内的一点,R 为 z_0 到 D 的边界上各点的最短矩离,则当 $|z-z_0| < R$ 时,

$$F(z) = F(z_0) + (z-z_0)\frac{\mathrm{d}F(z_0)}{\mathrm{d}z} + \frac{(z-z_0)^2}{2!}\frac{\mathrm{d}^2 F(z_0)}{\mathrm{d}z^2} + \cdots$$

当 $z_0 = 0$ 时,上述级数称为麦克劳林级数。

E.6 罗伦级数

设 $F(z)$ 在圆环区域 $R_0 < |z-z_0| < R_1$ 内处处解析,则

$$F(z) = \cdots + \frac{c_{-2}}{(z-z_0)^2} + \frac{c_{-1}}{z-z_0} + a_0 + c_1(z-z_0) + c_2(z-z_0)^2 + \cdots$$

式中

$$c_n = \frac{1}{2\pi\mathrm{i}} \oint_c \frac{F(\xi)}{(\xi-z_0)^{n+1}}\mathrm{d}\xi, \quad (n = 0, \pm1, \pm2, \cdots)$$

这里 c 为在圆环域内绕 z_0 的任意一条简单闭曲线。

E.7 留数定理

函数 $F(z)$ 在奇点 z_0 处的留数定义为 $F(z)$ 在 z_0 邻域内的罗伦级数的 -1 次幂项的系数 c_{-1}。

设函数 $F(z)$ 在区域 D 内除有限个奇点外解析,c 为 D 内的一条简单封闭曲线,在 c 内函数 $F(z)$ 除孤立奇点 $z_1, z_2, \cdots, z_n$ 外处处解析,则

$$\int_c F(z)\mathrm{d}z = 2\pi\mathrm{i}(R_1 + R_2 + \cdots + R_n)$$

式中 R_1 是 $F(z)$ 在 z_1 点的留数，R_2 是 $F(z)$ 在 z_2 点的留数，$\cdots$，R_n 是 $F(z)$ 在 z_n 点的留数等。

E.8 孤立奇点

如果函数 $F(z)$ 在 z_0 的邻域内除 z_0 外解析，称 z_0 是函数 $F(z)$ 的一个孤立奇点。孤立奇点分三类：

(1) 当 $\lim\limits_{z\to z_0}F(z)=A$（$A$ 为有限数），z_0 称 $F(z)$ 的可去奇点。此时 $F(z)$ 在 z_0 邻域里的罗伦级数中不含 $z-z_0$ 的负幂次项。

(2) 当 $\lim\limits_{z\to z_0}F(z)=\infty$，$z_0$ 称为 $F(z)$ 的极点，此时 $F(z)$ 在 z_0 邻域里的罗伦级数只有有限多个 $z-z_0$ 的负幂次项，如果 $z-z_0$ 的负次幂最高是 m，那么称 z_0 是 $F(z)$ 的 m 阶极点。

(3) 当 $\lim\limits_{z\to z_0}F(z)$ 不存在，z_0 称 $F(z)$ 的本性奇点，此时 $F(z)$ 在 z_0 的邻域里的罗伦级数有无限多的负幂次项。

E.9 孤立奇点的留数计算法则

(1) 函数在可去奇点的留数等于零。

(2) 如 z_0 是 $F(z)$ 的一阶极点，则留数
$$R = \lim_{z\to z_0}[(z-z_0)F(z)]$$

(3) 如 z_0 是 $F(z)$ 的 m 阶极点，则
$$R = \frac{1}{(m-1)!}\lim_{z\to z_0}\frac{\mathrm{d}^{m-1}}{\mathrm{d}z^{m-1}}[(z-z_0)^m F(z)]$$

(4) 设分式函数 $F(z)=P(z)/Q(z)$，$P(z)$ 和 $Q(z)$ 在 z_0 点解析，$Q(z_0)=0$，而 $P(z_0)\neq 0$，且 $\mathrm{d}Q/\mathrm{d}z(z_0)\neq 0$，则
$$R = \lim_{z\to z_0}\frac{P}{\mathrm{d}Q/\mathrm{d}z}$$

第 1 章

1.1 0, $\mathrm{e}^t\dfrac{y_0+z_0}{2}-\mathrm{e}^{-t}\dfrac{y_0-z_0}{2}$, $\mathrm{e}^t\dfrac{y_0+z_0}{2}+\mathrm{e}^{-t}\dfrac{y_0-z_0}{2}$; 0, z, y

1.2 (1) 0, $2y/(1+t)^2$, $6z/(1+t)^2$

(2) 0, $2y_0$, $6z_0(1+t)$

(3) $y=c_1x^2$, $z=c_2x^3$

1.3 1, 3, 2; 3, 9, 4

1.4 $u=-\dfrac{2t}{\alpha}-\dfrac{2}{\alpha^2}+\left(x_0+\dfrac{2}{\alpha^3}\right)\alpha\mathrm{e}^{\alpha t}$, $a_x=-\dfrac{2}{\alpha}+\left(x_0+\dfrac{2}{\alpha^3}\right)\alpha^2\mathrm{e}^{\alpha t}$

$v=\dfrac{2t}{\beta}+\dfrac{2}{\beta^2}+\left(y_0-\dfrac{2}{\beta^3}\right)\beta\mathrm{e}^{\beta t}$, $a_y=\dfrac{2}{\beta}+\left(y_0-\dfrac{2}{\beta^3}\right)\beta^2\mathrm{e}^{\beta t}$

$\omega=0, a_z=0$

1.5 (1) 0, $-2x\mathrm{e}^{-2t}$, $-3x\mathrm{e}^{-3t}$

(2) 0, $4x_0\mathrm{e}^{-2t}$, $9x_0\mathrm{e}^{-3t}$; 0, $4\mathrm{e}^{-2t}x$, $9x\mathrm{e}^{-3t}$

(3) 流线，$x=1$, $y=\dfrac{2}{3}(z-1)\mathrm{e}^t+1$

迹线，$x=1$, $y=\mathrm{e}^{-2t}$, $z=\mathrm{e}^{-3t}$

(4) $\nabla\cdot\boldsymbol{u}=0$; $\nabla\times\boldsymbol{u}=3\mathrm{e}^{-3t}\boldsymbol{j}-2\mathrm{e}^{-2t}\boldsymbol{k}$

涡线，$x=c_1$, $z=-\dfrac{2}{3}y\mathrm{e}^t+c_2$

(5) $\boldsymbol{S}=\begin{bmatrix} 0 & \mathrm{e}^{-2t} & -\dfrac{3}{2}\mathrm{e}^{-3t} \\ \mathrm{e}^{-2t} & 0 & 0 \\ -\dfrac{3}{2}\mathrm{e}^{-3t} & 0 & 0 \end{bmatrix}$, $\boldsymbol{A}=\begin{bmatrix} 0 & \mathrm{e}^{-2t} & \dfrac{3}{2}\mathrm{e}^{-3t} \\ -\mathrm{e}^{-2t} & 0 & 0 \\ -\dfrac{3}{2}\mathrm{e}^{-3t} & 0 & 0 \end{bmatrix}$

1.6 $-\sqrt{2}x_0\sin\sqrt{2}t+(x_0+3y_0)\cos\sqrt{2}t$, $-\sqrt{2}y_0\sin\sqrt{2}t-(x_0+y_0)\cos\sqrt{2}t$, 0;

$-2x$, $-2y$, 0

1.7 (1) $xy=1$, $z=1$

(2) $x=\mathrm{e}^{-2t}$, $y=(1+t)^2$, $z=\mathrm{e}^{2t}(1+t)^{-2}$

(3) $x = \mathrm{e}^{-2(t-\tau)}$, $\quad y = \left(\dfrac{1+t}{1+\tau}\right)^2$, $\quad z = \mathrm{e}^{2(t-\tau)}\left(\dfrac{1+t}{1+\tau}\right)^2$,式中 $-\infty < \tau \leqslant t$

1.8 $\quad x = \dfrac{t}{\tau}x_1$, $\quad y = y_1\mathrm{e}^{t-\tau}$, $\quad z = z_1$

1.9 $\quad \dfrac{\mathrm{d}R}{u_R} = \dfrac{R\mathrm{d}\theta}{u_\theta} = \dfrac{\mathrm{d}z}{u_z}$, $\quad \dfrac{\mathrm{d}R}{u_R} = \dfrac{R\mathrm{d}\theta}{u_\theta} = \dfrac{\mathrm{d}z}{u_z} = \mathrm{d}t$

$\quad \dfrac{\mathrm{d}r}{u_r} = \dfrac{r\mathrm{d}\theta}{u_\theta} = \dfrac{r\sin\theta\mathrm{d}\omega}{u_\omega}$, $\quad \dfrac{\mathrm{d}r}{u_r} = \dfrac{r\mathrm{d}\theta}{u_\theta} = \dfrac{r\sin\theta\mathrm{d}\omega}{u_\omega} = \mathrm{d}t$

1.10 $\quad u_R = \dfrac{c}{R}$, $\quad u_\theta = 0$, $\quad u_z = 0$

流线同迹线，$\quad \theta = c_1$, $\quad z = c_2$

1.11 $\quad a\mathrm{e}^{-x/L}\left(\dfrac{U}{L}\sin\dfrac{2\pi t}{\tau} - \dfrac{2\pi}{\tau}\cos\dfrac{2\pi t}{\tau}\right)$

1.12 $\quad T(x_0\mathrm{e}^{t^2/2}, y_0\mathrm{e}^{t^2/2}, z_0\mathrm{e}^{t^2/2}, t)$

1.14 $\quad 0$, $\quad 0$

1.15 $\quad 0$, $\quad 0$, $\quad -16a^3$

1.16 $\quad$(1) $\dfrac{cz}{\sqrt{y^2+z^2}}\boldsymbol{j} - \dfrac{cy}{\sqrt{y^2+z^2}}\boldsymbol{k}$; $\quad x = c_1$, $\quad x^2+z^2 = c_2$

$\quad$(2) $(z^2-y^2)x\boldsymbol{i} + (x^2-z^2)y\boldsymbol{j} + (y^2-x^2)z\boldsymbol{k}$;

$\quad\quad xyz = c_1$, $\quad x^2+y^2+z^2 = c_2$

$\quad$(3) $2\omega\boldsymbol{k}$; $\quad R = c_1$, $\quad \theta = c_2$

$\quad$(4) $\boldsymbol{\Omega} = 0$

1.17 $\quad -50$, $\quad -50$

1.19 $\quad (4, -10/3, 0)$, $\quad 44/9$, $\quad 20.1°$

1.20 $\quad (5/2, 3, \sqrt{3})$

1.21 $\quad \sigma_{RR} = \sigma_{Rz} = 0$

$\quad R = R_1$, $\quad \sigma_{R\theta} = \dfrac{2\mu R_2^2}{(R_2^2-R_1^2)}(\omega_2-\omega_1)$;

$\quad R = R_2$, $\quad \sigma_{R\theta} = \dfrac{2\mu R_1^2}{(R_2^2-R_1^2)}(\omega_2-\omega_1)$

1.22 $\quad \sigma_{r\omega} = 0$, $\sigma_{rr}\big|_{r=a} = -p_0 + \dfrac{3}{2}\dfrac{\mu}{a}U\cos\theta$, $\quad \sigma_{r\theta}\big|_{r=a} = -\dfrac{3}{2}\dfrac{\mu}{a}U\sin\theta$

1.23 $\quad \tau_{xy} = \tau_{yx} = 0.02zt$, $\quad \tau_{xz} = \tau_{zx} = 0.001yt$, $\quad \tau_{yz} = \tau_{zy} = 0.001xt$

1.24 $\quad \tau_{xy} = \tau_{yx} = 0.024\,\mathrm{Pa}$, $\quad \tau_{xz} = \tau_{zx} = 0.040\,\mathrm{Pa}$, $\quad \tau_{zy} = \tau_{yz} = 0.056\,\mathrm{Pa}$

1.25 $\quad 4\pi R_0^2 c\mu$

1.26 $\tau_{12} = \tau_{21} = 3a\mu z(1-2y)$, $\quad \tau_{13} = \tau_{31} = 3a\mu z\left(z - \dfrac{2}{\sqrt{3}}\right) + 3a\mu y(1-y)$

其余分量为零

$$p_{rm} = \tau_{13}, \quad \tau_{nt} = \tau_{12}/\sqrt{2}$$

第 2 章

2.6 $v = -2axy$

2.7 (1) $u_\theta = u_z = 0$, $\quad \dfrac{\partial \rho}{\partial t} + \dfrac{1}{R}\dfrac{\partial}{\partial R}(\rho R u_R) = 0$

(2) $u_\omega = u_\theta = 0$, $\quad \dfrac{\partial \rho}{\partial t} + \dfrac{1}{r^2}\dfrac{\partial}{\partial r}(\rho r^2 u_r) = 0$

(3) $u_\theta = 0$, $\quad \dfrac{\partial \rho}{\partial t} + \dfrac{1}{R}\left[\dfrac{\partial}{\partial R}(\rho R u_R) + \dfrac{\partial}{\partial z}(\rho R u_z)\right] = 0$

(4) $u_r = 0$, $\quad \dfrac{\partial \rho}{\partial t} + \dfrac{1}{r\sin\theta}\dfrac{\partial(\rho\sin\theta u_\theta)}{\partial \theta} + \dfrac{1}{r\sin\theta}\dfrac{\partial(\rho u_\omega)}{\partial \omega} = 0$

(5) $u_R = 0$, $\quad \dfrac{\partial \rho}{\partial t} + \dfrac{1}{R}\dfrac{\partial(\rho u_\theta)}{\partial \theta} + \dfrac{\partial(\rho u_z)}{\partial z} = 0$

(6) $u_\theta = 0$, $\quad \dfrac{\partial \rho}{\partial t} + \dfrac{1}{r^2}\dfrac{\partial(\rho r^2 u_r)}{\partial r} + \dfrac{1}{r\sin\theta}\dfrac{\partial(\rho u_\omega)}{\partial \omega} = 0$

2.17 $\mu U^2/h^2$

2.18 $4\pi\mu a^2\omega^2$

2.20 $-U\boldsymbol{i}$, $\quad F(x + Ut, y, z) = 0$, $\quad -\dfrac{U}{|\nabla F|}\dfrac{\partial F}{\partial x}$

$f(t)\boldsymbol{i}$, $\quad F\left(x - \displaystyle\int_0^t f(t)\,\mathrm{d}t, y, z\right) = 0$, $\quad \dfrac{f(t)}{|\nabla F|}\dfrac{\partial F}{\partial x}$

2.22 $u = v = 0$; $\quad u = U$, $\quad v = 0$

2.24 $u = \dot{a}\cos\theta$, $\quad v = U + \dot{a}\sin\theta\cos\omega - a\omega\sin\theta\sin\omega$, $\quad w = \dot{a}\sin\theta\sin\omega + a\omega\sin\theta\cos\omega$

第 3 章

3.3 (1) 无旋;

(2) 有旋,如容器的旋转角速度为 $\boldsymbol{\omega}$,则流体中的涡量分布均匀,等于 $-2\boldsymbol{\omega}$。

3.4 (1) 无旋;(2) 有旋。

3.6 $p(R,\theta) = p_0 - \dfrac{1}{2}\rho U^2\dfrac{a^2}{R^2}\left(\dfrac{a^2}{R^2} - 2\cos2\theta\right)$, $\quad p(a,\theta) = p_0 - \dfrac{1}{2}\rho U^2(4\sin^2\theta - 1)$

3.7 $\dfrac{ct}{\sqrt{2}R_0} = \left(1 + \dfrac{2}{3}\eta + \dfrac{1}{5}\eta^2\right)\sqrt{\eta}$, 式中 $\eta = \dfrac{R}{R_0} - 1$, $\quad c^2 = \sqrt{\dfrac{p_0}{\rho}}$。

3.8 $\quad gh = \dfrac{1}{2}\left[\dfrac{A^2(h)}{A^2(0)}-1\right]\left(\dfrac{\mathrm{d}h}{\mathrm{d}t}\right)^2 - \left[\dfrac{\mathrm{d}^2h}{\mathrm{d}t^2}A(h)+\dfrac{\mathrm{d}A(h)}{\mathrm{d}h}\left(\dfrac{\mathrm{d}h}{\mathrm{d}t}\right)^2\right]\displaystyle\int_0^h\dfrac{\mathrm{d}z}{A(z)}$

3.9 （1）铅直段 $\quad p = p_a + \rho g\,\dfrac{L_2(h-z)}{h+L_2}\quad$ 水平段 $\quad p = p_a + \rho g h\,\dfrac{L_2-x}{h+L_2}$

$\qquad$（2）$t = \displaystyle\int_0^{L_1}\left\{2g\left[L_1-h+L_2\ln\dfrac{h+L_2}{L_1+L_2}\right]\right\}^{-1/2}\mathrm{d}h$

3.11 $\quad u_2 = \sqrt{\dfrac{2(g+a)h}{1-(d/D)^4}}$

3.12 $\quad -2\pi\rho U\omega a^2 l^2$，式中 a 和 l 分别是水平臂的半径和长度，U 是水平臂轴线上的速度。

3.13 $\quad x'+l = A\sin(\sqrt{k}t+s)$，$\dfrac{p}{\rho}=\dfrac{p_a}{\rho}+\dfrac{1}{2}k(x-x')(x'+2l-x)$，式中 A、s 是积分常数。

第 4 章

4.1 $\quad \psi = \dfrac{1}{2}(y^2-x^2)+c$；$\quad \psi = 3x^2y-y^3+c$；$\quad \psi = \dfrac{-y}{x^2+y^2}+c$；

$\qquad \psi = -\dfrac{2xy}{(x^2+y^2)^2}+c$

4.2 $\quad F(z) = \ln z + c$；$\quad F(z) = \mathrm{i}\ln z^2 + c$；$\quad F(z) = 1/z^2 + c$；

$\qquad F(z) = -U\left(z\mathrm{e}^{\mathrm{i}\alpha}-\dfrac{a^2}{z}\mathrm{e}^{-\mathrm{i}\alpha}\right)+c$

4.4 $\quad$流动由位于 $z=1$ 强度为 $2\pi m$ 的点源，位于 $z=-1$ 强度为 $2\pi m$ 的点源，和位于原点强度为 $2\pi m$ 的点汇组成；流线方程，$(x^2+y^2+1)y = \lambda(x^2+y^2-1)x$；体积流量，$-\pi m/2$。

4.6 $\quad$流线方程，$R = \mathrm{e}^{-k_1\theta}+k_2$；$\quad \phi = k\ln R + c_1\theta + c_2$

4.8 $\quad p = c - \dfrac{\rho}{2}\left(2U\sin\theta+\dfrac{\Gamma}{2\pi}\right)^2$；$\quad \rho U\Gamma$

4.9 $\quad y$ 轴最大速度：$y=a$，$u=0$，$v=\dfrac{m}{2\pi a}$；$\quad y=-a$，$u=0$，$v=-\dfrac{m}{2\pi a}$

4.12 $\quad \psi = \dfrac{R(1-R^2)\sin\theta}{R^4+1+2R^2\cos2\theta}$

4.13 $\quad F(z) = U\left(z+\dfrac{a^2}{z}\right)+\dfrac{\Gamma}{2\pi\mathrm{i}}\ln\dfrac{(z-\bar{z}_0)(a^2-\bar{z}z_0)}{(z-z_0)(a^2-zz_0)}$

4.14 $\quad \dfrac{\rho Q^2}{2\pi}\,\dfrac{a^2}{(l^2-a^2)l}$；$\quad \dfrac{\rho\Gamma^2}{2\pi}\,\dfrac{a^2}{(l^2-a^2)l}$

4.15 $F(z) = \dfrac{\Gamma}{2\pi i} \ln \dfrac{z^n - z_0^n}{z^n - \bar{z}_0^n}$

4.16 $F(z) = \dfrac{Q}{2\pi} \ln \dfrac{z^4 + 1}{z^4}$;

$(x^2 + y^2)[(x^2 + y^2)^2 + 4] + \lambda xy(x^2 - y^2) = 0$，$\lambda$ 是常数；

$|\boldsymbol{u}| = \dfrac{Q}{2\pi} \dfrac{16}{5}$

4.17 在上表面：$u = -\dfrac{xU}{\sqrt{b^2 - x^2}}$，$v = 0$；　　在下表面：$u = \dfrac{xU}{\sqrt{b^2 - x^2}}$，$v = 0$

$p = p_\infty + \dfrac{1}{2}\rho U^2\left(1 - \dfrac{x^2}{b^2 - x^2}\right)$；　$c_p = 1 - \dfrac{x^2}{b^2 - x^2}$

4.18 $p = p_\infty + \dfrac{1}{2}\rho U^2 - \dfrac{1}{2}\rho U^2 \dfrac{y^2}{h^2 - y^2}$

4.19 $W(z) = -aR^{\frac{\beta}{\pi - \beta}} e^{\frac{i\beta}{\pi - \beta}}$；　$u - iv = -aR^{\frac{\beta}{\pi - \beta}}(\cos\beta \pm i\sin\beta)$

4.20 $F(z) = \dfrac{Q}{2\pi} \ln \dfrac{(z-1)^4}{(z^2+1)z}$；　$u = -0.063\,7$，　$v = 0.026\,5$

4.21 $U_{\min} = \dfrac{\sqrt{3}}{4}\sqrt{\pi ag \dfrac{\rho_b - \rho}{\rho}}$

4.22 $F(z) = \dfrac{lU}{\pi} \ln \zeta$

4.23 $W(z) = \dfrac{UH}{\pi k}\left(\dfrac{\zeta - \alpha}{\zeta - 1}\right)^{\frac{r}{2n}}$，　$k = \dfrac{H}{\pi}$，　$\alpha = \left(\dfrac{H}{h}\right)^{\frac{2n}{r}}$

$F(z) = a\pi U \coth\left(\dfrac{a\pi}{z}\right)$

4.25 $F(z) = a\pi U_\infty \coth\left(\dfrac{a\pi}{z}\right)$

$p(\theta) = p_\infty + \dfrac{1}{2}\rho U_\infty^2 - \dfrac{\rho a^2 \pi^4 U_\infty^2}{8y^2 \operatorname{ch}^4(\pi x/2y)}$

4.26 $F(z) = \dfrac{U(\pi - \alpha)}{\pi a} \dfrac{1}{(1 - a/z)^{\pi/(\pi - \alpha)} - 1}$

第 5 章

5.1 $\phi = \dfrac{A}{3r^3}(\sin^2\theta - 2\cos^2\theta) + 2Br\cos\theta + c$

5.5 $p = \dfrac{p - p_\infty}{\rho U^2/2} = 1 - \dfrac{9}{4}\sin^2\theta$；　0

5.7　$\psi = \dfrac{\mu\sin^2\theta_1}{r_1} - \left(\mu\,\dfrac{a^3}{l^3}\right)\dfrac{\mu\sin^2\theta_2}{r_2}$

5.9　$p = p_0 + \dfrac{\rho\dot{Q}}{2\pi}\,\dfrac{1}{y^2 + z^2 + h^2} - \dfrac{\rho Q^2}{8\pi^2}\,\dfrac{y^2 + z^2}{(y^2 + z^2 + h^2)^3}$

5.10　$F = \rho Q_1 \displaystyle\sum_{k=2}^{n} \dfrac{(\boldsymbol{r}_k - \boldsymbol{r}_1)Q_k}{4\pi\,|\,\boldsymbol{r}_k - \boldsymbol{r}_1\,|^3}$

5.11　$\dfrac{1}{3}\rho\pi a^3 U^2$;　　$\dfrac{2}{3}\rho\pi a^3\,\dfrac{\mathrm{d}U}{\mathrm{d}t}$

5.12　$\phi = -\dfrac{U}{2}\,\dfrac{a^3}{r^2}\cos\theta,\quad \left(\dfrac{p}{\rho}\right)_{r=a} = \dfrac{p_\infty}{\rho} + \dfrac{U^2}{2}\left(1 - \dfrac{9}{4}\sin^2\theta\right) + \dfrac{a}{2}\dot{U}\cos\theta,$

　　　　$F_x = -\dfrac{2}{3}\rho\pi a^3\,\dfrac{\mathrm{d}U(t)}{\mathrm{d}t}$

5.13　$\dfrac{5}{8}\,\dfrac{U^2}{g}$

5.14　$\rho\pi a^2\,\dfrac{\mathrm{d}U(t)}{\mathrm{d}t}$

5.15　$U_{\min} = \dfrac{8}{9}\sqrt{ag\,\dfrac{\rho_b - \rho}{\rho}}$

5.16　$\dfrac{u_T - u}{u_T + u_0} = \mathrm{e}^{-t/\tau},\quad u_T = \sqrt{\dfrac{2(M_0 g - M_f g)}{C_D \rho A}},\quad \tau = \dfrac{M_0 + M_f/2}{C_D \rho\,u_T A}$

　　　　$M_0 = \rho_0\,\dfrac{4}{3}\pi a^3,\quad M_f = \rho\,\dfrac{4}{3}\pi a^3$

第 6 章

6.1　$u_z = \dfrac{\Gamma}{2}\,\dfrac{a^2}{(a^2 + h^2)^{3/2}} + \dfrac{\Gamma}{2a}$

6.2　$w = \dfrac{\Gamma}{4\pi(a + y)}\left[1 + \dfrac{x}{\sqrt{x^2 + (a + y)^2}}\right]$

　　　　$+ \dfrac{\Gamma}{4\pi x}\left[\dfrac{y + a}{\sqrt{x^2 + (a + y)^2}} - \dfrac{a - y}{\sqrt{x^2 + (a + y)^2}}\right]$

　　　　$+ \dfrac{\Gamma}{4\pi(a - y)}\left[1 + \dfrac{x}{\sqrt{x^2 + (y - a)^2}}\right]$

6.3　$u_\theta = -\dfrac{\Gamma}{2\pi}\,\dfrac{a^2}{b(b^2 - a^2)}$;　　以原点为中心作顺时针方向圆周运动。

6.5　$U = \dfrac{\Gamma}{4\pi h}$;　　流线方程, $\ln\dfrac{x^2 + (y + h)^2}{x^2 + (y - h)^2} + \dfrac{y}{h} = c$。

6.7　四个点涡均静止。

6.10　$\Gamma = 2\pi U(R_0^2 + a^2)(R_0^2 - a^2)^2/R_0^5$

第 7 章

7.1　$u_2 = \dfrac{\mu_2 U}{\mu_1 h_2 + \mu_2 h_1} y + \dfrac{\mu_2 U h_1}{\mu_1 h_2 + \mu_2 h_1}$, 　$u_1 = \dfrac{\mu_1 U}{\mu_1 h_2 + \mu_2 h_1} y + \dfrac{\mu_2 U h_1}{\mu_1 h_2 + \mu_2 h_1}$

7.2　$\dfrac{u}{U} = \dfrac{2}{R}\left(\dfrac{y}{h} - 1 + \dfrac{e^R - e^{Ry/h}}{\mathrm{sh}R}\right)$, 式中 $U = \dfrac{h^2(\rho g \sin\alpha - k_0)}{2\mu}$

7.3　$a/b = 1$

7.4　$\alpha = -\dfrac{\sqrt{3}}{6\mu b}\dfrac{\mathrm{d}p}{\mathrm{d}x}$

7.6　$u = U(R - a)/h$

7.7　$U = -\dfrac{1}{3\mu}\left(\dfrac{4Mg}{\pi D^2 L} - \rho g\right)\dfrac{\delta^2}{D}$

7.8　$u(y,t) = U\mathrm{Re}\left\{\dfrac{\mathrm{sh}\left[(1+i)\sqrt{\dfrac{n}{2\nu}}(h-y)\right]}{\mathrm{sh}\left[(1+i)\sqrt{\dfrac{n}{2\nu}}h\right]}e^{\mathrm{i}nt}\right\}$

7.9　$u(y,t) = \displaystyle\sum_{n=1}^{\infty}\dfrac{2U}{n\pi}(-1)^{n+1}\sin\dfrac{n\pi y}{h}e^{-\frac{n^2\pi^2}{h^2}\nu t}$

7.10　$|T_0| = |T_i| = \dfrac{4\pi\mu\omega_0 R_0^2 R_i^2}{(R_0^2 - R_i^2)}$

7.11　$u_\theta(R) = \dfrac{\omega_i R_i^2}{R}$

7.12　$u(y,t) = U\displaystyle\sum_{n=1}^{\infty}\dfrac{2}{n\pi}[1 - (-1)^n]\sin\dfrac{n\pi y}{h}e^{-\frac{2\pi x}{b}}$

　　　　$Q = Ub^2\displaystyle\sum_{n=1}^{\infty}\dfrac{2}{n^3\pi^3}[1 - (-1)^n]^2$

7.13　$Re \ll 1$, $u(y,t) = -\dfrac{p_x a^2}{2\mu}\left(1 - \dfrac{y^2}{a^2}\right)\cos nt$

　　　　$Re \gg 1$, $u(y,t) = -\dfrac{p_x}{\rho n}\sin nt$

7.14　$p(R,z) = p_0 - \dfrac{\rho}{2}\left(a^2 R^2 + \dfrac{K^2}{R^2} + 4a^2 z^2\right)$, 　$f(R) = 1 - e^{-\frac{aR^2}{2\nu}}$。

7.15　$\dfrac{1}{h(t)^2} - \dfrac{1}{h_0^2} = \dfrac{16Ft}{3\pi R^4\mu}$

7.17　$Q = \dfrac{3\pi}{8\mu}\dfrac{p_0 - p_L}{L}\dfrac{R_0 - R_L}{R_L^{-3} - R_0^{-3}}$

第 8 章

8.2 $0.036\ 4 \times 10^{-3}$ m

8.3 $u_\omega = \dfrac{a^3 \omega}{r^2} \sin\theta$

8.4 $8\pi\mu a^3 \omega$

8.5 $u_\omega = \left\{ \dfrac{\omega_0 r_0^3 - \omega_i r_i^3}{r_0^3 - r_i^3} r - \dfrac{(\omega_0 - \omega_i) r_0^3 r_i^3}{r_0^3 - r_i^3} \dfrac{1}{r^2} \right\} \sin\theta; \quad M = 8\pi\mu \dfrac{r_i^3 r_0^3 (\omega_0 - \omega_i)}{r_0^3 - r_i^3}$

8.6 $\boldsymbol{u} = \left\{ \dfrac{\omega_0 r_0^3 - \omega_i r_i^3}{r_0^3 - r_i^3} r - \dfrac{(\omega_0 - \omega_i) r_0^3 r_i^3}{r_0^3 - r_i^3} \dfrac{1}{r^2} \right\} \boldsymbol{e}_r \times \boldsymbol{e}_x; \quad p = \text{const.}$

8.7 $6\pi\mu a U \dfrac{2\mu + 3\mu_0}{\mu + \mu_0}; \quad U_{平衡} = \dfrac{2}{3} \dfrac{a^2 g}{\mu} (\rho - \rho_0) \dfrac{\mu + \mu_0}{2\mu + 3\mu_0}$

8.8 $\psi(R, \theta) = \dfrac{U}{(\pi/2)^2 - 1} R \left[-\left(\dfrac{\pi}{2}\right)^2 \sin\theta + \dfrac{\pi}{2} \theta \sin\theta + \theta \cos\theta \right]; \quad R \ll \dfrac{\mu}{\rho U}$

8.9 $u_R = \dfrac{Q}{R} \dfrac{\cos 2\theta - \cos 2\phi_0}{\sin 2\phi_0 - 2\phi_0 \cos 2\phi_0}; \quad p = \dfrac{2\mu Q}{R^2} \dfrac{\cos 2\theta}{\sin 2\phi_0 - 2\phi_0 \cos 2\phi_0} + c$

8.10 $u = \dfrac{1}{2\mu} \dfrac{\partial p}{\partial x} \left(z^2 - \dfrac{\delta^2}{4} \right); \quad v = \dfrac{1}{2\mu} \dfrac{\partial p}{\partial y} \left(z^2 - \dfrac{\delta^2}{4} \right)$

8.11 $\dfrac{p - p_1}{p_2 - p_1} = \dfrac{\ln(R/R_1)}{\ln(R_2/R_1)}; \quad u_R = \dfrac{\rho g k}{\mu R} \dfrac{p_2 - p_1}{\ln(R_2/R_1)}; \quad \dfrac{2\pi\rho g k h}{\mu} \dfrac{p_2 - p_1}{\ln(R_2/R_1)}$

第 9 章

9.1 $k = 4.605, \quad \dfrac{\delta^*}{\delta} = 0.215, \quad \dfrac{\theta}{\delta} = 0.106$

9.3 $U_e = U / \left(1 - 2 \dfrac{a + b}{ab} \delta^* \right), \quad F = 2(a + b)\rho\theta \left[U / \left(1 - 2 \dfrac{a + b}{ab} \delta^* \right) \right]^2$

9.8 $f''' + 2ff'' + 2(f')^2 = 0, \quad f(\eta) = B\,\text{th}B\eta, \quad \psi = 6\alpha B \nu x^{1/3} \text{th}\left(\alpha B \dfrac{y}{x^{2/3}} \right)$

$u = \dfrac{\partial \psi}{\partial y} = 6\alpha^2 \nu x^{1/3} f' = 6\alpha^2 \nu x^{1/3} B \left[1 - \text{th}\left(\alpha B \dfrac{y}{x^{2/3}} \right) \right]$

9.10 $v_w = c x^{-1/2}$

9.12 $\dfrac{\tau_0}{\rho U^2 / 2} \approx \dfrac{0.655}{\sqrt{Re}}$

9.13 $\dfrac{\delta}{x} = \dfrac{3.464}{\sqrt{Re}}, \quad \dfrac{\delta^*}{x} = \dfrac{1.732}{\sqrt{Re}}, \quad \dfrac{\theta}{x} = \dfrac{0.577}{\sqrt{Re}}, \quad \dfrac{\tau_0}{\rho U^2 / 2} = \dfrac{0.577}{\sqrt{Re}}$

9.14 $\dfrac{\delta}{x} = \dfrac{4.641}{\sqrt{Re}}, \quad \dfrac{\delta^*}{x} = \dfrac{1.740}{\sqrt{Re}}, \quad \dfrac{\theta}{x} = \dfrac{0.646}{\sqrt{Re}}, \quad \dfrac{\tau_0}{\rho U^2 / 2} = \dfrac{0.646}{\sqrt{Re}}$

9.15　$\dfrac{\mathrm{d}}{\mathrm{d}x}(U^2\theta)+\dfrac{\mathrm{d}U}{\mathrm{d}x}U\delta^*=\dfrac{\tau_0}{\rho}-g\delta$;　　$\dfrac{\delta}{x}=1.549\,2\,\dfrac{\sqrt{\nu}}{(2gx^3)^{1/4}}$,

$\dfrac{\delta^*}{x}=0.516\,4\,\dfrac{\sqrt{\nu}}{(2gx^3)^{1/4}}$

$\dfrac{\theta}{x}=0.206\,6\,\dfrac{\sqrt{\nu}}{(2gx^3)^{1/4}}$,　　$\tau_0=2.582\,\dfrac{\sqrt{\nu}}{(2gx^3)^{1/4}}$

9.16　$\dfrac{\delta}{x}=4.496\,7\,\sqrt{\dfrac{\nu}{Ax^{7/6}}}$,　　$\dfrac{\tau_0}{\rho U^2/2}=1.139\,2\,\sqrt{\dfrac{\nu}{Ax^{7/6}}}$

9.17　$v_w=-2.18\,\sqrt{\nu c}$

9.18　$m=1/3$

9.19　$\delta=1.697\,\sqrt{\nu R/U}$,　　$\theta=0.206\,7\,\sqrt{\nu R/U}$,　　$\delta^*=0.458\,1\,\sqrt{\nu R/U}$

$\tau_0=3.486\,3\,\dfrac{U}{R}\,\sqrt{U\mu\rho/R}$

9.20　$\delta=2.68\,\sqrt{\dfrac{\nu}{U}}\,x^{1/3}$,　　$\delta^*=0.853\,\sqrt{\dfrac{\nu}{U}}\,x^{1/3}$,　　$\theta=0.372\,\sqrt{\dfrac{\nu}{U}}\,x^{1/3}$,

$\tau_0=1.166\,\sqrt{\mu\rho U^3}$

9.21　$U=cx^{-0.085\,4}$

第 10 章

10.4　$\varepsilon=\nu\left[\overline{\left(\dfrac{\partial u'}{\partial x}\right)^2}+\overline{\left(\dfrac{\partial v'}{\partial y}\right)^2}+\overline{\left(\dfrac{\partial w'}{\partial z}\right)^2}+\overline{\left(\dfrac{\partial u'}{\partial y}\right)^2}+\overline{\left(\dfrac{\partial u'}{\partial z}\right)^2}+\overline{\left(\dfrac{\partial v'}{\partial z}\right)^2}+\overline{\left(\dfrac{\partial v'}{\partial x}\right)^2}+\right.$
$\left.\overline{\left(\dfrac{\partial w'}{\partial x}\right)^2}+\overline{\left(\dfrac{\partial w'}{\partial y}\right)^2}\right]$

10.7　$l=\dfrac{u_* bn}{c}\left(\dfrac{y}{b}\right)^{\frac{n-1}{n}}$

10.8　$l=7a\,\dfrac{u_*}{u_{\max}}\left(\dfrac{a-R}{a}\right)^{6/7}\left(\dfrac{R}{a}\right)^{1/2}$

第 11 章

11.4　$\dfrac{u}{a_{01}}=\dfrac{p_1/p_0-1}{\gamma_1+\gamma_2 a_{01}/a_{02}}$,

$\dfrac{\Delta p_r}{p_0}=\dfrac{[1-(\gamma_1/\gamma_2)(a_{02}/a_{01})](p_1/p_0-1)}{2[1+(\gamma_1/\gamma_2)(a_{02}/a_{01})]}$,　　反射波。

$\dfrac{\Delta p_t}{p_0}=\dfrac{(p_1/p_0-1)}{1+(\gamma_1/\gamma_2)(a_{02}/a_{01})}$,　　折射波。

11.5 $\dfrac{u}{a_0} = \dfrac{1}{\gamma}\left(\dfrac{p_1}{p_0} - 1\right)$; $\quad \dfrac{p}{p_0} = 1$

11.6 $\dfrac{T_{02}}{T_{01}} = \dfrac{(1-\alpha)^2}{\alpha^2}$;

右行压缩波后区域速度和压强, $\quad \dfrac{u}{a_{01}} = \dfrac{U}{a_{01}}$, $\quad \dfrac{p}{p_0} = \gamma\dfrac{U}{a_{01}} + 1$;

反射波与折射波间区域速度和压强, $\quad \dfrac{u}{a_{01}} = \dfrac{2U/a_{01}}{(1 + a_{01}/a_{02})}$,

$\dfrac{p}{p_0} = \dfrac{2\gamma U/a_{01}}{(1 + a_{01}/a_{02})} + 1$, $\quad \dfrac{\Delta p_r}{\Delta p_t} = -\dfrac{(1-2\alpha)}{2\alpha}$

11.8 $\dfrac{\Delta s}{c_v} = \dfrac{2}{3}\dfrac{\gamma(\gamma^2-1)}{(\gamma+1)^3}\varepsilon^3 - \cdots$

11.9 $\dfrac{p_r}{p_2} = \dfrac{(3\gamma-1)-(\gamma-1)p_1/p_2}{(\gamma-1)+(\gamma+1)p_1/p_2}$

11.10 298.7 m/s

11.11 $u = \dfrac{2a_0}{\gamma-1}\left\{1 - \left[1 + \dfrac{\gamma+1}{2}\dfrac{p_0 A}{Ma_0}t\right]^{-\frac{\gamma-1}{\gamma+1}}\right\}$

11.12 208.5 m/s; 0.010 3 s

第 12 章

12.3 $C_p = -2\dfrac{u'}{U} + \left(\dfrac{u'}{U}\right)^2 M_\infty^2$

12.4 0.873; 15%

12.5 升力系数 1。

12.6 $C_D = \dfrac{16}{3}\dfrac{\delta^2}{\sqrt{M_\infty^2-1}}$

12.7 $C_D = \dfrac{4}{\sqrt{M_\infty^2-1}}(\alpha^2 + 2\delta^2)$

12.8 1.92

12.9 1.633; 139.8×10^3 Pa

12.10 0.036 8; 小扰动理论 0.035 9

12.11 $C_D = 0.044\ 9$, $C_L = 0.255$; 小扰动理论, $C_D = 0.0431$, $C_L = 0.247$

参考书目

1. I G Currie. Fundamental mechanics of fluids. 3rd Edition. New York：Marcel Dekker Inc，2003

2. G K Batchelor. An introduction to fluid dynamics. New York：Cambridge University Press，2000

3. Clement Kleinstreuer. Engineering fluid dynamics. New York：Cambridge University Press，1997

4. Joseph H Spurk. Fluid mechanics. 北京：Springer-Verlag，世界图书出版公司，1997

5. Frederrick S Sherman. Viscous flow. New York：McGraw-Hill Inc，1990

6. L D Laudau，E M Lifshitz. Fluid mechanics. 2nd Edition. 北京：Butterworth-Heinemann，世界图书出版公司，1999

7. Aris R. Vectors，Tensors，and the basic equations of fluid mechanics. Englewood Cliffs，N. Y.：Prentice-Hall Inc，1962

8. Z U A Warsi. Fluid dynamics，theoretical and computational approaches. Boca Btaton：CRC Press，1993

9. H W Liepmann，A Roshko. Elements of gasdynamics. Mineola，New York：Dover Publication Inc，1993

10. R Byron Bird，Robert C Armstrong，Ole Hassager. Dynamic of polymeric liguids. 2nd Edition. New York：John Wiley & Sons，1987

11. R Byron Bird，Warren E Stewart，Edwin N Lightfoot. Transport phenomena. 2nd Edition. New Yonk：John Wiley & Sous，2002

12. 吴望一. 流体力学. 北京：北京大学出版社，1995

13. 周光炯. 流体力学. 北京：高等教育出版社，2000

14. 潘文全. 流体力学基础. 北京：机械工业出版社，1980

15. 庄礼贤，尹协远，马晖扬. 流体力学. 合肥：中国科技大学出版社，1991

16. 董曾南，章梓雄. 非粘性流体力学. 北京：清华大学出版社，2003

17. 章梓雄，董曾南. 粘性流体力学. 北京：清华大学出版社，1998

18. 王保国,刘淑艳,黄伟光. 气体动力学. 北京:北京理工大学出版社,2005
19. 张兆顺,崔桂香,许春晓. 湍流理论与模拟. 北京:清华大学出版社,2005
20. 是勋刚. 湍流. 天津:天津大学出版社,1994
21. 王献孳,熊鳌魁. 高等流体力学. 武昌:华中科技大学出版社,2003
22. W F 休斯,J A 布赖顿著. 徐燕侯等译. 流体动力学. 北京:科学出版社,2003
23. 严宗毅. 低雷诺数流理论. 北京:北京大学出版社,2002
24. 黄克智,薛明德,陆明万. 张量分析. 第 2 版. 北京:清华大学出版社,2003
25. H. 史里希廷著. 徐燕侯等译. 边界层理论(下册). 北京:科学出版社,1991
26. 沈钧涛,鲍惠芸. 流体力学习题集. 北京:北京大学出版社,1990
27. 张长高. 水动力学. 北京:高教出版社,1993
28. 林建忠,阮晓东,陈邦国等. 流体力学. 北京:清华大学出版社,1995

主题词索引

A

埃克特理论，Ackeret's theorem　365,378,390

奥尔-索默菲尔德方程，Orr-Sommerfeld equation　284,285

B

巴特勒球定理，Butler'sphere theorem　143,157,159

保角变换，conformal translation　90,101,110,118,134

本构方程，constitutive equations　2,35,47,56,406

毕奥-萨瓦尔公式，Biot-Savart Law　174,180

边界层方程，boundary layer equations　246,249,255,270,387,327

边界层分离，boundary layer separation　101,221,279

边界层厚度，boundary layer thickness　246,254,262,281,290

边界条件，boundary conditions　1,37,43,60,87,102,132,153,192,220,264,
　　　　　　　　　　　　　　　　327,365,386

表面张力，surface tension　61,63,76,85

波数，wave number　284,304

波阻，wave drag　375,376

伯努利方程，Bernoulli equation　1,70,79,97,113,135,152,161,215,249,362

伯肃叶流动，Poiseuille flow　193,196

不可压缩流体，incompressible fluid　1,12,18,37,60,87,109,139,166,192,215,
　　　　　　　　　　　　　　　　248,286,331,406

C

层流，laminar flow　20,32,41,67,193,246,281,308,326

层流射流，laminar jet　263,264,267

超音速流动，supersonic flow　353,367,381

圆弧翼型，circular-arc airfoil　125,127,131

D

达朗贝尔佯谬，D'Alembert paradox　59,101,154

达西渗流定律,Darcy law　242

大涡模拟,large eddy simulation　307,308,319

单位矢量,unit vector　21,23,33,54,80,154,301,392

单位张量,unit tensor　32,33

导热系数,thermal conductivity　57,406

等熵流动,isentropic flow　333,354,386

等势线,equipotential line　90,94,116

第二粘性系数,second viscosity coefficient　37

点涡,point vortex　19,95,139,175,224,419

点源,point source　95,103,116,132,147,159,172,373,417

动力粘性系数,dynamic viscosity　36,192,242,308,406

动量方程,momentum equations　1,29,37,59,78,106,160,248,320,351

动量厚度,momentum thickness　247,286

动量积分方程,momentum equation in integral form　267,272,287

动能,kinetic energy　24,40,59,165,243,305,361

多孔介质,porous medium　226,242

对称茹柯夫斯基机翼,symmetrical Joukowski airfoil　126

F

非牛顿流体,Non-Newtonian fluid　38,213

分离变量法,separation of variables　153,371

复速度,complex velocity　93,106,134,176,214,259

复位势,complex potential　93,105,116,130,176,214,259

福克纳-斯坎方程,Falkner-Skan solutions　257,258

G

高斯定理,Gauss's theorem　58,166,400

各向同性,isotropic　36,242,301,322,400

各向同性紊流,isotropic turbulence　299,301,319,331

各向同性张量,isotropic tensor　36,400

各态遍历假设,ergodic theorem　191

惯性子区,inertial subrange　306,307

H

哈密顿算子,Hamilton operator　11,47,392

海雷-肖装置,Hele-Shaw cell　240

亥姆霍兹第二定理,Helmholtz second thorem　72

亥姆霍兹第一定理,Helmholtz first thorem 181

焓,enthalpy 43,57,68,333,370

耗散率,dissipation rate 68,305,316,331

耗散函数,dissipation function 58,68,286

滑动轴承,journal bearing 226,237,240

怀特赫德佯谬,Whitehead paradox 236

环量,circulation 21,23,40,70,100,124,162,210,393

汇,sink 22,95,117,139,171,417

混合长度,mixing length 309,320,332

混合长度模型,mixing length model 311,316

活塞问题,piston problem 341

J

迹线,pathline 6,9,39,341,415

激波管,shock tube 335,342,360

界面,interface 27,61,106,173,321,363

局部各向同性,local isotropy 304,306

K

k-ε 模型,k-ε model 312,314,317

卡门-波尔豪森近似,Kàrmàn-Pohlhausen approximation 246,272

卡门涡街,Kàrmàn vortex street 181,185

开尔文定理,Kelvin's theorem 1,70,125,181,246,384

柯西-黎曼条件,Cauchy-Riemann equations 93

克罗柯方程,Crocco's equation 385

空间平均,spatial average 290,291

控制体,control volume 22,30,43,66,106,160,264,351

库埃特流动,Couette flow 193,207,224

库塔条件,Kutta condition 123,125,130

库塔-茹柯夫斯基公式,Kutta-Joukowski law 109,124,130

L

拉格朗日参考系,Lagrangian coordinates 2,5,9,24,54

拉普拉斯方程,Laplacian equation 88,143,197,245,411

兰金-雨果纽关系式,Rankine-Hugoniot equations 352,355,360

兰姆-葛罗米柯方程,Lamb-Громеко equations 73

勒让德多项式,Legendre's polynomials 147,168

勒让德方程,Legendre's equation　146

勒让德函数,Legendre's function　146,147

雷诺方程,Reynolds equations　293,319,332

雷诺输运定理,Reynolds'transport theorem　23

雷诺应力,Reynolds stress　293,297,307,314,320,327

黎曼不变量,Riemann invariants　335,339,348,350

理想流体,inviscid fluid　32,60,70,78,83,102,171,209,215,242,279,333,365

连续方程,continuity equation　1,18,43,60,91,144,192,221,283,320,352,406

连续介质假设,continuum hypothesis　62

留数定理,residue theorem　108,115,412

流管,stream tube　8,22,23,45

流函数,stream function　90,104,144,151,168,227,264,329,390

流网,flow net　92

流线,streamline　6,21,39,73,91,116,144,228,279,334,384,414

M

马赫数,Mach number　353,368,379,391

脉线,streakline　6,9,39

摩擦速度,friction velocity　311,320,332

摩擦阻力,friction drag　255

N

纳维-斯托克斯方程,Navier-Stokes equations　43,47,193

内能,internal energy　43,53,68,307,363

能量方程,energy equation　1,43,60,192,333,352,370,406

能量守恒,momentum conservation　1,54,351

能谱,energy spectrum　304,305

牛顿流体,Newtonian fluid　2,35,47,59,406

O

欧拉参考系,Eulerian coordinates　2,6,9,12,24,78

欧拉方程,Euler's equations　70,87,147,208,231

偶极子,doublet　98,102,139,161

P

喷管,nozzles　314

平板机翼,flat-plane airfoil　130

平板突然加速,impulsively moved flat plate　200

普朗特-葛劳渥特法则,Prandtl-Glauert rule　377,378
普朗特-迈耶流动,Prandtl-Meyer flow　333,365,387
普朗特公式,Prandtl relation　354

Q

奇点,singularity　26,90,99,110,134,153,224,358,413
强制涡,forced vortex　188
求和指标,summation index　10

R

绕角流动,flow in a sector　96,97
茹柯夫斯基变换,Joukowski transformation　117,121,125,129
茹柯夫斯基翼型,Joukowski airfoil　125,126,129,130

S

散度,divergence　17,22,38,50,83,171,227,392
熵,entropy　43,58,334,346,359,385
升力,lift　101,103,109,130,162,221,391
升力系数,lift coefficient　124,130,379,390,423
失速,stall　131,221,281
施瓦兹-克里斯托弗尔变换,Schwarz-Christoffel transformation　117,131,141
时间平均,time average　289,293,298
势流,potential flow　21,70,75,87,100,116,143,162,214,255,286,319,369
收缩通道,convergent channel　12,287
收缩系数,contraction coefficient　135,137
思韦茨方法,Thwaites'method for momentum-integral theory　278
斯托克斯第二问题,Stokes'second problem　203
斯托克斯第一问题,Stokes'first problem　200,202
斯托克斯方程,Stokes'equations　43,47,193,227,241
斯托克斯公式,Stokes'theorem　21,23,71,187,210,237
斯托克斯近似,Stokes'approximation　226,235
斯托克斯流动,Stokes'flow　227,240,244
斯托克斯流函数,Stokes'stream function　143,147,168,228,244
斯托克斯佯谬,Stokes'paradox　236,237
速度梯度张量,velocity gradient tensor　13,14,36

T

特征线,characteristics　339,348,358

梯度,gradient 20,37,68,80,172,205,245,272,298,316,365,392

体积粘性系数,bulk viscosity 38

椭圆管,elliptic conduit 223

W

弯度,camber 128,131,378

微分尺度,differential length 303

位移厚度,displacement thickness 247,254,269,286

紊动能,turbulent kinetic energy 297,306,316,331

紊动能生成,turbulent energy production 314

紊流,turbulence 282,289,304,324

紊流射流,turbulent jet 289,326,330

涡,vortex 21,23,39,74,83,118,162,209,246,289,304,331,414

涡管,vortex tube 21,23,72,171,181

涡管强度,vortex strength 72,174,176

涡环,vortex ring 23,87,171,181

涡量,vortisity 1,2,17,40,70,96,139,171,227,279,331,385,416

涡丝,vortex filament 87,171,180,211

涡通量,vortisity flux 21,71,162,187,210

涡粘性系数,eddy viscosity 308,316

无旋流动,irrotational flow 19,21,48,75,91,125,143,168,246,366,390

物质导数,material derivative 2,9,11,24,49,73

X

希门茨流动,Hiemenz flow 214

系统,system 21,23,25,43,317,325

系综平均,ensemble average 290

弦,chord 80,124,159,197,378

线源,line source 104,150,168

相似变量,similarity variable 201,251,265,329

相似解,similarity solutions 201,210,246,264,328

小雷诺数流动,low-Reynolds-number flow 226,236,242

小扰动理论,small-perturbation theory 333,365,390,423

斜激波,oblique shock 333,351,365,381

虚拟质量,virtual mass 87,143,165,235

旋度,curl 14,17,20,39,82,145,172,192,227,393

旋转率张量，rate-of-rotation tensor　13,39,332

旋转圆柱，rotating cylinder　212

Y

压强系数，pressure coefficient　140,365,370,379

雅可比行列式，Jacobian　4,18

音速，sound speed　192,335,353,369,391

应变率张量，rate-of-deformation tensor　2,13,36,213,309,408

应力矢量，stress vector　27,30,52,62

应力张量，stress tensor　2,27,36,55,294,406

有旋流动，rotational flow　19,75,91,145,188,246

圆管，circular conduit　41,75,199,245,289,332

圆弧机翼，circular-arc airfoil　390

圆球绕流，flow around a sphere　143,153,160,232

圆柱绕流，flow around a circular cylinder　100,109,120,139,235,282

运动学边界条件，kinetic boundary conditions　64,65,69

运动粘性系数，kinematic viscosity　83,181,219,286,311

Z

粘性应力张量，viscous stress tensor　36,41

正激波，normal shock　333,351,382

直接数值模拟，direct numerical simulation　307,318

质量守恒，mass conservation　4,25,45,351,382

滞止焓，stagnation enthalpy　68,361,385

滞止温度，stagnation temperature　361

滞止压强，stagnation pressure　113,135,153,215,362

驻点，stagnation point　97,102,130,152,214,246,287

自由剪切紊流，free shearing turbulence　311,319

自由射流，free jet　90,134,137,326

自由涡，free vortex　96,176,188

自由指标，free index (dummy index)　2,395

阻力，drag　41,58,81,109,167,221,254,281,375,389

阻力系数，drag coefficient　170,232,254,282,380